Michael H. Wagner · Wolfgang Thieler

Wegweiser für den Erfinder

Springer

Berlin
Heidelberg
New York
Barcelona
Hongkong
London
Mailand
Paris
Singapur
Tokio

Michael H. Wagner · Wolfgang Thieler

Wegweiser
für den Erfinder

Von der Aufgabe
über die Idee zum Patent

2., erweiterte und aktualisierte Auflage
mit 60 Abbildungen

 Springer

Prof. Prof. h.c. Dr.-Ing. Michael Wagner
Bad Dürkheimer Str. 9
99438 Bad Berka

Dipl.-Ing. Wolfgang Thieler
Kastanienweg 1
97437 Haßfurt

ISBN 3-540-41071-6 2. Aufl. Springer-Verlag Berlin Heidelberg New York
ISBN 3-540-55938-8 1. Aufl. Springer-Verlag Berlin Heidelberg New York

Die Deutsche Bibliothek – CIP-Einheitsaufnahme

Wagner, Michael H.: Wegweiser für den Erfinder : von der Aufgabe über die Idee zum Patent /
Michael H. Wagner ; Wolfgang Thieler. - 2., erw. und aktualisierte Aufl. - Berlin ; Heidelberg ;
New York ; Barcelona ; Hongkong ; London ; Mailand ; Paris ; Singapur ; Springer, 2001

Springer-Verlag ist ein Unternehmen der Fachverlagsgruppe BertelsmannSpringer
© Springer-Verlag Berlin Heidelberg 1994, 2001
Printed in Germany

Einbandgestaltung: Struve & Partner, Heidelberg
Satz: Daten von den Autoren
Gedruckt auf säurefreiem Papier   SPIN: 10767086   62/3020 – 5 4 3 2 1 0

Geleitwort

In einer Zeit des globalen Wettbewerbs und der Nutzung neuzeitlicher Informationstechniken ist die patentrechtliche Sicherung von neuen Ideen, von Innovationen und technischen Lösungen, die im zunehmenden Maße in einer Kombination von mechanischen und elektronischen Elementen, meistens noch in Verbindung einer intelligenten Software, gewonnen wird, von hoher Bedeutung. Hierfür gibt dieses Buch „Wegweiser für Erfinder", von Technikern für Techniker geschrieben, in seiner überarbeiteten und erweiterten 2. Auflage wiederum sowohl für den kreativen Konstrukteur und Entwickler als auch für den selbständigen, vornehmlich mittelständischen Unternehmer eine wichtige Hilfe.

Die Autoren gehen von anerkannten Methoden und deren Systematik für Entwicklungsprozesse aus und vermitteln zu diesen Entwicklungsschritten konkrete Hinweise, wie gewonnene Lösungen patentrechtlich abgesichert werden können. Der Umgang mit bestehenden Patenten, das sinnvolle Erschließen der Patentliteratur und das Anmelde- und Prüfverfahren für neue Patente sind hier verständlich beschrieben. Dabei werden Schutzrechtarten, Laufzeiten, Kosten und Fristen nicht vernachlässigt. Die Stellung des Arbeitnehmers bei der Entstehung einer patentfähigen Idee und die Sicherstellung seines Anspruchs auch im Hinblick auf Teamarbeit werden von den Autoren behandelt. Ein Anhang informiert über Klasseneinteilungen, Datenbankangebote, Internet-Adressen, Patentverwertungsgesellschaften und bestehenden Gesetzen und Verordnungen.

Das Buch ist aus meiner Sicht eine wichtige Grundlage für den im Umgang mit Patenten Unerfahrenen oder Zögerlichen und ermuntert ihn, die gewonnenen Ideen rechtzeitig und wirkungsvoll in Schutzrechte umzusetzen. Aber auch der Erfahrene wird zur Patentformulierung und zur Abfassung der Ansprüche bedeutsame Anregungen finden. So stellt das vorliegende Werk gerade für den Entwicklungs- und Konstruktionsbereich eine wertvolle Unterstützung dar, die gewonnenen Ideen und Lösungen schutzrechtlich zu sichern, sie aber auch in systematischer Sichtweise auszubauen und die verbleibenden Freiräume besser zu erkennen bzw. zu nutzen.

Möge die vorliegende 2. Auflage in Verbindung mit den sonst bestehenden Werken zur Konstruktionslehre und Produktentwicklung diese in Bezug auf patentrechtliche Fragen weiterhin bestens ergänzen und auf diese Weise helfen, im internationalen Wettbewerb mit neuen Innovationen erfolgreich bestehen zu können.

Darmstadt, im August 2000   Gerhard Pahl

Vorwort zur 2. Auflage

Gerade für den Erfolg von kleinen und mittleren Unternehmen sind innovative Produkte als Ergebnis von zielgerichteten Forschungs- und Entwicklungsaktivitäten ebenso bedeutsam wie der strategische Einsatz von gewerblichen Schutzrechten. Clevere Ideen, die in ihrer Realisierung Markterfolg versprechen, müssen patentrechtlich geschützt werden, damit vorausschauend der exklusive Vertrieb gesichert wird. Nur so kann eine innovative technische Idee die entscheidende Basis für eine Entwicklung mit erheblichem finanziellen Wert sein. Dies ist jedoch auch häufig die Grundlage für ein neues Start-Up-Unternehmen oder wachsendes Kooperationsinteresse von internationalen Großunternehmen. Die jungen Technologieunternehmen liefern dafür heute einen nachdrücklichen Beweis.

Die gegenwärtige Wirtschaftssituation ist geprägt von immer kürzeren Produktzyklen. Kontinuierliche Produktinnovationen sind für Unternehmen bei stetig wachsender Konkurrenzsituation im Rahmen zunehmender Globalisierung der Wirtschaft überlebenswichtig. Der Schutz vor Produktnachahmern ist nicht nur wesentlich, sondern geradezu existenzsichernd.

Diese Situation hat sich seit dem Erscheinen der ersten Ausgabe dieses Buches nicht grundsätzlich geändert; die Geschwindigkeit dieses Prozesses hat sich jedoch nochmals dramatisch erhöht. Augenscheinlich wird dies insbesondere im Bereich Telekommunikation, Internet aber auch in anderen High-Tech-Bereichen.

Das nun in zweiter Auflage vorliegende Buch trägt dieser Situation Rechnung. Es verfolgt zwar einerseits nach wie vor das Ziel, die vielfach noch bestehenden Hemmnisse gegenüber dem Patentwesen abzubauen, den interessierten Laien bei der Nutzung von Patentinformationen zu unterstützen und generell die Sensibilität gegenüber gewerblichen Schutzrechten zu erhöhen.

Die umfangreiche Überarbeitung hatte andererseits sowohl die notwendige und aus heutiger Sicht zeitgemäße Aktualisierung einzelner Passagen als auch zweckmäßige inhaltliche Ergänzungen zum Ziel. So kamen grundsätzlich neue Abschnitte hinzu, was zum einen die Innovationsstrategien, die Themen der Innovationsberatung und Patentverwertung betrifft.

Hervorzuheben sind zum anderen die neue Abschnitte hinsichtlich der

Erarbeitung einer sogenannten provisorischen Patentanmeldung und zur Nutzung der Patentinformationen über elektronische Informationssysteme. Ein konkretes Beispiel zu einer Patentrecherche via Internet wurde hierbei exemplarisch und schrittweise aufbereitet, womit der Leser ermuntert wird, dieses Beispiel nachzuvollziehen und sich so im Dialog die notwendigen Kenntnisse und Fertigkeiten für eigene Recherchen anzueignen.

Aktualisierungen und grundsätzliche Ergänzungen betreffen die Adressen und sonstigen Hinweise im Anhang, nützliche und themenbezogene Links für die Nutzung des Internets sind ebenfalls aufgenommen worden.

Schließlich ist ein sachdienliches Verzeichnis des Schrifttums und weitergehender Literaturempfehlungen hinzugekommen.

An dieser Stelle möchten wir unseren Lesern für die freundliche und interessierte Aufnahme der 1. Ausgabe danken. Die Reaktionen und fruchtbaren Diskussionen, die sich bis heute hieraus ergaben, waren für uns jederzeit wertvolle Anregung.

Dem Verlag ist für die professionelle Begleitung und die hervorragende Ausführung aber auch für das Verständnis hinsichtlich der unvorhergesehenen Verzögerung bei der Fertigstellung des Manuskripts zu danken. Herrn Dr.-Ing. S. Schiebold danken wir für sein Engagement bei der Durchsicht des Manuskripts und für entsprechende Hinweise.

Abschließend sei auch unseren Ehefrauen der gebührende Dank für ihr uneingeschränktes und anhaltendes Verständnis für unsere Arbeit gezollt.

Für weitere Informationen, Hinweise und Anregungen sind wir ausgesprochen dankbar.

August 2000   M.H. Wagner   •   W. Thieler

Aus dem Vorwort zur 1. Auflage

Das Buch "Wegweiser für den Erfinder" wendet sich gleichermaßen an kreative Techniker wie auch an industrielle Praktiker und selbständige Unternehmer. Es begleitet und unterstützt den potentiellen Erfinder auf dem Weg von der Ideenfindung über die Lösungskonkretisierung bis hin zur schutzrechtlichen Absicherung.

Dieses Buch ist von Technikern für Techniker geschrieben und beschränkt sich in diesem positiven Sinne auf das Wesentliche. Dessenungeachtet ist es ebensogut als Einstiegsliteratur für Studenten und Berufsanfänger geeignet wie auch als Nachschlagewerk für den mit Patentfragen konfrontierten Entwickler.

Das vorliegende Buch widmet sich ausführlich den verschiedenen Stufen des Entwicklungsprozesses und stellt sie im Zusammenhang dar. Dabei werden im einzelnen inhaltliche Schwerpunkte auf die Aufgabenanalyse, die Zergliederung von allgemeinen Problemstellungen in abarbeitbare Teilaufgaben, die verschiedenen Methoden der Lösungsfindung und die Wege zur patentrechtlichen Absicherung der erarbeiteten Lösungen gesetzt.

Einen breiten Raum nimmt dabei das Thema des Umgangs mit Patenten und Patentinformationen ein. Diesbezüglich wird sowohl auf die inhaltliche Erschließung von Patentinformationen für die kreative Entwicklungstätigkeit wie auch auf rechtliche Fragen, die in diesem Zusammenhang von Bedeutung sind, eingegangen. Ein wesentliches Anliegen der Autoren besteht damit in der Sensibilisierung der Entwicklungsingenieure hinsichtlich einer effektiven Nutzung von Patentinformationen und der Wichtigkeit einer schutzrechtlichen Absicherung eigener Entwicklungsergebnisse. Dabei wird in kurzer, prägnanter, jedoch hinreichend ausführlicher Form das Basiswissen zum Aufbau von Patenten, zum Patentanmeldeverfahren, zur Patentpflege, zur Patentklassifikation und zu verschiedenen Formen des gewerblichen Rechtsschutzes vermittelt.

Nützliche Informationen zu Laufzeiten, Kosten, Fristen und Instanzen sollen die Thematik abrunden und in den meisten Fällen den Griff nach der umfangreichen Fachliteratur ersparen sowie die kostspielige Konsultation eines Patentanwaltes auf das notwendige Maß reduzieren.

Unter diesem Aspekt sei weiterhin auf die auszugsweise Wiedergabe wichtiger Gesetzestexte, Adressen, etc. im Anhang des Buches verwiesen.

Januar 1994   Michael Wagner   Wolfgang Thieler

Inhaltsverzeichnis

1   Die Aufgabe als Basis für eine Idee

Gelegentlich stellt sich die Frage: Was war zuerst da, das Huhn oder das Ei? Bei der Problematik des Verhältnisses von Aufgabe und Idee tritt diese Fragestellung ebenfalls auf. Es ist in diesem Zusammenhang allerdings lediglich entscheidend, daß tatsächlich beide vorhanden sind. Sollte jedoch eine der beiden Komponenten fehlen, so ergeben sich die nachfolgenden zwei Fälle:

* Es existiert eine Aufgabe.
In diesem Fall finden sich meist unter dem Motto "Problem erkannt - Problem gelöst" auch praktikable Lösungsideen. Treten Kreativitätsschwierigkeiten auf, so gibt es die verschiedensten Methoden - auf die in diesem und im Kapitel 2 überblicksmäßig eingegangen wird - systematisch nach Ideen und Lösungsmöglichkeiten zu suchen und sie schließlich erstaunlicherweise auch zu finden.

* Es existiert eine Idee, für die momentan keine Aufgabe vorliegt.
Was ist nun unter einer nicht aufgabenbezogenen Idee zu verstehen? In der Regel muß darunter die bloße Erkennung und technische Umsetzung von einzelnen oder gekoppelten Effekten - die wiederum technischer, physikalischer, chemischer, biologischer etc. Natur sein können - gesehen werden. Die ausschließliche technische Umsetzung solcher Effekte ist möglicherweise für einen Wissenschaftler befriedigend, nutzt außer diesem aber keinem Menschen etwas, wenn die Idee nicht in ein Produkt umgesetzt wird, welches eine konkrete Aufgabe erfüllen soll. Das heißt, für die geborene Idee ist letztlich keine Aufgabe, keine Anwendung vorhanden.
Unter diesem Ansatz gestaltet es sich gewöhnlich ungleich schwieriger, eine geeignete Anwendung im nachhinein für eine vorhandene, möglicherweise gute Idee zu finden. Dies läßt sich am Realisierungserfolg einiger anerkannt guter Ideen belegen. Genannt sei stellvertretend für viele andere die Idee, den elektrorheologischen Effekt (schlagartige Veränderung der Viskosität spezieller Flüssigkeiten unter Anlegen von Hochspannung) im Kraftfahrzeug zu nutzen. Diese Idee wurde vor ca. 20 Jahren publiziert. Doch erst heute gibt es vereinzelte und wohl ohne besonderen Nachdruck verfolgte Versuche, mit diesem Effekt ausgerüstete Komponenten bspw. in Fahrzeuge zu integrieren. Ähnliche Beispiele sind der "Piezo-Aktuator", der "Stelzer-Motor" etc. Es muß also nicht immer eine sogenannte Schnapsidee sein, wenn sie nicht unmittelbar zur Anwendung oder zur technischen Umsetzung gelangt. Der Alptraum eines jeden Erfinders ist jedoch die Erkenntnis: Jetzt hab' ich eine so tolle Idee und niemand will oder kann sie anwenden...

Nur klar definierte Aufgaben sind demnach die rechte Basis für Ideen, die letztlich zu neuen technischen Lösungen und damit auch zu innovativen Produkten führen. Es scheint an dieser Stelle zweckmäßig und sinnvoll, den Zusammenhang und logischen Ablauf im Entwicklungsprozeß über die Stufen Aufgabe ⇨ Idee ⇨ Lösung ⇨ (ggf. Produkt) ganz pragmatisch an einem trivialen Beispiel zu betrachten: Prinzipiell und ganz allgemein kann man zunächst sagen, daß eine Aufgabe etwas zur Erledigung Übertragenes ist.

Nehmen wir einmal an, Sie sind in der beneidenswerten Lage, unmittelbar vor einem längeren Auslandsurlaub zu stehen. Da Sie ein ausgesprochener Blumennarr sind, befinden sich in Ihrer Wohnung eine Vielzahl unterschiedlichster Grünpflanzen, die regelmäßiger Pflege, zumindest jedoch einer regelmäßigen Wasserzufuhr bedürfen. Sie haben also ein Problem, denn sie selbst können - bedingt durch Ihre Abwesenheit - dieser Aufgabe nicht nachkommen. Eine Situationsanalyse - auf die an späterer Stelle noch ausführlich eingegangen werden soll - ist erforderlich. Wie kann ich dieses Problem lösen? Die naheliegendste Lösung besteht natürlich darin, die Aufgabe "Blumen gießen" Ihren Nachbarn, Freunden oder Verwandten zu übertragen. Ungünstiger liegt der Sachverhalt, wenn Sie weder über Nachbarn, Freunde oder Verwandte verfügen oder für die Dauer Ihrer Abwesenheit auf diese nicht zurückgreifen können. Mit anderen Worten: Die Aufgabe "Blumen gießen während Abwesenheit" wird durch Randbedingungen eingeengt. Um diese Aufgabe unter der Berücksichtigung der Randbedingungen lösen zu können, brauchen Sie eine Idee. Diese Idee könnte nun darin bestehen, die Pflanzen entsprechend Ihrem Wasserbedarf gemeinsam an einem geeigneten Ort anzuordnen. Weiterhin haben Sie erkannt, daß Sie eine Vorrichtung benötigen, die Ihren Pflanzen zeit- und bedarfsabhängig Wasser zuführt.

Die randbedingungsabhängige Aufgabe und die grundsätzliche Idee zur Wasserversorgung Ihrer Grünpflanzen ist damit formuliert. Von entscheidender Bedeutung im patentrechtlichen Vorgehen - und darauf wollen wir ja letztlich hinaus - ist nun, inwieweit Sie selbst in der Lage sind, Ihre Idee - also die zeit- und bedarfsabhängige Wasserversorgung Ihrer Pflanzen - technisch zu realisieren. Sind Sie dazu in der Lage, können Sie also konkret angeben, aus welchen technischen Komponenten diese "Wasserversorgungseinrichtung" besteht und wie diese Komponenten zur Erfüllung der gestellten Aufgabe zusammenwirken, dürfen Sie getrost davon ausgehen, daß Ihre Idee zu einer möglicherweise patentierbaren Erfindung geführt hat.

Dies jedoch mit der Einschränkung, daß die von Ihnen konzipierte Einrichtung nicht bereits in gleicher oder sehr ähnlicher Form an anderer Stelle vorveröffentlicht wurde.

Sollte jedoch Ihr technisches Verständnis zur Realisierung einer solchen Einrichtung nicht ausreichen, könnten Sie durch eine konkrete Formulierung Ihrer Aufgabe "zeit- und bedarfsabhängige Versorgung von Grünpflanzen während Abwesenheit" als Aufgabe an einen kompetenten Auftragnehmer vergeben. Die Ideen des Auftragnehmers würden dann letztlich die konkrete technische Ausführung der geforderten Einrichtung beinhalten. Die von Ihnen formulierte Aufgabe zur Entwicklung einer solchen Einrichtung enthielte zwar konkrete Zielvorgaben, ein Erfindungsanspruch auf das spätere technische Produkt wäre für Sie allerdings nicht gegeben.

Worin bestehen nun die Kernaussagen dieses kurzen Beispiels, in dem - zugegebenermaßen - in recht trivialer Form der Weg von einer Aufgabe über eine Idee zu einer (möglichen) Erfindung aufgezeigt wurde? Deutlich ist sicherlich geworden, daß eine sehr allgemein gestellte Aufgabe nicht zwangsläufig eine (im technischen Sinne) verwertbare Idee nach sich zieht und damit erst recht nicht zu einer Erfindung führen muß. Der entscheidende Punkt besteht darin, die Aufgabe einzugrenzen und Randbedingungen aufzustellen. Nicht eine globale, sehr allgemein formulierte Aufgaben- oder Problemstellung führt zu Lösungsideen, sondern erst eine detaillierte Problem- oder Aufgabenbeschreibung, die nach Möglichkeit bereits konkrete Zielvorgaben enthält.

Bezogen auf das eingangs angeführte Beispiel mögen Sie nun einwenden, daß ja auch die Beauftragung von Fremdpersonen mit der Tätigkeit "Blumen gießen" eine Idee ist, die der Lösung Ihres Problems dient. Dies ist wohl nicht falsch, führt jedoch nicht zu einer technisch realisierbaren Einrichtung, um die es uns im folgenden ausschließlich gehen wird. Der logische Schluß dazu ist, daß eben auch Randbedingungen und Eingrenzungen der Aufgabe so formuliert sein müssen, daß bei der Lösung der Aufgabe Ideen gefunden werden können, die unmittelbar in einem Produkt oder Verfahren technisch realisierbar sind. Das gilt uneingeschränkt dann, wenn zumindest die Option auf eine technische Erfindung offen gehalten werden soll. Natürlich ist es dabei völlig unerheblich, ob Sie sich diese Aufgabe selbst oder einem Auftragnehmer stellen. Die Vorgehensweise bleibt die gleiche.

Letztendlich sei jedoch nochmals die Wichtigkeit der Formulierung der Aufgabe auf dem Weg zur Ideenfindung - auf die an späterer Stelle noch sehr ausführlich eingegangen wird - unterstrichen.

Die Lösungsidee führt - soweit Sie technisch ausgeführt wird - zur Konzeption oder Realisierung eines technischen Produktes oder Verfahrens, das die gestellte Aufgabe erfüllt.

Die Betrachtungsweise Aufgabe ⇨ Idee ⇨ Lösung ist zugegebenermaßen sehr pragmatisch. In der Realität sind die Grenzen dazwischen oft sehr verschwommen. Doch erleichtert an dieser Stelle eine pragmatische Herangehensweise die Erläuterung. Darüberhinaus ist diese Pragmatik insbesondere zum verstehenden Lesen von Schutzrechten, den patentrechtlich beanspruchten technischen Umsetzungen von Ideen und Lösungen, zweckdienlich.

Demgemäß muß auch bei Schutzrechten, die letztlich die erfinderische Umsetzung einer Idee (also die technische Lösung) beschreiben, die Aufgabe angegeben werden, die durch die Erfindung gelöst werden soll. So finden

Sie in der Regel eingangs des Beschreibungsteils von Patenten die Formulierung: "Der Erfindung liegt die Aufgabe zugrunde,..."
Die Aufgabe beschreibt also das technische Problem. Dieses Problem kann gänzlich neu (der günstigste, wahrscheinlich jedoch auch der seltenste Fall) sein, oder es kann aus der detaillierten Kenntnis der Mängel und Nachteile bereits bekannter Einrichtungen oder Verfahren abgeleitet werden. Eine ausführliche Beschreibung dieser Nachteile ist dann zweckmäßig, wenn deren Auffindung und eine sich daraus ergebende Formulierung einer selbstgestellten Aufgabe bereits eine besondere gedankliche Leistung darstellt.
Darüber hinaus ist es aber nicht damit getan, als Aufgabe ganz allgemein die Beseitigung erkannter Mängel oder Nachteile vorbekannter Lösungen zu formulieren. Vielmehr ist konkret zu beschreiben, welche Vorteile oder besondere Eigenschaften die neue erfinderische Lösung beinhalten soll. Damit besteht natürlich die Gefahr, daß die Grenzen zwischen technischer Aufgabenbeschreibung und eigentlicher Lösung fließend werden. An anderer Stelle (Kapitel 8 und 9) werden diesbezüglich noch umfassende Hinweise gegeben, wie Sie diese Klippen am günstigsten umschiffen können.
Eine Aufteilung der erfinderischen Leistung auf Aufgabe und Lösung unterstreicht die enge Wechselwirkung dieser Komplexe beim Zustandekommen einer Erfindung.

1.1   Aufgabenhintergrund

Die Schnellebigkeit heutiger Produkte zwingt zu immer kürzeren Entwicklungszeiten. Ähnliches gilt auch für die Innovationszyklen von Investitionsgütern. An denjenigen, der diese Produkte schaffen muß, werden auch in Zukunft erhöhte Anforderungen gestellt. Dieser "Jemand" ist in der Regel der Entwicklungsingenieur. Er bearbeitet - allein oder im Team - alle Aufgaben, die der technischen Realisierung eines Produktes vorausgehen. Dabei kann er nicht in aller Seelenruhe auf eine gute Lösungsidee warten, sondern muß in der Lage sein, in relativ kurzer Zeit innovative und konkurrenzfähige Produkte zu entwickeln.
Lange bevor ein neues Produkt erfolgreich vermarktet werden kann, hat sich der Unternehmer oder der von diesem Beauftragte eine erfolgversprechende Produktstrategie überlegt. Diese Strategie kann niemals ein Dogma sein. Sie ist in angemessenen Zeiträumen den jeweiligen kundenspezifischen, wirtschaftlichen, marktpolitischen und konjunkturellen Gegebenheiten anzupassen. Die Zusammenhänge zwischen strategischer Planung und Produktentwicklung sind in Abbildung 1.1 dargestellt.
Zur Umsetzung und Verifizierung der Produktstrategie werden kurz-, mittel- und langfristige Entwicklungsziele und dementsprechende Projekte ge-

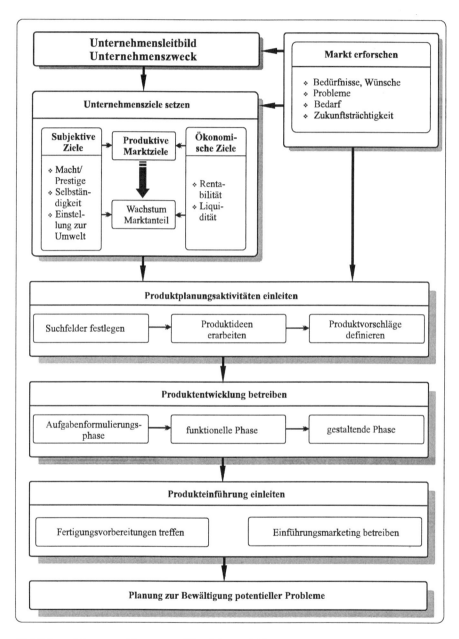

Abbildung 1.1:   *Planung und Produktentwicklung*

plant. Anschließend sind die findigen Köpfe im Bereich Produktplanung aktiv, um die Keimzelle für jedes gute Produkt - die Aufgabenstellung - verbal zu formulieren.

Ziele, die als Basis für eine technische Aufgabe dienen, können sehr vielfältig sein. Sie haben dennoch einen gemeinsamen Nenner, dem sie direkt oder indirekt zugeordnet werden: Die erfolgreiche, kommerzielle Verwertung bzw. die wirtschaftliche Nutzung eines Produktes oder eines Verfahrens.

Ein Weg zur Erfüllung der globalen Aufgabe eines Unternehmens, das Erreichen, Halten und Ausbauen eines angestrebten Markt- und Gewinnanteils, führt über die ständige technische Verbesserung der Produkte und die Reduzierung der Herstellungskosten bis hin zu neuen Produktvarianten. Eine neue Qualitätsstufe im Entwicklungsprozeß wird erst mit einem grundsätzlich neuen Produkt erreicht.

Der Auswahlprozeß bzgl. anliegender Problemstellungen wird durch ein Produktplanungsteam (Geschäftsleitung, Vertrieb, Entwicklung & Konstruktion, Fertigung) durchgeführt, das sich anhand unterschiedlichster Kriterien (Marktlage, Kundenwünsche, Kosten, Kapazität, Termin, Risiko etc.) orientiert.

Die Produktplanung kann im wesentlichen in drei Abschnitte zusammengefaßt werden (Abbildung 1.2).

Nach dem erteilten Entwicklungsauftrag wird die Aufgabe weiter präzisiert. Letztendlich ist diese Aufgabe das Ergebnis einer Entwicklungsplanung:

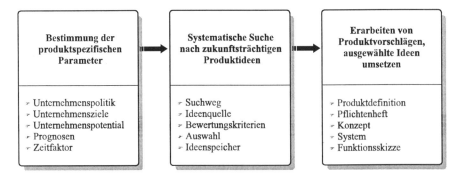

Abbildung 1.2:   *Phasen der Produktplanung*

Nach der Aufgabenauswahl wird die konkrete Zielsetzung formuliert und eine (oder mehrere) detaillierte (Teil-) Aufgabe(n) definiert.

Diese prinzipielle Vorgehensweise ist universell anwendbar. Auch bei dem eingangs zitierten Beispiel "Blumen gießen in Abwesenheit" finden wir diese Systematik wieder. Wie ausgefeilt sie angewendet wird, hängt letztlich vom kalkulierten Risiko auf dem Weg von der Aufgabe zur Lösung (Produkt) ab.

Die Aufgabe, die dem Entwickler übertragen wird, ist im allgemeinen - wie bereits erwähnt - das Ergebnis eines Auswahlprozesses. Der Aufgabenhintergrund kann unterschiedlich begründet sein, sollte aber aus möglichst vielen der nachfolgend genannten Informationsquellen gewonnen worden sein:

* *Interne Quellen*
  - Vorschlagwesen,
  - Erfindungen,
  - Ideenpool,
  - Patent- und Literaturanalysen,
  - Reklamationen,
  - Produktanfragen.

* *Externe Quellen*
  - Marktanalyse,
  - Konkurrenzanalyse,
  - Trendstudien,
  - Kundenbefragungen,
  - Forschungsaufträge,
  - Erfinderbörse.

Da diese Informationsquellen sowohl als Aufgabenhintergrund als auch im konkreten Entwicklungsprozeß (auf den im Detail an späterer Stelle eingegangen wird) von herausragender Bedeutung sind, sollen sie im folgenden etwas näher erläutert werden:

Vorschlagswesen
Neben reinen Produktions-, Verfahrens- und Kostensenkungsvorschlägen werden auch direkte oder indirekte Produktvorschläge vom innerbetrieblichen Vorschlagswesen entgegengenommen. Diese Anregungen sind hinsichtlich ihres Realisierungspotentials zu durchleuchten. Unter Realisierungspotential wird dabei verstanden, inwieweit das vorgeschlagene Produkt in das Firmenprofil paßt, wie es um den Neuheitsgrad des Produktes bestellt ist und welche Marktchancen ein solches Produkt haben könnte.

Erfindungen
Schutzrechte (Patente oder Gebrauchsmuster), die der Arbeitnehmer zur Anmeldung bringen möchte, müssen - sofern der Inhalt das eigene Fachgebiet oder Produkte der Firma (Firmen-Know-How) tangiert - in Form einer Erfindungsmeldung dem Arbeitgeber angezeigt werden. Der Arbeitgeber kann dann innerhalb einer vorgegebenen Frist von 4 Monaten die Erfindung in Anspruch nehmen oder freigeben. Die Gesamtheit der Erfindungsmeldungen ergibt die Basis für eine Auswertung hinsichtlich neuer Produkte oder Produktfelder. Bei besonders innovativen Firmen wird eine solche Vorgehensweise in aller Regel auch praktiziert.

Ideenpool

Vielen Beschäftigten fällt "etwas" ein. Sei es nun ein Einfall im Ergebnis eines zielgerichteten Denkprozesses, der ursächlich durch eine konkrete Aufgabe ausgelöst wurde. Oder sei es mehr ein zufälliger Einfall aus eigenem Antrieb zu einem mehr im Unterbewußtsein aufgenommenen Sachverhalt, Produkt, Ablauf etc. Wenige Menschen messen einem so entstandenen Einfall eine entsprechende Bedeutung bei, indem sie ihn wenigstens stichwortartig aufzeichnen. Dabei wäre ein auf diese Weise gefüllter "Sammeltopf" von Ideen - selbst wenn eine solche Auffüllung nur sporadisch erfolgt - die denkbar beste Voraussetzung zur erfolgreichen Produktverbesserung bzw. Produktfindung.

Eine wesentliche Basis für das spätere Wiederauffinden von momentan nicht weiterverfolgten Ideen ist eindeutig eine geeignete, vollständige und problemlos handhabbare Dokumentation, die beispielsweise in einem sogenannten Ideenpool bestehen kann (Abbildung 1.3).

Der Ideenpool ist ein wichtiges Instrument zur stets griffbereiten Ablage von Ideen, Vorschlägen und Anregungen. Hier werden im Unternehmen kontinuierlich Ideen hinterlegt, von denen man der Ansicht ist, daß sie zu einem späteren Zeitpunkt verwirklicht oder zur Lösung anderer Probleme und Teilaufgaben herangezogen werden könnten. Für die Einteilung und Katalogisierung der Ideen läßt sich ein Stichwortkatalog anlegen, der analog zur betrieblichen Organisation, zu Firmenprodukten oder auch zum Funktionsaufbau einzelner Produkte gegliedert sein kann.

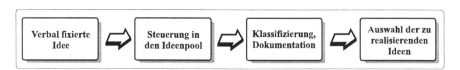

Abbildung 1.3:   *Handling eines Ideenpools*

Reklamationen und Produktanfragen

Reklamationen beziehen sich in der Regel auf die erwarteten Produkteigenschaften, über die das beanstandete Produkt nicht oder in nicht ausreichendem Maße verfügt. Ursachen, die zu einer Nichterfüllung der Erwartungen führen, sind meist sehr vielfältig. Sie können im verwendeten Material, Fehlern oder Unzulänglichkeiten im Produktionsvorgang oder auch bei der Produktlösung selbst liegen. Im letzteren Fall lassen sich mit einer Überarbeitung des Lastenheftes die beanstandeten Mängel am radikalsten ausmerzen. Dieser Weg führt nicht selten zu neuen Lösungen, eventuell sogar zu gänzlich neuen Produkten. Vorteilhafterweise werden in dieser Entwicklungsschleife durch den Eintritt in die prinzipielle Lösungsfindung relevante Produktanfragen von vornherein berücksichtigt, da diese der Ausgangspunkt waren. Letztlich wird das so überarbeitete Produkt den Marktanforderungen besser gerecht, als dies mit einer punktuellen Produktverbesserung möglich wäre.

Kundenbefragungen

Zur Begrenzung des Entwicklungsrisikos erfolgt im fortgeschrittenen Entwicklungsstadium - z.b. nach erfolgreicher Funktionserprobung - eine produktspezifische Befragung des bereits vorhandenen Kundenstammes, ggf. auch der anvisierten potentiellen Neukunden.

Auf diese Weise können wertvolle Informationen bezüglich Stückzahl, Preisakzeptanz, Funktionserwartung und Formgebung gewonnen werden und in die jeweils letzten Entwicklungsetappen als Anregung oder Forderung einfließen.

Forschungsaufträge

Neue Produkte mit hohem technischen Niveau kommen nicht von ungefähr. Sie sind in der Regel das Ergebnis langjähriger Forschungs- und Entwicklungstätigkeit der Hersteller in vielschichtiger Kooperation mit Forschungsinstituten, Bildungseinrichtungen etc.

Allein mit dem vorhandenen Firmen-Know-How sind wesentliche Technologiesprünge selten zu bewerkstelligen. Neue Technologien und das damit verbundene erforderliche Know-How können durch externe Forschungsaufträge erschlossen und nach erfolgtem Wissenstransfer durch die eigene Entwicklungsmannschaft mit den vorhandenen bzw. noch aufzubauenden Fertigungsmöglichkeiten realisiert werden. Gelingt es, externe Förderquellen (BMFT, DFG, EURAM,...) zu erschließen, läßt sich das normalerweise knapp bemessene Entwicklungsbudget zweckdienlich aufstocken. Nicht zu vernachlässigen sind jedoch die hierbei erforderlichen Verwaltungsaufwendungen für Anträge, technische Berichte und die Abrechnung bzw. Mittelzuweisung. Dies ist oftmals der Grund für das zögerliche Antragsverhalten der kleinen und mittelständischen Unternehmen.

Geförderte Forschungs- und Entwicklungsergebnisse werden nach Beendigung des Auftrages der Öffentlichkeit zugänglich gemacht. Unbeteiligte Interessenten sind allerdings regelmäßig verwundert, wie wenig Verwertbares solchen Veröffentlichungen oftmals zu entnehmen ist...

Erfinderbörse

Die auf sogenannten Erfinderbörsen oder auch Neuheitsmessen vorgestellten Ideen, Anschauungsmodelle und Prototypen können in vielen Fällen wesentliche Impulse für eigene Problemlösungen liefern oder zumindest entsprechende Denkanstöße geben. Wird darüber hinaus eine bereits patentierte oder gar erprobte Lösung zur aktuell vorliegenden Aufgabenstellung gefunden, können mitunter beträchtliche Entwicklungskapazitäten eingespart und sinnvoller für eine marktgerechte Realisierung eingesetzt werden. In solchen Fällen sollte grundsätzlich ein exklusives Nutzungsrecht angestrebt werden, um weitere interessierte Nutzer - insbesondere die direkte Konkurrenz - möglichst lange von einer parallelen Realisierung und damit verbundenen eventuellen Markterfolgen abzuhalten.

Patent- und Literaturanalysen
Patente und Gebrauchsmuster sind nicht erst interessant, wenn es um die Absicherung oder Verteidigung der eigenen Produkte geht. Sie liefern auch wesentliche Beiträge und Anregungen für eigene, neue Produkte.
Die Durchsicht der wöchentlich erscheinenden Patent- und Gebrauchsmusterhefte (Wila-Verlag), auf die an späterer Stelle noch ausführlich eingegangen wird, gibt nicht selten Anregungen, wie bspw. der vorliegende patentierte Lösungsansatz auf grundsätzlich andere Anwendungen (ggf. und vorteilhafterweise die eigenen) übertragen werden könnte. Oftmals sind dadurch clevere Lösungen erreichbar, auf die man ohne diesen Denkanstoß nicht gekommen wäre.
Literaturanalysen ermöglichen eine schnelle Übersicht der für das aktuelle Problem vorliegenden Lösungen. Voraussetzung ist jedoch eine klare Definition und Eingrenzung der Suchkriterien, was sich bei der Suche nach neuen Produkten oftmals als große Schwierigkeit erweist.

Marktanalysen
Zur Auslotung des potentiellen Kundenkreises, realistischer Verkaufszahlen und des erzielbaren Umsatzes ist für das geplante Produkt (und zwar vor dem eigentlichen Entwicklungsstart!) eine tiefgründige Marktanalyse zwingend erforderlich. Über diese sind neben Informationen zum möglichen Käuferpotential auch Hinweise zu einer erfolgversprechenden Verkaufs- und Preisstrategie zu erlangen. Die Daten der Marktanalyse bilden damit die Basis für eine erste Abschätzung der projektrelevanten Einflußgrößen wie Marktanteil, Umsatz, Stückzahl, maximaler Entwicklungsaufwand, Investitionen, Geldrückflußzeit und erreichbarer Gewinn.

Wettbewerber- / Konkurrenzanalysen
Jeder Unternehmer träumt von einem ergiebigen Markt ohne lästige Konkurrenz, mit der er den möglichen Absatz teilen muß. Leider wird dieser Traum in den wenigsten Fällen Realität. Vielmehr nutzt "König"-Kunde den Konkurrenzhebel, um in Preis-, Termin-, Qualitäts- und auch Rabattfragen seinen Verhandlungspartner unter Druck zu setzen. Nur selten gelingt es, ein Produkt - sei es auch noch so neu - als einziger Anbieter zum Verkauf zu bringen. Immerhin ist es bei strategisch wichtigen Produkten von eminenter Bedeutung, der *erste* Anbieter zu sein. Dieser "Erste" möchte allerdings jeder Unternehmer, der über eine vergleichbare Produktpalette verfügt, liebend gern sein. Aus diesem Grund wird an den meisten Aufgabenstellungen, deren Lösung der Markt mehr oder weniger ungeduldig harrt,

in verschiedenen gleichgelagerten Unternehmen parallel entwickelt.

Nach Erschließung des Marktes durch einen Anbieter kann dieser davon ausgehen, daß die Konkurrenz nicht schläft und kurzfristig nachzieht. In diesem Zusammenhang ist eine systematische Konkurrenzanalyse von besonderem Wert. Sie stellt die notwendigen Informationen zu bereits vorhandenen Vergleichsprodukten, zu bereits vorhandener Konkurrenz und letztlich auch zu Potentialen möglicherweise entstehender Konkurrenz zur Verfügung. Hierbei werden insbesondere die vorhandenen Entwicklungs-, Fertigungs- und Vertriebsressourcen für ein in Planung befindliches Produkt bei der Konkurrenzeinschätzung in Betracht gezogen.

Trendstudien / Prognosemethoden

Nahezu alle Produkte unterliegen dem Wandel der Zeit. Dies gilt nicht nur für bestimmte Styling-Elemente, auch die Funktion bzw. die Summe der Funktionen wird durch ständige Weiterentwicklung und den Einsatz neuer Technologien und Werkstoffe dem aktuellen Stand der Technik angepaßt. Der Kunde übernimmt, unterstützt durch die allgegenwärtige Werbung, unverzüglich die technischen und optischen Neuerungen und läßt vermeintlich veraltete, jedoch die Funktion insgesamt erfüllende Produkte links liegen. In Trendstudien werden deshalb Betrachtungen über die zu erwartenden Kunden- bzw. Marktbedürfnisse angestellt. Hierbei wird zum einen die Weiterentwicklung von Technik und Technologien und zum anderen das sich ständig ändernde Kundenverhalten, wie z.B. Modeerscheinungen, Freizeittrends, Kaufinteresse etc. ausgelotet. Darüber hinaus gehen politische und wirtschaftliche Randbedingungen sowie in zunehmendem Maße auch die dem wachsenden Umweltbewußtsein adäquaten Faktoren ein.

Als weitere Analysemethoden und Informationsquellen, auf deren Basis Vorstellungen über die Eigenschaften des neuen Produktes und des zukünftigen Produktumfeldes entwickelt werden können, sind anzuführen: Unternehmens-, Problem- und Fremderzeugnisanalyse sowie Produktplanung und Zieldefinition. Auf weiterführende und vertiefende Literatur, die insbesondere die entsprechend notwendigen Arbeitsschritte beschreibt, ist im Literaturverzeichnis hingewiesen.

Grundsätzlich ist es aus Unternehmersicht sehr riskant, die hauseigene Produktentwicklung mit minimalem Aufwand zu betreiben und sich vorrangig externer Forschungsträger oder freier Erfinder zu bedienen. Tiefgreifende Innovations*fähigkeit* eines Unternehmens aus internen Kapazitäten ist langfristig immer der bessere Weg. Externer Quellen sollte sich nur zur punktuellen Erweiterung des eigenen Forschungspotentials bedient werden. In diesem Fall muß ein umfassender Know-How-Transfer von Anfang an gesichert werden.

So unterschiedlich auch die aufgezeigten Wege zu einem neuen Produktvorschlag sein mögen, letztendlich werden sie sich in einem definierten Punkt treffen: Eine kritische Prüfung muß die Produktchancen und -risiken im Detail verdeutlichen können. Als ein geeignetes Mittel kann dazu eine Produkt-Markt-Matrix herangezogen werden.

Abbildung 1.4:   *Produkt- / Markt-Matrix*

Der angestrebte wirtschaftliche Erfolg ist natürlich nicht zum Nulltarif zu haben. So weit, so schlecht. Besonderes unternehmerisches Risiko ist dann gegeben, wenn der in Abbildung 1.4 ausgewiesene Fall P3 eintritt: Das Unternehmen wagt sich sowohl hinsichtlich Produkt als auch Markt auf absolutes Neuland. Wird eine solche Konstellation bewußt oder unbewußt angestrebt und in seiner Qualität anhand der Produkt-Markt-Matrix erkannt, müs-

Abbildung 1.5:   *Produktzielstellungen*

sen die Erfolgschancen am Markt und das unternehmerisches Risiko streng gegeneinander abgewogen werden.

Parallel zur Produkt-Markt-Matrix müssen für die vorgeschlagenen Produkte Funktions- und Marktziele definiert werden (Abbildung 1.5).

1.2 Art der Aufgabe - Antrieb zur Lösungsfindung

Ein wesentlicher Meilenstein auf dem Weg zu einem neuen Produkt ist eine konkrete und präzise Definition der Aufgabe. Bereits in der Phase der Aufgabendefinition bieten sich für die Produktplaner bereits mehr oder weniger gute, plausible Lösungsansätze. Es liegt die häufig nicht erkannte Versuchung nahe, die Aufgabenstellung so zu formulieren, daß der nachfolgende Entwicklungsprozeß an einem suggerierten Lösungsansatz nicht vorbei kommt. Deshalb muß für die Aufgabendefinition, insbesondere bzgl. neuer Produkte, die Forderung gelten: Abfassung der Aufgabe so präzise wie nötig und mit soviel Entwicklungsspielraum wie möglich.

Die Vielfältigkeit der Lösungsmöglichkeiten wird durch eine nicht zu eng formulierte Aufgabenstellung begünstigt und ist ein wesentlicher Motivationsschub zur Lösungsfindung.

Eine umfassende Aufgabenstellung beinhaltet neben der obligatorischen Problemstellung bzw. Problembeschreibung eine Aussage über die erwartete Arbeitsausführung wie z.B. Studie, Konzept, Skizze, Zeichnung, Funktionsmodell bis hin zum seriennahen Produkt. Ebenso sollte eine klare Aussage hinsichtlich Termin und verfügbaren Ressourcen getroffen werden.

1.2.1 Vorgegebene Detailaufgabe

Eine streng vorgegebene Detailaufgabe beinhaltet in der Regel kurze Etappen mit definiert abfragbaren Ergebnissen. Sie bietet naturgemäß wenig Freiraum für gänzlich neue Lösungswege und Lösungsansätze. Diese Art der Aufgabenstellung führt meist zur Erweiterung bestehender Produkte in Form von Produktvarianten oder Produkterweiterungen, was wohl auch vom Auftraggeber erwartet wird.

1.2.2 Globale Aufgaben

Im Gegensatz zur Vorgabe von Detailaufgaben steht die Formulierung von globalen Aufgaben, bei denen lediglich die erwarteten Funktionen des angestrebten Produktes vorgegeben werden. Dem Entwickler wird damit die

Möglichkeit zu weitgehender kreativer Entfaltung gegeben, die letztlich in die Lösung selbstgestellter Detailaufgaben mündet. Im Hinblick auf die Erfüllung der vorgegebenen globalen Aufgabe durch ein innovatives Produkt läßt sich seitens des Entwicklers eine wesentlich höhere Motivation erreichen, denn nichts motiviert mehr, als die erfolgreiche Bewältigung schwierigster Aufgaben mittels eigener Ideen.

Natürlich kann in der Auftragsentwicklung nicht jeder Entwickler an selbstgestellten Aufgaben basteln. Wenn es jedoch gelingt, ihn in den Prozeß der Aufgabendefinition einzubeziehen, wenn ihm die Möglichkeit eingeräumt wird, eigene Ideen (z.B. in einen Ideenpool) einzubringen, so kann sich der Entwickler als potentieller Erfinder recht schnell mit der globalen Aufgabe identifizieren und die Lösung engagiert und innovativ vorantreiben.

1.2.3   Klassifikation der Aufgabe

Technische Aufgaben lassen sich im Hinblick auf die Kenntnisse und Verfügbarkeit der Bearbeiter in Abhängigkeit der Freiheitsgrade der Lösungsmöglichkeiten grafisch darstellen (Abbildung 1.6).

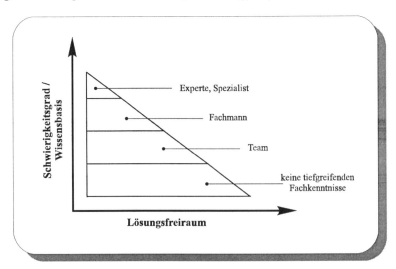

Abbildung 1.6:   *Wissensbasis und Lösungsfreiraum*

Je nach Schwierigkeit und zulässigem Freiraum der gestellten Aufgabe wird der Auftraggeber das günstigste Verhältnis von Wissensbasis und Lösungsfreiraum auswählen.

Unabhängig vom zu schaffenden Produkt lassen sich Aufgaben bezüglich ihres Umfanges und ihres Neuheitsgrades unterscheiden.

Ein guter Ansatz zur Klassifizierung unterschiedlicher Aufgabentypen wird

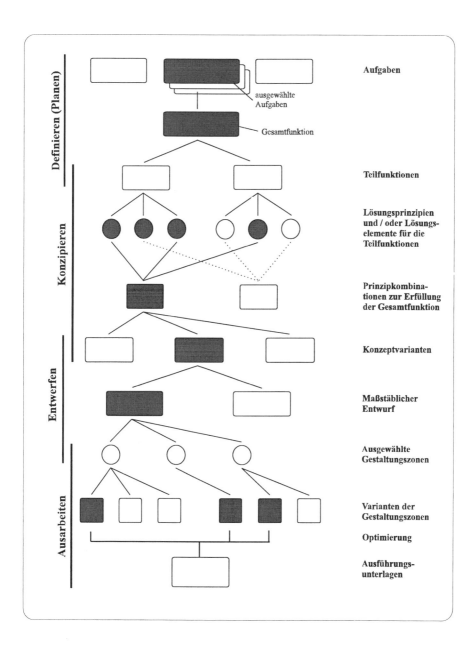

Abbildung 1.7: *Problemlösungsphasen*

in der VDI-Richtlinie 2222 gegeben, in der die einzelnen Problemlösungsphasen wie auch die Variationstechnik und Kombinatorik während der
Lösung'ssuche dargestellt werden.

1.2.4   Aufgabentypen

Die Problemlösungsphasen im Entwicklungsablauf sind ein probater Ansatz, Aufgabentypen zu klassifizieren. Dabei ist es relativ uninteressant (für
die Lösung der Aufgabe, nicht für die Motivation zu deren Lösung), von
wem diese Aufgabe gestellt wird. Das heißt, ob es sich um eine vorgegebene Aufgabe (als Entwicklungsauftrag an eine Firma, als Produktentwicklung durch das Marketing an den Entwicklungsleiter, ... , oder durch Ihren
Chef an Sie) oder um eine selbstgestellte Aufgabe handelt. In beiden Fällen
haben wir es vorab mit dem bereits beschriebenen Ergebnis eines Aufgaben-
auswahlprozesses zu tun. Insofern ist es also für die Erfüllung der Aufgabe
zweitrangig, ob Sie sich diese Aufgabe selbst gestellt oder ob Ihnen eine
Aufgabe vorgegeben wurde. Die Frage der (kommerziellen) Vermarktung
sei hierbei ausdrücklich ausgeklammert. Wir werden später darauf ausführlich zurückkommen, denn hierbei ist es sehr entscheidend, woher der Antrieb für die Aufgabe gekommen ist.
Wenden wir uns jedoch vorerst interessierenden, im Sinne des Entwicklers
zu unterscheidenden, Aufgabentypen zu.

Neuentwicklung
Ausgehend vom allgemeinen Entwicklungsablauf (vgl. Abbildung 1.7, Abschnitt 1.2.3) wird eine Entwicklung als Neuentwicklung bezeichnet, die
mit dem Auswählen einer Aufgabe beginnt. Neuentwicklungen sind häufig
bei zunächst auftragsunabhängiger Produktion, aber auch bei prototypischer
Überarbeitung von auftragsabhängig produzierten Erzeugnissen anzutreffen. In jedem Falle werden jedoch alle produktspezifischen Merkmale *neu*
ausgebildet oder *grundsätzlich* überarbeitet.
Prinzipiell muß hier vom Entwickler der gesamte Weg von der ausgewählten Aufgabe über die Suche nach Lösungsprinzipien bis hin zur Erstellung
der konkreten Ausführungsunterlagen gegangen werden. Von untergeord-
neter Bedeutung ist dabei, ob das zu entwickelnde Produkt nur im eigenen
Unternehmen (subjektiv) oder absolut (objektiv) neu ist.
Zu Neuentwicklungen führt demnach also zum einen die Lösung einer sich
völlig neu stellenden Aufgabe, zum anderen aber auch eine neuartige Lösung einer bereits gelösten Aufgabe.

Variantenentwicklung
Von einer Variantenentwicklung spricht man, wenn das Lösungsprinzip bereits vorgegeben ist. Typische Beispiele für die Variantenentwicklung sind

Baukasten- oder Baureihenkonstruktionen, bei denen lediglich die endgültige Gestaltung variiert oder bzgl. vorhandener Produkte die Gestaltung andersartig ausgeführt wird. Ziel der Baukastenkonstruktion ist die Verwendung gleicher Bauelemente bzw. Baugruppen (parametrierbare Module) in verschiedenen Produkten (Wiederholteile) oder der Austausch unterschiedlicher Bauelemente bzw. Baugruppen zur Realisierung anderer Funktionen (Austauschteile). Bei Baureihenentwicklungen werden "ähnliche Produkte" entwickelt, die sich in ihrer Baugröße unterscheiden. Dabei wird zunächst ein Mutterprodukt (Modell) entwickelt, gebaut und erprobt.
Anschließend werden die dieses Produkt charakterisierenden Werte auf die geplanten übrigen größeren und kleineren Baugrößen mit Hilfe sogenannter Ähnlichkeitsgesetze übertragen.
Die Phase der Prinzipfindung wird in diesen Fällen in aller Regel nicht durchlaufen.

Anpassungsentwicklung
Sehr häufig betrifft die Anpassungsentwicklung die Modifizierung eines bereits vorhandenen Produktes auf einen spezifischen Kundenwunsch, geänderte Marktbedingungen etc. Es ist hierbei auch durchaus möglich, daß Teilfunktionen prinzipiell neu gestaltet bzw. signifikant geändert, ergänzt, erweitert usw. werden. Deshalb wird die Anpassungsentwicklung oft auch als Detailentwicklung bezeichnet. Bei einem vorgegebenen Produkt werden an ausgewählten Gestaltungsformen, Funktionen und / oder Wirkprinzipien Änderungen vorgenommen.
Letztlich können demnach also nur bestimmte Einzelteile des Produktes (Weiterentwicklung von Einzelteilen) oder das gesamte Produkt (Weiterentwicklung) betroffen sein.
Die Anpassungsentwicklung ist für Investitionsgüter typisch.

1.3 Aufgabe und Zielvorgabe

Eine gut durchdachte technische Aufgabenstellung geht naturgemäß vom aktuellen Stand der Technik aus. Sie umreißt verbal das zu lösende Problem und muß "nur noch" in die Sprache der Technik übertragen werden. Die Zielvorstellungen werden in meßbaren Größen formuliert und quantifiziert. Dies gelingt nicht mit allen Problemen, denn nahezu jede gestellte Aufgabe ist komplexer Natur, gleichgültig, ob es sich hier um Aufgaben zu Neu- oder Weiterentwicklungen handelt. Eine sinnvolle und erfolgversprechende Herangehensweise an die Lösung besteht zunächst einmal im Zerlegen der komplexen Aufgabe in verschiedene Teilaufgaben (vgl. Abbildung 1.8).

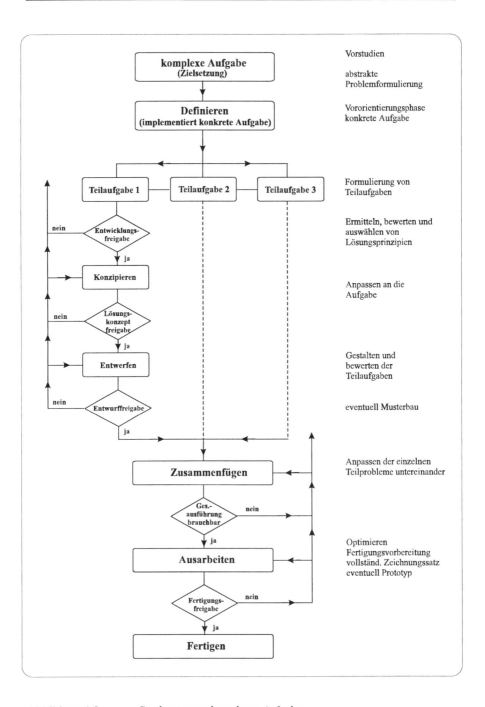

Abbildung 1.8:   *Strukturierung komplexer Aufgaben*

Durch eine geschickte Strukturierung in Teilprobleme wird die Aufgabenstellung transparent und überschaubar. Kleinere Problemeinheiten ermöglichen nicht nur das spontane Finden von Teillösungen, sie können auch wesentlich leichter abgearbeitet werden. Die Schwierigkeiten bei der Lösungssuche bezüglich hartnäckiger Teilprobleme werden erkannt und können an
kompetente Spezialisten zur Analyse und Lösungsfindung weitergegeben
werden. Letztlich wird dadurch eine Konzentration der innerbetrieblichen
Fachbereiche auf besonders schwierig zu lösende Fachprobleme erreicht.
Mittels entsprechender Experten werden diese genauer definiert und der
technische Hintergrund feiner ausgeleuchtet. Weitere Informationsquellen
können aufgedeckt und analoge technische Problemlösungen als Anregung
und Ideenquelle herangezogen werden.

1.3.1 Darstellung des Aufgabenkerns

Der wichtigste Schritt bei der Problempräzisierung zum Klären der Aufgabe (oder Teilaufgabe) besteht im Herausarbeiten des Aufgabenkerns. Die
Herausarbeitung dieses Problemschwerpunktes ist bei einer systematischen
Problemlösung von entscheidender Bedeutung und damit integraler Bestandteil jeder Lösungsfindung. Schließlich bedeutet dies nichts anderes, als die
Aufgabe abstrakt zu behandeln, den eigentlichen "Knackpunkt" vom unwesentlichen Beiwerk zu befreien. Gerade für diese Stufe des Entwicklungsprozesses ist sehr viel Sorgfalt vonnöten. Wird beispielsweise der Kern der
Aufgabe nicht klar herausgearbeitet, sind also - möglicherweise mit der
Aufgabe deterministisch verknüpfte - Randprobleme nicht als solche ausgewiesen, kann dies leicht zu einer Verzettelung bei der Lösung des eigentlichen Aufgabenkerns führen.
Der Kern der Aufgabe beschreibt bei technischen Problemstellungen im allgemeinen die Funktion (oder Hauptfunktion), die die zu entwickelnde Einrichtung (oder das Verfahren) übernehmen bzw. erfüllen soll.
Teilfunktionen und zusätzliche Vorgaben sind gemeinsam und in Abhängigkeit von der Hauptfunktion (Aufgabe) zu gliedern und zu strukturieren,
um letztendlich die angestrebte technisch-wirtschaftlich optimierte Lösung
zu erhalten. Zur systematischen Analyse und strukturierten Abbildung des
Aufgabenkerns gibt es eine größere Anzahl verschiedener Vorgehensweisen, die in Abhängigkeit zu den vorliegenden konkreten Randbedingungen
unterschiedlich praktikabel sind:
⇒ Funktionenbeschreibung
- verbale Definition mittels Substantiv und Verb,
- physikalische Elementarfunktionen und Grundoperationen,
- mathematische Darstellung in Form von Algorithmen, Gleichun-
gen, mathematischen bzw. rechnerinterne Modellen etc.
- Symbole und / oder andere Darstellungen,

⇨ Funktionenstrukturierung
  - Funktionen-Hierarchie, Funktionenbaum,
  - verknüpfte Funktionenstruktur, Funktionen-Netzplan,
  - verbaler Funktionenstrang, logischer Funktionenpfad,
  - mathematische Modelle,
⇨ Anforderungen-Quantifizierung
  - Anforderungsliste,
  - Lasten- / Pflichtenheft,
  - technische Wertigkeit (Qualität / Funktionserfüllung)
⇨ Ähnlichkeitsbetrachtung und -rechnung,
⇨ Simulation und Schwachstellenanalyse.

Nachfolgend sollen einige der Analyse- und Darstellungsformen für den Aufgabenkern kurz erläutert werden, die am häufigsten anzutreffen oder aus Sicht des Praktikers zweckmäßig und zielführend einsetzbar sind. Für eine vertiefende Beschäftigung mit dieser Problematik sei wiederum auf die VDI-Richtlinien 2221 und 2222 sowie auf die entsprechend weiterführende Literatur verwiesen, die im Literaturverzeichnis dieses Buches zu dieser Thematik explizit empfohlen wird.

Wirkungsschema
Mit dem Wirkungsschema wird das Gesamtproblem und ggf. das Zusammenwirken von Einzelkomponenten als Black-Box-System beschrieben. Hier wird eine Komponente (oder ein Teilsystem) mit einer spezifizierten Aufgabenstellung dargestellt (vgl. Abbildung 1.9). Gleichzeitig werden die erforderlichen Randbedingungen angegeben. Eine solche Darstellung bietet zweifellos den notwendigen Entwicklungsspielraum. Es wird zwar angegeben, was die Einrichtung "tun" soll, wie sie das aber tut, wird dem Ideenreichtum des jeweiligen Entwicklers überlassen und fordert somit seine Kreativität heraus.

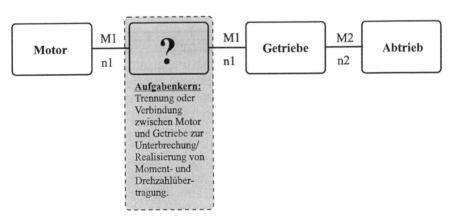

Abbildung 1.9:   *Allgemeines Wirkschema am Beispiel einer Kupplung*

Funktionsmodell

Falls das Funktionsprinzip (ggf. also eine realisierbare Idee) zur Lösung der Aufgabe bereits bekannt oder vorgegeben ist, eignet sich eine Darstellung in Form einer Prinzipskizze des ganzheitlichen Funktionsmodells (vgl. Abbildung 1.10). Hier bleibt auf den ersten Blick nur relativ wenig Freiraum für die Kreativität des Entwicklers, der das Funktionsprinzip nach engen Vorgaben lediglich umzusetzen hat.

Eine Basis für weiterführende Ideen ist jedoch auch hier gegeben. Sie liegt letztendlich eine Ebene unter dem zu realisierenden Funktionsprinzip, betrifft damit also Detaillösungen, die Bestandteil des vorgegebenen Funktionsprinzipes sind und dieses spezifisch prägen und kennzeichnen.

In unserem Beispiel könnte die verfeinerte Idee bei der Umsetzung des Funktionsprinzips in einer besonderen Kombination der Kupplungsbeläge, der Ausbildung deren Oberflächen usw. liegen.

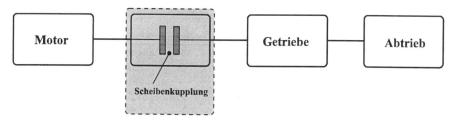

Abbildung 1.10:   *Beispiel einer Eingrenzung durch ein Funktionsprinzip*

Leitblatt von Bischoff und Hansen

Das von Bischoff entwickelte "Leitblatt für das Grundprinzip" enthält zum einen den Kern der Aufgabe, zum anderen aber auch die wesentlichsten Merkmale der zu schaffenden Einrichtung (oder des zu schaffenden Verfahrens). Diese Methodik der Aufgabenbeschreibung eignet sich u.E. - neben dem Wirkungsschema - hervorragend für die Einbringung von Kreativität in die Entwicklung, da ausreichender Entwicklungsspielraum gelassen wird, die Aufgabe jedoch so konkret wie irgend möglich - einschließlich aller wesentlichen und beeinflussenden Größen - beschrieben wird.

Mathematische Gleichung oder Gleichungssysteme

Diese Form allein ist nur dann sinnvoll und überhaupt machbar, wenn die Problemstellung hinreichend genau mathematisch faßbar ist. Hier liegt zwar eine sehr konkrete Problembeschreibung vor, eine kreative technische Umsetzung dieser Vorgaben ist jedoch nur in bedingt gegeben und bezieht sich meist auf die konkrete Ausgestaltung der Lösung.

Allerdings ist die komplementäre Anwendung mit den anderen Analyse- und Darstellungsformen zwingend notwendig, um quantifizierbare Randbedingungen und Zusammenhänge deutlich zu machen (bspw.: Simulation, Ähnlichkeitsrechnung etc.).

Funktionsstruktur

Mit der Funktionsstruktur wird ein vollständiger "Schaltplan" einer Gesamt-funktion dargestellt. Die Gesamtfunktion wird dabei in Grundfunktionen aufgeteilt, die wiederum als Operatoren bezeichnet werden können. Solche Grundfunktionen wären beispielsweise: Leiten, Speichern, Wandeln, Ver-binden, Trennen, Richtungsändern, o.ä. Wesentlich ist dabei, daß man diese Operatoren in Ihrer Anzahl begrenzt und sie nicht zu fein zergliedert. Des weiteren ist ein Bezug dieser Operatoren auf Grundgrößen wie Stoff, Ener-gie, Information, u.s.w. sinnvoll (vgl. Abbildungen 1.11 und 1.12).
Der Versuch einer Definition allgemeiner Funktionen und die Zuordnung entsprechender Schaltsymbole wird in der VDI-Richtlinie 2222 unternom-men.

Allgemeine Größen	Allgemeine Operationen					
	Leiten	Speichern	Wandeln	Verknüpfen		
Stoff	Stoff leiten	Stoff speichern	Stoff wandeln	Stoff und Stoff verknüpfen	Stoff und Energie verknüpfen	Stoff und Nachricht verknüpfen
Energie	Energie leiten	Energie speichern	Energie wandeln	Energie und Energie verknüpfen	Energie und Nachricht verknüpfen	Energie und Stoff verknüpfen
Nachricht	Nachricht leiten	Nachricht speichern	Nachricht wandeln	Nachricht und Nachricht verknüpfen	Nachricht und Stoff verknüpfen	Nachricht und Energie verknüpfen

Abbildung 1.11:   *Größen und Operationen*

Verbale Formulierung

Eine verbale Formulierung ist sicherlich die am wenigsten geeignete Form der Darstellung des Aufgabenkerns - dessenungeachtet wird sie jedoch am häufigsten verwendet.
Sicherlich ist diese Form besser als gar keine Aufgabenbeschreibung, sie verlangt jedoch von demjenigen, der sie formuliert, sprachliches Können oder / und sprachliche Disziplin. Die wesentlichste Bedingung besteht letzt-endlich darin, die Aufgabendefinition lediglich durch die Verwendung von Substantiv und Verb zu realisieren.
Die verbale Problemformulierung ist nur für sehr allgemeine Aufgabenbe-schreibungen akzeptabel. Man darf hierbei nicht übersehen, daß sprachli-che Ungeübtheit bei der Formulierung technischer Zusammenhänge sehr

leicht zu einer Fehlinterpretation der Aufgabe und damit zu einem neben-
sächlichen, unvollständigen oder gar falschen Lösungsansatz führen kann.

Allgemeine Funktion		Schaltsymbol	Definition
Leiten		X	Änderung des Ortes einer Energie-, Stoff- oder Nachrichtenmenge X; Zeitpunkt *), Erscheinungsform und Betrag bleiben konstant.
Speichern		X	Konstanz einer Energie-, Stoff- oder Nachrichtenmenge über einen endlichen Zeitraum. Es ändert sich der Zeitpunkt.
Wandeln		X	Änderung der Erscheinungsform einer Energie-, Stoff- oder Nachrichtenmenge X; Ort, Zeitpunkt *) und Betrag bleiben konstant.
Summatives Verknüpfen	gleicher Größen	X1 X	Änderung des Betrages einer Energie-, Stoff- oder Nachrichtenmenge X infolge X1; Ort, Zeitpunkt *) und Erscheinungsform bleiben konstant.
	verschiedener Größen	Y X	Aufprägen einer Energie-, Stoff- oder Nachrichtenmenge Y auf eine Energie-, Stoff- oder Nachrichtenmenge X; Ort, Zeitpunkt *) und Erscheinungsform bleiben konstant.
Distributives Verknüpfen	gleicher Größen	X X1	Änderung des Betrages einer Energie-, Stoff- oder Nachrichtenmenge X infolge Abtrennung von X1; Ort, Zeitpunkt *) und Erscheinungsform bleiben konstant.
	verschiedener Größen	X Y	Abgreifen einer Energie-, Stoff- oder Nachrichtenmenge Y von einer Energie-, Stoff- oder Nachrichtenmenge X; Ort, Zeitpunkt *) und Erscheinungsform bleiben konstant.

*) Zeitpunkt konstant bedeutet in diesem Zusammenhang, daß es sich um momentane Zusammenhänge handelt, bzw. daß der Ablauf der Zeit für die Betrachtung der betreffenden Funktion vernachlässigt wird.

Abbildung 1.12:   *Funktionen und Symbole*

1.3.2   Aufgabenstellung und Anforderungsliste

Nach der Formulierung der Aufgabenstellung beginnt die Konzeptionsphase.
Erklärte Ziele, die mit dem neuen Produkt erreicht werden sollen, müssen
in einer Anforderungsliste festgehalten werden, die wiederum die Basis für
das zu erstellende Pflichtenheft bildet. In diesem Zusammenhang sind vor
dem eigentlichen Entwicklungsstart realistische und fundierte Aussagen zu
den nachfolgend aufgeführten Schwerpunkten zu treffen.

a) Fragen zu technischen Eigenschaften und Funktionen
- Was ist der technische Kern der Aufgabe, welches technische Problem liegt vor?
- Welche Funktionen werden vom Produkt erwartet, welche funktionellen Zusammenhänge sind bekannt?
  * Bestimmung der Ein- und Ausgangsparameter,
  * Festlegung der Gesamtfunktion,
  * Festlegung von Funktionsstrukturen,
  * Festlegung der physikalischen Wirkarten und Effekte,
  * Festlegung der Energiearten.
- Wie ist der aktuelle Stand der Technik?
- Welches sind die üblichen, welches die zukünftigen Erwartungen?

b) Nutzeffekt
- Nutzeffekt für den Abnehmer bzw. Verbraucher?
  * Lebensdauer, Haltbarkeit, Lebenszyklus, Nutzungsdauer
  * generelle Nutzenerwartungen, Nutzenvorstellungen
- Nutzeffekt für den Unternehmer, Hersteller, Vertrieb?
  * Zu welchen bereits vorhandenen Produkten paßt die Idee?
  * Konkurriert die Idee mit Produkten aus dem eigenen Angebot?
  * Sind die Nutzvorstellungen mit dem Unternehmensziel, Image etc. vereinbar?
  * Gibt es Produkte mit ähnlicher Funktion?
  * Wird die eigene Produktpalette erweitert?
  * Werden eigene Fertigungsunterlagen und Vertriebswege genutzt?
  * Wird eigenes Know How vertieft, ausgebaut, erweitert?

c) Einsatzbereich und konkurrierende Produkte
- Welche Verwender, Anwender, Einsatzbereiche werden angesprochen?
- Welche neuen Verwender können noch erreicht werden?
- Welche Verwendergruppe könnte Hauptabnehmer werden?
- Sollen weitere Produkte für dieses Marktsegment, für diese Produktionsanlage folgen?
- Welche Produkte konkurrieren auf dem angestrebten Markt?
- Mit welchen Produkten könnte der Wettbewerb kontern?
- Welche Vorteile hinsichtlich Know-How, Herstellung und Vertrieb hat das eigene Unternehmen bzw. die Konkurrenz?
- Welche Lösungen sind bereits von der Konkurrenz abgesichert?
- Gibt es eigene patentierbare oder bereits patentierte Lösungen?

d) Herstellbarkeit und Ressourcen
- Ist das Produkt im Unternehmen herstellbar?
- Stehen genügend Herstellmittel wie Werkstoffe, Raum, Gerät und Personal zur Verfügung?

- Ist das Know How hinsichtlich Entwicklung, Fertigung und Vertrieb vorhanden, wie kann es gestärkt und entwickelt werden?
- Kann die Qualitätsnorm erreicht, wie kann der erreichbare Iststand verbessert werden?
- Wo können Material- und Herstellungsprobleme auftreten?
- Wie ist die günstigste Aufteilung von Eigenfertigung zu Fremdbezug?
- Wird das vorhandene Fertigungspotential (Mensch und Maschine) sinnvoll genutzt?
- Welche Ressourcen hinsichtlich Entwicklung, Fertigung und Vertrieb stehen zur Verfügung bzw. werden noch benötigt?

e) Bedarfserwartung und Stückzahlen
- Welcher Kundenkreis wird angesprochen?
- Welche Stückzahlen werden erwartet?
- Wie hoch wird der eigene Marktanteil angesetzt?
- Welche Verkaufszahlen kann das eigene Produkt im In- und Ausland erreichen?
- Welche Umstände beeinflussen die Verkaufszahlen positiv bzw. negativ?
- Wann soll das Produkt in den Markt eingeführt werden?
- Wie wirken sich terminliche Verschiebungen aus?
- Welche Stückzahlen kann der Ersatzteilmarkt abnehmen?
- Welcher Anteil des Ersatzteilgeschäftes entfällt auf das eigene Unternehmen?

f) Kostenschätzung, Verkaufspreise, Umsatz und Gewinn
- Mit welchem Aufwand soll das Produkt hergestellt werden?
- Was kosten ähnliche oder vergleichbare Produkte?
- Welcher Verkaufspreis wird vom Markt akzeptiert?
- Welche Qualitätsstufe soll das Produkt erreichen?
- Wie ist der Preistrend in dieser Produktkategorie?
- Bei welcher Stückzahl und Qualitätsklasse wird der höchste Umsatz erreicht?
- Welcher Produktzyklus wird für dieses Produkt angenommen?
- Welche Entwicklungskosten werden voraussichtlich anfallen?
  * Forschung,
  * Systemfindung,
  * Konstruktion,
  * Musterbau,
  * Versuch,
  * Nullserie,
  * Beratung,
  * Lizenzen,
  * Patentgebühren.

- Welcher Aufwand wird für Vertrieb, Werbung und Service angesetzt?
- Welche Preisreaktion der Mitbewerber wird erwartet?
- Ist das Produkt auch ohne kurzfristige Gewinnchancen für das Unternehmen interessant?
- Welcher Gewinn wird für die verschiedenen Produktlebenszyklen erwartet?

g) Produktprogramm und Vertriebsart
- Entwicklungsziel: Neu-, Weiterentwicklung, Produktauffrischung oder Standardisierung?
- Welchen Platz nimmt das neue Produkt in der jetzigen Produktpalette ein?
- Paßt das neue Produkt zu bisherigen Produktionsanlagen?
- Kann das Produkt über das bestehende Vertriebsnetz an den Kunden gebracht werden?
- Was muß bei der Lagerung, beim Transport und Versand berücksichtigt werden?
- Ist der vorhandene Kundendienst für die Wartung des neuen Produktes gewappnet?
- Paßt das Produkt zum Image des Unternehmens?
- Welche Konkurrenten könnten das Produkt ebenfalls entwickeln und / oder herstellen und / oder vertreiben?
- Wer sind konkret die potentiellen Konkurrenten, wie fügt sich das neue Produkt in deren Angebotspalette?
- Mit welcher Preis- und Verkaufsstrategie wird die Markteinführung unterstützt?

h) Marktanalyse, Verkaufsprognosen und Käuferkreis
- Wie verläuft die derzeitige Konjunktur, was kann für die Zukunft prognostiziert werden?
- Wie wirkt sich der Konjunkturverlauf auf die Absatzchancen des Produktes aus?
- Wie werden die zukünftigen Konsumgewohnheiten des potentiellen Käuferkreises eingeschätzt?
- Wie entwickelt sich das Bruttoinlandsprodukt und wie wird die Einkommensentwicklung des Käuferkreises eingeschätzt?
- Wie wird das neue Produkt von der Öffentlichkeit angenommen bzw. restriktiv aufgenommen, liegt das Produkt im Trend?
- Wird mit diesem Produkt ein technologischer Fortschritt erreicht?
- Erfüllt dieses Produkt auch zukünftige Normen und Vorschriften hinsichtlich Sicherheit, Verbrauch und Umwelt?
- Wie wird sich der spezielle Absatzmarkt entwickeln?
- Mit welchem Wachstum kann im In- und Ausland real gerechnet werden?

- Sind saisonale Schwankungen zu berücksichtigen?
- Wie teilt sich der Markt auf (Inland, Ausland), wer sind die Marktführer?
- Welche Strategie verfolgt der Marktführer hinsichtlich Eigenfertigungsanteil und Vertriebsart?
- Welche besonderen Stärken und mögliche Schwächen können bei der Konkurrenz beobachtet werden?
- Mit welchen Konkurrenzprodukten ist zu rechnen?
- Welche Produkteigenschaften führen zur Veränderung des Absatzes?
- Welche Absatzerwartungen sind über einen bestimmten Zeitraum realistisch?

i) Ergonomie, Wartung und Bedienung
- Welches Benutzerverhalten ist zu berücksichtigen?
- Welche Handhabung und Pflege darf vom Benutzer erwartet werden?
- Wie wirken sich Fehlbedienungen auf den Benutzer, auf das Produkt und die Umwelt aus?
- Welche Anforderungen werden an die Bedienungselemente gestellt?
- Welche Prüfverfahren soll das Produkt durchlaufen?
- Welche Tests führen Verbraucherorganisationen durch?
- Welche Standards bezüglich Wartung und Bedienung müssen eingehalten bzw. übertroffen werden?
- Welche Bedienungs- und Wartungsfehler sind zu erwarten?

1.3.3 Aufgabenstellung und relevante Informationsbeschaffung

Anforderungen an zeitgemäße Produkte und Lösungen hinsichtlich Funktionserfüllung, Technik, Qualität und Preis / Leistungsverhältnis sind so anspruchsvoll, daß während des Entwicklungsprozesses alle verfügbaren Informationsregister gezogen werden müssen, um bei der Produktentwicklung einen hohen technischen Standard zu erreichen und möglichst noch zu übertreffen.

Während der Informationsphase sind die zur Aufgabenlösung beitragenden Informationen auszuwählen, zu beschaffen, zu sichten und auszuwerten. Der Umfang der verwendeten Literatur und der Aufwand für deren Beschaffung sind der Aufgabenbedeutung und der zur Verfügung stehenden Bearbeitungszeit sowie den vorhandenen Ressourcen anzupassen. Informationen über den finanziellen Spielraum des Endverbrauchers, seine Nutzungsgewohnheiten und Erwartungen, über die Marktsituation und den Stand der Technik sind die wesentlichen Säulen für das Anforderungsprofil der angestrebten Lösung.

Das Informationsmanagement im Rahmen des Entwicklungsprozesses beinhaltet dabei die nachfolgend genannten Schwerpunkte:

* *Beschaffung*
  - Fragestellung,
  - Quellenerschließung,
  - Recherchen,
  - Auswahl,
  - Beschaffung,
  - Bereitstellung.

* *Aufbereitung*
  - Strukturierung,
  - Sichtung,
  - Auswertung,
  - Nutzung.

* *Ablage*
  - Registratur,
  - Datenbank,
  - Aktenablage.

Die verschiedenen erschlossenen Informationsquellen lassen sich den jeweiligen Schritten im Entwicklungsablauf zuordnen (Abbildung 1.13).

★ Ideenpool
★ Prognosen, Zukunftsstudien
★ Marktberichte, Messeberichte,
   Testberichte, Entwicklungs-
   berichte, Forschungsberichte
★ Verkaufsstatistiken
★ Wettbewerbsinformationen
	Planen

★ Fachzeitschriften ★ Fachbücher ★ Gesetzesvorschriften ★ technische Vorschriften ★ Patentschriften ★ Anforderungsliste ★ Pflichtenheft ★ Spezifikationen	**Konzipieren**
★ Entwurfszeichnungen ★ Funktionskataloge ★ Bauteilkataloge ★ Normen, Einbauvorschriften ★ Formelsammlung ★ Konstruktionsrichtlinien ★ Pflichtenheft, Lastenheft	**Entwerfen**

Abbildung 1.13:   *Informationsquellen und Entwicklungsablauf*

1.3.4   Lasten- und Pflichtenheft

Das Ziel bei der Erarbeitung von Lasten- und Pflichtenheft besteht ganz allgemein darin, die technischen und wirtschaftlichen Anforderungen an das Produkt (oder Verfahren) festzulegen und die Zusammenarbeit zwischen Entwickler, Planer, Betreiber und Hersteller zu fördern.
Bei der Erstellung kommt es besonders auf die vollständige Erfassung der verfügbaren Informationen und auf die umfassende Überführung der in der Aufgabenstellung enthaltenen Aussagen in verwertbare technische Angaben an. Die zusammengestellten Angaben müssen zumindest die Bedingungen der Eindeutigkeit, Vollständigkeit und Überprüfbarkeit erfüllen.
Die Formulierung des Lasten- und Pflichtenhefts ist kein einmaliger Vorgang. Vielmehr müssen die Inhalte während des Entwicklungsablaufes aufgrund der ständig gewonnenen Erkenntnisse und Erfahrungen permanent neu überarbeitet und dem Entwicklungsstand angepaßt werden.

Das Lastenheft
Das Lastenheft umfaßt die vollständige Zusammenstellung sämtlicher Anforderungen des Auftraggebers bzgl. Liefer- und Leistungsumfang. Dazu gehören die quantifizierten und prüfbaren (!) Anforderungen - einschließlich eventueller Randbedingungen - die das Produkt (Verfahren) aus Anwendersicht erfüllen soll.
Im Lastenheft sind die aus der Marktsituation abgeleiteten Richtlinien, Anforderungen und Umsatzziele festgelegt. Die sich aus dem erzielbaren Marktpreis ergebenden zulässigen Herstellkosten müssen klar definiert sein. Ebenso sind die zu erbringenden technischen Daten, physikalischen Eigenschaften und Qualitätsmaßstäbe detailliert aufzuführen.
Das Lastenheft beinhaltet im einzelnen:

- Marktvolumen, Marktpreis, Umsatzziel, Rendite,
- zulässige Herstellkosten, Investitionskosten,
- technische Anforderungen, technische Daten,
- Wirkungsprinzip, Konzept, Funktion,
- Baureihe, Baukasten, Produktfamilie,
- Sicherheitsbedingungen, Ergonomie,
- Qualitätsmerkmale. Lebensdauer.

Die Anforderungen im Lastenheft gliedern sich in drei Hauptgruppen: Forderungen, Wünsche und Ziele.
Forderungen: Festforderungen bzw. Mindestforderungen, die zur Funktionserfüllung unabdingbar sind, geben die wesentlichen Ansatzpunkte für die in der Lösungsfindung zu realisierenden Funktionen. Wird eine Forderung von der angedachten Lösung nicht erfüllt, so muß diese Ausführung ggf. verworfen werden.

Wünsche: Die Verwirklichung der Wünsche (respektive Zusatz-
                  funktionen) soll nach Möglichkeit angestrebt werden. Es
                  ist eventuell ein begrenzter Mehraufwand zulässig. Be-
                  rücksichtigte Wünsche sind häufig das Salz in der Suppe,
                  wodurch sich sehr begehrte Produkte von solchen, die aus-
                  schließlich ihren eigentlichen Zweck erfüllen, positiv ab-
                  heben.
Ziele: Sie werden im Rahmen der Gesamtentwicklung angestrebt,
                  aber noch nicht bei der Erfüllung der gestellten Aufgabe
                  konkret verwirklicht, können jedoch in Vorbereitung zu-
                  künftiger Produkteigenschaften in Erwägung gezogen wer-
                  den.

Das Lastenheft beschreibt im Detail, *welche Aufgabe* zu *welchem Zweck* zu
lösen ist. Damit ist von Anfang an klar, daß das Lastenheft im Normalfall
vom Auftraggeber zu erstellen ist, denn dieser weiß naturgemäß am besten,
was er eigentlich *wofür* braucht. Allerdings kann auch das Lastenheft selbst
als Auftragsarbeit vom Auftraggeber in Arbeit gegeben werden. In diesem
Falle erhält der Auftragnehmer lediglich eine mehr oder minder ausführliche Spezifikationsliste, aus der dann das eigentliche Lastenheft entwickelt
wird. Dieses muß schließlich noch mit dem Auftraggeber abgestimmt und
von ihm (vor dem eigentlichen Projektstart) abgesegnet werden. Die Form
des Lastenheftes wird als Ausschreibungs- und Angebotsgrundlage verwendet und dient oftmals auch als Vertragsgrundlage.
In jedem Fall ist das Lastenheft das Ergebnis der Konzeptphase zur Lösung
einer - wie auch immer gearteten - technischen Aufgabe. Für ein Projekt
darf es jeweils lediglich ein Lastenheft geben.
Werden einzelne Kapitel oder Abschnitte des Lastenheftes ausgelagert und
gesondert bearbeitet (z.B. extern), so spricht man vom Stamm-Lastenheft
und von Teil-Lastenheften. Letztere enthalten dann die extern bearbeiteten
Themen. Im Stamm-Lastenheft müssen in diesem Falle entsprechende Ver-
weise zum Bearbeiter, Standort etc. vorgenommen werden. Darüber hinaus
muß die jeweils aktuellste Fassung der Teil-Lastenhefte dem Stamm-Lastenheft beigefügt werden.
Verantwortlich für die Führung und Aktualisierung des Lastenheftes ist der
Projektleiter.
Da das Lastenheft über einen längeren Zeitraum gepflegt wird und bei jeder
technischen Entwicklungsaufgabe zur Anwendung kommt, ist die Verwendung eines allgemeingültigen und verständlichen Lastenheftformulars sinnvoll und angebracht.
Dieses Formular könnte zweckmäßigerweise über das in Abbildung 1.14
dargestellte Erscheinungsbild verfügen.
Dabei sind bereits auf der Titelseite (Abbildung 1.14a) wesentliche Informationen, wie:

- Bestätigung des Einverständnisses durch den Auftraggeber,
- Freigabeblock mit Unterschriften des Projektleiters etc.
- Änderungsstatus, Erstellungsdatum, Seitenanzahl,
- Verteiler,
- Projektname und -nummer,
- Bearbeiter und Datum der letzten Änderung

enthalten.

Die nachfolgenden Seiten des Lastenheftes sollten - wie in Abbildung 1.14b dargestellt - jeweils eine Kopfzeile aufweisen, aus der Minimalinformationen wie aktuelle Seite, Seitenzahl insgesamt, aktuelle Kapitelüberschrift und letzter Bearbeitungsstand hervorgehen.

Ein sehr detaillierter Vorschlag für die Gliederung eines Lastenheftes ist z.B. in den VDI / VDE - Richtlinien 3694 gegeben. Danach umfaßt das Lastenheft die nachfolgend aufgeführten Schwerpunkte:

1 *Einführung in das Projekt*
   * Veranlassung (Hintergründe, technologisches Umfeld etc.)
   * Zielsetzung (Technik, Wirtschaftlichkeit etc.)
   * Projektumfeld (Auftraggeber, technische Zusammenhänge etc.)
   * Hauptaufgaben
   * Eckdaten (Termine, Personal, Kosten etc.)
   * etc.

2 *Beschreibung des Ist-Zustandes*
   * Beschreibung aller technischen Zusammenhänge
   * Beschreibung aller organisatorischen Zusammenhänge
   * etc.

3 *Beschreibung des Soll-Zustandes*
   * Kurzbeschreibung der Aufgabe
   * Festlegung der gewünschten Ergebnisse
   * Angabe der vorhandenen Ausgangsdaten
   * etc.

4 *Beschreibung von Interface oder Schnittstellen (sofern vorhanden)*
   * Hardwareschnittstellen
   * Softwareschnittstellen
   * etc.

5 *Anforderungen an die Systemtechnik*
   * Herstellerneutrale Anforderungen, die sich durch die Art der Aufgabe ergeben
   * etc.

6 *Anforderungen an die Inbetriebnahme und den Einsatz*
   * Anforderungen an die Dokumentation, Art der Unterlagenerstellung etc.

Lastenheft

Auftraggeber	Abteilung	Name	Datum	Unterschrift	Freigabe

Abt.	Name	Datum	Unterschrift

Änderung:	
Stand:	
Seiten:	

Verteiler

Abt.	Name	Abt.	Name	Abt.	Name

Projektbezeichnung:	Projekt-Nummer:

Bemerkungen:

Bearbeiter / Abt.:	Datum:	Unterschrift:

Abbildung 1.14a: *Formular Lastenheft (Deckblatt)*

Projekt-Nr.:	Lastenheft	Seite: ... von ...
	Änderung:	Datum:

Abbildung 1.14b: *Formular Lastenheft (Seitenformular)*

* Anforderungen an die Art und Weise der Montage
* Anforderungen an die Inbetriebnahme
* Abnahmen, Art der Abnahmedurchführungen, Voraussetzungen
* Produktschulungen
* Anforderungen an den Betrieb
* Anforderungen an Instandhaltung und Wartungsmöglichkeiten
* etc.

7 *Anforderungen an die Qualität*
   * Qualitätsnachweise
   * Kontrollpläne, FMEA etc.
   * etc.

8 *Anforderungen an die Projektabwicklung*
   * Projektorganisation (Personal, Arbeitsorte, Zuständigkeiten etc.)
   * Projektdurchführung (Aktivitäten, Meilensteine, Überwachung etc.)
   * etc.

Das Pflichtenheft

Im Pflichtenheft wird konkret die Realisierung aller im Lastenheft formulierten Anforderungen beschrieben.

Das Pflichtenheft enthält detaillierte Aussagen darüber, wie und womit die im Lastenheft formulierten Anforderungen erfüllt werden. Damit liegt auf der Hand, daß das Pflichtenheft nicht losgelöst vom Lastenheft betrachtet werden kann - es enthält das Lastenheft.

Bei der Erstellung des Pflichtenheftes prüft der Auftragnehmer die im Lastenheft aufgelisteten Forderungen sowohl auf Realisierbarkeit als auch auf Widerspruchsfreiheit und zeigt das konkrete Vorgehen zu deren Erfüllung auf. Nach der Abstimmung des Pflichtenheftes mit dem Auftraggeber wird dieses von beiden Seiten unterzeichnet und liegt damit als verbindliche Vereinbarung für die Realisierung des Projektes vor.

In konkreter Ausführung enthält das Pflichtenheft die Punkte 1 bis 8 des Lastenheftes (vgl. ebenda), darüber hinaus jedoch weitere Punkte, die die ausgeführte Lösung des Problems beschreiben und die konkrete technische Ausführung letztlich dokumentieren.

Ein Vorschlag für eine entsprechende Gliederung ist wiederum in den VDI / VDE - Richtlinien 3694 gegeben, wonach folgende Schwerpunkte Gegenstand des Pflichtenheftes sein müssen:

1 - 8 *Gliederungspunkte des Lastenheftes*
   9   *Beschreibung der Lösung*
       * Beschreibung der Lösung anhand der unter 3 vorgegebenen Aufgaben

10   *Konkrete technische Ausführung der Lösung*
     * Angabe und Dokumentation aller technischen Daten für das
       Gesamtprodukt, einschließlich Schutzvorschriften, -klassen

In einem Anhang von Lasten- und Pflichtenheft sind Verzeichnisse der verwendeten Abkürzungen, von Zeichnungen, Begriffsdefinitionen etc. anzugeben. Desweiteren sind Hinweise auf die für das Produkt maßgebenden Gesetze, Verordnungen, Richtlinien und Empfehlungen gesondert aufzuführen.

1.4   Wege und Methoden zur systematischen Lösungsfindung

Die wesentlichsten Etappen und Techniken im Prozeß der systematischen Lösungsfindung sind in Abbildung 1.15 angegeben.
Das Lösen von schwierigen Entwicklungsaufgaben erfordert die Fähigkeit zum kreativen Denken, d.h. das Kombinieren von an sich bekannten, ele-

Etappen	Techniken
Aufgabendefinition	Markt-, Absatz-, Kunden-, Konkurrenzanalyse, Szenario-Technik, Pflichtenhefterstellung,...
Problemfindung	Basic Synectics, Wertanalyse, Ursachenforschung,...
Problemanalyse	Blackbox, progressive Abstraktion, Suchfeldauflockerung, Ursachenanalyse, Funktionsanalyse, Parameteranalyse,...
Kreativitätstechniken Ideenfindung	Brainstorming, Brainwriting (635), Synectic, Eigenschaftslisten, Erzwungene Beziehungen, Lexikonmethode, Bionik, Kontrastmethode, Delphimethode, Abstraktion,...
Lösungsentwicklung	Konzeptfestlegung, Systemanalyse, Systembewertung, Entscheidungsbaum, Entscheidungstabellentechnik, Systemauswahl, physikalischeEffekte, Morphologischer Kasten, Bewertungsmethode, Iterationsmethode,...
Ausführung, technische Gestaltung	Konstruktionssystematik, Konstruktionskataloge, Formelsammlung, Tabellenbücher, Materialkataloge,...

Abbildung 1.15:   *Etappen der systematischen Lösungsfindung*

mentaren physikalischen Prinzipien und technischen Zusammenhängen, die auf den ersten Blick wenig oder nichts miteinander zu tun haben.
Der Ablauf des kreativen Denkens erfolgt nach Rohrbach in fünf Schritten:

1) Empfinden oder Erkennen einer Zwangslage oder eines Problems,
2) Definition und Analyse des Problems,
3) Suche nach möglicher Abhilfe, nach Lösungsmöglichkeiten,
4) Bewertung und Auswahl von Lösungen,
5) Ausarbeitung und technische Realisierung der Lösung.

Als wichtigste Voraussetzung für kreatives Denken werden unter anderem die nachfolgend aufgeführten persönlichen Eigenschaften gesehen:

- Vitalität in allen Lebensfragen,
- vielseitige Ausbildung und Erfahrungen,
- bildreiche Sprache, Denken in Analogien,
- Risikobereitschaft und Hartnäckigkeit bei der Zielverfolgung und beim Wegstecken von Rückschlägen.

Beim Lösen von Entwicklungsaufgaben kommt es darauf an, die wesentlichen Elemente bzw. Funktionen durch zweckmäßige Problemanalyse und umfassende Problemdefinition zu erkennen. Durch eine gedanklich möglichst weite Entfernung vom vorliegenden Problem bzw. von offensichtlich realisierbaren Problemlösungen muß versucht werden, Zusammenhänge zu anderen, artfremden Elementen zu erkennen bzw. herzustellen.
Letztlich macht das Finden und die Zusammenstellung von Element-kombinationen die Kreativität des Entwicklers aus. Insofern ist verständlich, daß sowohl das fachliche Ausbildungsniveau wie auch - und das in entscheidendem Maße - die berufliche Erfahrung und die entwicklerische Risikobereitschaft und -fähigkeit die Qualität und den Neuheitsgrad einer Produktentwicklung maßgeblich bestimmen.

1.4.1   Methoden und Techniken der Problemlösung

Die Methoden und Techniken der Problemlösung sind äußerst vielfältig und unterliegen mit zunehmender Veränderung der Aufgabenspezifik dem Wandel der Zeit. Mit wachsender Komplexität der Aufgaben werden auch die Lösungswege komplexer. Letztendlich gewinnt dadurch zwangsläufig die erreichte Lösung an Qualität (Abbildung 1.16).
Allgemein gilt für die Problemlösungsmethoden:

- Genaue Analyse der Problemstellung,
- Identifikation mit dem Problem,
- Abstraktion des Problems,
- neuartige Kombination an sich bekannter Begriffe und Lösungs-elemente.

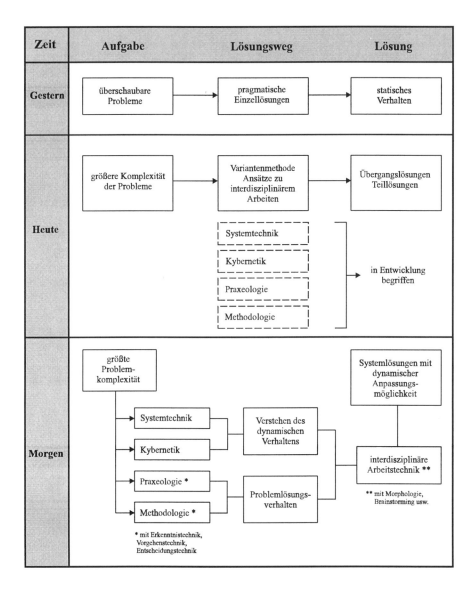

Abbildung 1.16:   *Aufgabe und Lösung im Wandel der Zeit*

1.4.2   Klassische Techniken der systematischen Lösungsfindung

Einen erheblichen Beitrag zur effektiven und erfolgreichen Lösungsfindung leistet eine an die Aufgabe angepaßte Lösungsfindungsmethode. Im Laufe der Weiterentwicklung der Konstruktionsverfahren wurden verschiedene Methoden entwickelt, die je nach Ausgangssituation und Erwartungshaltung des Auftraggebers angewendet werden. Wird völliges Neuland betreten, so muß naturgemäß anders vorgegangen werden, als bei einer Weiterentwicklung eines Produktes oder Verfahrens. Man unterscheidet heuristische (intuitive) und diskursive Methoden zur Lösungsfindung.

Das Ziel eines jeden Entwicklungs*prozesses* ist die Erarbeitung eine optimierten Lösung, wobei die Optimierungskriterien sehr unterschiedlich sein können. Dieser Prozess ist zunächst gekennzeichnet durch die Herausarbeitung, Gegenüberstellung und Bewertung der Lösungsideen. Es liegt damit auf der Hand, daß das Vorliegen einer großen Anzahl relevanter Lösungsideen überhaupt die Voraussetzung für die Erarbeitung einer optimierten Lösung ist.

Methodisch-intuitive (heuristische), einfallsbetonte Verfahren der Lösungsfindung zielen auf das eingebungsartige, unmittelbare Finden von Ideen ab und stimulieren ganz wesentlich die menschliche Kreativität. Einerseits werden sie angewendet, wenn schlecht strukturierte bzw. schwer algorithmierbare Probleme und Aufgaben zur Lösung anstehen. Andererseits sind sie allgemein dann zweckmäßig anzuwenden, wenn gänzlich neuartige Lösungen zu finden sind, sei es, weil noch keine brauchbaren Lösungsansätze vorliegen oder weil vom Herkömmlichen grundsätzlich abgegangen werden soll. Zu diesen Verfahren gehören beispielsweise:
-    Brainstorming,
-    Methode 66,
-    Methode 635,
-    Synectic, assoziative Provokation,
-    Delphi-Methode,
-    Pin-Wall / Galeriemethode,
-    etc.

Diskursive bzw. iterative (also bewußt schrittweise) Lösungsfindungsmethoden bestehen aus systematisch aufgebauten, logisch miteinander verknüpften Einzelschritten. Die Vorgehensweise ist mittelbar und kann sowohl vom Anwender als auch von anderen Personen später zumindest in Teilschritten bis zum (Teil-)Ergebnis nachvollzogen werden. Systematisch-diskursive (iterative) Methoden werden zum Lösen von strukturierten algorithmierbaren Problemen eingesetzt. Sie eignen sich damit speziell zur Bearbeitung von Teilaufgaben, deren Lösungsprinzip bereits im wesentlichen festliegt. Zu den diskursiven Methoden gehören beispielsweise:
-    Morphologie (morphologischer Kasten, Eigenschaftslisten),
-    Methode der ordnenden Gesichtspunkte,

- systematische Variation (Deutung physikalischer Beziehungen, Struktur, Gestalt etc.)
- Konstruktionskataloge, Lösungskataloge,
- Bausteinesysteme, Baureihenkataloge,
- Gestaltungsregeln und -richtlinien,
- Lösungsdarstellung, Systemsynthese,
- etc.

Im weiteren Sinne lassen sich selbstverständlich auch die konventionellen Methoden der Lösungsfindung (Analyse bekannter technischer, physikalischer, bionischer Systeme; Experimente, Laborversuche und Testreihen; Analogiebetrachtungen etc.) zu den diskursiven Verfahren zuordnen, da sich auch diese durch ein systematisches Vorgehen auszeichnen, das sich an einem vorgegebenen Algorithmus orientiert.

Im Rahmen einer systematischen Lösungssuche ist es in jedem Fall zweckmäßig, den heuristischen und diskursiven Ansatz in Kombination anzuwenden. Nur unter diesem Aspekt ist das notwendige Maximum an Ideenquantität und -qualität zu erreichen.

Nachfolgend sollen einige der am häufigsten angewendeten und zweckmäßig einsetzbaren Verfahren und Methoden - inhaltlich anknüpfend an Abbildung 1.15 - kurz erläutert werden. Diese Erläuterung kann jedoch lediglich eine überblicksartige Einführung sein und unter Umständen eine situationsgerechte Auswahl erleichtern. Eine umfassende Auseinandersetzung mit dieser Thematik würde den Rahmen dieses Buches deutlich sprengen, muß also unterbleiben. Auch hier sei auf die empfohlene vertiefende Literatur verwiesen, die im Literaturverzeichnis explizit angegeben ist.

Brainstorming (A. F. Osborn)
Das Brainstorming dient der Ideensuche im Team mittels vielfältigster Assoziationsauslöser. Grundsätzlich werden Funktionen und deren Strukturen ermittelt. Lösungsprinzipien und deren Strukturen werden als Zielfunktion gesucht. Mit dieser Methode werden sehr schnell die verfügbaren Ideen und Sichtweisen der Teammitglieder zum vorgegebenen Thema abgefragt, diskutiert und "weitergesponnen". Unterstützend und kreativitätsfördernd wirken umfassende Betrachtungsweisen, womit letztendlich die Lösungsvielfalt gesteigert wird. Die umfassenden Betrachtungsweisen lassen sich unter anderem und beispielhaft mit nachfolgenden Schlagworten verdeutlichen:
- weitere, andere Verwendbarkeit des Produktes, der einzelnen Elemente und Bauteile mit und ohne zusätzlichem Aufwand,
- Variation der Bauteile, der Montage, der Funktionsweise, der Größenverhältnisse,
- Modifikation des Produktes, der Anforderungen, der Funktionseinheiten,

- Substitution bzw. Adaption von Funktionseinheiten und Anforderungen,
- Umstellung des Funktionsablaufes, der Fertigungsfolge, der Wertigkeit und Bedeutung einzelner fest definierter Forderungen,
- Umkehrung der Wirkmechanismen, der Lösungsprinzipien,
- Kombination der Anforderungen, der Lösungsvarianten und der Elemente
- etc.

Das Team für ein Brainstorming muß unbedingt aus aufgeschlossenen Personen bestehen, die unterschiedliche Erfahrungsbereiche vertreten. Für die Lösung eines spezifisches Problems ist es nicht erforderlich, im Team ausschließlich die entsprechenden Fachleute zusammenzufassen. Im Gegenteil, dies ist - bedingt durch deren vorgeprägte Denk- und Sichtweise - häufig sogar äußerst kontraproduktiv.
Die allgemein anerkannten Grundregeln zur Durchführung eines Brainstormings sind wie folgt definiert:

- das Team sollte maximal aus etwa 12 bis 15 Mitgliedern bestehen,
- die Teammitglieder müssen absolut gleichberechtigt sein,
- die Sitzungsdauer sollte maximal 90 Minuten betragen,
- jedes Teammitglied kann Gedanken äußern aber auch die Ideen der anderen Teammitglieder fortentwickeln,
- Spontanität und "Lockerheit" sind absolute Voraussetzung,
- die Ideen der anderen Teammitglieder sind nicht zu kritisieren oder "abzuwürgen",
- unkonventionelle Vorschläge sind sehr willkommen,
- etc.

Die Sitzungsergebnisse sind entsprechend zu protokollieren und nunmehr von entsprechenden Fachleuten zu analysieren. Die gewonnen Ergebnisse sind in einer 2. Sitzung mit dem gesamten Team auszuwerten, wobei in den einsetzenden Diskussionen weitere Ideen gewonnen werden können.
Die *Methode 66* entspricht im Grunde dem Vorgehen des Brainstorming, allerdings lassen sich hierbei nahezu beliebig große Teilnehmer-Anzahlen einbeziehen.

Methode 635 und Brainwriting (B. Rohrbach)

Beide Methoden sind eng mit dem Brainstorming verwandt. Sie werden allerdings in schriftlicher Form durchgeführt.
Die *Methode 635* ist letztlich eine Weiterentwicklung des Brainstormings, bei der die tragende Idee systematisch weiterentwickelt und ergänzt wird. Einem kleinen Team von ca. sechs Personen wird eine schriftliche Problemstellung unterbreitet. Innerhalb einer begrenzten Zeit von fünf Minuten werden mindestens drei Lösungsvorschläge pro Teilnehmer erwartet. Diese

Lösungsvorschläge werden an den Nächsten weitergereicht und dort ergänzt bzw. fortentwickelt. Die so entstandenen Lösungsvorschläge machen dann noch einmal die Runde. Bei einer Gruppe von sechs Personen entstehen auf diese Weise in kurzer Zeit 18 Lösungsvorschläge mit bis zu jeweils fünf verschiedenen Ausführungsvarianten. Als Hauptnachteil der Methode 635 ist die fehlende Gruppendynamik zu sehen. Die Ergebnisse sind meist weniger vielfältig, da die Kreativität des Einzelnen im Vordergrund steht.

Beim *Brainwriting* stellt der Auftraggeber einem Team das Problem im Detail dar. Im nächsten Schritt formuliert das Team das Problem um: Wie kann erreicht werden, daß ...? Die entsprechenden Lösungsvorschläge werden in schriftlicher Form gesammelt. Nicht ausformulierte Ideen werden in schriftlicher Form stichpunktartig festgehalten und als Anregung weitergereicht, ergänzt und erweitert, wobei dies auch außerhalb des Brainwriting-Zirkels erfolgen kann. Es handelt sich hierbei um ein effektives Verfahren, das die Kommunikation außerhalb einer dazu festgelegten Veranstaltung fördert und einen größeren Personenkreis einbeziehen kann. Allerdings muß hierbei der zulässige Zeitrahmen im Vorfeld festgelegt werden.

Delphi-Methode (Helmer & Dalkey)
Die Delphi-Methode stellt eine Methode zur technischen Prognose dar. Eine Reihe von Fachleuten wird mittels Fragebogen in mehreren Befragungen anonym zum Problem angehört. Bei jeder Befragungsrunde werden die vorher gesammelten Ergebnisse teilweise oder ganz erörtert. Durch einen Koordinator werden neue Fragen zum Problemkreis gestellt. Es wird versucht, eine Konvergenz der Antworten zu erreichen. Durch eine geschickte Zusammenfassung wird eine Prognose erarbeitet, wobei sich das Gesamturteil aus den Einzelurteilen ergibt.

Die befragten Fachleute können sich sowohl aus unternehmensinternen wie auch externen Persönlichkeiten zusammensetzen, wobei keine zahlenmäßige Begrenzung vorgenommen wird. Allerdings muß bei der Befragung die Anonymität der Fachleute erhalten bleiben.

Die Befragung läuft in mehreren Phasen ab und wird so häufig wiederholt und jeweils statistisch ausgewertet, bis sich das Gruppenurteil stabilisiert hat.

Das Verfahren ist sehr aufwendig und muß deshalb sehr gründlich geplant werden. Es wird im allgemeinen für unternehmerische Grundsatzfragen bzw. Strategien angewendet. Mit einem relativ hohen Zeitaufwand ist in jedem Fall zu rechnen.

Synektik (W.J. Gordon & Prince), Progressive Abstraktion
Das Verfahren ist dem weiter vorn beschriebenem Brainstorming sehr verwandt. Der Grundgedanke besteht darin, für das vorliegende Problem (z.B. eine konkrete technische Aufgabe) durch Analogiebetrachtungen aus anderen Sachbereichen (z.B. nichttechnischer Bereich, Biologie etc.) übertrag-

bare Lösungen zu finden und anzuwenden.

Unbekannte Sachverhalte oder Teilprobleme werden durch genaue Definition, Analyse und Neuformulierung dem Team im Detail erklärt. Bekanntes wird schrittweise verfremdet und abstrahiert, sodaß sich neue Gesichtspunkte ergeben und damit zwangsläufig auch neue Lösungsmöglichkeiten gefunden werden können.

Die Analogiebildung durchläuft mehrere Phasen, die unter Umständen immer weiter vom ursprünglichen Ansatz wegführen. Durch das sogenannte "force fit" erfolgt zu einem festgelegten Zeitpunkt dann jedoch die Rückbesinnung auf das Ausgangsproblem

Über den fachlichen Wert, die reale Durchführbarkeit und Verwertbarkeit der ermittelten Lösungen wird von Fachleuten entschieden.

Der Vorteil der Synektik besteht zweifellos darin, daß das Verfahren wesentlich systematischer und zielführender als das Brainstorming ist.

Pin-Wall / Galeriemethode

Die Pin-Wall-Methode verbindet die jeweiligen Vorteile von Einzel- und Teamarbeit zur kreativen Ideenfindung. Das Verfahren durchläuft mehrere Phasen, die mit der Darstellung des Problems beginnen. Anschließend bearbeiten die einzelnen Teammitglieder die Problemstellung, indem sie Lösungsideen grafisch oder / und verbal auf Karten formulieren. Für diese Phase ist ein festes Zeitfenster vorgesehen.

In der dritten Phase werden die erarbeiteten Ideen dem gesamten Team visualisiert, indem die in der zweiten Phase erarbeiteten Karten an die Pin-Wall geheftet werden. Jedes Teammitglied hat somit in einer wiederum begrenzten Zeit die Möglichkeit, sich mit allen vorhandenen Ideen zu befassen, neue Ideen zu kreieren bzw. vorhandene zu ergänzen. In einer vierten Phase werden die neuen Ideen wiederum auf Karten geschrieben, ergänzt und ggf. mit neuen Ideen angereichert.

In einer abschließenden Diskussions- und Selektionsrunde werden die erfolgversprechenden realisierbaren Ideen ermittelt. Gegebenenfalls schließt sich eine weitere Phase an, in der sich das gesamte Team auf die Vervollständigung und Weiterentwicklung der selektierten Lösung(en) konzentriert.

Das Verfahren zeichnet sich besonders durch seine Effektivität aus. In überschaubaren Zeiteinheiten ist ein Ergebnis darstellbar, das die Kreativität des gesamten Teams uneingeschränkt einfließen läßt.

Morphologische Methode (Zwicky u.a.)

Die auch als "diskursive Problemlösung" bezeichnete Lösungsmethode beginnt mit einer genauen Definition und zweckmäßigen Verallgemeinerung des Problems. In diesem ersten Schritt ist darauf zu achten, daß die Aufgabendefinition frei von Lösungsansätzen ist.

Der zweite Schritt beinhaltet die Zerlegung des Problems in die lösungsbeeinflussenden Komponenten. Alle zur Beeinflussung des vorgegebenen

Problems beitragenden Parameter werden zunächst zusammengetragen. Der dritte Schritt führt zur Bildung einer Matrix, dem sogenannten *morphologischen Kasten*. Dabei werden für jeden unter Schritt 2 festgelegten Parameter alle möglichen Lösungsalternativen systematisch eingetragen. Unter Berücksichtigung ihrer Verträglichkeit erfolgt schließlich in einem vierten Schritt die Kombination der Einzellösungen von Grundfunktionen zu Gesamtlösungen.

Abschließend erfolgt eine Bewertung der Lösungsalternativen hinsichtlich der für den Einsatzzweck maßgeblichen Kriterien und die Auswahl der geeignetsten Lösung.

Es gibt unter diesem prinzipiellen Lösungsansatz verschiedene Formen der Ausführung: *Bescheidene Morphologie* (Kombinationsmatrix mit vorherigem Unterdrücken unsinniger Lösungskombination) und *Eigenschaftslisten (Attribute Listing)*.

Eigenschaftslisten werden meist verwendet, um bestehende Produkte und Verfahrensabläufe zu verbessern und weiterzuentwickeln. Dabei wird zunächst das Produkt hinsichtlich seiner Funktionen, Eigenschaften und Merkmale beschrieben. Die systematische Entwicklung neuer Ideen ergibt sich aus dem Austausch, der Veränderung oder einer neuen Kombination dieser Kategorien.

In diesem Zusammenhang ist auch das Verfahren der *Erzwungenen Beziehungen (Forced Relationship)* einzuordnen. Dieses Verfahren dient - wie das der Eigenschaftslisten auch - der Kombination von Eigenschaften bereits realisierter Produkte. Der entscheidende Ansatz des Forced Relationship besteht jedoch darin, an sich nicht zusammengehörende Produkte gedanklich zusammenzufassen und somit neue Merkmale, Eigenschaften oder Funktionen darzustellen.

Methode der ordnenden Gesichtspunkte (Hansen, Bischoff und Bock)

In einem ersten Schritt wird das vorliegende Grundprinzip, der Kern und die Grundmerkmale der Aufgabe ermittelt. Durch Analyse des Grundprinzips werden Teilfunktionen und Funktionselemente gesucht und entsprechende ordnende Gesichtspunkte gefunden. Diese sind sehr hilfreich bei der systematischen Suche nach weiteren Lösungsalternativen, da somit die Richtung der Suche festgelegt wird.

Üblicherweise verwendet man zweidimensionale Schemata, bei denen zeilen- und spaltenweise Parameter zugeordnet sind. Diese sind wiederum unter ordnenden Gesichtspunkten zusammengefaßt.

Die Zusammenfassung und parametrisierte Zuordnung ist einerseits die Basis für Lösungskataloge, Checklisten, Lösungssammlungen usw. usf.

Ein entsprechendes Beispiel, was im übrigen für eine systematische Lösungssuche im konstruktiven Bereich hiermit von den Autoren auch sehr empfohlen wird, ist die VDI-Richtlinie 2222, Blatt 2.

Die enge Verwandschaft der Methode der ordnenden Gesichtspunkte zur Morphologie wird deutlich, wenn für die Lösung einer Aufgabe ein Schema von Teilfunktionen als Kombinationshilfe zur Beschreibung der Gesamtlösung verwendet wird. Dieser konkrete Fall würde schlußendlich unmittelbar zum Morphologischen Kasten führen.

Systematische Untersuchung von Zusammenhängen und Effekten (physikalisch, chemisch,...)

Die entscheidende Voraussetzung für die Anwendung eines diesbezüglichen Verfahrens ist die genaue Kenntnis der Grundbeziehung (physikalisch, chemisch etc.), die zur Aufgabenlösung umgesetzt wird. Dabei werden systematisch die in dieser lösungsrelevanten Grundgleichung beteiligten Einzelgrößen in ihrer Wechselwirkung zueinander analysiert. Schließlich wird für die zu realisierenden Effekte eine technische Ausführung zugeordnet.
Diese Vorgehnsweise kann im Umkehrschluß ebenfalls verwendet werden, um aus bereits bekannten physikalischen Einzeleffekten durch sinnvolle Kombinationen neue, komplexere Wirkmechanismen zu erzeugen.

Bionik

Hier werden Analogien des gestellten Problems zu in der Natur bereits vorkommenden Problemlösungen aufgezeigt. Interessant erscheinende Lösungen aus der Natur werden hinsichtlich ihrer Anwendbarkeit untersucht. Bei bislang ungelösten technischen Problemen wird häufig erkannt, daß die Natur bereits ähnliche Probleme gelöst hat. Der Versuch das erkannte Lösungsprinzip aus der Natur in die Technik zu übertragen, muß natürlich unter wirtschaftlichen Gesichtspunkten erfolgen.

Systemtechnik

Technische Erzeugnisse bilden ein System, das wiederum aus Systemelementen besteht, die durch Relationen verbunden sind. Die Ein- und Ausgangsgrößen (Energie, Stoff und Signal) sind bezüglich ihrer systembeeinflussenden Wirkung zu wichten und zuzuordnen. Letztlich wird die Gesamtaufgabe hinsichtlich der geforderten Gesamtfunktion präzisiert.
Die Gesamtfunktion muß wiederum in Teilfunktionen zerlegt werden, wobei man Haupt- und Nebenfunktionen unterscheidet. Bei der Verknüpfung der Teilfunktionen entsteht häufig eine große Zahl an Variationsmöglichkeiten, die in Bezug auf ihre gegenseitige Verträglichkeit mehr oder weniger geeignete Lösungen ergeben. Eine zweckmäßige und verträgliche Verknüpfung von verschiedenen Teilfunktionen zu einer Gesamtfunktion führt immer zu einer Funktionsstruktur, die zur Erfüllung der Gesamtfunktion durchaus auch variabel sein kann.
Die Funktionen werden so weit zerlegt, daß die unterste Ebene der Funktionsstruktur nur aus Funktionen besteht, die sich im Hinblick auf ihre Anwendbarkeit praktisch nicht weiter unterteilen lassen (Elementarfunktionen). Hier-

durch wird eine entsprechend hohe Abstraktion der Aufgabe erreicht, was schließlich den Lösungsspielraum erheblich erweitert und die systematische Lösungssuche wesentlich erleichtert.

Zur Erfüllung der Teilfunktionen werden im nächsten Schritt geeignete Wirkprinzipien ermittelt, die zu Wirkstrukturen zusammengefügbar sind. Die Realisierung der letztendlich angestrebten Gesamtfunktion ergibt sich aus der so erarbeiteten Menge der Wirkprinzipien. Durch zweckmäßige Verknüpfung und unter Berücksichtigung der physikalischen Verträglichkeit erfolgt die Kombination zur Gesamtlösung.

Verwendung von Katalogen

Mit Katalogen (Konstruktions-, Lösungs-, Baureihen-, Gestaltungs-, Normteil-, Material- und Werkstoffkataloge etc.) stehen Wissens- und Erfahrungsspeicher von Fachleuten der jeweiligen Gebiete zur Verfügung, auf die ohne weiteres zurückgegriffen werden sollte. Sie bieten eine Auswahl von bekannten und bewährten Lösungen oder spezifischen Ausführungsformen für bereits gelöste Aufgaben.

Auch in diesem Zusammenhang soll auf die VDI-Richtlinie 2222, Blatt 2, verwiesen werden. Hier ist unter anderem auch eine relativ umfassende Aufstellung von Katalogen, Ckecklisten und tabellarischen Lösungssammlungen gegeben, die das Finden eines spezifischen Suchbegriffs in diesem Themenkreis erleichtert.

Wertanalyse

Die Wertanalyse ist eine spezielle Vorgehensmethodik zur Suche nach einem möglichst günstigen Verhältnis zwischen geforderter Funktionserfüllung und dem daraus resultierenden Kosteneinsatz. Nach DIN 69910 ist der Wertanalysevorgang in folgende elementare Grundschritte unterteilt:

- Vorbereitende Maßnahmen,
- Ermitteln des Ist-Zustandes,
- Prüfen des Ist-Zustandes,
- Ermitteln von Lösungen,
- Vorschlag und Verwirklichung einer Lösung.

Zur Durchführung der Wertanalyse wird eine Arbeitsgruppe aus verschiedenen Verantwortungsbereichen zusammengestellt und in der Regel von einem Wertanalytiker koordiniert.

Warum-Analyse

Einem Team, das bezüglich der vorliegenden Aufgabenlösung völlig unvorbelastet, weil unbeteiligt ist, wird von einem kompetenten Fachmann die zu beleuchtende Lösung detailliert vorgestellt und in allen Einzelheiten erklärt. Das Team stellt Verständnisfragen und versucht das Problem der Aufgabenstellung und die Logik der Lösung zu ergründen.

Das Ziel der Warum-Analyse besteht hauptsächlich darin herauszufinden, warum in der zu diskutierenden Aufgabenlösung (z.B. ein existierendes Produkt) bestimmte Annahmen, konstruktive Ausführungen usw. genau in der vorliegenden Art und Weise realisiert worden sind. Damit sollen Hintergründe und Aspekte des Handelns des ausführenden Fachmanns herausgearbeitet und bewußt gemacht werden, die dieser bei der Lösung einer Aufgabe in seinem spezifischen Arbeitsfeld intuitiv und gewohnheitsmäßig gebraucht. Damit werden gewohnheitsmäßige Handlungsweisen hinterfragt und sogenannte "Betriebsblindheit" ausgeblendet.

Ursachen-Analyse
Bei der Ursachen-Analyse wird das zu lösende Problem auf seine direkten Entstehungsursachen hin untersucht. Erst wenn gesichert ist, daß diese tatsächlich erkannt sind, wird eine Ursachenhierarchie aufgebaut, die Haupt- und Nebenursachen voneinander eliminiert ausweist. Danach wird überlegt, durch welche Maßnahmen man die Ursache(n) der 1. Kategorie (Hauptursache(n)) beseitigen kann.
Zwangsläufig stößt man bei der Aufstellung der Problemhierarchie auch auf indirekte Entstehungsursachen. Allerdings stehen diese bei der Lösungssuche zunächst nicht im Zentrum des Interesses.
Diese Methode verhindert, daß man versucht, nur die Symptome eines Problems zu erklären und zu beseitigen, nicht aber deren Ursachen.

Funktions-Analyse
Der erste Schritt besteht in einer Zergliederung des vorliegendes Produktes in seine Haupt- und Nebenfunktionen. Unabhängig vom eigentlichen Problem werden zu jeder Grundfunktion weitere bekannte und denkbare Funktionserfüllungen zusammengestellt. Die Lösung wird aus der geschickten Kombination der gefundenen Funktionserfüllung (Elemente) gebildet.

Hypothesenbildung
Für die Hypothesenbildung sind Denkmodelle, sogenannte Heuristiken, nützlich einsetzbar. Für spezielle Anwendungen kann auf vorbereitete Prüf- und Checklisten zurückgegriffen werden. Komplexe Probleme werden mit Hilfe von Planungsheuristiken in viele kleine überschaubare Teilprobleme aufgesplittet und nacheinander abgearbeitet. Oft genügt es schon, wenn für die erkannten Hauptprobleme / Hauptfunktionen Lösungen gesucht werden.

Crawford-Methode
Alle Elemente eines Problems werden zusammengestellt und dann unabhängig voneinander variiert.

Area thinking (John Arnold)
Diese Methode zielt auf Verbesserungen von Produkten und Dienstleistun-

gen ab. Die wichtigsten Ansatzpunkte sind: Verbesserung der Funktion, der Effizienz und die Steigerung der Marktattraktivität unter Gesichtspunkten wie: Preis / Leistungsverhältnis und Masse / Leistungsverhältnis.

1.4.3   Iterative und intuitive Lösungsmethoden

Der iterativen Lösungsfindung wird prinzipiell eine grundsätzlich größere Systematik zugeordnet. Die intuitiven Methoden und deren Lösungen sind oftmals eine Untermenge der iterativen. Sie bieten zwar eine Reihe punktueller Vorteile, sollten jedoch insbesondere bei diffizilen und strategischen Aufgabenstellungen nicht ausschließlich angewendet werden. Eine Gegenüberstellung beider Lösungsmethoden mit Vor- und Nachteilen sowie empfohlenen Einsatzzwecken wird in Abbildung 1.17 gegeben.

	Iterativ	Intuitiv

Vorteil	* gründliche Betrachtung
	* ausbaufähig für verschiedene Aufgabenstellungen
	* Überprüfung der Ergebnisse
	  - Stabilität
	  - maximale Annäherung
	  - relativer Wettbewerbsvergleich
	  - Einordnung neuer Ideen möglich
	* Systemfestlegung führt häufig zum Schutzrecht
	* überschaubares Risiko
		* keine besonders qualifizierten Bearbeiter
		* motiviert Teilnehmer am Lösungsprozeß
		* geringere Anfangskosten
		* schnelle Lösung

Nachteil	* hohe Anfangskosten * hoher Zeitaufwand * qualifizierte Bearbeiter * größere Vorlaufzeit	* hohe Folgekosten * Festlegung auf schnellsten Lösungsvorschlag * Lastenheft wird meist auf den Lösungsvorschlag abgestimmt * hohes Entwicklungsrisiko
Einsatz	* komplexe Zusammenhänge * Lösen von strukturierten algorithmierbaren Problemen	* schlecht strukturierte bzw. schwer algorithmierbare Aufgaben * grundsätzlich neuartige Lösungen gesucht

Abbildung 1.17:   *Iterative und intuitive Lösungsmethoden im Vergleich*

1.4.4   Innovationsstrategien

Die theoretische Begründung und praxisgerechte Anwendung von Innovations*strategien* ist als systematische und zielgerichtete Weiterentwicklung der Verfahren und Methoden der systematischen Lösungsfindung zu verstehen. Das Ziel besteht darin, in immer kürzeren Zeitabschnitten möglichst große Innovationsschübe zu erzielen.

Dementsprechend werden in der Phase der Problemdefinition die Lösungserwartungen besonders umfassend, anspruchsvoll und in gewisser Weise prognostisch formuliert. Differenzierte Anforderungen an Teillösungen und -funktionen sind dabei oft extrem widersprüchlich und so hoch geschraubt, daß deren gleichzeitige Erfüllung auf herkömmliche Weisen kaum möglich erscheint und somit auch die Realisierung der angestrebten Gesamtlösung in Frage gestellt ist.

Zwangsläufig führt dies dazu, daß die Problemlösung einerseits nach einer ganzheitlichen Problemdefinition sowie andererseits grundsätzlich nach einer über den Stand der Technik deutlich hinausgehenden innovativen Lösungsstrategie verlangt.

Basis für entsprechende Strategien sind die sogenannten widerspruchsorientierten Problemlösungsmethoden, die in jüngerer Vergangenheit zunehmend Beachtung und Anwendung finden.

Als Werkzeuge werden durchgängig katalogisierte Lösungsansätze verwendet, deren Zusammenstellung auf Genrich Altshuller zurückgehen. Altshuller hat - unter Berücksichtigung verschiedenster Aufgaben und Problemdefinitionen - aus umfangreichen Patentanalysen zweckmäßige Lösungsprinzipien herausgearbeitet und sie nach der Häufigkeit ihrer Anwendung zu Lösungskatalogen zusammengestellt. Speziell mit dem Blick auf die Realisierung der widersprüchlichsten Anforderungen werden diese besonders empfohlen. Die Kataloge sind relativ allgemein gehalten, sollen lediglich Denkanstöße geben und den Erfinder zu eigenen, der jeweiligen Aufgabensituation spezifisch angepaßten, praktikablen Lösungsansätzen anregen.

Stellvertretend für diese Verfahren unterschiedlichster Ausprägung werden nachfolgend die "Theorie zur Lösung erfinderischer Aufgaben (TRIZ)" und die "Widerspruchsorientierte Innovationsstrategie (WOIS)" kurz erläutert.Vertiefende Literaturempfehlungen sind wiederum explizit in den Hinweisen zum weiterführenden Schrifttum gegeben.

TRIZ - *Theorie zur Lösung erfinderischer Aufgaben*
Das Verfahren unterstützt das systematische wie auch das sogenannte "Quer"-Denken. Es hilft bei der Suche nach nichttrivialen Lösungsansätzen.

Schwerpunkt der TRIZ-Methode ist das Herausarbeiten und Verstärken von technischen und physikalischen Widersprüchen in einem vorhandenem oder geplanten Produkt, Prozeß etc. Ein technischer Widerspruch besteht dabei aus zwei kontroversen Eigenschaften, die sich unter Umständen sogar ge-

genseitig ausschließen. Wird eine Eigenschaft wesentlich verbessert, z.B. die Steifigkeit eines Bauteiles, so tritt als ungewollter Nebeneffekt eine Verschlechterung einer anderen Eigenschaft (z.B. die Erhöhung des Gewichtes) ein. Die Erkennung und bewußte zielorientierte Auseinandersetzung mit einem solchen Widerspruch birgt einen qualitativ hochwertigen Entwicklungsansatz mit der Chance auf einen erkennbaren Schritt in Richtung signifikanter technischer Weiterentwicklung in sich.
Der Entwickler stellt dementsprechend ein interessantes widersprüchliches Anforderungspaar zusammen und verwendet als Lösungswerkzeug eine sogenannte Widerspruchstabelle, die bereits eine Vielzahl von Lösungsprinzipien enthält. Die Tabelle basiert auf bereits patentierten Lösungen, bekannten Effekten und technischen Standardlösungen. Sie bietet sowohl die entscheidende Hilfe bei der Suche nach spezifischen Widerspruchslösungen, ist jedoch auch Denkanstoß für neuartige Prinzipien bzw. deren Kombination. Zur einfacheren, schnelleren und vor allem komfortableren Handhabung der TRIZ-Methode wird bereits eine unter Windows NT laufende deutschsprachige Erfindungssoftware (CAI, Computer Aided Innovation) angeboten (Ideation International Inc.; TriSolver Consulting, Hannover).

WOIS - *Widerspruchsorientierte Innovationsstrategie*
WOIS dient als methodisch begleitendes Strukturgerüst zur gezielten Bestimmung und Lösung von Entwicklungsaufgaben mit ausgeprägter innovativer Zielsetzung. Um neue zukunftsorientierte Produkte bzw. Prozesse aufspüren zu können, wird die Ausarbeitung einer hohe Prognosensicherheit über mögliche zukünftige Entwicklungsrichtungen intensiv vorangetrieben. Mit WOIS sollen insbesondere zukunftsweisende Produkte und Prozesse gezielt provoziert und möglicherweise bevorstehende Entwicklungsbarrieren für das perspektivisch ins Auge gefaßte Produkt / Produktfeld als Risiken erkannt werden. Ferner bestehen weitere Zielstellung darin, produktspezifische Kosten zu reduzieren und die Entwicklungsrichtung für neue Produkte und Prozesse fundiert vorauszusagen.
Auch bei dem Lösungsfindungsverfahren WOIS werden die Anforderungen an die Lösung einer Entwicklungsaufgabe so hoch gesteckt, daß eine Lösung aufgrund der Widersprüchlichkeit der Anforderungen mit konventionellen Lösungsansätzen zunächst kaum möglich erscheint.
WOIS gliedert sich in drei Phasen: Orientierungs, Widerspruchs- und Lösungsphase.
Einen besonderen Schwerpunkt bildet dabei die Orientierungsphase. Der diesbezüglich entscheidende Ansatz besteht in der These, daß zur richtigen Formulierung einer Entwicklungsaufgabe mehr Kreativität erforderlich ist, als es zu deren technischen Lösung bedarf. Im Umkehrschluß bedeutet dies, daß eine "richtig" formulierte Aufgabe bereits mehr als die halbe Lösung ausmacht.
Was ist nun aber eine "richtig" formulierte Aufgabe?

In der Orientierungsphase werden erkannte Trends zur aktuellen gesellschaftlichen und technischen Entwicklung für die Voraussage von zukünftigen Marktanforderungen und voraussichtlichen -bedürfnissen genutzt. Gegebenenfalls vorhandene Gesetzmäßigkeiten der Technikentwicklung werden zur Erhöhung der Prognosesicherheit und zur Ableitung der idealen Entwicklungsrichtung hinterfragt und einbezogen.

Das eigentliche Ziel, das in der Verbesserung der Wettbewerbsfähigkeit eines Unternehmens besteht, wird nicht ausschließlich durch die Reduzierung der Produktkosten erreicht, sondern vielmehr durch die Suche nach einem erweiterten Produktnutzen, neuer Funktionalität bzw. neuartiger Erfüllung der Kundenwünsche. Die Definition der Produkte für den zukünftigen Markt, und damit die Formulierung der Aufgabe, basiert wiederum auf einer ganzheitlichen Problemdefinition unter Beachtung der aktuellen Produktschwachstellen und -entwicklungspotentiale. Das Ziel besteht allerdings letztendlich darin, die Formulierung der Aufgabe so vorzunehmen, daß die Lösung nicht nur die aktuellen Bedürfnisse befriedigt und Schwachstellen beseitigt. Sie soll zwangsläufig auch die erst in der Zukunft entstehenden Anforderungen erfüllen. Es liegt auf der Hand, daß das Ergebnis ein besonders innovatives Produkt ist, das dem Produzenten den entscheidenden zeitlichen Vorsprung gegenüber dem Wettbewerb garantiert.

In der Widerspruchsphase werden Problemfelder und Entwicklungsbarrieren, die einer zukunftsträchtigen Ideallösung entgegenstehen, erkennbar gemacht. Widersprüche mit den stärksten Entwicklungspotentialen werden genauer analysiert und führen ggf. direkt zur vorausschauenden Definition von entsprechend anspruchsvollen Entwicklungsaufgaben. Desweiteren ist zu berücksichtigen, daß in der Regel eine wechselseitige Beeinflussung wichtiger Parameter (bzw. widersprüchlicher Anforderungen) vorliegt.

In der Lösungsphase wird bei der Erarbeitung innovativer Lösungsansätze wiederum auf einen Katalog zurückgegriffen. Dieser enthält verallgemeinert 46 unterschiedliche Lösungsprinzipien und 28 Lösungsstandards für technische Systeme sowie zahlreiche Effekte der Naturwissenschaften. Der Katalog mit seiner Zusammenstellung der Lösungsprinzipien ist ein Extrakt aus mehr als zwei Millionen analysierter Weltpatente (Altshuller).

1.4.5   Bewertung und Auswahl von Lösungsvarianten

Das Ziel der systematischen Lösungsfindung besteht zunächst grundsätzlich darin, eine möglichst große Anzahl von Lösungsalternativen für die vorliegende Aufgaben- bzw. Problemstellung zu erhalten. Der entscheidende nächste Schritt besteht darin, die optimalste Variante auszuwählen und schließlich zu realisieren. An dieser Stelle ist es zwingend erforderlich, geeignete Bewertungs- und Auswahlkriterien festzulegen und anhand dieser eine objektive Auswahl der Vorzugsvariante vorzunehmen.

In mehreren Schritten geht man dabei wiederum iterativ vor und bewegt sich zuerst so lange in den Kategorien Ausscheiden und Bevorzugen, bis die Anzahl der Lösungsvarianten auf eine überschaubare Menge reduziert ist. Die Auswahl erfolgt dabei nach unternehmensspezifischen Kategorien, die sich in den meisten Fällen einerseits an der technisch-wirtschaftlichen Einordnung und andererseits an allgemeinen Kriterien (Funktionsziele, Kostenziele, Marketingziele, Umwelt, Sicherheit usw.) orientieren. In einem letzten Schritt erfolgt dann die Gegenüberstellung und Bewertung der verbliebenen Lösungsalternativen, wobei hinsichtlich der Bewertungskriterien eine nach Erfordernis beliebig feine Untergliederung vorgenom-

Methode / Verfahren	Anwendung / Einsatz
3-Stufen-Auswahl	- *Kategorien:* geeignet, vielleicht geeignet, nicht geeignet - erste, grobe Kategorisierung von Lösungsideen
4-Kriterien-Einordnung	- *Kriterien:* Erfüllung der Funktion, Forderung; Verträglichkeit; grundsätzlich realisierbar, Aufwand zulässig - schnelle Auswahl bei vielen Lösungsvorschlägen
3-Kriterien-Bewertung	- *Kriterien:* Vorteile, Nachteile, Kosten - vergleichende Bewertung von Lösungen gegeneinander
Dual-Vergleich	- paarweiser Vergleich von jeweils zwei Ideen gegeneinander - nacheinander für jeweils jedes Bewertungskriterium
Kosten-Nutzen-Analyse	- Wirtschaftlichkeit eines Produktes
Nutzwert-Analyse	- Ermittlung des Erfüllungsgrades für mehrere gewichtete Bewertungskriterien - Summe der Teilnutzwerte ist der Gesamtnutzwert - Vorzugslösung ist die mit dem höchsten Gesamtnutzwert
technisch-wirtschaftliche Bewertung; VDI-R 2225	- technische Wertigkeit (Abszisse) - wirtschaftliche Wertigkeit (Ordinate) - Eintragung der Produkte in das Koordinatensystem und Bewertung in ausgeglichene, teure und schlechte Produkte
Checklisten	- führen alle Kriterien auf, die aus subjektiver Sicht zur Bewertung heranzuziehen sind - ggf. Gewichtung der Kriterien
Wertskalaverfahren	- Einflußfaktoren für die Bewertung werden aufgelistet und mit Notenskala oder Wichtung versehen - die grafische Darstellung erzeugt verschiedene Profile, die Stärken und Schwächen auf einen Blick erkennen lassen
Bewertungsmatrix	- Bewertung und Gewichtung in einer n-dimensionalen Matrix
Bewertung nach Hart	- Nutzung eines 12-Kriterien-Kataloges - Punktbewertung auf Basis von qualitativen und quantitativen Merkmalen

Abbildung 1.18: *Bewertungsverfahren und Entscheidungstechniken*

men werden kann. Auf die Festlegung der Bewertungskriterien und zu deren eventueller Gewichtung wird im Abschnitt 2.4.2 noch näher eingegangen. Die am häufigsten zum Einsatz gelangenden und aus Autorensicht zweckmäßigsten Bewertungsverfahren und Entscheidungstechniken sind in Abbildung 1.18 aufgeführt.

Auf diesbezüglich weiterführende Betrachtungen soll hier verzichtet werden, weil dies deutlich über die Zielstellungen dieses Buches hinausführen würde. Allerdings sei explizit auf die VDI-Richtlinien 2221und 2225, ferner auf das Standardwerk für Konstrukteure "Konstruktionslehre - Methoden und Anwendung" (Pahl, Beitz) verwiesen, wo diese Thematik deutlich weiterführender behandelt wird. Empfehlungen für eine weitere Vertiefung entnehmen Sie bitte ebenfalls der Zuordnung im Verzeichnis des Schrifttums.

2   Mit Systematik zur Idee

Die Formulierung "systematische Ideenfindung" beinhaltet zwei ansich konträre Begriffe: Systematik und Idee.Während die Systematik für Ordnung, Pragmatismus, Fleiß, Akribie und auch geordneten Arbeitsaufwand steht, wird eine Idee eher als Synonym für kreative Unordnung, Leichtigkeit, Geistesblitz und Eingebung gesehen. Doch gerade diese Mischung aus geordnetem Vorgehen und gelegentlichen Geistesblitzen ermöglicht ein maximales kreatives Arbeitsergebnis bei der Suche nach neuen Lösungen.

2.1   Eine Idee - was ist das eigentlich?

Beschäftigt sich der Mensch phantasievoll und kreativ, so kommt er zu neuen Einfällen und Ideen, die aus dem Vorgegebenen oft Überraschendes und Neues hervorbringen. Eine Idee zu haben, setzt die Fähigkeit voraus, mit der Wirklichkeit auch spielerisch abstrakt umgehen zu können. Unter einer Idee ist die in seltenen Stunden spontan, meist aber erst nach langem Grübeln und Suchen blitzartig auftauchende Erleuchtung zu verstehen. Ideen entstehen im Gehirn, dessen Funktionsweise im übertragenen Sinne als eine Kombination aus Photoalbum, Bibliothek und Computer anzusehen ist. Auf dem Zusammenspiel der im menschlichen Gedächtnis vorhandenen Vielzahl von Abbildern der Realität, die durch Überlagerungen - ähnlich einem Hologramm - immer wieder zu verschiedenen und facettenreichen Sichtweisen führt, basiert letztendlich die schöpferisch kreative Auseinandersetzung mit der Natur und Technik. Demnach entsteht Kreativität unmittelbar aus dem Wechselspiel von gespeicherten bzw. aktuellen Wahrnehmungen und aus Tätigkeiten, die auf vorhandenen Erfahrungen beruhen. Aus der Erkenntnis heraus, daß dem, der viel erlebt bzw. erfahren hat auch viel einfällt, läßt sich konsequenterweise der Schluß ziehen, daß mehrere Menschen wohl auch über eine größere Anzahl unterschiedlichster Erfahrungen und Sichtweisen verfügen und somit auch eine größere Anzahl von Ideen hervorbringen können. Diese an sich grundsätzlich triviale Erkenntnis ist die Basis für die verschiedensten Lösungsmethoden mit Teamwork-Charakter, die in der Praxis heute bevorzugt angewendet werden.

Der Versuch der systematischen Ideenfindung mit dem Ziel, neue technische Produkte hervorzubringen, erspart natürlich auch bei praktiziertem
Teamwork nicht den Denkprozeß eines jeden Team-Mitgliedes. Im Gegenteil muß sich jedes Team-Mitglied mit den formulierten Lösungsansätzen
eines anderen auseinandersetzen und wird damit nicht selten mit einer grundsätzlich anderen Sichtweise konfrontiert.

Es gibt Ideen, die willkürlich ins Bewußtsein gerufen werden können; dagegen sind andere Ideen tief im Unterbewußtsein verankert und können kaum
mehr ins Bewußtsein zurückgeholt werden. Trotzdem wirken sich gerade
solche Ideen bestimmend auf das Denken und Verhalten aus. Normalerweise sind Ideen nicht isoliert vorhanden, sondern mit anderen verbunden, was
allgemein als Ideenassoziation bezeichnet wird. Das Vermögen, die im Unterbewußtsein abgelegten Ideen und Erkenntnisse zu reaktivieren, kann mit
dem Begriff der geistigen Flexibilität beschrieben werden.

Prinzipiell werden zwei sich signifikant unterscheidende Arten des bewuß-
ten Denkens unterschieden. Zum einen handelt es sich dabei um das intuitive, einfallsbetonte und zum anderen um das diskursive, bewußt schrittweise Denken.

Beim intuitiven Denken tritt eine Erkenntnis schlagartig in das Bewußtsein,
es kann keine Begründung für deren Entstehen gegeben werden. Ob diese
Erkenntnis neu ist und in diesem Zusammenhang durch Intuition eine Ent-
deckung oder eine Erfindung inspiriert wurde, ist letztlich für den Charakter der Erkenntnis unwesentlich. Der Begriff der Intuition kennzeichnet lediglich die Art und Weise, wie die Erkenntnis im Bewußtsein auftaucht.

Diskursives Denken liegt vor, wenn bewußt verschiedene Ideen analysiert
und kombiniert werden und so eine Gedankenkette oder ein Gedankennetz
durchlaufen wird. Das Zustandekommen solcher gedanklichen Gebilde ist
daher mitteil- und, was noch wichtiger ist, nachvollziehbar. Das diskursive
Denken kann auch aus einzelnen intuitiven Erkenntnissen bestehen.

Der diskursive Prozeß kann relativ leicht, der intuitive kaum beeinflußt werden. Die Intuition kann aber durch diskursives Denken angeregt werden.
Hierdurch werden weitere Möglichkeiten geboten, zusätzlich neue Ideen zu
finden.

Bei einer systematischen Lösungssuche müssen möglichst viele der einge-
brachten Ideen festgehalten werden. Auch momentan nicht verwertbare Ansätze dürfen nicht vorzeitig verworfen werden. Nicht selten bringt die bewußte Auseinandersetzung mit diesen Ansätzen neue Ideen hervor. Eine
Prüfung auf sachliche Durchführbarkeit wird erst zu einem späteren Zeitpunkt in einer Bewertungsphase vorgenommen.

Wirklich innovative Unternehmen suchen nicht kurzfristig und verzweifelt
nach neuen, realisierbaren Ideen. Dabei steht nicht im Vordergrund, daß zur
rechten Zeit die rechte Fragestellung vorliegen muß. Vielmehr werden auch
originelle Ideen weiterverfolgt (zumindest jedoch festgehalten), deren tech-

nische Realisierung aus diversen Gründen erst in der mittelfristigen Zukunft erfolgen kann.

2.2 Prinzipielle Ideenquellen

Ausgangspunkt für jedes neue Produkt ist der sogenannte kreative Funke, der überraschende Einfall, die schöpferische Eingebung - kurz die Idee. Initiiert bzw. angestoßen werden Ideen meist durch entstehende Assoziationen auf der Grundlage von Informationen zu neuen Materialien und Technologien, Halbzeugen oder Erzeugnissen oder durch unterschiedlichste branchenübergreifende Kommunikations- und Denkprozesse. Die Erschließung möglichst umfangreicher und vielschichtiger Ideenquellen zur Schaffung neuer Produkte und Verfahren sowie für Lösungen technischer Problemstellungen ist eine der dringlichsten Aufgaben eines erfolgreichen Innovationsmanagements.

Dabei kann sowohl auf unternehmensinterne wie auch -externe Ideenquellen zurückgegriffen werden, wie z.B. in Abbildung 2.1 dargestellt.

Ein Entwicklungsprojekt wird erst in einer fortgeschrittenen Phase, z.B. bei der Prototypenerstellung besonders kostenintensiv. Nicht zuletzt aus diesem Grund muß die Regel gelten: Je gründlicher und vielspuriger bei der Produktauswahl und Lösungsfindung gearbeitet wird, desto geringer ist die Gefahr eines wirtschaftlichen Mißerfolges.

Kreativität und Engagement der Mitarbeiter sind dabei für die Leistungsfä-

Interne Ideenquellen	Externe Ideenquellen
Forschungs- und Entwicklungsabteilungen im eigenen Unternehmen	Besuchsberichte (Messen, Kunden)
	Lehrgänge, Seminare
Trendanalysen über Branchen-entwicklung und Technologien	Reklamation und Servicefälle
Konkurrenzanalysen	Lizenzangebote
eigene Erfindungsmeldungen	Literatur und Patentschriften
betriebliches Vorschlagswesen	Forschungsinstitute
Innovationsteams	Ingenieurbüros und Berater

Abbildung 2.1: *Ideenquellen*

higkeit eines Unternehmens wichtiger als der Großteil aller anderen Ressourcen zusammen. Mit Kreativitätstechniken wird die Suche nach neuen Ideen wirkungsvoll unterstützt, sie machen den Entwicklungsvorgang effizient und steigern die Quantität und die Qualität der Ergebnisse. Darüber hinaus besteht ihr Hauptziel im Auffinden von möglichst vielen Ideen im Rahmen eines vorgegebenen Zeitraums. Die Ideenproduktion stellt in diesem Zusammenhang einen vorrangig quantitativen Vorgang dar. Dieser ist umso effektiver, wenn in einer ersten Phase von jeglicher inhaltlicher Wertung der "produzierten" Ideen Abstand genommen wird. Als primär sind in dieser Stufe der Ideenfindung charakterisierende Merkmale wie Originalität, Neuartigkeit etc. hinsichtlich der Lösungsansätze anzusehen. Für die Mitglieder eines Kreativitäts-Teams werden zur Hervorbringung solcher Lösungsansätze Eigenschaften wie Einfallsreichtum, Flexibilität, Offenheit, Spontaneität, Risikofreudigkeit, intellektuelle Leistungsfähigkeit etc. grundsätzlich vorausgesetzt. Letztendlich bewirkt eine eher unorthodoxe Vorgehensweise im Entwicklungsprozeß mehr, als ein Rückgriff auf vorbekannte Lösungsmechanismen. Neues kann vor allem entstehen, wenn ansich verschiedenartige technische Sachverhalte miteinander in Wirkverbindungen gesetzt werden.

2.3   Die Rolle der Teamarbeit

Eine der wesentlichsten Voraussetzungen für die erfolgreiche Anwendung von Kreativitätstechniken besteht in der gemeinschaftlichen Ideenfindung in einem Team. Dabei besteht ein vordergründiges Ziel darin, durch die Kombinatorik unterschiedlichster Erfahrungen, Analogiebetrachtungen etc. konventionelle Denkmuster zu verlassen und zu grundsätzlich Neuem zu gelangen. Es geht dabei nicht um rein logische Folgerungen, sondern vielmehr um die widerspruchsfreie Verknüpfung von scheinbar Unvereinbarem, da Kreativität letztlich von der Überwindung des Konflikts von Gegensätzlichem lebt. Wie die praktische Erfahrung zeigt, werden technische Probleme in Teamarbeit in aller Regel besser und wesentlich schneller - was hinsichtlichlich der immer kürzer werdenden Produkt- und Entwikklungszyklen bedeutsam wird - gelöst, als das durch einen einzelnen Bearbeiter jemals möglich wäre. Das Ergebnis von Teamarbeit kann jedoch nur so gut sein wie die Zusammensetzung und -arbeit der Team-Mitglieder. Deshalb sind für ein erfolgreiches Problemlösungsverhalten im Team die nachfolgend genannten Punkte ausschlaggebend:

- Auswahl der Team-Mitglieder nach problemorientierten und den Teamgeist fördernden Gesichtspunkten,

- motivations- und die Dynamik des Teams förderndes Verhalten des Moderators,
- strenge Trennung der Ideenphase von der Bewertungsphase,
- Auswahl geeigneter Kreativitätstechniken,
- Bereitstellung von Arbeitsmaterialien und Visualisierungsmitteln, die den Kreativitätsprozeß unterstützen (Flip-Chart, Folien etc.).

Eine fachlich vielschichtige Zusammensetzung des Teams fördert die assoziative Komponente bei der zielorientierten Problemlösung und beeinflußt zweifellos die kreative Leistungsfähigkeit positiv. Bei der Auswahl der Team-Mitglieder muß von vornherein darauf geachtet werden, daß ein breites Spektrum von relevanten fachlichen Kenntnissen und Erfahrungen vertreten sein muß, wobei eine Idealzahl zwischen 4 und 8 Teilnehmern auf keinen Fall unterschritten und nur marginal überschritten werden sollte. Weiterhin ist das Einhalten gewisser "Spielregeln" im Sinne der Effizienz des Ideenfindungsprozesses angezeigt:

- jeder inhaltliche Beitrag ist zunächst zu akzeptieren und wohlwollend aufzunehmen,
- jeder Beitrag muß festgehalten werden, damit der Teilnehmer sein Input wiederfindet,
- jede Wertung ist während der Ideenphase grundsätzlich untersagt,
- jedes Ergebnis ist eine Leistung des Teams und damit das Verdienst jedes einzelnen Mitgliedes.

Besondere Sorgfalt muß auf die gemeinschaftliche Auswahl des Moderators einer "Kreativitätssitzung" gerichtet werden. Die wichtigsten Fähigkeiten bzw. Anforderungen, die ein entsprechender Moderator mitbringen muß, sind im folgenden aufgeführt:

- Motivationsfähigkeit durch positive Ausstrahlung,
- Fähigkeit zur Organisation und gezielten Steuerung der Teamarbeit,
- ausgeprägte Problemkenntnisse,
- ständige Zielfixierung,
- Pragmatismus,
- Fähigkeit zur objektiven und neutralen Wertung von Sachproblemen,
- integratives und dennoch durchsetzungsstarkes Grundverhalten.

Zu Beginn einer "Kreativitätssitzung" ist - soweit nicht bereits existent - das allgemeine Bedürfnis vorhanden, eine gewisse Vertrautheit und positive Atmosphäre im Team zu schaffen. Vorteilhaft ist es, in dieser "Warm-Up-Phase" das Problem nochmals verständlich darzulegen Randbedingungen zu erläutern und eventuell neu hinzugekommene Hintergrundinformationen bekanntzugeben. Eine wichtige Voraussetzung für ein effizientes Arbeiten besteht darin, daß alle problemrelevanten Fragen in der gebotenen Ausführlichkeit allgemein bekannt sind.

Eine probates und häufig angewendetes Werkzeug der Kreativitätstechnik ist die von Osborn entwickelte "Problem-Frageliste" (vgl. Abbildung 2.2).

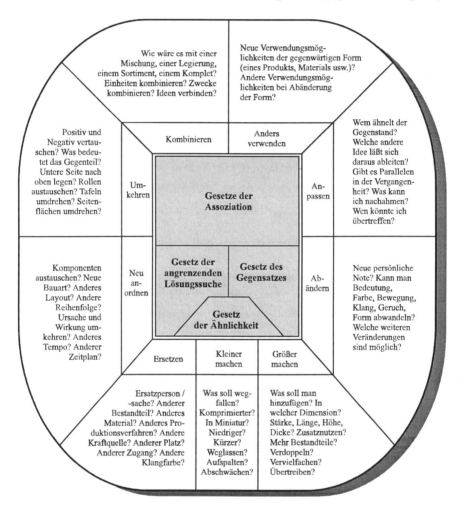

Abbildung 2.2:   *Problem-Frageliste nach Osborn*

Im Vordergrund steht hierbei die Ermittlung von ggf. divergierenden Lösungsansätzen sowie deren Auslotung auf Sinnfällig- und Realsierbarkeit. Wie bei den bereits beschriebenen anderen Kreativitätstechniken (vgl. Abschnitt 1.4) besteht das vordergründige Ziel darin, die schöpferische Kreativität zu stimulieren und die Ideenfindung zielgerichtet zu beschleunigen. Hierbei läßt die interdisziplinäre Zusammenarbeit in einem fachlich heterogenen Team einerseits die Nutzung von fachlichen Synergieeffekten zu, andererseits werden durch die Teamarbeit gruppendynamische Effekte freigesetzt, die sich sehr fruchbar auf das gewünschte Ergebnis auswirken.

Eine effektive Teamarbeit beginnt bereits bei der Formulierung von Zielen und Aufgaben. In Unternehmen, in denen die Mitarbeiter und Teams auch in die Formulierung der wirtschaftlichen und technischen Ziele einbezogen werden, ist der Realisierungswille und die Eigenmotivation der Mitarbeiter besonders stark ausgeprägt. Üblicherweise werden "selbstgestellte" Aufgaben besser und schneller erfüllt als Aufgaben, die von übergeordneter Stelle zur Realisierung aufgetragen werden. Gelegentlich erfordert dieses Vorgehen zwar anfänglich einen höheren Zeitbedarf, dieser wird jedoch meist durch kürzere Realisierungszeiten und eine höhere Motivation schnell wieder wettgemacht.

Nach der gemeinsamen Zieldefinition gibt es natürlich die unterschiedlichsten Ansichten über den einzuschlagenden Lösungsweg bzw. die Lösungsmethode. Dabei ist es jedoch lediglich wichtig, daß das Team in den unterschiedlichen Ansichten trotzdem ein konstruktives Potential für eine erfolgreiche Zuammenarbeit sieht. Es ist verständlich, daß es gelegentlich auch zu intensiveren Auseinandersetzungen kommt, denn neben der häufig recht komplizierten sachlichen Ebene spielt auch die weniger durchsichtige emotionale Ebene als sogenanntes "Nebenschlachtfeld" eine nicht unwesentliche Rolle. Auch hierauf ist natürlich bereits bei der Zusammenstellung des Teams zu achten. Ist dies jedoch versäumt worden, müssen durch den Moderator die "Spielregeln des Umgangs miteinander" spätestens bei der Sichtbarwerdung des kleinsten emotionalen Konflikts deutlich gemacht werden.

Ein konstruktives Klima während der Teamarbeit, die über innere Dynamik, schöpferische Streitbarkeit, Bereitschaft zur effizienten Zusammenarbeit, Leistungswillen etc. verfügen muß, stellt sich am ehesten ein, wenn sie ruhig und gut vorbereitet anläuft. Diesbezüglich sollte Klarheit zu den nachfolgenden Fragestellungen bestehen:

- Wie werden Ziele definiert?
- Wie werden Entscheidungen getroffen?
- Wie wird der Informationsaustausch gestaltet?
- Wie werden Konflikte gelöst?
- Wie und von wem wird das Team nach außen vertreten?
- Wie werden Sitzungen vorbereitet?
- Wie erfolgt die Ergebniskontrolle?

2.4   Entwicklung und Analyse von Systemen

2.4.1   Vom einfachen Produkt zum komplizierten System

Ein Unternehmen, das eine technologische Spitzenstellung erringen und ausbauen will, kommt um eine permanente und kontinuierliche Produktentwicklung nicht herum. Diesbezüglich sind natürlich auch kurzfristige Funkt-
ions-verbesserungen und Kostenreduzierungen voranzutreiben. Doch erst
die wirklichen Neuerungen, die weit über die Produktpflege hinausgehen,
sind es, die den Weg eines Unternehmens in der Zukunft langfristig sichern.
Diese Neuerungen basieren auf Technologiesprüngen, die erfahrungsgemäß durch gänzlich neue Funktionssysteme mit hohem Innovationsgehalt
(Mikroprozessor, Asic, hochmagnetische Werkstoffe, elektrorheologische
Flüssigkeit etc.) ermöglicht werden. Immer breiter setzt sich die Erkenntnis
durch, daß mit wenig flexiblen Einzelprodukten langfristig kein "Blumen-
topf" zu gewinnen ist. Die Zielfunktion besteht in der Schaffung von Systemen, die bei einer möglichst einfachen Struktur eine breite Bedarfsdeckung
erlauben.
Systementwicklung ist anspruchsvoll und verlangt längere Entwicklungs-
phasen. Dafür sind jedoch Systeme langlebiger als einfache Einzelprodukte
und erlauben eine breitere Variation der Parameter zur Anpassung an geänderte Randbedingungen, Einsatzanforderungen und Kundenwünsche.
Der Schritt vom Produkt- zum Systemlieferanten erfordert von den F&E-
Abteilungen höchste Anstrengungen, wenn das jeweilige Unternehmen zum
Beispiel vom Getriebehersteller zum Antriebsstrang-Lieferanten, vom
Fensterheber-Lieferanten zum Türsystem-Produzenten, vom Dämpfer-Her-
steller zum Fahrwerksystem-Lieferanten etc. aufsteigen will. Der Trend in
der Großindustrie zeigt eindeutig in Richtung Auslagerung von kompletten
System- und Funktionseinheiten vom Finalproduzenten zum Zulieferer
(Outsourcing). Die Entwicklung, Komponentenfertigung, Montage sowie
Prüfung und damit die System-Gesamtverantwortung für eine größere
Funktionseinheit wird in heutiger Zeit der Zulieferindustrie in wachsendem
Maße übertragen. Damit steigt zum einen die Wertschöpfung beim Zulieferer, zum anderen aber auch die Effizienz des Produktionsablaufes in der
Endmontage beim Finalproduzenten.
Nehmen wir als Beispiel eine Fahrzeugtür, die aus einer Vielzahl von Bau-
teilen und Funktionseinheiten besteht. Selbige wird an Nebenbändern vor-
montiert, um schließlich dem Karosserieband zur Endmontage zugeführt zu
werden. Denken wir an die Logistik der vielen Kleinteile wie Kurbel, Spie-
gel, Spiegelverstellung, Schloßteile etc., die allein von ihrer Größe eigentlich nicht zum Automobilhersteller passen. Der Produktionsprozeß beim
Automobilhersteller wird wesentlich schlanker, wenn er eine komplette Tür
(montiert, bestückt, geprüft und nach Möglichkeit in Wagenfarbe gespritzt)
zuverlässig just in time bezieht. Der Automobilhersteller konzentriert die

eigenen Kapazitäten auf die endproduktspezifischen Einheiten wie Motorisierung, Karosseriestyling, Sicherheit und Komfort. Selbstverständlich werden dabei Systeme, die ein Sich-Abheben vom Wettbewerb ermöglichen, nicht aus der Hand gegeben. Es gibt schon heute eine Vielzahl von Beispielen, bei denen komplette Systeme zugeliefert werden (Kfz: Abgasanlagen, Sitzgruppen, Zünd-, Einspritz- und Lichtanlagen etc.; oder in der Unterhaltungsindustrie: Bildröhren, Lautsprechermodule, Steuermodule etc.).
Ein Finalproduzent, der sich zum Outsourcing von komplexen Systemen entschlossen hat, wird sich vor der Vergabe entsprechender Aufträge einer Vielzahl von interessierten Bewerbern für diese Zulieferungen gegenüber sehen. Beim anstehenden Auswahlprozeß entscheidet neben den Lieferpreisen mit gleicher Wichtung die Potenz des zukünftigen Systemlieferanten auf den Gebieten: Fertigungstechnologie, Qualitätswesen und Entwicklungskompetenz. Der Systemlieferant muß dabei in der Lage sein, nicht nur das bisherige Know-How des Finalproduzenten zu übernehmen. Darüber hinaus besteht ein vordergründiges Ziel darin, das System durch gemeinsame und gleichberechtigte Entwicklungsarbeit Schritt für Schritt in Richtung Funktionsverbesserung und Preisreduzierung voranzubringen. Diese hohen Anforderungen sind vom Systemlieferanten nur mit großem Engagement, qualitativer und quantitativer Aufstockung der vorhandenen Ressourcen und Bereitstellung von Investitionsmitteln zu erfüllen.
Eine in diesem Sinne sehr positive gemeinsame Entwicklung erfordert weiterhin kompatible Werkzeuge, insbesondere auf dem Gebiet der Software bezüglich Berechnung, Konstruktion, Simulation und Informationsaustausch. Eine an den wichtigsten Schnittstellen abgestimmte Entwicklung ist nur durch eine systematische Aufbereitung von Einzelaufgaben möglich. Hierbei liegt die Hauptverantwortung - in der Natur der Sache begründet - beim Entwicklungsmanagement.
Systematische Arbeitsmethoden, insbesondere bei der Lösungsfindung, ermöglichen einen transparenten Entwicklungsablauf. Systemlieferant und Finalproduzent können und müssen den Lösungsfindungsprozeß durch Impulse aus der jeweils eigenen Sichtweise für technische Realisierungsmöglichkeiten kreativ beeinflussen. Eine wesentliche Voraussetzung dafür ist bereits durch die gemeinsame Abstimmung des Pflichtenheftes in den unterschiedlichen Realisierungsphasen von der Aufgabe bis zur Auswahl der optimalen technischen Lösung gegeben.

2.4.2   Systematische Funktionsanalyse und Ideenfindung

Die eindeutigen Stärken von technisch versierten Ingenieuren und Entwicklern liegen im systematischen Gestalten und "Übersetzen" von theoretischen Vorstellungen in greifbare Technik. In ihren unmittelbaren Aufgabenbereich fällt die Beantwortung solcher Fragen wie:

- Wie kann diese oder jene Idee realisiert werden?
- Wie wird sie konkret realisiert?
- Welche Vorgehensweise ist zur Realisierung zu wählen?
- Welche technischen Voraussetzungen und Randbedingungen müssen gegeben sein?

Eine Idee ist meistens irgendwie machbar, doch vom Geschick und Handwerkszeug des Entwicklers hängt es im wesentlichen ab, ob die ausgearbeitete Lösung auch funktionell und wirtschaftlich ist. Das schlechthin wichtigste Arbeitsprinzip des Entwicklers besteht im systematischen, geplanten und logischen Vorgehen bei der Lösung auch kompliziertester Aufgaben. Dazu ist das Zerlegen einer komplizierten Gesamtfunktion (z.B. einer Anlage, Maschine, Apparatur etc.) in ihre Einzelfunktionen (Elemente, Unterelemente, Baugruppen etc.) in aller Regel der Schlüssel zum Erfolg. Es ist klar, daß auch die Einzelfunktionen in dieser Weise immer weiter zerlegt werden. Dieser iterative Prozeß muß solange erfolgen, bis letztlich einfache und überschaubare Einheiten entstanden sind. Gleichzeitig besteht eine wichtige Forderung natürlich darin, Wirkmechanismen und Abhängigkeiten zwischen den Einzelfunktionen nachvollziehbar darzustellen. Dieser Zerlegungsprozeß einer Gesamtfunktion (oder eben eines Systems) deckt den gesamten Wirkmechanismus auf. Das Darstellen dieser Mechanismen setzt voraus, daß man sie verstanden und inhaltlich erschlossen hat. Der Prozeß der schrittweisen Zerlegung bewirkt also über die Analyse von Einzelfunktionen, Elementen etc. rekursiv das Verstehen der Gesamtfunktion, des Gesamtsystems usw. Dieses systematische Vorgehen bewirkt natürlich auch die Erkenntnis, daß gewisse Einzel- oder / und Unterfunktionen mit mehreren technischen Lösungen realisierbar wären. Eine Kombinatorik - natürlich unter Einbeziehung von Abhängigkeiten und Folgewirkungen - kann so zu verschiedenen Lösungen für die Gesamtfunktion, für das letztendlich zu realisierende System führen. Die tatsächliche Ausführung hängt dann "lediglich" von den Bewertungskriterien ab, nach denen die spezifische technische Umsetzung von einer bestimmten Unterfunktion priorisiert oder fallengelassen wurde. Insofern ergeben sich durch die Kombinatorik, die erst durch eine systematisch gefundene (und damit weitestgehend vollständige) Aufstellung möglicher technischer Ausführungen für die jeweilige Unterfunktion möglich wird, völlig überraschende und neuartige technische Realisierungen der gewünschten Gesamtfunktion.
Die Erfahrung zeigt, daß in aller Regel solche Lösungen, die ohne Systematik gefunden wurden, im Vergleich mit solchen, die direkt aus einer Systemanalyse hervorgehen, deutlich schlechter abschneiden. Erstere sind nicht vollständig und im Detail begründbar und damit oftmals auch kaum gezielt weiterzuentwickeln, es sei denn, der Aufwand einer systematischen Analyse wird nachgeholt.
Eine solche systematische Entwicklung und Lösungsfindung gibt es jedoch

nicht zum Nulltarif. Sie muß akribisch erarbeitet werden, erfordert finanzielle und personelle Ressourcen, zahlt sich langfristig jedoch mit Sicherheit aus. Denn neben dem entwickelten Produkt (-system) schafft man im Unternehmen Know-How und Kompetenz, die wichtigsten Voraussetzungen für Innovation und langfristigen wirtschaftlichen Erfolg.

Strukturiert-systematisches Vorgehen bei Problemlösungen
Wie bereits mehrfach in diesem und im vorhergehenden Kapitel betont, ist für ein effizientes Lösen von (technischen) Problemen und Aufgaben eine gewisse Systematik unabdingbare Voraussetzung. Dies wird selbstverständlich umso wichtiger, je umfangreicher und komplexer das Problem bzw. die Aufgabe ist. Der allgemein gültige diesbezügliche Ansatz besteht in der Abarbeitung der nachfolgend genannten 5 Schwerpunkte:

1. Definition der Aufgabe,
2. Analyse in Strukturen, Funktionen und Teilfunktionen,
3. Suche nach Elementen zur Funktionserfüllung,
4. Synthese zu Teillösungen und Systemlösungen,
5. Bewertung und Auswahl des Lösungs- bzw. Systemvorschlages.

Diese Schwerpunkte sind vorteilhafterweise - wie in Abbildung 2.4 dargestellt - weiter untersetzt.
Es sei an dieser Stelle ausdrücklich darauf verwiesen, daß bei einer Anwendung dieser Vorgehensweise für die eigene Erarbeitung von Problemlösungen oder Systemanalysen jeder Schwerpunkt und die sich ergebenden Detailinformationen sehr fein protokolliert werden müssen. Erst auf diese Weise ist auch für Dritte oder zu einem späteren Zeitpunkt noch eindeutig nachvollziehbar, wie letztendlich zur Lösung gekommen wurde.

Festlegung der Systemgrenzen
Die Erarbeitung einer Systemlösung beginnt mit der Problemdefinition (vgl. Kapitel 1) und der eigentlichen Systembeschreibung. Diesbezüglich ist zuerst das funktionelle Wirkfeld einzugrenzen, vorteilhafterweise in Form einer sogenannten Black-Box. Die Black-Box zeigt die Schnittstellen des Systems, die Eingänge und Ausgänge, die Verbindung zu anderen Systemen, den Signal- und Energiefluß. Innerhalb der Systemgrenzen wird die Aufgabe - wie in Abbildung 2.3 dargestellt - in Strukturen, Funktionen, Teilfunktionen und Elemente gegliedert.
Bei jeder Systembetrachtung ist eine Modellbildung, mit deren Hilfe ein

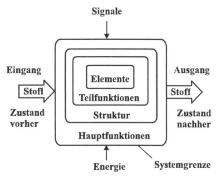

Abbildung 2.3:   *Black-Box-Struktur*

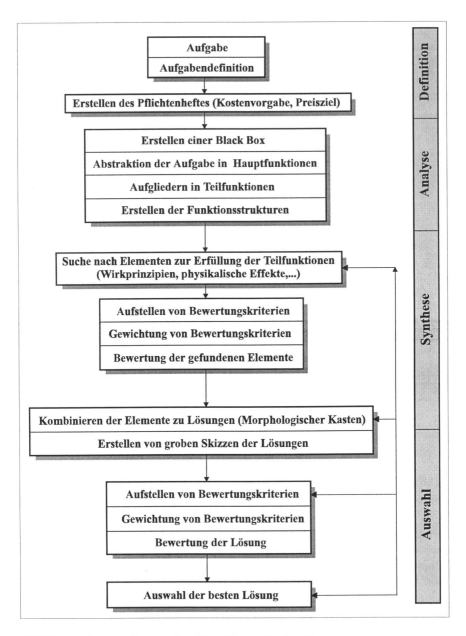

Abbildung 2.4:   *Systematik auf dem Weg zur Problemlösung*

komplexes System durch Abstraktion auf das eigentlich Wesentliche reduziert wird, außerordentlich vorteilhaft.

Bei kreativen und schöpferischen Arbeiten ist es sinnvoll, zunächst ohne
nennenswerte konstruktiv exakte Tätigkeiten die verschiedenen möglichen

Lösungswege zur Realisierung der Gesamtfunktion aufzuzeigen. Dabei erleichtert eine pragmatische Aufschlüsselung der Gesamtfunktion in Teilfunktionen das systematische Vorgehen erheblich. Diese ansich triviale Methodik ermöglicht die Konzentration der Kräfte jeweils auf einen definierten Teilbereich der Aufgabe. Zweck dieser systematischen Betrachtungsweise ist es, das zu bearbeitende Problemfeld möglichst schrittweise überschaubar zu zerlegen, um es dann zu analysieren.

Analyse der Hauptfunktion
Es gibt prinzipiell nur sehr wenige technische Aufgaben, die auch nach genauerer Analyse lediglich durch eine einzige Funktion beschrieben werden können, vielmehr ist das Gegenteil die Regel. An einem Beispiel soll dies verdeutlicht werden: Durch eine funktionelle Betrachtungsweise lassen sich selbst bei einem so einfachen Gegenstand wie einer Glühbirne diverse Funktionen ableiten, die zur Realisierung der Hauptfunktion allerdings notwendig sind.
Die Hauptfunktion einer Glühbirne besteht selbstverständlich darin, sichtbares Licht zu erzeugen. Natürlich kann man sich neben der Glühbirne auch andere Elemente vorstellen, die die gleiche Hauptfunktion erfüllen, gedacht sei beispielsweise an eine Gasentladungsleuchte. Bleiben wir jedoch vorerst bei dem Beispiel der Glühbirne.
Um die Hauptfunktion zu realisieren, wird ein feiner Draht zum Glühen gebracht. Der Draht ist zu fixieren, vor Zerstörung zu schützen, mit Energie zu versorgen und letztlich in einer kompakten Baueinheit unterzubringen, die als Ganzes montier- und auswechselbar sein muß. Demnach sind eine ganze Reihe weiterer Funktionen zu realisieren, die in ihrer Gesamtheit und in ihrem Zusammenwirken erst die Hauptfunktion erfüllen.
Mit der Verwendung eines glühenden Drahtes zum Zwecke der Erfüllung der geforderten Hauptfunktion ist demnach lediglich der verwendete physikalische Effekt beschrieben. Die Hauptfunktion des Erzeugens von sichtbarem Licht läßt sich - wie mit der Gasentladungsleuchte bereits angedeutet - natürlich auch mit anderen physikalischen Effekten erreichen. Deren Anwendung erfordert dann jedoch einen anderen funktionellen Aufbau und ein anderes Zusammenwirken der einzelnen Elemente. Dabei übernehmen die einzelnen Elemente Teilfunktionen. Die Vielfalt einer möglichen und sich nicht gegenseitig ausschließenden Kombinatorik von Teilfunktionen läßt gegebenenfalls grundsätzlich neue Produkte entstehen.

Analyse von Teilfunktionen
Im Rahmen einer systematischen Vorgehensweise bei der Problemlösung wird die zu beschreibende Hauptfunktion in mehrere überschaubare, jedoch in sich vollständig abgeschlossene Teilfunktionen zergliedert. Hierbei besteht das vordergründige Ziel darin, geeignete technische Elemente (die sich gegebenenfalls funktional weiter untergliedern lassen) zu finden, die diese

Teilfunktionen erfüllen können. In dieser Phase der Gliederung ist bereits Wert darauf zu legen, durchaus mehrere funktionserfüllende Elemente anzugeben. Wesentlich ist auch, daß eine gewisse Modularität erreicht wird, d.h. die entsprechenden Teilfunktionen verfügen jeweils über klar definierte Schnittstellen. Der günstigste und einfachste Fall liegt vor, wenn für bestimmte Teilfunktionen bereits Lösungselemente zur Verfügung stehen. Meist sind jedoch lediglich für einige Teilfunktionen technische Elemente verfügbar, für andere müssen erst noch geeignete Elemente und Lösungsprinzipien gefunden werden. In diesen Fällen besteht dann die Notwendigkeit darin, bekannte physikalische Effekte anzugeben, deren Ausnutzung die gewünschte Teilfunktion realisiert. Es ist klar, daß es dabei auch notwendig werden kann, bestimmte Effekte aneinanderzureihen oder zu verknüpfen, um das gewünschte Ergebnis zu erreichen. Auch hier sind Schnittstellen und zu beachtende Randbedingungen möglichst umfassend darzustellen.

Umfassende Kenntnisse von naturwissenschaftlichen Gesetzen und Effekten und technischen Zusammenhängen sind die Basis für eine kreative und variantenreiche Lösungsfindung. Letztlich ist die Nutzung naturwissenschaftlicher Effekte die fundamentale Voraussetzung für alle technischen Lösungen (vgl. Abbildung 2.5).

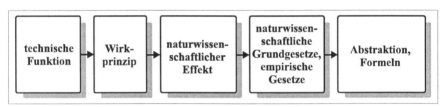

Abbildung 2.5:   *Abstraktion der technischen Funktion*

Eine "reinrassige" Umsetzung beispielsweise von einem physikalischen Gesetz in eine technische Problemlösung ist in der Realität selten gegeben. Vielmehr wirken oft verschiedene physikalische, gelegentlich auch chemische Gesetze und Effekte zusammen, um die angestrebte Wirkung zu erzielen.

Die technische Realisierung eines Effektes kann durch ein Wirkprinzip beschrieben werden. Durch die Auswahl und Kombination der geeigneten Wirkprinzipien wird die Funktionsweise der späteren Lösung im wesentlichen vorbestimmt. Vor der Festlegung des geeigneten Wirkprinzips muß zuerst ein Überblick zu den in Frage kommenden prinzipiellen Möglichkeiten erarbeitet werden. Auch hier ist eine systematische Vorgehensweise sehr zu empfehlen, weil gerade dadurch ein relativ vollständiger Überblick hinsichtlich weiterer denkbarer Lösungsansätze entsteht. Im folgenden soll die Aussage wiederum an einem Beispiel verdeutlicht werden. In Abbildung 2.6 ist eine entsprechende Systematik hinsichtlich der Funktion

"Energiebereitstellung" veranschaulicht. Es wird dabei - wie wir meinen - eindrucksvoll deutlich, wie vielfältig sich die Funktion "Energiebereitstellung" durch die unterschiedlichsten Wirkprinzipien realisieren läßt, wobei diese Funktion ja oftmals lediglich einer Teilfunktion entspricht.
Die in Abbildung 2.6 dargestellten Wirkprinzipien stellen nur eine erste Auswahl zu einer Vielzahl weiterer Möglichkeiten dar.
Natürlich wird nicht bei jeder systematischen Lösungssuche das gesamte Spektrum naturwissenschaftlicher Wirkprinzipien analysiert, weil das oftmals auch gar keinen Sinn macht. Denken wir dabei an das eingangs zitierte Beispiel zur Realisierung der Hauptfunktion "Erzeugen von sichtbarem Licht". In diesem Fall wird eine aufgabenbezogene Konzentration der Über-

Physikalische Einteilung	Wirkprinzip			
Mechanisch	Gewicht anheben	Feder aufziehen	Masse beschleunigen	Masse im Kreis bewegen
Hydraulisch	Wassersäule aufbauen	Flüssigkeitsströmung erhöhen	Druck erhöhen	Flüssigkeit erwärmen
Pneumatisch	Gas komprimieren	Gasströmung erhöhen	Gas erwärmen	
Elektrisch	Akku aufladen	Kondensator aufladen	Strom transformieren	Leiter mit Stromfluß
Magnetisch	Ferromagnet positionieren	Elektromagnetfeld aufbauen		
Optisch	Licht erzeugen	Licht bündeln	Licht im Brennp. konzentrieren	Leucht-stoffe
Thermisch	Bimetall erwärmen	Wärme speichern	Draht erwärmen	
Chemisch	Entzündbare Stoffe verbrennen	Oxydation in Gang setzen	Reduktion herbeiführen	Elektrolyse ermöglichen
Nuklear	Strahlung freisetzen	Atome spalten	Atome verschmelzen	
Biologisch	Gärung in Gang setzen	Materialien zersetzen	Wachstum fördern	

Abbildung 2.6:   *Verschiedene Möglichkeiten der Energiebereitstellung*

legungen auf plausible Varianten bereits in der Anfangsphase der Lösungssuche vorgenommen. Niemand wird dabei auf die Idee kommen, beispielsweise biologische, hydraulische, pneumatische oder gar nukleare Wirkprinzipien etc. in die Anfangsüberlegungen einzubeziehen.
Das Ziel einer entsprechend sinnvollen Auswahl muß in der Anwendung möglichst unkomplizierter Wirkprinzipien liegen. Des weiteren ist darauf zu achten, daß mit der Anwendung des ausgewählten Wirkprinzips keine unerwünschten Nebeneffekte auftreten.

Funktionserfüllende Elemente

Nach dem Zerlegen der Haupt- in Teilfunktionen gelangt man vom analytischen Teil der Lösungsfindung zur Synthese. Dabei steht die Suche nach bereits vorhandenen, technisch ausgeführten und damit vorbekannten Elementen, die die jeweilige Funktionserfüllung realisieren, im Vordergrund. Prinzipiell anwendbar sind dabei die Methoden, auf die in Kapitel 1 bereits eingegangen wurde. Dem schließt sich dann die Bewertung und schließlich die Kombination ausgewählter Elemente zu praktikablen Lösungsvorschlägen an. Bei der Suche nach Elementen werden heute noch häufig die weniger systematischen intuitiven Methoden angewendet. Allerdings gewinnen zunehmend auch die diskursiven Methoden wie etwa die morphologische Methode und die Funktionsanalyse an Bedeutung.

Die Synthese erfolgt wiederum iterativ. Vom Abstrakten zum Konkreten hin werden die Elemente, die die Teilfunktionen am besten erfüllen, zusammengefügt und das jeweilige Zwischenergebnis bewertet. Wesentlich ist dabei natürlich, daß der Blick für das zu realisierende Gesamtergebnis, das in der bestmöglichen (= einfach, zuverlässig, wirtschaftlich etc.) Erfüllung der angestrebten Hauptfunktion besteht, nicht verlorengeht. Im Rahmen der systematischen Suche nach funktionserfüllenden Elementen muß - soweit irgend möglich - auf Konstruktions- und Bauteilkataloge zurückgegriffen werden.

Kataloge sind Informationsspeicher. Sie stehen in Schrift- oder in elektronisch gespeicherter Form als Datenbasis zur Verfügung und sind eine wichtige Unterstützung im Lösungsfindungsprozeß. Um den gestiegenen Anforderungen an das Entwicklungsergebnis und an die Entwicklungszeit gerecht zu werden, genügt es nicht, allein auf das technische Verständnis und die Erfahrung der am Entwicklungsprozeß beteiligten Mitarbeiter zurückzugreifen. Die Nutzung und Einbeziehung von Konstruktionskatalogen erweitert die Basis für Lösungsvarianten deutlich, die Abhängigkeit vom persönlichen Wissensstand der jeweiligen Mitarbeiter in der Entwicklung wird geringer und der Entwicklungsablauf wird durch die Verwendung von Elemente-Vorschlagslisten effizienter. In den VDI-Richtlinien (VDI 2222, Blatt 3) wird der Einsatz von Konstruktionskatalogen und Checklisten im Entwicklungsablauf erläutert. Es wird auf Kataloge für Lösungsprinzipien häufig auftretender Teilfunktionen, auf Kataloge für physikalische Effekte und auf Kataloge für Operationen zur Erzeugung von Lösungsvarianten hingewiesen. Diese Kataloge sind Hilfsmittel zur besseren Erschließung und Ausschöpfung ansich bekannten Wissens. Lösungskataloge sind Elementekataloge, die bestimmten Aufgaben und Funktionen entsprechende Lösungen zuordnen. Der Ordnungsgesichtspunkt ist eine wichtige Funktion, die mit den verschiedensten Mitteln realisiert werden kann. Elementekataloge enthalten eine umfassende Lösungssammlung für ausgewählte Funktionen. Diese Informationsquellen bringen zweifellos einen Rationalisierungseffekt im Entwicklungsbüro, wo die Tätigkeit "sich informieren" etwa 10 % des gesamten Zeitaufwandes ausmacht.

Die Verwendbarkeit von Elementkatalogen wird durch die Komplexität der zu erfüllenden Funktionen begrenzt. So eignen sich Lösungskataloge mit hoher Konkretisierungsstufe nur für Probleme mit niedriger Komplexität, während Kataloge für komplexe Probleme dementgegen nur relativ abstrakte Lösungsvorschläge enthalten können.

Eine Voraussetzung für den sinnvollen Einsatz von Lösungskatalogen ist zum einen die genaue Kenntnis des Lösungsumfeldes und zum anderen die detaillierte Aufgliederung der Hauptfunktion in möglichst überschaubare Teilfunktionen. Sind diese Teilfunktionen konkret, einfach und beinhalten sie gängige, in der Technik häufig vorkommende Problemstellungen, so kann bei der Lösungssuche mit hoher Wahrscheinlichkeit auf einen bereits verfügbaren Katalog zurückgegriffen werden. Die Erfahrungen mit Konstruktionskatalogen zeigen, daß die oft zeitintensive Informationsbeschaffung durch deren gezielte Verwendung spürbar gesenkt wird. Der Entwickler kann zudem sicher sein, das gesamte zur Verfügung stehende und zum Stand der Technik zählende Lösungspotential berücksichtigt zu haben. In den VDI-Richtlinien (VDI 2222, Blatt 2) sind verfügbare Kataloge, der Inhalt und ihre spezifische Verwendbarkeit ausgewiesen.

Bewertung der funktionserfüllenden Elemente

Durch die Anwendung der beschriebenen Methodik und die Einbeziehung aller zur Verfügung stehender Hilfsmittel werden in der Regel für jede Teilfunktion mehrere verschiedene funktionserfüllende Elemente gefunden. Diese Elemente wurden zunächst jedoch keiner eingehenderen Prüfung hinsichtlich einer optimalen Eignung im Rahmen der Gesamtfunktionserfüllung unterzogen.

Für den Fall, daß alle Lösungselemente beim nächsten Schritt, der Kombination der einzelnen Elemente, berücksichtigt würden, ergäbe sich eine kaum überschaubare Anzahl konkreter Lösungsansätze, die jedoch nicht alle sinnvoll sein müssen. Es ist somit zwingend erforderlich, an dieser Stelle einen ersten Bewertungsprozeß vorzunehmen, in dessen Ergebnis nicht nur die weniger geeigneten Elemente aussortiert werden, sondern auch eine begründete Aussage über die Qualität der verbleibenden Elemente getroffen wird. Das Ziel muß hierbei darin bestehen, nach der Bewertung die besten Elemente - soweit sie untereinander verträglich sind - zu konkreten Lösungsvorschlägen auszuführen und nur diese weiterzuverfolgen.

Der Bewertungsvorgang selbst, der im übrigen gegebenenfalls auch mit einem eventuellen Auftraggeber für die Gesamtlösung gemeinsam durchgeführt werden kann, hat im wesentlichen den in Abbildung 2.7 dargestellten Ablauf.

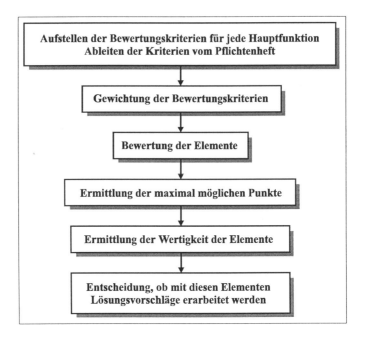

Abbildung 2.7:   *Bewertungsvorgang für Lösungsvorschläge*

Im Sinne einer Beschleunigung der Bewertung, die insbesondere angesichts einer großen Anzahl von Elementen sehr zeitraubend sein kann, empfiehlt es sich, ein oder auch mehrere der anzusetzenden Bewertungskriterien zu Leit- bzw. zu sogenannten Killerkriterien zu erklären. Das bedeutet gemeinhin, daß ein Funktionselement, das nur eines der angesetzten Leit- bzw. Killerkriterien nicht erfüllt, aus einer weiteren Betrachtung gestrichen und damit für die Gesamtlösung irrelevant wird.
Bei der Bewertung der Elemente beschränkt man sich in diesem Stadium im wesentlichen auf die rein technische Bewertung. Die wirtschaftliche Seite wird zunächst nur grob abschätzend berücksichtigt; die tatsächliche wirtschaftliche Bewertung erfolgt quantitativ erst bei der Gegenüberstellung und Auswahl der konkret vorgeschlagenen favorisierten Lösungen.

Bewertungskriterien
Als probater Anhaltspunkt zur Aufstellung von Bewertungskriterien kann das in 10 Gruppen gegliederte Verzeichnis technischer Eigenschaften der VDI-Richtlinien (VDI 2225) verwendet werden. Für eine konkrete Bewertung sollten, wenn es für den speziellen Fall sinnvoll ist, jeweils 2 oder 3 Kriterien ausgewählt werden, die mit einer Gewichtung versehen für ein ausgewogenes Ergebnis Sorge tragen. Solche Kriterien können sein:

-   abzählbare Eigenschaften wie: Größe, Anzahl der Teile, ...

- geometrische, kinematische Eigenschaften wie: Form, Geschwindigkeit, Drehzahl, ...
- mechanische Eigenschaften wie: Abdichtung, Festigkeit, Eigen-
  frequenz, ...
- thermische Eigenschaften wie: Temperaturbereich, Zustands-
  änderung, ...
- elektrische, magnetische Eigenschaften wie: Kontakte, Magnet-
  feld, ...
- optische Eigenschaften wie: Styling, optischer Eindruck, ...
- akkustische Eigenschaften wie: Absorption, Resonanz, Wellen-
  länge, ...
- chemische Eigenschaften wie: chemisch stabil, umweltverträglich, ...
- Herstell- und Montageeigenschaften wie: Massenproduktion, Bauka-
  stensystem, ...
- Gebrauchseigenschaften wie: Sicherheit, Abnutzung, Entsorgung,
  Komfort, ...

Technische Kriterien haben mittelbar oder / und unmittelbar einen Einfluß
auf wirtschaftliche Kriterien. Solche Kriterien können sein:

- Herstellkosten:
    Materialeinsatz, Rohmaterial, Materialgüte, Abfall, ...
    Herstellungsverfahren, bearbeitete Teile, Genauigkeit, ...
    Montageaufwand, Montagehilfen, Arbeitsgänge, ...
    Prüfverfahren, Qualitätsanforderung, ...
- Betriebskosten:
    Inbetriebnahme, Anschluß, ...
    Betreiben, Energiekosten, Verschleißteile, Wirkungsgrad, ...
    Wartung, Reinigung, Schmierung, Lebensdauer, ...
- Entsorgungskosten:
    Abbau, Demontage, Materialtrennung, ...
    Wiederverwertung, Aufrüsten, Aufarbeiten, Recycling, ...
- Investitionskosten:
    Entwicklungsaufwand, Lizenzgebühren, Patentgebühren, ...
    Produktionsaufwand, Produktionsperipherie, ...
    Montageaufwand, Logistikaufwand, Transportaufwand, ...
    Prüfaufwand, Prüfperipherie, Prüfmethoden, ...

Neben einer Auswahl aus den benannten Kriterien sind in jedem Fall solche
anzusetzen und entsprechend hoch zu gewichten, die explizit im Pflichtenheft aufgeführt sind.

Gewichtung und Bewertungsdurchführung
Die Zusammenstellung der Bewertungskriterien ergibt sich aus rein subjek-
tiven Betrachtungsweisen und oftmals auch mehr oder weniger zufällig. Eine

ausgewogene Bewertung wird erst dann erreicht, wenn die Summe der angesetzten Kriterien den tatsächlichen Erwartungen an das funktionserfüllende Element bzw. die realisierte Teil- oder Gesamtfunktion entspricht.

Normalerweise sind mehrere gleichzeitig vorhandene Eigenschaften und Funktionen nicht gleich wichtig. Die Gewichtung der einzelnen Eigenschaften erfolgt dann entsprechend der Hauptfunktion in Rangstufen. Im allgemeinen sollte die Gewichtung nicht zu fein gestuft werden, insbesondere wenn die Bewertung stark vom Ermessen des / der Bewertenden abhängt. Eine brauchbare und häufig praktizierte Gewichtung ist die Verwendung von 4 Rangstufen (R):

- 4 = sehr wichtig
- 3 = wichtig
- 2 = weniger wichtig
- 1 = unwichtig, geringer Einfluß

Vor einer zahlenmäßigen Gewichtung der Einzelkriterien wird oftmals eine Zuordnung dieser Einzelkriterien zu übergeordneten Globalkriterien vorgenommen. Solche können z.B. sein: Funktion, Verfügbarkeit, Kosten. Oftmals hängen diese Kriterien miteinander zusammen. Wenn beispielsweise ein bestimmtes Element zur Realisierung einer Funktion noch nie realisiert wurde, so muß es gegebenenfalls erst entwickelt werden. Dies schlägt sich wiederum auf die Kosten nieder usw.

Die übergeordneten (Global-) Kriterien werden gemäß ihrer jeweils anzusetzenden Bedeutung für das Endprodukt prozentual bewertet, wobei die Summe natürlich 100 % ergeben muß (z.B. Funktion 30 %, Verfügbarkeit 20 %, Kosten 50 %).

Die Bewertung der jeweiligen Einzelkriterien erfolgt vorteilhafterweise ebenfalls über eine relativ grobe Klassifizierung (P):

- 3 = anzustreben
- 2 = sinnvoll
- 1 = möglich
- 0 = nicht möglich

Aus der Einzelbewertung (P_i) und der Rangstufe (R_i) ergeben sich nach Multiplikation die jeweiligen Bewertungspunkte (b_i) eines bestimmten Elementes für ein bestimmtes Bewertungskriterium, wie in Gleichung 2.1 ausgedrückt:

$$b_i = R_i * P_i \qquad\qquad (2.1)$$

Der Index i steht dabei für das jeweils betrachtete Bewertungskriterium. Aus der Summe aller einzelnen Bewertungspunkte B_i eines Elementes ergibt sich für dieses Element ein Gesamtpunktestand, wie aus Gleichung 2.2 ersichtlich:

$$b_{ges} = \sum_{i=1}^{n} b_i \qquad (2.2)$$

Der Laufindex n drückt die Gesamtzahl aller Bewertungskriterien aus. Die Summe aus den maximal erreichbaren Punkten über alle Bewertungskriterien repräsentiert den maximal möglichen Punktestand (b_{max}) für das "ideale Element" - der wohl nur selten erreicht wird.

Die Wertigkeit (w) der verschiedenen Elemente errechnet sich jeweils durch einfache Division der Punktezahl b_{ges} durch die maximal mögliche Punktezahl b_{max} (vgl. Gleichung 2.3).

$$w = b_{ges} / b_{max} \qquad (2.3)$$

Da jedes einzelne Element nach dieser Verfahrensweise über eine Bewertung / Wertigkeit (w) verfügt, läßt sich aus vergleichenden Betrachtungen das günstigste Element herausfinden. Dabei sollte beachtet werden, daß Bewertungszahlen unter 0,7 eher auf Mittelmäßigkeit deuten. In diesem Fall sollte nach anderen, bisher noch nicht betrachteten Lösungselementen gesucht werden. Denn es ist nicht zu erwarten, daß aus der mittelmäßigen Erfüllung von Teilfunktionen letztlich ein Spitzenprodukt entstehen kann.

2.5 Objektive Ideen- und Lösungsbewertungen

Eine objektive Bewertung muß den Vergleich mit bereits realisierten technischen Produkten, mit in der Literatur ausgewiesenen vergleichbaren technischen Ausführungen und mit patentierten oder anderweitig geschützten Lösungen beinhalten. Selbst wenn auf den ersten Blick kein direkter Vergleich möglich scheint, weil sich nicht die gesamten Anforderungen und Ziele mit der zu vergleichenden dargestellten Lösung decken, so können doch häufig Teilbereiche wie Funktionsprinzip oder Hauptfunktionen miteinander verglichen werden.

Vergleich mit realisierten technischen Produkten
Für am Markt erhältliche oder anderweitig zugängliche technisch realisierte Produkte sind Anworten zu Grundsatzfragen wie Machbarkeit, Herstellungsverfahren, Herstellungskosten, Marktakzeptanz etc. bekannt oder zumindest beschaffbar. Eine objektiv durchgeführte Gegenüberstellung von erarbeiteten neuen Lösungsvorschlägen mit technisch bereits realisierten eigenen oder Lösungen des Wettbewerbs läßt grundsätzlich Aussagen über zu erwartende Funktions- und Kostenvorteile zu. Damit können hinsichtlich der neuen Lösungsvorschläge objektive Einschätzungen vorgenommen

werden, die in positive oder negative Entscheidungen münden.
Darüber hinaus sind von existierenden Produkten die Vor- und Nachteile
weitestgehend bekannt, anhand derer die neue Lösung vergleichend am Markt
bewertet wird.

Vergleich mit in der Literatur beschriebenen technischen Ausführungen
Die Heranziehung der entsprechenden Fachliteratur zur Bewertung neuer
Lösungen ist im Entscheidungsprozeß nur begrenzt tauglich, da als Hinter-
grund dem Autor nicht immer ausreichende Erfahrungen zum dargestellten
Sachverhalt zur Verfügung standen. Immerhin lassen sich jedoch aus der
Fachliteratur durchaus Trends zu bestimmten Sachverhalten, Entwicklungs-
richtungen etc. erkennen. Darüber hinaus werden in Fachveröffentlichungen
nicht selten Erfahrungen, Anforderungen und Vorteile beschrieben, deren
Einschätzung wiederum direkt oder indirekt auf die Bewertung der eigenen
Lösung übertragen werden kann.

Vergleich mit relevanten Schutzrechten
Die Wichtung der relevanten Schutzrechte (hierzu gehören hauptsächlich
die deutschen und europäischen Offenlegungs-, Patent- und gegebenenfalls
auch die Gebrauchsmusterschriften) dient nicht allein informativen Zwek-
ken. Patentrechtlich geschützte, ähnliche oder - im ungünstigsten Fall - bau-
gleiche Lösungen zeigen die Grenzen für den eigenen Spielraum mit Blick-
richtung auf eine sinnvolle Entwicklungstätigkeit und eine damit verbundene später gewinnbringende kommerzielle Vermarktung auf.
Für den Fall, daß bei einer vergleichenden Betrachtung des eigenen neuen
Lösungsansatzes mit Schutzrechten festgestellt wird, daß kennzeichnende
Haupt- oder / und Teilfunktionen in gleicher Art bereits patentiert sind, muß
diese Feststellung gegebenenfalls als Killerkriterium für eine objektive
Lösungsbewertung aufgenommen werden. Dies wird vorrangig dann ein-
treten, wenn eine Lizenznahme oder das Ausweichen auf Umgehungs-
lösungen ,aus welchen Gründen auch immer, ausgeschlossen ist. In diesem
Zusammenhang ist es eminent wichtig, daß bereits nach der Definition der
Aufgabenstellung eine sehr umfassende, die zu realisierenden Schlüsselfunktionen abdeckende Patent- und Literaturrecherche durchgeführt wird.
Auch während der Lösungsfindung ist die Patentsituation von favorisierten
Ausführungen für Teilfunktionen permanent zu klären und bei der abschließenden Bewertung zu berücksichtigen. Mit anderen Worten: Ein wesentli-
ches Bewertungskriterium ist die Schutzrechtsituation!

2.6   Wann ist eine Idee wirtschaftlich interessant?

Diese Frage ist in unserem erfolgsorientierten Wirtschaftssystem schnell und unkompliziert beantwortet: Eine Idee ist dann interessant, wenn mit ihrer Realisierung ein in der Regel nicht unerheblicher kommerzieller Gewinn erzielt werden kann. Der Gewinn ist dabei die Differenz aus dem zu erzielenden Verkaufspreis und der Summe aller Kosten und Aufwendungen die anfallen, bis das Produkt, in dem die besagte Idee in irgendeiner Weise realisiert wurde, vermarktet wird.

Von den entstehenden Kosten und Aufwendungen machen die reinen Herstellkosten in den seltensten Fällen mehr als 30 % aus. Es würde an dieser Stelle zu weit führen, tiefer in die Kostenstruktur einzudringen, zumal sie sich von Produkt zu Produkt erheblich unterscheidet. Doch sollen an dieser Stelle wenigstens einige sehr schwierig abzuschätzende Kosten und Aufwendungen, die stets ein unternehmerisches Risiko darstellen, nicht unerwähnt bleiben.

Einer der wohl entscheidendsten, jedoch aus Gründen seiner wenig zuverlässigen Kalkulierbarkeit am schwierigsten zu beurteilenden Faktoren verbirgt sich unmittelbar in der erreichbaren Stückzahl. Diese wird in erster Linie natürlich vom Käuferverhalten bestimmt, auf das wiederum Schwerpunkte wie Produktlebensdauer, -funktion, -originalität, -qualität sowie Wirtschaftlichkeit einen maßgebenden Einfluß haben. Darüber hinaus sind die Marktgröße insgesamt und der eigene erreichbare Marktanteil von entscheidender Bedeutung. Die Stückzahl hat damit letztlich einen ganz wesentlichen Einfluß auf das gewählte Fertigungsverfahren, den anzusetzenden Automatisierungsgrad und die damit verbundenen Vorlaufinvestitionen zur Produktionsaufnahme. Natürlich spielen hier auch die anzusetzenden Entwicklungskosten keine untergeordnete Rolle. Weitere Unsicherheiten bei der Kostenabschätzung bestehen in der Lohnentwicklung, Arbeitszeit, Streiks, Rückholaktionen, neuen Umweltvorschriften und Entsorgungskosten. Bei Saisongeschäften kommt darüber hinaus der Faktor höhere Gewalt z.B. Wetter, Mode, ... zum tragen. Zu den weiterhin äußerst schwierig abzuschätzenden Aufwendungen und Nebenkosten zählen Umweltabgaben, neue Verordnungen zu Transport und Zoll, stark veränderte Währungsverhältnisse und sich ändernde Sozialabgaben. Bei der Abschätzung der Parameter kommt außerdem erschwerend hinzu, daß sich einige Annahmen gegenseitig beeinflussen, wie die Lohn- / Preisspirale nach tariflichen Lohnabschlüssen etc.

Die zugegebenermaßen recht triviale Betrachtung der mit einer Produkteinführung verbundenen Kosten soll an dieser Stelle bewußt nicht ausführlicher dargestellt werden. Sie würde in ihrer Komplexität bei einem halbwegs realisierten Anspruch auf Vollständigkeit den Rahmen dieses Abschnittes bei weitem sprengen.

Natürlich ziehen nicht alle Ideen unmittelbar den Aufbau einer neuen Produktlinie nach sich. An den bereits eingeführten Produkten gibt es stets Ansätze zu Verbesserungen hinsichtlich Funktion- und Fertigungsaufwand. Diese Ideen zur Verbesserung und Weiterentwicklung der bestehenden Produktpalette lassen sich im Hinblick auf ihre Wirtschaftlichkeit in aller Regel wesentlich besser abschätzen.

Normalerweise ist es ungleich einfacher, in einem bereits existierenden Markt innovative, weiterentwickelte Produkte zu plazieren, als einen neuen Markt zu schaffen, sich einen gänzlich neuen Kundenkreis zu akquirieren.

Bei der Abschätzung, inwieweit ein neuer Produktvorschlag oder eine entsprechende Produktverbesserung wirtschaftlich interessant ist, sollten zumindest die nachgenannten Fragen umfassend beantwortet werden:

- Entsprechen die Lösungsvorschläge den ursprünglichen Zielsetzungen?
- Sind die erwarteten Stückzahlen in bezug auf Marktakzeptanz und Herstellungsmöglichkeiten realistisch und wie entwickeln sie sich zukünftig?
- Sind die vorgesehenen Investitionen finanzierbar und zeitlich durchführbar?
- Ist das Produkt ausgereift, welcher Entwicklungsaufwand ist noch erforderlich?
- Wie hoch ist das Umlaufvermögen anzusetzen?
- Wie hoch sind die erwarteten Produktionskosten?

Gerade für eine ausführliche und fundierte Prüfung der Wirtschaftlichkeit und Amortisationsdauer bei der Einführung von neuen Produkten und der Realisierung von Produktideen in einer bereits fortgeschrittenen Entwicklungsphase ist es vorteilhaft, auf bewährte Berechnungsvorschläge zurückzugreifen. Diesbezüglich sei auf die VDI-Richtlinien 2802 hingewiesen.

Analog zur technischen Wertigkeit wird übrigens in den VDI-Richtlinien 2225 auch eine wirtschaftliche Wertigkeit definiert. Diese wirtschaftliche und technisch-wirtschaftliche Bewertung erfordert jedoch bereits fertigungstechnische Kenntnisse, da die tatsächlichen Herstellkosten in die Wertung eingehen. Mit nur grob abgeschätzten Ausgangswerten detaillierte Berechnungen anzustellen, ist jedoch auf keinen Fall zu empfehlen. Hierzu muß zumindest der Wissensstand der Entwurfsphase erreicht worden sein.

2.6.1   Technisch-wirtschaftliche Machbarkeit

Die Frage nach der technisch-wirtschaftlichen Machbarkeit eines Produktes läuft stets auf einen Kompromiß zwischen technisch realisierter Funktion, dafür aufgewendeten Mitteln und erzielbarem Verkaufspreis hinaus. Wie gut oder schlecht dieser Kompromiß für den Produzenten und für den Kunden ausfällt, entscheidet der Markt - also Angebot und Nachfrage. Die Thematik der technischen und wirtschaftlichen Machbarkeit beschäftigt die technische Entwicklung lange bevor die Kalkulation die Kosten bis auf Bruchteile des Pfennigs hochrechnet. Schließlich wurde bereits bei der Elementebewertung die Kostenfrage grundsätzlich berücksichtigt. Im Rahmen der Entscheidung für oder gegen einen Serienstart müssen allerdings die technische und wirtschaftliche Seite des Produktvorschlages nochmals gewissenhaft erörtert werden. Dazu sollte prinzipiell eine technische Schwachstellen- und eine Kostenanalyse durchgeführt werden. Eine mögliche - und für spezielle Anwendungen jeweils zu ergänzende - Checkliste hinsichtlich technischer Machbarkeit ist im folgenden angegeben. Sie erlaubt natürlich keinen Anspruch auf Vollständigkeit, kann im Bedarfsfall jedoch als Anregung dienen.

Checkliste hinsichtlich technischer Realisierbarkeit:
Funktion
- physikalisch sinnvoll (geeignetes physikalisches Prinzip)
- technisch durchführbar (Festigkeit, Verschleiß, Lebensdauer)
- wirkungsvoll (geeignetes Wirkprinzip)
- zuverlässig (bewährtes Konzept)

Werkstoffe
- Rohstoffe verfügbar (gesicherte Beschaffung)
- Materialien, Halbzeuge bearbeitbar (geeignete Werkstoffe)
- Werkstoffe recyclebar, umweltverträglich (gesicherte Entsorgung)

Fertigung
- Know-How verfügbar (umsetzbare Erfahrungen)
- Rohteile bearbeitbar (geeigneter Maschinenpark)
- Produkt montierbar (automatisierte Montagestraße)
- Qualität prüfbar (geeignete Prüfmittel und -methoden)
- Fachpersonal verfügbar (geeignete Ausbildung, Weiterbildung)
- Fertigungsverfahren produktiv (geeignetes Verfahren)

Logistik
- Rohmaterial vorrätig (kurzfristige Anlieferung)
- kontinuierliche Bearbeitung (minimale Zwischenlager)
- Fertigungsfluß zügig (vernetzte Montage und Qualitätskontrolle)
- Produktauslieferung gewährleistet (geringe Endproduktlagerung)

In Anlehnung an die Checkliste für die technische Realisierbarkeit soll die im folgenden angegebene Checkliste zur wirtschaftlichen Machbarkeit wiederum lediglich einige Anregungen geben. Bei dem Kriterium der wirtschaftlichen Machbarkeit sind sowohl die Sichtweise des Herstellers als auch die des potentiellen Kunden zu berücksichtigen:

a) Sichtweise des Produzenten

Entwicklungsaufwand
- Vorlaufkosten überschaubar (Know-How-Investition)
- Entwicklungstools beschaffbar (Hard- und Software)
- Spezialwissen erwerbbar (Know-How-Transfer)
- Lizenzen bezahlbar (Konkurrenzsperre)

Funktionsaufwand
- Funktionskosten angemessen (Nutzen / Aufwand)
- Funktionsaufteilung ausgewogen (Geltungsfunktion / Gebrauchsfunktion)

Herstellaufwand
- Rohteilekosten vertretbar (Fremdbezug)
- Fertigungskosten tragbar (Wertschöpfung)
- Investitionskosten finanzierbar (Eigenmittel, Fremdmittel)

Vertriebsaufwand
- Werbungskosten vertretbar (Medienauswahl)
- Vertriebsweg nutzbar (Vertriebsnetz)
- Verdrängungswettbewerb möglich (Wettbewerber)

Folgekosten / Nebenkosten
- Reklamationen überschaubar (Qualitätssicherung)
- Umweltabgaben kalkulierbar (Vorschriftenentwicklung)
- Recyclingkosten gering (Materialauswahl)

b) Sichtweise des potentiellen Kunden

Beschaffung
- Preis akzeptabel (Nutzen / Kosten)
- Produkt beziehbar (Händlernetz)
- Ersatzteile verfügbar (Kundendienst)

Gebrauchswert
- Betriebskosten akzeptabel (Wirkungsgrad)
- Betriebsnebenkosten vertretbar (Gebühren, Abgaben)

2.6.2   Abschätzung der Wirtschaftlichkeit eines Produktes

Da eine Wirtschaftlichkeitsbetrachtung in der Entwicklungsphase immer auf mehr oder weniger groben Schätzungen und Annahmen basiert, muß von einer hypothetischen Wirtschaftlichkeitsbetrachtung gesprochen werden. Der Vorteil einer strukturierten und streng protokollierten Vorgehensweise liegt in der Nachvollziehbarkeit und in der Möglichkeit, bei fortschreitendem Entwicklungsfortschritt sich ändernde Parameter zu variieren und

das Ergebnis entsprechend anzupassen. Das Ziel einer Wirtschaftlichkeitsbetrachtung - auch einer hypothetischen - besteht letztendlich darin, die Geld-
rücklaufzeit der aufgebrachten Investitionen und Entwicklungskosten zu
bestimmen. Stark vereinfacht ausgedrückt bedeutet dies: Je kürzer die
Rücklaufzeit, umso wirtschaftlicher ist das entsprechende Produkt.
Unter Tolerierung einer starken Vereinfachung kann für eine erste sehr grobe Wirtschaftlichkeitsabschätzung die nachfolgend dargestellte Vorgehensweise angewendet werden. Abgeschätzte Werte sind zu ersetzen, sobald bei
Fortschreitung des Entwicklungsprozesses genauere Angaben verfügbar sind.

1.) Überschlägige Stückzahlerwartung

Definition der Zielgruppe, Marktsegment
    Ermittlung der Marktgröße: M (Stck / a)
    Schätzung der Marktentwicklung: E (%)
    Schätzung der Marktdurchdringung: D (%)
    Schätzung des Marktanteils: A (%)
    Schätzung der Produktlebensdauer: t (a)
hypothetische Produktionszahl: n (Stck / a)

$$n_x = M_x * D_x * A_x \tag{2.4}$$

$$\Sigma n = M_1 * D_1 * A_1 + M_1 * (1 + E_1 / 100) * D_2 * A_2 + ...$$
$$... + M_{t-1} * (1 + E_{x-1}) * D_t * A_t \tag{2.5}$$

mittlere Stückzahl:

$$n_m = \Sigma (n / t) \tag{2.6}$$

2.) Überschlägige Preis- / Kostenermittlung

Verkaufpreis am Markt, Konkurrenz- /
Vergleichsprodukt: V (DM / Stck)
Handelsspanne: H (%)

Erzielbarer Werksabgabepreis:

$$\mathbf{P = V / ((1+h) / 100)} \qquad P (DM / Stck) \tag{2.7}$$

Festlegung der Gewinnmarge: G_W (%)
Schätzung der Nebenkostenanteile: N (%)

Selbstkostenaufwand:

$$s = P / (1 + (GW + N) / 100) \qquad s \text{ (DM / Stck)} \qquad (2.8)$$

Schätzung Entwicklungskosten: E (DM)
Schätzung Investitionskosten: I (DM)

3.) Überschlägige Gewinnabschätzung
Umsatz: U (DM / a)

$$\Sigma U = P * \Sigma n \qquad\qquad\qquad (2.9)$$

Gewinn: U (DM / a)

$$G \quad = P * (1 - 1 / (1 + Gw / 100)) * n \qquad (2.10)$$
bzw.
$$G_x \quad = P_x * (1 - 1 / (1 + G_{wx} / 100)) * n \qquad (2.11)$$

4.) Abschätzung der Geldrücklaufzeit
Geldrückflußzeit: T (a)

$$T \quad = (E + I) / n_m * G_m \qquad\qquad (2.12)$$

Die Kosten- / Gewinnrelationen differieren von Branche zu Branche mitunter nicht unerheblich. Trotzdem sollen im folgenden einige typische diesbezügliche Angaben von Prozentzahlen gemacht werden, um zumindest "grobe Hausnummern" zu nennen. Die angegebenen Prozentzahlen sind jeweils auf den Umsatz (100 %) bezogen.

Selbstkosten:	65 %	und weniger
Forschung und Entwicklungskosten:	0 - 15 %	
Verwaltungs- und Betriebskosten:	10 - 15 %	
Eingesetztes Vermögen:	60 %	
Vertriebskosten:	5 - 15 %	
Bruttogewinnspanne:	35 %	und mehr
Gewinn vor Steuern :	10 - 15 %	
Vermögensrendite nach Steuern:	15 %	und mehr

2.6.3   Veröffentlichung von Produktideen und ihre Folgen

Die öffentliche Bekanntmachung einer (technischen) Produktidee kann in den unterschiedlichsten Formen erfolgen. "Veröffentlichung" heißt in diesem Zusammenhang "der Öffentlichkeit (Fachleute und Laien) zugänglich machen".

Wird die Produktidee im Rahmen der Schutzrechtsliteratur öffentlich gemacht, so sind bestimmte Rahmenbedingungen einzuhalten und verschiedene Grundanforderungen zu erfüllen. Hierauf soll in den Kapiteln 8 und 9 noch detailliert eingegangen werden. In diesem Fall kann gegebenenfalls für die Produktidee ein Ausschließlichkeitsrecht der wirtschaftlichen Verwertung erreicht werden. Ein Privileg, welches bei wirtschaftlich interessanten Produkten von unschätzbarem Vorteil sein kann.

Weitere Möglichkeiten der Veröffentlichung von Produktideen bestehen in:

- der technischen Realisierung der Produktidee und einer anschließenden Ausstellung, Vermarktung etc.,
- der Vorstellung der technischen Idee im Rahmen eines öffentlichen Vortrages, zu dem Fachspezialisten und / oder Laien Zugang haben,
- der "versteckter" Veröffentlichung der technischen Produktidee in einem zwar öffentlich zugänglichen Medium (Apothekerblatt, Taubenzüchter-Vereinsblatt etc.), bei dem aber davon ausgegangen werden kann, daß es von den interessierten technischen Fachspezialisten diesbezüglich nicht studiert wird.

Diese drei genannten Möglichkeiten haben jedoch zur Folge, daß eine schutzrechtliche Absicherung der betreffenden technischen Produktidee aus Gründen einer sogenannten "Vorveröffentlichung" nicht mehr möglich ist. Mit dieser Vorveröffentlichung gehört der geschilderte oder realisierte Sachverhalt zum allgemeinen Stand der Technik.

Diese Formen der Vorveröffentlichung können zum Ärgernis werden, wenn sie ungewollt zustande gekommen sind und eine schutzrechtliche Absicherung eigentlich betrieben werden sollte.

Sie können aber auch zielgerichtet eingesetzt werden, um zu verhindern, daß der Wettbewerb entsprechende Schutzrechtsanmeldungen betreibt und damit die Weiterentwicklung der eigenen Produktstrategie an einem Punkt blockiert, der zwar momentan uninteressant erscheint, später jedoch Bedeutung erlangen könnte.

Die Entscheidung, in welcher Form eine Veröffentlichung der Produktidee erfolgen soll, ist damit grundsätzlich strategischer Natur: Die heute oftmals und viel diskutierte Möglichkeit einer "Geheimhaltung bis zur Markteinführung" sollte bei Produktrealisierungen niemals ernsthaft in Erwägung gezogen werden, da sie eine der absolut unsichersten Methoden ist (Personalfluktuation etc.).

Dies trifft jedoch nicht unbedingt für Herstellungsverfahren und entsprechendes Know-How zu, da diesbezüglich die Erkennbarkeit am Produkt nur in den seltensten Fällen gegeben ist. Diesem Gedankengang folgend sollte man den Wettbewerb nicht unbedingt schlau machen.

Ein nicht zu vernachlässigender Einflußfaktor bei der Wahl einer geeigneten Veröffentlichungsform ist die jeweilige Produktlebensdauer. Die für den Schutz des Produktes aufzuwendenden Kosten müssen in einem vernünftigen Verhältnis zum Gewinn stehen. In diesem Zusammenhang muß auch die zu erwartendende Schutzrechtslaufzeit - so überhaupt angestrebt - auf die erwartete Produktlebensdauer abgestimmt werden. Bei kurzlebigen Produkten (kleiner als 3 Jahre) wird in erster Linie eine Unterbindung möglicher Schutzrechtsanmeldungen des Wettbewerbs im Vordergrund stehen. Die Anmeldung eigener Schutzrechte ist hier weniger bedeutsam, da ein rechtsverbindlicher Schutz erst nach Jahren zur Verfügung steht. Bei langlebigen Produkten (größer als 6 Jahre) ist ein umfassender Patentschutz (gegebenenfalls auch tangierender Produktbereiche) unbedingt zu empfehlen.

3 Entwickler und Entwicklungsprozeß

3.1 Der technische Entwicklungsprozeß

Ein wesentlicher Gradmesser einer leistungsfähigen Industrie besteht in der signifikanten Verkürzung der Überführungszeiten wissenschaftlicher Erkenntnisse. Den daraus erwachsenden herausfordernden Aufgaben hat sich der Entwickler in besonderem Maße zu stellen.

Der Prozeß des technischen Entwickelns umfaßt alle geistigen, manuellen und maschinellen Tätigkeiten, die letztlich der vollständigen Beschreibung des zu entwickelnden technischen Produktes dienen. Dabei werden charakteristische Phasen nacheinander durchlaufen, die mit einer abstrakten Struktur des technischen Produktes beginnen und mit einer vollständigen, für die nachfolgende Fertigung ausreichenden Beschreibung enden. Bereits die abstrakte Struktur muß dabei so festgelegt werden, daß sie die geforderten Funktionen erfüllen kann. Die einzelnen Beschreibungsphasen sind in Abbildung 3.1 angegeben.

Art der Beschreibung	Beschreibungs-formen der technischen Struktur	Phasen des Entwicklungs-prozesses	Stadium des technischen Produktes
abstrakt	Blockbild	Konzeption	Topologie, Arbeitsweise
	Prinzipskizze - Blockbilder - Symbole	Entwurf	Arbeitsprinzip
konkret	Entwurfszeichnung	Dimensionierung, Gestaltung	vollständiger Entwurf
	Zusammenstellungs- und Einzelteilzeichnungen	Detaillierung	Zeichnungssatz

Abbildung 3.1:   *Weg zu einer technischen Entwicklung*

Betrachten wir - ausgehend von der Darstellung in Abbildung 3.1 - den
Prozeß des technischen Entwickelns näher, so lassen sich drei übergeordnete Phasen unterscheiden: Das Konzeptieren, das Konstruieren und das Überprüfen der Entwicklungsergebnisse.

Selbstverständlich sind diese Phasen wiederum in einem sehr engen und
wechselseitigen Zusammenhang zu den Inhalten, die in den Kapiteln 1 und
2 dargestellt sind, zu sehen. Die ebenda bereits erläuterten Methoden, Vorgehensweisen und Begriffe wie Aufgabenstellung, Aufgabenpräzisierung,
systematische Lösungsfindung, Innovationsstrategien, Kreativitätstechniken,
Ideen, Ideenfindung, Bewertung von Ideen usw. sind die entscheidenden
Grundlagen für einen effizient gestalteten Entwicklungsprozess. Sie stehen
am Anfang des Prozesses und werden auf dem Weg zum verkaufbaren Produkt mehrfach und auf unterschiedlichen Stufen durchlaufen.

Aufgrund der offensichtlichen Vielschichtigkeit muß eine vollständige und
umfassende Darstellung des Entwicklungsprozesses unterbleiben, da dies
einerseits nicht Ziel des Buches ist und andererseits - allein aus Gründen
des erheblichen Umfangs - den zur Verfügung stehenden Rahmen bei weitem sprengen würde.

Für den interessierten Leser, der sich vertiefend mit dieser Thematik beschäftigen möchte, soll hier jedoch explizit und mit großem Nachdruck auf
das auch international anerkannte Standardwerk für Entwicklung und
Konstruktionspraxis „Konstruktionslehre - Methoden und Anwendungen"
(Pahl, Beitz) verwiesen werden. Das bereits in der 4. Auflage vorliegende,
den gesamten Entwicklungsablauf umfassende (Lehr-)Buch von G. Pahl und
W. Beitz stellt die Konstruktionslehre für alle Phasen des Produktpla-
nungs-, entwicklungs- und -konstruktionsprozesses im Maschinen-, Gerä-
te- und Apparatebau ganzheitlich dar. Das Buch verfolgt keine besondere
"Schule" und erläutert praxisorientiert aktuelle Erkenntnisse und Methoden
ausgehend von der Produktplanung über das Konzipieren, Entwerfen und
Ausarbeiten, stellt bewährte Lösungskomponenten sowie die Baureihen- /
Baukastenentwicklung vor und beschäftigt sich darüber hinaus mit Qualitätssicherung, Kostenerkennung und Rechnerunterstützung.

3.1.1   Das Konzipieren

Präzisierung der Aufgabe

Am Beginn der Konzeptionsphase muß sinnvollerweise die Präzisierung
der Aufgabe stehen. Das Ziel besteht darin, den eigentlichen Kern der Aufgabe herauszuarbeiten (vgl. Kapitel 1).

Die Ermittlung der für die zu erreichende Funktion maßgebenden Ein- und
Ausgänge tragen zur Bestimmung der Gesamtfunktion bei. Andere Kriteri-
en wie Forderungen und Wünsche, Arbeitsschutzbestimmungen, Standards,
Patente etc. führen zur späteren Festlegung der Arbeitsprinzipien.

Definition der Arbeitsweise

Ausgehend von der angestrebten Gesamtfunktion ist es durchaus möglich, daß dem Entwickler keine ausreichenden Mittel zu deren Verwirklichung zur Verfügung stehen. Zwangsläufig ergibt sich die Notwendigkeit einer weiteren Zerlegung in Teilfunktionen. Das Ziel einer weiteren Zerlegung besteht darin, Funktionselemente zu finden, die diese Teilfunktionen erfüllen. Gleichzeitig ist es erforderlich, die Relationen zwischen den einzelnen Funktionselementen detailliert festzuschreiben. Die Einheit von Funktionselementen und den Relationen der Elemente untereinander bildet die Topologie. Die ermittelten Teilfunktionen und Topologien stellen letztlich den Lösungsansatz dar. Es liegt auf der Hand, daß es zu einer Aufgabe mehrere Ansätze geben kann und in aller Regel auch geben wird.

Mit dem Aufstellen der Topologien zur Realisierung der Funktion wird letztlich der Übergang von der Einzelfunktion zur (Lösungs-) Struktur vollzogen.

Dessenungeachtet haben die aufgestellten Topologien nur sehr abstrakten Charakter, da sie ausschließlich unter dem Gesichtspunkt der Funktionserfüllung gefunden wurden. Demnach muß die konkrete technische Ausführungsform in die Betrachtung einbezogen werden, die Aufschluß darüber geben muß, nach welchen technischen Prinzipien (Mechanik, Elektronik, Mechatronik etc.) die Funktionserfüllung realisiert werden soll. Unter diesem Ansatz ergeben sich verschiedene mögliche Arbeitsweisen, aus denen unter Berücksichtigung der in der Aufgabe vorgegebenen Kriterien eine optimale ausgewählt werden kann.

Schließlich ergibt sich aus dieser Auswahl das Konzept für die weitere Entwicklungstätigkeit, das u. U. eine weitere Aufgabenverzweigung oder / und die Durchführung bzw. Vergabe grundsätzlicher Forschungsarbeiten zum Inhalt haben kann. Die weitere Vorgehensweise auf einer solchen verfeinerten Stufe ist dann prinzipiell die gleiche wie soeben aufgeführt. Es bietet sich demnach an, daß für sehr komplizierte technische Produkte mehrere Konzeptionskreisläufe vollzogen werden, die jeweils auf feiner spezifizierten Stufen von Teilaufgaben ablaufen.

3.1.2   Das Konstruieren

Der Entwurf

Mit dem Entwerfen erfolgt der Übergang von der abstrakten in die konkrete Phase. Nachdem die optimale Arbeitsweise festgelegt wurde, erfolgt die Suche nach bereits verfügbaren Bauelementen, die die entsprechende Teilfunktion erfüllen können. Dabei sind die festgelegten Relationen zwischen den Funktionselementen für die Anordnung der Bauelemente bestimmend. Naturgemäß gibt es zu jeder Teilfunktion eine Vielzahl von funktionserfüllenden Bauelementen.

Unter Nutzung der in der Konstruktionssystematik beschriebenen Kombinatorik werden verschiedene Arbeitsprinzipien aufgestellt. Dabei werden die ausgewählten Bauelemente und deren Anordnung in für die Funktion wichtige Merkmale als Prinzipskizzen mit unterschiedlichem Abstraktionsgrad und ohne Angabe von Einzelheiten dargestellt.

Als Ergebnis stehen das optimale Arbeitsprinzip und die Bedingungen sowie die bis hierher angefallenen Berechnungs- und Versuchsergebnisse zur Verfügung. Dieser unvollständige Entwurf bildet die Basis für die weitere Bearbeitung.

Dimensionierung und Gestaltung

Das Ergebnis dieser Stufe liegt in einem vollständigen Entwurf, der aus kompletten Entwurfszeichnungen mit zugehörigen Justier- und Montagevorschriften besteht. Im vollständigen Entwurf ist das als optimal festgelegte Arbeitsprinzip näher spezifiziert. Dabei erfolgt das Anpassen vorhandener Bauelemente, die auf Basis durchgeführter Dimensionierungsrechnungen die Anforderungen vollständig erfüllen. Entsprechen die vorhandenen Bauelemente den Anforderungen nicht, sind in dieser Phase neue zu entwickeln. In beiden Fällen werden Form und Werkstoff (Gestaltung) sowie die Abmessungen und physikalischen Parameter (Dimensionierung) festgelegt.

Die Detaillierung

Jedes Bauelement wird in allen Einzelheiten - mit den entsprechenden Werkstoffen und Toleranzen - dargestellt, soweit dies im vorhergehenden Schritt noch nicht geschehen ist.

Ebenso werden in dieser Phase noch die zur vollständigen Beschreibung des technischen Produktes fehlenden Angaben ergänzt.

Im Ergebnis steht ein kompletter Zeichnungssatz (Zusammenbau- und Einzelteilzeichnungen, Stücklisten etc.) zur Verfügung.

3.1.3   Das Überprüfen der Entwicklungsergebnisse

Das Ziel dieser Phase der Prüfung besteht darin zu ermitteln, inwieweit die vom Entwickler festgelegte Struktur die geforderte Funktion erfüllt. Inhalt dieser Phase ist die Herstellung und Erprobung eines Funktionsmusters, das anhand der erstellten Entwicklungsunterlagen erstmals stofflich verwirklicht wird. Fertigungstechnische Belange sind in dieser Phase von nachgeordneter Bedeutung und werden bei nachgewiesener Funktionserfüllung durch die Technologie grundsätzlich überarbeitet. Letzteres bedeutet allerdings in keiner Weise, daß nicht bereits im Entwicklungsprozeß zentrale Aufgaben der Technologieauswahl zu berücksichtigen sind bzw. der Entwickler von technologischen Überlegungen befreit wäre.

3.2 Was hat Design mit Entwicklertätigkeit zu tun?

Eine vorteilhafte Formgebung, die eine technische Funktion unterstützt, ist ein ebenso wichtiger Bestandteil eines Produktes wie dessen wettbewerbsfähiger Preis.

Häufig unterscheiden sich heute Produkte hinsichtlich Funktion, Qualität und Preis kaum noch voneinander, womit die Formgebung als einziger Kaufanreiz ausschlaggebend wird. Die reine technische Funktion reicht zur Differenzierung und Erfüllung der sozialen und ästhetischen Nutzerbedürfnisse heute nicht mehr aus. Die ästhetische Faszination und emotionale Bindung sind Qualitätsfaktoren, die eine Marktführerschaft ermöglichen. Eindrucksvoll läßt sich dies immer wieder mit den Hersteller-Kunden Beziehungen im Automobilbereich beweisen.

Ein sicherlich zutreffender Leitsatz für Design ist: "Mehrwert für die Sinne". Wer dem Kunden nicht nur einen Gebrauchswert, sondern zusätzlich klare ästhetische und symbolische Vorteile bieten kann, besitzt klare Wettbewerbsvorteile. Insofern ist also das Produkt- und Nutzenkonzept bedeutsam, das von Marketingspezialisten, Technikern und Designern gemeinsam entwickelt werden muß. Um dies zu verdeutlichen, kann man das triviale Beispiel des Produktes Füllfederhalter anziehen: Im Handel kostet der eine 6,99 DM, der andere etwa 700,-- DM. Beide erfüllen exakt die gleiche Funktion: Texte zu Papier bringen. Der teurere verkauft sich allerdings nur dann, wenn es gelingt, durch die Gestaltung ein bestimmtes Image zu vermitteln und wenn sich der Käufer mit diesem Image (Produkt) identifiziert. Grundsätzlich gilt, daß sich Design als gelungenes Zusammenspiel von Form, Funktion und Material präsentieren muß, um den Kunden letztendlich mit einem größtmöglichen Maß an Ästhetik zu überzeugen.

Design läßt sich als langfristiges, unternehmensübergreifendes, ökonomisches und zugleich ökologisches Prinzip einsetzen, womit die Formgebung zum integrativen Bestandteil hochwertiger Produkte wird. Heute nutzen jedoch nur etwa 25% der deutschen Firmen ein kundenorientiertes Design als kaufentscheidenden Vorteil.

Vor allem im Maschinen- und Apparatebau, aber ebenso in der Elektronik und Elektrotechnik liegen noch erhebliche Reserven in diesem Bereich brach. Die Freisetzung entsprechender Ideen- und Innovationspotentiale im Entwicklungsprozeß wird mit darüber entscheiden, inwieweit ein Unternehmen in Zukunft wettbewerbsfähig sein wird. Gerade in mittelständischen Unternehmen bleibt diesbezüglich ein beträchtliches Potential an Kreativität (noch) ungenutzt.

Design ist jedoch nicht als losgelöste Möglichkeit zur Produktentwicklung oder zur Verkaufsförderung zu sehen. Bereits mit der Form sollte dem potentiellen Käufer auch ein wichtiger Hinweis auf die Funktion des Produktes gegeben werden.

Es kommt nicht ausschließlich auf die ausgeführte technische Lösung, den Einsatz modernster Komponenten, den Zeitvorsprung vor dem Wettbewerb etc. an. Technisch gute, aber "häßliche" Produkte lassen sich kaum verkaufen. Schließlich hängt der Markterfolg - oder Mißerfolg - immer von der Summe einzelner Details ab. Die Spannweite geht dabei von hochwertiger Technik über eine ausgewogene Farbgestaltung, eine servicefreundliche Gehäuseform bis hin zu vernünftigen Maßverhältnissen. Ein ansprechendes Design muß sich im Dialog zwischen Designer und Entwickler ergeben, muß sich im Entwicklungs- und Konstruktionsablauf planerisch wiederfinden. Das heißt konkret, daß an das Design nicht erst zu einem Zeitpunkt gedacht werden darf, wenn das Produkt funktionsfähig entwickelt ist. Das Produkt darf nicht "nachdesigned" werden. Design muß möglichst frühzeitig einsetzen, eigentlich bereits bei der Produktidee.

Auch mit diesem Hintergrund muß der Entwicklungsablauf strukturiert gestaltet und dabei in verschiedene Phasen unterteilt werden. Es ist in jedem Falle sinnvoll, Pflichtenhefte für die Entwurfs- und für die Erstellungsphase mit dem entsprechenden Bezug zum Design zu formulieren.

Immer mehr Hersteller von Investitionsgütern bauen ihre erfolgreichen Marktpositionen auf einer strategischen Design- und Markenplanung auf. Dem strategischen Designmanagement kommt dabei eine Schlüsselrolle zu. Designmanagement macht Design planbar, steht für Organisation, Führung, Kontrolle und Kommunikation aller gestaltungsrelevanter Aktivitäten in einem Unternehmen.

Das Ziel von erfolgreichem Designmanagement besteht vordringlich in einer hohen Wiedererkennbarkeit des Produkts bzw. einer Produktfamilie und einer guten Markenbekanntheit. Der Einsatz bewußt gewählter Designmerkmale am Produkt und rund um das Produkt sollte einen hohen Aufmerksamkeitsgrad erzeugen, was automatisch zu einem hohen Wiedererkennungswert führt. Das Produkt muß eine klare Botschaft des Unternehmens sein.

Die optimale Gestaltung des Designprozesses beginnt bereits damit, daß er als Kostenfaktor von Anfang an im Entwicklungsbudget auftaucht.

Desweiteren besteht ein entscheidender Faktor darin, den "richtigen" Designer zu finden, wobei dieser vom Designmanager bereits während der Strategieplanung einzubeziehen ist. Nur so kann ein Transfer von Knowhow und Marketingkenntnissen erfolgreich betrieben werden. Ein guter Designer hilft Kosten zu sparen, was die Fähigkeit zum wertanalytischen Denken voraussetzt.

Zunächst erhält der Designer vom Kunden eine Produkt-Briefing, in dem die wichtigsten Produktanforderungen beschrieben werden. Diese können technische Parameter, Preisvorgaben, Zielgruppen usw. sein. Wichtig sind als Basisinformationen ebenfalls Ergebnisse von Markt- und Konkurrenzanalysen, Trendforschung und Corporate Identity.

Die wesentlichsten Phasen vom Produkt-Briefing bis zum verkaufbaren Produkt sind:
- Designresearch,
- Designidee,
- Designentwurf,
- Designmodellbau,
- Designrealisation.

Die integrative Zusammenführung der Anforderungen, Ideen und Realisierungskonzepte vom Entwickler mit ausgeprägtem Technikbezug und vom Designer mit ausgeprägtem Benutzerbezug bereits im Entwicklungsprozeß führt folgerichtig zu besseren Produkten mit einer gänzlich neuen Qualität. Der Designer steht sozusagen zwischen der Technik und dem Markt und ist maßgeblich mitverantwortlich für das Image, das sich mit einem Produkt verbindet.

Design setzt Zeichen - gerade hinsichtlich Gebrauchswert, Nutzen und Image eines Produktes.

3.3   Der Entwicklungsingenieur und seine Stellung im Entwicklungsprozeß

Entwickler gleich Erfinder. Diese früher gültige Formel kann in der heutigen Zeit in ihrer Einfachheit nicht übernommen werden. Die Aufgaben des Entwicklers sind zunehmend komplexer geworden.

Die Schnellebigkeit heutiger Produkte zwingt zu immer kürzeren Entwicklungszeiten. Der Entwickler, der diese Produkte schaffen muß, wird stärker belastet als noch vor Jahren. An seine Arbeitsproduktivität werden erhöhte Anforderungen gestellt. Er bearbeitet - allein oder im Team - alle Aufgaben, die der materiellen Realisierung eines Produktes vorausgehen. Dabei kann er nicht mehr in Seelenruhe auf eine gute Lösungsidee warten, sondern muß in der Lage sein, in relativ kurzer Zeit gute und vor allem wettbewerbsfähige Produkte zu entwickeln.

Zeit- und Leistungsdruck - Time to Market - bestimmen die Tätigkeit des Entwicklers. Das Erfinden ist wohl nach wie vor ein wichtiger und fester Bestandteil seiner Aufgaben, die dafür verbleibende Zeit nimmt aber stetig ab. Papier, Teamsitzungen und Kundengespräche nehmen einen immer größeren Zeitraum ein.

Im Gegensatz zu früher werden heute die Entwicklungen in wesentlich stärkerem Maße vom Markt her getrieben. Der potentielle Kunde erwirbt nur noch Produkte, die eine wirkliche Differenzierung zum Wettbewerb darstellen oder die relativ eng auf die vorhandenen Bedürfnisse zugeschnitten

sind. Mit anderen Worten: Die Kundenwünsche sind detailliert zu berücksichtigen. Ein "Vorbeientwickeln" am realen Markt hat katastrophale Folgen für die wirtschaftliche Situation des jeweiligen Unternehmens.
An erster Stelle von Entwicklungstätigkeiten muß demnach eine fundierte
Marktuntersuchung stehen, die die Kundenbedürfnisse genauestens analysiert. Es müssen Aussagen zur Größe des Marktes, zur Wettbewerbs- und
zur Preissituation getroffen werden. An dieser Stelle ist die Verantwortung
des Entwicklers entscheidend angesprochen. In den meisten Fällen wird der
Entwickler die entsprechenden Aussagen nicht selbst treffen können. Hier
ergibt sich also die Notwendigkeit zur Bildung eines Teams mit entsprechender Aufgabenverteilung.
Die Notwendigkeit zur Bildung eines Entwicklungsteams ergibt sich natürlich nicht ausschließlich unter dem Aspekt von vorgeschalteten oder parallelen Marktuntersuchungen. Sowohl die zunehmende Komplexität der
Entwicklungsaufgaben als auch die angestrebte Verkürzung der Entwicklungszeiten erfordert neue Wege im Entwicklungsablauf.
Als Schlagwort sei hier Simultaneous Engineering genannt. Voraussetzung
dazu sind klare Zieldefinitionen und das Festlegen von detaillierten Teilaufgaben mit eindeutigen und exakt einzuhaltenen Schnittstellen. Auf diese
Weise können einzelne Entwicklungsschritte parallel bearbeitet werden. Der
früher übliche sequentielle Entwicklungsablauf wird damit durch eine zunehmende Parallelisierung ersetzt.
Die Entwicklungsschritte selbst haben sich dabei nicht wesentlich geändert.
Die Anforderungen an Zeitdisziplin, exakte Einhaltung der Schnittstellen,
Koordinations- und Kommunikationsvermögen etc. sind jedoch deutlich ge-
wachsen.
Darüber hinaus sind durch den Entwickler die nachfolgend aufgeführten
fünf Schwerpunkte zu beachten:

1) Der Entwickler muß seine Konkurrenz kennen und beurteilen können. Vergleichbare Produkte müssen soweit bekannt sein, daß die eigene Entwicklung an ihnen gemessen werden kann. Vorausschauend
muß berücksichtigt werden, daß auch der Wettbewerb die etablierten
Produkte weiterentwickelt.

2) Der Entwickler muß seine potentiellen Abnehmer kennen. Aus dem
Wissen um die Anforderungen der Kunden sind die Funktionen, Eigenschaften, Stärken und Schwächen des angestrebten neuen Produktes zu bewerten. Welche Bedeutung haben diese Punkte aus der Sicht
des Nutzers?

3) Der Entwickler muß für sein Produkt Schwerpunkte setzen. Ausgehend von den festgelegten Schwerpunkten muß das neue Produkt seine Funktion für bestimmte Verwendungszwecke / Einsatzbereiche
optimal erfüllen. Es ist so gut wie unmöglich, Produkte zu entwik-
keln, die in allen Punkten den Vergleichsprodukten des Wettbewerbs
überlegen sind.

4) Der Entwickler muß festlegen, ob sein Produkt primär unter technischen oder preislichen Gesichtpunkten in den Wettbewerb geht. Eine
Überlegenheit zur Konkurrenz in beiden Punkten gleichzeitig ist in
der Praxis kaum zu realisieren. Ein deutlicher Vorteil in einem Punkt
ist für eine erfolgreiche Etablierung am Markt jedoch unerläßlich.

5) Der Entwickler muß bestrebt sein, daß sich sein Produkt sowohl technisch als auch preislich vorteilhaft von den Produkten der Wettbewerber abhebt. Ist das Produkt weder technisch besser noch preislich
günstiger (oder noch schlimmer: jeweils schlechter...) als eingeführte
Konkurrenzprodukte, ist ein Scheitern am Markt vorprogrammiert.

Bei seiner geistigen Arbeit im Rahmen des Entwicklungsprozesses greift
der Entwickler auf seine persönlichen beruflichen Erfahrungen und auf verschiedene Informationsquellen - auf die an späterer Stelle noch ausführlicher eingegangen werden soll - zurück. Neben dem persönlichen Erfahrungs-
schatz und der Kreativität des Bearbeiters prägen insbesondere die umfassenden Kenntnisse des Standes der Technik, die aus den Informationsquellen erschlossen werden, die Qualität der Lösung. Nicht selten dient der Stand
der Technik auch als Ideenquelle für die eigene Entwicklung, bei der der
Entwickler gegebenenfalls als Erfinder in Erscheinung tritt. Die Beobachtung des Standes der Technik und eine erfolgreiche Entwicklungs- (ggf.
Erfinder-) Tätigkeit sind daher untrennbar miteinander verbunden.

3.3.1 Der Entwicklungsingenieur als Beobachter

Das in der Ausbildung angeeignete Wissen verliert im Laufe des Arbeitsle-
bens zunehmend an Aktualität, es veraltet, da Forschung und Entwicklung
in der Technik kontinuierlich fortschreiten. Demgegenüber muß der Entwickler zumindest auf seinem Arbeitsgebiet den neuesten Stand der Tech-

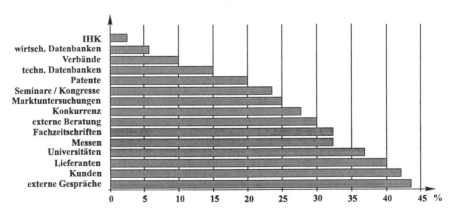

Abbildung 3.2: *Wichtigste Informationsquellen*

nik kennen und ihn beherrschen, um in der Lage zu sein, neue Produkte entwickeln zu können. Nur die Kenntnis des aktuellen Standes der Technik kann Doppelarbeit und damit Fehlinvestitionen verhindern. Andererseits lassen sich so aber auch Prognosen auf Entwicklungsrichtungen geben; eine perspektivische Fixierung auf eigene Entwicklungsschwerpunkte wird möglich.

Letztlich benötigt der Entwickler laufende Informationen zum eigenen Fachgebiet, um das fachspezifische Wissen ständig zu aktualisieren und zu erweitern. Darüber hinaus werden einmalige, sehr gezielte und spezifische Informationen zu Beginn und während der Bearbeitung eines neuen Projektes notwendig. Die diesbezüglich wesentlichsten Informationsquellen sind in Abbildung 3.2 dargestellt.

3.3.2   Der Entwicklungsingenieur als Erfinder

Auch wenn die effektive Zeit von Entwicklern für die erfinderische Tätigkeit durch das sogenannte Tagesgeschäft - wie eingangs des Kapitels 3.3 bereits ausgeführt - im Abnehmen begriffen ist, wird er oftmals an der Qualität seiner Erfindungen gemessen. Bei jeder Entwicklungstätigkeit enstehen in kleinerem oder größerem Umfang neue Erkenntnisse, die in gewissem Umfang auch zu Erfindungen führen. Erfindungen sind im rechtlichen Sinne technische Lösungen, die sich durch Neuheit, industrielle Anwendbarkeit und technischen Fortschritt auszeichnen und auf einer erfinderischen Leistung beruhen, d.h. nicht offensichtlich aus dem bekannten Stand der Technik herleitbar sind.

Wer heute geistige und materielle Mittel vor allem dafür einsetzt, das international vorhandene und technisch genutzte Wissen zu reproduzieren, programmiert zwangsläufig Produktivitäts-, Zeit- und Effektivitätsverluste vor. Das Hervorbringen effizienter erfinderischer Lösungen und deren wirtschaftlicher Wert sind als entscheidender Qualitätsmaßstab jeder Forschung und Entwicklung zu betrachten.

Es ist in diesem Zusammenhang jedoch zu beachten, daß Erfindungen zunächst "nur" Ideen sind, die im Entwicklungsprozeß von Produkten und Technologien entstehen und dann erst zur Produktionsreife gebracht werden. Erfindungen haben demnach immer den Charakter des Konzeptionellen.

Wenn von konzeptionellen Ideen die Rede ist, so denkt man meist nur an grundlegende Erfindungen. Erfindungen sind jedoch auch für die Weiterentwicklung oder Erneuerung von Teilkomplexen oder Details technischer Systeme erforderlich. So lassen sich Erfindungen in verschiedene Gruppen unterteilen:

a) Erfindungen, die die Grundstruktur für komplexe Systeme betreffen (z.B. Grundkonzeption einer neuen Drehmaschine),

b) Erfindungen, die sich auf die Grundstruktur wichtiger Teilkomplexe beziehen (z.b. horizontaler Vortrieb),

c) Erfindungen, die sich auf Einzelheiten beziehen (z.b. spezielle Werkzeughalterung).

Immer wenn sich die Notwendigkeit ergibt, ein neues Lösungsprinzip zu suchen, ist eine erfindungsrelevante Situation gegeben. Dabei ist jedoch zu beachten, daß bei einer Neubestimmung oder Veränderung des Lösungs-prinzips zunächst die schutzrechtliche Situation zu klären ist.

Vom Entwicklungsingenieur als Erfinder muß eine aktive Position in der Schutzrechtsarbeit eingenommen werden. Er muß agieren und in diesem Sinne auf das Entstehen notwendiger eigener Erfindungen Einfluß nehmen. Dessenungeachtet ist es natürlich nicht möglich, daß zu allen aktuellen Entwicklungsaufgaben eigene konzeptionelle Ideen entwickelt werden kön-nen. Auf vorhandene Ideen muß zurückgegriffen werden, was grundsätz-lich - zumindest jedoch, wenn die Idee von einem Wettbewerber kommt - die Beantwortung verschiedener schutzrechtlicher Fragen nach sich ziehen muß. Es ist in diesem Zusammenhang zu klären, inwieweit ein eigener tech-nischer Lösungsansatz unter schutzrechtlichem Aspekt überhaupt realisier-bar ist. Wenn schutzrechtliche Kollisionen absehbar sind - und das sind sie nur, wenn der Stand der Technik, einschließlich dem patentierten Know-How, bekannt ist - müssen Aussagen zu

- einzuleitenden Maßnahmen (Lizenzrechte, Mitbenutzung etc.),
- Größe des wirtschaftlichen Risikos,
- Abhängigkeit der eigenen Lösung von anderen Erfindungen,
- etc.

getroffen werden.

Letztendlich besteht die Stellung des Entwicklungsingenieurs als Erfinder im Entwicklungsprozeß nicht ausschließlich im "Gebären" von erfinderi-schen Ideen. Er muß zumindest einen Überblick bezüglich der Patent-aktivitäten seiner unmittelbaren Wettbewerber haben. Das unterstreicht noch-mals seine Rolle als Beobachter (vgl. Abschnitt 3.3.1) des Standes der Tech-nik und die sich daraus unmittelbar ergebende enge Zusammenarbeit mit Patentspezialisten und Informations- bzw. Dokumentationsdiensten.

In größeren Unternehmen wird dabei ein hoher Anteil diesbezüglicher Tä-tigkeiten von sogenannten Patentmanagern übernommen, die ihrerseits un-mittelbar in den Entwicklungsabteilungen etabliert sind. Die Hauptaufga-ben dieser Patentmanager bestehen in der Betreuung weitgefächerter Ent-wicklungsschwerpunkte, für die sie über entsprechende Sachkompetenz bis ins Detail verfügen müssen. Darüber hinaus sollten sie tiefgreifende Kennt-nisse des Patentrechts besitzen und unter Nutzung beider Ressourcen Entwicklungsaktivitäten begleiten, Erfindungen initiieren, strategisch und umfassend eigene Entwicklungen absichern, mögliches Konfliktpotential frühzeitig erkennen und mittels geeigneter Maßnahmen Entgegnungen einleiten. Kurz: Sie sind verantwortlich für die Umsetzung einer effizienten und aggressiven Patentstrategie. Letztlich befreien sie den Entwickler jedoch nicht von seiner Verantwortung als Beobachter und Erfinder im Entwicklungsprozeß.

3.4 Informationsquellen

Gegenwärtig erscheinen weltweit jährlich ca. 2,3 Millionen Zeitschriftenaufsätze und ebenso viele Bücher, Patente, Firmenschriften, Berichte etc. Durch die zunehmende Spezialisierung in der Wissenschaft und Technik erhöht sich grundsätzlich das Informationsbedürfnis, gleichzeitig werden durch die steigende Anzahl von Wissenschaftlern in der Forschung und Entwicklung immer mehr Informationen produziert. Der einfache Zugriff auf benötigte Informationen wird durch die wachsende Zahl an Publikationssprachen erschwert. Hinzu kommt, daß ein Großteil der Veröffentlichungen eine Vielzahl von Ballastinformationen enthält, die der Nutzer entweder bereits kennt oder für seine praktische Aufgabe nicht benötigt.

Nichts frustriert einen Entwickler allerdings mehr, als eine zeitraubende Beschaffung und aufwendige inhaltliche Erschließung von notwendigen Informationen.

Demnach müssen bestimmte Forderungen an die Qualität von Informationen gestellt werden:

- Informationen müssen vollständig und umfassend vorliegen.
- Informationen sollten in deutscher oder englischer Sprache vorliegen.
- Informationen sollten - soweit wie möglich - frei von inhaltlichem Ballast sein.
- Informationen müssen so aktuell wie möglich sein.
- Informationen müssen schnell verfügbar sein.
- Informationen sollten in für Techniker leicht erschließbaren Zeichnungen, Diagrammen etc. vorliegen oder durch diese ergänzt sein.

Größere Unternehmen verfügen über eigene Informations- und Dokumentationsstellen, über die die Informationen unproblematisch, schnell und meist auch bereits aufbereitet abgerufen werden können. Diese betriebsinternen Stellen greifen Informationen zum eigenen Produkt- und Entwicklungsprogramm von überregionalen Diensten ab oder haben direkten Zugriff auf nationale und internationale Dienste, Datenbanken etc. Mittelständische und kleinere Unternehmen verfügen meist nicht über einen eigenen Informationsdienst. Hier muß also der Weg über externe Dienste gegangen werden, die im allgemeinen die nachfolgend genannten Dienstleistungen anbieten:

* Retrospektive Recherchen,
* Patentrecherchen,
* Individuelle Profildienste,
* Standard-Profildienste,
* Referatedienste,
* Magnetbanddienste, Dialogteilnehmerdienste.

Günstiger erscheint jedoch auch hier der Online-Anschluß an internationale Informations- und Dokumentationsdatenbanken (z.B. STN-Datenbank, FIZ Karlsruhe). Adressen und Zugriffsmöglichkeiten im Anhang aufgeführt.

3.4.1 Primärliteratur

Als Primärliteratur wird im allgemeinen angesehen:

- Schutzrechte (erteilte Patente, Patentanmeldungen, Gebrauchsmuster etc.),
- Fachzeitschriften,
- Tagungsberichte,
- Messeberichte,
- Fachbücher,
- Normen,
- Richtlinien,
- Diplomarbeiten, Dissertationen an Hochschulen,
- Firmenschriften.

Mit der Primärliteratur kann in der Regel ein sehr umfassender Teil des Informationsbedürfnisses gedeckt werden.

3.4.2 Sekundärliteratur

Sekundärliteratur wird weniger häufig herangezogen. Zu ihr zählen:

- Dokumentationskarteien,
- Fachbibliografien,
- Referatedienste,
- Magnetbanddienste.

3.5 Patentliteratur und deren Nutzen

Der erfolgreiche Entwickler beobachtet ständig die Entwicklung des Standes der Technik seines und angrenzender Fachgebiete. Als primäre Informationsquelle muß er dabei - wie in den vorhergehenden Abschnitten bereits erwähnt - die vorhandenen Schutzrechte heranziehen und erschließen. Die unterschiedlichen Arten der Patentliteratur werden im Kapitel 6 noch eingehend erläutert.

Insgesamt ist pauschal festzustellen, daß heute der größte Teil der weltweit verfügbaren Technik- und Technologieinformationen detailliert in Form von Schutzrechten, ferner natürlich auch in realen Produkten oder praktizierten Verfahren (und den dazugehörigen Schutzrechten) festgeschrieben und damit verfügbar sowie für jedermann zugänglich ist. Zugänglichkeit heißt in diesem Zusammenhang, daß zum einen alle Informationen, die mit hinterlegten Schutzrechten zu tun haben und zum anderen die Schutzrechte selbst über das Patentamt auf Anforderung bezogen oder eingesehen werden können. Der Zugriff auf Patentinformationen ist vor Ort im Patentamt, in den diversen Auslegestellen (Adressen im Anhang) oder auch auf elektronischem Wege möglich, da heute der größte Teil der weltweit angemeldeten Patente in entsprechenden Patentdatenbanken abgerufen werden kann.

Der letztere Weg ist natürlich insbesondere dann sinnvoll und zeiteffektiv, wenn für ein bestimmtes Fachgebiet zuerst Überblicksinformationen zur Patentlage und den -aktivitäten gewonnen werden sollen. Diesbezüglich lassen sich dann sach- oder themenbezogen die Kurzzusammenfassungen oder auch nur Titel und Anmelder der interessierenden Patente abfragen. Man bekommt dadurch recht schnell einen Überblick, wieviele Schutzrechte auf dem recherchierten Gebiet überhaupt existieren und welcher Anmelder besonders aktiv oder gar dominierend ist.

Insofern sind die in Patentdatenbanken gespeicherten Informationen nicht nur für große Unternehmen, sondern gerade auch für die kleinen und mittelständischen Unternehmen von ganz herausragender Bedeutung. Nach Erkenntnissen aus verschiedenen wissenschaftlichen Untersuchungen werden bis zu 35% der im Entwicklungsprozeß aufgewendeten Mittel und Ressourcen für Nacherfindungen eingesetzt, da der Stand der Technik in der Projektanlaufphase noch nicht ausreichend recherchiert wurde. Eine qualifizierte Untersuchung der themenbezogenen Patentsituation bietet in jedem Fall die Grundlage für einen Vorsprung vor den Wettbewerbern. Die aktuelle Information über den Stand der Technik gibt die Sicherheit, kein Geld für Doppelerfindungen zu investieren und nicht unter dem Niveau der Konkurrenz zu entwickeln.

Mit einer konsequenten Beobachtung der Patentaktivitäten lassen sich Fehlinvestitionen in vielen Fällen verhindern. Die Kenntnis des aktuellen Standes der Technik und der Schutzrechtssituation erleichtert die eigene strategische Produktplanung wesentlich. Notwendige Lizenznahmen lassen sich bereits in der Planungsphase berücksichtigen oder durch gezielte Umgehungslösungen vermeiden. Die Entwicklungsarbeit wird dann zu einem Debakel, wenn eine viel zu spät angesetzte Patentrecherche offenbart: Alles schon mal dagewesen...

Nicht zuletzt lassen sich natürlich auch die eigenen Entwicklungszeiten verkürzen, wenn aus dem recherchierten Stand der Technik eigene Ideen gewonnen werden. Dieser Fall tritt dabei gar nicht selten wirklich auf. Insbesondere dann, wenn die Patentliteratur systematisch aufgearbeitet und thematisch feinstrukturiert analysiert wird. So ergeben sich oftmals im patentrechtlichen Sinne "weiße Flecken", die erfinderisch bislang einfach noch nicht bearbeitet worden sind, mitunter aber einen sehr interessanten neuen Lösungsansatz beinhalten.

Auf eine in diesem Sinne erfolgversprechende Herangehensweise wird in Kapitel 6 noch näher eingegangen.

Darüber hinaus können Patentanalysen technische Trends frühzeitig aufdecken. Oftmals werden Patentanalysen auch zur Ermittlung von Kompetenzprofilen von Unternehmen oder Entwicklern herangezogen. Eine namentliche Auflistung aller Patenanmelder zum interessierenden Produktbereich läßt schließlich auch Schlüsse auf die stärksten Mitbewerber am Markt zu. Patentanalysen geben Auskunft über Stärken und Schwächen der Konkurrenz, was sich letztlich positiv auf Innovationsbereitschaft und -klima auswirkt.

Durch die Patentliteratur werden die neuesten Erkenntnisse aus Wissenschaft und Technik übermittelt. Diese Aussage läßt sich uneingeschränkt mit dem Neuheitsanspruch, der an ein Patent gestellt wird, belegen. Die Bedeutung der aktiven Nutzung der Patentliteratur als die entscheidende Informationsquelle für den Entwickler wird dadurch unterstrichen, daß im Durchschnitt maximal 20 % der in der Patentliteratur veröffentlichten Erkenntnisse ein weiteres Mal in anderen Literaturquellen (Fachzeitschriften, Bücher etc.) veröffentlicht werden. Eine Nichtbeachtung der Patentliteratur hätte u.U. also zur Folge, daß ggf. 80 % des relevanten Erkenntnisstandes für die eigene Entwicklung zuerst unberücksichtigt bliebe - was im allgemeinen ein Garant des Mißerfolges der eigenen Entwicklung ist.

Darüber hinaus werden dem Nutzer durch die Patentliteratur neue Erkenntnisse im Vergleich zu anderen Quellen am frühzeitigsten und vollständigsten offenbart.

3.6 Beschaffung der Patentliteratur

Bei der Beschaffung der Patentliteratur wird dem Entwickler in größeren Unternehmen der in der Entwicklungsabteilung etablierte Patentmanager (vgl. Abschnitt 3.3.2) oder der der Patentabteilung zugeordnete Patentingenieur behilflich sein und die in erster Linie interessierenden technischen Informationen aufbereitet zur Verfügung stellen. In diesem Fall werden die Patentaktivitäten zu laufenden Projekten ständig verfolgt und entsprechende Informationen kontinuierlich zur Verfügung gestellt. Soll ein neues Entwicklungsfeld betreten werden, reicht im allgemeinen ein kurzes Gespräch mit oder eine Mitteilung an diese(r) Person, daß zusätzlicher Informationsbedarf zu einem neuen Fachgebiet besteht. Das Fachgebiet und die konkret zu bearbeitende technische Aufgabe ist dann lediglich inhaltlich zu umreißen. Formale Dinge der eigentlichen Beschaffung werden im weiteren Verlauf über die entsprechende Stelle, bspw. die Patentabteilung, abgewickelt.

Bei kleineren Unternehmen, in denen keine eigene Patentabteilung installiert ist, müssen die Aufgaben des Patentmanagments durch die Entwickler selbst wahrgenommen werden. Diesbezüglich interessante Adressen und Kontaktmöglichkeiten sind im Anhang dieses Buches explizit ausgewiesen. Weitere sehr zweckmäßige Alternativen bestehen in den kostenpflichtigen Online-Datenbankangeboten (STN, FIZ etc.) besonders jedoch in den kostenfreien Online-Angeboten der Patentämter via Internet. Das prinzipielle Vorgehen hierzu wird an einem konkreten Besispiel Schritt für Schritt nachvollziehbar im Abschnitt 6.6 erläutert, Zugangsadressen und wichtige Links finden Sie ebenfalls im Anhang.

Die Beschaffung der Patentliteratur erfolgt nach inhaltlicher Sichtung der Patentblätter, die über das Deutsche Patentamt zu erhalten sind (Adresse im Anhang). Neben den Patentblättern, die im Abonnement bezogen werden können, stehen weitere Informationsquellen zur Verfügung, die für eine kontinuierliche Verfolgung der Patentaktivitäten auf einem oder mehreren Fachgebieten herangezogen werden können.

Für die Informationsbeschaffung bei neuen Aufgaben / Projekten ist in der Regel zuerst eine entsprechende Literatur- und Patentrecherche notwendig. Das diesbezüglich effektivste Vorgehen und die zur Verfügung stehenden Hilfsmittel werden in den Abschnitten der Kapitel 3 und 6 ausführlich erläutert.

3.7 Der Entwicklungsingenieur im Arbeitnehmerverhältnis

Von Entwicklungsingenieuren kann in Ausübung ihrer Tätigkeit erwartet werden, daß sie unter Einsatz der zur Verfügung stehenden Ressourcen bestmögliche technische Entwicklungen vorantreiben.

Zu diesen Ressourcen zählt das gesamte Spektrum des persönlichen Ausbildungsniveaus, wie auch die berufliche Erfahrung, die persönliche Kreativität und natürlich die verfüg- und verwendbaren Arbeitsmittel. Letztendlich kann jedoch kein Entwicklungsingenieur vertraglich dazu verpflichtet werden, erfindungsgemäße Ideen bzw. Lösungen zu entwickeln und diese zu Papier zu bringen. Eine dementsprechend schöpferische Tätigkeit hängt ganz entscheidend vom Innovationsklima im entsprechenden Unternehmen ab. Das Innovationsklima wird durch die betrieblichen Führungskräfte in allen Hierarchiestufen in wesentlichem Maße geprägt. Sie sind es schließlich, die dem Entwickler die erforderliche geistige Entwicklungsfreiheit verschaffen.

Eine kritische Auseinandersetzung mit Bisherigem muß in jedem Falle positiv gewertet werden. Sie darf nicht als eine personenbezogene Kritik am Bestehenden eingeordnet werden. Eine Mißdeutung von kritischem und kreativem Denken zerstört sehr früh die Bereitschaft, sich mit Neuem auseinanderzusetzen, sie vergiftet die schöpferische Atmosphäre. Eines der wichtigsten unternehmenspolitischen Ziele muß heute darin bestehen, die Innovationsbereitschaft der beschäftigten Arbeitnehmer zu fördern. Nur innovative Leistungen können heute die fortschrittliche Entwicklung eines Unternehmens vorantreiben und damit die Sicherung und den Ausbau des Marktes gewährleisten.

Mehr als 70 % der in Deutschland zum Patent angemeldeten Erfindungen werden von Arbeitnehmern gemacht. Die in diesem Zusammenhang wesentlichen und interessanten Rechtsbeziehungen zwischen Arbeitnehmer und Arbeitgeber werden durch das Arbeitnehmererfindungsgesetz (ArbNErfG) geregelt. Der Geltungsbereich des ArbNErfG erstreckt sich im übrigen auch auf den Bereich der Verbesserungsvorschläge. Die im ArbNErfG formulierten Schutzvorschriften geben dem Arbeitnehmererfinder die Sicherheit, daß kreative Leistungen vom Unternehmen anerkannt, entsprechend der rechtlichen Leitlinien abgewickelt und gegebenenfalls honoriert werden. Dieses Bewußtsein fördert zweifellos die Innovationsbereitschaft der betrieblichen Mitarbeiter - nicht nur der Entwicklungsingenieure.

Als notwendige Bedingung muß allerdings vorausgeschickt werden, daß sowohl die Arbeitgeber- wie auch Arbeitnehmerseite die Grundsätze des ArbNErfG kennt und anwendet. Arbeitgeberseitig gilt dies dabei nicht nur für Großunternehmen, in denen normalerweise eine Patentabteilung installiert ist, sondern auch für mittlere und kleinere Unternehmen, die mit externen Beratern oder Patentanwälten zusammenarbeiten. Für die Seite des Arbeitnehmers ist es dabei genauso erforderlich, die entsprechenden Rechtspositionen zu kennen, um neben der Inanspruchnahme der ausgewiesenen Rechte auch den sich ergebenden Pflichten Rechnung tragen zu können.

Letztlich bestehen in dieser Hinsicht für beide Seiten - Arbeitnehmer wie auch Arbeitgeber - bestimmte Randbedingungen, auf die im nachfolgenden Kapitel 4 näher eingegangen werden soll.

4 Das Arbeitnehmererfinderrecht

Da in Deutschland der Großteil (mehr als 70 %) der wirtschaftlich genutzten Erfindungen von Arbeitnehmern gemacht wird, hat das Gesetz über Arbeitnehmer-Erfindungen (ArbNErfG) für den abhängig beschäftigten Erfinder eine herausragende Bedeutung. Hier sind die Rechtsbeziehungen zwischen Arbeitnehmern und Arbeitgebern im Zusammenhang mit Erfindungen und Verbesserungsvorschlägen eindeutig geregelt.

Der persönliche Geltungsbereich des ArbNErfG umfaßt Arbeitnehmer im privaten und öffentlichen Dienst, Beamte und Soldaten. - Eine eigenständige Definition der Begriffe Arbeitgeber und -nehmer ist hingegen im ArbNErfG nicht getroffen. Grundsätzlich kann in diesem Zusammenhang von den allgemein üblichen rechtlichen Kennzeichnungen des Arbeitsrechts ausgegangen werden.

4.1 Der Arbeitnehmerbegriff

Als Arbeitnehmer ist eine Person anzusehen, die sich auf Basis eines Arbeitsvertrages zur Leistung von Diensten gegenüber einem Arbeitgeber im Rahmen eines Arbeitsverhältnisses verpflichtet. Die Art und Weise der Anstellung, der damit verbundenen Aufgaben, Verpflichtungen etc. sind explizit Gegenstand des Arbeitsvertrages (Dienstvertrages). Der Arbeitnehmer leistet dabei in persönlicher Abhängigkeit zur Ausführung übertragene und unselbständige Arbeit. Der Grad der Abhängigkeit wird durch den vertraglich vereinbarten Einsatz des Arbeitnehmers im Unternehmen festgelegt. Auch ist die berufliche Bezeichnung des Arbeitnehmers sekundär; maßgebend ist lediglich der Inhalt der übertragenen und tatsächlich ausgeübten Tätigkeit. In praxi enthalten Arbeits- und Dienstverträge in der Regel sinngemäß Formulierungen wie : "... erfolgt der Einsatz des Arbeitnehmers entsprechend den betrieblichen Erfordernissen und Gegebenheiten und unter Berücksichtigung der vorhandenen Qualifikation ...". Die Art der Beschäftigung hat auf die Rechtssituation im Zusammenhang mit Arbeitnehmer-Erfindungen keinen Einfluß, sie wirkt sich jedoch bei der Festlegung der Erfindungsvergütung merklich aus.

4.2 Erfinder und Erfindung

Eine natürlich Person, die aufgrund schöpferischer Leistungen auf technischem Gebiet etwas grundsätzlich Neues schafft, ist im weiteren Sinne als Erfinder zu bezeichnen. In diesem Zusammenhang reicht es jedoch nicht aus, lediglich eine brauchbare Idee zu haben. Das entscheidende Element einer Erfindung besteht in der technischen Umsetzung dieser Idee. Damit ist das Erfinden letztlich mehr als das bloße Auffinden vorhandener Gegebenheiten und Zusammenhänge: Im Vordergrund steht hier das technisch gestalterische Element, das im Problem- bzw. Aufgabenlösungsverhalten deutlich über die naheliegenden Gedankengänge und damit verbundenen Lösungen eines im entsprechenden Gebiet bewanderten Fachmannes hinausgeht.

Von einem Erfinder wird erwartet - und das ist im übertragenen Sinne auch Maßstab für eine prinzipiell patentierbare Erfindung - daß neben dem fachgebietsbezogenen Wissen eines mit dem Stand der Technik bestens vertrauten Fachmanns interdisziplinäre Kenntnisse technischer Nachbargebiete für Problemlösungen herangezogen und angewendet werden.

Wenn man unter diesem Blickwinkel den Begriff der Erfindung charakterisiert, ist dies demnach eine schöpferische technische Problemlösung, die in überraschender Weise bekannte oder auch neue Wirkprinzipien anwendet oder in Relationen setzt, um letztendlich das gewünschte Ergebnis auf bisher nicht realisiertem Wege zu erreichen.

Die Anerkennung einer schutzwürdigen Erfindung impliziert die Zuhilfenahme allgemein übergreifender technischer Grundregeln und deren öffentlich zugängliche Lösungen, ehe eine eigenständige spezielle Ausführung als erfinderisch im Sinne des § 4 PatG gewertet werden kann. Demgemäß wird eine zum Zeitpunkt der Erfindung dem Erfinder selbst nicht geläufige, jedoch (unter welchen Schwierigkeiten auch immer) weltweit öffentlich zugängliche Lösung, die sowohl von der Problemstellung als auch von den Ausführungsmerkmalen ähnlich oder gleich gelagert ist, einer Anerkennung als Erfindung stets im Wege stehen oder diese zumindest stark behindern.

Es würde jedoch zu weit führen, den Erfinder schon vor der Offenbarung seiner Idee zu einer weltweiten Recherche hinsichtlich der vorliegenden Problemstellung zu verpflichten. In der Praxis genügt es im allgemeinen, wenn der gängige Stand der Technik des entsprechenden Fachgebietes regelmäßig und umfassend beobachtet wird. Vor Erteilung zum Patent unterliegt die Erfindung unter Anwendung des deutschen Patentgesetzes ohnehin einer gründlichen Prüfprozedur.

Grundsätzlich sind die der Erfindung zugrunde liegenden Ergebnisse eines geistigen und / oder tätigen kreativen Entwicklungsprozesses zunächst einmal geistiges Eigentum desjenigen, der sie geschaffen hat. An dieser Aussage und natürlich auch an der Qualität der Erfindung ändert sich nichts, wenn am Zustandekommen der Erfindung nicht nur eine einzelne, sondern mehrere Personen beteiligt waren.

Für den Fall, daß die kennzeichnenden Merkmale einer Erfindung eigenständig und ohne Beteiligung Dritter von einer einzelnen Person entwickelt wurden, spricht man von einem Alleinerfinder. Hierbei ist es unerheblich, ob die Aufgabe bezüglich einer Problemlösung selbstgestellt war oder dazu direkte oder indirekte geistige Anstöße für die schöpferische Leistung genutzt wurden. Entscheidend ist im nachhinein nur, daß die kennzeichnenden Qualifikationsmerkmale der technisch ausgeführten Lösung von einer einzelnen Person, dem Alleinerfinder, entwickelt wurden.

Die Ausgangslage ändert sich erst dann gründlich, wenn ein Teil der erfinderischen Lehre von weiteren Personen, sogenannten Miterfindern, geleistet wurde. Es sind die Personen als Miterfinder zu bezeichnen, die einen wesentlichen erfinderischen Beitrag zum kennzeichnenden Teil der Erfindung geleistet haben, der bei einer späteren Patentformulierung den Schutzumfang der Schrift ausmacht. Üblicherweise werden auch alle Beteiligten von Kreativsitzungen und Brain-Stormings als Miterfinder gesehen, wenn im Ergebnis zu einer patentfähigen Problemlösung gefunden wird. Oftmals wird gerade in dieser Form der kreativen Problemlösung durch unterschiedlichste Problembetrachtung jedes einzelnen Teammitglieds und daraus erwachsenden Synergieeffekten die zündende Idee gefunden und weiterentwickelt, um letztlich in technischer Verfeinerung dargestellt zu werden. Retrospektiv ist kaum zuzuordnen, von welchem Teammitglied schließlich die entscheidenden Impulse zur Problemlösung kamen.

Die Erfindung ist in jedem Fall geistiges Eigentum des bzw. der Erfinder. Hierbei ist es unerheblich, in welchem dienstlichen Verhältnis sich der (die) Erfinder zum Zeitpunkt der Ausarbeitung der Erfindung befindet (befinden). Nach dem Erfinderprinzip erfährt der Erfinder, ob als freier oder als Arbeitnehmer-Erfinder, als Allein- oder Miterfinder, die rechtliche Anerkennung der geistigen Urheberschaft der entsprechenden Erfindung. Das Erfinderprinzip ist eine fundamentale Größe im gewerblichen Rechtsschutz.

4.3 Die Arbeitnehmererfindung

Die geistige Urheberschaft einer Erfindung ist - wie bereits ausgeführt - unstrittig und bleibt dem jeweiligen Erfinder ungenommen. Soweit eine Erfindung von einem Arbeitnehmer getätigt wurde, handelt es sich nach Definition im Arbeitnehmergesetz um eine Arbeitnehmererfindung. Die Ergebnisse einer solchen Erfindung können entweder unmittelbar oder erst durch einen im Arbeitnehmergesetz explizit vorgesehenen Übertragungsakt an den Arbeitgeber übergehen. Nach arbeitnehmererfindungsrechtlichen Prinzipien ist die Arbeitnehmererfindung mit einer permanent wirkenden Optionsberechtigung des Arbeitgebers vorbelastet (§ 6 ArbNErfG). Diese "Nutzungsoption" begründet sich direkt aus dem zwischen Arbeitnehmer und Arbeitgeber abgeschlossenen Arbeitsvertrag (Dienstvertrag). Hieraus abgeleitet hat der Arbeitgeber ein Anrecht auf die Meldung aller Erfindungen, die durch seine Arbeitnehmer getätigt werden. Dem Arbeitgeber selbst obliegt schließlich die Auswahl und die freie Entscheidung, welche Erfindungen seiner Arbeitnehmer in Anspruch genommen oder den Erfindern freigegeben werden. Aus dieser Form eines "Vorkaufs- und Vorbenutzungsrechts" bezüglich der Ideen von kreativen Mitarbeitern leitet sich ein sehr wesentlicher Anteil der Innovationskraft und - eng damit verbunden - der wirtschaftlichen Zukunftssicherung der Unternehmen ab.

Die Erfindungen müssen dem Arbeitgeber als Erfindungsmeldung oder in einer inhaltlich entsprechenden adäquaten Form eingereicht werden.

Hierbei ist es völlig unerheblich, ob es sich diesbezüglich um eine Erfindung handelt, die während der Arbeitszeit im Unternehmen bei der Lösung entsprechender Arbeitsaufgaben oder außerhalb der Dienstzeit und außerhalb der Diensträume im privaten Bereich gemacht wurde. Es spielt dabei auch nur eine völlig untergeordnete Rolle, ob der Erfindungsvorgang auf innerbetriebliche Anregungen bzw. Informationen zurückgeht und inwieweit die Produkte oder Verfahren des Unternehmens betroffen sind oder nicht. Der (die) Erfinder ist (sind) in jedem Falle gemäß ArbNErfG verpflichtet, dem Arbeitgeber jede der getätigten Erfindungen unverzüglich und unmittelbar nach deren Fertigstellung mitzuteilen.

Zum Beispiel gilt diese Verpflichtung auch dann, wenn ein Konstrukteur eines Automobilproduzenten in seiner Freizeit ein mechanisches Unkrautbeseitigungsgerät entwickelt hat. In dieser oder ähnlichen Situationen kann zwischen Arbeitgeber und Arbeitnehmer ein permanentes Konfliktpotential entstehen. Insbesondere ist dies der Fall, wenn das entsprechende Produkt einen gewinnträchtigen Markterfolg verspricht.

Die Beantwortung der Fragestellung, inwieweit es sich hierbei um eine freie oder um eine Diensterfindung handelt, ob die Anregung für die Idee seitens des Arbeitgebers erfolgte, ob und in welcher Weise die Erfindung genutzt wird usw. hat einen sehr wesentlichen Einfluß auf die Festsetzung der Erfindungsvergütung. Jeder Erfinder hat einen verbrieften Anspruch auf eine angemessene Vergütung bei der späteren Nutzung der Erfindung. Ausführlicher wird der Themenkreis Erfindungsvergütung und Erfindungswert in Kapitel 5 behandelt.

Ausnahmenregelungen sieht das ArbNErfG jedoch für erfinderische Tätigkeiten an Hochschulen vor: Erfindungen von Professoren, Dozenten und wissenschaftliche Mitarbeiter sind freie Erfindungen. Das bedeutet letztendlich, daß der Erfinder über sie frei verfügen kann. Gewisse Einschränkungen gibt es hierbei nur dann, wenn der Dienstherr für Forschungsarbeiten, die unmittelbar zu der freien Erfindung geführt haben, besondere finanzielle Mittel (ausgenommen Haushalts- und Drittmittel) aufgewendet hat. In diesem Fall gibt es für die Erfinder eine Mitteilungspflicht, wenn die Erfindung verwertet wird. Erst auf anschließendes ausdrückliches Verlangen des Dienstherrn muß die Art der Verwertung und die Höhe des erzielten Entgelts angegeben werden. Innerhalb von drei Monaten nach Eingang dieser schriftlichen Mitteilung kann er eine angemessene Beteiligung am Ertrag der Erfindung beanspruchen. Dieser Anspruch darf allerdings die Höhe der aufgewendeten Mittel nicht übersteigen (§42 Absatz 2 ArbNErfG). Erfindungen von Studenten, Diplomanden, Doktoranden und Stipendiaten ohne Anstellungsverhältnis sind in jedem Fall freie Erfindungen - sofern nicht anderslautende schriftliche Vereinbarungen dem entgegenstehen. Besteht allerdings ein vertragliches Beschäftigungsverhältnis, so gilt diese Erfindung als Diensterfindung.

4.4 Arten der innovativen Arbeitnehmerleistungen

Die vom Arbeitnehmer hervorgebrachten schöpferisch-kreativen Leistungen können gemäß den Bestimmungen des gewerblichen Rechtsschutzes auf verschiedene Art und Weise zu Schutzrechtspositionen führen. Dabei läßt sich die nachfolgend aufgeführte Gliederung vornehmen:

a) technische Erfindungen,
b) urheberrechtliche Leistungen,
c) geschmacksmusterfähige Entwicklungen,
d) Verbesserungsvorschläge,
e) Firmen-Know-How.

Hinsichtlich der Ableitung von Vergütungsansprüchen für den Arbeitnehmer für besondere Leistungen der oben angeführten Art sind allerdings beträchtliche Unterschiede zu verzeichnen.

a) Technische Erfindungen
    Für die Behandlung von technisch geprägten Erfindungen von Arbeitnehmern ist das ArbNErfG anzuwenden. Hierbei werden die sogenannten Diensterfindungen und die freie Arbeitnehmererfindung unterschieden. Diensterfindungen sind patentierbare und gebrauchsmusterfähige Entwicklungen des Arbeitnehmers. Ihre Entstehung hängt unmittelbar mit der vertraglichen Aufgabenstellung im Unternehmen zusammen.

Sie können einerseits als Auftragserfindungen entstehen, wobei die
grundsätzliche Anregung aus den täglich zur Lösung anstehenden Problemen und Aufgaben resultiert. Andererseits ist auch eine sogenannte
"Erfahrungserfindung" möglich, die unmittelbar auf speziellen betrieblichen Erfahrungen beruht. Diese speziellen Formen der Diensterfindungen sind nach dem Erfinderprinzip zwar Eigentum des Erfinders, unterliegen aber dem Optionsrecht des Arbeitgebers, dem eine
Inanspruchnahme freigestellt ist. Freie Arbeitnehmererfindungen basieren im engeren Sinne dagegen weder auf betrieblichen Anregungen
noch auf entsprechenden Erfahrungen bzw. Unternehmens-Know-How.
Sie müssen dennoch dem Arbeitgeber gemeldet werden, sofern die Erfindung nicht völlig außerhalb der unternehmenspolitischen Zielsetzungen liegt. Der Arbeitgeber ist berechtigt, vom Arbeitnehmer eine
lizenzvertragliche Nutzung zu angemessenen Bedingungen zu fordern.

b) Urheberrechtsfähige Erfindungen
Nach dem Urheberrechtsgesetz können neuartige Entwicklungen des
Arbeitnehmers im EDV-Bereich als eine urheberrechtsfähige Erfindung
angesehen werden. Hierbei muß es nach strengerer Definition eine gegenüber dem bisherigen Wissensstand überraschende und erkennbar
andersartige Lösung sein, die nicht nur eine Anpassung oder eine marginale Weiterentwicklung vorhandener Software darstellt.
Urheberrechtsfähige Arbeitnehmerleistungen sind neben dem EDV-
Bereich auch bei literarischen Arbeiten, ferner bei wissenschaftlichen
und künstlerischen Ausarbeitungen möglich. Die Urheberrechtsfähigkeit
ist eine der schöpferischen Leistung zugeordnete Qualifikation und
bedarf keiner weiteren Dokumentation nach außen hin, um den Schutz
zu begründen. Das Urheberrecht entsteht mit der Schaffung des Werkes, eine Anmeldung und Hinterlegung ist nicht erforderlich. Es ist
vererblich und erlischt 70 Jahre nach dem Tod des Urhebers. Eine gesetzliche Regelung für einen Vergütungsanspruch besteht im Gegensatz zur technischen Erfindung nicht. Es empfiehlt sich, eine freiwillige Betriebsvereinbarung zwischen Arbeitgeber und Betriebsrat zu treffen.

c) Geschmacksmusterfähige Entwicklungen
Unter dieser Bezeichnung finden sich schöpferische Leistungen, die
ein gestalterisches Element enthalten, insbesondere Formgebungen in
Fläche und Raum mit modischer und ästhetischer Ausstrahlung. Dabei
muß der neue Gegenstand des Schutzes mit technischen Mitteln herstellbar sein. Eine geschmacksmusterfähige Gestaltungsleistung erhält
ihre Schutzrechtsposition durch ihre Anmeldung und Hinterlegung beim
Geschmacksmuster-Register am Deutschen Patentamt. Wird ein umfassender Geschmacksmusterschutz angestrebt, so empfiehlt es sich,

mehrere Ausgestaltungsformen anzumelden. Der Geschmacksmusterschutz gilt nur für die konkrete Darstellung der hinterlegten geschmacksmusterfähigen Formgestaltung. Auch das Geschmacksmusterrecht enthält wie das Urheberrecht keine Angaben über den Umfang einer eventuell zu erwartenden Vergütung.

d) Verbesserungsvorschläge

Schöpferische Leistungen, die zwar nicht patentierbar oder sonst schutzrechtlich abzusichern sind, können dennoch eine technische und wirtschaftliche Verbesserung der Leistungsfähigkeit eines Unternehmens bewirken. Wenn es sich hierbei um Sonderleistungen des Arbeitnehmers handelt (hierunter fallen alle Leistungen und Verbesserungen, die nicht direkt oder naheliegend mit dem Arbeitsgebiet zu tun haben), werden betriebliche Verbesserungsvorschläge nach § 87 BetrVG abgewickelt und je nach dem wirtschaftlich zu erwartenden bzw. eintretenden Erfolg honoriert. Als Richtwert wird im Mittel eine Prämie in der Höhe von 5 - 10 % des wirtschaftlichen Nettonutzens angesetzt.

e) Know-How / Firmenwissen

Unter Know-How und Firmenwissen fallen die technischen Entwicklungen, Verfahrens- und Montagekniffe, die einem Produkt nicht ohne weiteres angesehen werden können. Diese Kenntnisse, Methoden und Kniffe führen nicht selten zu erheblichen firmeninternen Leistungs- und / oder Produktionssteigerungen. Bei einer sorgsamen und vertraulichen Behandlung gegenüber der Konkurrenz kann über das vorhandene Firmen-Know-How ein signifikanter Wettbewerbsvorteil erreicht werden. Gemäß den arbeitsvertraglichen Beziehungen stehen auch nicht schutzfähige technische Entwicklungen als Arbeitsergebnis dem Arbeitgeber zu und sind umgehend anzuzeigen. Eine spezifische Vergütung von Know-How-Leistungen, die über das Schulwissen und die trivialen Gepflogenheiten und Abläufe im Unternehmen hinausgehen, ist gesetzlich explizit nicht vorgesehen. Jedoch erscheint eine - analog zur Honorierung der Verbesserungsvorschläge - monetäre Vergütung angebracht und im Sinne entsprechender Motivation sinnvoll. Vertraglich fixierte diesbezügliche Aussagen sollten demgemäß Gegenstand einer Betriebsvereinbarung sein. In der Praxis wird dies in aller Regel auch so gehandhabt.

4.5 Erfinderbenennung

Im Zuge der Fertigstellung der Arbeitnehmer-Diensterfindung meldet der Erfinder nach § 5 ArbNErfG die entwickelte und grob dargestellte (Kurztext, Skizze) Erfindung seinem Arbeitgeber. Haben mehrere Miterfinder einen schöpferischen Anteil an der Erfindung, ist formal jeder einzelne von ihnen verpflichtet, eine entsprechende Erfindungsmeldung zu formulieren. Natürlich werden sich alle Erfinder darauf einigen, eine gemeinsame Erfindungsmeldung zu verfassen. - Es empfiehlt sich bei der schriftlichen Fixierung des erfinderischen Gedankens, konkrete Angaben über das Zustandekommen der Erfindung zu machen und gewissenhaft alle beteiligte Personen aufzuführen.

Die Erfinderbenennung ist bis spätestens 15 Monate nach dem Anmeldetag eines diesbezüglichen Patentes einzureichen. Die Frist zur Einreichung der Erfinderbenennung kann, soweit besondere Gründe vorliegen, bis zur Patenterteilung (unter besonderen Umständen auch darüber hinaus) nach § 37 PatG verlängert werden. Die Erfinderbenennung ist auf einem besonderen Schriftstück und, von allen Anmeldern unterschrieben (§ 1 ErfBenVO), beim Patentamt einzureichen. Ein entsprechendes Formblatt ist in Abbildung 4.1 angegeben.

Die Benennung der Erfinder durch den Anmelder führt zur Erfindernennung in den Schriften des Patentamtes. Der Erfinder kann nach § 63 PatG auch einen schriftlichen Antrag auf Nichtnennung stellen (vgl. auch Abbildung 4.1), der jederzeit widerrufbar ist. Im Falle des Widerrufs wird der Erfinder vom Patentamt nachträglich bekanntgegeben. Bei Erfindungen im Team werden üblicherweise alle Teammitglieder hinsichtlich Benennung und Vergütung gleich behandelt. Heikel kann erfahrungsgemäß eine Konstellation werden, bei der der unmittelbare Vorgesetzte mit seinen Mitarbeitern an einer technischen Problemlösung arbeitet. Hier ist im nachhinein oftmals schwierig zu entscheiden, wer die impulsgebenden erfinderischen Gedanken gehabt hat. Hilfreich können in dieser Hinsicht die nachfolgend genannten Fragestellungen sein:

a) Hat der Vorgesetzte dem / den Mitarbeiter(n) lediglich die Aufgabe gestellt und auf das technische Problem hingewiesen?

b) Hat der Vorgesetzte geistige Anstöße für die schöpferisch kreative Leistung geliefert?

c) Hat der Vorgesetzte Lösungsansätze in die Diskussion eingebracht, wenn ja, welche?

d) Wurde vom Vorgesetzten im Dialog ein weisungsfreier Beitrag geleistet, der als Teil der erfinderischen Lehre anzusehen ist?

e) Hat der Mitarbeiter auf Anweisung und Anleitung des Vorgesetzten die redaktionelle und graphische Ausarbeitung übernommen?

Erfinderbenennung

Die Erfinderbenennung muß auch erfolgen, wenn der Anmelder selbst der Erfinder ist. Ist der Anmelder Miterfinder, so ist auch er mitzubenennen.

Amtliches Aktenzeichen *(wenn bereits bekannt)*

Bezeichnung der Erfindung *(bitte vollständig)*

Erfinder *(bei mehr als vier Erfindern bitte gesondertes Blatt benutzen.)*

1

3

2

4

Das Recht auf das Patent ist **auf den Anmelder übergegangen durch:**
(z.B. Erfinder ist/sind d. Anmelder, Inanspruchnahme aufgrd. §§ 6 u. 7 ArbnErfG, Kaufvertrag mit Angabe des Datums, Erbschaft usw.)

Es wird versichert, daß nach Wissen der Unterzeichner weitere Personen nicht an der Erfindung beteiligt sind.

_____ , den _____

Eigenhändige Unterschrift des Anmelders oder der Anmelder bzw. des Vertreters.
Bei Firmen genaue, eingetragene Firmenbezeichnung angeben.

Antrag auf Nichtnennung als Erfinder

Nur von denjenigen oben genannten Erfindern auszufüllen, die nach außen hin nicht bekanntgegeben werden wollen(§ 63 Abs. I S. 3 PatG)
Der Antrag kann jederzeit widerrufen werden. Ein Verzicht des Erfinders auf Nennung ist ohne rechtl. Wirksamkeit (§ 63 Abs. I S. 4 u. 5 PatG)

☐ Es wird beantragt, den bzw. die Unterzeichner in der oben angegebenen Patentanmeldung als Erfinder nicht öffentlich bekanntzugeben. Die Einsicht in die obige Erfinderbenennung wird nur bei Glaubhaftmachung eines berechtigten Interesses gewährt.

_____ , den _____

Eigenhändige Unterschrift des Erfinders oder der Erfinder

Abbildung 4.1: *Erfinderbenennung*

Grundsätzlich kann festgehalten werden, daß es einen Erfinder "honoris causa" nicht gibt. Die hinter den Fragen stehenden Fälle sind eindeutig formuliert. In Beantwortung dieser Fragen nach dem / den Erfinder(n) läßt sich zusammenfassen:

Entscheidend für die Erfinderbenennung ist, wer die für die Erfindung kennzeichnenden Merkmale entwickelt hat. Die Formulierung einer Aufgabe oder Problemstellung und geistige Anstöße begründen noch keine erfinderische Leistung (a). Liegt eine schöpferisch-kreative Komponente vor, d.h. wurde ein Beitrag zu einer erfinderischen Lehre geleistet, so liegt zweifelsfrei eine Erfinderschaft vor (b-d). Eine rein handwerkliche Arbeit mit Gestaltung von Beispielen und Formulierung von Text eröffnet keineswegs die Anwartschaft auf die Benennung zum Miterfinder (e).

Neben diesen relativ klaren Fällen gibt es eine Vielzahl von Varianten, die eine konfliktfreie Benennung nicht so ohne weiteres zulassen, denn grau ist alle Theorie. Im Streitfalle sind die Parteien gut beraten, wenn sie z.B. auf schriftliche Aufträge, terminierte Aktennotizen und an die Gesprächsteilnehmer verteilte Berichte zurückgreifen können.

Als Fazit ist die Empfehlung auszusprechen, daß bei allen patentträchtigen Tätigkeiten und bei der Suche nach neuen Lösungen eine rechtzeitige, gemeinsame Erfinderbenennung herbeigeführt werden muß.

5 Die Erfindungsmeldung

Es wurde bereits weiter vorne ausgeführt, daß schutzrechtsfähige schöpferische Leistungen von Arbeitnehmern zwar zum einen deren unumstrittenes Eigentum sind, der Arbeitgeber zum anderen jedoch sowohl ein Vorkaufs- wie auch Vorbenutzungsrecht mit dem Abschluß eines Arbeits- bzw. Dienstvertrages begründet. In diesem Zusammenhang ergeben sich natürlich eine ganze Reihe von Rechten und Pflichten für Arbeitgeber und Arbeitnehmer, die mit der Überleitung der Erfindung in die Verfügungsberechtigung des Arbeitgebers ihren Anfang nehmen. Konkrete diesbezügliche Verfahrensregeln sind im ArbNErfG explizit angegeben.

Zur Überleitung der Erfindung auf den Arbeitgeber bedarf es zunächst einer Information, daß eine möglicherweise schutzrechtsfähige schöpferisch-kreative Leistung vollbracht worden ist. Diese Information muß selbstverständlich schriftlich erfolgen, damit sie sowohl für Arbeitgeber wie auch für Arbeitnehmer aktenkundig ist. Die besagte Information wird dem Arbeitgeber in einer hinreichend aussagekräftigen Mitteilung bezüglich Aufgabe, Zustandekommens, mitwirkender Personen, Anregung, Lösung etc., der sogenannten Erfindungsmeldung gegeben. Es ist zwingend vorgeschrieben, daß der Arbeitgeber innerhalb von 14 Tagen auf die Erfindungsmeldung mit einer Rückmeldung an jede der am Zustandekommen der Erfindung beteiligten Personen reagiert. Diese Rückmeldung enthält zunächst lediglich die Bestätigung des Erfindungseingangs.

Von diesem Zeitpunkt an läuft eine 4-monatige Frist, in der eine beschränkte oder unbeschränkte Inanspruchnahme durch den Arbeitgeber oder eine Freigabe der Erfindung an die Erfinder erfolgen kann.

5.1 Ziel der Erfindungsmeldung

Die Erfindungsmeldung ist ein nach dem Arbeitnehmergesetz rechtlicher Schritt und wird in § 5 ArbNErfG explizit gefordert. Sie verfolgt letztlich das Ziel, den Wissensstand der Erfinder hinsichtlich einer neuen technisch geprägten Lehre zum Handeln auf den Arbeitgeber zu übertragen. Es ist dabei wesentlich, daß die übermittelte Information für den Empfänger - also den Arbeitgeber - ohne eigene erfinderische Leistung nachvollziehbar ist.

Die Qualität und der Inhalt der Erfindungsmeldung müssen den Arbeitgeber in die Lage versetzen, die nach § 13 ArbNErfG geforderte Schutzrechtsanmeldung am Patentamt durchzuführen und die erfinderische Lehre im
erforderlichen Umfang zu offenbaren. Dabei spielt es keine Rolle, ob ein
Patent- oder ein Gebrauchsmusterschutz angestrebt wird.
Damit eine Erfindungsmeldung als solche sofort vom Arbeitgeber erkannt
und dementsprechend fristgemäß behandelt wird, ist sie in spezifischer äu-
ßerer Form schriftlich zu fixieren und zu kennzeichnen. Die Bezeichnung
"Erfindungsmeldung" ist dabei nicht zwingend vorgeschrieben. Es sollte
jedoch klar und auf den ersten Blick ersichtlich sein, daß es sich um eine
vom Arbeitnehmer entwickelte schutzwürdige Erfindung nach dem § 2
ArbNErfG handelt. Zudem ist diese Erfindungsmeldung mit Datum und
Unterschriften zu versehen. Eine eindeutige Benennung weiterer Miterfinder
ist an dieser Stelle ebenfalls angezeigt, um eventuelles späteres Konfliktpotential bereits in der Startphase eines Schutzrechtes auszuräumen.
Eine Erfindungsmeldung muß auf engem Raum über eine außerordentlich
hohe Informationsdichte verfügen. Deshalb sollte pragmatisch auf ein entsprechendes allgemeines oder firmenspezifisches Formular zurückgegriffen werden, in dem die wichtigsten Schwerpunkte der Erfindung zusammengefaßt werden. In diesem Sinne sollte das Erfindungsmeldeformular
wie ein Fragebogen aufgebaut sein und im ausgefüllten Zustand die primären fachlichen Informationen für die Ausarbeitung einer Patent- oder
Gebrauchsmusteranmeldung vollständig beinhalten. Mit der Verwendung
eines Fragebogenformulars wird sowohl den Erfindern wie auch demjenigen, der die Anmeldeunterlagen für das Patentamt vorbereitet, die Arbeit
erleichtert.
Beim Fehlen wesentlicher Informationen in der Erfindungsmeldung ist der
Arbeitgeber innerhalb von 2 Monaten nach Eingang der Meldung unter konkretem Hinweis auf die Mängel berechtigt, Nachbesserung zu verlangen.
Der Erfinder ist erforderlichenfalls verpflichtet, mit Hilfe des Arbeitgebers
die Erfindungsmeldung zu vervollständigen.

5.2 Inhalt der Erfindungsmeldung

Der Arbeitnehmererfinder muß in der Erfindungsmeldung die technische
Aufgabe und ihre vollständige Lösung nachvollziehbar aufzeigen. Die Gesamtlösung ist durch technische Unterlagen wie Skizzen, Funktions-
beschreibungen und Erläuterungen ausführlich zu erklären. Darüber hinaus
sind in verständlicher Form die erreichbaren Vorteile und gegebenenfalls
auch Einschränkungen, ferner eine möglichst vollständige Aufstellung der
Einsatzmöglichkeiten darzulegen. Eine umfassende Darstellung des Stan-

des der Technik ist nicht zwingend erforderlich, jedoch für die spätere Ausarbeitung der Anmeldeunterlagen für das Patent sehr hilfreich. Die Abfassung von Patentansprüchen wird vom Erfinder nicht erwartet. Die Formulierung der Ansprüche gelingt dem Patentingenieur aufgrund seiner diesbezüglichen Erfahrungen wesentlich effizienter.

Neben den rein fachlichen Angaben zur Erfindung, die zur Abfassung der Anmeldeschrift durch den Patentingenieur (oder Patentanwalt) benötigt werden, sind nach § 5 ArbNErfG noch weitere Informationen, insbesondere hinsichtlich der Erfindervergütung und -benennung anzugeben. Demgemäß stehen Fragen nach vorausgegangenen dienstlichen Weisungen, nach der Nutzung betrieblicher Erfahrungen und von Firmen-Know-How, nach den Miterfindern und dem Grad ihrer Beteiligung am Zustandekommen der Erfindung, ferner nach dem eigenen Anteil des Erfinders an der erfinderischen Problemlösung im Vordergrund. Zur Vereinheitlichung und Vereinfachung des diesbezüglichen Verwaltungsvorganges gibt es in größeren Unternehmen spezielle Formulare für die Erfindungsmeldung, in die der Erfinder seine Angaben einträgt. Die Daten dieses Formblattes werden in entsprechend systematisch strukturierte Datenbanken aufgenommen, wodurch zum einen die Überwachung der mit dem Patentvorgang verbundenen Termine und Fristen sichergestellt ist. Zum anderen ist bei einer gewissenhaften Pflege des Datenbestandes auch jederzeit der aktuelle Patentstand hinsichtlich Rechtslage, Verfahrensstand und Technik verfügbar.

Das Formblatt für eine Erfindungsmeldung sollte unter Berücksichtigung der diskutierten Inhalte und Schwerpunkte zumindest die nachfolgend genannten Informationen wiedergeben:

❶ Thema, Titel der Erfindung.
❷ Aufgabe der Erfindung, technisches Problem:
    ❖ Bisherige Lösung,
    ❖ Mängel der bisherigen Lösung.
❸ Neue Lösung des Problems:
    ❖ Beschreibung des erfinderischen Gedankens,
    ❖ Vorteile der neuen Lösung bezüglich:
        - Herstellkosten? - Wenn ja, wodurch?
        - Funktionserfüllung? - Wenn ja, inwiefern?
        - Bauraum / Gewicht? - Wenn ja, wodurch?
        - Funktionsbreite / Zusatzfunktionen? - Wenn ja, welche?
        - Schutzrechtsumgehung? - Wenn ja, welches?
        - Weitere Vorteile? - Wenn ja, welche?
    ❖ Hand- und Prinzipskizzen,
    ❖ sonstige Aufzeichnungen und Berichte zur Erfindung,
    ❖ Stand der Technik; ggf. Lösung der Wettbewerber,
    ❖ Referenzliteratur (Fachzeitschriften, Schutzrechte etc.),
    ❖ genutzte firmeninterne Vorarbeiten (Berichte, Protokolle etc.).

❹ Fertigstellung der Erfindung:
  ❖ Fertigstellungszeitpunkt,
  ❖ Wurde über die Erfindung mit Dritten gesprochen?
    - Wenn ja, mit wem (im Haus, bei Kunden,...)?
    - Existiert ein Bericht?
  ❖ Wurden Muster angefertigt, Versuche durchgeführt?
  ❖ Sind Muster / Versuche geplant?
    - Wann?
  ❖ Bestehen Umgehungsmöglichkeiten für die Erfindung?
    - Sind diese bekannt oder absehbar?
  ❖ Ist die Benutzung am Produkt erkennbar?
    - Woran?
  ❖ Ist die Fremdnutzung der Erfindung erkenn- / kontrollierbar?
    - Wie?
  ❖ Zeitpunkt der geplanten Serieneinführung bekannt?
    - Wann?
❺ Zustandekommen der Erfindung:
  ❖ Wurde die durch die Erfindung gelöste Aufgabe selbst gestellt?
    - Wenn nein, durch wen?
  ❖ Kam die Anregung von außerhalb des Unternehmens (Kundenwunsch oder -auftrag)?
    - Falls ja, von wem?
  ❖ Ist die Erfindung Ergebnis eines Projektes?
    - Projektnummer?
❻ Beteiligte Erfinder:
  ❖ Name, Beruf, Anschrift, dienstliche Stellung der Erfinder
❼ Wird die Erfindung als freie Erfindung beantragt?
  ❖ Begründung.
❽ Einreichungsdatum und Unterschrift(en).

Die Erfindungsmeldung wird vom Erfinder selbst oder nach einer eventuellen Beratung durch einen Patentbeauftragten von diesem unverzüglich an die innerbetriebliche Patentabteilung eingereicht. Sie wird dort registriert, den Erfindern wird der Eingang zunächst lediglich schriftlich bestätigt.

5.3   Patentablauf und Fristen

Von dem Zeitpunkt an, mit dem den Erfindern schriftlich der Eingang ihrer
Erfindungsmeldung bestätigt wurde, läuft eine 4-monatige Frist, in der der
Arbeitgeber entscheiden kann, welche Form der Inanspruchnahme gewählt
oder ob eine Freigabe der Erfindung ausgesprochen wird. Verstreicht diese
Frist ungenutzt, so kann der Erfinder über seine Erfindung frei verfügen.
Nach Erhalt der Erfindungsmeldung wird die Patentstelle (-abteilung) die
für den technischen Inhalt der Meldung kompetente und zuständige Fach-
abteilung zu Rate ziehen, um die Nutzungsmöglichkeiten auszuloten. Ergibt sich eine kurz-, mittel- oder langfristige Verwendungsmöglichkeit für
diese Erfindung, so wird dem Erfinder die Inanspruchnahme durch den Arbeitgeber mitgeteilt. Mit diesem Schritt werden alle Rechte und Pflichten,
insbesondere auch die Kosten, die im Rahmen der Anmeldung der Erfindung und bezüglich der Aufrechterhaltung des Schutzrechtes entstehen, auf
den Arbeitgeber rechtswirksam übertragen. Des weiteren verpflichtet sich
der Arbeitgeber damit ausdrücklich zur Gewährung einer angemessenen Vergütung bei Nutzung dieser Erfindung.
Der Arbeitgeber hat die Patentanmeldung am Patentamt in angemessener
Zeit (Regelfall: 0...1 Jahr nach Inanspruchnahme) vorzunehmen. Die Ausarbeitung der Patentanmeldung kann durch die Patentingenieure einer im
Unternehmen gegebenenfalls vorhandenen Patentabteilung erfolgen. Das ist
insbesondere dann vorteilhaft, wenn bereits vielschichtige fachliche Erfahrungen und Hintergründe zum Umfeld der Anmeldung vorliegen, es sich
demnach also um ein Sachgebiet handelt, das dem unmittelbaren Produktbereich des Unternehmens entspricht.
Ist dies nicht der Fall, wird mit der Anmeldung also absolutes fachliches
Neuland betreten, erscheint es sehr zweckmäßig, einen entsprechend fachlich versierten Patentanwalt einzuschalten. Dieser verfügt dann sowohl über
einen sehr guten Überblick zum Stand der Technik als auch über die Fähigkeit, die der Erfindung innewohnenden Feinheiten zu erkennen und in entsprechende Patentansprüche umzusetzen.
Aufgrund vorliegender Erfahrungen sei ausdrücklich davor gewarnt, die Ausarbeitung von Anmeldeunterlagen von Patentingenieuren durchführen zu
lassen, die hinsichtlich des Anmeldegegenstandes nur über fachliches Laien-
wissen verfügen. So ist es sehr unwahrscheinlich - ja von vornherein oftmals sogar ausgeschlossen - ansich gute Patentingenieure, die über viele
Jahre z.B. ausschließlich auf dem Gebiet der mechanischen Konstruktion
anmelderisch tätig waren, von einem Tag auf den anderen mit der Ausarbeitung von Anmeldeunterlagen beispielsweise der Steuerungs- / Regelungs-
technik zu beauftragen. Will sagen: In diesem Zusammenhang ist die Aus-

gewogenheit von rechtlicher und relevanter fachlicher Kompetenz ein ganz entscheidendes Kriterium. Ein Übergewicht auf der einen oder anderen Seite hat in aller Regel schwerwiegende nachteilige Folgen für das jeweilige Unternehmen.

Zur Ausarbeitung des Patentantrages und der Patentanmeldung sind gegebenenfalls häufige Rücksprachen mit dem Erfinder notwendig, damit die erfinderische Lehre möglichst klar und vollständig offenbart werden kann. Bei der Formulierung der Patentansprüche ist der bereits beim Erfinder bekannte Stand der Technik zu hinterfragen und zu berücksichtigen.

Auch der zeitliche Aspekt spielt im Hinblick auf die Anmeldungsausarbeitung eine nicht unwesentliche Rolle. Zieht sich die Ausarbeitung der Patentanmeldung zu lange hin, besteht die Gefahr eines Prioritätsverlustes. Das heißt, die Anmeldung geht zu einem unnötig späten Zeitpunkt beim Patentamt ein, während bereits eine andere Erfindung gleichen oder ähnlichen Inhalts mit einem früheren Aktenzeichen registriert wurde.

Für die Folgen eines schuldhaften Prioritätsverlustes kann der Arbeitnehmererfinder den Arbeitgeber schadenersatzpflichtig machen. Erkennt der Erfinder eine unakzeptable Anmeldeverzögerung, so kann der Arbeitgeber nach § 13 ArbNErfG aufgefordert werden, binnen einer angemessenen Frist die Erfindung als Schutzrecht anzumelden. Andernfalls kann der Erfinder im Namen des Arbeitgebers und natürlich auf dessen Kosten eine Anmeldung bewirken.

Als Prioritätsdatum für ein Patent gilt der Anmeldetag, das Eingangsdatum beim Deutschen oder Europäischen Patentamt. Im Patentamt wird die Erfindung zunächst lediglich auf Sittenwidrigkeit geprüft und beurteilt, inwieweit ein berechtigtes öffentliches Interesse an dieser Anmeldung besteht. In einem Zeitraum von 18 Monaten nach dem Anmeldetag erfolgt eine Veröffentlichung als deutsche oder europäische Offenlegungsschrift. Ab dem Tag der Offenlegung (angegeben auf dem Deckblatt der Offenlegungsschrift) ist die Erfindung allgemein offenbart und stellt, da das Patent noch nicht erteilt ist, lediglich ein hypothetisches Recht dar. Der Inhaber dieses Schutzrechtes kann den potentiellen Verletzer jedoch auf diesen Tatbestand aufmerksam machen und bei Zuwiderhandlungen nach erteiltem Patent auf Schadenersatz verklagen.

Nach der Offenlegung kann durch Dritte jederzeit eine Akteneinsicht zum entsprechenden Vorgang beim Patentamt durchgeführt werden. Die Akteneinsicht wird üblicherweise in den nachfolgenden Fällen in Betracht gezogen:

- Auslegung des Patentanspruches (Ermittlung des Gegenstandes des Patents),
- Beurteilung des vollständigen Schutzbereichs,
- Beurteilung der Stichhaltigkeit des Patenterteilungsbeschlusses,

- Erlangung von Material und Argumenten bei der Bekämpfung anderer Schutzrechte,
- Beurteilung anderer Schutzrechte, z.B. bei drohenden Abhängigkeiten.

Nach der Schutzrechtsanmeldung beim Patentamt kann der Patentinhaber innerhalb von 7 Jahren einen Prüfungsantrag stellen. Versäumt er diese Frist, so gehört der Inhalt dieser Anmeldung zum Stand der Technik, eine nachträgliche Einreichung des Prüfungsantrages ist ausgeschlossen.
Unter den verschiedensten Gesichtspunkten kann zur frühzeitigen Beendigung des schwebenden Verfahrens von dritter Seite zu dessen Lasten Prüfungsantrag gestellt werden. Dieser meist durch den Wettbewerb eingeleitete Vorgang zur Schaffung klarer Rechtsverhältnisse wird vom Patentinhaber als kleiner Regelverstoß gewertet. Betrachtet wird dies als Eingriff in die Patenthoheit, denn es wird mit einem Fremdprüfungsantrag die Möglichkeit zunichte gemacht, durch geschickte Umstellung des offenbarten Anmeldungsinhaltes die Zielrichtung auf zukünftige im Zeitraster des Schutzrechtes liegende Wettbewerbsprodukte auszurichten. Natürlich hat auch der Arbeitnehmererfinder das Recht, aus rein persönlichem Interesse einen Prüfungsantrag zu stellen. Er sollte sich jedoch versichern, inwieweit dieser Vorgang auch im Sinne des Arbeitgebers liegt, denn gegebenenfalls werden damit die schutzwerten Belange des Unternehmens gefährdet. So kann es zum Beispiel unter ganz bestimmten Umständen nicht im Interesse des Arbeitgebers liegen, durch einen Prüfungsantrag vorzeitig Klarheit über die Schutzwürdigkeit der Anmeldung zu schaffen (z.B. laufende Verhandlungen über Lizenz- und Mitbenutzungsverträge etc.). Zur Abklärung der prinzipiellen Chancen hinsichtlich einer Patenterteilung kann beim Patentamt auch zeitlich vor dem Stellen eines Prüfungsantrages ein Rechercheantrag gestellt werden. Die Kosten liegen dabei niedriger als beim Prüfungsantrag und werden auf diesen bei Stellung angerechnet. Liefert die Recherche bereits ein niederschmetterndes negatives Ergebnis, sollte folgerichtig auf eine Prüfung gänzlich verzichtet werden.
Mit dem Prüfungsantrag wird ein im Patentrecht entscheidender Verwaltungsakt eingeleitet. Die Prüfung auf Patentfähigkeit wird nach § 44 PatG nur auf besonderen Antrag vorgenommen und ist gebührenpflichtig.
Ein Patent muß im wesentlichen 3 Anforderungen erfüllen: Der Gegenstand der Erfindung muß neu, erfinderisch und realisierbar sein. Auf das Prüfungsverfahren selbst wird explizit in Kapitel 11 näher eingegangen.
Es kann grundsätzlich nicht davon ausgegangen werden, daß eine Anmeld- bzw. Offenlegungsschrift letztendlich auch der erteilten Patentschrift hinsichtlich des angestrebten und schließlich zugesprochenen Schutzumfanges entspricht. Eher das Gegenteil ist der Regelfall. In reger Auseinandersetzung mit dem Prüfer wird um den Inhalt eines jeden Anspruches gekämpft. Dem Anmeldetext darf natürlich inhaltlich nichts mehr hinzugefügt wer-

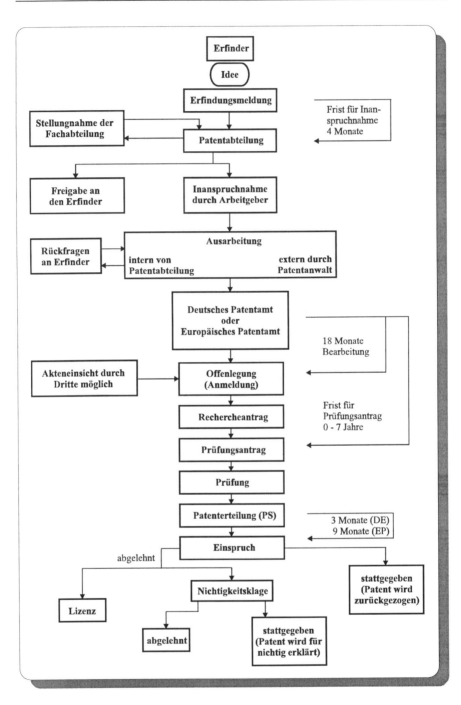

Abbildung 5.1:   *Patentablauf*

den. Damit bleibt dem Anmelder lediglich der Rückzug, indem durch Abänderung der Ansprüche der Schutzumfang verändert und vor allem eingeschränkt wird. Dieser Prozeß erfolgt iterativ - und im Interesse des Anmelders mit möglichst kleinen Iterationsschritten - bis der Prüfer zustimmt und eine rechtskräftige Patenterteilung erfolgt. Dieser so veränderte Anspruchstext wird dann in der Patentschrift veröffentlicht. Die zur Prüfung herangezogenen Schriften sind auf dem Deckblatt der Patentschrift aufgeführt. Hiermit wird der bei der Prüfung berücksichtigte Stand der Technik nachgewiesen. Bei einem Einspruch, der in Deutschland innerhalb einer 3-monatigen, in Europa innerhalb einer 9-monatigen Frist schriftlich erfolgen muß, ist ausschließlich darüber hinausgehendes Einspruchsmaterial heranzuziehen. Wird dem Einspruch stattgegeben, erfolgt die Zurücknahme der Patenterteilung. Erfolgt dagegen eine Ablehnung des Einspruches oder eine Überschreitung der Einspruchsfrist, so bleibt für den unter den Schutzumfang dieses Patentes Fallenden entweder die Möglichkeit einer Lizenznahme (soweit der Patentinhaber einwilligt), oder aber die Möglichkeit einer Nichtigkeitsklage nach § 22 PatG gegen den Inhaber des Patentes. In diesem Fall muß jedoch ausreichendes, wirklich gutes Einspruchsmaterial vorliegen, damit eine Chance auf Erfolg besteht. Wenn der Nichtigkeitsklage - im übrigen ein hinreichend kostspieliges Unterfangen - stattgegeben wird, gilt der Inhalt der Schutzrechtsschrift als zum Stand der Technik gehörend. Bei Ablehnung der Klage gilt das Patent weiterhin als erteilt und behält seine volle und uneingeschränkte Rechtswirkung. In Abbildung 5.1 ist der Patentablauf grafisch dargestellt.

5.4 Arbeitnehmer- / Arbeitgeberpflichten

Arbeitnehmerpflichten

Neben den bereits genannten Pflichten des Arbeitnehmers nach § 5 ArbNErfG zur Meldung einer entwickelten Erfindung, zur Nennung der beteiligten Erfinder und der verwendeten betrieblichen Hilfsmittel, wird eine aktive Unterstützung bei der Ausarbeitung der Anmeldeschrift erwartet. Hierzu zählt die Beantwortung der fachlichen Verständnisfragen des mit der Ausarbeitung beauftragten Fachmannes in Patentfragen (Patentingenieur, Patentanwalt etc.), die Darlegung des zur Verfügung stehenden Standes der Technik, der Hinweis auf die erwarteten Vorteile und den global beabsichtigten Anspruchsumfang. Ergänzend besteht die Verpflichtung, weiterführende Gedanken und schöpferische Ideen zu offenbaren, auch wenn sich diese später im patentrechtlichen Sinne als eigenständiger Schutzrechtsumfang erweisen. Eine inhaltliche Verbesserung oder punktuelle Weiterentwicklung der erfinderischen Lehre führt zu einer Stärkung der Rechtsposition. Hierbei wird vom Recht der inneren Priorität (§ 40 PatG) Gebrauch gemacht. Der

Anmelder kann innerhalb von 12 Monaten eine verbesserte Nachmeldung vornehmen, soweit es keine wesentliche inhaltliche Erweiterung der erfinderischen Lehre bedeutet. Der Zeitpunkt der ersten Anmeldung gilt dann auch für die neuformulierte Nachmeldung.
Erweist sich die gemeldete Erfindung als nicht vollständig, so kann der Arbeitgeber unter Hinweis auf Informationslücken eine Nachbesserung verlangen. Grundsätzlich ist der Arbeitnehmererfinder nach § 15 ArbNErfG verpflichtet, dem Arbeitgeber beim Erwerb von Schutzrechten mit den ihm zur Verfügung stehenden Mitteln zu unterstützen.

Arbeitgeberpflichten
Nachdem der Arbeitgeber den Eingang der Erfindungsmeldung bestätigt hat, wird schnellstmöglich eine Klärung über eine denkbare Verwendung der Erfindung herbeigeführt, damit innerhalb der 4-monatigen Frist über die Inanspruchnahme / Nichtinanspruchnahme entschieden werden kann. Wird die wirtschaftliche Verwertung der Erfindung beabsichtigt, so teilt der Arbeitgeber dem Arbeitnehmererfinder die Inanspruchnahme in schriftlicher Form mit. Hiermit übernimmt der Arbeitgeber die Pflicht, die Erfindung in angemessenem Zeitraum auf seine Kosten anzumelden. Dazu gehört unter anderem auch die Ausarbeitung der Anmeldungsunterlagen zur Einreichung an das Patentamt. Neben den Aufwendungen für die Aufrechterhaltung des Patents und den Prüfgebühren ist der Arbeitgeber zur Zahlung einer "angemessenen" Erfindungsvergütung an den Arbeitnehmer verpflichtet. Da die Festsetzung der Erfindungshöhe stets Zündstoff für Unstimmigkeiten beinhaltet, ist dieser Punkt in § 9 ArbNErfG explizit formuliert und in § 14 ArbNErfG weiter konkretisiert.
Für eine eventuelle Auseinandersetzung zwischen Arbeitnehmer und Arbeitgeber bezüglich Diensterfindungen ist beim Deutschen Patentamt eine gebührenfreie Schiedsstelle (Adresse im Anhang) eingerichtet, deren Vorschlag auf Einigung etc. jedoch unverbindlich ist. Der Vorschlag gilt als angenommen, wenn nicht innerhalb eines Monats eine Partei Widerspruch einlegt. Bei schwerwiegenden Patentstreitsachen sind die Landgerichte in erster Instanz zuständig.
Der Arbeitgeber ist verpflichtet, den Erfinder stets über den Verlauf des Anmeldevorgangs zu informieren. Dies betrifft natürlich in besonderem Maße das Prüfverfahren. Erkennt der Arbeitgeber, daß die ursprünglich beabsichtigte Nutzung des Patents nicht gegeben ist und die Schutzrechtsposition aufgegeben werden soll, so ist der Arbeitgeber nach § 16 ArbNErfG verpflichtet, dem Arbeitnehmererfinder die Übernahme der Schutzrechtsposition anzubieten. Der Arbeitnehmer hat 3 Monate Zeit, sich für eine Übernahme zu entscheiden. Weiterhin fällige Patentgebühren gehen dann zu Lasten des Arbeitnehmererfinders. Für eine eventuelle spätere Nutzung kann sich der Arbeitgeber jedoch ein nicht ausschließliches Mitbenutzungsrecht vorbehalten.

5.5 Inanspruchnahme der Erfindung

Für eine vorgesehene Inanspruchnahme an einer Arbeitnehmererfindung durch den Arbeitgeber bietet das Arbeitnehmergesetz (§ 6 ArbNErfG) zwei Alternativformen. Die *beschränkte Inanspruchnahme* hat praktisch keine Bedeutung, da sie nur ein einfaches, nicht übertragbares Benutzungsrecht einräumt. Dem Arbeitgeber erwächst gegenüber dem Wettbewerb nur dann ein Vorteil, wenn der Arbeitnehmererfinder die Erfindung auch auf eigene Kosten zur Schutzrechtsanmeldung vorantreibt. Ist dieser Vorgang eingeleitet, so kann der Arbeitgeber das Mitbenutzungsrecht, d.h. die Gewährung einer einfachen, nicht exklusiven Lizenz in Anspruch nehmen. Verzichtet der Erfinder dagegen auf eine Anmeldung, geht die Chance auf eine Patentnutzung generell verloren.

Bei der *unbeschränkten Inanspruchnahme* gehen alle Rechte uneingeschränkt auf den Arbeitgeber über. Die Diensterfindung muß der Arbeitgeber unverzüglich im Inland anmelden, unabhängig davon, wann er die Erfindung nutzen will. Er hat dabei die prinzipielle Wahl zwischen einer Patent- und einer Gebrauchsmusteranmeldung. Eine Anmeldung der Erfindung im Ausland steht ihm jedoch frei. Dem Arbeitnehmererfinder muß vor Ablauf des Prioritätsjahres die Absicht bezüglich der Auslandsanmeldung mitgeteilt werden. Der Arbeitnehmer kann dann in den übrigen Ländern im eigenen Namen und natürlich auch auf eigene Kosten die Anmeldung tätigen. Erfindungen, die der Arbeitnehmer objektiv nicht direkt oder indirekt im Zusammenhang mit seiner Arbeit oder unmittelbar aus betrieblichen Erkenntnissen heraus entwickelt hat, kann er als sogenannte freie Erfindungen beanspruchen. In diesem Fall muß die Erfindung dem Arbeitgeber ebenfalls zuerst gemeldet und mit dem Hinweis versehen werden, daß es sich dabei aus Sicht des Arbeitnehmers um eine freie Erfindung handelt. Im Rahmen einer Frist von 3 Monaten kann der Arbeitgeber dies bestreiten, zur Begründung seiner Ansicht wird der Arbeitnehmer aufgefordert, seine Sichtweise entsprechend nachvollziehbar darzulegen.

Bei anerkannt freien Erfindungen wird dem Arbeitgeber nur ein Vorkaufsrecht eingeräumt. Dazu muß der Erfinder dem Arbeitgeber ein Angebot machen, bevor er seine Erfindung anderweitig verwertet.

5.6 Die Erfindervergütung

Entsprechende gesetzliche Festlegungen zur Behandlung der Thematik Erfindungsvergütung sind wiederum im Arbeitnehmererfindergesetz getroffen (§ 12 ArbNErfG). Explizite Aussagen zur Vergütungsfestlegung sind in § 9 und § 22 ArbNErfG zu finden. Auch wenn in einem Unternehmen allgemeine Vergütungsregeln bestehen, bedarf es in jedem Falle eines Vertragsangebotes an den Diensterfinder und einer Annahmebestätigung von ihm. Sofern mit dem Erfinder keine Vereinbarung nach § 22 ArbNErfG getroffen werden kann, hat der Arbeitgeber bis zum Ablauf von 3 Monaten nach Erteilung des Schutzrechtes die Vergütung mit einer begründeten Erklärung festzusetzen und auszuzahlen. Kann dieser Termin nicht eingehalten werden, so ist eine Fristverlängerung schriftlich zu vereinbaren.

Die Meinungen über die Angemessenheit der Erfindervergütung bzw. einer Lizenzzahlung können zwischen Arbeitnehmererfinder und Arbeitgeber sehr differieren, was gelegentlich auch zu rechtlichen Auseinandersetzungen führt. Die Unkenntnis des Erfinders zum Verlauf des Schutzrechtsverfahrens und über die Richtlinien zur Ermittlung der Erfindungsvergütung erwecken in Einzelfällen Zweifel hinsichtlich eines korrekten Ablaufs des Vergütungsvorgangs. Nicht selten sind aber lediglich die Vergütungserwartungen des Erfinders überspannt und deutlich überhöht. Zur Bemessung der Vergütung wurden gemäß § 14 ArbNErfG vom Bundesarbeitsministerium Richtlinien entwickelt, die eine Konkretisierung des § 9 ArbNErfG zum Ziel haben. Der Inhalt dieser Vergütungsrichtlinien dient als Grundlage für die Kennzeichnung des Erfindungswertes und des Anteilsfaktors des Erfinders und wird auch von der Schiedsstelle beim Deutschen Patentamt entsprechend gehandhabt. Wird eine Erfindungsvergütung unter Berücksichtigung dieser Richtlinien ermittelt, so wird sie im Regelfall durchaus als angemessen angesehen. Abweichende Vorgehensweisen bei der Vergütungsfestlegung bedürfen, soweit sie angezweifelt werden, einer entsprechenden Begründung.

5.6.1   Erfindungswert

Der Erfinder hat einen Anspruch auf einen Teil des Wertes der Erfindung, den diese für den Arbeitgeber hat. Die Vergütungsrichtlinien zeigen drei gleichwertige Ermittlungsmethoden für die Bestimmung einer angemessenen Vergütung auf: Lizenzanalogie, Erfassung des betrieblichen Nutzens und die Schätzungsmethode.

Nach § 9 ArbNErfG soll der Arbeitgeber wirtschaftlich so gestellt werden, als wenn ein Unternehmensfremder eine vergleichbare Schutzrechtsposition vermittelt hätte. Bei der Anwendung der Lizenzanalogie würde dies der

Zahlung einer marktüblichen Lizenz in Höhe eines prozentualen Anteils am wirtschaftlichen Wert entsprechen.

Bei Anwendung der zweiten Methode wird der Erfindungswert von den allgemeinen branchenspezifischen Gegebenheiten und Erfahrungssätzen unter Berücksichtigung der wirtschaftlichen Umsetzung am Markt abgeleitet. Die Annahmen sollen im speziellen Einzelfall durch vorliegende Firmendaten konkretisiert werden. Bei der Ermittlung des Erfindungswertes ist letztlich der Anteil der Erfindung an der Gesamtfunktion des Produktes zu berücksichtigen. Der Anteil ist besonders hoch, wenn das Produkt durch die erfinderische Lehre entscheidend geprägt wird.

Die Schätzungsmethode kommt zum Einsatz, wenn keinerlei konkrete Anhaltspunkte für eine Berechnung vorliegen. Eine Schätzung ist unter erfahrungsbegründeten Gesichtspunkten und nicht nach völlig freiem Ermessen vorzunehmen. Die Ermittlung des Erfindungswertes erfolgt unabhängig davon, ob es sich um ein Patent oder um ein Gebrauchsmuster handelt. Beim Gebrauchsmuster besteht die nicht zu unterschätzende Gefahr, daß in einem Verletzungsprozeß eine mangelnde Gebrauchsmusterschutzfähigkeit festgestellt wird. Diese Gefahr läßt sich minimieren, wenn vom Schutzrechtsinhaber eine amtliche Recherche in Bezug auf neuheitsschädliches Material beantragt und ausgewertet wird. Doch kann trotz durchgeführter Recherche nicht von einer mit endgültiger Konsequenz bestehenden Rechtssicherheit ausgegangen werden. Deshalb wird in der Praxis der Erfindungswert erteilter Gebrauchsmuster niedriger, gelegentlich um die 50 % des Wertes von erteilten Patenten angesetzt.

5.6.2 Anteilsfaktor des Erfinders

Die zweite hauptsächliche Komponente bei der Festlegung der Erfindervergütung ist neben dem Wert der Erfindung der Anteil von Erfinder und Unternehmen am Zustandekommen der Diensterfindung. Der Anteilsfaktor berücksichtigt die erbrachten Leistungen des Arbeitgebers in Bezug auf das Zustandekommen der Aufgabenstellung, die gewährten Hilfen und Hilfsmittel bei der Lösungsfindung und die Stellung des Arbeitnehmers im Unternehmen. Gehört die Erfindung zum direkten beruflichen Betätigungsfeld des Erfinders, so wird der Anteilsfaktor natürlich niedriger angesetzt als bei völlig "artfremden" Erfindungen. Von einem Ingenieur in der Forschungs- oder Entwicklungsabteilung wird daher die Ausarbeitung einer Erfindung geradezu erwartet. Es wird auch durchaus davon ausgegangen, daß ein Abteilungsleiter in der Entwicklung näher mit den erfinderischen Problemstellungen vertraut ist, als beispielsweise ein Beschäftigter an einer beliebigen Produktionsmaschine. Bei der Bestimmung des Anteilsfaktors ist demnach die geistige Nähe des Erfinders zur erfinderischen Lehre zu berücksichtigen. Dieser Faktor liegt zwischen 60 % z.B. bei nicht-technischen Verwal-

tungsangestellten und 5 % bei leitenden Entwicklern in ihrem unmittelbaren Tätigkeitsfeld.
Zur Ermittlung des Anteils des Unternehmens an der Aufgabenstellung ist zu berücksichtigen, inwieweit Hinweise für betriebsbezogene Probleme vorlagen oder eventuell eine konkret formulierte Aufgabe zu bearbeiten war. Die Richtlinien zur Festlegung von Erfindervergütungen ermöglichen es, die Entstehung einer Erfindung in ein Punktesystem einzuordnen:

1 Punkt ... vom Arbeitgeber gestellte Aufgabe mit Angabe zum Lösungsweg

2 Punkte ... vom Arbeitgeber gestellte Aufgabe ohne Angaben zum Lösungsweg

3 Punkte ... keine gestellte Aufgabe, jedoch technisches Problem bekannt

4 Punkte ... keine gestellte Aufgabe, zu behebende Mängel wurden selbst festgestellt

5 Punkte ... selbstgestellte Aufgabe ohne Anknüpfungen an Unternehmenszugehörigkeit innerhalb des Aufgabenbereichs gelöst

6 Punkte ... selbstgestellte Aufgabe ohne Anknüpfungen an Unternehmenszugehörigkeit, jedoch außerhalb des Aufgabenbereichs gelöst

Neben den im Punktesystem ausgewiesenen Schwerpunkten wird auch die Nutzung von im Unternehmen vorhandenen technischen Hilfsmitteln und personeller Unterstützung berücksichtigt. Unter Einbeziehung aller mittel- und unmittelbaren Faktoren, die hinsichtlich des Zustandekommens der Erfindung Bedeutung haben, wird nach Tabelle (vgl. Richtlinien zur Erfindervergütung) der anzusetzende Anteilsfaktor bestimmt. Diese Vorgehensweise bei der Bestimmung des Anteilsfaktors hat sich in der Praxis bewährt. Es empfiehlt sich jedenfalls, auf diese Vorgehensweise zurückzugreifen. Andernfalls ist bei Unstimmigkeiten eine stichhaltige Begründung für die abweichende Handhabung anzugeben.

5.6.3   Vergütungsanteil

Sind mehrere Erfinder an der Erfindung beteiligt, ist der Miterfinderfaktor zu bestimmen. Der Anteil, der an der Erfindung geltend gemacht werden kann, richtet sich nach der tatsächlichen patentinhaltlichen Beteiligung. Maßgebend ist, in welchem Umfang sich der Beitrag des einzelnen Erfinders auf das Zustandekommen der Erfindung ausgewirkt hat. Dies ist an den einzelnen Merkmalen des Schutzumfanges nachvollziehbar, wenn es gelingt, diese den einzelnen Erfindern zuzurechnen. Ist keine Dominanz des einen oder anderen Miterfinders auszumachen, so ist von einer gleichwertigen Aufteilung der Miterfinderanteile auszugehen.

Die Vergütungsberechnung erfolgt in drei Schritten:

1. Festlegung des Erfindungswertes (z.B. anhand der Lizenzanalogie):

$$W = U * L, \tag{5.1}$$

wobei W den Erfindungswert, U den Umsatz und L den Lizenzsatz ausdrücken.

2.) Festlegung der gesamten Erfinderanteile:

$$A = M * F, \tag{5.2}$$

wobei A den Erfinderanteil und F den Anteilsfaktor beinhalten.

3.) Festlegung der Miterfinderanteile:

$$M = W * K, \tag{5.3}$$

hierin repräsentiert M den Miterfinderanteil und K den Miterfinderfaktor.

Das Ergebnis dieses vorgeschlagenen Vergütungsermittlungsverfahrens berücksichtigt demnach neben dem Zustandekommen der Aufgabenstellung die betriebliche Unterstützung bei der Lösung der Aufgabe und die Stellung des Erfinders im Unternehmen. In diesem Sinne wird der Abteilungsleiter der Entwicklung - bei gleicher inhaltlicher Beteiligung am Zustandekommen der Erfindung wie ein als Miterfinder genannter Monteur der Musterwerkstatt - einen deutlich niedrigeren Erfindungsvergütungsbetrag erhalten, als eben der besagte Monteur.
Die Erfindervergütung stellt den Erfinderanteil an dem Vorteil dar, der dem Arbeitgeber aus dem Nutzen der Monopolrechtsposition der Arbeitnehmererfindung erwächst. Die Annahmen und Voraussetzungen, die zur Vergütungsfestsetzung geführt haben, sind dem Erfinder mitzuteilen. Während bei einer beschränkt in Anspruch genommenen Arbeitnehmererfindung erst die tatsächliche Nutzung der Erfindung den Erfindervergütungsanspruch wirksam werden läßt, ist bei einer unbeschränkten Inanspruchnahme nach § 10 ArbNErfG die Voraussetzung für den Erfindervergütungsanspruch sofort gegeben.
Unter diesem Ansatz kann auch umgehend in die Vergütungsverhandlung mit dem Arbeitgeber eingetreten werden, da sich das Patenterteilungs-

verfahren in aller Regel über einen längeren Zeitraum hinzieht. Spätestens wenn der Arbeitgeber durch das Herstellen, Anbieten und Vertreiben des Erfindungsgegenstandes die Nutzung der erfinderischen Lehre betreibt, ist die Höhe der Erfindervergütung festzulegen und die Auszahlung vorzunehmen. Selbst die Tatsache, daß das angestrebte Schutzrecht noch nicht vom Patentamt geprüft wurde und somit keine Rechtssicherheit vorliegt, ist keine Begründung für ein Verschleppen der Erfindervergütungsauszahlung. Schließt der Arbeitgeber zum Beispiel einen Lizenzvertrag zur Fremdnutzung mit einem Dritten ab, so handelt es sich hierbei zwar um ein risikobehaftetes Rechtsgeschäft. Allerdings ist eine Zurückforderung der Lizenzgebühren bei einer Nichtgewährung des Patentantrages durch das Patentamt ohne abweichende Vereinbarung ausdrücklich *nicht* statthaft!

So gesehen stellt die Möglichkeit einer Lizenzvergabe durch den Arbeitgeber als Schutzrechtsinhaber bereits vor der Prüfung der Patentwürdigkeit am Patentamt einen wirtschaftlichen Vorteil dar. Und zwar unabhängig davon, ob er genutzt wird oder nicht. Es ist verständlich, wenn nun auch der Arbeitnehmererfinder seinen Anteil in Form einer entsprechenden Abfindungsvergütung bereits in diesem Stadium fordert.

Wird die Schutzrechtserteilung rechtskräftig versagt, so ist der Arbeitnehmer nach § 812 BGB dazu verpflichtet, die gewährte Erfindervergütung zurückzuzahlen. Bei der Gewährung einer Erfindervergütung vor der endgültigen Schutzrechtserteilung erscheint ein Patentversagungsrisikoabschlag von 30 - 80 %, je nach Einschätzung der Erfolgsaussichten auf Erteilung, als praktikabel. Der absolut späteste Zeitpunkt für die Festsetzung der Erfindervergütung durch den Arbeitgeber wird auf 3 Monate nach der Benutzungsaufnahme oder nach Abschluß des eventuellen Einspruchsverfahrens nach rechtskräftiger Erteilung des Schutzrechts datiert. Auch hierbei muß dem Erfinder eine Gelegenheit zur Überprüfung und zum Widerspruch gemäß § 12 ArbNErfG eingeräumt werden.

Im Hinblick auf unser momentan geltendes Steuerrecht scheint der folgende Hinweis sehr nützlich: Erfindervergütungen müssen nicht unbedingt sofort und in klingender Münze ausgezahlt werden. Sie können auch als Gratifikation (z.B. Jahresgratifikation) oder als Beförderung vereinbart werden. Auch eine Gehaltserhöhung oder eine entsprechende Kapitaldirektversicherung für eine Altersvorsorge ist denkbar und in höheren Gehaltsgruppen oftmals einer Barauszahlung vorzuziehen.

5.7 Behandlung von Unstimmigkeiten

Eigens hinsichtlich möglicher Auseinandersetzungen von Arbeitgeber und Arbeitnehmererfindern und insbesondere unter dem Blickwinkel der Erfindungsvergütung wurde in § 28 ff ArbNErfG die Möglichkeit vorgesehen, Auseinandersetzungen vor die Schiedsstelle des Deutschen Patentamtes zu bringen. Diese Schiedsstelle befaßt sich mit Auseinandersetzungen, die sich direkt auf das Arbeitnehmererfindergesetz zurückführen lassen. Sie ist eine Instanz, die es den Arbeitsvertragsparteien ermöglicht, in nichtöffentlichen Verhandlungen aufgetretene Unstimmigkeiten, beispielsweise Vergütungsstreitigkeiten, die Einstufung einer Erfindung als freie oder als Diensterfindung etc. auszufechten. Bei entsprechenden Streitfällen zwischen Arbeitgeber und Arbeitnehmererfinder, z.B. bezüglich der Höhe und der Berechnungsbasis der Erfindungsvergütung, kann entsprechend § 31 ArbNErfG die Schiedsstelle sowohl vom Arbeitnehmer als auch vom Arbeitgeber angerufen werden. Der Antrag ist schriftlich einzureichen und beinhaltet eine präzise Darstellung des Streitfalles, der konträren Ansichten sowie der Namen und Anschriften der Beteiligten. Zur Klärung des Streitfalles wird die jeweils andere Seite vom Vorsitzenden der Schiedsstelle befragt und aufgefordert, in angemessener Zeit zum vorgebrachten Antrag Stellung zu beziehen. Kann die Schiedsstelle den Sachverhalt nicht anhand der vorliegenden Äußerungen der Kontrahenten entscheiden, wird das Verfahren durch Anhörung vor der Schiedsstelle fortgesetzt. Hierbei werden gegebenenfalls freiwillige Zeugen als Sachverständige zur Klärung der Streitfragen herangezogen.

Auf eine Vereidigung aller befragten Beteiligten wird in dieser Verfahrensinstanz bewußt verzichtet.

Das Ziel des Schiedsverfahrens besteht darin, auf eine gütliche Einigung zwischen Arbeitgeber und Arbeitnehmererfinder hinzuwirken. Gelingt es trotz aller Bemühungen seitens der Schiedsstelle nicht, eine von beiden Seiten getragene Entscheidung herbeizuführen, so darf der Antragsteller keine quasi-gerichtliche Aufklärung der Zusammenhänge und maßgebenden Fakten erwarten. Allerdings wird die Schiedsstelle den beiden Konfliktparteien einen begründeten Vergütungsvorschlag unterbreiten. Wird dieser Vorschlag nicht von mindestens einem der Beteiligten innerhalb einer Monatsfrist schriftlich abgelehnt, so gilt dieser Vorschlag als angenommen. Die vorgeschlagene Vergütungsvereinbarung kann für die eventuell erforderlich werdende nächste Instanz vor dem Arbeitsgericht sowohl vom Antragsteller als auch vom Antragsgegner verwendet werden.

Das Arbeitsgericht entscheidet bei Streitigkeiten hinsichtlich der Erfindungsvergütung. Für gerichtliche Auseinandersetzungen (z.B. Inanspruchnahme, freie und Diensterfindung etc.) sind nach der Behandlung durch die

Schiedsstelle des Patentamtes die Kammern für Patentsachen an den Land-
gerichten, die Senate für Patentsachen am Oberlandesgericht und bei einer
Revision der Fachsenat des Bundesgerichtshofes zuständig.

Zur Festlegung der Erfindervergütung werden insbesondere prognostische
Annahmen hinsichtlich des erwarteten Umsatzes oder des geldwerten Vor-
teils bei erteiltem Patentschutz für den Erfolg des Produktes am Markt getroffen. Erweisen sich diese Annahmen als nicht haltbar, so ist der bereits
vereinbarten Erfindervergütung die Basis entzogen. Eine Änderung der Er-
findervergütungshöhe ist dann der Regelfall.

Ebenso stellt ein Einspruchs- oder Nichtigkeitsverfahren die zur Vergütungsberechnung angenommene Monopolstellung in Frage. Auch entscheidende
Erkenntnisse hinsichtlich des Zustandekommens der Erfindung (weitere Miterfinder werden genannt, der Erfindungsanteil des Arbeitgebers erweist sich
als wesentlich höher als bisher angenommen etc.) können eine Revision der
Erfindervergütung begründen. Der Arbeitgeber und der Arbeitnehmererfinder
sind ohne ein erneutes Einschalten der Schiedsstelle oder gar eines Arbeits-
bzw. Zivilgerichtes berechtigt, im gegenseitigen Einvernehmen eine geänderte Erfindervergütung mit entsprechenden Konsequenzen zu vereinbaren.

Gelingt es nicht, die Vergütungsfestsetzung im gegenseitigen Einvernehmen an die veränderten Verhältnisse anzupassen, so ist jede der beiden Ver-
tragsparteien befugt, die Unbilligkeit der Vereinbarung nach § 23 ArbNErfG
durch eine schriftliche Erklärung zum Ausdruck zu bringen.

Dieser Unbilligkeit (Abweichung von der Norm) muß allerdings eine wirklich krasse Diskrepanz von Leistung und Gegenleistung zugrunde liegen,
um die Auflösung der bereits getroffenen Vereinbarung zu rechtfertigen.

Der Arbeitgeber ist im Falle einer Unbilligkeitsfeststellung unter Berücksichtigung der aktuell vorliegenden Erkenntnisse verpflichtet, eine angepaßte Regelung, die für die Zukunft gelten soll und gegebenenfalls auch die
in der Vergangenheit gewährten Erfindungsvergütungen berücksichtigt, festzulegen. Nach § 12 des ArbNErfG haben Arbeitgeber und Arbeitnehmer
das begründete Recht, jeweils voneinander die Einwilligung in eine Änderung der Erfindervergütungsregelung zu verlangen, wenn sich die Voraussetzungen, die zur Bestimmung der Vergütungshöhe vorlagen, grundlegend
geändert haben. Die im Vorfeld zur Festlegung der Erfindervergütung an-
genommenen Nutzungsmöglichkeiten der Erfindung können durch die nachfolgend genannten Parameter einer sich positiv oder auch negativ auswir-
kenden Veränderung unterliegen:

- neue gesetzliche Bestimmungen oder Vorschriften und Auflagen,
- Einsprüche und damit teilweise Einschränkung der Patentansprüche,
- sich änderndes Kundenverhalten und damit auch geänderter Absatz
  und Umsatz,
- Erschließung neuer oder Wegfall bereits genutzter Märkte,
- etc.

Die Anpassung der Erfindervergütung an die aktuell reflektierte Situation ermöglicht eine Korrektur bereits getroffener Vereinbarungen. Nach § 12 ArbNErfG wird jedoch explizit lediglich eine Anpassungsverpflichtung für zukünftig zu leistende Vergütungen eingeräumt; bereits geleistete Zahlungen können definitiv nicht zurückgefordert werden. Immerhin besteht die Möglichkeit eines gewissen Ausgleichs, indem eine Anrechnung bereits ausgezahlter Vergütungen auf zukünftig anfallende Zahlungen vorgenommen wird.

5.8 Freie Arbeitnehmererfindung

Erfindungen, die weder der Aufgabenstellung noch der betrieblichen Erfahrung direkt oder indirekt zuzuordnen sind, können als freie Arbeitnehmererfindung bezeichnet werden. Der Arbeitgeber kann nach § 19 ArbNErfG in diesem Fall nur die Übertragung einer einfachen Nutzungsberechtigung zu angemessenen Lizenzbedingungen verlangen, wenn die Erfindung gegenwärtig oder in überschaubarem Zeitraum nachweislich im Unternehmen genutzt werden kann und auch genutzt werden soll. Dem Arbeitgeber bleibt es demnach vorbehalten, mit der Freigabe der Erfindung für das eigene Unternehmen ein nicht ausschließliches Benutzungsrecht in Form einer einfachen Lizenz in Anspruch zu nehmen. Dieses Nutzungsrecht ist nicht auf Dritte übertragbar. Dessenungeachtet sind jedoch auch diese Erfindungen dem Arbeitgeber nach dem Arbeitnehmererfindergesetz bekannt zu machen. Unter dem Hinweis auf der Erfindungsmeldung, daß die erfinderische Leistung weder das eigene Arbeitsgebiet betrifft, noch Firmen-Know-How und firmeninterne Hilfsmittel verwendet wurden, kann die Erfindung als freie Erfindung beansprucht werden.

6   Gewerblicher Rechtsschutz und Erfinder

Einen besonderen Stellenwert in Relation zum wirtschaftlichen Erfolg von Großindustrie, kleinen und mittleren Unternehmen aber auch von freien Erfindern nehmen ganz ohne Zweifel die gewerblichen Schutzrechte ein. Sie schlagen eine Brücke zwischen technisch-kreativen Ideen einerseits und deren marktgerechter Realisierung andererseits und bilden dabei gleichzeitig die rechtliche Grundlage für deren kommerziell lohnende Verwertung. Schutzrechte sind damit Bindeglieder zwischen der Forschung und der gewerblichen Nutzung ihrer Ergebnisse. Sie sind natürlich auch gleichzeitig wichtige Indikatoren für das aus der jeweiligen Entwicklungstätigkeit gewonnene Innovationspotential, tragen zur Verbreitung des Wissens bei und nehmen eine Schlüsselrolle beim Transfer von Ideen zu Produkten ein. Schutzrechte geben dem Inhaber für eine begrenzte Zeit das Recht, über seine Erfindung allein zu verfügen, es ist ein Individualrecht. Der Inhaber eines Schutzrechtes kann - ggf. auch mit der Hilfe von Gerichten - jedem anderen die Nutzung seiner Erfindung untersagen. Als strategisches Mittel eingesetzt ist es möglich, vorausschauend einem Konkurrenten den Eintritt in ein bestimmtes Marktsegment zu verbauen oder zumindest zu erschweren. Schutzrechte übernehmen damit eine entscheidende Funktion bei der Absicherung von häufig mit hohem Aufwand erarbeiteten Ergebnissen in Forschung und Entwicklung. Denn nur wenn die eigene Entwicklung schutzrechtsseitig abgesichert ist, hat der Inhaber die Gewißheit, daß er seine Produkte exklusiv auf dem Markt anbieten kann und nicht durch Erzeugnisse von Konkurrenten bedrängt wird, die seine wirtschaftlich erfolgreiche Erfindung nur nachahmen.

Letztendlich besteht die Aufgabe von gewerblichen Schutzrechten also darin, für juristische Einzelpersonen oder Unternehmen vorteilhafte Positionen mittelfristig zu sichern, die sie im konkurrierenden Wirtschaftsleben erworben haben. Der gewerbliche Rechtsschutz legt die Spielregeln fest, nach denen diese Positionen gewonnen und verteidigt werden können.

Nicht nur der gezielte Einsatz von Forschung und Entwicklung, sondern auch der strategische Einsatz von gewerblichen Schutzrechten ist maßgeblich für den Erfolg gerade von kleineren und mittleren Unternehmen. Das im Rahmen der zunehmenden Globalisierung zu verzeichnende internationale Agieren der Unternehmen erfordert um so mehr die schutzrechtsseitige Absicherung eigener Entwicklungen.

Sehr häufig machen vorhandene Schutzrechte kleinere Unternehmen auch für Kooperationen mit internationalen Konzernen interessant und erweitern damit erheblich die eigenen Marktchancen. Sie signalisieren, daß man auf dem betreffenden Gebiet arbeitet und über entsprechendes Know-How verfügt, dokumentieren die wirtschaftsnahe Tätigkeit und vor allem auch die innovative Kraft und Stärke eines Unternehmens. Der wirtschaftliche Erfolg von Start-Up-Unternehmen hängt häufig ausschließlich von der schutzrechtsseitigen Absicherung ab.

Die im Rahmen eines Entwicklungsprozesses erarbeitete Lösung, basierend auf einer technisch-kreativen Idee, kann von erheblichem finanziellen Wert sein. Einzig deren schutzrechtsseitige Absicherung bietet also letztlich die Chance, die Erfindung allein verwerten zu können. Es gibt dabei eine Anzahl unterschiedlichster Schutzrechtsformen, die sich signifikant unterscheiden und jeweils einen unterschiedlichen Schutzumfang bieten.

Welche spezielle Schutzrechtsform für welche konkrete Entwicklung am besten geeignet ist, hängt ganz maßgeblich von der Spezifik und Art dieser Entwicklung ab.

In den nachfolgenden Abschnitten sollen die unterschiedlichen Formen der gewerblichen Schutzrechte und deren sinnvolle Anwendungen und Einsatzmöglichkeiten näher beleuchtet werden.

6.1 Arten des gewerblichen Rechtschutzes in der BR Deutschland

6.1.1 Patentgesetz (PatG)

Das Patentgesetz bezieht sich ausschließlich auf technische Erfindungen. Es ist nicht anwendbar auf Entdeckungen, Tierarten und Anweisungen an den menschlichen Geist wie Pläne, Spiele, Regeln, Computerprogramme ohne direkten Hardwarebezug etc. Die Anmeldung von Erfindungen erfolgt beim Deutschen Patentamt und gilt beim Vorliegen der materiell-rechtlichen Voraussetzungen (Neuheit, erfinderische Tätigkeit, gewerbliche Verwert- bzw. Anwendbarkeit) ab Anmeldetag maximal 20 Jahre, wobei eine jährliche kostenpflichtige Verlängerung notwendig ist. Die jährlichen Kosten der Aufrechterhaltung wachsen mit der Laufzeit des Patents. Im Gegensatz zum Gebrauchsmustergesetz erfolgt vor der Erteilung des Patents - und der damit verbundenen Entstehung des Rechts - eine explizite Prüfung der materiell-rechtlichen Voraussetzungen. Innerhalb von drei Monaten nach der Erteilung und Veröffentlichung des Patents kann gegen den Erteilungsbeschluß Einspruch erhoben werden. Wird die Einspruchsfrist versäumt, kann das Patent lediglich durch eine relativ kostenintensive Nichtigkeitsklage beim Bundespatentgericht vernichtet werden. Die Prioritätsfrist (vgl. Kapitel 10) beträgt 12 Monate.

Hinweise auf das bestehende Recht sind beispielsweise:

- DBP,
- Deutsches Bundespatent,
- Patent-Nr. xxx,
- patentiert,
- ges. gesch.

Im Zusammenhang mit dem PatG sind die aus dem Arbeitnehmererfindergesetz (§ 5) abzuleitenden Regularien zu beachten. Zusatzpatente dürfen nur innerhalb von 18 Monaten nach dem Anmeldetag der Ursprungsanmeldung eingereicht werden.

Neben dem Patentgesetz in seiner aktuell gültigen Form (veröffentlicht: BGBI I 1265; PMZ 90, 266) sind weiterhin die nachfolgend aufgeführten Gesetze und Vereinbarungen von Bedeutung:

* Erstreckungsgesetz - ErstrG
  Das Erstreckungsgesetz bezieht sich auf die vor dem 3.10.1990 in der BRD und der DDR begründeten Schutzrechte. Damit wird Bundesrecht auf alle Schutzrechte angewendet (veröffentlicht: PMZ 92.202).
* Gesetz zur Stärkung des Schutzes des geistigen Eigentums und zur Bekämpfung der Produktpiraterie - PrPG
  Das Gesetz ist wirksam bei Verletzung von Patenten, Gebrauchsmustern, Topographien, Sorten und Warenzeichen (veröffentlicht: BGBI I 90, 422; PMZ 90, 161).
* Europäisches Patentübereinkommen - EPÜ
  Das EPÜ bezieht sich auf die Einreichung und Veröffentlichung von Europäischen Patenten. Dementsprechend sind in Analogie zum deutschen Patentrecht die Formen "Offenlegung" und "Erteiltes Patent" möglich (veröffentlicht: IntPatÜG: 21.06.1976, BGBI II 649; PMZ 76, 246 bzw. EPÜ: GRUR Int. 74, 79; PMZ 76, 272).
* Patent Cooperate Treaty - PCT
  Das PCT bezieht sich auf die Einreichung und Veröffentlichung von internationalen Patent*anmeldungen*. Eine entsprechende Anmeldung hat für alle Mitgliedsländer des PCT Wirkung (veröffentlicht: PCT: GRUR Int. 71, 146; PMZ 76, 264 bzw. IntPatÜG: 21.06.1976, BGBI II 649; PMZ 76, 246).

6.1.2   Gebrauchsmustergesetz (GbmG)

Das Gebrauchsmustergesetz bezieht sich - wie das PatG auch - auf technische Erfindungen. Es ist nicht anwendbar auf Verfahren, Entdeckungen, Tierarten und Anweisungen an den menschlichen Geist (vgl. PatG). Die Anmeldung von Gebrauchsmustern erfolgt beim Deutschen Patentamt. Die materiell-rechtlichen Voraussetzungen sind denen des PatG im wesentlichen gleichzusetzen. Die Laufzeit von Gebrauchsmustern beträgt insgesamt 10 Jahre ab Anmeldetag, wobei eine kostenpflichtige Verlängerung in den Schritten von 3, 2 und 2 Jahren erfolgt. Beim Gebrauchsmuster erfolgt keine Erteilung, die mit der Prüfung der materiell-rechtlichen Voraussetzung verbunden wäre. Das Recht entsteht unmittelbar nach Anmeldung und Eintragung in die Gebrauchsmusterrolle. Ein Einspruch gegen Gebrauchsmuster ist nicht möglich, die Vernichtung des Schutzrechtes erfolgt durch einen begründeten Antrag auf Löschung beim Deutschen Patentamt. Die Prioritätsfrist beträgt wie beim PatG (vgl. Kapitel 10) 12 Monate. Hinweise auf das bestehende Recht sind beispielsweise:

- DGM,
- DBGM,
- Gebrauchsmusterschutz,
- Musterschutz,
- geschütztes Muster.

Im Zusammenhang mit dem GbmG sind die aus dem Arbeitnehmererfindergesetz (§ 5) abzuleitenden Regularien zu beachten. Beim Gebrauchsmusterschutz sind Abzweigungen aus Patentanmeldungen möglich. Desweiteren gilt eine 6-monatige Ausstellungspriorität und Neuheitsschonfrist.
Neben dem Gebrauchsmustergesetz in seiner gültigen Form vom 1.7.1990 (veröffentlicht: BGBl I 90, 422; PMZ 90, 161) sind weiterhin die nachfolgend aufgeführten Gesetze von Bedeutung:

*   Erstreckungsgesetz - ErstrG
  Das Erstreckungsgesetz bezieht sich auf die vor dem 3.10.1990 in der BRD und der DDR begründeten Schutzrechte. Damit wird Bundesrecht auf alle Schutzrechte angewendet (veröffentlicht: PMZ 92.202).
*   Gesetz zur Stärkung des Schutzes des geistigen Eigentums und zur Bekämpfung der Produktpiraterie - PrPG
  Das Gesetz ist wirksam bei Verletzung von Patenten, Gebrauchsmustern, Topographien, Sorten und Warenzeichen (veröffentlicht: BGBl I 90, 422; PMZ 90, 161).

6.1.3   Halbleiterschutzgesetz (HalblSchG)

Im Gegensatz zum PatG / GbmG bezieht sich das HalblSchG auf bestimmte Topographien von Halbleitern (Mikrochips) oder Teile von solchen, ferner auf die Darstellung(en) zur Herstellung von Topographien.
Es ist nicht anwendbar auf Funktionen und technische Merkmale von Halbleitern. Die Anmeldung erfolgt beim Deutschen Patentamt. Die Gültigkeit

beträgt 10 Jahre ab Anmeldetag oder dem Tag der ersten Verwertung (sofern dieser früher liegt). Eine Prüfung auf materiell-rechtliche Voraussetzungen erfolgt nicht. Die Entstehung des Rechts begründet sich durch die Anmeldung beim Patentamt oder durch eine geschäftliche Verwertung, wenn innerhalb der darauffolgenden zwei Jahre eine Anmeldung vorgenommen wird. Die Vernichtung des Schutzrechts kann nur durch einen Antrag auf Löschung beim Deutschen Patentamt erreicht werden.

Hinweise auf das bestehende Recht sind beispielsweise:

- (T),
- Halbleiterschutz.

Das HalblSchG setzt eine Neuheit bezüglich der Entstehung des Rechts nicht voraus. Gleichzeitig fällt das sogenannte "reverse engineering" nicht in den Schutzbereich. Das Schutzrecht bezieht sich ausschließlich auf die geometrische Ausführung / Anordnung. Ein "gutgläubiger Erwerb" ist grundsätzlich von der Schutzwirkung ausgenommen (veröffentlicht: BGBl I 87, 2361; PMZ 87, 366).

Relevante Aussagen werden auch im PatG getroffen.

6.1.4   Sortenschutzgesetz (SortG)

Das Sortenschutzgesetz bezieht sich ausschließlich auf Pflanzensorten. Es ist nicht anwendbar auf Arten, die nicht im Artenverzeichnis zum SortenSchG enthalten sind. In diesem Falle ist jedoch ein Patentschutz möglich. Die Anmeldung erfolgt beim Bundessortenamt und gilt beim Vorliegen der materiell-rechtlichen Voraussetzungen (Neuheit, hinreichend homogen, beständig, unterscheidbar, Angabe einer Sortenbezeichnung) ab Erteilung 20 ... 25 Jahre (artenabhängig). Die Entstehung des Rechts erfolgt durch Anmeldung und Erteilung des Sortenschutzes, wobei eine materiell-rechtliche Prüfung erfolgt. Innerhalb von 3 Monaten nach Bekanntmachung des Sortenschutzes kann Einspruch erhoben werden. Wird die Einspruchsfrist versäumt, kann der Schutz durch einen begründeten Antrag auf Nichtigkeit beim Bundessortenamt oder durch Antrag auf Löschung bei einem ordentlichen Gericht aufgehoben werden. Die Prioritätsfrist beträgt 12 Monate.

Hinweise auf das bestehende Recht sind beispielsweise:

- (S),
- Sortenschutz,
- ges. gesch.

Das Bundessortenamt erkennt die Prüfung durch Ämter einiger anderer Länder an. Relevante Aussagen werden auch im PrPG getroffen.

6.1.5   Warenzeichengesetz (WZG)

Das Warenzeichengesetz bezieht sich auf Marken zur Unterscheidung einer Ware oder Dienstleistung von anderen. Eine Ausschließung der Anwendbarkeit des WZG wird unter § 4 WZG gegeben. Beispielhaft seien hier nur genannt: Zahlen, Buchstaben, Beschaffenheit etc. Die Anmeldung eines Warenzeichens erfolgt beim Deutschen Patentamt und gilt beim Vorliegen der materiell-rechtlichen Voraussetzungen (z.B.: Unterscheidungskraft, nicht beschreibend, irreführend etc.) beliebig lange, wobei in Intervallen von 10 Jahren eine Verlängerung vorzunehmen ist. Die Entstehung des Rechts erfolgt durch die Anmeldung und Eintragung in die Warenzeichenrolle. Innerhalb von 3 Monaten nach Bekanntmachung kann gegen die Eintragung Widerspruch eingelegt werden. Wird die Einspruchsfrist versäumt, muß ein begründeter Antrag auf Löschung des Warenzeichens bei einem ordentlichen Gericht eingereicht werden. Die Prioritätsfrist beträgt 12 Monate. Hinweise auf das bestehende Recht sind beispielsweise:

- ... - nach DIN
- DBWZ
- WZ
- Schutzmarke
- eingetr. Warenzeichen

Dem Inhaber des Warenzeichens ist ein Benutzungszwang innerhalb der letzten 5 Jahre auferlegt. Voraussetzung für die Erteilung ist ein Benutzungswille (veröffentlicht: BGBl I 25; PMZ 79, 33). Relevante Aussagen werden auch im PrPG getroffen.

6.1.6   Geschmacksmustergesetz (GeschmMG)

Mit einem Geschmacksmuster werden Designs, Farb- und Formgestaltungen zwei- oder dreidimensionaler gewerblicher Erzeugnisse geschützt, die geeignet sind, den visuell wahrnehmbaren optischen Formensinn des Menschen anzuregen. Das Geschmacksmuster schützt die "schöne Form", während das Gebrauchsmuster die "nützliche Form" schützt. Nicht schutzfähig sind z.B. Verfahren und Produkte der Natur.
Formal bestehen die materiell-rechtlichen Voraussetzungen zur Anerkennung eines Geschmacksmusters, die jedoch nicht geprüft werden, in Punkten wie: Neuheit, Reproduzierbarkeit, ästhetische Wirkung, schöpferische Eigenart, die von der Funktion unabhängig ist etc.
Die Anmeldung des Geschmacksmusters erfolgt beim Deutschen Patentamt und gilt 20 Jahre ab Anmeldetag, wobei der Verlängerungsturnus jeweils 5 Jahre beträgt.

Die Entstehung des Rechts erfolgt durch eine einfache Anmeldung eines Musters oder Modells. Das Geschmacksmuster kann nur durch einen Antrag auf Löschung beim Deutschen Patentamt aufgehoben werden. Die Prioritätsfrist beträgt 6 Monate.
Hinweise auf das bestehende Recht sind beispielsweise:

- Geschmacksmusterschutz,
- geschütztes Muster.

Beim Geschmacksmuster gilt der relative Neuheitsbegriff. Danach ist ein Muster neu, wenn es den inländischen Fachkreisen zum Zeitpunkt der Anmeldung nicht bekannt ist. Ausnahmen davon bestehen in einer 6-monatigen Neuheitsschonfrist und Ausstellungspriorität. Der Anmeldetag des Geschmacksmusters wird erst bei hergestellter Mängelfreiheit vergeben. Mängel können sein:

- Fehlen der Musterdarstellung,
- Überschreitung der Dimensionsbeschränkungen,
- Fehlen der Unterschrift,
- etc.

Die Anmeldung wird im Geschmacksmusterblatt bekanntgemacht. Es können bis zu 50 Muster oder Modelle einer Warenklasse in einer Sammelanmeldung zusammengefaßt werden (veröffentlicht: BGBl I 86, 2501; PMZ 87, 46). Relevante Aussagen werden auch im PrPG getroffen.

6.1.7   Urheberrecht (UrhG)

Mit dem Urheberrecht werden schöngeistige Schöpfungen wie Literatur, Musik, Kunst etc. geschützt. Ferner sind aber auch wissenschaftliche und andere geistige Leistungen wie z.B. Computerprogramme durch das Urheberrecht geschützt (Softwarepiraterie!). Die Entstehung des Rechts erfolgt automatisch mit der Entstehung des Werkes, wobei nicht konkret ausgeführte Ideen und amtliche Produkte ausgenommen sind. Einer gesonderten Anmeldung des Urheberrechts bedarf es nicht. Das Recht besteht bis zu 70 Jahre nach dem Tod des Urhebers.
Hinweise auf das bestehende Recht sind beispielsweise:

- ... - nach DIN,
- urheberrechtl. gesch.,
- ges. gesch.

6.2   Funktion der Patentliteratur

Definitionsgemäß wird unter "Patentliteratur" der Oberbegriff für Gebrauchs-
muster-, Offenlegungs- und Patentschriften (auf den Unterschied zwischen
Offenlegungs- und Patentschriften wird später noch ausführlich eingegan-
gen) verstanden. Wie in den Abschnitten 6.1 und 6.1.2 erläutert, stellen Ge-
brauchsmuster- und Patentschriften eine bestimmte Form des gewerblichen
Rechtsschutzes dar. In Anwendung der jeweiligen nationalen Patent- und
Gebrauchsmustergesetzgebung gibt das jeweilige Patentamt Patent- oder
Gebrauchsmusterschriften heraus, die der Öffentlichkeit zugänglich sind.
Grundsätzlich besitzt die Patentliteratur eine Doppelfunktion. Einerseits offenbart sie neue technische Gedanken und Sachverhalte und beschreibt diese in Form von technisch prägnanter Literatur. Andererseits treten mit der
Veröffentlichung und dem Hinweis auf eine Patenterteilung im Patentblatt
die rechtlichen Schutzwirkungen nach dem Patentgesetz ein. Danach wird
dem Patentinhaber ein Monopol für die patentierte Sache gewährt. Untersuchungen haben gezeigt, daß ca. 94 % aller veröffentlichten Schutzrechte
gänzlich ohne realen Schutz existieren: So sind etwa 92 % abgelaufen, zurückgewiesen, widerrufen oder nicht verlängert worden. Weitere 2 % sollen
in Kraft, aber nicht rechtsbeständig sein und sage und schreibe ganze 6 %
sind in Kraft und rechtsbeständig.

Unter den genannten Aspekten ist eine Auseinandersetzung mit der aktuellen Patentliteratur - wenn auch mit unterschiedlicher Zielstellung - für das
kommerzielle Managment, für die Patentabteilung, die Patentingenieure
sowie für die Entwicklungsingenieure eminent wichtig. Während für den
Entwicklungsingenieur vorrangig die technischen Informationen von Interesse sind, überwiegt beim Managment der Informationsbedarf hinsichtlich
Patentrechtslage, d.h. der Notwendigkeit auf Lizenzeinigungen, -erwerb für
die eigene Produktpalette oder eine durch Patente erreichte bzw. zu erreichende Monopolstellung.

Dem Anspruch, in Wissenschaft und Technik neue Erkenntnisse vermittelt
zu bekommen, werden in erster Linie Patentinformationen gerecht. Weltweit gibt es gegenwärtig rund 40 Millionen Patente, die etwa 15 Millionen
unterschiedlichster Erfindungen betreffen. Die jährliche Zuwachsrate beträgt gegenwärtig zwischen 1,0 ... 1,4 Millionen.

Von den in Schutzrechten offenbarten wissenschaftlich-technischen Erkenntnissen werden im Durchschnitt maximal 20 % ein weiteres Mal auch in
anderen Literaturquellen wie Büchern, Zeitschriften etc. veröffentlicht.

Das heißt natürlich mit anderen Worten, daß eine Nichtbeachtung von Patentinformationen bis zu 80 % des relevanten Erkenntnisstandes für die eigene
Entwicklung unberücksichtigt läßt. Gleichzeitig stellen die Schutzrechte die
umfangreichste und aussagekräftigste Literaturgattung für einen Vergleich

zwischen dem eigenen und dem internationalen Erkenntnisstand im Rahmen der Produktentwicklung dar. Des weiteren geben die Patent- und Gebrauchsmusterschriften den Erfindungsgedanken und die erfinderische Lösung aufgrund des gesetzlichen Veröffentlichungszwanges bereits zu einem sehr frühen Zeitpunkt der Allgemeinheit bekannt. Bedeutsame Erfindungen, die bestimmte Produkte oder / und Produktbereiche grundsätzlich revolutionieren, kündigen sich in aller Regel sehr frühzeitig in der Patentliteratur an. Es ist damit sonnenklar, daß in der Patentliteratur ein grundsätzliches Innovationspotential zu finden ist. Dieses Potential zu nutzen liegt im Interesse des Entwicklers, der für seine eigene Arbeit wertvolle Anregungen aufnehmen kann, und es ist auch Aufgabe des Managements, perspektivische und gewinnbringende Marktchancen zu erkennen und diese konsequent zu nutzen.

6.3   Arten der Patentliteratur

Prinzipiell läßt sich die Patentliteratur in eine primäre und sekundäre Komponente teilen. Unter primärer Patentliteratur wird allgemein die Summe der Schutzrechtsliteratur verstanden, in der jeweils die unter Schutz gestellte Sache vollständig (mit Worten und Figuren) beschrieben und der volle Schutzumfang angegeben ist. Im einzelnen sind das demnach Patente und Gebrauchsmuster.

* Patente
  - Offenlegungsschriften   - nicht geprüft
  - Auslegeschriften   - geprüft
  - Patentschriften   - geprüft
* Gebrauchsmuster
  - Gebrauchsmusterschriften   - *meist* nicht geprüft

Vom gesamten Fundus dieser Literatur wird gut die erste Hälfte durch Offenlegungsschriften beansprucht. Der prozentuale Anteil der Auslegeschriften an der 2. Hälfte ist stetig im Abnehmen begriffen (da es diese Form von Schutzrechten in Deutschland nach dem Patentgesetz von 1981 nicht mehr gibt), die Zahl der Patent- und Gebrauchsmusterschriften hält sich in etwa die Waage.
Die sekundäre Form der Patentliteratur besteht dann in allen anderen Formen, die Informationen über Schutzrechte enthalten. In den nachfolgenden Abschnitten soll im einzelnen auf die Form und Inhalte der Patentliteratur eingegangen werden.

6.3.1   Deutsche Patentdokumente

Die Patentdokumente selbst sind natürlich die wesentlichsten Bestandteile, wenn wir von Patentliteratur sprechen. In der Bibliothek des Deutschen Patentamtes sind die nachfolgend aufgeführten Dokumentenarten vorhanden:

- Offenlegungsschriften: in numerischer, chronologischer und sachbezogener Ordnung
- Auslegeschriften: in numerischer und sachbezogener Ordnung
- Patentschriften: in numerischer, chronologischer und sachbezogener Ordnung
- Gebrauchsmuster: in numerischer, chronologischer und sachbezogener Ordnung
- Übersetzung der Patentansprüche europäischer Anmeldungen, wobei die Übersetzung der Ansprüche an die Originale angeheftet wird
- Übersetzung von internationalen (PCT-) Anmeldungen. Diese Anmeldungen, mit Bestimmung BRD erscheinen seit 1980 in der Nummernfolge der deutschen Offenlegungsschriften

6.3.2   Internationale Patentdokumente

In der Bibliothek des Deutschen Patentamts ist eine sehr große Anzahl von Offenlegungsschriften (bzw. Patentanmeldungen), Auslegeschriften, Patentschriften und Gebrauchsmustern unterschiedlicher Länder als Druckschrift oder in anderer Form (CD, Filmlochkarte, Mikrofilm oder -fiche) vorhanden. Dies betrifft im einzelnen die Länder:

- Ägypten	- Indien	- Rumänien
- Australien	- Italien	- Schweden
- Belgien	- Japan	- Slowakei
- Brasilien	- Kanada	- Staaten des ehem. Jugoslawien
- Bulgarien	- Korea	- Staaten d. ehem. Sowjetunion
- Dänemark	- Niederlande	- Tschechei
- Finnland	- Norwegen	- Ungarn
- Frankreich	- Österreich	- USA
- Großbritannien	- Polen	

Desweiteren sind die herausgegebenen Schriften der internationalen Patentämter

- Europäische Patentorganisation,
- Organisation Africaine de la Propiéreté Intellectuelle (OAPI),
- Weltorganisation für geistiges Eigentum (WIPO / OMPI)

in der Bibliothek des Deutschen Patentamtes zu finden.

6.3.3   Auszüge aus Schutzrechtsschriften

Eine sehr gut und effektiv zu handhabende Form der Patentliteratur sind die
Auszüge aus den Schutzrechtschriften. Sie werden durch den Wila Verlag
München (Adresse im Anhang) angeboten und erscheinen wöchentlich (ca.
1 Woche nach Erscheinen des entsprechenden Patentblattes). Inhaltlich begrenzen sich die ebenda enthaltenen Angaben auf die wesentlichen Informationen, wie:

-   bibliographische Angaben,
-   eine (selten auch mehrere) Figur(en),
-   Hauptanspruch oder Zusammenfassung (Abstract).

Erhältlich sind diese Hefte für die nachfolgend aufgeführten Schutzrechtsformen mit dem angegebenen Titel:

-   "Auszüge aus den Offenlegungsschriften",
-   "Auszüge aus den Patentschriften",
-   "Auszüge aus den Gebrauchsmustern",
-   "Auszüge aus den Europäischen Patentanmeldungen",
-   "Auszüge aus den Europäischen Patentschriften".

6.3.4   Erste amtliche Veröffentlichungen - Patentblätter

Deutsche Patentblätter
Das Patentblatt erscheint wöchentlich. Es gliedert sich folgendermaßen:

1. Teil: Patentanmeldungen (DE-OS) mit bibliographischen Angaben,
2. Teil: bekanntgemachte Patentanmeldungen nach § 30 PatG,
3. Teil: erteilte Patente (DE-PS) mit bibliographischen Angaben, fer-
           ner Rechercheergebnisse, Prüfungsanträge, Lizenzbereitschaft,
           Zurücknahmen, Nichtigkeit, Beschreibungen von Patenten etc.,
4. Teil: Gebrauchsmustereintragungen mit bibliographischen Angaben;
           ferner Verlängerung der Schutzdauer, Änderungen, Löschun-
           gen etc.,
5. Teil: europäische Anmeldungen und Patente mit Benennung der
           BRD,
6. Teil: internationale Anmeldungen (PCT) mit Bestimmung der BRD,
Anhang: nach Nummern geordnete Konkordanztabelle für die Teile
           1 bis 6.

Internationale Patentblätter

Die Veröffentlichungsblätter der nachgenannten Länder sind direkt im Patentamt vorhanden:

- Belgien:	"Recueil des Brevets d' Invention",
- Frankreich:	"Bulletin Officiel de la Propriété Industrielle",
- Großbritanien:	"Official Journal (Patents)",
- Niederlande:	"De industriele Eigendom",
- Österreich:	"Österreichisches Patentblatt",
- Schweiz:	"Schweizerisches Patent-, Muster- und Markenblatt",
- USA:	"Official Gazette" - Patent Section

Erfahrungen zeigen jedoch, daß die für die unterschiedlichen Sachgebiete veröffentlichten Patente dieser Länder in gleicher Weise in den Blättern der Europäischen oder Weltpatentorganisation zu finden sind:

* *Europäische Patentorganisation:* "Europäisches Patentblatt" (ab 1978). Enthält im Abschnitt I Angaben über "Veröffentlichte europäische Patentanmeldungen und internationale Anmeldungen", geordnet nach der Internationalen Patentklassifikation, PCT-Veröffentlichungsnummern, (europäischen) Veröffentlichungsnummern, Anmeldenummern, Namen der Anmelder und benannter Vertragsstaaten. Im Abschnitt II sind Angaben über erteilte Patente enthalten, geordnet nach der Internationalen Patentklassifikation, Namen der Patentinhaber und benannter Vertragsstaaten. Wöchentliche Erscheinungsweise.

    Dazu erscheint jährlich ein "Namensverzeichnis". Alphabetisch geordnet sind in Teil I unter den Namen der Anmelder die veröffentlichten Anmeldungen und in Teil II unter den Namen der Patentinhaber die veröffentlichten Patentschriften jeweils nach der Veröffentlichungsnummer aufgeführt. In einem Anhang erscheint eine "Liste der erteilten Patente", geordnet nach Veröffentlichungsnummern mit Angabe des Veröffentlichungstages und der Nummer des Europäischen Patentblattes.

* *Weltorganisation für geistiges Eigentum (WIPO / OMPI):* "PCT Gazette" (ab 1978). Erscheint vierzehntäglich. Enthält die Titelseiten (bibliographische Daten, Zusammenfassung, Zeichnung) der internationalen Anmeldungen nach dem Patentzusammenarbeitsvertrag, geordnet nach der Veröffentlichungsnummer. Ein Index gibt zu den fortlaufend aufgezählten Anmeldenummern die entsprechenden Veröffentlichungsnummern an. Ferner ist eine alphabetische Liste der Anmeldernamen mit den zugehörigen Veröffentlichungsnummern aufgeführt. Außerdem sind die Anmeldungen innerhalb der Internationalen Patentklassifikation geordnet nach den Veröffentlichungsnummern aufgezählt.

6.3.5 Informationen aus der Patent- und Gebrauchsmusterrolle

Die *Patentrolle* enthält alle wesentlichen Angaben zu den deutschen Patentoffenlegungen und erteilten Patenten und ist in der Auslegehalle des Patentamts (bzw. über einen Rechnerzugriff) der Öffentlichkeit zugänglich:

- OS- bzw. Patent-Nummer,
- Bezeichnung der Anmeldung bzw. des Patents; Klasse und Gruppe,
- Angaben zum Anmelder bzw. Patentinhaber und zum Vertreter des ausländischen Anmelders bzw. Patentinhabers,
- Anmeldetag,
- beanspruchte Priorität oder Ausstellungspriorität,
- Teilung des Patents (§ 60 PatG),
- Ablauf des Patents,
- Erlöschen des Patents (§ 20 Abs. 1 PatG),
- Anordnung der Beschränkung (§64 PatG),
- Widerruf, Nichtigerklärung und Zurücknahme des Patents,
- Erhebung eines Einspruchs und einer Nichtigkeitsklage,
- Angaben zum Erfinder (§ 63 Abs. 1 PatG),
- Lizenzbereitschaftserklärungen (§ 23 Abs. 1 PatG),
- Generallizenzvermerke (§ 34 PatG), und deren Löschung.

Darüber hinaus sind im Rahmen der Patentrolle Angaben zum Verfahrensstand, wie z.B.:
- Offenlegung der Anmeldung und deren Widerruf, Teilung der Anmeldung (§ 39 PatG),
- Stellung eines Rechercheantrages und Mitteilung der ermittelten Druckschriften,
- Stellung eines Prüfungsantrages,
- Zurückweisung der Anmeldung (§ 48 PatG),
- Erledigung der Patentanmeldung durch Rücknahmeerklärung,
- Aussetzung des Verfahrens,
- Patenterteilung und Ablauf der Einspruchsfrist ohne Erhebung eines Einspruchs,
- Entscheidung über den Widerruf oder über die unveränderte oder beschränkte Aufrechterhaltung des Patents (§§ 21, 61 PatG),
- Beschwerde gegen Beschlüsse über Erteilung, Widerruf oder Aufrechterhaltung des Patents,
- Teilnichtigkeitserklärung,
- Rücknahme oder Zurückweisung der Nichtigkeitsklage, Beschränkungsantrag und dessen Zurückweisung oder Zurücknahme,
- Beschwerden gegen Beschlüsse im Beschränkungsverfahren,
- etc.
verfügbar.

Ähnlich wie in der Patentrolle sind auch in der *Gebrauchsmusterrolle* die wesentlichen Angaben zu den am deutschen Patentamt eingetragenen Schutzrechten (hier: Gebrauchsmuster) enthalten:

- Klasse und Gruppe,
- Angaben zum Inhaber und zum Vertreter des ausländischen Inhabers,
- beanspruchte Unionspriorität oder Ausstellungspriorität,
- Tag der Anmeldung,
- Tag der Eintragung,
- Verlängerungsvermerk,
- Löschungsvermerk mit Löschungsgrund,
- etc.

6.4   Die internationale Klassifikation der Patente

Zur Handhabung der Vielzahl von Patentschriften ist ein strukturiertes Ordnungssystem eine unabdingbare Voraussetzung. In einem solchen Ordnungssystem werden vorgegebene Sachgebiete in sich gegenseitig ausschließende Klassen unterteilt, die wiederum unterteilt sind usw. Jede Unterteilungsebene bildet eine Hierarchiestufe, der Aufbau läßt sich - vereinfachend betrachtet - mit einer Baumstruktur vergleichen: Die oberste Hierarchieebene besteht im Baumstamm, die nächste Ebene ist ein beliebiger Ast, an dem sich in einer weiteren Ebene ein Zweig befindet. Beliebig fein strukturiert kommt man dann irgendwann zum Blatt. Dazwischen liegen demnach diverse Hierarchieebenen, die rückwärts miteinander in Verbindung stehen, sich auf gleicher Ebene jedoch signifikant unterscheiden.
Ein solches Hierarchiesystem ist als Ordnungssystem für Patentschriften existent und wird als Patentklassifikation bezeichnet. Inzwischen ist an die Stelle einer Vielzahl von nationalen Klassifikationen die Internationale Patentklassifikation (IPC) getreten oder wird als Zweitklassifikation neben diesen verwendet.
Die IPC (**I**nternational **P**atent **C**lassification) wurde auf der Basis eines 1954 geschlossenen internationalen Abkommens in Zusammenarbeit der Patentämter gefunden und wird seit 1968 angewendet. Sie ist Gegenstand einer, der Weltorganisation für geistiges Eigentum (WIPO) angeschlossenen, internationalen Konvention und wird von dieser betreut. Die IPC unterliegt einer regelmäßigen 5-jährigen Revision, um dem Stand der technischen Entwicklung zu folgen. Als Sortierraster für die Patentliteratur ist die IPC auf allen Sektoren der Technik gültig und international verbindlich. Somit ist die Voraussetzung gegeben, daß z.B. die unterschiedlichen nationalen Patentämter die offengelegten Schriften untereinander zielgerichtet austauschen

können, ohne daß sich jeweils eine aufwendige Neuklassifizierung erforderlich macht.

Die Ziele und Aufgaben der Patentklassifikation bestehen vordergründig in den nachfolgenden Punkten:

- Einordnung und Gliederung der Patentliteratur nach technischen Sachgebieten bzw. Gesichtspunkten, um einen schnellen, sicheren und zielorientierten Zugriff zu ermöglichen,
- Vereinfachung der Recherchetätigkeiten,
- Vereinfachung der Zusammenstellung und Komplettierung des Prüfungsstoffes, Ermittlung des Standes der Technik für bestimmte Sachgebiete,
- selektive Verbreitung von Informationen an die Nutzer von Patentliteratur,
- Erarbeitung von Patentstatistiken zur Abschätzung von zukünftigen Innovationsschwerpunkten,
- etc.

Die gesamten technischen Inhalte der Patentliteratur sind nach dem Gliederungsraster der IPC in den Patentämtern geordnet abgelegt. Eine Grobübersicht der Klasseneinteilung der internationalen Patentklassifikation ist im Anhang angegeben. Der aktuelle IPC-Katalog ist kostenlos im Internet verfügbar (Zugriffsadresse ist im Anhang angegeben).

6.4.1 Systematischer Aufbau der IPC

Das Klassifikationssystem der IPC ist hierarchisch in absteigender Reihenfolge in Sektionen, Klassen, Unterklassen, Gruppen und Untergruppen gegliedert:

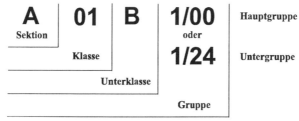

Abbildung 6.1:   *Klassifikationssystematik der IPC*

Im folgenden sollen die verwendeten Begriffe kurz erläutert werden:

* Sektion
Die Hauptebene in der Hierarchie wird durch die Sektionen gebildet. Jede Sektion wird durch einen der Großbuchstaben A ... H bezeichnet. Diesen

Buchstaben sind jeweils Titel zugeordnet, die einen Hinweis auf den Inhalt der Sektion geben:

A - TÄGLICHER LEBENSBEDARF
B - ARBEITSVERFAHREN; TRANSPORTIEREN
C - CHEMIE; HÜTTENWESEN
D - TEXTILIEN; PAPIER
E - BAUWESEN; ERDBOHREN; BERGBAU
F - MASCHINENBAU; BELEUCHTUNG; HEIZUNG; WAFFEN; SPRENGEN
G - PHYSIK
H - ELEKTROTECHNIK

Innerhalb der Sektionen sind nocheinmal bestimmte technische Sachgebiete als Untersektionen zusammengefaßt. Diese Untersektionen tauchen in den IPC-Unterlagen lediglich als informative Überschriften auf, sie besitzen keine eigenen Klassifikationssymbole. Untersektionen sind:

A - TÄGLICHER LEBENSBEDARF
  * Landwirtschaft
  * Lebensmittel; Tabak
  * Persönlicher Bedarf oder Haushaltsgegenstände
  * Gesundheitswesen; Vergnügungen
B - ARBEITSVERFAHREN; TRANSPORTIEREN
  * Trennen; Mischen
  * Formgebung
  * Drucken
  * Transportieren
C - CHEMIE; HÜTTENWESEN
  * Chemie
  * Hüttenwesen
D - TEXTILIEN; PAPIER
  * Textilien oder flexible Materialien, soweit nicht anderweitig vorgesehen
  * Papier
E - BAUWESEN; ERDBOHREN; BERGBAU
  * Bauwesen
  * Erdbohren; Bergbau
F - MASCHINENBAU; BELEUCHTUNG; HEIZUNG; WAFFEN; SPRENGEN
  * Kraftmaschinen und Arbeitsmaschinen
  * Maschinenbau allgemein
  * Beleuchtung; Heizung
  * Waffen; Sprengwesen

G - PHYSIK
     * Instrumente
     * Kernphysik
H - ELEKTROTECHNIK

Jede Sektion ist in Klassen unterteilt. Es ist dabei unerheblich, ob die Sektion Untersektionen enthält oder nicht.

Klasse

Eine Klasse umfaßt im Rahmen der Sektionen auf der nächsttieferen Hierarchieebene jeweils ein umfangreiches technisches Gebiet. Jede Klassenbezeichnug besteht aus der Sektionsbezeichnung, gefolgt von einer zweistelligen Zahl (vgl. Abbildung 6.2).
Sektion- und Klassenbezeichnungen beschreiben den Inhalt der Klasse, der für unser Beispiel lautet:

Landwirtschaft; Forstwirtschaft; Tierzucht; Jagen; Fallenstellen; Fischfang

Der Inhalt der Klasse besteht aus mehreren Gebieten, deren Eigenständigkeit durch die verwendung des Semikolons als Trennzeichen dargestellt wird.

Abbildung 6.2:   *Sektion und Klasse*

Unterklasse

Die Klassen umfassen wiederum eine oder mehrere Unterklassen, die durch die Sektions-, Klassen- und Unterklassenbezeichnung beschrieben wird (werden).

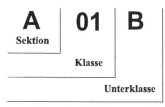

Abbildung 6.3:   *Sektion-, Klassen-, Unterklassenbezeichnung*

Die Unterklasse beschreibt im Rahmen der übergeordneten Klasse das konkrete technische Gebiet so genau wie möglich. Für unser Beispiel umfaßt die Unterklasse das Gebiet:

Bodenbearbeitung in Land- und Forstwirtschaft; Teile; Einzelheiten oder Zubehör von landwirtschaftlichen Maschinen oder Geräten allgemein

* Gruppe
Innerhalb der Unterklasse wurden die konkreten technischen Sachverhalte mittels Gruppen feiner unterteilt. Diese Gruppen können Hauptgruppen oder Untergruppen sein.
Die Gruppenbezeichnung besteht aus der vollständigen Unterklassen-bezeichnung, an die sich Zahlen anschließen, die durch einen Schrägstrich getrennt sind.

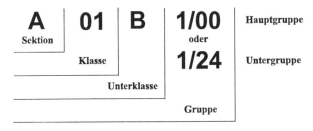

Abbildung 6.4:   *Vollständige Klassifikationsangabe*

* Hauptgruppe
Die Hauptgruppe umfaßt ein Sachgebiet, das z.B. bei Patentrecherchen als Grundlage dienen soll. Alle Hauptgruppen haben im Rahmen der Unter-klasse die gleiche Hierarchieebene. Eine Hauptgruppe enthält nach dem Schrägstrich grundsätzlich die Kennung "00".

* Untergruppe
Die Untergruppe ist die weitere Unterteilung der Hauptgruppe. Sie umfaßt ein Detailgebiet der Hauptgruppe. Die Stellung der Untergruppe in den Hierarchieebenen der Hauptgruppe wird durch Punkte vor den Titelüber-schriften und entsprechende Einrückungen (vgl. Beispiel im Abschnitt 8.4.2) in der Klassifikation ausgedrückt. Mit anderen Worten: Je weniger Punkte vor der Titelüberschrift stehen, um so höher steht dieser Sachverhalt in der Hierarchieebene der (Unter-) Gruppe. Prinzipiell ist der Untergruppentitel von der in der Hierarchieebene nächsthöheren Gruppe abhängig (inhaltlich) und durch diese eingegrenzt.
Die Kennzeichnung der Untergruppe erfolgt durch eine 1- bis 3-stellige Zahl, ausgenommen der "00", da diese ja die Hauptgruppe selbst kennzeichnet.
Nur die beiden ersten Stellen nach dem Schrägstrich sind für die Reihenfol-ge der Untergruppen ausschlaggebend. Alle weiteren Stellen dienen aus-

schließlich der Dezimalunterteilung der davorstehenden Ziffer, so wird z.B. 1/115 *nach* der Untergruppe 1/11 und *vor* der Untergruppe 1/12 eingeordnet. Genauso steht 9/0815 vor 9/082 und nach 9/0810.

6.4.2 Hierarchischer Aufbau der IPC

Die prinzipielle Hierarchie wurde im vorherstehenden Abschnitt schon kurz angerissen: Danach nimmt die Sektion die höchste Hierarchieebene ein, gefolgt von Klassen, Unterklassen, Hauptgruppen und Untergruppen.
Die Hierarchie zwischen den einzelnen Untergruppen bestimmt sich aus der Anzahl der Punkte, die vor der Titelüberschrift der jeweiligen Untergruppe stehen, nicht jedoch aus ihrer Bezifferung:

Sektion:	B	-	Arbeitsverfahren; Transportieren
Untersektion:			Transportieren
Klasse:	B 60	-	Fahrzeuge allgemein
Unterklasse:	B 60 R	-	Fahrzeuge, Fahrzeugausstattung oder Fahrzeugteile, soweit nicht anders vorgesehen
Hauptgruppe:	B 60 R 22/00	-	Sicherheitsgurte oder Sicherheitsgeschirre in Fahrzeugen
1-Punkt-Untergruppe:	B 60 R 22/34	-	. Gurtrückziehvorrichtungen, z.B. Aufroller
2-Punkt-Untergruppe:	B 60 R 22/36	-	. . selbsttätig sperrend bei Gefahr
3-Punkt-Untergruppe:	B 60 R 22/38	-	. . . auf die Gurtbewegung ansprechend

6.4.3   Querverweise in der IPC

Oftmals findet man hinter Klassen-, Unterklassen- oder Gruppentiteln einen Klammerhinweis. Die Hinweise sind in aller Regel am Ende des jeweiligen Titels angegeben. Sie beziehen sich dann auf alle hierarchisch untergeordneten Ordnungseinheiten. Verwiesen wird auf eine andere Stelle im Klassifikationssystem. Diese Querverweise können dabei die nachgenannten Funktionen haben:

*Beschränkung des Geltungsbereiches
Es wird ein Sachverhalt bezeichnet, auf den an anderer Stelle der IPC verwiesen wird. Letztlich wird damit aus dem Titel der Ordnungseinheit alles das ausgeschlossen, was Gegenstand der Summe der Querverweise ist.

Vorrangregel
Ist ein Sachverhalt an mehreren Stellen klassifizierbar, wird mit dem Querverweis angegeben, daß eine anderer Stelle den Vorrang hat.

Orientierung
Der Orientierungs-Querverweis gibt an, an welcher Stelle im Klassensystem verwandte Sachverhalte zu finden sind, die nicht vom Titel der Stelle umfaßt werden, an der der Querverweis erscheint.

6.4.4   Das Lesen der Klassifikationssymbole

Auf den Patent- oder Gebrauchsmusterschriften ist grundsätzlich die vollständige Notation der Klassifikationssymbole angegeben, z.B.

$$\textbf{B 60 G 17 / 00}$$

nach denen die Erfindung im Klassifikationssystem eingeordnet worden ist. Oftmals kommt es auch vor, daß auf der Schrift mehrere Notationen angegeben wurden. In diesen Fällen steht an erster Stelle grundsätzlich die wichtigste Notation.
Aus der Verschlüsselung der Sachgebiete in der (den) Notation(en) läßt sich insbesondere bei ausländischen Schriften (z.B. japanische,...) sehr schnell herausfinden, mit welcher Thematik sich die Schrift befaßt und ob sie für die eigene Arbeit eventuell interessant ist. Insbesondere bei einer sehr feinen Aufschlüsselung (Untergruppenzahl!) lassen sich schnell Informationen aus der Klassifikation gewinnen und sich von vornherein eventuell eine Übersetzung sparen.
Für eine gezielte Anwendung ist dazu jedoch die IPC - zumindest des interessierenden Arbeitsgebiets - notwendig (zu beziehen via Internet - kostenlos, Link im Anhang - oder über den Carl Heymann Verlag, Adresse im Anhang). Für jede der Sektionen A ... H ist ein solcher Band erhältlich.
Allerdings lassen sich zur Einordnung einer konkreten Patentschrift entsprechende Erklärungen und Aufschlüsselungen von Sektion, Klasse, Unterklasse, Gruppen usw. auch im Rahmen einer Internet-Recherche in Erfahrung bringen. Die Vorgehensweise hierzu ist im Detail im Abschnitt 6.6 erläutert.

6.5 Die Patentrecherche

Recherche ganz allgemein bedeutet zunächst nichts anderes als Nachforschung, Erkundung. Gleiches gilt natürlich auch für den Begriff Patentrecherche, wobei der grobe Gegenstand der Recherche im Wortzusammenhang selbst liegt: Er betrifft demnach also die Patentliteratur im allgemeinen.

Letztlich muß bei jeder Recherche natürlich ein Kompromiß zwischen getriebenem Aufwand und erzielbarem Ergebnis gefunden werden.

Die Besonderheit der Patentliteratur besteht letztendlich darin, daß aus ihr - wie weiter vorne bereits erläutert - nicht nur wissenschaftlich-technische, sondern durchaus auch wirtschaftliche und rechtliche Informationen direkt oder indirekt entnehmbar sind. Eine wesentliche Voraussetzung für eine erfolgreiche, effektive Patentrecherche besteht in der prinzipiellen Kenntnis des Klassifikationssystems und dessen grundlegendem Aufbau (vgl. Abschnitt 6.4), ferner in einer präzisen Formulierung der Rechercheaufgabe.

Das Rechercheergebnis besteht in der Auffindung und Benennung der der Rechercheaufgabe zuordenbaren Fakten aus der Patentliteratur (Stand der Technik, Erstreckungsbereich eines Schutzrechtes, Namen von Anmeldern, Namen der Inhaber, Priorität etc.). Das Rechercheergebnis selbst ist also "lediglich" als Materialsammlung bzw. -herausfilterung entsprechend der formulierten Suchbegriffe zu verstehen. Eine konkrete inhaltliche Bewertung dieses "Materials" muß sich dann anschließen, ist jedoch nicht unmittelbarer Bestandteil der Recherche.

Grundsätzlich kann die Durchführung einer Patentrecherche verschiedene Ziele verfolgen, die sich in den Recherchearten unmittelbar niederschlagen (zielorientiertes Vorgehen).

Patentrecherchen müssen die Entwicklungsaktivitäten immer begleiten, damit diese letztlich zu einem zählbaren Erfolg führen. Insofern müssen vor einer Entwicklung sogenannte Basisrecherchen erfolgen, die für die Produktplanung von Bedeutung sind. Dabei werden im Ergebnis der Rechercheauswertung Aussagen zur allgemeinen Technik und zur Konkurrenz erwartet.

Während der Entwicklung sind ständige Begleitrecherchen Inhalt einer effektiven Patentbeobachtung. Die Recherchen sind projektbezogen und auf den aktuellen Stand der Technik, konkrete Konstruktionen, ggf. auch auf verwendete Materialien gerichtet. Durch eine ständige Rückkopplung von Recherche- und Entwicklungsverlauf können Rechercheergebnisse auch direkt als Anregung zur Ideen- und Lösungsfindung bzgl. vorhandener Detailprobleme der laufenden Entwicklung verwendet werden.

Nachdem die Entwicklung weitgehend abgeschlossen ist, schließen sich Prüfrecherchen an, die letztendlich die Markteinführung absichern sollen. Dabei bestehen vorrangige Ziele der Recherche in der Bewertung von Punkten wie Neuheit, Schutzfähigkeit etc.

Grundsätzlich lassen sich die Namens- und Sachrecherche nach ihrem Wesen unterscheiden.

Die *Namensrecherche* wird bspw. bei einer bevorstehenden Unternehmensübernahme zur Abschätzung des einkaufbaren Know-How-Potentials durchgeführt und soll eine Antwort auf die Frage geben, welche Schutzrechte ein bestimmter Anmelder hinterlegt bzw. veröffentlicht hat.

Im folgenden soll jedoch vordergründig auf die Recherchen mit sachlichem Hintergrund eingegangen werden.

6.5.1   Arten der Sachrecherche

Die Sachrecherche behandelt inhaltliche Fragen des Schutzrechts, also technische Sachverhalte. Eine derartige Recherche kann im wesentlichen drei Hintergründe haben:

- Recherche zum Stand der Technik,
- Neuheitsrecherche,
- Verletzungsrecherche.

Die Sachrecherche wird in der Regel vor einer eigenen Anmeldung, einem Einspruch, einer Nichtigkeitsklage etc. vorgenommen und ist ein Bestandteil der Aufgabendefinition im Entwicklungsprozeß (Ermittlung des Standes der Technik) bzw. in der Phase der Aufgabenlösung (Neuheits-, Verletzungsrecherche).

Die Recherche kann abgebrochen werden, wenn man den Gegenstand der (geplanten) eigenen Anmeldung oder des störenden Schutzrechts als weitgehend vorbekannt oder ähnlich im Sinne von naheliegender Lösung ermittelt hat.

Recherche nach dem Stand der Technik

Der Ausgangspunkt einer solchen Recherche ist letztlich die Zielstellung der eigenen Entwicklungsaufgabe. Mit der Begründung des Standes der Technik wird der Ausgangspunkt für die eigene Entwicklung festgelegt, gleichzeitig werden aber auch Lösungsansätze gezeigt, die möglicherweise zur Erreichung des gleichen Ergebnisses führen. Zum einen können diese Lösungen positive Denkansätze für Weiterentwicklungen geben, zum anderen kann jedoch auch der Erkenntniseffekt eintreten, daß der eingeschlagene Lösungsweg bereits schutzrechtlich belegt ist. Die Ergebnisse einer Recherche nach dem Stand der Technik sind in aller Regel komplex und sehr umfangreich, da sie prinzipielle Möglichkeiten für die Lösung eines technischen Problems aufzeigen. In diesem Zusammenhang können wir also von einer problemorientierten Recherche sprechen.

Damit ist sofort klar, daß entsprechende Informationsquellen nicht nur in

der Patentliteratur zu suchen und zu finden sind. Es ist prinzipiell das gesamte Spektrum sachbezogener Informationsquellen zu erschließen.
Die bewerteten (technischen) Ergebnisse der Recherche nach dem Stand der Technik fließen unmittelbar in das Lasten- / Pflichtenheft ein.

Neuheitsrecherche
Die Zielstellung für eine Neuheitsrecherche besteht in der Ermittlung identischer oder ähnlicher technischer Lösungen für die vorliegende Problemstellung. Das Ergebnis dieser Recherche muß darauf ausgerichtet sein, die wesentlichen Merkmale der ermittelten technischen Lösung für diese Problemstellung herauszuarbeiten und sie im Vergleich zu einer zu beurteilenden (eigenen) Problemlösung als neuheitsschädlich (also vorbekannt) oder nicht neuheitsschädlich zu bewerten. In diesem Zusammenhang wird demnach das Vorliegen oder Nichtvorliegen der sachlichen Schutzvoraussetzungen für

- den Erwerb eigener Schutzrechte,
- die Einschränkung oder Aufhebung vorhandener (fremder) Schutzrechte

geprüft und beurteilt. Auch hier ist das gesamte Spektrum technischer Informationsquellen, ggf. auch die reale Ausführung vorhandener Produkte, in die Recherche einzubeziehen.

Verletzungsrecherche
Voraussetzung für die Durchführung einer Verletzungsrecherche ist das Vorliegen einer eigenen technischen Problemlösung oder das Wissen um die konkrete technische Ausführung kurz vor deren Fertigstellung.
Letztlich dient die Verletzungsrecherche dem Auffinden von Kollisionsgefahren eigener Problemlösungen mit bestehenden Schutzrechten Dritter.
Im Ergebnis der Verletzungsrecherche muß Klarheit darüber bestehen, inwieweit die sogenannte Rechtsmängelfreiheit bzw.Patentreinheit - auf die an späterer Stelle noch ausführlich eingegangen wird - gewährleistet ist. Desweiteren müssen eventuelle Abhängigkeitsverhältnisse zu einem odere mehreren anderen (fremden) Schutzrechten aufgezeigt werden.
Verletzungsrecherchen sind grundsätzlich nur auf Schutzrechte beschränkt. Neben der Ermittlung aller relevanten Schutzrechte, die Kollisionsgefahr (Identität oder starke inhaltliche Bezüge) in sich bergen, besteht ein vordergründiges Ziel der Verletzungsrecherche darin, zu ergründen, inwieweit die tatsächlich relevanten Schriften als Schutzrechte rechtswirksam sind (Ermittlung des Rechtsbestandes). Darüber hinaus ist letztlich der tatsächliche Schutzumfang (sachlicher Geltungsbereich) dieser Schriften aus den Patentansprüchen zu bestimmen, um so ggf. vorhandene Abgrenzungen zur eigenen Lösung finden zu können und festzuschreiben - am besten durch ein eigenes Schutzrecht.

6.5.2   Planung und Durchführung einer Sachrecherche

Für die erfolgreiche Durchführung einer (Sach-) Recherche ist ein systematisches Vorgehen grundlegende Voraussetzung. In diesem Sinne lassen sich drei Arbeitsschritte unterscheiden, die bei der Durchführung einer (Sach-) Recherche durchlaufen werden:

* Festschreibung der Rechercheaufgabe,
* Eingrenzung des Rechercheumfangs,
* Ermittlung und Zusammenstellung des relevanten Recherchematerials.

Für eine Nachvollziehbarkeit des Weges zum Rechercheergebnis (und zu dessen Begründung) hat es sich als zweckmäßig erwiesen, die jeweiligen Festlegungen zu den o.a. drei Arbeitsschritten schriftlich zu fixieren. Auf diese Weise ist u.a. auch gewährleistet, daß bei inhaltlich ähnlich gelagerten Recherchen vorliegende Ergebnisse herangezogen werden können.

Festschreibung der Rechercheaufgabe
Die Festschreibung der Rechercheaufgabe besteht wiederum aus zwei Schritten:
Im ersten Schritt muß formuliert werden, wozu die Informationen überhaupt gebraucht werden. Wenn die Recherche auf inhaltliche Fragen zu bestimmten Themengebieten Antworten geben soll, ist eine Sachrecherche durchzuführen, die gemäß Abschnitt 6.5.1 die verschiedenen Recharcharten

- Recherche nach dem Stand der Technik,
- Neuheitsrecherche,
- Verletzungsrecherche

beinhaltet. Hierbei sind natürlich auch Überdeckungen bei der Recherchedurchführung möglich. Im Gegensatz dazu sind möglicherweise auch Informationen zu bestimmten Anmeldern, deren Hauptaktivitäten in bestimmten Zeiträumen oder deren vorrangige fachliche Ausrichtung in der Anmeldetätigkeit von Interesse. In diesen Fällen wird eine Namens- oder eine bibliographische Recherche zum Erfolg führen.
Ein Informationsbedarf hinsichtlich Akzeptanz, Kaufverhalten, Wirtschaftlichkeit etc. ist jedoch mit einer Recherche dieser Art - das heißt mit einer Patentrecherche überhaupt - nicht zu decken.
Im zweiten Schritt ist bei der Festschreibung der Rechercheaufgabe zu konkretisieren, zu welchem technischen Sachverhalt die Recherche durchzuführen ist. Ganz allgemein gilt die Faustregel: Je unkonkreter der technische Sachverhalt angegeben ist, um so umfangreicher wird das Rechercheergebnis. Es lohnt sich also ganz zweifellos, einigen Aufwand zur Eingrenzung des technischen Sachverhaltes zu treiben, ihn so konkret und eng wie irgend machbar zu umreißen. Ziel dabei ist, soviel Information wie nötig, jedoch *nicht* soviel Information wie möglich, zu bekommen.
Hinsichtlich von Neuheits- und Verletzungsrecherchen ist es von eminenter

Bedeutung, die erfindungswesentlichen Merkmale vor Beginn der Recherche herauszuarbeiten und die Recherche auf diese zumindest im Recherchelauf eng zu begrenzen. Erreicht man nach diesem ersten Rechercheanlauf kein befriedigendes Rechercheergebnis, können diese eng definierten Merkmale etwas weiter gefaßt werden.

Eingrenzung des Rechercheumfangs

Sinnvollerweise sollte der Rechercheumfang von vornherein unter Berücksichtigung verschiedener Eingrenzungskriterien geplant werden. Üblicherweise bestehen diese in den nachfolgend genannten Punkten:

➲ *sachliche Kriterien*
Die Eingrenzung des Rechercheumfangs hinsichtlich sachlicher Kriterien beinhaltet die Zuordnung des zu recherchierenden technischen Sachverhalts zu den in Betracht kommenden Sektionen, Klassen, Unterklassen etc. der Patentklassifikation (IPC, vgl. Abschnitt 6.4 ff.).
Hierbei sollte im ersten Schritt versucht werden, eine möglichst feine Zuordnung vorzunehmen, die bei ausbleibendem Rechercheerfolg zunehmend vergröbert werden kann. So kann im ersten Schritt bspw. eine Zuordnung bis in die in Frage kommenden Untergruppen der IPC erfolgen und - abhängig vom Ergebnis - eine Ausdehnung auf andere und angrenzende Untergruppen oder / und Hauptgruppen vorgenommen werden.

➲ *zeitliche Kriterien*
Zeitliche Kriterien legen die retrospektive Ausdehnung der Recherche fest. Bei Recherchen nach dem Stand der Technik oder auch bei Neuheitsrecherchen ist diese retrospektive Ausdehnung weniger sicher einzugrenzen. Hierbei entscheidet das Wissen um den ungefähren Beginn von Anmeldetätigkeiten zum untersuchten technischen Sachverhalt.
Bei Verletzungsrecherchen kann der rückwirkende Zeitrahmen auf die maximale Laufzeit der Schutzrechte begrenzt werden. Hierbei ist zu berücksichtigen, daß diese Laufzeiten territorial differieren.

➲ *territoriale Kriterien*
Eine Eingrenzung des Rechercheumfanges nach territorialen Gesichtspunkten bedeutet nichts anderes, als die Beschränkung auf einen bestimmten Länderfundus. Diese Beschränkung hängt von der Beantwortung der nachfolgend genannten Fragestellungen ab:

   * In welchen Ländern beschäftigt man sich mit ähnlichen technischen Sachverhalten?
   * In welchen Ländern ist eine wirtschaftliche Verwertung bzw. eine technische Realisierung des zu recherchierenden technischen Sachverhaltes denkbar oder / und aussichtsreich?

Zum minimalen Umfang der Recherche sollten neben den deutschen und amerikanischen in jedem Fall die PCT- und europäischen Patentanmeldungen gehören. Die wesentlichen japanischen Anmeldungen und erteilten Patente sind in aller Regel (in Übersetzungen!) zumindest unter den PCT- und europäischen Anmeldungen zu finden.

Ermittlung und Zusammenstellung des relevanten Recherchematerials
Die Ermittlung und Zusammenstellung des relevanten Recherchematerials hängt natürlich ganz wesentlich davon ab, mit welchem Ziel die Recherche durchgeführt wurde.

   ➲ *Namensrecherche*
     Bei einer Namensrecherche, mit der die Anmeldetätigkeit eines bestimmten Anmelders (Unternehmens) in einem vorgegebenen Zeitrahmen analysiert werden soll, liegt die Vorgehensweise auf der Hand: Als Ausgangsdaten und Suchbegriff wird der entsprechende Name des Anmelders vorgegeben. Der Zugriff kann bspw. über die sogenannten Namensverzeichnisse erfolgen. Diese Verzeichnisse geben - hinsichtlich der Angaben zum Anmelder - jährlich, vierteljährlich bzw. wöchentlich die gleichen Informationen wieder, die auch in den Patentblättern zu finden sind. Das internationale Verzeichnis (INPADOC) enthält jeweils auf Mikrofiche oder CD die Anmelder- und Erfindernamensverzeichnisse für in- und ausländische Patentdokumente. Natürlich sind auch Einschränkungen hinsichtlich sachlicher Kriterien (Patentklassifikation) sowie zeitlicher und territorialer Kriterien möglich. Als Ergebnis ist die vollständige Liste aller Schutzrechte mit Angaben der wichtigsten bibliographischen Daten anzusehen.

   ➲ *Recherchen nach dem Stand der Technik sowie Neuheitsrecherchen*
     Nach der Eingrenzung des Rechercheumfangs sollte die Recherche nach dem Stand der Technik bzw. die Neuheitsrecherche mit den neuesten Schutzrechten beginnen und schrittweise retrospektiv ausgedehnt werden. Dabei sind die ermittelten Schriften in jedem Schritt soweit inhaltlich zu erschließen, daß beurteilt werden kann, inwieweit sie zur Lösung der formulierten Rechercheaufgabe relevant sind. Diese inhaltliche Beurteilung ist jeweils mit Angabe des Umfangs schriftlich zu fixieren, damit die Recherche zu jedem späteren Zeitpunkt nachvollziehbar ist.
     Der Abbruch der Recherche erfolgt sinnvollerweise dann, wenn das ermittelte Material

      *   vorzeitig als ausreichend erachtet wird, den Stand der Technik oder die Neuheitsschädlichkeit umfassend darzulegen   *oder*
      *   die zeitlichen oder / und territorialen Eingrenzungen erreicht hat.

Im letzteren Fall ist zu überlegen, inwieweit eine Neuformulierung der

Auftrag für eine Recherche

an das Rechercheinstitut: *(Bitte Adresse der Rückseite dieses Blattes entnehmen.)*

....

....

....

....

Sehr geehrte Damen und Herren,
hiermit bitten wir Sie eine Recherche zu folgendem Thema/Problem durchzuführen:

....

....

....

....

....

....

....

Folgende Schriften sind uns bereits bekannt:...

Bitte suchen Sie ( ) in der Patentliteratur, ( ) in der technischen / wirtsch. Fachliteratur
( ) Deutschlands ( ) International ( ) der USA ( ) Japans.

( ) Bitte benachrichtigen Sie uns, wenn die Kosten DM ....überschreiten.
( ) Bitte machen Sie uns zuvor einen Kostenvoranschlag.

Wir benötigen das Rechercheergebnis spätestens bis zum ....
Bitte senden Sie das Ergebnis ( ) per Brief ( ) per Fax ( ) per Eilzustellung ( ) per Kurier

an:
Name: .... Ansprechpartner: ....

Straße: .... Telefon: ....

PLZ / Ort: .... Fax: ....

Datum .... Unterschrift ....

Abbildung 6.5: *Rechercheauftrag*

zeitlichen / territorialen Eingrenzungen andere Rechercheergebnisse bringen kann.

➲ *Verletzungsrecherche*
Bei der Verletzungsrecherche muß der gesamte zeitlich eingegrenzte Rechercheumfang lückenlos abgearbeitet werden. Sinnvollerweise wird hierbei mit dem jüngsten (neuesten) Material begonnen. Maßgebend für die Prüfung auf Verletzung sind die Patentansprüche. Falls sich eine unmittelbare Verletzung aus den Ansprüchen der ermittelten Schrift(en) begründen läßt, muß im nächsten Schritt geprüft werden, inwieweit die Schutzrechte im patentrechtlichen Sinne wirksam sind, d.h. wie sich der Rechtsbestand konkret gestaltet (Blick in die Patentrolle!). Wird auch hier festgestellt, daß das entsprechende Schutzrecht wirksam ist, muß geprüft werden, wie weit sich der Schutzumfang dieser Patente konkret erstreckt.

Auch für diese Recherche ist eine schriftliche Dokumentation der einzelnen Rechercheschritte und -ergebnisse unabdingbar.

Hilfe bei der Durchführung der Recherche
Mit vorhandener Erfahrung kann man eine Recherche natürlich selbst durchführen. Hierbei ist es zweckmäßig, sich zunächst der Online-Hilfsmittel oder der Datenbanken auf CD-ROM zu bedienen (vgl. Abschnitt 6.6).

Für einen Laien in diesen Fragen bringt die Recherche mittels elektronischer Medien zwar zusätzlichen Erkenntnisgewinn, dennoch ist hier professionelle Hilfe unbedingt anzuraten. Diesbezüglich kann man sich bspw. an die Patentinformations- und Auslegestellen (Adressen im Anhang) mit einem Rechercheauftrag wenden. Ein Beispiel für solch einen Auftrag ist in Abbildung 6.5 angegeben.

6.6 Patentinformationen über elektronische Informationssysteme

Im voranstehenden Abschnitt wurde auf die Bedeutung von Patentrecherchen, deren Planung und Durchführung ausführlich eingegangen. Am inhaltlichen Gehalt dieser Aussagen hat sich seit der Erstellung der 1. Auflage dieses Buches natürlich nichts Fundamentales geändert.

Allerdings stehen heute flexibel einsetzbare und relativ einfach zu bedienende Hilfsmittel auf elektronischer Basis zur Verfügung, die zunächst durchaus geeignet sind, um sich ein allgemeines Bild zum Neuheitsgrad, zum Stand des technischen / technologischen Umfeldes, zur allgemeinen prinzipiellen Patentfähigkeit usw. zu verschaffen. – Ein allgemeines Bild wie gesagt, weil man im Ergebnis solcher Recherchen zunächst oft nur Namen und Begriffe erhält, die unter Umständen für unterschiedliche Patentanmeldungen gleich sind.

Die notwendigerweise nachzuschaltenden Detailrecherchen sind dann jedoch sehr zeit- und damit kostenaufwendig. Man sollte die zur Verfügung stehenden elektronischen Hilfsmittel (Datenbankangebote auf CD-ROM, Internet, externe Online-Datenbankangebote etc.) zwar umfassend nutzen, sie können aber häufig eine Detailrecherche in einer Patentauslegestelle zur Zeit noch nicht völlig ersetzen.

In aller Regel reicht es für Unternehmen, die vor dem Start eines eigenen Entwicklungsprojektes den diesbezüglichen Stand der Technik und die konkret relevante Schutzrechtssituation herauszufinden haben, nicht aus, Recherchen durchführen zu lassen, die lediglich auf dem Datenbankangebot basieren. Ein Grund hierfür liegt in der Problematik der Aktualität. Die Patentdatenbanken haben zwar wöchentliche oder tägliche Updatefristen, sie sind in der Regel dennoch nicht tages- oder wochenaktuell. Allgemein wird von Aktualitätsabständen zwischen 6 Wochen und 6 Monaten ausgegangen. Dies kann – insbesondere in den schnellebigen Hi-Tech-Bereichen – eine für die eigene Entwicklung tödlich lange Zeitspanne sein. Es sei an dieser Stelle erwähnt, daß auch Patentanwälte ihren Klienten gegenüber keinerlei Verantwortung für Recherchen übernehmen, die ausschließlich auf Datenbankinformationen beruhen. Die Absicherung entsprechender Ergebnisse erfolgt zusätzlich auf anderem Wege.

Eine diesbezügliche Änderung ist jedoch mittelfristig sicherlich zu erwarten und hängt vordringlich von der umfassenden Aufbereitung und Digitalisierung entsprechend relevanter Daten ab.

Im folgenden soll auf die wichtigsten elektronischen Medien und Zugriffsmöglichkeiten eingegangen werden, die als Quellen für Patentinformationen zweckmäßig und zielgerichtet eingesetzt werden können.

6.6.1 Datenbanken im Internet

Die zielgerichtete Nutzung der umfassenden und ständig wachsenden Möglichkeiten der globalen und nationalen Datennetze ist zweifellos auch im Rahmen von Recherchetätigkeiten zu gewerblichen Schutzrechten äußerst vorteilhaft und nützlich und wird rasant weiter an Bedeutung gewinnen. Neben dem Umfang der auf Wunsch weltweit zur Verfügung stehenden elektronischen Datenbasis spielt hierbei der „Access On Demand" – Zugriff von jedem beliebigen Ort, zu jeder beliebigen Zeit in beliebiger Länge – die herausragende Rolle.

Es wurde in Abschnitt 3 bereits auf die Wichtigkeit der Nutzung von Online-Datenbank Angeboten im Rahmen der systematischen Informationsbeschaffung im Entwicklungsprozess hingewiesen (vgl. auch Anhang: Datenbankangebote). Diese Angebote gehen teilweise jedoch sehr weit über das Sachgebiet der gewerblichen Schutzrechte hinaus und bieten neben Patentinformationen auch wissenschaftliche Veröffentlichungen, Artikel etc. Die nachfolgenden Betrachtungen sollen allerdings auf Patentinformationen fokussieren.

Patentdatenbanken können hauptsächlich drei Arten von Informationen vermitteln: Schutzrechtsinformationen, Technologieinformationen und aufbereitete Informationen aus Patentanalysen.

Demgemäß bezieht sich die typische Nutzung von Online-Patentdatenbanken auf die Rechercheinhalte:

- Recherche nach bibliografischen Daten,
  - Erfindernamen (Wer hat welche Patente angemeldet?),
  - Patentanmelder / -inhaber (Welche Firma hält welche Patente?),
  - Anmeldeaktenzeichen, Patentnummern, zitierte Literatur,
- Zusammenfassungen und / oder Patentansprüche,
- Recherche nach dem aktuellen Rechtsstand,
- Hinweise auf Rechtsmittel, Einsprüche,
- Recherche nach der Patentfamilie (Welche Erfindung ist die Basis für Patentanmeldungen in welchen Erstreckungsländern?),
- grafische Daten,
- Volltext.

Der Stand der Technik kann zwar aus Patenten nicht vollständig festgestellt werden, dessen ungeachtet werden für den eigenen Entwicklungsprozeß nützliche Informationen gewonnen, wenn eine Recherche auf Basis der International Patent Classification (IPC) sachgebietsbezogen vorgenommen wird. Weiterhin lassen sich die mittels Patentdatenbanken erschließbaren Informationen für

- Recherchen nach neuen Produkten und Verfahren,
- Trendanalysen (Technik, Technologie etc.),
- die Suche nach potentiellen Kooperationspartnern oder Lizenznehmern,
- Konkurrenzanalysen und auch
- Marktanalysen

vorteilhaft und effektiv nutzen. Die mit diesem Hintergrund durchführbaren systematischen Patentanalysen sind speziell für Unternehmensbereiche wie Marketing, Produktplanung, strategische Unternehmensplanung und natürlich für die Unternehmensleitung selbst von herausragender Bedeutung. Mittlerweile gibt es bereits eine große Anzahl von Anbietern, die Informationsleistungsangebote in Relation zu gewerblichen Schutzrechten mittels Online-Datenbanken im Internet offerieren (vgl. Anhang: Links zu Online Patentdatenbanken).

Im folgenden sollen einige spezifische Angebote näher beleuchtet werden.

Online-Patentdatenbanken
des FIZ-Karlsruhe und des STN-International
Das *Fachinformationszentrum Karlsruhe* ist seit jeher einer der renommiertesten Anbieter von Datenbanken im Internet. Mit 13 Patentdatenbanken sowie branchenbezogenen Schutzrechtsinformationen in vielen weiteren Fachdatenbanken (vgl. Auswahl im Anhang) ist dieses Angebot sicherlich eine der größten Informationsquellen für Nutzer von Online-Patentdatenbanken. Zum Bestand gehören ca. 20 Tausend Dokumente in deutscher und englischer Sprache, die bis ins Jahr 1963 zurückreichen. Teilweise sind Systematiken, Systemdarstellungen, Bilder und Grafiken online verfügbar.

Ein sehr zweckmäßig nutzbares Instrument für Patent-Rechercheure stellt das elektronische Werkzeug namens PATIPC dar. Dieses von der Weltorganisation für geistiges Eigentum (WIPO) und dem Deutschen Patent- und Markenamt (DPMA) über das FIZ publizierte Online-Werkzeug basiert auf der Ordnung der Schutzrechte nach der International Patent Classification (IPC). Die Patente werden über die IPC nach technischen Sachgebieten so klassifiziert, daß sich der interessierte Anwender anhand der IPC-Codes einen schnellen ersten Überblick über den Stand der Technik im jeweiligen Gebiet verschaffen kann. Damit ist zumindest ein erster Überblick über die eventuelle Verwertbarkeit einer eigenen Entwicklung für eine Patentanmeldung realisierbar.

Ferner agiert das FIZ Karlsruhe als Service Centre Europe der STN International (The Scientific & Technical Information Network) und dient damit als Plattform für diesen Host, über den eine Vielzahl weiterer Online-Datenbank Angebote verfügbar sind.

STN International wird als Netz vom Fachinformationszentrum Karlsruhe (FIZ, 1977), der American Chemical Society (CAS, 1907) und der Japan Science and Technology Corporation, Information Center for Science and Technology (JICST) gemeinsam betrieben. Die Servicezentren in Karlsruhe, Columbus (USA) und Tokio (Japan) sind über Glasfaser-Seekabel miteinander verbunden und bieten den Nutzern aus einer Palette von mehr als 220 Datenbanken (mehr als 360 Mio. Dokumente) wissenschaftliche, technische und Patentinformationen an.

Nach einer STN-Online-Recherche besteht die Möglichkeit, direkt auf gefundene vollständige Patentdokumente zuzugreifen und sie ggf. über den FIZ AutoDoc Service im Internet zu bestellen. Im Rahmen der Recherchen ist es möglich, in mehreren Datenbanken gleichzeitig (multifile searching) und datenbankübergreifend (cross-file searching) nach den gewünschten Informationen zu suchen. Sämtliche diesbezügliche Dienste und Serviceleistungen sind kostenpflichtig.

Die angebotenen Patentdatenbanken sind im einzelnen:

APIPAT

Sachgebiete:	Rohöl, Erdgas, korresponierende Felder
Datenbestand:	1964 bis gegenwärtig, wöchentliche Fortschreibung
Quellen:	Patentveröffentlichungen Europa, USA

CA / CAplus

Sachgebiete:	Angewandte Chemie und Verfahrenstechnik
Datenbestand:	1967 bis gegenwärtig, wöchentliche Fortschreibung
Quellen:	Patentveröffentlichungen aus 26 Ländern

DGENE

Sachgebiete:	Nukleinsäure- und Proteinsequenzen
Datenbestand:	1981 bis gegenwärtig, zweiwöchentliche Fortschreibung
Quellen:	Patentveröffentlichungen 40 Länder weltweit

DPCI

Sachgebiete:	alle patentrelevanten Technologiebereiche
Datenbestand:	1970 bis gegenwärtig, wöchentliche Fortschreibung
Quellen:	Patentveröffentlichungen von 16 Patentorganisationen

DRUGPAT

Sachgebiete:	pharmazeutische Produkte
Datenbestand:	1987 bis gegenwärtig, monatliche Fortschreibung
Quellen:	internationale Patentveröffentlichungen

EUROPAFULL

Sachgebiete:	alle Gebiete aus Wissenschaft und Technik – alle Klassen der IPC
Datenbestand:	1996 bis gegenwärtig, wöchentliche Fortschreibung
Quellen:	Veröffentlichungen des Europäischen Patentamts

IFICLAIMS

Sachgebiete:	technische Bereiche, Medizin, Chemie
Datenbestand:	1950 bis gegenwärtig, wöchentliche Fortschreibung
Quellen:	U.S. Patent and Trademark Office

INPADOC

Sachgebiete:	alle Gebiete aus Wissenschaft und Technik – alle Klassen der IPC
Datenbestand:	1968 bis gegenwärtig, wöchentliche Fortschreibung
Quellen:	internationale Patentveröffentlichungen

INPAMONITOR

Sachgebiete:	alle Gebiete aus Wissenschaft und Technik – alle Klassen der IPC

Datenbestand: jeweils gegenwärtigster 4-Wochen Bestand biblio-
                        grafischer Daten, wöchentlich Fortschreibung
Quellen: internationale Patentveröffentlichungen, Rechts-
                        stand von 18 Patentorganisationen

JAPIO
Sachgebiete: alle Gebiete aus Wissenschaft und Technik – alle
                        Klassen der IPC
Datenbestand: 1976 bis gegenwärtig, monatliche Fortschreibung
Quellen: Patent Abstracts aus Japan

MARPAT / MARPREV
Sachgebiete: Markush-Strukturen organischer und metallorga-
                        nischer Verbindungen
Datenbestand: 1988 bis gegenwärtig, zweiwöchentliche Fortschrei-
                        bung
Quellen: internationale Patentdokumente

PATDD
Sachgebiete: alle Gebiete aus Wissenschaft und Technik – alle
                        Klassen der IPC
Datenbestand: 1982 bis gegenwärtig, wöchentliche Fortschreibung
Quellen: Patentveröffentlichungen der früheren DDR

PATDPA
Sachgebiete: alle Gebiete aus Wissenschaft und Technik – alle
                        Klassen der IPC
Datenbestand: 1968 bis gegenwärtig, wöchentliche Fortschreibung
Quellen: Deutsche Patent- und Gebrauchsmusterveröffent-
                        lichungen, EP- und PCT-Schriften mit Bestimmung
                        BRD als Vertragsstaat

PATOSDE
Sachgebiete: alle Gebiete aus Wissenschaft und Technik – alle
                        Klassen der IPC
Datenbestand: 1968 bis gegenwärtig, wöchentliche Fortschreibung
Quellen: Deutsche Patentveröffentlichungen und Gebrauchs-
                        muster

PATOSEP
Sachgebiete: alle Gebiete aus Wissenschaft und Technik – alle
                        Klassen der IPC
Datenbestand: 1978 bis gegenwärtig, wöchentliche Fortschreibung
Quellen: Veröffentlichungen des Europäischen Patentamtes

PATOSWO
Sachgebiete: alle Gebiete aus Wissenschaft und Technik – alle
                        Klassen der IPC

Datenbestand: 1983 bis gegenwärtig, wöchentliche Fortschreibung
Quellen: veröffentlichte internationale Patentanmeldungen
                   (PCT-Anmeldungen) der Weltorganisation für gei-
                   stiges Eigentum (WIPO)

TULSA / TULSA2
Sachgebiete: alternative Brennstoffe, Erdölsuche, -förderung,
                   -produktion etc.
Datenbestand: 1965 bis gegenwärtig, wöchentliche Fortschreibung
Quellen: internationale Patentveröffentlichungen mit Bezug
                   zu den genannten Sachgebieten

USPATFULL
Sachgebiete: alle Gebiete aus Wissenschaft und Technik – alle
                   Klassen der IPC
Datenbestand: 1974 bis gegenwärtig, wöchentliche Fortschreibung
Quellen: U.S. Patente des U.S. Patent and Trademark Office

WPIDS / WPINDEX
Sachgebiete: alle Gebiete aus Wissenschaft und Technik – alle
                   Klassen der IPC
Datenbestand: 1963 bis gegenwärtig, wöchentliche Fortschreibung
Quellen: Patentveröffentlichungen aus 40 Ländern, dem Eu-
                   ropäischen Patentamt und der Weltorganisation für
                   Geistiges Eigentum

Die STN-Datenbankangebote können entgeltlich von jedem Ort aus genutzt werden. Paßwort und Nutzerunterlagen sind über das STN Servicezentrum Europa, Karlsruhe (Kontakt siehe Anhang), erhältlich. Die Hardwarebasisaustattung ist normalerweise unproblematisch und besteht in einem normal ausgestattetem PC mit Modem bzw. Internetanschluß.

Online-Patentdatenbanken
des Deutschen und des Europäischen Patentamts
Sowohl das Deutsche Patent- und Markenamt (PATDPA, PATDD) wie auch das Europäische Patentamt (INPADOC, INPAMONITOR) stellen eigenverantwortlich Patentdatenbanken her, die den Prüfern der Ämter und auch der Öffentlichkeit über den Host STN zugänglich sind. Zugriff und Nutzung ist über diesen Weg – wie bereits weiter vorn erwähnt – mit Kosten verbunden.
PATDPA umfaßt die in Deutschland wirksamen DE-, EP- und WO-Patentanmeldungen und DE-Gebrauchsmusterschriften ab dem Jahr 1968. Die Datenbank enthält laufend fortgeschriebene Bibliografie- und Rechtsstandsdaten, die Zusammenfassungen ab 1981, die Patentzeichnungen der ersten Seite ab 1983 und die Hauptansprüche erteilter Patente ab 1996. Es sind

sowohl die ermittelten Entgegenhaltungen *vor der Patentpublikation* als auch sämtliche *während des gesamten Verfahrens* im Deutschen Patentamt (auch im Einspruchsverfahren etc.) ermittelten Entgegenhaltungen kontinuierlich erfaßt und dokumentiert (ab 1994). Bei der wöchentlichen Aktualisierung stammen die deutschen Patentdokumente vom gleichen Tag, die europäischen Patentdokumente vom Vortag. Der Hauptanspruch der europäischen Patentanmeldung ist in deutscher Sprache verfaßt, ebenso der Abstract der WIPO- und europäischen Patentanmeldung, wenn die Anmeldung in Deutsch erfolgte. PATDD enthält die vom ehemaligen Patentamt der DDR bis zum 2. Oktober 1990 veröffentlichten Patentschriften.

INPADOC (International Patent Documenation Center) ist die weltweit umfassendste Patentdatenbank mit allen Gebieten der Naturwissenschaft und Technik, d.h. allen Klassen der Internationalen Patentklassifikation (IPC). Sie enthält die bibliografischen Daten und Patentfamiliendaten von Patent- und Gebrauchsmusterschriften von 67 Patentorganisationen, u.a. des Europäischen Patentamts und der Weltorganisation für Geistiges Eigentum (WIPO) sowie die Rechtsstandsdaten von 26 Patentorganisationen. Die Datenbank entspricht der INPADOC Patent Gazette und dem INPADOC Rechtsstandsdienst. Eine durchgängige Erfassung ist mit dem Jahr 1968 gegeben. Die Texte liegen in Originalsprache vor, der Rechtsstand zusätzlich in Englisch.

6.6.2 Kostenloser Zugang zu Patentinformationen im Internet - Beispiel

Eine sehr einfache und kostenlose Möglichkeit des Zugangs zu Patentinformationen besteht über direkte Links zu den Patentämtern, die ihre Dienstleistungsangebote im Internet präsentieren und allen Internet-Nutzern so ein großes Informationsangebot zur Verfügung stellen (Deutsches Patentamt: *http://www.deutsches-patentamt.de* bzw. Europäisches Patentamt: *http://www.european-patent-office.org).*
Beiträge aus den Fachbereichen der Ämter geben u.a. auch Informationen für Einsteiger. Sie zielen auf die Erleichterung des Zugangs aller von diesen Ämtern verwalteten Schutzrechte für eine breite interessierte Öffentlichkeit, insbesondere auch für Hochschulen. Es werden Formulare und Merkblätter zur Verfügung gestellt. Der direkte Zugang zu Daten von Patentdokumenten ist - wie bereits unterstrichen - kostenfrei möglich.
Das Deutsche Patent- und Markenamt bietet im Rahmen des Kooperationsprojektes *Esp@ceNet* zusammen mit dem Europäischen Patentamt und anderen nationalen Patentämtern der Europäischen Patentorganisation (EPO) seinen Nutzern die Möglichkeit, vollständige Patentpublikationen via Internet zu recherchieren.

Der auf dem deutschen Server DEPAnet verfügbare Dienst wendet sich vor allem an Erstnutzer von Patentinformationen, Bildungs- und wissenschaftliche Einrichtungen, ebenso an kleine und mittlere Unternehmen. Die Inbetriebnahme von DEPAnet erfolgte 1998. Es lassen sich Offenlegungsschriften (A1) und Patentschriften (C1), jeweils mit den bibliografischen Daten und die vollständigen Schriften in Original-Form recherchieren. Die Recherche kann dabei 8 unterschiedliche Kategorien der bibliografischen Angaben jeweils als Einzeldatenfeld betreffen: Veröffentlichungsnummer, Aktenzeichen, Prioritätskennzeichen, Veröffentlichungsdatum, Anmelder, Erfinder, Klassifikationssymbol (IPC) und Titel. Es besteht ferner die Möglichkeit, die Begriffe in den Suchfeldern mit den üblichen boolschen Operatoren zu verknüpfen. Die Ergebnisanzeige mit den gefundenen Dokumenten gestattet den Zugriff auf die vollständigen bibliografischen Daten, die Seiten der Dokumente sind in Faksimiledarstellung abrufbar. Der Datenbestand wird im wöchentlich Zyklus aktualisiert.

Der direkte Zugang zu DEPAnet erfolgt über die Zugangsadresse *http:// www.depanet.de*.

Allerdings – und dies ist ein gewichtiges Manko – stehen für eine Recherche lediglich die Patentdokumente aus den letzten 24 Monaten zur Verfügung. So ist es beispielsweise bei Nutzung des Direktzuganges zu DEPAnet nicht möglich, die in Abbildung 7.1 dargestellte Offenlegungsschrift DE 4202504 A1 (Anmeldetag: 30.01.1992) zu finden.

Es liegt auf der Hand, daß allein aus dem Grund der gegenwärtig geltenden Zeitbeschränkung von 24 Monaten DEPAnet nicht die professionelle Recherche bei Onlinediensten und in CD-ROM-Datenbanken ersetzen kann und darf.

Die zeitlichen Begrenzung läßt sich jedoch über die Wahl eines anderen Zugangspfades zu den gewünschten Informationen umgehen, sodaß ein wesentlich größeres Zeitfenster recherchierbar wird. Da dieser Weg ohnehin der aus Sicht der Autoren mehr Informationsfülle bietende und problemlos zu handhabende ist, soll nachfolgend exemplarisch und nachvollziehbar dargestellt werden, wie der potentielle Nutzer vorzugehen hat.

Verwendet wird dabei der Zugang zum bereits weiter vorn erwähnten *Esp@ceNet* über die Adresse des Europäischen Patentamtes. Mit *Esp@ceNet* können englischsprachige Zusammenfassungen von Patentdokumenten aus der ganzen Welt in den internen Datenbanken des Europäischen Patentamtes abgefragt werden. Ein großer Teil der Patentdokumente reicht bis in das Jahr 1920 (!) zurück. In den meisten Fällen stehen auch hier Zeichnungen und die Dokumente im Volltext online zur Verfügung.

Als Voraussetzungen für eine entsprechende Internetrecherche muß hardwareseitig ein nach heutigem Standard durchschnittlich ausgestatteter PC mit Internetanschluß oder Internetzugang über Modem vorhanden sein. Softwareseitig ist ein plattformabhängiger (Windows-Welt, Mac-Welt etc.)

geeigneter Internet-Browser (MS-Internet-Explorer, Netscape Communicator etc.) gefordert. Außerdem sollte zum Lesen der nach einer Recherche im Volltext gefundenen Patentdokumente im PDF-Format der Adobe AcrobatReader installiert sein. Dieser läßt sich kostenlos von der Adobe-Homepage (http://www.adobe.com) downloaden.

Die exemplarische Durchführung einer Internetrecherche soll zum besseren Verständnis an eine konkrete Aufgabe gebunden sein.

Aufgabe: Gesucht (recherchiert) werden sollen alle in Deutschland zum Patent angemeldeten Konkurrenzlösungen zur Offenlegungsschrift „Anordnung zur Messung des von einer Reibungskupplung übertragenen Drehmoments" (vgl. Abbildung 7.1).

Erwartetes Ergebnis: Neben den Konkurrenzlösungen muß selbstverständlich die aufgabenursächliche Referenzschrift (OS DE 4202504) ebenfalls im Suchergebnis enthalten sein.

Dies war ja – wie weiter vorn bereits angeführt – bei einer Suche der Schrift über DEPAnet (Zugung: www.depanet.de) wegen der Zeitbegrenzung auf 24 Monate nicht der Fall.

Vorgehen:
Für eine entsprechende Recherche ist es zweckmäßig, vom Klassifizierungsschlüssel auszugehen. Der Klassifizierungsschlüssel verfügt – wie in Abschnitt 6.4 ff bereits ausführlich erläutert – über einen hierachischen Aufbau. Gemäß Klassifizierungsschlüssel wird der Inhalt der Patentschrift eindeutig zugeordnet, wobei es durchaus auch vorkommen kann, daß auf eine Schrift mehrere Notationen angewendet werden. Dies trifft immer dann zu, wenn die Schrift mehrere technische Sachgebiete gleichzeitig betrifft.

Im vorliegenden Fall ist die Schrift, zu der Konkurrenzlösungen recherchiert werden sollen, tatsächlich mit mehreren Notationen versehen: **G 01 L 3/10**, G 01 B 7/30, B 60 K 23/02, F 16 D 13/64, F 16 D 25/14 (vgl. auch Abbildung 7.1). Die wichtigste (primäre) Notation steht an erster Stelle und ist fettgedruckt.

1. Schritt: Aufrufen der eigenen Startseite im Internet. Das Ergebnis dieses Vorganges ist beispielhaft in Abbildung 6.6 dargestellt, wobei es - je nach individueller Einstellung der Startseite - einzig in diesem Punkt mit hoher Wahrscheinlichkeit zu unterschiedlichen und von Abbildung 6.6 abweichenden Bildschirminhalten beim Leser kommen wird.

2. Schritt: In die Adresszeile der eigenen Startseite ist nunmehr die Adresse für die Homepage des Europäischen Patentamtes einzutragen (*http://www.european-patent-office.org/*), wie es auch in Abbildung 6.6 angegeben ist.
Auf der Homepage des Europäischen Patentamtes werden dem inter-

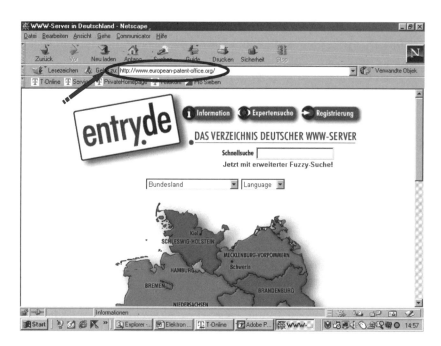

Abbildung 6.6:   *Persönliche Internet-Startseite*

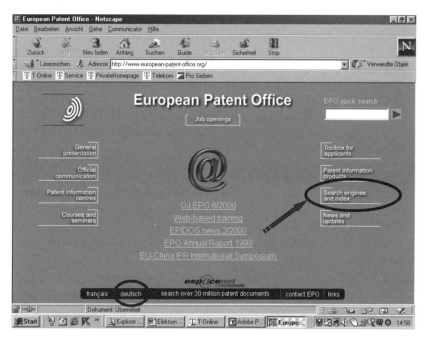

Abbildung 6.7:   *Homepage des Europäischen Patentamtes*

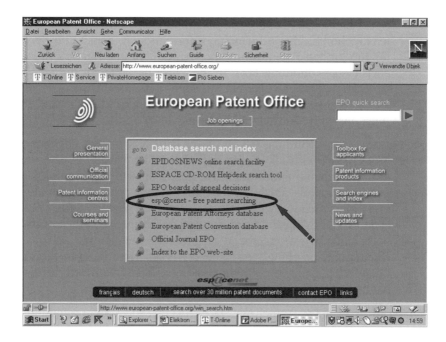

Abbildung 6.8: *Kostenlose Patentrecherche über esp@cenet*

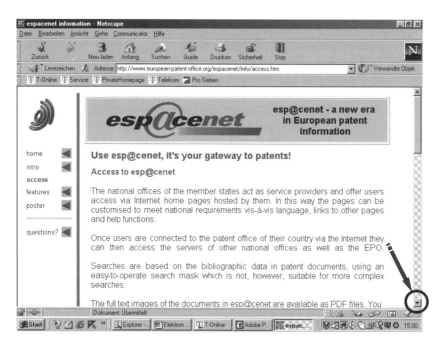

Abbildung 6.9: *Startseite esp@cenet*

essierten Nutzer vielfältigste Informationen angeboten, die von Stellenangeboten, über allgemeine Informationen, Kurse und Seminare bis hin zu den Patentinformationsprodukten und Suche / Index reichen (vgl. Abbildung 6.7). In der Fußzeile läßt sich die persönlich bevorzugte Sprache über ein Sprachmodul einstellen.

Das Anklicken von „Search engines and index" (Suche und Index) führt uns zum nächsten Bildschirm.

3. Schritt: In Abbildung 6.8 ist dieser Bildschirminhalt angegeben. Er gibt einen Überblick zu den aufrufbaren Datenbanken und zum Index. Datenbankinhalte und Index sind in diesem Fenster alphabetisch geordnet, sodaß – abhängig von ihrer Spracheinstellung – der als nächstes aufzurufende Menüpunkt in der vierten oder siebenten Zeile erscheint. Da im abgebildeten Beispiel die englische Spracheinstellung beibehalten wurde, erscheint der gesuchte Menüpunkt „esp@cenet – free patent searching" (esp@cenet – kostenlose Patentrecherche) in der vierten Zeile. Ein Anklicken dieses Menüpunktes führt uns zunächst zu dem Bildschirminhalt der Abbildung 6.9.

4. Schritt: Bei Erscheinen der Startseite von esp@cenet (Abbildung 6.9) ist zunächst der allgemeine Zugang zu diesem neuartigen (und kostenlosen!) Dienst des Europäischen Patentamtes und der beteiligten nationalen Ämter geschafft. Man erhält auf dieser Seite weitere allgemeine Informationen zum Zugriff und kann mit Hilfe des vertikalen Scroll-Balkens (rechts, vgl. Abbildung 6.9) vertikal navigieren. Wichtig sind dabei die Zugangsadressen für die weitere Recherche. Hierbei ist zwischen unterschiedlichen Zugangsarten zu unterscheiden:

a)   Der Zugang über EPO, Adresse: *http://ep.espacenet.com/* (vgl. Abbildung 6.10) *oder* der Zugang über die Europäische Kommission, Adresse: *http://ec.espacenet.com/espacenet/* (vgl. Abbildung 6.11). In beiden Fällen erfolgt die Recherche in den EP-, WO-, japanischen und „weltweiten" Patentdokumenten. Die unterstützten Sprachen sind jeweils Englisch, Französisch und Deutsch.

b)   Der Zugang über die nationalen Ämter der Mitgliedsstaaten. Die entsprechenden Adressen sind in einer Tabelle angegeben (vgl Abbildungen 6.10 und 6.11) und durch Anklicken unmittelbar aufrufbar. Die Recherche erfolgt hierbei in allen nationalen sowie in den EP-, WO-, japanischen und „weltweiten" Patentdokumenten.

In unserem Beispiel soll der Zugang über die Europäische Kommission gewählt werden, wenngleich ein entsprechendes Ergebnis auch über die beiden anderen Zugangsarten erreichbar wäre. Ein Anklicken der entsprechenden Adresse (vgl. Abbildung 6.11) führt uns zur Startseite der Suchfunktion (Abbildung 6.12).

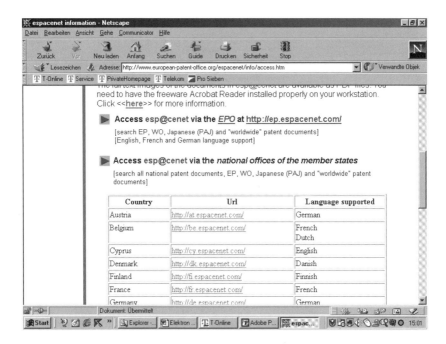

Abbildung 6.10: *Zugang über nationale Patentämter*

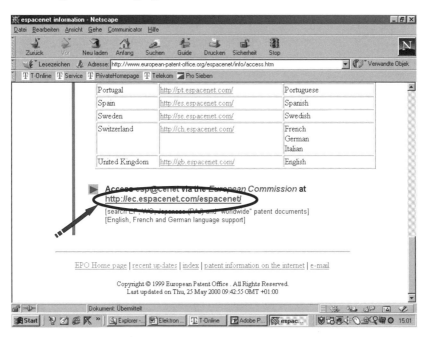

Abbildung 6.11: *Zugang über Europäische Kommission*

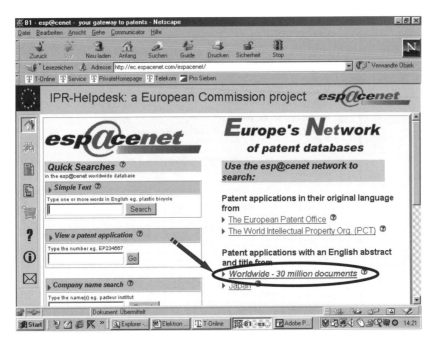

Abbildung 6.12:   *Zugang "Weltweite Suche"*

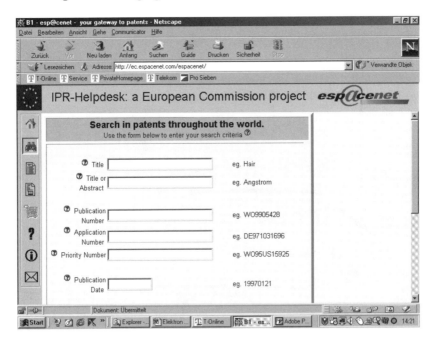

Abbildung 6.13:   *Suchmaske*

5. Schritt: Auf dieser Seite stehen für schnelle Recherchen die Funktionen „Einfache Textsuche", „Ansicht eines Patentdokumentes" und
„Suche nach einem Firmennamen (Anmelder)" zur Verfügung. Hierbei ist allerdings zu beachten, daß wiederum die Zeitbeschränkung
von 24 Monaten in aller Regel dann aktiviert ist, wenn der Zugang
hierher über ein nationales Patentamt (siehe Schritt 4, b)) realisiert
wurde.
Auf der Seite der Suchfunktion wird nunmehr die Einstellung „World-
wide – 30 million documents" durch Anklicken aktiviert (Abbildung
6.12), da das Rechercheergebnis möglichst alle bisher erfaßten Patentdokumente (undzwar _ohne_ Zeitbegrenzung) berücksichtigen soll.
Automatisch erscheint die in Abbildung 6.13 abgebildete Suchmaske,
die ein Recherchieren nach Titel, Schlagwörtern in Titel oder Zusammenfassung, Veröffentlichungsnummer, Aktenzeichen, Prioritäts-
aktenzeichen, Veröffentlichungsdatum, Anmelder, Erfinder und
Klassifikationssymbol ermöglicht. Die vorzunehmenden Angaben in
den Suchfeldern sind wahlfrei, d.h. für eine Suche muß lediglich eine
Angabe in einem der Suchfelder vorgenommen werden. Werden jedoch zwei oder mehr der Suchfelder ausgefüllt, so sind diese nach
boolscher Logik AND-verknüpft und schränken demgemäß das
Suchergebnis ein.
Demgegenüber lassen sich boolsche Operatoren jedoch auch in einem Suchfeld zur Verknüpfung von Angaben verwenden, die sich
nur auf dieses Feld beziehen sollen, was im folgenden deutlicher wird.

6. Schritt: Aufgabengemäß sollten Konkurrenzlösungen zur Offenlegungsschrift „Anordnung zur Messung des von einer Reibungskupplung übertragenen Drehmoments" (vgl. Abbildung 7.1) gefunden werden. Wie weiter vorn bereits deutlich gemacht wurde, ist es
hierzu zweckmäßig, die Klassifikationsnummer dieser Schift als
Suchkriterium einzugeben (vgl. Abbildung 6.14). Das nachfolgende
Anklicken der Taste „Search" führt uns zu dem in Abbildung 6.15
dargestellten Ergebnis: Insgesamt sind also 2870 Patentdokumente
gefunden worden, die der gleichen IPC-Klassifikation zugeordnet sind.
Es ist nunmehr möglich, aus dieser Anzahl die interessierenden
Schiften über den Titel auszuwählen und sich mittels eines Doppel-
klicks auf die Patentnummer mehr Informationen zu erschließen. Dabei
werden die auf der ersten Seite nicht angezeigten Patentnummern der
Suchergebnisse eingeblendet, wenn man die entsprechend nachfolgende Seitenzahl im Kopf aktiviert (vgl. Abbildung 6.15).
In Anbetracht der Anzahl der gefundenen Dokumente erscheint es
jedoch zweckmäßiger, die Suchkriterien zu verfeinern und damit den
Ergebnisumfang einzugrenzen. Hierzu werden die unter Schritt 5 bereits erwähnten boolschen Operatoren im Suchfeld „Klassifikation"

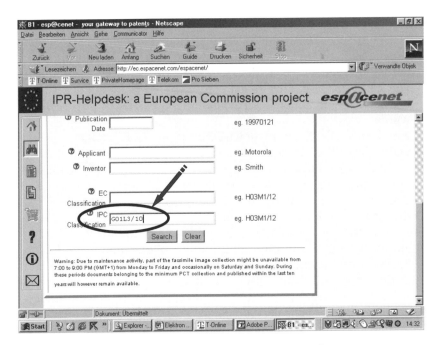

Abbildung 6.14:   *Recherche über Suchfeld "Klassifikation"*

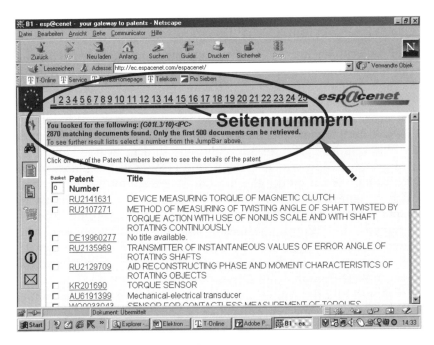

Abbildung 6.15:   *Rechercheergebnis 1*

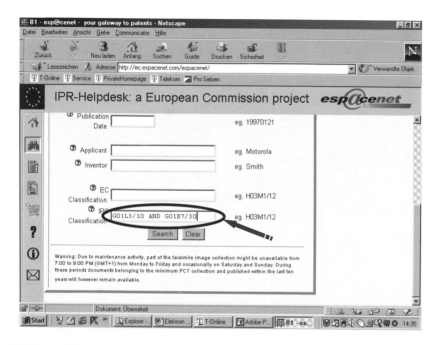

Abbildung 6.16:   *Einschränkende Suche*

verwendet: Die Klassifikationsnotation **G 01 L 3/10** wird mittels boolschem Operator „**AND**" mit der weiteren Notation **G 01 B 7/13** verbunden (vgl. Abbildung 6.16). Dies bedeutet letztendlich, daß das Suchergebnis sich nur auf Dokumente bezieht, die in beiden IPC-Klassifikationen eingeordnet sind, was ja auch bei unserer Referenzlösung der Fall ist.

Nach einem erneuten Anklicken der „Search"-Taste führen uns die vorgenommenen Einstellungen zu dem in Abbildung 6.17 dargestellten Rechercheergebnis, das nunmehr mit 59 „Treffern" deutlich eingegrenzt wurde.

Eine noch stärkere Eingrenzung über die Klassifikation wie in Abbildung 6.18 gezeigt, führt unmittelbar zur eigentlichen Referenzlösung (Abbildung 6.19). Dies bedeutet grundsätzlich, daß es zweckmäßig wäre, für eine erste Beurteilung der Konkurrenzlösungen zunächst die 59 gefundenen Dokumente zu sichten.

Aus Abbildung 6.19 wird aber auch deutlich, daß für den gewählten Zugang die Zeitbegrenzung von 24 Monaten im vorliegeden Suchlauf offensichtlich nicht gültig war. Die Ursache hierfür liegt in der Wahl der Option „Weltweite Recherche – 30 Millionen Dokumente". Dies sollte man sich also bei entsprechenden Recherchen zu Nutze machen!

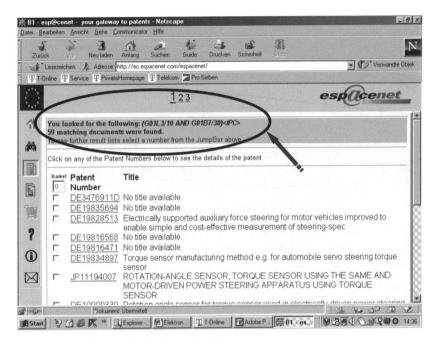

Abbildung 6.17:   *Rechercheergebnis 2*

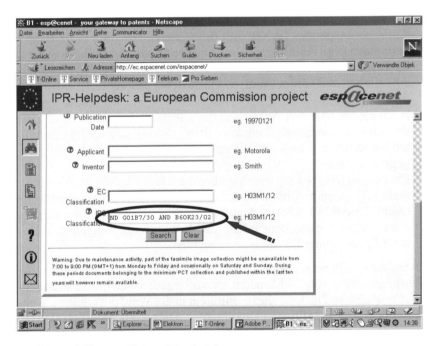

Abbildung 6.18:   *Weitere Einschränkung*

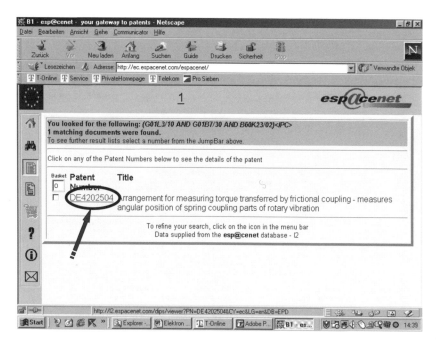

Abbildung 6.19:   *Rechercheergebnis 3*

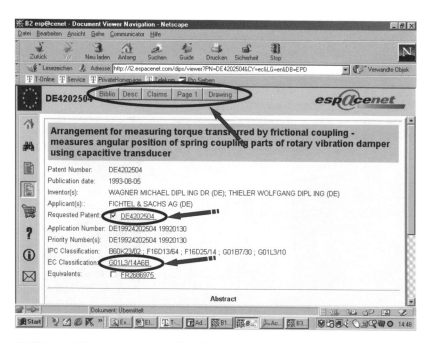

Abbildung 6.20:   *Zugang zu Detailinformationen*

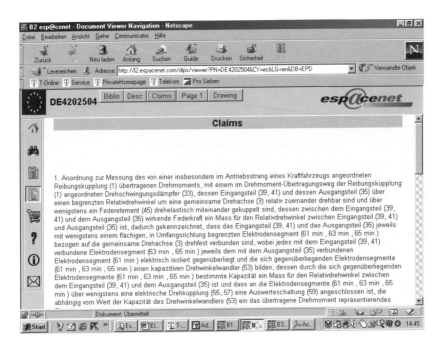

Abbildung 6.21:   *Erfindungsansprüche*

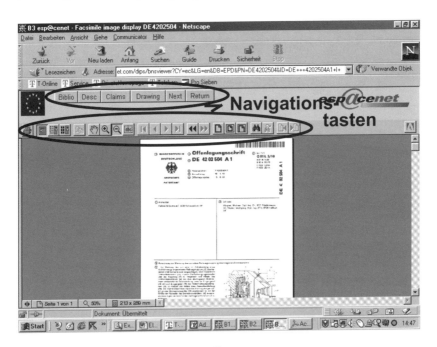

Abbildung 6.22:   *Schutzrecht im Volltext*

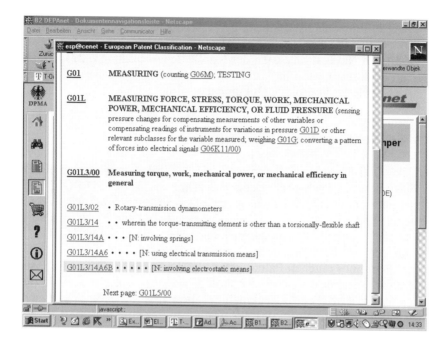

Abbildung 6.23:   *Detaillierte Einordnung in Klassifikation, Erklärungen*

Abschließend bleibt noch die Frage zu behandeln, wie nach einer Recherche die über die Patentnummer und den Titel hinausführenden Patentinformationen erschließ- bzw. abrufbar sind. Hierzu sei nocheinmal auf das soeben erreichte Rechercheergebnis zurückgegriffen (vgl. Abbildung 6.19).

7. Schritt: Zur Anzeige der Patentdaten wird lediglich auf die als Hyperlink kenntlich gemachte Patentnummer geklickt (Abbildung 6.19), was unmittelbar zur Seite des unter Abbildung 6.20 angegebenen Bildschirmes führt. Dargestellt werden hierbei einerseits die bibliografischen Daten, ferner die Patentbeschreibung, die Patentansprüche (z.B. Abbildung 6.21), die 1. Seite und eine zeichnerische Darstellung des Patents.
Auf der Seite der bibliografischen Daten sind sowohl die Klassifikationseinordnung als auch die entsprechende Patentnummer wiederum als Hyperlink dargestellt.
Das Anklicken der IPC-Klassifikation (EC) führt zur Anzeige der vollständigen primären Einordnung der Schrift nach Sektion, Klasse, Unterklasse, Gruppen und Punktzuordnung mit entsprechender Erklärung (Abbildung 6.23).
Für die Anzeige des Patentdokuments im Volltext als Faksimile ist nunmehr dieser Hyperlink lediglich anzuklicken (Abbildung 6.20),

woraufhin zunächst der installierte AcrobateReader und nachfolgend die Volltext-Darstellung des Patentdokuments geöffnet wird.
Mit den Navigationstasten der Kopfzeile (Abbildung 6.22) läßt sich im Dokument lesen und blättern, verkleinern, vergrößern und natürlich auch das komplette Dokument ausdrucken.

6.6.3 Patentinformationen auf CD-ROM

Die CD-ROM ist im Bereich gewerblicher Rechtsschutz weiterhin ein Datenträger mit stetig wachsender Bedeutung. Die Vorteile der CD-ROM-Technologie liegen auf der Hand: Es ist sehr einfach ein eigenes aktuelles Archiv aufzubauen, der Zugriff auf die Daten ist wesentlich schneller als bei Papierdokumenten möglich, die Ablage ist äußerst platzsparend, die CD-ROM ist ein sehr preisgünstiges Medium.
Hinsichtlich eines eigenen Patentarchivs ist deshalb diese Variante insbesondere für sehr innovative und technologieorientierte Klein- und Mittlere Unternehmen (KMU) eine zweckmäßige Alternative. Allerdings gibt es zur Zeit nur eine sehr überschaubare Anzahl von kommerziell angebotenen Patentinformationen auf CD-ROM. Besonders erwähnenswert ist in diesem Zusammenhang das Angebot des Europäischen Patentamtes mit dem Produkt „*ESPACE*".
Das *Europäische Patentamt (EPA)* veröffentlicht mehr als 65.000 Patentanmeldungen pro Jahr; die CD-ROM-Reihe *ESPACE* bietet in konzentrierter Form einen Zugriff auf diese bedeutende Informationsquelle. Die ESPACE-CD-Roms werden als vollständiges Paket geliefert, wobei die Daten in Form einer indexierten Datenbank gespeichert sind. Die für die Recherche und den Zugriff auf auf die Informationen erforderliche Software ist in diesem Paket enthalten und im Preis inbegriffen. Die Preise richten sich dabei nach dem abgefragten Leistungskatalog und sind – je nach Produkt – einmalig oder / und an ein jährliches Abbonement gebunden. Die jeweils aktuelle Preisliste ist direkt über das Europäische Patentamt (Adresse im Anhang) zu beziehen.
Für die Arbeit mit der CD-ROM-Reihe ESPACE ist keinerlei Spezialhardware erforderlich. Benötigt wird lediglich ein Standard-PC mit dem Betriebssystem „Windows" der jeweils aktuellen Version. Ein leistungsfähiges CD-(oder DVD-)ROM-Laufwerk und ein Laser-Drucker zum Ausdruck der am Bildschirm gesichteten Dokumente sollte ebenfalls vorhanden sein.
Die mit dem Erwerb von ESPACE-CD-ROMs kostenlos mitgelieferte Zugriffssoftware „*MIMOSA*" ist eine Gemeinschaftsentwicklung zwischen dem japanischen Patentamt, dem Patentamt der USA und dem EPA, arbeitet im „Mixed-mode"-Format und bietet damit hinsichtlich Volltextrecherche eine Reihe von Vorteilen bezüglich der effizienten Gestaltung von Such-

vorgängen. Die einzelnen Produkte der ESPACE-CD-ROM-Reihe sind:

ESPACE ACCESS

ESPACE ACCESS ist ein Rechercheinstrument, das die vollständigen bibliografischen Daten und englischsprachigen Zusammenfassungen aller europäischen Patentanmeldungen und aller internationalen Anmeldungen (PCT) liefert (A1-, A2- und A3-Schriften), die seit Gründung des Europäischen Patentamtes (EPA) im Jahr 1978 eingereicht worden sind. Eine Aktualisierung erfolgt monatlich.

ESPACE ACCESS wurde speziell für die Durchführung schneller Recherchen zum Stand der Technik in sämtlichen europäischen und PCT-Anmeldungen im Offline-Modus konzipiert. Desweiteren ist es ein unerläßliches Indexierungsinstrument für Nutzer von ESPACE EP-A, ESPACE-FIRST und ESPACE WORLD, weil entsprechende Querverweise zu diesen Reihen enthalten sind, anhand deren sich die Titelseite oder das vollständige Dokument auffinden läßt.

ESPACE ACCESS EP-B enthält:
- die vollständigen bibliografischen Daten zu allen seit der Gründung des EPA erteilten europäischen Patenten,
- den jeweils ersten Anspruch in deutscher, englischer und französischer Sprache, seit 1.01.1991 in recherchierbarer Fassung,
- die im Rahmen des Patenterteilungsverfahrens angeführten Patentdokumente (ab 1991 ebenfalls recherchierbar),
- die jeweils angeführte Nichtpatentliteratur,
- vierteljährliche Aktualisierung.

ESPACE EP-A enthält:
- alle vom EPA neu veröffentlichten Patentanmeldungen (A1-Schriften – Anmeldungen mit Recherchebericht, A2-Schriften – ohne Recherchebericht veröffentlichte Anmeldungen und A3-Schriften – im Anschluß an eine A2-Schrift veröffentlichter Recherchebericht mit Titelseite),
- die vollständigen bibliografischen Daten mit der Möglichkeit der Schlagwortsuche im Titel der Anmeldung,
- durch indexierte Felder zur Durchführung von Überwachungsrecherchen gut geeignet,
- die Dokumente im Mixed-mode- und im PDF-Format,
- wöchentliches Erscheinen.

ESPACE EP-B enthält:
- alle vom EPA neu erteilten Patente,
- die vollständigen bibliografischen Daten mit der Möglichkeit der Schlagwortsuche im Titel der Anmeldung,
- durch indexierte Felder zur Durchführung von Überwachungsrecherchen gut geeignet,

- die Dokumente im Mixed-mode- und im PDF-Format,
- wöchentliches Erscheinen.

ESPACE WORLD enthält:
- Faksimile-Abbildungen von bis zu 500 kompletten PCT-Anmeldungen im Originalformat mit allen bibliografischen Daten, Volltext, sämtlichen Abbildungen pro CD-ROM,
- komplette Schrift in Ursprungsform als Bilddaten (nicht recherchierbar) gespeichert,
- wöchentlich erscheinen in einem Paket 3 bis 4 CD-ROMs.

ESPACE FIRST enthält:
- jeweils ca. 10.000 Titelseiten veröffentlichter EP- und PCT-Anmeldungen im Mixed-mode-Format,
- umfassenden Überblick über technische Innovationen,
- die vollständigen bibliografischen Daten mit der Möglichkeit der Schlagwortsuche im Titel der Anmeldung,
- durch indexierte Felder zur Durchführung von Überwachungsrecherchen gut geeignet,
- monatliches Erscheinen.

ESPACE LEGAL enthält:
- die Entscheidungen der Beschwerdekammern des EPA und nationaler Entscheidungen zu europäischen Patentanmeldungen, recherchierbar,
- den Wortlaut des Europäischen Patentübereinkommens (EPÜ),
- Richtlinien für die Prüfung, Verträge,
- Formblätter des EPA in editierbarem PDF-Format,
- ein voll indexiertes und recherchierbares Verzeichnis europäischer Patentvertreter,
- halbjährige Aktualisierung.

ESPACE BULLETIN enthält:
- die bibliografischen Daten und Rechtsstandsdaten von über 840.000 seit Gründung des EPA eingereichten Patentanmeldungen und von über 300.000 erteilten europäischen Patenten,
- seit 1998 im Mixed-mode-Format mit ca. 70 recherchierbaren Suchfeldern für bibliografische Daten sowie Verfahrens- und Rechtsstandsdaten für alle europäischen Veröffentlichungen,
- alle 2 Monate Aktualisierung im Abbonement, wöchentlich über die Website des EPA.

Das *Deutsche Patentamt (DPA)* versorgt die regionalen Patentinformationszentren (PIZ) mit neuerscheinenden Patentdokumenten einheitlich mit dem speziell für den Eigenbedarf des DPA und der deutschen PIZ entwickelten CD-ROM-Produkt DEPAROM-CLASS. DEPAROM-CLASS enthält

in 46 thematischen Teilausgaben alle Patent- und Gebrauchsmuster-Erst-
veröffentlichungen mit Schutzwirkung in Deutschland (DE-, EP- und WO-
Veröffentlichungen) und erlaubt den Aufbau von nach IPC geordneten
Recherchesammlungen entsprechender Dokumente in digitalisierter Form.
In den Auslegehallen des Deutschen Patent- und Markenamtes sind die für
Recherchen zur Verfügung stehenden CD-ROM-Workstations bei der gros-
sen und kontinuierlich steigenden Nachfrage stets ausgelastet.
Einige der wichtigen Patentdokumente werden nur noch auf CD-ROM an-
geboten (u.a. DE ab 1996, EP-B ab 1995, AT ab 1992, CH, CN und JP ab
1995).

6.7 Handling der Patentliteratur

6.7.1 Anforderung und Bereithaltung der Patentliteratur

Die Herausgabe der Schutzrechtsschriften erfolgt turnusmäßig in festen Zeitabständen, üblicherweise im wöchentlichen Rhytmus. Zuständig ist das Patentamt des jeweiligen Staates.
Ein wesentlicher Vorteil der Patentliteratur gegenüber der sonstigen technischen Literatur besteht darin, daß die Beschaffung durch die systematische
und mit bestimmten Ordnungskriterien erfolgende Herausgabe und Ablage
dieser Schriften sehr einfach ist. Die Ordnungskriterien bestehen zum einen, wie weiter vorne bereits ausführlich erläutert, in der internationalen
Klassifikation der Patente (IPC). Hierbei sind die Schutzrechte nach technischen Sachgebieten mit einer Klassifikationsbezeichnung versehen, womit
sich eine sachbezogene Auffindung unproblematisch gestaltet. Zum anderen sind die Schriften der Patentliteratur in Abhängigkeit ihres zeitlichen
Eingangs beim Patentamt mit einmalig vergebenen mehrstelligen Nummern
versehen, womit jede Schrift eindeutig identifiziert und somit auch gezielt
und sehr einfach aufzufinden ist.
Die Beschaffung einzelner Schriften kann direkt über das Patentamt oder
über diverse Auslegestellen erfolgen (Adressen im Anhang) und ist im Gegensatz zu sonstiger technischer Fachliteratur außerordentlich preiswert.
Auf diese Weise lassen sich zum einen gezielt und exakt einzelne Schriften
beziehen, die das eigene Arbeits- oder Interessengebiet betreffen. Zum anderen kann aber auch ein Abonnement zu bestimmten Patentklassen aufgegeben werden, womit sichergestellt wird, daß sämtliche Patentinformationen
zu entsprechenden Gebieten regelmäßig eingehen, wichtige Informationen
nicht durch Bestellungsversäumnisse unberücksichtigt bleiben.
Auf der einen Seite ist es sicherlich von großem Vorteil, alle relevanten
Informationen der Patentliteratur vor Ort und griffbereit zur Verfügung zu
haben, auf der anderen Seite bereitet das Sammeln der Druckschriften ins-

besondere dann erhebliche Platzprobleme, wenn das aktuelle Interessengebiet sehr breit angelegt ist. Das dürfte wohl bei vielen größeren Unternehmen der Fall sein und wird verständlich, wenn man sich den gewaltigen Ausstoß an weltweiten Neuerscheinungen der Patentliteratur (jährlich ca. 1 Million gedruckte Schriften) vergegenwärtigt.

Um diese offenkundige Problemstellung zu meistern, sind vordergründig zwei Lösungsansätze - die zudem kombiniert anwendbar sind - zu empfehlen:

1) Grundsätzlich sollten wirklich nur die für das (die) momentan relevante(n) Interessen- bzw. Betätigungsgebiet(e) des Unternehmens bedeutsamen Schriften bestellt und abgelegt werden. Dabei sollte man sich als weitere Beschränkung auch auf Veröffentlichungsstaaten konzentrieren, die auf dem jeweiligen Interessengebiet eine maßgebende Rolle spielen. In jedem Falle scheint die Ablage der entsprechenden europäischen und PCT-Schriften sinnvoll.

2) Die Bestellung und Ablage der Patentliteratur muß nicht in Form von Druckschriften erfolgen. Als platzsparende Alternative bieten sich die Möglichkeiten

   - Mikrofilm,
   - Mikrofiche,
   - Filmlochkarten,
   - Compact Disc (CD)

   an.

In der praktischen Arbeit mit der Patentliteratur in der Entwicklung / Vorentwicklung eines Großunternehmens hat es sich außerdem als sehr vorteilhaft erwiesen, wenn hinsichtlich des jeweilig interessierenden Sachgebietes (Projekt, Entwicklungsprojekt etc.) eine sehr fein strukturierte Patentdatenbank angelegt wird, in der jede einzelne Schrift der eingegangenen Patentliteratur - die das eigene Sachgebiet in hohem Maße tangiert - nach deren sehr genauen inhaltlichen Erschließung erfaßt wird. Für diese Erschließung, systematische Ablage und ggf. thematische Weiterverfolgung ist zweckmäßigerweise ein Spezialist einzusetzen, der sowohl über einen sehr hohen technischen Ausbildungsstand verfügt als auch die oft schwierige und absichtsvoll vage Sprache der Patentliteratur versteht und interpretieren kann.

6.7.2   Unterstützung durch den Patentmanager

Dem einzelnen Entwicklungsingenieur ist es bei der heutigen Informationsüberflutung praktisch unmöglich, auf seinem unmittelbaren Arbeitsgebiet den Überblick zu behalten, was im Laufe eines längeren Zeitraums an technischer Literatur alles veröffentlicht worden ist und ständig veröffentlicht wird. Dabei ist es für seine unmittelbare Arbeit eminent wichtig, daß er die neuesten technischen Trends und Entwicklungen kennt, weiß, was der Wettbewerb schwerpunktmäßig aktuell entwickelt und welche Schutzrechte zu beachten oder / und vorteilhaft zu verwerten sind. Letztlich beeinflussen alle Komponenten dieses Fachwissens das Ergebnis seiner Arbeit, und daran wird er schließlich gemessen.

Hinsichtlich aller Fragen zur Patentliteratur muß der Entwickler Unterstützung erhalten, die ihm der Patentmanager gibt. Direkt eingebunden in die Entwicklung und als personifizierte Schnittstelle zwischen F&E- und Patentabteilung übernimmt er unter anderem die kontinuierlich anfallenden Arbeiten des Auswählens, Beschaffens, Auswertens, Unterrichtens und der Bereithaltung der für das Entwicklungsprojekt relevanten Patentinformationen. Durch die aus seiner engen Projekteinbindung resultierende Kenntnis darüber, welche technischen Detailaufgaben welcher Bearbeiter konkret löst, ist er in der Lage, die ansich kontroverse Forderung nach einerseits vollständiger, andererseits ballastarmer Information weitgehend zu erfüllen. Diese Vorgehensweise ist hinsichtlich einer systematischen Produktweiterentwicklung, Verletzungsprüfung, dem Finden und Vorantreiben neuer Lösungsansätze etc. außerordentlich effektiv und sinnvoll.

Die eigene aktuelle Entwicklungsproblemstellung muß vom Patentmanager systematisch bis auf alle maßgebenden Details feinstrukturiert heruntergebrochen werden. Anhand dieser Feinstrukturierung sind dann die eingehenden Schutzrechte des Wettbewerbs vergleichend zu betrachten, kritisch zu bewerten und bei Relevanz in eine entsprechende projektbezogene Datenbank aufzunehmen. Damit wird letztlich gewährleistet, daß tatsächlich nur die Schutzrechte vom Wettbewerb beobachtet werden, die in einem engen Bezug zur eigenen Entwicklung stehen.

Vorteil der so angelegten Patentdatenbanken ist, daß sie im Ansatz projektbezogen sind, langfristig jedoch bei grundsätzlich gleichem Betätigungsgebiet des Unternehmens durchaus projektübergreifend sein können. Die Arbeitsgebiete der Unternehmen ändern sich im allgemeinen langsam und auch nur in Nuancen, seltener wird zu einem gänzlich anderem Betätigungsfeld gewechselt. Auf diese Weise werden in den Datenbanken Informationen und Wissen angehäuft, das nicht verloren gehen kann. Unter diesem Aspekt ist es auch sehr wesentlich, daß zu jeder erfaßten Schrift ein Kommentar des Patentmanagers abgelegt wird.

Die vorrangigen Aufgaben einer solchen Datenbank bestehen zum einen in der Visualisierung des Standes der Technik für laufende Projekte und der Früherkennung von bestimmten Entwicklungstrends. Zum anderen ist damit eine ständig wachsende Datenbasis hinsichtlich der Verfolgung und Beobachtung von Fremdpatenten, der Sammlung von Gegenhaltungsmaterial und Material für ggf. notwendige umfassende Konkurrenzanalysen vorhanden.

Für ein relativ enges, jedoch sehr ins Detail gehendes Sachgebiet wird so - ähnlich wie in den Prüfungsstellen des Patentamtes - eine Sammlung zum Stand der Technik aufgebaut und ständig aktualisiert. Mit fortschreitendem Stand der Technik wird dabei eine Änderung der Einteilung und eine Umgruppierung oder Ausscheidung des alten Materials erforderlich sein.

In kleineren Unternehmen ist nicht immer gewährleistet, daß die personellen Ressourcen für einen Patentmanager zur Verfügung stehen; mitunter ist selbst eine Patentabteilung nicht vorhanden. Diese Situation kann sehr schnell dazu führen, daß das Entwicklungsrisiko unkalkulierbar steigt. Ohne professionelle Begleitung kann die Entwicklungsarbeit leicht im Fiasko enden. Irgendwann kann es schlimmstenfalls zum Debakel kommen: Alles schon mal dagewesen...
Eine entsprechend sinnvolle Vorgehensweise, die das Risiko minimiert, ohne das ohnehin strapazierte Personalbudget weiter zu belasten, muß bei innovativen Kleinunternehmen zumindest darin bestehen, das Aufgabenspektrum des Patentmanagers an einen erfahrenen Entwicklungsingenieur zu delegieren, der dann jedoch engen Kontakt zu einem Patentanwalt halten muß.

6.7.3   Patentbeobachtung

Eine der wesentlichsten Tätigkeiten des Patentmanagers, aus der sich eine Vielzahl weiterer Aktivitäten unmittelbar ableiten, ist die Patentbeobachtung. Das primäre Ziel einer Patentbeobachtung besteht eindeutig darin, eine ausreichende Rechtssicherheit für die eigene Entwicklung zu schaffen.
Eine konsequente Beobachtung der Patentliteratur ist vor allem notwendig, um Fehlinvestitionen zu verhindern. Heute werden noch gut 30 % der F&E-Mittel für Doppel- und Nacherfindungen aufgewendet.
Sekundäre Ziele bestehen in der Ermittlung von technischen Entwicklungstrends und in der Ableitung neuer Produktideen aus dem aktuellen Stand der Technik.
Hinsichtlich des primären Ziels, der Schaffung von Rechtssicherheit für die eigene Entwicklung, sind sowohl die eigenen technischen Lösungen wie auch die relevanten technischen Lösungen des Wettbewerbs zu bewerten.
Der Begriff "Bewertung" bedeutet in diesem Zusammenhang die Herausarbeitung bestimmter technischer Merkmale, die die eigene Lösung - bzw. die des Wettbewerbs - charakterisieren. Anhand dieser charakteristischen Merkmale ist die eigene Entwicklung (das eigene Produkt) umfassend zu schützen, Kollisionen mit Lösungen des Wettbewerbs sind zu vermeiden. Hierbei ist besondere Sorgfalt zu üben, da bei Überschneidungen eigener mit Merkmalen des Wettbewerbs im ungünstigsten Fall erhebliche wirtschaftliche Schäden für das eigene Unternehmen entstehen können. Was

letztendlich den Schutzbereich ausmacht, bestimmen die Patentansprüche der *erteilten* Patentschrift. Umfassend wird hierauf in den Kapiteln 8 und 9 eingegangen.

Wird zu irgendeinem Zeitpunkt erkannt, daß die Konkurrenz mit der eigenen Lösung kollidiert, es also hinsichtlich des Schutzumfanges bestimmte Übereinstimmungen, Überschneidungen oder Abhängigkeiten gibt, ist zunächst zu prüfen, wie sich die Rechtssituation für das eigene Produkt konkret darstellt. Bei eigenem bestehenden Recht - d.h. zum Beispiel, daß eigene Patentrechte zum betreffenden Produkt älter sind - sollte zunächst der Versuch einer gütlichen Einigung (Lizenzvergabe etc.) mit dem Patentverletzer unternommen werden.

Vor einem juristischen Streit ist es sinnvoll, Klarheit darüber zu schaffen, inwieweit das eigene Recht in einer Rechtsstreitigkeit Bestand haben wird. Hierbei sollte in jedem Fall ein Patentanwalt hinzugezogen werden, ggf. kann diesbezüglich eine mit Akribie zu betreibende Recherche vorangestellt werden. Ausführlicher werden die Formen des Patentrechtsstreits im Kapitel 11 diskutiert.

Möglicherweise fällt man jedoch bei gesichert bestehendem Recht des Wettbewerbs mit einem Detail der fertigen eigenen Lösung unter dessen Schutzumfang. In diesem ungünstigen Fall hätte man bereits für eigene Entwicklungsleistungen investiert. Zur Rettung des bereits investierten Kapitals bleiben vordergründig zwei Möglichkeiten: Einerseits die der gütlichen Einigung, andererseits ist durchaus zu überlegen, wie die Aussichten für die Entwicklung einer Umgehungslösung sind. Hierbei könnten verschiedene Ansätze zu einem Erfolg führen (Schwachstellenanalyse, Umkehrungsprinzip, Kombinatorik anderer Wirkmechanismen etc.).

Die Patentbeobachtung beinhaltet eine ständige Beurteilung der durch das Patentamt herausgegebenen Schutzrechte im interessierenden Sachgebiet. Dies erfolgt zunächst sinnvollerweise durch die Sichtung der vom Wila-Verlag (Bestelladresse im Anhang) veröffentlichten Patenthefte, in denen jeweils der Hauptanspruch oder eine Kurzzusammenfassung, ggf. eine Skizze, angegeben sind.

Nur die Schutzrechte, die tatsächlich und unmittelbar den interessierenden Sachbereich tangieren, müssen dann über das Patentamt (oder Auslegestellen) beschafft und genauer analysiert werden.

Schriften, die für die eigene Entwicklung kritisch sind oder aus denen kreative Ansätze und Ideen gewonnen werden können, sollten den entsprechenden thematischen Bearbeitern in der eigenen Entwicklung zur Kenntnis gegeben werden. Bei kritischen Schriften ist unter Umständen Einspruch mit dem eventuell vorhandenen Entgegenhaltungsmaterial - denn niemand verfügt eher darüber als der mit diesem Sachgebiet befaßte Patentmanager - einzulegen. Zu beachten ist dabei erstens, daß nur gegen erteilte Patente Einspruch erhoben werden kann, und zweitens, daß die entsprechenden Fristen eingehalten werden müssen (vgl. Kapitel 9 ff). In jedem Fall muß jedoch das Entwicklungsmanagment darüber informiert werden, daß mit der Schrift xyz mehr oder weniger akutes Konfliktpotential für die eigene Entwicklung entstanden ist.

Handelt es sich bei der kritischen Schrift um eine Offenlegungs- oder Anmeldeschrift, ist das Anlegen einer Verfolgungsakte zweckmäßig. Gleichzeitig sollte von nun an gezielt Entgegenhaltungsmaterial gesammelt werden, um bei Erteilung der Schrift sofort und begründet reagieren zu können. Des weiteren ist diesbezüglich eine turnusmäßige Abfrage der Patentrolle (vgl. Abschnitt 6.3.5), aus der der Rechtsbestand - wie Offenlegung erloschen, zum Patent erteilt etc. - zu ersehen ist, zu empfehlen.

Letztlich läßt sich mit einer effektiven Patentbeobachtung eine fundierte Entscheidungsgrundlage zum Start oder auch Abbruch von Entwicklungsprojekten schaffen.

6.8   Auswertung von Patentdaten

6.8.1   Feststellung von Äquivalenzbeziehungen

Üblicherweise wird eine Erfindung nicht nur in dem Staat angemeldet, in dem sie gemacht worden ist, sondern darüber hinaus in weiteren Staaten, in denen eine Verwertung dieser Erfindung aussichtsreich oder zumindest denkbar ist. Die Anmeldung außerhalb des Ursprungslandes erfolgt dann in aller Regel unter Inanspruchnahme der Priorität der Erstanmeldung. Die Summe aller Patentanmeldungen und Patente, denen die gleiche Erfindung zugrunde liegt, wird als Patentfamilie bezeichnet. Aufgrund unterschiedlicher Patentgesetze in verschiedenen Staaten unterscheiden sich auch die Patentansprüche mitunter recht erheblich. Erfindungsbeschreibung, Figuren, Ausführungsbeispiel etc. sind in den meisten Fällen jedoch gleich. Patente, die zu einer Patentfamilie gehören, stehen zueinander in Äquivalenzbeziehungen. Da die Erfindungsbeschreibung innerhalb einer Patentfamilie gleich ist, kann man sich im ersten Schritt mit der Analyse der Ursprungsanmeldung begnügen. Allerdings ist es hinsichtlich der Produktvermarktung schon interessant, inwieweit im Staat eines anvisierten Zielmarktes Schutzrechte existieren, die zu einer Patentfamilie gehören, dessen Ursprungspatent in einem anderen Staat angemeldet wurde.

Eine Äquivalenzprüfung läßt sich am einfachsten über das Aktenzeichen der prioritätsbegründenden Anmeldung (Ursprungsaktenzeichen) durchführen (INID-Codes 23 und 30 ... 33), womit die Recherche in Patentdatenbanken - bzw. in einem ersten Schritt über eine Internetrecherche (vgl. Abschnitt 6.6) - das Mittel der Wahl ist und schnell zum Erfolg führt.

6.8.2 Feststellung des Rechtsbestandes

Unter anderem bei bestehendem Konfliktpotential mit Patentanmeldungen von Wettbewerbern ist es von Interesse, in welchem Stadium des Erteilungs-verfahrens, wie:

- Offenlegung,
- Rechercheantrag gestellt,
- Prüfungsantrag gestellt,
- Patent erteilt,
- Patent erloschen

sich das betreffende Schutzrecht im interessierenden Staat befindet. Neben der regelmäßigen Auswertung der Patentblätter und -hefte, was sicherlich durch den damit verbundenen erheblichen Zeitaufwand ausscheidet, lassen sich diese Informationen durch einen Blick in die jeweilige Patentrolle er-mitteln (Rechnerauskunft!).

6.8.3 Patentstatistik

Patentstatistische Analysen werden eingesetzt, um Patente und Gebrauchs-muster in Bezug auf wirtschaftliche Fragen auszuwerten. Hierbei gibt es unterschiedliche Zielinformationen, die aus der Patentstatistik gewonnen werden sollen:
Zum ersten betrifft dies *Technologieinformationen*: Für eine strategische Ausrichtung unternehmerischer Aktivitäten ist es sehr bedeutsam, zumin-dest technologische Veränderungen in den Technologiefeldern sehr früh zu erkennen, in denen man selber engagiert ist. Desweiteren lassen sich mittels Patentstatistiken ebenso Informationen über interessante Technologien bei der Suche nach neuen Geschäftsfeldern gewinnen, perspektivisch lohnen-des Engagement in technologie-orientierten neuen Forschungs- und Entwik-klungsfeldern voraussagen sowie die Unternehmen identifizieren, die sich anschicken, in interessanten Bereichen die Technologieführerschaft zu über-nehmen.
Zweitens werden vielschichtige *unternehmensbezogene Informationen* aus den Patentstatistiken gefiltert, wie:

- besonders innovative Übernahmekandidaten oder das eigene Unter-nehmen befruchtende Kooperationspartner,
- Identifikation von offensiv und deffensiv agierenden Unternehmen,
- Patentaktivitäten und Forschungsfelder des Wettbewerbs,
- Rückzug oder Engagement von Unternehmen in bestimmte Techno-logie- oder / und Produktbereiche,
- F&E-Schwerpunktverlagerung des Wettbewerbs,

- Innovationskraft und F&E-Aktivitäten von Lieferanten,
- Identifikation von Schlüsselpersonen und maßgeblichen Know-How-Trägern beim Wettbewerb
- etc.

Der dritte wesentliche Schwerpunkt besteht in Informationen, die die *eigene strategische Produkt- sowie F&E-Planung* betreffen. Hierbei stehen im Vordergrund:

- eigene Innovationskraft und F&E-Aktivitäten,
- Position gegenüber dem Wettbewerb,
- Bewerten von Lizenzangeboten und Ermitteln von Alternativen,
- Feststellung der strategischen / systematischen Absicherung von Produktfeldern und Teillösungen,
- Situation hinsichtlich der Basispatente,
- Absichern von Make-or-Buy Entscheidungen
- etc.

Die Datenausgangsbasis für statistische Patentanalysen muß natürlich hinreichend groß und umfassend sein, damit die gewonnen Aussagen überhaupt eine statistische Relevanz haben. Aus diesem Grunde bedient man sich hier folgerichtig der elektronisch gespeicherten Patentdaten, die in Form von Datenbanken vorliegen.
Es liegt auf der Hand, soll an dieser Stelle aber dennoch explizit erwähnt werden: Patentstatistiken liefern zwar eminent wichtige Informationen, die für strategische Entscheidungen von Bedeutung sind, sie können jedoch keinerlei Aussagen zum inhaltlichen Gehalt von Patenten machen.

Von der Anzahl der angemeldeten Patente auf den wirtschaftlichen Erfolg eines Unternehmens oder auf seine prinzipiellen Aufwendungen für Forschung und Entwicklung unmittelbar zu schließen, ist nicht möglich. Allerdings läßt sich grundsätzlich feststellen: Wenn ein Unternehmen die Patentanmeldungen in einem bestimmten technischen Sachgebiet über einen längeren Zeitraum signifikant verändert, lassen sich wesentliche Rückschlüsse über die geplante strategische wirtschaftliche Ausrichtung des Unternehmens ziehen. Keine Firma wird Anmeldungen einreichen, um den Wettbewerb zu verwirren. Insofern enthalten die internationalen Patentdatenbanken, wie z.B. STN International (vgl. Abschnitt 6.6 und Anhang), dem führenden Online-Service für wissenschaftlich-technische Datenbanken, neben technischen und rechtlichen Informationen auch sehr ehrliche Wirtschaftsinformationen.

7 Das Lesen und die inhaltliche Erschließung von Patenten

7.1 Prinzipielle Erwartungen an ein Patent

Bevor eingehender auf die Gliederung und den essentiellen Aussagegehalt von Patentschriften eingegangen wird, soll kurz umrissen werden, welche Erwartungen der Patentinhaber und -leser an die Patentliteratur stellt und inwieweit diese Erwartungen durch den Charakter dieser Art technischer Literatur befriedigt werden können.

Der Patentinhaber erhält durch die Patenterteilung für seine Erfindung ein Ausschließlichkeitsrecht und damit ein befristetes und, je nach Anmeldeumfang auf einzelne Länder, beschränktes Verwertungsmonopol. Neben der Erlangung von Patentrechten kann der Anmelder als weiteres Ziel die Veröffentlichung seiner technischen Lösung in Form einer Offenlegungsschrift beabsichtigen. Durch eine sogenannte Defensivpublikation wird mit einer hohen Rechtssicherheit eine drohende Monopolstellung der Konkurrenzunternehmen bereits in einer frühen Entwicklungsphase verhindert. Die Publikation in einer nationalen Anmeldung zerstört die Neuheit und damit die Basis für die Erteilung eines Patentes mit diesem technischen Inhalt weltweit.

Die technische Information, die ein Patent enthält, eröffnet dem Leser von Patenten wesentliche Einblicke in den Stand der Technik für ein abgegrenztes Problemfeld. Denn neben den besonders ausgewiesenen Patentansprüchen beinhaltet eine solche Anmeldung auch Informationen über die Aufgabenstellung und über die bereits zur Lösung des Problemfeldes bekannten Ansätze.

Jedem Patent liegt ein Übereinkommen des Patentinhabers mit einer Institution des jeweiligen Veröffentlichungsstaates - dem nationalen Patentamt - zugrunde: Der Staat schützt die anerkannte Erfindung für einen definierten Zeitraum gegen unerlaubtes Nachahmen, und im Gegenzug offenbart der Patentinhaber den erfinderischen Gedanken so gründlich und durchschaubar, daß dieser von Fachleuten ohne besondere Spezialkenntnisse nachvollziehbar ist. Durch diese Übereinkunft zwischen Staat und Patentinhaber gelangt ein hoher Prozentsatz der technisch und wirtschaftlich interessanten Erfindungen in Form von Offenlegungsschriften an die entsprechenden Interessengruppen in Forschung und Entwicklung.

Auf dieses Know-How kann eine auf technische Produkte ausgerichtete Wirtschaft aufbauen und die überlebenswichtige Innovation vorantreiben. Es kann - wie bereits weiter vorne ausgeführt - davon ausgegangen werden, daß ca. 80 % der innovativen Entwicklungsergebnisse *nur* in der Patentliteratur veröffentlicht wird.

Um eine Vorstellung allein von dem gewaltigen zahlenmäßigen Fundus zu vermitteln, der in der Patentliteratur steckt, sollen an dieser Stelle einige Zahlen genannt werden, die über die Patentstatistik erhoben wurden (vgl. auch Abschnitt 6.8): Im internationalen Vergleich liegt Japan mit ca. 350.000 Erstanmeldungen weit vorn, gefolgt von den USA mit rund 150.000 und Europa mit 130.000, von denen ca. ein Viertel auf den deutschen Markt entfallen. Nach der Zahl der Patentanmeldungen gerechnet sind also Japan, die USA und Deutschland die wichtigsten Länder im internationalen Rahmen; auf sie entfallen rund 75% aller Erstanmeldungen weltweit. Diese Zahlen bzw. Verhältnisse bleiben seit Jahre in etwa gleich, abgesehen von den normalen Schwankungen.

In Anbetracht dieses gewaltigen Umfanges des mit der Patentliteratur zur Verfügung stehenden technischen Know-Hows ist es somit undenkbar, eine ernsthafte technische Entwicklung ohne intensive Aufbereitung und inhaltliche Erschließung des aktuellen Standes der Technik überhaupt zu beginnen. Die Analyse der Patentliteratur gibt zudem nicht nur Aufschluß über den Stand der Technik wie Aufgabe, Lösungsvorschlag und Ansprüche, sie enthält ebenso wichtige Informationen zum Rechtsstand der Anmeldung, zur Person des Erfinders und zum Patentinhaber. Sie gibt entscheidende Hinweise zu Betätigungsfeldern und eingeschlagenen Entwicklungsrichtungen des Wettbewerbs.

Die Patentliteratur hält für den interessierten Leser eine geballte Ladung technischen Wissens und Anregungen zur Lösung vielfältigster Teilprobleme bereit.

Für den "Uneingeweihten" ist das Patent ein Buch mit sieben Siegeln, verschlüsselt und in einer scheinbar absolut unverständlichen Rechtssprache verpackt, kann es - oder soll es? - offenbar nur von Insidern verstanden werden. Nun, Sie haben sich das Ihnen vorliegende Buch beschafft und sind bis zu dieser Stelle vorgedrungen, weil Sie anscheinend ebenfalls zu diesen Insidern gehören wollen...

Diesem Anliegen entsprechend werden in den folgenden Abschnitten Erklärungen und Hinweise zum Aufbau, zum Lesen und - dem wohl wesentlichsten Punkt - zur inhaltlichen Erschließung von Patenten gegeben.

7.2 Patentaufbau

Überall in der Technik werden wiederkehrende Vorgänge und häufig verwendete Bauteile standardisiert und genormt. Dies gilt in besonderem Maße auch für den Aufbau von Patentschriften, ihre Bezeichnungen und die Anmelde- und Erteilungsformalitäten. Hierzu gibt es Merkblätter, die vom Deutschen Patentamt kostenlos herausgegeben werden (Bezugsadressen im Anhang).

Die gesetzlichen Verordnungen für Patentanmeldungen finden sich im Patentgesetz (PatG) und in der Verordnung über die Anmeldung von Patenten. Merkblätter geben dem Anmelder und Patentleser Hinweise zur Patentanmelde- und -erteilungsprozedur, ferner zum Umgang mit Patenten. Hat man erst die beiden Kernaufgaben der Schutzrechte wie:

- Darstellung eines technischen Zusammenhangs *und*
- Formulierung von rechtsverbindlichen Ansprüchen, die auf diesem Zusammenhang basieren,

erkannt und diesbezüglich die immer wiederkehrende Gliederung der Schutzrechte durchschaut, steht einem effizienten Arbeiten mit dieser Form der technischen Literatur nichts mehr im Wege.

Die Gliederung einer Patentschrift bzw. eines Gebrauchsmusters umfaßt die nachfolgend genannten Grundelemente:

- Titelblatt mit den wesentlichsten bibliographischen Angaben,
- Erfindungsbeschreibung mit Bezug auf
- erläuternde Zeichnungen, Skizzen oder anderen grafischen Darstellungen,
- Patentansprüche.

7.3 Titelblatt eines Schutzrechtes

Auf der ersten Seite der Patent- oder Gebrauchsmusterschrift finden sich die bibliographischen (also verwaltungstechnischen) Angaben. Dem oberen Abschnitt ist zu entnehmen, ob es sich um ein deutsches oder ein europäisches Schutzrecht handelt. In jedem Fall ist der Wirkbereich des Schutzrechtes (z.B. BR Deutschland, Frankreich oder auch ein anderes Land) vermerkt. Die Rechtssituation der jeweils vorliegenden Schrift wird mit Offenlegungs- oder Patentschrift bzw. Gebrauchsmuster ausgewiesen (Abbildung 7.1).

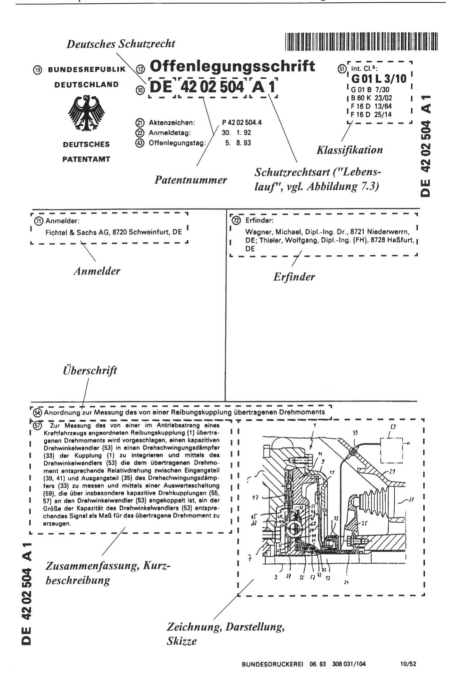

Deutsches Schutzrecht

(19) BUNDESREPUBLIK DEUTSCHLAND

DEUTSCHES PATENTAMT

(12) **Offenlegungsschrift**

(10) **DE 42 02 504 A 1**

(51) Int. Cl.⁵:
G 01 L 3/10
G 01 B 7/30
B 60 K 23/02
F 16 D 13/64
F 16 D 25/14

(21) Aktenzeichen: P 42 02 504.4
(22) Anmeldetag: 30. 1. 92
(43) Offenlegungstag: 5. 8. 93

Klassifikation

Patentnummer

Schutzrechtsart ("Lebenslauf", vgl. Abbildung 7.3)

DE 42 02 504 A 1

(71) Anmelder:
Fichtel & Sachs AG, 8720 Schweinfurt, DE

Anmelder

(72) Erfinder:
Wagner, Michael, Dipl.-Ing. Dr., 8721 Niederwerrn, DE; Thieler, Wolfgang, Dipl.-Ing. (FH), 8728 Haßfurt, DE

Erfinder

Überschrift

(54) Anordnung zur Messung des von einer Reibungskupplung übertragenen Drehmoments

(57) Zur Messung des von einer im Antriebsstrang eines Kraftfahrzeugs angeordneten Reibungskupplung (1) übertragenen Drehmoments wird vorgeschlagen, einen kapazitiven Drehwinkelwandler (53) in einen Drehschwingungsdämpfer (33) der Kupplung (1) zu integrieren und mittels des Drehwinkelwandlers (53) die dem übertragenen Drehmoment entsprechende Relativdrehung zwischen Eingangsteil (39, 41) und Ausgangsteil (35) des Drehschwingungsdämpfers (33) zu messen und mittels einer Auswerteschaltung (59), die über insbesondere kapazitive Drehkupplungen (55, 57) an den Drehwinkelwandler (53) angekoppelt ist, ein der Größe der Kapazität des Drehwinkelwandlers (53) entsprechendes Signal als Maß für das übertragene Drehmoment zu erzeugen.

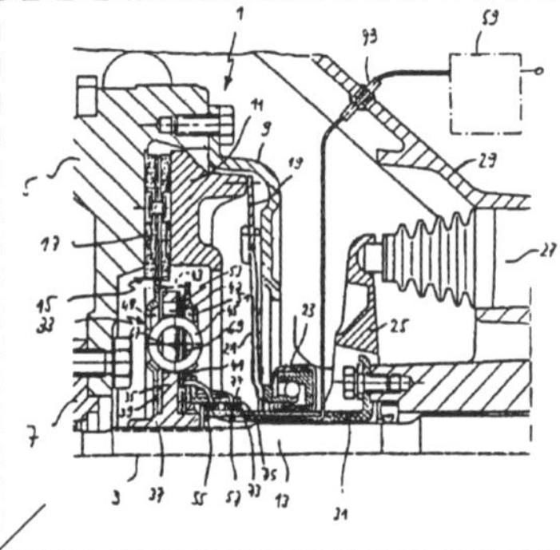

Zusammenfassung, Kurzbeschreibung

Zeichnung, Darstellung, Skizze

DE 42 02 504 A 1

BUNDESDRUCKEREI 06. 93 308 031/104 10/52

Abbildung 7.1: *Titelblatt eines Schutzrechts (Deutsche Offenlegungsschrift)*

Die Offenlegungsschrift versteht sich als Bekanntmachung eines Patent-begehrens und offenbart dem Leser, insbesondere also auch dem Wettbe-werb, die Erfindung und die beabsichtigten Patentansprüche. Ein Einspruch gegen die Erfindung in dieser Phase der Veröffentlichung ist nicht möglich. Es ist jedoch sehr ratsam, frühzeitig entsprechendes Entgegenhaltungs-material zu sammeln.

Die Patentschrift beinhaltet demgegenüber die vom Patentamt nach ver-schiedenen Prüfkriterien (vgl. Kapitel 11) geprüften und letztendlich erteil-ten Patentansprüche.

Gegen erteilte Patente kann unter Berücksichtigung von Einspruchsfristen, die länderabhängig sind (BR Deutschland 3 Monate, Europäische Patente 9 Monate) und mit dem auf dem Titelblatt ausgewiesenen Veröffentlichungs-datum beginnen, Einspruch eingelegt werden. Bei deutschen Patenten ist dieser im Gegensatz zu europäischen Patenten kostenfrei. In diesem Zu-sammenhang ist also die auf dem Patenttitelblatt ausgewiesene Information des Veröffentlichungsdatums sehr wesentlich. Wird die Einspruchsfrist über-schritten, kann das Patent zu späterem Zeitpunkt nur mit einer aufwendigen Nichtigkeitsklage zu Fall gebracht werden (z.B. Deutsches Patentgesetz: § 22 und 81).

Das Schutzrecht erhält am Patentamt ein Eingangsaktenzeichen, das bei deut-schen Patenten gleichzeitig die 7-stellige Patentnummer darstellt. Die er-sten beiden Ziffern geben beim deutschen Patent darüber hinaus auf den ersten Blick Aufschluß über das Anmeldejahr. Für Schriften, die bis 1994 angemeldet wurden, ergibt sich das Anmeldejahr aus einer Addition der Zahl 50 zu den ersten beiden Ziffern: Die Offenlegungsschrift DE 4202504 ist demnach 1992 angemeldet worden (42 + 50 = 92).

Mit dem Jahr 1995 wurde ein neuer Nummernschlüssel eingeführt, der ei-nen 8-stelligen Code verwendet. Hier ist aus der zweiten und dritten Ziffer der Patentnummer das Anmeldejahr unmittelbar zu entnehmen: Die Offenlegungsschrift DE 19616356 wurde demnach 1996 angemeldet. Der 8-stellige Code bedeutet im einzelnen:

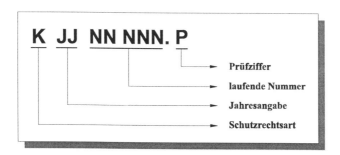

Abbildung 7.2: *Nummernschlüssel für Schutzrechte*

Hinsichtlich Schutzrechtsart kann die Variable K (vgl. Abbildung 7.2) die nachfolgend genannten Ziffern und Bedeutungen annehmen:

1 - Patent(anmeldung),
2 - Gebrauchsmuster oder Topographie,
3 - Warenzeichen / Dienstleistungsmarke,
4 - Geschmacksmuster oder Topographie,
5 - EP-Patent mit Benennung DE (Sprache: deutsch),
6 - EP-Patent mit Benennung DE (Sprache: GB oder FR).

Genauere Informationen - speziell auch zur Ermittlung der Prüfziffer - sind der Benutzerinformation des Deutschen Patentamtes (Nr. 46, April 1990) zu entnehmen.

Kehren wir jedoch zu den gegenwärtig noch gültigen Bezeichnungen und Nummerncodes zurück. Die hinter der Patentnummer aufgeführte Buchstaben-Zahlen-Kombination gibt die Informationen zum "Lebenslauf" des jeweiligen Patentes wieder. In Abbildung 7.3 sind entsprechende Erklärungen zur Bedeutung dieses Codes aufgeführt:

Deutsches Schutzrecht	Europäisches Schutzrecht (EP)
A1 … Offenlegungsschrift (sachlich nicht geprüft)	A1 … Offenlegungsschrift mit Recherchebericht
C1 … Patenterteilung ohne vorherige Offenlegungsschrift	A2 … Offenlegungsschrift ohne Recherchebericht
C2 … Patenterteilung nach Offenlegungsschrift	A3 … allein der nachgeholte Recherchebericht
C3 … Patenterteilung nach Einspruch	B1 … Patenterteilung nach Offenlegungsschrift
U … Gebrauchsmuster	B2 … Patenterteilung nach Einspruch
T … Übersetzung eines europäischen oder internationalen Schutzrechtes, das in DE gelten soll	U … Gebrauchsmuster
	T … Übersetzung eines EP- oder PCT-Dokuments

Abbildung 7.3:   *Schlüssel zur Schutzrechtsart*

Eine genauere Übersicht enthalten die Benutzer-Informationen Nr. 8 (Kennzeichnende Daten) und Nr. 18 (Schriftartencode) des Deutschen Patentamtes - Informationsdienste (Adresse im Anhang).

Neben der Patentnummer wird auf der Titelseite auch der Klassifizierungsschlüssel (IPC) angegeben. Jedes Schutzrecht wird entsprechend seiner technischen Funktion im Rahmen der IPC eingeordnet. Auf den konkreten hierarchischen Aufbau und die sich damit ergebenden unterschiedlichen Klassifizierungsbereiche wurde im Abschnitt 6.4 bereits ausführlich eingegangen. Eine Zusammenstellung aller Sektionen und Unterklassen der IPC ist im Anhang beigefügt.

Die Einteilung und Ablage der Schutzrechte anhand der internationalen Klassifikation ist sehr hilfreich und zeitsparend bei der Suche nach Patenten zu konkreten Fachgebieten, die wöchentlich in Form von Patentheften (Gruppenmappen) erscheinen.

Unter der Klassifikationsnummer, die auf dem Titelblatt aller Schutzrechte aufgeführt ist, können noch weitere Klassifikationen angegeben sein, unter denen sich ebenfalls Informationen zum Thema der Anmeldung finden lassen.

Patente sind terminierte Schutzrechte, deren Wirksamkeit mit dem Anmeldetag in Kraft tritt, die mit dem Offenlegungstag bekannt werden und die mit dem Veröffentlichungstag der Patenterteilung einklagbar sind. Angaben zu diesen Terminen stehen zusammen mit dem Aktenzeichen unterhalb der Patentnummer im Patentkopf.

In der Mitte der Titelseite stehen die personenbezogenen Angaben, links der Patentinhaber und der oder die Vertreter und rechts daneben der oder die Erfinder.

In der Patentanmeldeverordnung (PatAnmVO, § 3) wird eine genaue Angabe zu den Namen und zur Anschrift der entsprechenden privaten bzw. juristischen Personen verlangt. Es muß klar ersichtlich sein, ob der Patentschutz für eine oder mehrere Personen oder Gesellschaften, für den Anmelder im Namen seines Unternehmens oder unter seinem privaten Namen erreicht werden soll. Firmen sind dem Handelsregister entsprechend zu bezeichnen. Wurde ein Vertreter (Patentanwalt / -kanzlei) bestellt, so sind auch hier entsprechende Angaben zu machen. Entsprechende Vertretungsvollmachten müssen beim Patentamt hinterlegt werden.

Gemäß der Erfinderbenennungsverordnung hat der Patentanmelder dem Patentamt den (die) Erfinder auf einem gesonderten Schriftstück zu benennen. Diese Benennung enthält Namen und Anschrift des bzw. der Erfinder und eine Versicherung seitens des Anmelders, daß nach seinem Wissensstand keine weiteren Personen am Zustandekommen dieser Erfindung beteiligt waren. Nach § 4 der Erfinderbenennungsverordnung (ErfBenVO) ist ein Antrag des Erfinders auf Nichtnennung bzw. Widerruf dieses Antrages beim Patentamt schriftlich zu stellen. Eine Information zur Person nicht öffentlich bekanntgegebener Erfinder wird nur bei Glaubhaftmachung eines berechtigten Interesses gewährt.

Unterhalb der Erfinderbenennung wird bei Patentschriften auf die für die Beurteilung der Patentfähigkeit in Betracht gezogenen Druckschriften hingewiesen. Das erteilte Patent hat den sachlichen Vergleich mit diesen Schriften bestanden. Eine Verwendung dieser Schriften als Entgegenhaltungsmaterial scheidet logischerweise dann aus. Sie können jedoch ein Indiz dafür sein, unter welchem Aspekt und in welcher technischen Richtung der Prüfer nach griffigem Entgegenhaltungsmaterial gesucht hat. Diese Druckschriften sind für den Entwickler weitere Puzzleteile in seinem technischen Gesamtbild und sollten auf alle Fälle bei der Suche nach Lücken für eigene

Schutzrechte zum interessierenden Thema berücksichtigt werden.
Im unteren Abschnitt der Titelseite wird der technische Patentinhalt in Form einer treffenden Überschrift, einer Kurzbeschreibung und ggf. mit einer prägnanten zeichnerischen Darstellung umrissen.
Die Bezeichnung der Erfindung muß einen Bezug zur angegebenen beanspruchten Patentkategorie, wie z.B. Vorrichtung, Verfahren, Vorrichtung und Verfahren, Mittel oder Anordnung aufweisen. Die Bezeichnung sollte andererseits möglichst kurz sein und mit den ersten Worten des Oberbegriffs übereinstimmen, ferner muß ein Bezug zum Stand der Technik gegeben und erkennbar sein. Der Titel der Erfindung darf außerdem keine Phantasiebezeichnung sein. Er soll die technische Eigenart des Gegenstandes, auf den sich die Erfindung bezieht, möglichst exakt beschreiben. Die Bezeichnung soll die Erfindung klassifizieren, das heißt ausgehend von einem bekannten Gegenstand soll dessen Verbesserung aufgezeigt werden.
Eine entsprechend formulierte Überschrift erleichtert dem Patentamt die Ermittlung der zutreffenden Patentklasse. Dies wird natürlich durch die Wahl von Begriffen, die bereits in der IPC festgelegt sind, deutlich vereinfacht.
Hinsichtlich der Patentbeobachtung durch die Patentabteilung, den Patentmanager oder durch den Entwickler selbst stellt die Überschrift neben der ziffernmäßigen Klassifikationsangabe die schnellste grobe Information über den sachlichen Inhalt dar und erleichtert sowohl die Dokumentationsarbeiten in den Ablagen und Archiven als auch die Arbeit der Rechercheure.
Manche Verfasser von Patentbeschreibungen versuchen die Anmeldungsbezeichnung möglichst nichtssagend oder sogar falsch zu formulieren, um eine sachwidrige Eingruppierung der Anmeldung zu erreichen und damit den patentbeobachtenden Wettbewerber zu überlisten. Diese fragwürdige Taktik hat jedoch nur dann überhaupt einen Sinn, wenn keine schnelle Prüfung angestrebt wird, sondern die volle Wartefrist (nach PatG 7 Jahre) bis zur Prüfung genutzt werden soll. Eine anfänglich sachliche Irreführung der Prüfstelle wird sich jedoch im Verlaufe des Prüfungsverfahrens offenbaren und führt durch eine spätere Umgruppierung der Anmeldung dazu, daß zwei verschiedene Prüfstoffe für die Beurteilung der Erfindungshöhe herangezogen werden. Eine Anmeldung, die nicht in der einschlägigen Patentgruppe geprüft wurde, hat in einem späteren eventuellen Einspruchsverfahren die schwächere Position. Ferner kann die Verletzung eines derartigen Schutzrechtes - soweit sich die wissentliche Verletzung nicht nachweisen läßt - möglicherweise als nicht schuldhaft und daher nicht schadenersatzpflichtig angesehen werden!
Die auf dem Titelblatt angegebene Kurzbeschreibung des Patentinhaltes gibt das technische Problem, die Lösung und das Anwendungsgebiet der Erfindung wieder.
Diese Zusammenfassung ist gemäß § 36 PatG vorgeschrieben und dient lediglich der technischen Information. Sie soll einen raschen Überblick vermitteln und in maschinellen Dokumentationssystemen und Datenbanken

verarbeitbar sein. Sie ist jedoch *nicht* für die Bestimmung des Schutzumfanges verwendbar und auch nicht für den Inhalt der Anmeldung maßgebend. Die Zusammenfassung soll leicht verständlich sein, den Kern und Sachverhalt der Erfindung wiedergeben und aus nicht mehr als 150 Worten bestehen.

Das technische Problem bzw. die technische Aufgabe und Zielsetzung ist möglichst konkret mit den gegenüber dem Stand der Technik erreichten Vorteilen und Möglichkeiten anzugeben. Vorteilhaft ist auch, wenn die lösungstypischen Merkmale hinsichtlich Gestaltung, Verfahren, Werkstoffen etc. deutlich gemacht werden. Darüber hinaus sollte das Anwendungsgebiet, speziell der technische Einsatzbereich des in der Anmeldung beschriebenen Ausführungsbeispiels, prägnant dargestellt werden.

Soweit es dem technischen Verständnis dient, sollte die Zusammenfassung die Zeichnung aus der Anmeldung enthalten, die das Wesen der Erfindung am deutlichsten wiedergibt. Die Auswahl der Zeichnung trifft allerdings der Prüfer, wenn dies vom Anmelder trotz Aufforderung nicht vorgenommen wurde.

In diesem Zusammenhang erscheint aus unserer Sicht der Hinweis wertvoll, daß die wesentlichsten Informationen des Titelblattes eines Schutzrechtes unverändert in den Patentheften des Wila-Verlages (Adresse im Anhang) abgedruckt sind. Anhand der so verfügbaren Übersichtsinformationen ist relativ schnell herauszufinden, inwieweit diese oder jene Schrift für das interessierende Sachgebiet zur weiteren inhaltlichen Erschließung beschafft werden muß.

7.4 Erfindungsbeschreibung

Eine Patentschrift muß letztendlich zwei Aufgaben erfüllen. Zum einen verfolgt der Anmelder mit der Einreichung einer Patentanmeldung das Ziel, auf einem bestimmten technischen Sachgebiet ein Ausschließlichkeitsrecht zu erreichen (rechtliche Seite). Die Sprache des Rechts bedient sich zur sinngemäßen Erfassung und Eingrenzung (komplexer) technischer Sachverhalte einer stark verallgemeinernden und für Techniker oft unanschauliche Ausdrucksweise. Für eine konkrete technische Ausführung bzw. Gestaltung einer Erfindung wird eine allumfassende begriffliche Verallgemeinerung gesucht, um auf diese Weise möglichst viele spezifische Ausführungsformen unter den Schutzumfang des Patents zu stellen.

Zum anderen erwartet der interessierte Techniker eine klare Anweisung zum technischen Handeln. Demzufolge muß die technische Beschreibung des Erfindungsgedankens an sich in anschaulicher, konkreter und präziser Form erfolgen, sie muß verallgemeinernde Abschweifungen vermeiden.

Hier liegt offensichtlich ein Widerspruch zwischen der technischen und rechtlichen Ausdrucksweise vor. Dieser Widerspruch wird bei der Abfassung von Patenten dahingehend gelöst, daß die Patentschrift einerseits eine Erfindungsbeschreibung enthält, die die technischen Informationen in der klaren Sprache des Technikers darstellt, andererseits wird mit den Patentansprüchen der rechtlichen Seite entsprochen. Sie bestimmen letztlich den Schutzumfang des Patentes und werden bei Rechtsstreitigkeiten herangezogen. Allerdings können beispielhafte Beschreibungen ebenfalls eine rechtliche Bedeutung hinsichtlich der konkreten Auslegung des Schutzrechts erlangen.

Die Erfindungsbeschreibung, die im allgemeinen auf der zweiten Seite des Patents beginnt, hat das Ziel, die Erfindung zu offenbaren, d.h. zu erläutern und zu erklären. Die Erfindungsbeschreibung beinhaltet die nachfolgend genannten Schwerpunkte:

- Einleitung und Angaben zum technischen Gebiet, zum Zweck und zur Anwendung der Erfindung,
- Erläuterungen zum Stand der Technik, dabei werden Mängel und Verbesserungspotential aufgezeigt, sowie zur technischen Aufgabe der Erfindung übergeleitet,
- Lösungsansätze entsprechend der kennzeichnenden Ausführung von Haupt- und Unteransprüchen,
- Auflistung der durch die Erfindung erzielbaren Vorteile,
- Aufzählung und Erklärung der Zeichnungen und Figuren,
- Erläuterung der Erfindung an Ausführungsbeispielen und Zusammenfassung.

Da der Patentanmelder durch die Patentformulierung die Erlangung eines möglichst umfassenden Ausschließlichkeitsrechts anstrebt, ist es ratsam, den Kern der Erfindung und die Erfindungshöhe prägnant und detailliert herauszuarbeiten. Zudem ist zu beachten, daß ein Patentschutz nur dann in Anspruch genommen werden kann, wenn der erfinderische Gedanke so vollständig dargelegt ist, daß ein Fachmann die technische Anleitung zum Handeln umsetzen kann, ohne selbst erfinderisch tätig zu werden. Ist diese Bedingung nicht erfüllt, so kann das Patent auf Antrag widerrufen werden.

7.4.1   Einleitung und Zweck der Erfindung

Gemäß § 55 PatG ist am Anfang der Beschreibung der im Patentantrag genannte Titel anzugeben, der dem in den Patentansprüchen verwendeten Oberbegriff entsprechen soll. Die Erfindungsbeschreibung beginnt mit der Angabe des technischen Gebietes und wird meist mit folgenden Worten eingeleitet: "Die Erfindung betrifft eine...". Es folgt die Wiedergabe und eventuelle Erläuterung des Oberbegriffes des Patenthauptanspruchs. Diese Aussa-gen werden durch Angaben zum sozialen Zweck (Nutzen für den Verbrau-cher / Anwender) und der besonderen Zielrichtung hinsichtlich der techni-schen Verbesserung bzw. Problemstellung ergänzt. Ausführungen zur ge-werblichen Anwendbarkeit, die nach § 1 PatG eine unabdingbare Voraus-setzung für eine Patenterteilung ist, sind ebenfalls Gegenstand der Beschreibungseinleitung.

7.4.2   Zum Stand der Technik

Nach § 5 PatAnmVO ist eine Schilderung des Standes der Technik vorge-schrieben. Hierbei ist der technische Hintergrund und die Ausgangsbasis für die Erfindung darzulegen. Es ist allerdings nicht erforderlich, eine um-fassende Darstellung aller Mängel bereits bekannter Lösungen vorzuneh-men. In diesem Zusammenhang erscheint es immer zweckmäßig, an einer oder einigen wenigen bekannten Lösungen die Mängel herauszuarbeiten, die durch die eigene Erfindung verbessert bzw. behoben werden. Dieses Vorgehen veranschaulicht nicht zuletzt auch dem Prüfer die Problematik der zu lösenden technischen Aufgabe bzw. der zu verbessernden Mängel. Ferner festigt sich der Eindruck, daß der Anmelder mit der erforderlichen Sorgfalt bei der Sichtung des seine Aufgabe tangierenden Standes der Tech-nik vorgegangen ist. Der bekannte Stand der Technik soll nach § 35 PatG vollständig angegeben werden. Dieser Vorschrift sehr gewissenhaft zu fol-gen, liegt jedoch ohnehin im eigenen Interesse des Patentanmelders. Zum einen wird er bei Beginn der Produktentwicklung den Stand der Technik gründlich recherchiert haben, zum anderen ermöglichen fundierte Kennt-nisse der bereits patentierten Technik die Ausarbeitung einer erheblich we-niger angreifbaren Anmeldungsfassung. In vielen Fällen kann der Stand der Technik bereits aus vorliegenden eigenen und fremden Schutzrechten zu-sammengestellt werden. Der Prüfer wird sich über den in der Beschreibung vorgetragenen und interpretierten Stand der Technik hinaus einen eigenen umfassenden Überblick verschaffen, um für die Beurteilung der Erfindung hinsichtlich Neuheit und Erfindungshöhe gerüstet zu sein. Der Stand der Technik ist stets auf die der Erfindung zugrundeliegenden Aufgabe zu be-ziehen, da nur bei genauer Kenntnis der Aufgabenproblematik der An-meldungsgegenstand von vorbekannten Lösungen abgegrenzt werden kann. Oft sind die zur Lösung verwendeten Merkmale aus dem Stand der Technik bereits bekannt, dienen dort allerdings anderen Zwecken als im Falle der eigenen Erfindung.
In dieser Hinsicht kann es sogar nützlich sein, wenn zusätzlich zur Beschrei-bung des Vorbekannten, von dem die Erfindung Gebrauch macht, auch noch die bisher bekannten Lösungsversuche geschildert werden. Besonders um dem Einwand mangelnder Erfindungshöhe zu begegnen, kann eine Darstel-

lung vieler bisher weniger erfolgreicher Lösungswege dokumentieren, daß
- obwohl mehrfach an der Problemlösung gearbeitet wurde - diese spezielle
Lösung nicht erkannt, die jetzt vorliegende Lösung demnach überraschend
gefunden wurde. Zusätzlich zur Darstellung der den vorbekannten Lösungen anhaftenden Mängeln wird in der Beschreibung im Anschluß an den
Stand der Technik das Verbesserungspotential in Form einer formulierten
technischen Aufgabe aufgezeigt.

Häufig wird diese Passage der Beschreibung mit dem Wortlaut *"Der Erfindung liegt die Aufgabe zugrunde,..."* eingeleitet. Die Aufgabenstellung wird
im wesentlichen von den formulierten Mängeln der bereits vorbekannten
Einrichtungen und Verfahren getragen. Wenn bereits das Auffinden dieser
Mängel eine besondere gedankliche Leistung darstellt, kann dies auch für
die Beurteilung der Erfindungshöhe maßgeblich sein und ist besonders hervorzuheben. Denn je komplexer und komplizierter der Gedankenweg bis
hin zur Erfindung erscheint, um so höher wird im allgemeinen die Erfindungshöhe eingeschätzt.

Die geschickte Aufteilung der erfinderischen Leistung auf Aufgabe und
Lösung vermittelt den Eindruck eines systematischen Vorgehens beim Zustandekommen der Erfindung. Sie ist eine geeignete Unterstützung zum
Verständnis der später dargelegten Patentansprüche. Die Aufgabenstellung
und die spezielle Lösung ergeben zusammen die Erfindung, deren Ausführ-
barkeit nachvollziehbar dargestellt sein muß.

7.4.3   Lösungsansätze und kennzeichnende Merkmale

Die Erläuterungen zur Aufgabenstellung fördern das Verständnis für die
erfinderische Leistung. Bei der Darstellung der Erfindung muß auf die in
den Ansprüchen fixierten kennzeichnenden Merkmale der Lösung eingegangen werden. Als verbale Überleitung von der Aufgabe zum Lösungsansatz wird in Patentschriften häufig die Formulierung *"Erfindungsgemäß..."*
verwendet.

Die Kennzeichnung der Erfindung soll wörtlich mit dem kennzeichnenden
Teil des Hauptanspruchs übereinstimmen. Das Einbeziehen der in der Sprache des Rechts abgefaßten Hauptansprüche erschwert zwar dem Techniker
das Lesen der Erfindungsbeschreibung, ist jedoch für ein eindeutiges Schutzbegehren erforderlich.

Im Interesse klarer Rechtsverhältnisse muß der Gegenstand der Erfindung
im Hauptanspruch und in der Beschreibung übereinstimmend gekennzeichnet sein. Nach einer knappen und exakten Formulierung der Kennzeichnung der Erfindung ist es zweckmäßig, das Wesen der Erfindung mit verständlichen und knappen Worten zu umschreiben. In der Praxis wird oft auf
diese Weise eine erweiternde Auslegung des Hauptanspruchs anvisiert und
die Lösung in entsprechende Teillösungen bzw. Lösungsvarianten aufgefä-

chert. Für den interessierten Leser, der an ähnlichen Problemstellungen arbeitet, lassen sich aus den offengelegten und in der Beschreibung genauestens erklärten Lösungsvorschlägen oftmals sehr positive Ansätze und Ideen für das eigene Arbeitsgebiet ableiten.

7.4.4 Darstellung der Lösungsvorteile

Nach § 5 der PatAnmVO wird die Beschreibung der sich durch die Erfindung ergebenden vorteilhaften Wirkungen explizit gefordert.
Bevor jedoch auf die eigentlichen Vorteile der Erfindung näher eingegangen wird, ist darzustellen, in welcher Form der Gegenstand der Erfindung gewerblich genutzt werden kann, soweit dies nicht bereits aus der Erfindungsbeschreibung hervorgeht.
Zur besseren Abgrenzung vom allgemeinen Stand der Technik ist es in jedem Falle sinnvoll, die technischen oder / und wirtschaftlichen Vorzüge der Erfindung, die unmittelbar vom Kern der Erfindung ausgehen, besonders herauszustellen, da sie letztlich auch zur Beurteilung der Erfindungshöhe herangezogen werden. Weitere spezielle Vorteile der dargestellten Erfindung, die sich *zusätzlich* aus der Wahl bestimmter Konstruktionsvarianten etc. ableiten lassen, sind in der Beschreibung des Ausführungsbeispiels gesondert hervorzuheben. Demgegenüber können die Vorteile, die bereits direkt der technischen Lehre zur Behebung der im Stand der Technik angegebenen Mängel zu entnehmen sind, unerwähnt bleiben. In der Beschreibung sollte explizit auf die bevorzugten Anwendungsgebiete der Erfindung und die dort erzielbaren Auswirkungen eingegangen werden. Es ist dabei angebracht, möglichst zu jedem Unteranspruch die spezifischen Vorzüge ausführlich darzulegen. Diese Verfahrensweise kann insbesondere dann zu Bedeutung gelangen, wenn in der Prüfungsphase des Schutzrechtes der Prüfer ernstzunehmendes Entgegenhaltungsmaterial zum ursprünglichen Kern der Erfindung vorzubringen hat. In einem solchen Fall kann man sich dann ggf. auf einen Unteranspruch zurückziehen (was nichts anderes heißt, als diesen zum neuen Hauptanspruch zu erheben, während der alte gestrichen oder in den Oberbegriff aufgenommen wird).

7.4.5 Zeichnungen und Figuren

Die Benennung und Erklärung der Zeichnungen und Figuren bildet die Überleitung von der bisher erläuterten Beschreibungseinleitung zum speziellen Beschreibungsteil.
In diesem Abschnitt wird explizit vermerkt, daß die nachfolgende Beschreibung einer Ausführung der Erfindung nur beispielhaften Charakter hat und die aufgeführten Merkmale in dieser Form nicht zwingend zur Realisierung

der Erfindung notwendig sind. Ein Hinweis, unter welchen Aspekten das Beispiel ausgewählt wurde, kann zum besseren Verständnis des gesamten Ausführungsbeispiels nützlich sein. Da eine bildliche Darstellung die kürzeste und kompakteste Form der Information darstellt, wird in Schutzrechten häufig mit Zeichnungen gearbeitet.

Wenn die Erläuterungen zum Ausführungsbeispiel anhand einer oder mehrerer Zeichnungen erfolgen soll, ist eine Figurenaufstellung, die Art der Darstellung (z.B. Ansicht, Längsschnitt oder perspektivische Darstellung etc.) und die eventuelle gegenseitige Zuordnung anzugeben. Die jeweilige Darstellung wird mit "Figur" und fortlaufenden Nummern bezeichnet.

Die Abbildung darf eine Fläche von maximal 26,2 x 17 cm^2 nicht überschreiten und ist in dauerhaften, schwarzen, in sich gleichmäßigen und scharfen Linien ohne Farben oder Tönungen auszuführen. Der Maßstab und die Klarheit der zeichnerischen Ausführung müssen so gewählt sein, daß auch bei Verkleinerung auf zwei Drittel noch ohne Schwierigkeiten alle Einzelheiten erkannt werden können. Die Zeichnungen sollen keine Erläuterungen tragen, erlaubt sind jedoch kurze und für das Verständnis unentbehrliche Angaben (wie z.B.: offen, zu, Schnitt A-B etc.). Für die Darstellungsweise der Zeichnungen sind keine besonderen Regeln vorgeschrieben. Ein grundsätzlicher Unterschied zu üblichen technischen Zeichnungen nach DIN besteht im Weglassen von Maßangaben. Diese werden nur vorgesehen, wenn die Einhaltung bestimmter Maße und Größenverhältnisse die eigentliche Erfindung ausmacht.

Es versteht sich von selbst, daß die Kernaussage der Erfindung deutlich darzustellen ist. Obwohl die Zeichnung die Sprache des Technikers ist, reicht sie allein nicht für eine aussagefähige Offenbarung der erfinderischen Merkmale aus. Eine Übernahme von technischen Zusammenhängen in die Patentansprüche ist ohne begleitenden Text im Beschreibungsteil oder in den Patentansprüchen selbst nicht statthaft. Eine genaue Zuordnung des Textes der Beschreibung und der Patentansprüche zu den Zeichnungen wird durch Fixierung der Zeichnungsdetails mit Zahlen und Bezugslinien sowie Einflechtung in den Beschreibungstext sichergestellt.

Die sogenannten Bezugszeichen werden fortlaufend derart in die Figur eingesetzt, wie sie im Text auftauchen. Diese Festlegung ist sehr vorteilhaft, da sich der Leser in aller Regel an der Zeichnung orientiert und nur gelegentlich zum besseren Verständnis des Ausführungsbeispiels den erklärenden Text nachliest. Die fortlaufende Anordnung der Bezugszeichen erleichtert dem eiligen Leser das Auffinden der entsprechenden Textstelle. Die arabischen Ziffern sind im Text untereinander durch ein Bindewort (und) getrennt. Gehören mehrere bezifferte Teile zu einem Element, so sind die Ziffern durch Kommata voneinander getrennt. Damit die Bezugszeichen nicht mit anderen Zahlenangaben im Text durcheinander geraten, werden eventuell benötigte weitere Zahlenangaben ausgeschrieben.

Grundsätzlich gilt für die Formulierung und Abfassung von Schutzrechten eine einheitliche Verwendung von technischen Begriffen, Bezeichnungen und Bezugszeichen. Nicht identische Teile dürfen folglich nicht mit demselben Begriff gekennzeichnet werden, gleiche Elemente werden entsprechend ihrer Funktion mit Zusätzen versehen (z.b. Antriebswelle, Zwischenwelle oder Abtriebswelle). Zu den Bezugszeichen ist ergänzend zu bemerken, daß sie im Beschreibungsteil ohne und in den Patentansprüchen mit Klammern versehen werden.

Zeichnungen erleichtern das Verständnis der Erfindungen und sind in Gebrauchsmusterunterlagen *zwingend vorgeschrieben*, während sie in einer Patentanmeldung nicht immer notwendig sind. Wird neben der Patentanmeldung auch eine Eintragung als Gebrauchsmuster angestrebt, sollten die Anmeldeschriften auch stets eine Zeichnung beinhalten.

Für die Zusammenfassung auf der Titelseite ist eine gesonderte Zeichnung vorgesehen, die auch eine besonders aussagefähige Darstellung aus den Anmeldeunterlagen sein kann.

7.4.6   Ausführungsbeispiele und Zusammenfassung

Die genaue Beschreibung eines Ausführungsbeipiels dient der Charakterisierung der Erfindung. Hierbei wird meist auf eine der bereits aufgelisteten Zeichnungen Bezug genommen, um dem Patentleser einen gangbaren Weg zur Ausführung der Erfindung aufzuzeigen. In diesem speziellen Beschreibungsteil wird die Erfindung in konkreter Ausführung an mindestens einem Beispiel erläutert. Diese Beschreibung (z.B. für eine Vorrichtung) wird den Aufbau und die Funktionsweise verdeutlichen, sodaß ein auf diesem Gebiet tätiger Fachmann den Erfindungsgedanken nachvollziehen kann. Der Verfasser des Schutzrechtes wird zuerst die bekannten Bestandteile der Vorrichtung erläutern, um dem Leser mit dem später im Oberbegriff aufgezeigten Stand der Technik vertraut zu machen. Zuletzt werden die neuen, überraschenden Merkmale der Erfindung vorgestellt.

Bei der Beschreibung eines Verfahrens ist ein zweckmäßiges Vorgehen - bzw. die erforderlichen Handlungen, die dem folgerichtigen Verfahrensablauf analog sind - aufzuführen. Entsprechend den Etappen bei der Durchführung der Verfahrensschritte werden die erzielten Material- und Stoffänderungen geschildert. Der Verfasser ist gehalten, nicht übliche Bezeichnungen oder Warenzeichen bei der Bezeichnung des Zustandes oder der Beschaffenheit des Gegenstandes bzw. des Verfahrens zu vermeiden. Die Verwendung exakter technischer Termini ist eine prinzipielle Voraussetzung.

Die Zusammenfassung dient nach § 36 PatG ausschließlich einer technischen Unterrichtung und Information. Für die rechtliche Auslegung der Patentansprüche kann die Zusammenfassung prinzipiell nicht herangezogen werden. Es können somit keine Argumente für die Patentfähigkeit des Erfindungsgegenstandes während des Prüfungsverfahrens aus der Zeichnung oder dem Text der Zusammenfassung abgeleitet werden. Die Zusammenfassung erleichtert lediglich das Suchen nach dem technischen Inhalt der Patent- oder Gebrauchsmusteranmeldung und das Recherchieren unter Zuhilfenahme elektronischer Mittel. Der Inhalt der Zusammenfassung muß nach § 36 PatG die Bezeichnung der Erfindung und die Kurzfassung der enthaltenen Offenbarung aufzeigen. Sie sollte im Gegensatz zu gelegentlich auftauchenden Ausführungen ein klares Verständnis des technischen Problems, seiner Lösung und Anwendungsmöglichkeiten vermitteln. Entsprechend § 7 PatAnmVO soll die Zusammenfassung nicht mehr als 150 Worte umfassen, da ein längerer Text nicht auf der Titelseite unterzubringen ist. Die Zusammenfassung muß zudem aus sich heraus verständlich sein. Sie darf nicht aus einer Reihe von Hinweisen auf Zeichnungen oder Texte bestehen, die im Beschreibungs- bzw. Patentanspruchsteil zu finden sind.

Die Zusammenfassung kann durchaus als Aushängeschild eines Schutzrechtes bezeichnet werden. Analog zu einem Buchumschlag sollte sie den Leser auf den Inhalt hinweisen und sein Interesse wecken.

7.5 Patentansprüche

Mit einer Patentschrift verfolgt der Anmelder als ein primäres Ziel die Erreichung eines Ausschließlichkeitsrechts. Plastischer und in der "Goldgräbersprache" dargestellt: Er möchte sich einen Claim abstecken. Dieser Claim bezieht sich - dem Charakter der Patente als technischer Literatur folgend - natürlich auf technische Sachverhalte. Der (oder die) Patentansprüch(e) deckt letztlich den normativen, rechtsetzenden Teil des Schutzrechtes ab. Gleichwohl ist zu beachten, daß auch die beispielhafte Beschreibung eine gewisse rechtliche Bedeutung für den Schutzumfang erreichen kann.

Die Patentansprüche sind auf den ersten Blick verklausuliert und in einer für den Techniker schwer verständlichen Rechtssprache abgefaßt. Sie sind jedoch der im juristischen Sinne relevante Kern des Patents. Die mit einem Patent angestrebte vorteilhafte Rechtsposition im wirtschaftlichen Wettbewerb ist umso stabiler, je präziser und umfassender die Ansprüche formuliert sind. Da heute nur sehr wenig Patente zu den reinen Grundlagenpatenten zählen (wie z.B. die Erfindung der Glühbirne), sondern in der Regel auf Grundlagen oder Basispatenten aufbauende technische Verbesserungen darstellen (wie z.B. ein besonderer Glühfaden, der bei Erschütterungen nicht reißt), muß durch eine geschickte Formulierung der oftmals sehr feine Unterschied zum Stand der Technik herausgestellt werden.

Bei nichtgütlichen Patentstreitigkeiten (also vor juristischer Instanz) kann - ebenso wie im Zivilrecht - der gleiche Fall vor unterschiedlichen Instanzen unterschiedlich ausgelegt und entschieden werden. Das ist im Patentrecht insbesondere dann vorprogrammiert, wenn es sich um juristisch nicht klar und eindeutig formulierte Patentansprüche handelt, die auch nur einen Ansatz für eine andere Deutung oder Auslegung enthalten, als ursprünglich damit beabsichtigt war. Diese ursprüngliche Absicht hatte ja letztlich eine wirtschaftliche Verwertung der Erfindung zum Ziel, die damit hinfällig bzw. durch den Wettbewerb nutzbar wird.

Zur Verbesserung der rechtlichen Eindeutigkeit und Durchschaubarkeit hat sich ein spezieller Aufbau der Patentansprüche und eine häufig angewendete Formulierung bewährt und durchgesetzt. Wird diese Struktur in den Ansprüchen vom Leser erkannt, kann er sich leichter in dieser Materie zurechtfinden und die für ihn bedeutsamen Aussagen herausfiltern.

Nach § 35 PatG beinhalten die Patentansprüche technische Sachverhalte, die seitens des Patentinhabers unter Schutz gestellt werden wollen. Bei einem erteilten Patent enthalten sie technische Sachverhalte, die vom Prüfer für schutzwürdig gehalten werden.

Der Schutzbereich eines Patents wird durch den Inhalt der Patentansprüche definiert. Einer geschickten, möglichst umfassenden Formulierung der Ansprüche fällt hierbei ohne Zweifel die ausschlaggebende Rolle zu, da Zeichnungen und Beschreibung nur zur *Auslegung* der Patentansprüche herangezogen werden dürfen.

7.5.1 Merkmale der Erfindung

In den Patentansprüchen werden alle Merkmale, die zur Lösung der im Beschreibungsteil dargelegten Aufgabe erforderlich sind, aufgeführt und ihr Zusammenwirken - soweit es zum Patentumfang gehört - dargestellt. Beschreibt das Patent eine Vorrichtung, so werden Maschinenelemente als Merkmale fungieren, bei Verfahrenspatenten werden Verfahrensschritte als Merkmale aufgezählt.

Patentansprüche können einteilig oder zweiteilig abgefaßt sein. Die einteilige Version kommt dann zur Anwendung, wenn es sich um ein offensichtlich neues, bisher patentmäßig noch nicht bearbeitetes Fachgebiet handelt, hauptsächlich also bei Grundlagenpatenten. Die zweiteilige Variante wird in Oberbegriff und kennzeichnenden Teil aufgegliedert. Der überwiegende Teil der Patente sind Weiterentwicklungen, die auf bereits zum Stand der Technik gehörenden Lösungen basieren. Zur Verbesserung der Übersicht und Lesbarkeit werden die Merkmale dann in zwei voneinander getrennten Abschnitten dargestellt.

Im Oberbegriff werden die bereits bekannten Merkmale, auf die der Patentanspruch aufbaut, zusammengestellt. Dies sind Merkmale, die aus dem Stand der Technik entnommen wurden, der der Erfindung am nächsten kommt. Im kennzeichnenden Teil sind die zur Lösung der Aufgabe vom Erfinder erstmals verwendeten Merkmale angegeben. Oberbegriff und kennzeichnender Teil werden gemäß § 4 PatAnmVO durch die Worte *"... dadurch gekennzeichnet, daß ..."* oder *"... gekennzeichnet durch ..."* bzw. eine sinngemäße Formulierung voneinander getrennt. Der geübte Leser erfaßt bei der zweiteiligen Anspruchsstruktur auf einen Blick, welche Merkmale bzw. Merkmalskombinationen den Schutzumfang des Patentes ausmachen und welche als bekannt vorausgesetzt werden können. Bei der Patentüberwachung ist zu prüfen, inwieweit die eigene bzw. eine andere interessierende Lösungsausführung im Oberbegriff des ersten Anspruches des Vergleichspatents inhaltlich enthalten ist. Ist das der Fall, muß der Inhalt des kennzeichnenden Teils und der anderen Ansprüche genauer analysiert werden. Im Oberbegriff muß, zur Abgrenzung des Schutzbegehrens gegenüber dem nächstliegenden Stand der Technik, jedoch nur eine einzige Standardlösung berücksichtigt werden, ein Rückbezug auf verschiedene Lösungsvarianten ist nicht erforderlich.

Die im kennzeichnenden Teil aufgenommenen Merkmale ergeben nur in Verbindung mit den Merkmalen des Oberbegriffes den Schutzumfang des Patents. In Anbetracht der Problematik eine Erfindung exakt zu beschreiben, hat der Gesetzgeber den Schutzbereich des Patentes auf den Patentinhalt bezogen und dadurch die Bedeutung der Formulierung für die Rechtswirkung abgeschwächt. Somit ist anzugeben, "was als patentfähig unter Schutz gestellt werden soll". Nach § 35 PatG ist nicht unbedingt der daraus abzuleitende Patentschutz in alle Richtungen abzugrenzen.

7.5.2   Haupt-, Neben- und Unteransprüche

Nach § 4 der PatAnmVO können mehrere unterschiedliche Ansprüche definiert werden, die zueinander in Relationen stehen müssen. Dabei soll der Hauptanspruch das Erfindungsprinzip in seiner größtmöglichen Verallgemeinerung beschreiben. Er enthält die wesentlichsten Merkmale, die zur Lösung der gestellten Aufgabe und zum Erzielen der patentbegründenden Wirkung unabdingbar sind.

Der Verfasser des Hauptanspruchs wird sich eine konkrete Ausgestaltung der Erfindung vor Augen führen müssen, um dann eine allumfassende begriffliche Verallgemeinerung auszuarbeiten. Dabei ist grundsätzlich anzustreben, die Grenzen des erfinderischen Wirkprinzips auszuloten, um möglichst viele denkbare Äquivalenzlösungen mit dem Schutzumfang abzudecken.

Patentansprüche sollen Regeln zum technischen Handeln aufstellen, sie müssen daher den technischen Tatbestand, auf den sich der Schutz beziehen soll, mit der gebotenen Klarheit und Verständlichkeit wiedergeben. Dem-

entsprechend ist eine Vorrichtung durch ihre gegenständlichen Merkmale, nicht aber durch ihre Wirkungsweise zu beschreiben.
Ein Verfahren wird durch einzelne Verfahrensschritte und zeitliche Abläufe, nicht aber durch das Verfahrensergebnis erklärt.
Eine rechtlich eindeutige Definition läßt sich scheinbar, wie viele Anspruchsformulierungen zeigen, nicht mit guter sprachlicher Verständlichkeit vereinbaren. Einer guten Verständlichkeit steht zudem noch der Zwang entgegen, die Erfindung mit einem einzigen Satz zu umreißen. Diese stilistische Raffinesse in der Formulierung des Hauptanspruchs soll die geistige Einheit der dargestellten technischen Lehre unterstreichen. Im kennzeichnenden Teil des Hauptanspruchs sind Einzelheiten, die nicht unbedingt für die prägnante Kennzeichnung der technischen Lehre benötigt werden, zu vermeiden. Eine sogenannte Überbestimmung der Kennzeichnung liegt immer dann vor, wenn eine detaillierte Lösung oder Methode beschrieben wird, bei der ein übergeordneter Begriff für eine Einzelheit der erfinderischen Lehre ebenfalls zur Funktion verhelfen würde.
Ein Beispiel dazu: Wenn eine leicht gängige Bewegungsfunktion zur Funktionserfüllung benötigt wird, so ist die Einschränkung auf ein Wälzlager als Überbestimmung anzusehen, da jedes Lager, z.B. auch ein Gleitlager, wohl denselben Zweck erfüllen würde. Ansprüche mit einschränkendem und konkretisierendem Charakter sind vorteilhafterweise in die Reihe der Unteransprüche einzuordnen, während der Hauptanspruch den Kern der erfinderischen Lehre in seiner allgemeinsten Formulierung beinhalten sollte.
Ein Schutzrecht kann neben dem Hauptanspruch weitere unabhängige Patentansprüche, sogenannte Nebenansprüche, enthalten. Diesbezüglich ist jedoch zu beachten, daß nach § 35 PatG für den Patentinhalt eine grundsätzliche Einheitlichkeit verlangt wird.
Die Einheitlichkeit einer Anmeldung ist dann gegeben, wenn letztere sich nur auf eine Erfindung bezieht, und alle aufgeführten Merkmale zur Lösung erforderlich und auch geeignet sind. Wird die gestellte Aufgabe vom Anmelder als nicht vollständig gelöst angesehen, dann können mehrere selbständige Lösungen in einer Patentschrift als Nebenansprüche abgehandelt werden, soweit jede Erfindung selbständig schutzfähig ist und diese zum Zeitpunkt der Anmeldung nur gemeinsam benutzt werden können. Dabei dürfen in einer Anmeldung nur Lösungen abgehandelt werden, die auf dem gleichen Lösungsprinzip beruhen. Die technische Lehre der Nebenansprüche kann gelegentlich auch in Verbindung mit der Lehre des Hauptanspruchs genutzt werden. Schutzfähig ist natürlich auch eine davon losgelöste allgemeine technische Lehre, was formal durch die Formulierung "... insbesondere ..." oder "... vorzugsweise nach ..." verdeutlicht wird. Die von der eigentlichen Erfindung losgelöste technische Lehre des Nebenanspruchs muß - wie der Hauptanspruch auch - eine ausreichende Erfindungshöhe aufweisen und unterscheidet sich hierin also nicht von diesem.

Nebenansprüche erkennt man daran, daß sie nicht aufeinander bzw. auf den Hauptanspruch Bezug nehmen.

Eine "Bezugnahme" liegt vor, wenn eine verkürzte Formulierung eines Patentanspruches verwendet wird. Dabei müssen alle Merkmale des verkürzt formulierten Patentanspruches in dem Patentanspruch enthalten sein, auf den sich bezogen wird.

Zu jedem Haupt- oder Nebenanspruch können weitere Patentansprüche - sogenannte Unteransprüche - aufgestellt werden. Diese Unteransprüche stellen weitere mögliche oder spezielle Ausführungsformen zum erfinderischen Gegenstand des Hauptanspruches oder der Nebenansprüche dar. Unteransprüche bieten damit die Möglichkeit, mehrere technische Ausführungsformen einer im Hauptanspruch vorgestellten Lösung patentrechtlich explizit zu nennen und in Anspruch zu nehmen. Auch für Unteransprüche gelten die allgemeinen Patentanforderungen hinsichtlich des Neuheitsgrades. Eine eigenständige Erfindungshöhe gegenüber dem technischen Gegenstand des Hauptanspruches ist jedoch nicht erforderlich. Unteransprüche sollen den Erfindungsgedanken vertiefen und dem Leser Hinweise zur praktischen Verwirklichung aufzeigen.

Je konkreter der Kern der Erfindung durch originelle Ausführungsvarianten erläutert wird, umso ausgereifter erscheint dann die Erfindung in den Augen des Prüfers. In den ersten Unteransprüchen werden bevorzugt die Merkmale aufgezeigt, die bei einer vom Prüfer geforderten Einschränkung des Schutzbegehrens in den Hauptanspruch aufgenommen werden können. Bei der Formulierung des Unteranspruches wird zum Zwecke der Abkürzung des Anspruchstextes der Bezug zum entsprechenden vorgenannten Anspruch mit den Worten "Vorrichtung nach ..." bzw. "Verfahren nach Patentanspruch Nr. ..., dadurch gekennzeichnet, daß ..." hergestellt. Durch die Rückbeziehung auf einen vorhergehenden Anspruch, häufig auf Anspruch 1, wird automatisch eine gewisse Einschränkung in Kauf genommen, da die angeführten kennzeichnenden Merkmale der Unteransprüche nur in Verbindung mit dem Gegenstand des rückbezogenen Anpruches schutzrechtlich wirksam werden.

Der erste Unteranspruch muß sich zwangsläufig auf den Hauptanspruch beziehen, während sich die weiteren Ansprüche zumindest indirekt auf Anspruch 1 rückbeziehen. Ein Bezug auf mehrere Ansprüche z.B. "1 und 3", "2 oder 3" oder "1 bis 7", usw. ist nur dann sinnvoll, wenn die Mitverwendung der Merkmale der angesprochenen Ansprüche wirklich erforderlich ist. Bei einer "oder"-Verbindung wird die Verwendung des neuen Merkmals mit verschiedenen bereits aufgezeigten Merkmalen offengehalten! Die Verknüpfung der Patentansprüche untereinander ist bei Schutzrechten mit einer größeren Anzahl von Ansprüchen kaum noch zu überschauen. Eine bildliche Darstellung in Form einer Anspruchsstruktur verschafft hier den notwendigen Durchblick.

Eine solche - von einer existierenden Patentanmeldung abgeleitete - Anspruchsstruktur mit insgesamt 31 Ansprüchen ist in Abbildung 7.4 dargestellt. Mit dieser Darstellung lassen sich zum einen die Haupt-, Neben- und Unteransprüche sofort erkennen, außerdem werden die Abhängigkeiten und Relationen der Ansprüche zueinander sehr deutlich.

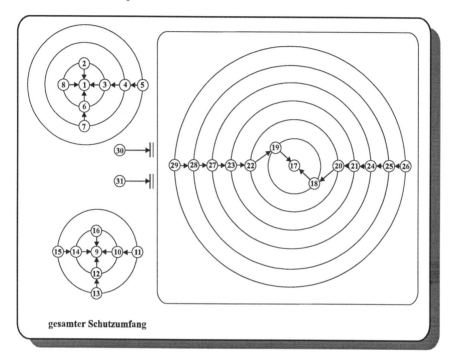

Abbildung 7.4:   *Patentanspruchsstruktur, Bezugsrelationen*

Für unser dargestelltes Beispiel liegen die Erfindungsschwerpunkte im Hauptanspruch 1 und in den Nebenansprüchen 9 und 17. Alle anderen Ansprüche sind Unteransprüche, die sich entweder auf die Kernaussagen 1, 9 und 17 oder auf einen vorhergehenden Unteranspruch - bzw. auf mehrere gleichzeitig, wie die Unteransprüche 30 und 31 auf die Ansprüche 17 bis 29 - rückbeziehen. Die Kreisbögen, auf denen sich die einzelnen Unteransprüche befinden, geben direkt proportional zu ihrem wachsenden Durchmesser auch die Entfernung vom eigentlichen Kern der Erfindung an. So ist beispielsweise der Unteranspruch 5 nur eine Detaillierung von Unteranspruch 4, der wiederum von Anspruch 3, und dieser letztendlich stellt eine spezifische Ausführung des Erfindungskerns (Hauptanspruch) dar.
Aus einer anderen Sicht bedeutet dies aber auch folgendes: Wenn die eigene Erfindung dem Anspruch 5 einer zu begutachtenden Erfindung nahezu völlig entspricht, dieser sich aber auf einen Unteranspruch rückbezieht, der

völlig abseits von der eigenen Erfindung liegt, so haben wir es formal gesehen mit keiner Patentverletzung zu tun. Die Frage, die sich im Hinblick auf den tangierenden Schutzrechtsumfang dann erhebt, muß "lediglich" in Richtung verbleibender Erfindungshöhe untersucht werden.

Auch eine Prognose, auf welche Anspruchskombinationen eine durch entsprechendes Entgegenhaltungsmaterial erzwungene Einschränkung des Schutzumfanges hinauslaufen könnte, ist mit Hilfe der erkannten Anspruchsstruktur tendenziell möglich.

Die Aufstellung von Unteransprüchen und ihr Bezug auf vorhergehende Ansprüche ist nicht limitiert. Eine sinnvoll eingeschränkte Anzahl und eine logische Ordnung in der Reihenfolge der Ansprüche ist zu empfehlen und fördert natürlich die Übersichtlichkeit. Da jedoch die Erfndung nur insoweit geschützt ist, als ihre erfinderische Lehre durch die Patentansprüche belegbar dargestellt ist, wird der Anmelder eher dazu neigen, möglichst viele Ansprüche zu formulieren. Das beweist die Praxis: Patentanmeldungen mit bis zu 100 Ansprüchen sind keine Seltenheit, bringen jedoch später häufig eine erhebliche Mehrarbeit. Aus Gründen der Uneinheitlichkeit werden diese Anmeldungen oftmals einem Ausscheidungsverfahren unterzogen, was letztlich eine Aufsplittung in mehrere Patente mit gleicher Priorität bedeutet.

7.6 Handhabung von Patentschriften

Den Entwickler bewegen vorrangig drei Gründe, sich intensiv mit Schutzrechten zu beschäftigen:

1. Bei der Entwicklung neuer Produkte ist aus den bereits weiter vorn genannten Gründen der Stand der Technik primär aus der Patentliteratur zu ermitteln. Positiver Nebeneffekt: Für die eigene Lösung werden Ideen infolge auftretender Synergie-Effekte und automatisch durchgeführter Äquivalenzbetrachtungen gewonnen. Es wird festgestellt, inwieweit der potentielle Wettbewerb bereits auf diesem Patentsektor aktiv war oder ist und wo es gegebenenfalls noch "weiße Flekken" gibt, die in dem interessierenden technischen Sachgebiet patentrechtlich noch nicht oder nicht umfassend abgedeckt sind.

2. Ist die Entscheidung bereits für einen spezifischen Lösungsweg gefallen, so wird versucht, die Lösung möglichst umfassend schutzrechtlich abzusichern. Diesbezüglich müssen umfangreiche, sorgfältig durchgeführte Patentanmeldungen realisiert werden, bevor das neue Produkt auf den Markt gebracht wird.

3. Hat sich das Produkt erfolgreich am Markt etabliert, muß die aus dem Ausschließlichkeitsrecht abgeleitete Monopolstellung verteidigt wer-

den. Dazu sind Produkte, die dem eigenen ähnlich sind, zu beobachten. Gleiches gilt für die Anmeldeaktivitäten des unmittelbaren Wettbewerbs. Der Entwickler selbst kann ein entstehendes Konkurrenzpotential aus rein technischer Sicht am besten beurteilen, weil er das technische Umfeld genauestens kennt.

7.6.1   Erschließung des Patentinhaltes

Der im Umgang mit der Patentliteratur Ungeübte wird sich bei einer inhaltlichen Analyse zuerst an den Darstellungen und Figuren, die zumeist auf den letzten Seiten der Patentschrift zu finden sind, orientieren. Mit diesem Vorgehen liegt man hinsichtlich der Erschließung einer ersten schnellen Information vollkommen richtig, denn die Figur stellt ein Ausführungsbeispiel der Erfindung dar. Schon anhand der Figur entscheidet sich in vielen Fällen, inwieweit diesem Schutzrecht ein Hinweis auf die interessierenden Aufgabenstellungen zu entnehmen ist oder ob der Inhalt weit abseits von diesen liegt.

Wurde jedoch durch die Figur das Interesse des Lesers geweckt, so beginnt der ganz persönliche Kampf mit dieser Schrift.

Eigentlich sollen nur nähere Informationen über die Funktion der als Figur vorgestellten Vorrichtungen in Erfahrung gebracht oder ein Detail davon genauer erschlossen werden. Der eilige Leser wird entweder am Anfang oder am Ende der Schrift nach Erläuterungen suchen, womit gleich zwei Nieten gezogen werden. Die Zusammenfassung auf dem Deckblatt ist viel zu allgemein gehalten und der Einleitungsteil der Beschreibung auf Seite 2 beschäftigt sich so langatmig mit dem Stand der Technik und der zu lösenden Aufgabe, daß die nächsten Seiten überblättert werden bis die kurzen Absätze der Patentansprüche ins Auge stechen. Hier wird dann weitergelesen und - "Bahnhof" verstanden. Die Sätze der Ansprüche gleichen eher einem Bandwurm und sind dermaßen verschachtelt, daß der rote Faden sofort verloren geht.

Wenn den interessierten Leser nicht eine bestimmte Figur neugierig gemacht hätte, würde er nach der ersten Schnelldurchsicht dieses Schutzrecht wohl zum Stapel der nicht relevanten Schriften legen.

Der geübte Patentleser hingegen kennt den generellen Aufbau einer Patentschrift. Er überblättert den Beschreibungsteil bis hin zu der Passage, in der Figuren aufgezählt und deren Funktion und die verwendeten Einzelheiten detaillierter beschrieben sind.

Die Nummern von Details einer Ausführung werden im Text in aufsteigender Form verwendet, es ist daher sehr einfach, den Text bis zu der Stelle zu überfliegen, an der das interessierende Detail (also die Nummer dieses Details) explizit erwähnt wird. Erst wenn die hier unmittelbar gegebenen Erklärungen und Hinweise zur Funktion und Ausführung des interessierenden

Details nicht ausreichen oder für das Verständnis des Einflusses auf die Gesamtausführung der technischen Lösung nicht hinreichend ausführlich sind, ist es ratsam, die Beschreibung der entsprechenden Figur von Anfang an zu studieren.

Mit dieser Methode läßt sich sehr schnell ein Überblick über die im Schutzrecht dargestellte Technik gewinnen. Analogien zur eigenen Aufgabe bzw. Lösungen sind schnell und übersichtlich herstellbar. Für den Fall, daß die im Schutzrecht dargestellte Vorrichtung (oder auch nur Elemente davon) dem später anvisierten eigenen Lösungsvorschlag sehr nahe kommt, müssen die aufgeführten Ansprüche unbedingt genauer analysiert werden.

Bei vorhandener völliger oder teilweiser Übereinstimmung der Merkmale der eigenen Lösung mit der (den) Kernaussage(n) des vorliegenden Vergleichspatentes, muß gegebenenfalls nach Alternativlösungen gesucht werden, die jedoch in einem sehr frühen Entwicklungsstadium mit überschaubarem Aufwand gefunden und dargestellt werden können.

In diesem Zusammenhang muß darauf hingewiesen werden, daß - bevor man grundlegend über Alternativlösungen nachdenkt - der Rechtsbestand der interessierenden Patentschrift ermittelt werden sollte. Handelt es sich um eine ältere Patentschrift mit einem Anmeldedatum, das mehr als 20 Jahre zurückliegt, ist das Schutzrecht bereits abgelaufen. Ist die Schrift älter als 10 Jahre und eine Privatperson als Patentinhaber genannt, so besteht wegen des progressiven Anstiegs der jährlichen Patentgebühren berechtigte Aussicht, daß die Gebühren nicht bezahlt wurden und somit das Schutzrecht erloschen ist.

Die Wahrscheinlichkeit, daß eine aus der Patentliteratur entnommene Schrift ohne aktuell gültige Schutzansprüche ist, wird nach verschiedenen diesbezüglichen Statistiken als relativ hoch eingestuft. Hiernach sind bereits 92 % der Schriften schutzrechtlich unwirksam und von den verbleibenden 8 % halten weitere 2 % einem Einspruch oder einer Nichtigkeitsklage nicht stand. Eigene Erfahrungen haben demgegenüber jedoch gezeigt, daß gerade die ärgerlichsten - weil treffendsten - Fremdpatente stets noch rechtswirksam waren.

Informationen zum Rechtsbestand einer Patentschrift können beim Patentamt durch den Einblick in die Patentrolle (EDV-Rolle, Zugriff siehe Anhang) eingeholt werden. Ferner ist eine Informationsbeschaffung über die verschiedenen Internet- und Datenbank-Dienste möglich. Desweiteren werden sie bei einem vorhandenen CD-ROM-Abonnement (z.B. ESPACE-CD-ROM-Reihe) automatisch in festen Zeitabständen zur Verfügung gestellt (vgl. auch Abschnitt 6.6).

Gehen wir im weiteren jedoch davon aus, daß das interessierende Patent einer formalen Prüfung auf Rechtsbestand standgehalten hat. In diesem Fall kommt man natürlich bei einer drohenden Verletzungsgefahr um eine haarkleine Analyse der Patentansprüche nicht herum. Hierbei wird zunächst überprüft, inwiefern der im ersten Anspruch (Hauptanspruch) des interessierenden Patents angegebene Gattungs- oder Oberbegriff auf das eigene Konzept überhaupt anwendbar ist oder ob die dort beschriebene Ausgangsbasis einen gänzlich anderen technischen Hintergrund hat. Beim Vorhandensein weitgehender Übereinstimmung wird der Text des kennzeichnenden Abschnittes des Hauptanspruches der eigenen Lösung wortwörtlich gegenübergestellt und taxiert. Ist nunmehr an einer Übereinstimmung nicht mehr zu deuten, bleibt nur noch die Suche nach einer aktzeptablen Umgehungslösung oder das Stellen eines Lizenzantrages mit der Hoffnung auf Lizenzerteilung durch den Patentinhaber.

Denkbar ist jedoch auch, daß der Hauptanspruch die eigene Lösung zwar nur am Rande tangiert, das Schutzrecht jedoch weitere Neben- und Hauptansprüche enthält, die in ihrer speziellen Ausführung oder in ihrer Gesamtheit den eigenen Lösungsansatz relativ eindeutig und umfassend beschreiben. Auch unter diesem Aspekt ist es sehr ratsam, bei der Analyse von Patenten das in Abbildung 8.8 dargestellte Struktur- bzw. Relationsschema anzuwenden. Hierbei kann auch durchaus eine verfeinerte Variante zur Anwendung gelangen, die sich ebenfalls vorzüglich zur Erarbeitung von Umgehungslösungen eignet: Von den Kernaussagen des vorliegenden Schutzrechtes werden Funktionen abgeleitet und die dazugehörenden Lösungselemente in einen morphologischen Kasten eingetragen. Im nächsten Schritt werden weitere Lösungselemente gesucht und ebenfalls in diesen Kasten eingetragen. Die Verbindung der zuerst eingetragenen Elemente stellt die durch das Patent vorbelegte Lösung dar. Jede andere Kombination realisiert, soweit die Elemente zueinander passen (Verträglichkeitsprüfung), eine mehr oder weniger gute Umgehungslösung.

7.6.2 Handhabung von fremden Patentschriften bei der Ausarbeitung eigener Schutzrechte

Neben der Bewältigung technischer Probleme wird der Produktentwickler stets den Stand der Technik - besonders den Patentstand des Wettbewerbs - im Auge behalten. Natürlich kann der Entwickler nicht jede Idee durch eine aufwendige Recherche auf ihren Neuheitsgrad hin überprüfen. Hat sich jedoch erst einmal ein praktikabler Lösungsansatz im Laufe der Lösungssuche herauskristallisiert, so ist ein Blick in die Patentliteratur doch grundsätzlich von Vorteil.

Zum einen erhält man Informationen darüber, wer sich bereits mit dieser Problemstellung auseinandergesetzt hat. Zum anderen werden in der jeweiligen Beschreibung des technischen Problems und der Aufzählung der Nachteile von bereits bekannten Lösungen wichtige Ansatzpunkte, Hinweise und Aussagen für den Aufbau des eigenen Lasten- bzw. Pflichtenheftes geliefert.

Mit dem eigenen und dem durch ständige Beobachtung der zum Fachgebiet gehörenden Patentliteratur erworbenen Fachwissen kann in vielen Fällen eine globale Aussage zur prinzipiellen Möglichkeit einer patentrechtlichen Absicherung der anvisierten Lösung abgegeben werden. Will man in diesem Punkt eine höhere Sicherheit erlangen, so kann noch vor Einreichung einer Patentanmeldung eine Prüfung des Lösungsansatzes durch das Deutsche Patentamt betrieben werden. In der angestrebten und für ein neues Produkt obligaten Patentabsicherung wird das der eigenen technischen Lösung am nächsten kommende Patent als Stand der Technik zitiert. Ferner werden die Unterschiede und Vorteile der eigenen Lösung in die Erfindungsbeschreibung eingearbeitet.

7.6.3 Handhabung von Patentschriften zur Verteidigung des eigenen Produktbereiches

Völlig neue und revolutionäre Produkte sind sehr selten und kommen häufig sogar aus einer anderen Branche. Oftmals sind sie verbunden mit neuen Technologien, Werkstoffen etc., die in überraschender Weise bestimmte Merkmale und Vorteile des einen Produktbereiches auf einen gänzlichen anderen anwenden (z.B. elektronische Uhr, ...). Diese Veränderungen lassen sich leider nicht präzise voraussehen. Dessenungeachtet wäre aber eine solche - wenn auch vage - Voraussage von erheblichen wirtschaftlichen Vorteilen. Eine sehr wichtige strategische Aufgabe des erfolgreichen Innovationsmanagements besteht zweifellos im frühzeitigen Erkennen des Innovationspotentials bestimmter Materialien, Technologien etc. aus der Beobachtung der breiten Patentliteratur und deren Verwertung in den eigenen Produkten. Darüber hinaus ist eine Absicherung des eigenen (im obigen Sinne neuen) Produktbereiches gegen die Konkurrenz in der heutigen Wettbewerbssituation natürlich unumgänglich.

Das wirksamste Prinzip wäre eine "wasserdichte" Absicherung durch allumfassende eigene Patente. Dieses Ziel wird jedoch äußerst selten erreicht, nicht einmal von Konzernen mit hochkarätigen Entwicklungs- und Patentstäben. Gelingt es in diesem Zusammenhang schon nicht, die eigenen Claims rechtzeitig und vollständig abzustecken, so ist zumindest eine Verhinderung und Attackierung von Fremdpatenten, insbesondere von Patenten des Wettbewerbs, oberstes Gebot.

Da neue marktfähige Produkte selten Zufallsergebnisse sind, sondern in aller Regel aus mehr oder minder erfolgreichen Entwicklungsvorhaben hervorgehen, kann der Entwickler selbst oder der entsprechend zuständige Patentmanager am ehesten beurteilen, ob ein neu erschienenes Schutzrecht (egal ob Anmeldung oder erteiltes Patent) den eigenen Produktbereich bzw. die eigene technische Lösung tangiert oder nicht. Bei erteilten Patenten zielt ein Einspruch üblicherweise auf den Neuheitsgrad oder die Anzweiflung der Erfindungshöhe ab. In beiden Fällen wird in erster Linie der zuständige Entwickler bzw. Patentmanager die erste Anlaufstelle sein, wenn fundiertes Entgegenhaltungsmaterial gefragt ist.

7.7 Einspruch, Entgegenhaltung, Akteneinsicht

Hinsichtlich eines Einspruchs nach der Patenterteilung müssen bestimmte Fristen eingehalten werden (vgl. auch Kapitel 9 ff), die beispielsweise in Deutschland 3 Monate nach Veröffentlichung der Patentdruckschrift (§ 59 PatG) und im Rahmen des Europäischen Patentamtes 9 Monate betragen. Während nach Deutschem Patentgesetz der Einspruch - der in schriftlicher Form erfolgen muß - gebührenfrei ist, muß für einen Einspruch am Europäischen Patentamt der Betrag von 1.200,-- DM entrichtet werden. Der angegebene Kosten- und Fristenrahmen bedeutet letztendlich auch, daß nur mit tatsächlich brauchbarem Entgegenhaltungsmaterial in einem Einspruchsverfahren angetreten werden sollte. Dieses wird für Schriften, die während der permanenten Patentbeobachtung bereits in ihrem Offenlegungsstatus als für die eigene Entwicklung kritisch identifiziert wurden, kontinuierlich bis zur Erteilung zusammengetragen. Gegebenenfalls lassen sich jedoch auch kommerzielle Recherchedienste in Anspruch nehmen, ein entsprechender Service wird unter anderem auch durch die Patentinformationszentren angeboten (Adressen sind im Anhang angegeben).
Beweise und Unterlagen, die die Begründung des Einspruches erhärten, können in der Regel nachgereicht werden.
Nach § 123 PatG ist eine Wiedereinsetzung in eine - auch ohne eigenes Verschulden versäumte - Anspruchsfrist grundsätzlich nicht zulässig. Ein Einspruch muß zwingend eine oder mehrere der nach § 21 PatG genannten Widerrufungsgründe enthalten, wobei die gebräuchlichsten Gründe sind:

- mangelnde grundsätzliche Patentfähigkeit (nach § 1...5 PatG),
- keine vollständige Offenbarung der Erfindung,
- erweiterter Schutzbereich gegenüber der ursprünglich eingereichten Fassung der Anmeldung.

Gleichzeitig mit dem Einspruch kann eine Akteneinsicht beim Patentamt beantragt werden. Hierzu kann man beispielweise die Deutsche Patentdienst GmbH beauftragen. Die Akteneinsicht wird dann – gemäß den eigenen Angaben auf einem Formblatt „Auftrag zur Akteneinsicht" – beim Deutschen oder Europäischen Patentamt in die Wege geleitet wird.
Nachfolgende Unterlagen sind dann als Kopie erhältlich:

- Der sachliche Inhalt ohne Prioritätsbelege, aber mit den ursprünglich eingereichten Anmeldeunterlagen.
- Der sachliche Inhalt ohne Prioritätsbelege und ohne die ursprünglich eingereichten Anmeldeunterlagen.
- Der sachliche Inhalt mit Prioritätsbelege und mit den ursprünglich eingereichten Anmeldeunterlagen.
- Übersetzung der Prioritätsbelege in eine Amtssprache (deutsch, englisch, französisch).
- Der gesamte Akteninhalt (einschließlich Formbescheide, Fristverlängerung, Gebührenzettel,...).
- Die Entgegenhaltungen im Recherchebericht, im Prüfungsverfahren, im Einspruchsverfahren.
- Der sachliche Inhalt der Akte ab einem Datum bzw. ab einer bestimmten Seite.
- Die zur Erteilung des EP-Patentes vorgesehenen Unterlagen (Mitt. nach Regel 51.4).

Die Akteneinsicht ist ein probates Hilfsmittel, um einen Einblick in den bis dato abgelaufenen Schriftwechsel zwischen potentiellem Patentinhaber und Patentamt zu nehmen. In § 31 PatG sind die Voraussetzungen genannt, unter denen eine Akteneinsicht vorgenommen werden kann. Die Einsicht in die Patentakten steht prinzipiell jedermann frei und wird gegen eine geringe Gebühr für Verwaltung (z.B. 65,00 DM für eine EP-Akteneinsicht) sowie aufgelaufene Kosten für Ablichtungen, Kopien etc. (z.B. 1,30 DM / Kopie) vom Patentamt gewährt.

Die Akteneinsicht in nicht offengelegte Anmeldungen kann nur bei berechtigtem Interesse nach Anhörung des Patentinhabers erfolgen. Auf diese Weise kann der Betroffene eine ungewollte Einsichtnahme beträchtlich verzögern. Natürlich kann eine Akteneinsicht auch durch einen Dritten - ohne Nennung des Auftraggebers - erfolgen. Diese Konstellation ist gar nicht so selten, da der an den Akten Interessierte dem Patentinhaber keinen Anhalt über mögliche Produktionsvorhaben eines potentiellen Mitbewerbers oder möglichen Patentverletzers geben möchte. Eine Akteneinsicht empfiehlt sich besonders zur Klärung der nachfolgend genannten Punkte:

a) für die Auslegung der Patentansprüche zur Ermittlung des Gegenstandes des Patents,
b) für die Beurteilung des Patentschutzbereiches,
c) für die Beurteilung des Patenterteilungsbeschlusses,
d) für die Erlangung von Entgegenhaltungsmaterial zum Einspruch gegen ähnliche Patente,
e) für die Beurteilung anderer abhängiger Schutzrechte.

Gemäß § 31 PatG wird die Akteneinsicht schon vor der Erhebung eines

Einspruches ermöglicht. Allein aus Zeitgründen wird diese Möglichkeit nicht genügend ausgeschöpft.

Nach Ablauf der Einspruchsfrist wird dem Patentinhaber durch einen frist-setzenden Bescheid Gelegenheit zur Erwiderung auf die Einsprüche gege-ben. Sind vom Patentinhaber neue, inhaltlich geänderte Unterlagen einge-reicht worden, werden diese den übrigen Beteiligten mit einer Fristsetzung zur Äußerung zugeleitet.

Über den Einspruch entscheidet eine aus mindestens 3 technischen Mitglie-dern bestehende Patentabteilung am Patentamt. In schwierigen rechtlichen Situationen kann noch ein weiterer rechtskundiger Experte hinzugezogen werden. Dem Antrag auf Durchführung einer Anhörung wird stattgegeben, wenn dies als sachdienlich angesehen wird.

Das herangezogene Entgegenhaltungsmaterial, das über die zur Prüfung be-reits berücksichtigten Schriften hinausgeht, wird im Einspruchsverfahren im Sinne des Einspruches geprüft. Sind die eingereichten, dem Patent ent-gegenstehenden Fakten zu erdrückend, so wird das Patent widerrufen. Rei-chen hingegen die Fakten nicht aus, wird das Patent in vollem oder in be-schränktem Umfang aufrechterhalten. Nach § 61 PatG ergeht die Entschei-dung durch Beschluß. Ist eine beschränkte Aufrechterhaltung ausgespro-chen, wird eine geänderte Anspruchsfassung erneut veröffentlicht. Gegen den Beschluß der Patentabteilung hinsichtlich Widerrufung oder beschränkter Aufrechterhaltung kann Beschwerde beim Bundespatentgericht eingelegt werden. Diese Beschwerde ist nach deutschem und europäischem Patent-recht gebührenpflichtig und kann sowohl vom Patentinhaber als auch vom Einsprechenden vorgebracht werden.

7.8 Tips und Tricks aus der praktischen Erfahrung

Der effektive Umgang mit der Patentliteratur erfordert keine tiefgreifenden Spezialkenntnisse auf dem Gebiet des Patentrechts oder zusätzliche Lehr-jahre beim Patentanwalt. Sind die in der Regel vorhandenen ersten Berüh-rungsängste abgebaut und der grundsätzliche Aufbau eines Patentes erkannt, so steht der Erschließung einer ergiebigen technischen Informationsquelle nichts mehr im Wege.

Im folgenden sollen einige zusammengefaßte Hinweise gegeben werden, die den Umgang mit der Patentliteratur in der Vorgehensweise zielorientiert und im Ergebnis effizient werden lassen.

-   Bevor ein neues Projekt gestartet und nach einer technischen Lösung gesucht bzw. eine technische Lösung verifiziert wird, sollte eine ent-sprechende Patentrecherche durchgeführt werden. Die ausgewertete

Patentrecherche informiert über den Stand der Technik, die Vor- und Nachteile bekannter Lösungsvarianten, lokalisiert vorhandene bzw. potentielle Konkurrenten und erlaubt damit auch eine erste grobe Abschätzung des theoretisch realisierbaren Marktanteiles. Die recherchierte Patentliteratur gibt weiterhin Anregungen für die eigene Problemlösung, für das zu erstellende Lasten- bzw. Pflichtenheft und erlaubt gleichzeitig Aussagen über die aktuelle Schutzrechtssituation.

- Die feine Klassifikation (Einteilung der Patente in verschiedene technische Sachgebiete) erleichtert die Patentbeschaffung und somit auch die erforderliche laufende Patentüberwachung durch eine sinnvolle Eingrenzung der relevanten Themenkreise.

- Der Stand der Technik in Form von Patentliteratur läßt sich zielgerichtet und sinnvoll erweitern, wenn ebenfalls die auf dem Deckblatt aufgeführte, zur Beurteilung der Patentierbarkeit des vorliegenden Patentes herangezogenen anderen Patentschriften berücksichtigt werden.

- Offenlegungsschriften haben noch keine Schutzwirkung im rechtlichen Sinne und können auch nicht zu Fall gebracht werden. Wird ihr Inhalt als kritisch eingestuft, so ist bereits sehr frühzeitig mit der Beschaffung von Entgegenhaltungsmaterial zu beginnen. Eine turnusmäßige Überwachung des Rechtsbestandes (Erteilung, Löschung etc.) ist jedenfalls angezeigt.

Hinsichtlich einer zügigen inhaltlichen Auswertung und der Ermittlung von für die eigenen Entwicklungsschwerpunkte kritischen Schutzrechten eignet sich das im folgenden angegebene 4-stufige Selektionsverfahren:

1. Schritt: Thematischer Aspekt
    Sichtung des Schutzrechttitels und der Kurzbeschreibung. Tangiert der Inhalt dieser Schrift den eigenen Produktbereich?
2. Schritt: Zeitlicher Aspekt
    Sichtung des Anmelde-, Erscheinungs- und des eventuellen Erteilungsdatums. In welchem Rechtsstadium befindet sich das Schutzrecht bzw. ist es noch aktuell und wirksam? (Eine Informationsbeschaffung über den aktuellen Rechtsstand ist durch einen Einblick in die Patent- bzw. Gebrauchsmusterrolle realisierbar, ein Zugriff kann über das Patentamt direkt oder über die Informationszentren erfolgen.)
3. Schritt: Technischer Aspekt
    Sichtung der Figuren, eventuell der Beschreibung und des Oberbegriffes von Anspruch 1 (Hauptanspruch). Entspricht die Aufgabe und die dargestellte technische Lösung dem eigenen Produktbereich?

4. Schritt: *Rechtlicher Aspekt*

Sichtung und inhaltliche sowie rechtliche Bewertung des Hauptanspruches und der selbständigen Nebenansprüche. Entspricht der Hauptanspruch bzw. entsprechen die Nebenansprüche der eigenen Lösung?

Die unterschiedlichen Abhängigkeiten der Verfahrensschritte voneinander sind in Abbildung 7.5 dargestellt, wobei die gewählte Reihenfolge im Bezug zum Bearbeitungsaufwand festgelegt wurde.

Die Analyse von Schutzrechten mit sehr vielen (gelegentlich bis zu 100) Ansprüchen ist ohne eine erleichternde Auswertungsmethodik kaum zu bewältigen. Bei Schutzrechten mit diesem Anspruchsumfang handelt es sich in der Regel um Offenlegungsschriften, die ein relativ neues Technikfeld behandeln. Der Anmelder versucht sich mit einem "Rundumschlag" ein möglichst umfassendes Ausschließlichkeitsrecht zu sichern. Dabei ist oftmals im Detail noch nicht klar, welche Lösungsvariante sich durchsetzen wird.

Der Prüfer wird eine solche Anmeldung wegen Uneinheitlichkeit in aller Regel zurückweisen und auf Ausscheidung der unterschiedlichen eigenständigen technischen Sachverhalte bestehen. Dessenungeachtet hat sich der Anmelder auf diese Weise ein breites Rückzugsgebiet gesichert. Ein späterer Anmelder muß sich in diesem Zusammenhang mit seiner Lösung erst von der bereits offenbarten Technik erfinderisch abheben.

Meist wird für diese Art von systemabdeckenden Offenlegungsschriften erst recht spät, im 5. oder 6. Jahr nach der Anmeldung ein Prüfungsantrag gestellt. Das offenkundige Ziel des Anmelders besteht mit einer solchen Taktik darin, die Konkurrenz möglichst lange über den tatsächlichen Schutzumfang im Dunkeln zu lassen. Durch eine geschickte Formulierung bei der im späteren Prüfungsverfahren fälligen Ausscheidung in mehrere Patente kann so auf die dann bekannten Lösungen des Wettbewerbs explizit eingegangen werden.

In solchen Fällen ist bereits im Offenlegungsstatus des Schutzrechtes eine äußerst gründliche Analyse der umfangreichen Ansprüche geboten. Zweckmäßigerweise wird dazu die im Abschnitt 7.5.2 dargestellte Methodik verwendet (vgl. auch Abbildung 7.4). Auf diese Weise lassen sich letztlich die voneinander abhängigen und unabhängigen technischen Schwerpunkte herauskristallisieren, womit sehr schnell überprüfbar wird, welche Anspruchskombinationen für die eigene Lösung kritisch sind bzw. diese massiv behindern.

Oftmals kann bei einer als kritisch eingeschätzten Offenlegungsschrift nicht mit letzter Sicherheit festgestellt werden, inwieweit der ausgewiesene Schutzumfang einer Prüfung durch das Patentamt tatsächlich standhält. Wurde durch den Patentanmelder kein Prüfungsantrag gestellt, ist zudem auch der Zeit-

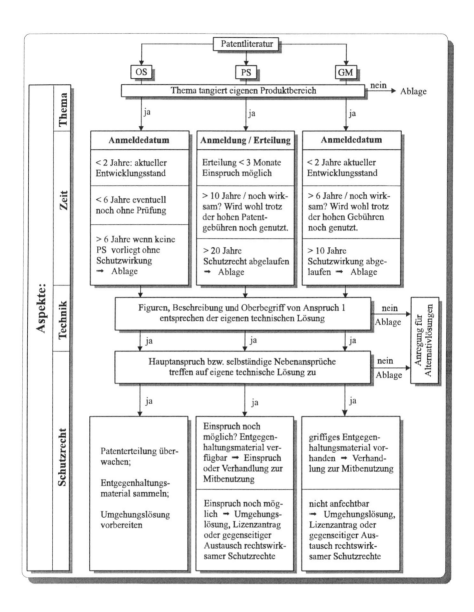

Abbildung 7.5:   *Inhaltliches Erschließen der Patentliteratur*

raum, in dem Klarheit über die Rechtssituation dieser Schrift geschaffen wird, unscharf. Für einen eventuellen Produktionsstart eines eigenen Produktes, welches formal unter den Schutzumfang dieser Offenlegungsschrift fällt, ist eine entsprechende Klärung der Rechtssituation jedoch unumgänglich, insbesondere, wenn es sich um ein kostenintensives Produkt handelt. In diesem Zusammenhang ist es möglich, einen offenen oder verdeckten Fremdprüfungsantrag (kostenpflichtig) zu stellen. Diese Vorgehensweise wird vom Patentanmelder zwar sehr ungern gesehen, da durch die Stellung eines Prüfungsantrages durch Dritte massiv in die "Patenthoheit" des Anmelders eingegriffen wird. Andererseits ist dieser Weg oftmals das einzig probate Mittel, um sich für die eigene Entwicklung aktiv Klarheit zur langfristigen patentrechtlichen Situation zu schaffen.

Wie bereits weiter vorne erwähnt, schafft die Erteilung eines Patents ein Ausschließlichkeitsrecht und damit ein Vermarktungsmonopol für den Patentinhaber. Die kostengünstigste Möglichkeit den Patentvorteil zu beseitigen, ergibt sich unmittelbar nach der Veröffentlichung der erteilten Patentschrift, indem ein fristgemäßer Einspruch gegen die Erteilung eingelegt wird. Am häufigsten werden Einsprüche mit mangelnder Erfindungshöhe begründet. In diesem Sinne hat sich das Aufbauen der nachfolgend angegebenen grundsätzlichen Argumentationskette bewährt:

1. Die der Erfindung zugrunde liegende Aufgabe wird in eine Reihe von Teilaufgaben aufgesplittet, für die es in der branchennahen Technik eine ähnliche, bereits realisierte Lösung gibt.
2. Die realisierten Teillösungen werden so zusammengestellt, daß die im störenden Patent formulierte Gesamtaufgabe erfüllt wird.
3. Es wird nachgewiesen, daß zum einen die gestellte Aufgabe nicht grundsätzlich neu ist und daß zum anderen für eine Kombination der vorbekannten Teillösungen keine besondere, über das Wissen eines durchschnittlichen Fachmannes hinausgehende erfinderische Leistung erforderlich wird. Besonders aussichtsreich ist diese Anspruchsvariante, wenn sich die patentierte Lösung aus nur 2, maximal 3 zum Stand der Technik gehörenden Teillösungen zusammenfügen läßt.

Im Rahmen eines Einspruchsverfahrens ist eine Akteneinsicht beim Patentamt zum bisherigen Schriftwechsel zwischen Anmelder und Prüfer bezüglich des betreffenden Patents von besonderem Vorteil. Die vom Prüfer genannten Bedenken zum Patentinhalt und die Wertung des Standes der Technik auf der einen Seite und die Argumentation des Anmelders auf der anderen Seite geben Anregungen zum Aufbau einer eigenen Einspruchsstrategie, da nicht selten der Schriftwechsel weitere Schwachpunkte des Patentes offenbart.

Einen nicht zu unterschätzenden Einfluß auf das Ergebnis hat die verbale Abfassung des eingereichten Einspruchs. Der Nachweis, daß die Erfindung nicht mehr neu ist, läßt sich relativ einfach und zwingend darstellen. Anders sieht es bei der Darlegung fehlender Erfindungshöhe aus, da der Prüfer seine "objektive" Meinung mit der Erteilung des Patentes bereits hinreichend deutlich gemacht hat. So gesehen wird er wenig geneigt sein, diese öffentlich gemachte Wertung ohne triftige Gründe zu revidieren.

Natürlich ist es taktisch sehr unklug, die vorliegende Einschätzung der Prüfstelle in Frage zu stellen. Vielmehr muß so argumentiert werden, daß durch das neu erschlossene Entgegenhaltungsmaterial eine andere Beurteilung des Schutzbegehrens erforderlich wird. Selbst wenn der Einspruch nicht das gesamte Patent zu Fall bringt, so ist doch eine Beschränkung der Ansprüche bzw. eine Übernahme von kennzeichnenden Merkmalen in den Oberbegriff als Teilerfolg zu werten.

8 Das Patent - technischer Charakter und wirtschaftliche Interessen

Zum unmittelbaren Aufgabenbereich des Entwicklers gehört es, die erarbeiteten Lösungen und Produktverbesserungen bis hin zu neuen Produkten hinsichtlich ihrer Patentierbarkeit zu prüfen. Dabei liegt es im ureigensten Sinn des Unternehmens, die eigenen Produkte möglichst lange und mit möglichst großem Anteil am Markt zu plazieren. Der gewerbliche Rechtsschutz, zu dem Patente und Gebrauchsmuster als wichtigste Schutzrechtsformen für den Techniker gehören, sichert einen zeitlich begrenzten Besitzstand des erarbeiteten oder erworbenen technischen Know-Hows. Dieser Rechtsschutz ermöglicht den Unternehmen, die unrechtmäßige Nutzung der eigenen patentierten Erfindungen durch Dritte abzuwehren. Dem Schutzrechtsinhaber wird darüber hinaus die Chance eingeräumt, sein Patent zunächst allein wirtschaftlich zu verwerten oder durch Vergabe von Lizenzen anderweitig wirtschaftlich zu nutzen. Durch die konkrete Definition und detaillierte Beschreibung des erfinderischen Gedankens in einem Patent wird ein direkter Vergleich mit der technischen Lösung eines vermeintlichen Verletzers durchführbar. Der gewährte Patentschutz ist nicht zuletzt auch ein Anreiz für den Erfinder bzw. Patentinhaber, die patentierten neuesten technischen Erkenntnisse der Allgemeinheit zugänglich zu machen.

Der Vorteil einer möglichst ersten und ausschließlichen Nutzung einer innovativen Lösung animiert Unternehmen überhaupt erst, in die Entwicklung zu investieren. Mit dem nach der Patenterteilung erreichten Ausschließlichkeitsrecht einer wirtschaftlichen Verwertung der erarbeiteten technischen Lösung ist ausreichende Sicherheit gegeben, daß der Wettbewerb an den eigenen Entwicklungsergebnissen nicht ungewollt partizipiert. Dabei nimmt der Anmelder bewußt die Kehrseite der Medaille in Kauf, die unter anderem in der allgemeinen Information der Konkurrenz über die eigenen Entwicklungsaktivitäten besteht.

Auch beim Scheitern einer eigenen Patentanmeldung lassen sich positive Ansätze ableiten. So ist einerseits der Neuheitsgrad für den entsprechenden technischen Lösungsansatz nunmehr auch für andere mögliche Anmelder vorweggenommen, andererseits wird dem Wettbewerb signalisiert, daß auf diesem Techniksektor mit dem eigenen Unternehmen als potentem Konkurrenten zu rechnen ist.

Das erklärte und damit vordergründige Ziel einer Patentschrift liegt jedoch eindeutig in der Darstellung eines konkreten technischen Sachverhaltes, für den ein Schutz angestrebt wird. Mit diesem Schutzbegehren will der Anmelder das Verbot einer Nutzung durch Dritte per Gesetz durchsetzen. Der Aufbau und der Wortlaut einer Patentschrift ist entsprechend ausgerichtet, um den Forderungen nach einer rechtsverbindlichen Aussage weitgehend gerecht zu werden. Ein erteiltes Patent ist für den Anmelder erst dann wirtschaftlich, wenn die beschriebene Technik auch realisiert wird, sei es durch den Anmelder selbst oder durch einen Lizenznehmer. Der Wert eines Patents ist umso höher zu taxieren, je mehr Benutzer den Gegenstand, die Vorrichtung oder das Verfahren ver- bzw. anwenden und je weniger gleichwertige Möglichkeiten eine ähnlich wirtschaftliche Lösung erlauben. Die stetig steigende Bedeutung von Patenten hat mehrere Ursachen:

- stärkerer Konkurrenzkampf durch wachsenden internationalen Wettbewerb,
- steigende Kosten für Neuentwicklungen als Ersatz für bereits hochwertige marktgängige Produkte,
- wachsende Unsitte des Kopierens, Nachahmens und Fälschens der neuentwickelten Originale,
- immer schnellerer globaler Technologietransfer in Billiglohnländer und Import der dort billiger produzierten Waren,
- etc.

Unternehmen, die im Bereich Forschung und Entwicklung besonders stark engagiert sind und zudem ihre Erkenntnisse geschickt schutzrechtlich absichern, behaupten auf diesem Weg einen existenzsichernden hohen Marktanteil über einen längeren Zeitraum.

Von besonderer Bedeutung ist die konsequente schutzrechtliche Absicherung bei der Markteinführung neuer Produkte. Besonderer Stellenwert ist dem beizumessen, wenn hohe Investitionen in der Entwicklung getätigt wurden oder in der Bereitstellung der Produktionsmittel erforderlich waren und zudem eine längere Produktlaufzeit erwartet wird. Auf diese Weise helfen Schutzrechte dem Inhaber, einen erarbeiteten Produktvorsprung gegenüber dem Wettbewerber rechtlich langfristig abzusichern.

Das Patentwesen bringt zwei unterschiedliche Bereiche - die Technik und das Recht - in Form von Patentansprüchen auf einen gemeinsamen Nenner. Sobald an einer technischen Lösung ein erfinderischer Kern erkannt wird, ist der Entwickler im eigenen bzw. im Interesse des Unternehmens gehalten, den ersten Schritt in Richtung Schutzrecht zu gehen. Dieser erste Schritt besteht, wie in Kapitel 5 dargestellt, in einer schriftlichen Erfindungsmeldung an die Patentabteilung oder diejenige Person in einem Unternehmen, die die Patentaktivitäten koordiniert. Die wenigsten Patente werden von Erfindern selbst ausformuliert und beim Patentamt direkt eingereicht. Trotz - oder gerade wegen - der Einschaltung von Patentfachleuten (Patentingenieure,

-manager, - anwalt) zur weiteren Bearbeitung und Verfolgung des eigenen Patents, sollten dem Entwickler als potentiellem Erfinder einige der wesentlichsten Grundlagen des Patentrechts geläufig sein.

8.1 Rechtliche Grundlagen

Jede Patentanmeldung basiert auf einer Erfindung, doch nicht jede Erfindung oder technische Neuerung erhält auch das Prädikat "patentfähig". So erlangen nur knapp die Hälfte aller ernsthaften Erfingungsmeldungen auch den Status Patent. Ein sehr hoher Anteil der Anmeldungen gehört zur Kategorie der technischen Verbesserungen und Weiterentwicklungen bereits bestehender Produkte und Verfahren. Der Grad der Neuerung ist für den Nichtspezialisten oftmals kaum auszumachen.

Das Deutsche Patentrecht ist im Patentgesetz (letzte Änderung 1993) fixiert. Formelle Einzelheiten und Verfahrensschritte sind in der Verordnung über die Anmeldung von Patenten (PatAnmVO), den Prüfungsrichtlinien (PrüfRichtl) und den Einspruchsrichtlinien (EinspruchRichtl) gesetzlich geregelt. Weitere Verordnungen und Gesetze definieren die Erfinderbenennung (ErfBenVO), die Patentgebühren (PatGebG) und die Verwaltungskosten (VerwKostVO). Detaillierte Erläuterungen für den potentiellen Patentanmelder finden sich in einem speziellen Merkblatt (MerkblPat).

Im Anhang dieses Buches sind einige der wesentlichsten Auszüge aus den entsprechenden Gesetzestexten angegeben. Diese Auszüge sollten jedoch ausreichen, um eventuelle patentrechtliche Infomationslücken weitgehend zu schließen und für den am Patentrecht stärker interessierten Leser die Möglichkeit zu schaffen, sich anhand des Gesetzestextes auch tiefergründig mit der Thematik zu beschäftigen.

8.2 Aufgaben des Patents

Als eine der grundlegenden Aufgaben des Patents kann die Weitergabe einer dreifachen Information angesehen werden. Es handelt sich dabei um die technische, die juristische und die wirtschaftliche Information. Selbstverständlich läßt sich diese Aussage, ausgehend von den Patenten, auf die gesamte Patentliteratur übertragen.

Hinsichtlich dieser informatorischen Zielstellung und eingedenk der eigentlichen Hauptfunktion von Patenten, der Garantierung und Festschreibung eines Ausschließlichkeitsrechts für die Anwendung und Vermarktung technischer Produkte oder Verfahren, muß ein Patent die nachfolgend genannten Schwerpunkte enthalten:

- Definition der technischen Aufgabe,
- Darstellung des Wesens der Erfindung und des technischen Fortschritts,
- Darlegung der technischen Zusammenhänge und Abgrenzung zum Stand der Technik,
- Lehre zum technischen Handeln und Offenbarungsfunktion,
- Merkmale der technischen Lösung, die als Erfindung beansprucht werden,
- Schutzumfang.

Es ist offenkundig, daß der Erfinder in den seltensten Fällen willens und in der Lage ist, die aufgeführten Schwerpunkte mit der nötigen sprachlichen Sorgfalt und dem in diesem Zusammenhang unabdingbaren patentrechtlichen Geschick bei der Formulierung zu Papier zu bringen. In der Praxis hat sich die Unterstützung durch einen Patentbearbeiter (Patentingenieur) bewährt. Der Patentingenieur wird dabei nicht nur für die Abarbeitung bürokratischer Formalismen und für die Ausarbeitung der Anmeldeunterlagen herangezogen. Er unterstützt und berät den Entwickler bei allen patentrechtlichen Fragen, insbesondere auch hinsichtlich der Auslotung von schutzfähigen Merkmalen während der Produktentwicklung.

8.2.1   Definition der technischen Aufgabe

Zur besseren und übersichtlicheren Gliederung des Patenttextes haben sich mittlerweile für die unterschiedlichen inhaltlichen Schwerpunkte jeweils Standardformulierungen durchgesetzt, die den entsprechenden Abschnitt einleiten. Die Beschreibung der Aufgabe wird demgemäß in aller Regel mit den Worten: *"Der Erfindung liegt die Aufgabe zugrunde, ..."* begonnen. Die Definition des technischen Problems beinhaltet nicht nur die Mängel und Nachteile der aus dem Stand der Technik bekannten Vorrichtungen oder Verfahren, sondern auch das angestrebte Ziel, die Erwartungen und Vorteile des neuen Produktes bzw. Verfahrens. Es ist nicht immer einfach, eine klare Trennung der Aufgabe von der anvisierten technischen Lösung herbeizuführen. Dem Patentprüfer sollte jedoch, neben einer klaren Herausarbeitung des technischen Problems, zumindest ein logischer Übergang auf die Folgen der Ausführungen des erfinderischen Gedankens aufgezeigt werden. Je komplizierter die Gedankengänge und die damit verbundenen erforderlichen Schlußfolgerungen bis zur Erfindung erscheinen, umso größer wird auch die Erfindungshöhe eingeschätzt.

Es liegt auf der Hand, daß sich eine bereits zur Formulierung der Aufgabenstellung erbrachte und auch erkennbare gedankliche Leistung bei der Beurteilung der Erfindungshöhe sehr positiv auswirkt. Eine direkte und streng vorgenommene Aufteilung der erfinderischen Leistung auf Aufgabe und technische Lösung hat keine rechtliche Bedeutung, da Aufgabenstellung und technische Lösung letztendlich zusammen die Erfindung ausmachen. In der Definition der Aufgabe soll lediglich ein geistiger Bezug vom technischen Problem zum Kern der Erfindung hergestellt werden.

Es empfiehlt sich zur Schaffung klarer Rechtsverhältnisse, bereits in der Aufgabenbeschreibung auf die später im Oberbegriff der Erfindungsansprüche dargestellten technischen Zusammenhänge einzugehen.

8.2.2   Darstellung des Wesens der Erfindung

Mit der eindeutigen und umfassenden Darstellung des Wesens der Erfindung wird die Erfindungshöhe explizit herausgearbeitet. Im Beschreibungsteil ist dabei der erfinderische Gedanke derart darzustellen, daß daraus die technische Lösung unmittelbar abzuleiten ist. Selbstverständlich muß die so beschriebene Lösung möglichst wörtlich mit dem kennzeichnenden Teil der später formulierten Erfindungsansprüche übereinstimmen.

In der Praxis hat sich gezeigt, daß der Erfinder selbst dazu neigt, seine Erfindung eher zu wenig als zu ausführlich zu beschreiben, da aus seiner Sicht bestimmte Zusammenhänge als bekannt vorausgesetzt werden. Hier ist jedoch auf sachliche Sorgfalt hinsichtlich einer umfassenden Darstellung aller relevanten Zusammenhänge und Voraussetzungen zu achten.

Der ausführliche und umfassende Beschreibungsteil der Erfindung knüpft direkt an die Darstellung der zu lösenden technischen Aufgabe an und wird üblicherweise mit dem Wort *"erfindungsgemäß ..."* oder einer sinngemäßen Formulierung eingeleitet.

In der Beschreibung der Erfindung sind nach § 5 PatAnmVO auch die vorteilhaften Wirkungen aufzunehmen. Der Hinweis auf die Vorzüge der Erfindung erleichtert bei der Frage nach der Erfindungshöhe eine bessere Abgrenzung zum Stand der Technik. Zur Erläuterung der Vorteile kann auch das bevorzugte Anwendungsgebiet für die Erfindung und die dort erzielbare Verbesserung angegeben werden.

Auf eine hinreichend ausführliche Offenbarung des Wesens der Erfindung und einer Hervorhebung des realisierbaren technischen Fortschrittes über den bekannten Stand der Technik hinaus muß größte Sorgfalt gelegt werden. Eine nachträgliche erweiternde Änderung der eingereichten Anmeldung oder eine Ergänzung der Merkmale der Erfindung sind gemäß Patentgesetz ausdrücklich nicht zulässig.

8.2.3   Darstellung der technischen Zusammenhänge und Anwendungen

Die Darstellung technischer Zusammenhänge und Anwendungen betrifft die spezifische Ausgestaltung und Realisierung der Erfindung in Form von speziellen Ausführungsbeispielen. Als häufige Formulierung zur Einleitung dieses Textabschnittes von Patenten werden Wendungen wie: *"Eine bevorzugte Ausführungsform der Erfindung ..."* oder *"In einer weiteren Ausgestaltung der Erfindung ..."*. Die Erfindung wird anhand von konkreten Lösungen schriftlich oder bildlich mit allen spezifischen Feinheiten offenbart. Dies gilt nicht nur für die technische Umsetzung des Hauptanspruches, sondern ebenso für die wichtigsten Unteransprüche. Diese das Wesen der Erfindung erläuternden Realisierungsvorschläge haben jedoch nur beispielhaften Charakter und werden nicht zwingend und in der abgebildeten Art zur Verwirklichung der erfinderischen Lösung benötigt. Die bildlichen Darstellungen werden als Figuren bezeichnet, sollen das Wesen der Erfindung verdeutlichen und haben lediglich erklärenden, jedoch keinen rechtlichen Charakter. Von einer bildlichen Darstellung kann dementsprechend kein unmittelbarer technischer Zusammenhang in die Patentansprüche übernommen werden. Die in den figürlichen Ausführungen abgebildeten Details sind mit Nummern bezeichnet, die im beschreibenden Text in aufsteigender Reihenfolge wiederzufinden sind. Der anhand der Zeichnungen angegebene funktionale Aufbau und die verbale Funktionsbeschreibung bilden damit eine anschauliche Einheit, die das technische Gesamtgebilde ausführlich erklärt. Da zeichnerische Abbildungen nicht zu Unrecht als Sprache des Technikers bezeichnet werden, erleichtern sie das Verständnis für die Erfindung. Bei Gebrauchsmusteranmeldungen sind die Anmeldeunterlagen stets mit einer Zeichnung zu versehen. Mit einer ausführlichen Beschreibung und Darstellung der Erfindung wird letztendlich eine deutliche Abgrenzung zum Stand der Technik bezweckt.

8.2.4   Lehre zum technischen Handeln

Eine Erfindung ist nach § 35 PatG so deutlich und vollständig zu offenbaren, daß ein durchschnittlicher Fachmann sie unter Zuhilfenahme des gängigen Standes der Technik auszuführen in der Lage ist.
Erst durch eine genaue Beschreibung anhand einer konkreten technischen Ausgestaltung wird die Nachvollziehbarkeit des zur Erfindung führenden Gedankenganges ermöglicht. Bei Erfindungen, die zum Anmeldezeitpunkt technisch noch nicht vollständig ausgereift erscheinen, sollten die Merkmale des aktuellen Ausführungsstandes möglichst allgemein beschrieben werden, damit im späteren Prüfungsverfahren für eventuelle Änderungen noch

genügend zu offenbarende Merkmale zur Verfügung stehen.

Der Verfasser einer Patentanmeldung gerät gerade bei der genannten Beschreibung der konkreten Ausführung in Gewissenskonflikte. Einerseits soll die Beschreibung zwar alle zur Ausführung des Verfahrens oder der Vorrichtung erforderlichen Handlungen in richtiger Reihenfolge offenbaren. Andererseits sollen jedoch weder Firmen-Know-How noch die in den verschiedensten Untersuchungen mühsam erworbenen technischen Raffinessen preisgegeben werden.

Doch gerade die in der Entwicklungsphase erworbenen Erfahrungen sind es, die oftmals zum erfinderischen Gedanken geführt haben und den Grad der Erfindungshöhe ausmachen. Eine unklare Darstellung technischer Details der Erfindung, die im Gesamtzusammenhang wesentlich sind, müssen spätestens im Patenterteilungsverfahren vollständig offenbart werden. Hier besteht noch die Möglichkeit, Unvollständigkeiten nachzubessern und Unklarheiten zurechtzurücken.

Nach gebräuchlichem Recht genügt es, wenn eine Anmeldung dem Fachmann die entscheidende Richtung angibt, in der er ohne Aufwendung eigener erfinderischer Tätigkeit, aber auch ohne am Wortlaut zu haften, allein aufgrund seines dem Durchschnitt entsprechenden Fachwissens mit Erfolg weiterarbeiten und die jeweils günstigste Lösung auffinden kann. Es kann sogar davon ausgegangen werden, daß zur Ermittlung der günstigsten Lösung zusätzliche Untersuchungen erforderlich werden, soweit dies das übliche Maß (das von Fall zu Fall natürlich unterschiedlich ist) nicht übersteigt und keine erfinderischen Überlegungen erforderlich sind.

Selbst Angaben zu einer Herstellungsart und zum Verwendungszweck sind ausreichend, um den allgemeinen Erfordernissen der Offenbarung zu genügen.

Bei der Formulierung einer Patentanmeldung, insbesondere bei der Lehre zum technischen Handeln, sollte der Verfasser sehr darauf bedacht sein, unter den möglichen Ausführungsbeispielen die komplizierteste und anspruchsvollste Variante auszuwählen, um eine möglichst unstrittige Erfindungshöhe zu dokumentieren. Denn gerade die Erfindungshöhe wird häufig sowohl während des Patenterteilungsverfahrens als auch bei Einsprüchen in Frage gestellt, wenn es den Anfechtenden nicht gelingt, neuheitsschädigendes Material nachzuweisen.

Dem häufig anzutreffenden Argument, daß es seitens des Fachmanns nur handwerklicher und naheliegender Überlegungen ohne erkennbarer erfinderischer Weiterentwicklung bedurfte durch gängige Bauteile (Norm- oder Standardteile), die zum allgemeinen Stand der Technik zählen, die vorliegende Lösung aufzubauen, muß bereits bei der Ausarbeitung der Anmeldeschrift bewußt entgegengewirkt werden.

8.2.5   Formulierung und Aufbau der Patentansprüche

Für Patentanmelder und Wettbewerber gleichermaßen besteht die Kernaussage eines interessierenden Patentes in den ausgewiesenen Schutzansprüchen, da sie letztendlich der einzig rechtlich relevante Teil einer Patentschrift sind. Sie beinhalten allein die maßgeblichen Festlegungen, was in welchem Umfang unter Schutz gestellt werden soll.

Die anderen Inhalte der Patentanmeldung wie Aufgaben-, Lösungs- und Ausführungsbeschreibung - inklusive erklärender figürlicher Darstellungen - sind hinsichtlich ihrer rechtlichen Bedeutung nach § 14 PatG nur zweitrangig. Demgemäß stehen auch die Schutzansprüche im Mittelpunkt eines permanenten Konfliktes zwischen Schutzrechtsinhaber, Patentprüfer und Wettbewerber.

Aus Sicht des Anmelders sollte natürlich möglichst das gesamte technische Gebiet rund um das auf der Erfindung basierende Produkt, d.h. das Produkt selbst, wie auch das zu dessen Herstellung eingesetzte Verfahren etc. unter den Schutzumfang fallen.

Der Prüfer vertritt jdie objektiv rechtliche Seite und die Interessen der Allgemeinheit. Er entscheidet in erster Instanz, welche Ansprüche der Erfindung nach einer Überprüfung des Neuheitsgrades, der Erfindungshöhe und der technischen Realisierbarkeit tatsächlich patentierbar sind.

Der Wettbewerb ist demgegenüber bestrebt, den Schutzumfang des Patentes - soweit es die eigenen Interessen in irgendeiner Weise tangiert - möglichst nicht rechtskräftig werden zu lassen oder ihn wenigstens deutlich einzuschränken. Die Entstehung von Ausschließlichkeitsrechten und damit von Monopolstellungen ist aus Wettbewerbersicht jedenfalls zu unterbinden.

Damit die Schutzansprüche im Brennpunkt der aufgezeigten konträren Zielsetzungen bestehen können, ist bei der Formulierung der Ansprüche besonders auf Eindeutigkeit, technische und sachliche Klarheit, Verständlichkeit sowie Vollständigkeit zu achten. Der Patentanspruch ist im wesentlichen eine Aufzählung aller spezifizierten technischen Merkmale, die zur Lösung der gestellten Aufgabe zielgerichtet und überraschend eingesetzt werden.

Die wenigsten Erfindungen sind in allen Funktionseinheiten bzw. Verfahrensschritten neu. In der Regel wird eine bereits bekannte Lösung weiterentwickelt und verbessert. In diesem Zusammenhang muß eine deutliche Abgrenzung zum bereits bekannten Stand der Technik vorgenommen werden, wobei eine zweiteilige Formulierung des Patentanspruchs verwendet wird. Es handelt sich dabei zum einen um den sogenannten Oberbegriff und zum anderen um den kennzeichnenden Teil des Erfindungsanspruchs.

Der Oberbegriff

Der Erfindungsanspruch in seiner allgemeinen Form beginnt mit dem sogenannten Ober- oder auch Gattungsbegriff der Erfindung. In diesem Teil des

Erfindungsanspruchs sind alle Merkmale der Erfindung angeordnet, die dem Stand der Technik entnommen sind. Es handelt sich demnach um die technische Basis, auf der die Erfindung aufbaut.

In diesem klassifizierenden Abschnitt wird die Erfindung einem bestimmten bekannten Gebiet / Produkt der Technik zugeordnet, wobei eine Anzahl von wesentlichen Eigenschaften oder Ausführungen und Details für Lösungen, die der dargestellten Erfindung am nächsten kommen, aufgeführt wird. Der Oberbegriff soll keine für die Erfindung unwesentlichen Merkmale aufweisen, da sonst der Schutzbereich des Patentes unnötig eingeschränkt wird. Des weiteren muß der Gattungsbegriff den Titel der Anmeldung wörtlich enthalten. In der PatAnmVO ist explizit vorgeschrieben, daß der Oberbegriff "die Merkmale des Gegenstandes enthält, von dem die Erfindung ausgeht".

In der Praxis werden bei der Formulierung des Oberbegriffes aus der Patentschrift, die die der eigenen Erfindung am nächsten kommende Lösung beschreibt, diejenigen Merkmale entnommen, die beide Lösungen gemeinsam haben.

Beinhaltet der Oberbegriff des ersten Anspruchs einer Erfindung eine Kombination von Merkmalen, die sich nicht aus dem Stand der Technik ableiten lassen, so ist dies bei der Beurteilung der Erfindungshöhe besonders zu würdigen, da es sich in diesem Falle um ein sogenanntes Grundsatzpatent handelt. Aus der Sicht des Patentanmelders ist ein möglichst weitgefaßter Oberbegriff mit möglichst wenigen einschränkenden Merkmalen anzustreben. Auf diese Weise erstreckt sich der Schutzumfang gegebenenfalls auf weitere, zum Anmeldezeitpunkt noch nicht berücksichtigte bzw. überschaubare Anwendungsfälle.

Im Prüfungsverfahren wird jedoch unter dem Druck des Prüfers häufig eine Konkretisierung des Oberbegriffes vorgenommen, um die Erteilungschancen zu wahren bzw. zu verbessern. Diese Erweiterung erfolgt durch das Hinzufügen zusätzlicher Merkmale in den Oberbegriff des Hauptanspruchs, gelegentlich sogar durch solche, die vom Anmelder ursprünglich als erfinderisch angesehen wurden. Dadurch kommt es unmittelbar zu einer mitunter nicht unerheblichen Eingrenzung des Schutzumfanges gegenüber der Ursprungsanmeldung. Letztendlich entstehen auf diese Weise Schutzrechte für extrem eingegrenzte Spezialgebiete bzw. Ausführungsformen. Solche Schutzrechte haben den entscheidenden Nachteil, daß sie häufig sehr leicht mit einer Umgehungslösung unwirksam gemacht werden können. - Dabei wird eine Alternativlösung mit ähnlicher Funktion konzipiert, die jedoch über zusätzliche oder / und andere Merkmale als die im Oberbegriff des Vergleichspatentes zitierten, verfügt, womit einer drohenden Kollisionsgefahr von vornherein ausgewichen wird.

Kennzeichnender Teil des Anspruchs

Der sogenannte kennzeichnende Teil des Erfindungsanspruches beinhaltet die signifikanten Unterschiede zu den Merkmalen der bereits bekannten technischen Lösungen, die im Gattungsbegriff bereits dargestellt wurden. Eingeleitet wird der kennzeichnende Teil nach § 4 PatAnmVO mit Formulierungen wie: "... *dadurch gekennzeichnet, daß* ..." oder "... *gekennzeichnet durch* ..." bzw. sinngemäßen Wendungen. Vorteilhafterweise erhöht sich die Übersichtlichkeit der Patentansprüche durch diese Standardformulierungen, die oftmals auch fett gedruckt sind, erheblich.

Nicht selten erstreckt sich nämlich insbesondere ein Hauptanspruch hinsichtlich des Wortumfangs auf mehrere Zeilen, mitunter sogar auf eine gesamte Seite. Der Hintergrund für diese mitunter sehr unübersichtlichen und aus sprachlicher Sicht komplizierten Formulierungen begründet sich aus der Formvorschrift. Hierbei wird davon ausgegangen, daß jeder Erfindung im Kern nur ein einziger Gedanke zugrunde liegen kann und muß. Daraus wird der messerscharfe Schluß gezogen, daß ein einziger Gedanke auch in einem einzigen Satz darstellbar ist, und in logischer Konsequenz jeder Anspruch ebenfalls nur einen einzigen Satz umfassen darf. Dabei trennen die oben angeführten Wendungen den Gattungsbegriff scharf vom kennzeichnenden Teil.

Für den interessierten Leser eines Patents ist auf diese Weise bereits auf einen Blick faßbar, was im Anspruch als bekannt und daher nicht schutzfähig einzustufen ist: Der Gattungsbegriff, der **vor** der Formulierung "... *gekennzeichnet durch* ..." angegeben ist. Demgegenüber sind die aufgeführten erfinderischen Merkmale **nach** dieser Formulierung prinzipiell neu, auf sie erstreckt sich das Schutzersuchen.

Im kennzeichnenden Teil des Hauptanspruchs sind die wesentlichsten Merkmale der Erfindung frei von technischen Überbestimmungen und Nebensächlichkeiten anzugeben. Die Formulierung von Patentansprüchen soll klar und prägnant sein, da sie später zur Ermittlung eines eventuellen Verletzungstatbestandes herangezogen wird. Allerdings sind oftmals weniger eindeutige Wendungen wie "insbesondere", "vorzugsweise", "zweckmäßigerweise", "beispielsweise" etc., verwendet, die lediglich Merkmale umschreiben, die für die technische Lehre der Erfindung keineswegs unbedingt erforderlich sind. Diese Merkmale sind für die anvisierte Schutzwirkung rechtlich ohne jede Bedeutung. Sie dienen lediglich als Hinweis auf bestimmte mögliche Ausführungsformen einer Vorrichtung oder eines Verfahrens. Beim Auftreten solcher Formulierungen ist jedoch im Rahmen einer möglichst fundierten Schutzrechtsanalyse deren Stellung im Satz genauestens zu beachten.

Je nach Anordnung im Satz ergeben sich unterschiedlichste Aussagen. So wird zum Beispiel "... durch einen vorzugsweise spitzen Meißel ..." der Meißel, nicht aber seine spitze Form als zwingendes Merkmal angesehen, während bei der Formulierung "... vorzugsweise durch einen spitzen Nagel ..."

mehr die spitze Form im Mittelpunkt des Schutzbegehrens steht.

Die verschiedenen wesentlichen Merkmale eines Erfindungsgedankens werden durch Konjunktionen im Rahmen eines einzigen Satzes verbunden, wobei "und", "oder", "wobei", "wozu", "wodurch", "sowie", "ferner" etc. die gebräuchlichsten sind. Häufig wird auch eine Kombination aus zwei Konjunktionen wie beispielsweise "und / oder" in den Patentansprüchen verwendet (z.B. "... feste Verbindung der tragenden Bauteile durch eine Klebe- und / oder Nietverbindung ..."). Mit dieser Formulierungsform wird zum Ausdruck gebracht, daß die Verwendung von wahlweise zwei vorgeschlagenen Merkmalen gleichzeitig, wie auch eine jeweils einzelne und separate Verwendung möglich und sinnvoll ist.

8.2.6   Schutzfunktion und Ausnahmen

Die Aufwendungen für die Ausarbeitung und Aufrechterhaltung eines Patents hinsichtlich Zeit und Kosten sind für den Patentanmelder nicht unerheblich. Darüber hinaus besteht jederzeit ein wenig kalkulierbares Risiko, inwieweit der unmittelbare Wettbewerb durch ein frühzeitiges Bekanntwerden der schwerpunktmäßigen Entwicklungsrichtungen eigene Aktivitäten forciert und dabei auf die bereits zugänglichen Lösungsansätze zurückgreift. Demgegenüber besteht die Hauptmotivation für den Patentanmelder in der Aussicht auf ein erteiltes Patent und einem damit verbundenen - wenn auch zeitlich limitierten - alleinigen Nutzungsrecht.

Nach § 9 PatG hat das Patent die rechtliche Wirkung, daß einzig und allein der Patentinhaber berechtigt ist, die patentierte Erfindung zu benutzen. Jedem Dritten ist es verboten, ohne dessen Zustimmung

1. ein Erzeugnis, das Gegenstand des Patentes ist, herzustellen, anzubieten, in Verkehr zu bringen oder zu gebrauchen, oder zu den genannten Zwecken entweder einzuführen oder zu besitzen;
2. ein Verfahren, das Gegenstand des Patentes ist, anzuwenden oder, wenn der Dritte weiß oder es aufgrund der Umstände offensichtlich ist, daß die Anwendung des Verfahrens ohne die Zustimmung des Patentinhabers verboten ist, zur Anwendung im Geltungsbereich des Gesetzes anzubieten;
3. das durch ein Verfahren, das Gegenstand des Patentes ist, unmittelbar hergestellte Erzeugnis anzubieten, in Verkehr zu bringen oder zu gebrauchen, oder zu den genannten Zwecken entweder einzuführen oder zu besitzen.

Neben dem Verbot der unmittelbaren Patentbenutzung wird nach § 10PatG auch die mittelbare Benutzung durch Dritte verboten, so zum Beispiel die wirtschaftliche Nutzung von wesentlichen Elementen der Erfindung. In diesem Zusammenhang kann der Patentinhaber, sobald ihm die Verletzung seines rechtskräftigen Schutzrechtes bekannt wird, gegen den Patentverletzer nach erfolgter Abmahnung gerichtlich vorgehen. Allerdings ist dies nur im Geltungsbereich des Schutzrechtes möglich, wobei dieser Geltungsbereich länderbezogen ist.

So ist auch die Patentverletzung eines deutschen Patentes zum Beispiel in Frankreich dort nicht zu unterbinden. Anders sieht es jedoch aus, wenn das gleiche Produkt auf den deutschen Markt gelangt. In diesem Fall kann es bereits beim Grenzübertritt aus dem Verkehr gezogen werden.

Bei europäischen Patenten erfolgt die Prüfung und Erteilung in den vom Patentinhaber beantragten Ländern. Es gibt dabei kein gesamteuropäisches Patent, das in verschiedenen Benennungsstaaten europäischer Länder zur Gültigkeit gelangt.

Eine Patentverletzung ist prinzipiell unmittelbar nach deren Bekanntwerden vom Patentinhaber anzumahnen. Dies darf nicht erst dann geschehen, wenn der Patentverletzer nach mühseliger und langwieriger Markteinführung allmählich in die Gewinnzone gelangt.

Dieser doch recht weit gefaßte Schutzumfang nach den §§ 9 und 10 PatG verfügt allerdings auch über einige Einschränkungen. Nach § 11 PatG zum Beispiel erstreckt sich die Wirkung des Patentes nicht auf Handlungen im privaten Bereich zu nicht gewerblichen Zwecken, ebenso nicht auf Handlungen zu Versuchszwecken. Ausgenommen ist auch eine gerichtliche Patentverfolgung von Gegenständen an Schiffen und Luft- oder Landfahrzeugen, wenn diese vorübergehend oder rein zufällig in den Geltungsbereich dieses Gesetzes gelangen.

Eine weitere Ausnahme stellt das in § 12 PatG fixierte Weiterbenutzungsrecht dar: Die Wirkung des Patents tritt dann nicht ein, wenn ein Dritter die Erfindung nachweislich bereits zur Zeit der Anmeldung in Benutzung genommen oder die dazu erforderlichen Schritte getroffen hat. In diesem Fall wird ein sogenanntes Mitbenutzungsrecht eingeräumt, d.h. der Mitbenutzer darf die Erfindung für die Bedürfnisse des eigenen Unternehmens in eigenen oder fremden Werkstätten anwenden.

Eine im allgemeinen Bereich der Technik recht selten in Anspruch genommene Möglichkeit zur Aussetzung der Schutzfunktion von Patenten ist die staatliche Benutzungsanordnung. Nach § 13 PatG wird die Wirkung des Patentes aufgehoben, wenn die Bundesregierung anordnet, daß die Erfindung im Interesse der öffentlichen Wohlfahrt oder zur Sicherheit des Bundes genutzt werden soll. Der Patentinhaber hat in diesem Fall einen verbrieften Anspruch auf eine angemessene Vergütung.

8.3   Kriterien an das Patent

Befindet sich eine Entwicklung in der Konkretisierungsphase und zeichnet sich bereits eine pfiffige technische Lösung ab, so stellt sich die Frage nach Möglichkeiten einer schutzrechtlichen Absicherung. Der in die Problematik der technischen Aufgabe und in die Feinheiten des Lösungsansatzes eingearbeitete Entwickler erkennt am ehesten, wann und in welcher Qualität sich der Kern des anvisierten Lösungsansatzes vom üblichen Stand der Technik abhebt.

In gleichem Maße ist jedoch auch das Engagement des Patentmanagers und des Patentingenieurs an dieser Stelle gefragt.

Im Vordergrund steht die aktive Initiierung und Umsetzung von strategischen Patentanmeldungen. Wird bereits frühzeitig eine patentierbare Lösung angestrebt, so zahlen sich alle Bemühungen zur Ermittlung der aktuell bekannten technischen Lösungen bzw. das Wissen um die vom Wettbewerb bevorzugte Technik sehr positiv hinsichtlich der eigenen Lösungsfindung aus. Denn erst wenn der kreative Entwickler alle bekannten Lösungsmöglichkeiten in seine Überlegungen einbezogen und deren Vor- und Nachteile analysiert hat, kann dieses Wissen in eine neue Lösung bzw. in eine Erfindung umgesetzt werden.

Im ersten Ansatz kann demnach der Entwickler bereits einschätzen, inwieweit seine favorisierte technische Lösung den allgemeinen Patentkriterien genügt, indem er die für eine Patenterteilung wesentlichen Fragen beantwortet:

1. Ist die technische Lösung neu?
2. Ist die technische Lösung erfinderisch?
3. Ist die technische Lösung gewerblich anwendbar?
4. Gehört die technische Lösung von vornherein zu den nicht patentfähigen Erfindungen?

8.3.1   Neuheitsgrad

Eine Erfindung gilt nach § 3 PatG als neu, wenn sie nicht zum allgemein bekannten Stand der Technik gehört. Der Stand der Technik umfaßt alle Kenntnisse, die vor dem Zeitpunkt der Anmeldung durch schriftliche oder mündliche Beschreibung, durch Benutzung oder in sonstiger Weise der Öffentlichkeit zugänglich gemacht worden sind. Weiterhin werden zum Stand der Technik deutsche und hier geltende europäische und internationale Patentanmeldungen gerechnet, die einen älteren Zeitrang besitzen, jedoch erst nach dem Anmelde- oder Prioritätstag der strittigen Erfindung veröffentlicht wurden.

Natürlich kann von einem Techniker nicht unbedingt erwartet werden, daß er zur Überprüfung der Erfindungsneuheit eigenhändig recherchiert, damit ist letztlich der Patentprüfer betraut. Der Erfinder ist jedoch gehalten, das unmittelbar vorliegende Material - wie einschlägige Patente und Veröffentlichungen - zu sichten und mit dem eigenen Lösungsansatz kritisch und weitgehend objektiv zu vergleichen.

Bei der Prüfung auf Neuheit kommt es im engeren Sinn auf die Feststellung an, inwieweit sich der technische Inhalt der gegebenenfalls vorhandenen oder angestrebten eigenen Anmeldung mit all seinen spezifischen Merkmalen aus einer Druckschrift als bekannt nachweisen läßt. Bei äußerlicher Übereinstimmung einzelner technischer Konstruktionsmerkmale ist jeweils zu hinterfragen, ob diese Merkmale auch gezielt dieselbe Funktion erfüllen.

Ziel der Neuheitsprüfung ist die Feststellung, wodurch sich der Gegenstand der Erfindung oder des Verfahrens im einzelnen von jeder einzelnen Vorveröffentlichung hinsichtlich der als Erfindung angesehenen Merkmale unterscheidet.

Gegenüber einer vorbekannten Lösung ist der Anmeldungsgegenstand neu, sofern er bereits in einem der aufgeführten Merkmale signifikant von den Merkmalen der vorbekannten Lösung abweicht. Eine Zusammenstellung der in einer Erfindung kombiniert wirkenden Merkmale, die aus verschiedenen Druckschriften aus dem Stand der Technik entnommen wurden, ist als Nachweis mangelnder Neuheit selbst in einem späteren Prüfungsverfahren nicht zulässig. Der Nachweis einer nicht vorliegenden Neuheit ist keine Frage der Auslegung wie in vielen anderen Rechtssituationen, sondern "lediglich" eine Frage der Beschaffung von Entgegenhaltungsmaterial.

8.3.2   Erfindungshöhe

Der Begriff der erfinderischen Tätigkeit ist nach § 4 PatG eindeutig und explizit definiert: "Eine Erfindung gilt als auf einer erfinderischen Tätigkeit beruhend, wenn sie sich für den Fachmann nicht in naheliegender Weise aus dem Stand der Technik ergibt."

Im Gegensatz zum relativ einfach zu beurteilenden Neuheitsanspruch ist die Einschätzung der erfinderischen Tätigkeit ein zentrales Problem des Patentrechtes. Es ist nur selten zweifelsfrei festzustellen, welche Maßnahmen von einem Fachmann tatsächlich als naheliegend einzuschätzen sind und welche nicht. Ein sehr hoher Prozentsatz der Einsprüche und Nichtigkeitsverfahren basiert auf der Schlüsselfrage bezüglich des Vorliegens einer erfinderischen Tätigkeit. Die Grenze zwischen Erfindungshöhe und rein handwerklicher Fertigkeit läßt sich natürlich nicht mathematisch beschreiben.

Bei der Einschätzung der erfinderischen Tätigkeit kommt es nicht auf den Kenntnisstand eines überragenden Fachmannes auf einem bestimmten Fachgebiet, sondern vielmehr auf das Wissen und Können eines durchschnittlichen Fachmannes des gleichen Fachgebietes an. Die Entscheidung über die erreichte Erfindungshöhe muß auf einer Bewertung objektiver Gegebenheiten basieren.

Läßt sich eine neue technische Lösung aus einer sehr kleinen Anzahl bereits bekannter Realisierungen oder Veröffentlichungen unmittelbar und allein durch Kombinatorik nachbilden, so verdient sie keinesfalls das Prädikat "erfinderisch".

Demgegenüber spricht man jedoch bereits vom Vorliegen einer Erfindung oder einer erfinderischen Leistung, wenn aus einer größeren Anzahl bekannter Lösungen durch Modifikation, konstruktive Anpassung, Abwandlung etc. **und** Kombinatorik eine neue Produktqualität erreicht wird. Selbst eine Aneinanderreihung mehrerer bekannter Merkmale ist patentfähig, wenn durch eine positive gegenseitige Beeinflussung *ein überraschendes, nicht sofort zu erwartendes Ergebnis* erzielt wird.

Im Prüfungsverfahren werden zur Beurteilung der Erfindungshöhe zuerst die technischen Einzelheiten der Erfindung und der Stand der Technik berücksichtigt. Weitergehende Betrachtungen für die Beurteilung der Erfindungshöhe werden erst angestellt, wenn die technischen Fakten über den Abstand der Erfindung zum Stand der Technik kein klares Urteil erlauben. In praxi sind die Anforderungen an die Erfindungshöhe jedoch oftmals so gering, daß sie für den auf dem entsprechenden Fachgebiet versierten und erfahrenen Ingenieur nicht mehr erkennbar ist.

Gelegentlich werden auch Erfindungen patentiert, deren konkrete Ausgestaltung ansich auf den ersten Blick naheliegend erscheint. Ein damit verbundener besonders großer technischer Erfolg kann zwar eine geringe Erfindungshöhe nicht ausgleichen, er kann aber indirekt auf vorhandene erfinderische Tätigkeit hinweisen, denn dieser Erfolg hätte schon früher zur Offenbarung einer derartigen Anmeldung führen müssen. Gerade auf technisch sehr ausgereiften Gebieten sind Erfindungen dieser Kategorie wesentlich häufiger aufzufinden als solche, die grundsätzlich Neues betreffen.

Zusammenfassend sind nachfolgend einige der wesentlichsten Indizien angegeben, die auf ein Vorliegen von für Patentanmeldungen ausreichender Erfindungshöhe deuten:

- Erzielen von überraschenden, nicht vorherzusehenden Wirkungen bei Erfindungen, die aus der Kombinatorik von Bekanntem hervorgegangen sind.
- Erreichen von erheblichen technischen Vorteilen.
- Überwinden von technischen Schwierigkeiten, die schon langjährig bekannt sind.
- Weiterentwicklung von Lösungen auf technischen Gebieten, die längere Zeit vernachlässigt wurden.
- Formulierbare Verbesserungen auf einem technisch sehr ausgereiften Gebiet.

- Auffinden einfacherer und billigerer Herstellungsmethoden, beispielsweise für Massengüter.
- Lösen eines aktuellen technischen Problems, an dem in der Vergangenheit bereits mehrfach erfolglos gearbeitet wurde.
- Übertragung nicht allgemein bekannter Entwicklungen aus einem
  grundsätzlich anderen Fachgebiet.
- Einsparung von Kombinationsmerkmalen bei gleicher Funktionserfüllung.

8.3.3   Gewerbliche Anwendbarkeit

Eine weitere wesentliche Voraussetzung für eine Patenterteilung ist die sogenannte gewerbliche Anwendbarkeit einer Erfindung. Nach § 5 PatG gilt
eine Erfindung als gewerblich anwendbar, wenn ihr Gegenstand auf irgendeinem gewerblichen Gebiet (einschließlich der Landwirtschaft) hergestellt
oder genutzt werden kann. Ausdrücklich ausgenommen sind medizinische
Verfahren. Es ist im allgemeinen nicht erforderlich, besondere Angaben
über eine eventuelle gewerbliche Anwendbarkeit in die Anmeldung einzu-
flechten, da der erfinderische Gegenstand in den meisten Fällen offenkundig auf einem gewerblichen Gebiet hergestellt oder genutzt werden kann.

8.3.4   Nicht patentfähige Erfindungen

Selbst für den Fall, daß eine Erfindung über Neuheit, Erfindungshöhe und
gewerbliche Anwendbarkeit verfügt, ist die Möglichkeit einer Patentanmeldung oder -erteilung nicht grundsätzlich gegeben. Bestimmte Ausnahmen, die im Patentgesetz angegeben sind (§ 1 PatG) sollen im folgenden
beispielhaft aufgeführt werden:

- Entdeckungen, z.B. physikalische oder / chemische Effekte (bspw.
  Peltier-Effekt, Hall-Effekt)
- Wissenschaftliche Theorien, z.B. Relativitäts-, Evolutionstheorie ...
- Rechenmethoden, z.B. Lösung von Differentialgleichungen, Reihen-
  berechnungen ...
- Spielregeln, z.B. für neue Sportarten, Gesellschaftsspiele ...
- Geschäftsstrategien, z.B. Marketingkonzepte, Patentstrategien ...
- Ästhetische Formschöpfungen, z.B. künstlerische oder natürliche
  Formgebungen ...
- Pläne und Verfahren für gedankliche Tätigkeiten, z.B. Baupläne, Lehr-
  methoden, Buchführungssysteme, Programme für Datenverarbeitungs-
  anlagen ...
- Wiedergabe von Informationen, z.B. Tabellen, Formulare, Schriftar-

ten und Anordnungen ...
- Konstruktionen und technische Konzepte, die den Naturgesetzen widersprechen, z.B. Maschinen ohne Energiezufuhr (perpetuum mo-
  bile) ...
- Pflanzensorten oder Tierarten und biologische Verfahren zur Züchtung derselben.

Die Offenlegung einer Patentanmeldung ist ebenfalls prinzipiell ausgeschlossen, wenn deren formulierter oder dargestellter Inhalt einen *"Verstoß gegen
die guten Sitten"* oder gegen die *"öffentliche Ordnung"* beschreibt.

8.4   Anmeldestrategie

Prinzipiell ist sowohl der Unternehmer als auch der Erfinder an einer
Schutzrechtserteilung interessiert. Für den Erfinder ist sie eine personenbezogene Ergebnisdarstellung seiner Kreativität, für den Unternehmer schafft
sie ein Verwertungsmonopol und bietet damit in gewisser Weise einen Schutz
für die Investitionen im Entwicklungsbereich. Es liegt in der Natur der Sache und ist im Dienstverhältnis von Arbeitgeber und Arbeitnehmer begründet, daß dabei die jeweilige Interessenlage nicht unbedingt konform sein
muß.
Letztendlich entscheidet grundsätzlich der Patentanmelder - und das ist bei
in Anspruch genommenen Diensterfindungen immer der Arbeitgeber - ob,
wann, wo und mit welchem konkreten Inhalt eine Patentanmeldung erfolgt.
Das Patentwesen in einem Unternehmen ist in aller Regel als Stabsstelle der
Entwicklung angegliedert oder aber direkt der Geschäftsleitung unterstellt.
Die Patentaktivitäten generell und die Anmeldetaktik im besonderen sind
temporär auf die wirtschaftlichen, marktpolitischen und die vom Wettbewerb beeinflußten Gegebenheiten strategisch und zukunftsorientiert abzu-
stimmen. Grundsätzlich gibt es keine allgemeingültige Patentstrategie, sie
ist der jeweilig vorliegenden Situation anzupassen und in überschaubaren
Zeitabschnitten einer Kurskorrektur zu unterziehen.

8.4.1   Welche Erfindungen sollen angemeldet werden?

Der Patentanmelder erhofft sich durch das mit dem Patent erreichte
Ausschließlichkeitsrecht eine gewisse Monopolstellung für Herstellung, Vertrieb und Nutzung eines auf diesem Patent basierenden Produktes oder Verfahrens. Wird dieser anvisierte Vorteil durch eine unberechtigte Nutzung
der unter den Schutzumfang des Patentes fallenden technischen Lösung sei-

tens des Wettbewerbs eingeschränkt oder aufgehoben, so ist vom Patentinhaber zu erwarten, daß entsprechende Bestrebungen zur Wiederherstellung des Rechts unternommen werden. Diesbezüglich wird beim Nichterreichen einer gütlichen Einigung in aller Regel ein Patentverletzungsverfahren angestrebt, in dessen Verlauf der Patentinhaber den Nachweis über Art und Umfang der Verletzung zu erbringen hat. Es ist daher bereits *vor* der Ausarbeitung einer Anmeldung zu hinterfragen, ob und in welcher Form der erfinderische Gedanke am Produkt erkannt werden kann. Gelingt es nicht mit überschaubarem Aufwand einen Verletzungsnachweis zu führen, so wird aus der Verletzungsklage sehr schnell ein "Schattenboxen" ohne greifbaren Erfolg.

Der Nachweis einer Patentverletzung ist bei ausschließlich mechanischen Produkten noch relativ einfach möglich. Schwierig wird es hingegen bei Verfahrens- und / oder stark software-orientierten Patenten. Diesbezüglich ist bereits vor der Ausarbeitung der Anmeldung äußerst gewissenhaft zu prüfen, inwieweit bereits mit der Offenlegung des erfinderischen Gedankens Firmen-Know-How vorzeitig aus der Hand gegeben und dem Wettbewerb damit zugänglich gemacht wird.

Weitere Kriterien für oder gegen eine Patentanmeldung ergeben sich aus der wirtschaftlichen Einschätzung des erfinderischen Gegenstandes. In erster Linie sind dabei die erwarteten Produktionszahlen zu berücksichtigen. Ist das angestrebte Marktsegment sehr klein und die erwarteten Verkaufsstückzahlen sehr gering, so genügt in den meisten Fällen bereits der zeitliche Vorsprung, der mit der schnellen Markteinführung gegenüber dem Wettbewerb erreicht wird. In diesem Zusammenhang würde ein Patent wegen der über mehrere Jahre andauernden Erteilungsprozedur zu spät wirken.

Bei einem Schutzbestreben im nationalen Wirtschaftsraum der Bundesrepublik Deutschland bietet dann das Gebrauchsmuster einen geeigneten Schutz. Allerdings durchläuft das Gebrauchsmuster auch keine Prüfprozedur wie das Patent, so daß der tatsächliche Umfang der Schutzrechtsfunktion erst durch diesbezügliche Recherchen oder in einem Verletzungsverfahren ermittelt wird. Für das Gebrauchsmuster ergibt sich damit eine vergleichsweise größere Rechtsunsicherheit im Hinblick auf seine Rechtsgültigkeit.

Kommt es dem Anmelder nun auf einen schnellen und sicheren Schutz in der Bundesrepublik Deutschland an, so hat er die Möglichkeit, für seine Erfindung gleichzeitig eine Patentanmeldung und eine von dieser abgezweigte Gebrauchsmusteranmeldung zu hinterlegen. Dabei kann beispielsweise durch eine mit Hinterlegung der Gebrauchsmusteranmeldung beim Deutschen Patentamt beantragte Gebrauchsmuster-Recherche der Stand der Technik ermittelt werden, der der Anmeldung entgegenstehen könnte. Somit kann gleichzeitig schon in einem recht frühen Stadium abgeschätzt werden, ob die Patenterteilung zum Erfolg führt oder nicht.

Ein weiterer sehr wesentlicher Aspekt hinsichtlich eines Schutzbegehrens besteht in der zu erwartenden Produktlaufzeit. Es liegt auf der Hand, daß insbesondere solche Produkte vorzugsweise kopiert oder nachgeahmt werden, die einen langfristigen Markterfolg zu garantieren scheinen. Dabei werden vom Patentverletzer nicht selten erkannte Mängel oder Unzulänglichkeiten des Produkts behoben oder abgewandelt, womit der Absatz der ansich unzulässig produzierten und vertriebenen Produkte einen zusätzlichen Schub erhält.

Auf diese Ausgangssituation läßt sich am wirkungsvollsten reagieren, indem der Patentinhaber und Erstproduzent bereits während der Phase der Markterschließung eine kontinuierliche Produktverbesserung betreibt. Parallel dazu sind die Weiterentwicklungen und gegebenenfalls gefundenen "Schlupflöcher", die in Umgehungslösungen bestehen, patentrechtlich abzusichern.

Wird demgegenüber eine kurze Produktlaufzeit erwartet, so ist es prinzipiell günstiger, die geplanten Lösungen in der Vorbereitungszeit (Entwicklung und Fertigungsvorbereitung) möglichst lange geheimzuhalten.

Unabhängig von Produktionszahlen und Produktlaufzeiten müssen die Ergebnisse intensiver Entwicklungsaufwendungen schutzrechtlich abgesichert werden. Die im Ergebnis einer systematischen Lösungsfindung erarbeiteten Lösungsvarianten bilden letztendlich die Basis einer umfassenden patentrechtlichen Beschreibung und Beanspruchung des zukünftigen technischen Betätigungsfeldes. Es schafft den erforderlichen Freiraum für die zukünftige Weiterentwicklung der Produkte in diesem Rahmen.

8.4.2   Wann soll die Anmeldung und die Prüfung erfolgen?

Zum Zeitpunkt der Patentanmeldung ist prinzipiell zu sagen, daß hinsichtlich der Wahrung aller Schutzrechtschancen zuerst das Patentverfahren in Gang zu setzen ist, bevor über Veröffentlichungen, Marketingaktionen etc. das Produkt oder auch nur Teile von ihm bekannt gemacht werden. Diesbezüglich wird im täglichen F&E-Prozeß sehr viel falsch gemacht, was im nachhinein kaum noch korrigierbar ist.

Da Patent- und Gebrauchsmusteranmeldungen Kosten verursachen, ist insbesondere den freien Erfindern anzuraten, die Anmeldefähigkeit zunächst professionell beurteilen zu lassen. Hierzu ist es möglich, sich an die kostenlose Erfinderberatung zu wenden, die in den Patentinformations- und Auslegestellen durchgeführt wird (Adressen im Anhang). Ferner wird durch die Patentanwälte eine erste Beratung meist kostenlos durchgeführt. Die dritte - allerdings kostenpflichtige - Möglichkeit besteht darin, ein Rechercheinstitut mit einer Recherche zu beauftragen (vgl. auch Abschnitt 6.5).

Im Idealfall wird die Patent- oder Gebrauchsmusteranmeldung unmittelbar nach der Festlegung der favorisierten Lösung(en) getätigt, um eine im Zeitraum möglichst weit vorn liegende Priorität zu erreichen. Besonders bei hochgradig innovativen Produkten ist eine sehr frühzeitige und im Schutzbereich umfassende Anmeldung das geeignete Mittel, um dem potentiellen Wettbewerber den Einstieg in die entsprechende Technologie / Technik zu erschweren.

Wie bereits mehrfach erwähnt, besteht einer der wesentlichen Punkte für den Erhalt eines Patents oder Gebrauchsmusters darin, daß die Entwicklung *neu* ist. Es liegt auf der Hand, daß der erfinderische Gedanke in diesem Sinne vor einer geplanten Anmeldung nicht in Zeitschriften veröffentlicht, auf Tagungen und Konferenzen präsentiert oder in Ausstellungen und Messen gezeigt werden darf. Wichtig ist aber auch, daß der erfinderische Gedanke im Vorfeld einer geplanten Anmeldung auch keinem Dritten im kleinen Kreis Vertrauter (Geschäftspartner, befreundete Fachleute etc.) mündlich bekannt gemacht werden darf. Dies ist jedoch nicht in jedem Falle auszuschließen. Sollte dieser Fall tatsächlich notwendig werden, muß die Geheimhaltung mittels einer schriftlichen (!) Geheimhaltungsvereinbarung dringend sichergestellt werden (vgl. Abschnitt 8.4.4).

Für eine noch nicht "mit dem letzten Schliff versehene" Erfindung ist das zeitige Einreichen einer "provisorischen Patentanmeldung" (vgl. auch Abschnitt 9.5) eine gute Variante, sich eine frühzeitige Priorität zu sichern. Darüberhinaus ist es dann nicht mehr schädlich, den erfinderischen Gedanken zu präsentieren, bspw. um wissenschaftliche Ergebnisse zu veröffentlichen, Verwertungspartner oder Kunden zu akquirieren.

Im Gegensatz zur frühzeitigen Absicherung von produktbezogenen Erfindungen sind dagegen Verfahrenspatente möglichst lange zurückzuhalten.
Der richtige Zeitpunkt zur Einleitung des Patentprüfungsverfahrens hängt hauptsächlich vom Neuheitsgrad der Produkttechnologie ab. Befindet sich die Technik noch in der Anfangsphase und kann mit großer Wahrscheinlichkeit mit einer Patenterteilung gerechnet werden, so bringt ein mit der Anmeldung gestellter Prüfungsantrag häufig schon innerhalb der Unionspriorität (12-Monats-Frist von der deutschen Anmeldung bis zur Auslandsanmeldung) aufgrund der ersten Prüfbescheide Erkenntnisse über den eventuellen Erfolg einer Patentprüfung im Ausland.
Die Prüfungsanträge für Detailverbesserungen für bereits ausgefeilte Techniken bei Standardprodukten, wie z.B. an Kupplungen oder Wälzlagern, werden innerhalb der 7-Jahres-Frist recht spät gestellt, damit zum einen Prüfgebühren gespart werden, wenn die Erfindung letztlich doch nicht in die Serienfertigung einfließt. Zum anderen soll der Wettbewerb möglichst lange über die Wirksamkeit des Schutzrechts im unklaren gelassen werden.

Das relativ späte Stellen eines Prüfungsantrages wird oftmals auch als taktisches Mittel von Firmen eingesetzt, die sich gezielt im gleichen Produktbereich bewegen wollen, der jedoch bereits durch einen früheren Anmelder belegt ist. Dabei wird eine Anmeldeschrift verfaßt, die sich einerseits sehr stark an die offenbarte technische Lösung des Erstanmelders anlehnt. Andererseits wird die Schrift jedoch um möglichst viele denkbare Ergänzungen und Lösungskombinationen erweitert und das Stellen eines Prüfungsantrages so lange wie möglich aufgeschoben. Erst wenn die gegenüber der Erstanmeldung geänderte Vorserienlösung des Erstanmelders feststeht, wird der Prüfungsantrag endlich gestellt, um im dann erforderlichen Ausscheidungsverfahren der uneinheitlichen Anmeldung die Schwerpunkte neu zu formulieren und sie in diesem Zuge auf die Vorserienlösung des Erstanmelders anzupassen. Das klare Ziel dieser Vorgehensweise besteht darin, vom Erstanmelder ein Mitbenutzungsrecht gewährt zu bekommen.

8.4.3   Wo sollte angemeldet werden?

Das Schutzrecht ist nur dort wirksam, wo es erteilt wird. Mit zunehmendem Anteil des Exportgeschäftes an der deutschen Handelsbilanz wächst auch das Bestreben zur schutzrechtlichen Absicherung der Produkte in den jeweiligen Exportländern. In erster Linie werden Patente in den Ländern angemeldet, in denen ein Großteil der Produkte vermarktet wird. Im Idealfall wird quasi mit Hilfe des Patentschutzes ein lokales Marktsegment gesichert. Diese Aussagen gelten natürlich vorrangig für solche Produkte, die ihren Absatz in einer überschaubaren Anzahl von Ländern finden. Für Produkte, die weltweit abgesetzt werden (wie z.B. das Automobil), ist eine differenzierte Patentstrategie zwingende Voraussetzung. Eine weltweite Patentabsicherung ist sowohl in der Erteilung als auch in der Aufrechterhaltung sehr kostspielig. Darüber hinaus ist eine Überwachung und gerichtliche Verteidigung der Schutzrechte in einigen Ländern extrem zweifelhaft. Unter diesem Aspekt hat sich als Anmeldetaktik die patentrechtliche Absicherung ausschließlich in den jeweilig wenigen Herstellerländern in der Praxis bewährt.

So genügt zur Absicherung einer Erfindung - z.B. hinsichtlich einer neuen Fahrwerk-Komponente - die Schutzrechtserteilung für Europa in den Ländern Deutschland, Frankreich, Italien, Spanien, England und Schweden (evtl. auch Rußland). Wird ein weltweiter Schutz angestrebt, so ist ein weiteres Schutzbegehren in den USA, in Brasilien und in Japan (in Zukunft sollte jedoch auch China in die Überlegungen einbezogen werden) erforderlich. Mit einem Patentschutz in dieser begrenzten Anzahl von Ländern ist eine globale Produktsicherung weitgehend gewährleistet. Selbst wenn die erwähnte neue Fahrwerk-Komponente in Portugal oder Taiwan hergestellt würde, wäre kein Fahrzeughersteller bereit, diese Komponente in seine Produkte einzubauen. Diesbezüglich wäre das Risiko - auch bei einem signifikanten Preisvorteil der Zulieferkomponente - nicht tragbar, daß seine hochinvestiven Fahrzeuge an einer Zollschranke wegen einer Patentverletzung zurückgehalten werden.

Bei einer angestrebten Vermarktung eines Produktes im europäischen Ausland kann in den Staaten des Pariser Verbandsübereinkommens, dem alle wichtigen Industrienationen angehören, innerhalb eines Jahres unter Beanspruchung der Priorität der deutschen Voranmeldung eine entsprechende Patentanmeldung oder gegebenenfalls eine Gebrauchsmusteranmeldung hinterlegt werden. Hierzu muß der Anmelder in der Regel einen Vertreter in dem jeweiligen Land beauftragen, die Erfindung in der jeweiligen Landessprache einzureichen und das nationale Patenterteilungsverfahren vor dem dortigen Patentamt durchzuführen. Diese Verfahrensweise ist einerseits sehr kostenintensiv und führt andererseits, je nach Gang des Patenterteilungsverfahrens, zu unterschiedlichen Schutzbereichen für die Erfindung. Hier hilft zumindest für die Mitgliedsstaaten des europäischen Patentübereinkommens das EPÜ ab, da in einem in einer Sprache durchgeführten einheitlichen Patenterteilungsverfahren ein für die einzelnen Vertragsstaaten gleichlautendes europäisches Patent erteilt wird.

Weiß der Erfinder bzw. der Anmelder schon zum Zeitpunkt der Ersthinterlegung seiner Anmeldung, daß für ihn ein Schutz in mehreren europäischen Staaten von Interesse ist, so sollte er gleich eine Anmeldung am Europäischen Patentamt hinterlegen. Die Kosten für diese Anmeldung sind verglichen mit einer einfachen nationalen Hinterlegung höher. Es ist aber davon auszugehen, daß sich das europäische Patenterteilungsverfahren dann lohnt, wenn ein Patentschutz in mindestens 3 bis 4 der Vertragsstaaten des Europäischen Patentübereinkommens angestrebt wird.

Ist sich der Anmelder nicht sicher, ob seine Erfindung als neu oder erfinderisch angesehen wird, und scheut er deswegen das Kostenrisiko, welches er mit der verhältnismäßig teuren europäischen Patentanmeldung eingeht, so kann er zunächst eine deutsche Patent- oder Gebrauchsmusteranmeldung hinterlegen und gleichzeitig mit der Hinterlegung einen Prüfungsantrag für die Patentanmeldung bzw. einen Rechercheantrag für die Gebrauchsmusteranmeldung stellen. Noch innerhalb des Prioritätsjahres wird ihm der erste Prüfungsbescheid zu seiner Patentanmeldung bzw. der Recherchenbericht zu seiner Gebrauchsmusteranmeldung vorliegen, so daß er anhand des dort enthaltenen Standes der Technik eher abschätzen kann, ob sich die Hinterlegung der teureren europäischen Patentanmeldung für mehrere Vertragsstaaten des europäischen Patentübereinkommens lohnt. Die europäische Patentanmeldung kann dann innerhalb eines Jahres nach der deutschen Patent- oder Gebrauchsmusteranmeldung unter Inanspruchnahme von deren Priorität eingereicht werden. Es empfiehlt sich dabei, die Bundesrepublik

Deutschland auch nochmals als Vertragsstaat zu nennen, da in diesem Fall zwei unabhängige und konkurrierende Behörden über die Erteilbarkeit des Schutzrechtes befinden. Sollte die Patentanmeldung sowohl im deutschen als auch im europäischen Patenterteilungsverfahren zum Patent führen, so wird das deutsche Patent in dem Umfang unwirksam, in welchem das europäische seinen Schutz entfaltet. Ein zu dem gegebenenfalls erteilten europäischen Patent paralleles Gebrauchsmuster behält hingegen seine Schutzwirkung.

Neben einem effektiven Patentschutz ist häufig auch die Aussicht auf eine erfolgreiche Patenterteilung ein wichtiger Gesichtspunkt für die Auswahl der Anmeldeländer. Die Anforderungen an die Erfindungshöhe sind in den einzelnen Ländern sehr unterschiedlich. Das Europäische Patentamt hat die Anforderungen an die erfinderische Tätigkeit herabgesetzt. Patente sind im europäischen Ausland mitunter leichter zu erlangen als beim Deutschen Patentamt. Oft genügen marginale Verbesserungen an einem Produkt, um die Erteilung eines europäischen Patentes zu erreichen. Besonders in Frankreich, Italien, Spanien und Großbritannien sind die Anforderungen geringer als in den Niederlanden, Skandinavien oder in der Bundesrepublik.
Allerdings kann auch durch ein Schutzrecht für minimale Verbesserungen hinsichtlich Funktion oder Verfahren ein zählbarer Marktvorteil erzielt werden, insbesondere wenn die technische Lösung recht trivial zu realisieren und eine Umgehungslösung nicht greifbar ist.

8.4.4   Geheimhaltung von Erfindungen

Es gilt als Selbstverständlichkeit, daß der Erfinder bzw. der Patentanmelder den erfinderischen Kern des späteren Patentes bis zum Anmeldetag geheimzuhalten hat. Eine vorzeitige Offenbarung gegenüber einem Dritten würde einen neuheitsschädlichen Tatbestand schaffen, der einer Patenterteilung im Wege steht.
Nicht selten zwingen jedoch wichtige Kundengespräche oder Verkaufsverhandlungen dazu, bestimmte Details einer noch nicht hinterlegten Erfindung preiszugeben. In diesem Fall ist es unbedingt angezeigt, auf dem schnellstmöglichen Wege eine erste Anmeldungsversion (provisorische Patentanmeldung), die noch nicht mittels weiterer erfinderischer Feinheiten ausgefeilt ist, beim Patentamt einzureichen. In den nachfolgenden 12 Monaten kann eine Nachmeldung mit den zwischenzeitlich ausgearbeiteten Feinheiten und Verbesserungen erfolgen. Im Gegensatz zur Geheimhaltung der Erfindung im unmittelbaren Vorfeld der Anmeldung ist den wenigsten Entwicklern bekannt, daß auch während der 18-monatigen Zwischenzeit vom Anmeldetag bis zur Offenlegung der Anmeldung diese sehr diskret zu behandeln ist. Es ist zwar einerseits garantiert, daß die gleiche Erfindung nach

Geheimhaltungsvereinbarung

zur neuen Entwicklung / techn. Idee / Erfindung

....

....

(im folgenenden „Entwicklung" genannt)

zwischen dem Erfinder

....

....

(im folgenden „Erfinder" genannt)

und dem an einer Lizenz oder Kauf interessierten Unternehmen

....

....

(im folgenden „Interessent" genannt)

1. Interessent und Erfinder verpflichten sich gegenseitig, alle bezüglich der Entwicklung vom Anderen erlangten Erkenntnisse und Informationen, die insbesondere im Zusammenhang mit Neuentwicklungen, Vorführungen und Versuchen – auch wenn sie außerhalb des Betriebes vorgenommen werden – , sowie mit Gesprächen stehen, geheim zu halten und auch alle Mitarbeiter und Angestellte zur Geheimhaltung zu verpflichten.

2. Der Erfinder behält sich das alleinige und uneingeschränkte Recht auf Schutzanmeldungen vor, solange nicht etwas anderes schriftlich vereinbart ist.

3. Die Verpflichtung zur Geheimhaltung gilt nicht für Entwicklungen, die bereits zum Stand der Technik zählen und damit nicht mehr schutzfähig sind.

....

Ort, Datum   Unterschrift

....

Ort, Datum   Unterschrift

Abbildung 8.1:   *Geheimhaltungsvereinbarung - Beispiel*

erfolgter Anmeldung nicht ein zweites Mal patentiert werden kann. Andererseits schließt diese Tatsache jedoch eine zwischenzeitliche Nutzung und Weiterentwicklung durch Dritte nicht aus. Als angemessener Schutz für eine noch nicht angemeldete bzw. noch nicht offengelegte Erfindung hat sich in der Praxis der Abschluß einer Geheimhaltungsvereinbarung zwischen dem Patentanmelder und dem an der Erfindung interessierten Geschäftspartner bewährt. Ein Beispiel für eine solche Geheimhaltungsvereinbarung ist in Abbildung 8.1 dargestellt.

An dieser Stelle muß jedoch darauf hingewiesen werden, daß ein Anspruch auf eine Entschädigung bei nachgewiesener unerlaubter Benützung des Erfindungsgedankens erst nach Stellung eines Prüfungsantrages (§ 140 PatG) gerichtlich geltend gemacht werden kann. Aus diesen Gründen empfiehlt es sich grundsätzlich, mit den Verwertungsverhandlungen erst *nach* erfolgter Offenlegung, sofern möglich erst nach Patenterteilung, zu beginnen.

Ist dies aus den verschiedensten Gründen nicht möglich, sollte neben dem Abschluß einer Geheimhaltungsvereinbarung eine Gebrauchsmusteranmeldung zeitgleich mit der Patentanmeldung vorgenommen werden. Auf diese Weise wird der erstrebte schnelle gewerbliche Schutz erlangt.

9   Die Anmeldeunterlagen

Zur Erlangung eines in der Bundesrepublik Deutschland geltenden Patents muß die Erfindung schriftlich und in deutscher Sprache beim Deutschen Patentamt (Adresse im Anhang) eingereicht werden.

Mit dem Ziel einer erleichterten Antragstellung werden vom Deutschen Patentamt die in den Abbildungen 9.1 und 9.2 dargestellten Formulare bereitgestellt.

Analog dazu gibt es weitere Formulare hinsichtlich einer angestrebten Gebrauchs- und Geschmacksmusteranmeldung.

Auf den Patentaufbau wurde bereits in den Kapiteln 7 und 8 eingegangen. Zudem sei auch auf die Verordnung über die Anmeldung von Patenten (PatAnmVO) verwiesen, die in Auszügen im Anhang dieses Buches angegeben ist. Die Einhaltung der Hinweise und Richtlinien dieser Verordnung verspricht einen reibungslosen verwaltungstechnischen Ablauf des Anmeldungsverfahrens.

9.1   Formulare und Anmeldeunterlagen

In der Praxis sind brandeilige Anmeldungen zur Sicherung eines Zeitranges keine Seltenheit. Die äußere und inhaltliche Form solcher "Eilanmeldungen" muß jedoch bestimmten Mindesterfordernissen, die an Patentanmeldungen gestellt werden, entsprechen. Zu den Mindestanforderungen zählen die nachfolgend genannten Schwerpunkte:

-   Erklärung des Anmelders, daß er für die in der Anlage beschriebene Erfindung ein Patent beantragt,
-   Beschreibung des technischen Sachverhaltes und des erfinderischen Gedankens,
-   bildliche Darstellungen, soweit sie zur Verdeutlichung der Erfindung beitragen und in der Beschreibung erwähnt sind.

Diese Unterlagen müssen zudem nicht bis ins Detail ausgefeilt sein, sie können außerdem sogar in handschriftlicher Form vorliegen. Die übrigen auch weiterhin erforderlichen Unterlagen, wie z.B. der Patenterteilungsantrag, die Erfinderbenennung, die Patentansprüche und die Zusammenfassung, werden dem Patentamt zu einem späteren Zeitpunkt zugeleitet. Im Normalfall

An das
Deutsche Patentamt
Zweibrückenstraße 12
8000 München 2

DEUTSCHES PATENTAMT

① In der Anschrift Straße, Haus-Nr. und ggf. Postfach angeben

Sendungen des Deutschen Patentamts sind zu richten an:

Antrag
auf Erteilung eines Patents

Aktenzeichen (wird vom Deutschen Patentamt vergeben)

② Zeichen des Anmelders/Vertreters (max. 20 Stellen) | Telefon des Anmelders/Vertreters | Datum

③ Der Empfänger in Feld ① ist der ☐ Anmelder ☐ Zustellungsbevollmächtigte ☐ Vertreter   ggf. Nr. der Allgemeinen Vollmacht

④ nur auszufüllen, wenn abweichend von Feld ①

Anmelder   **Vertreter**

⑤ soweit bekannt   Anmeldercode-Nr. | Vertretercode-Nr. | Zustelladreßcode-Nr. | ERF

⑥ **Bezeichnung der Erfindung** (bei Überlänge auf gesondertem Blatt - 2fach)

⑦ s. Erläuterungen u. Kostenhinweise auf der Rückseite

Sonstige Anträge   Aktenzeichen der Hauptanmeldung (des Hauptpatents)

☐ Die Anmeldung ist Zusatz zur Patentanmeldung (zum Patent) →
☐ Prüfungsantrag - Prüfung der Anmeldung (§ 44 Patentgesetz)
☐ Recherchenantrag - Ermittlung der öffentlichen Druckschriften ohne Prüfung (§ 43 Patentgesetz)
☐ Lieferung von Ablichtungen der ermittelten Druckschriften im ☐ Prüfungsverfahren ☐ Recherchenverfahren
☐ Aussetzung des Erteilungsbeschlusses auf _____ Monate
(§ 49 Abs. 2 Patentgesetz) (Max. 15 Mon. ab Anmelde- oder Prioritätstag)

⑧ **Erklärungen**   Aktenzeichen der Stammanmeldung

☐ Teilung/Ausscheidung aus der Patentanmeldung →
☐ an Lizenzvergabe interessiert (unverbindlich)
☐ mit vorzeitiger Offenlegung und damit freier Akteneinsicht einverstanden (§ 31 Abs. 2 Nr. 1 Patentgesetz)

⑨ ☐ Inländische Priorität (Datum, Aktenzeichen der Voranmeldung)
☐ Ausländische Priorität (Datum, Land, Aktenz. der Voranmeldung) } bei Überlänge auf gesondertem Blatt - 2fach)

⑩ Erläutergn. und Kostenhinweise s. Rückseite

Gebührenzahlung in Höhe von _____ DM   Abbuchung von meinem/unserem Abbuchungskonto b. d. Dresdner Bank AG, München

☐ Scheck ist beigefügt ☐ Überweisung (nach Erhalt der Empfangsbescheinigung) ☐ Gebührenmarken sind beigefügt (bitte nicht auf d. Rückseite kleben, ggf. auf gesond. Blatt)   Nr.:

⑪ **Anlagen**

1. ____ Vertretervollmacht
2. ____ Erfinderbenennung

Anlagen 3. - 7. jeweils 3-fach

3. ____ Zusammenfassung (ggf. mit Zeichnung)
4. ____ Seite(n) Beschreibung
5. ____ ggf. Bezugszeichenliste
6. ____ Seite(n) Patentansprüche
____ Anzahl Patentansprüche
7. ____ Blatt Zeichnungen
8. ____ Abschrift(en) d. Voranmeld.
9. ____

☐ Telefax vorab am _____

⑫ Unterschrift(en)

P 2007
1.92

Abbildung 9.1:   *Antrag auf Erteilung eines Patents*

Erfinderbenennung

Die Erfinderbenennung muß auch erfolgen, wenn der Anmelder selbst der Erfinder ist. Ist der Anmelder Miterfinder, so ist er auch mitzubenennen.

Amtliches Aktenzeichen *(wenn bereits bekannt)*

Bezeichnung der Erfindung *(bitte vollständig)*

Erfinder *(bei mehr als vier Erfindern bitte gesond. Blatt benutzen)*

① Vor- und Zuname

Anschrift

③ Vor- und Zuname

Anschrift

② Vor- und Zuname

Anschrift

④ Vor- und Zuname

Anschrift

Das Recht auf das Patent ist **auf den Anmelder übergegangen durch:**
(z.B. Erfinder ist/sind d. Anmelder, Inanspruchnahme aufgrd. §§ 6 u. 7 ArbnErfG, Kaufvertrag mit Angabe des Datums, Erbschaft usw.)

Es wird versichert, daß nach Wissen der Unterzeichner weitere Personen an der Erfindung nicht beteiligt sind.

_____ , den _____

Eigenhändige Unterschrift des Anmelders oder der Anmelder bzw. des Vertreters
Bei Firmen genaue, eingetragene Firmenbezeichnung angeben.

Antrag auf Nichtnennung als Erfinder

Nur von denjenigen oben genannten Erfindern auszufüllen, die nach außen hin nicht bekanntgegeben werden wollen (§ 63 Abs. 1 S. 3 PatG). Der Antrag kann jederzeit widerrufen werden. Ein Verzicht des Erfinders auf Nennung ist ohne rechtl. Wirksamkeit (§ 63 Abs. 1 S. 4 u. 5 PatG).

☐ Es wird beantragt, den bzw. die Unterzeichner in der oben angegebenen Patentanmeldung als Erfinder nicht öffentlich bekanntzugeben. Die Einsicht in die obige Erfinderbenennung wird nur bei Glaubhaftmachung eines berechtigten Interesses gewährt.

_____ , den _____

Eigenhändige Unterschrift des Erfinders oder der Erfinder

P 2792
2.90

Abbildung 9.2: *Erfinderbenennung*

wird der Patentanmelder, vor allem um sein Patentverfahren nicht unnötig
zu verzögern, die benötigten Unterlagen von vornherein mit der Anmeldung zusammen fertigstellen und komplett einreichen. Eine Patentanmeldung
besteht nach § 35 PatG aus den nachfolgend genannten Abschnitten:

1. Antrag auf Erteilung des Patentes (Formular) mit einer kurzen und
   genauen Bezeichnung der Erfindung;
2. Patentansprüche, bestehend aus Haupt-, Neben- und Unteransprüchen,
   die klar herausstellen, was als patentfähig unter Schutz gestellt werden soll;
3. Beschreibung und Erklärung der Erfindung unter Bezugnahme auf
   die Aufgabenstellung und den Stand der Technik;
4. Figuren und Zeichnungen, soweit sie zur Verdeutlichung der Patentansprüche oder der Beschreibung erforderlich sind;
5. Erfinderbenennung (Formblatt), Angaben des Anmelders, wer der oder
   die Erfinder sind und wie das Recht an der Erfindung auf den Anmelder übergegangen ist (§ 37 PatG);
6. Zusammenfassung, kurze Darstellung des technischen Inhaltes der
   Patentanmeldung (§ 35 PatG);
7. Vollmacht, schriftliche Bevollmächtigung des Erfinders bzw. des Anmelders, wenn der Anmeldevorgang durch einen Dritten, meistens
   durch einen Patentanwalt, beim Patentamt eingereicht wird.

Ein wichtiger, stets zu beachtender Hinweis besteht darin, daß generell für
alle Patentanmeldungen, gleichgültig, ob sie als "Eilanmeldung" oder als
vollständig ausgearbeitete Anmeldung beim Patentamt eingereicht werden,
gilt: Nach § 38 PatG ist eine Erweiterung der technischen Offenbarung einer Anmeldung nach dem Anmeldetag nicht mehr statthaft.
Allein unter diesem Aspekt ist deshalb mit größter Sorgfalt auf eine ausführliche und vollständige Offenbarung der Erfindung zu achten. Im nachhinein dürfen weder zeichnerische Darstellungen, erklärende Erläuterungen, noch umfassendere oder weiterreichende Ansprüche den ursprünglichen Anmeldeumfang erweitern. Sollen nach dem Anmeldetag weitere
Patentansprüche nachgereicht werden, so ist dies nur möglich, wenn der
technische Inhalt der Patentansprüche sowie gegebenenfalls deren Wortlaut
in eindeutiger Weise in der beim Patentamt eingegangenen prioritätsbegründenden Anmeldung bereits vorhanden ist.
Eine Schutzrechtsanmeldung darf prinzipiell inhaltlich nicht verändert oder
erweitert werden, nach dem Anmeldetag sind lediglich redaktionelle Änderungen zulässig.
Bei der Durchführung des Anmeldevorganges ist die Unterstützung durch
einen Patentanwalt zur Einhaltung der formellen Anforderungen der
PatAnmVO hinsichtlich der Formulierung der Patentansprüche, der äuße-
ren Form bis hin zur Reihenfolge der Anmeldeunterlagen sehr zu empfeh-

len. Neben der kompetenten und objektivierenden Abfassung der Patentansprüche - was sich gerade bei komplexeren bzw. bei komplizierten Erfindungen sehr bezahlt macht - gehört auch die Verfolgung und Berücksichtigung etwaiger Veränderungen der gesetzlichen Vorschriften auf dem Anmeldesektor zur täglichen Routine eines Patentanwaltes.

9.2   Beschreibungsteil eines Schutzrechtes

Aus der Sicht des Patentanmelders beinhaltet der Beschreibungsteil eines Patentes die Formulierungen des zu lösenden technischen Problems, eine Erklärung der vorgeschlagenen Lösung, eine Unterstützung zur Auslegung der Patentansprüche sowie die Heranführung des Patentprüfers an den in Form von Ansprüchen vorgetragenen und angestrebten Schutzumfang.

Zwar hat die Beschreibung im Hinblick auf den Schutzumfang nicht annähernd die Bedeutung wie die Patentansprüche, doch auch die einzig zur Erläuterung des erfinderischen Gedankens und zur Untermauerung der Erfindungshöhe dargelegten Zusammenhänge können eine rechtliche Bedeutung für den Schutzumfang erlangen. Die in der Beschreibung vorgenommene Offenbarung des erfinderischen Gedankens hat in erster Linie die Erlangung eines möglichst weitreichenden Ausschließlichkeitsrechtes zum Ziel. Dementsprechend wird der Anmelder diese Beschreibung so gestalten, daß die Erfindung inhaltlich äußerst gehaltvoll erscheint und die Erteilung des Schutzrechtes außer Frage gestellt ist. Aus verständlichen Gründen wird der Anmelder gleichzeitig versuchen, möglichst wenig Firmen-Know-How preiszugeben. Außerdem wird dem Bestreben, dem Wettbewerb möglichst wenige Details der Lösungen zu offenbaren, durch eine weitgehend verallgemeinerte Ausführung der erfinderischen Lösung Rechnung getragen.

Allerdings ist darauf zu achten, daß die Erfindung so deutlich und umfassend offenbart ist, daß sie von einem Fachmann realisiert werden kann. Andernfalls wird eine entsprechende Präzisierung vom Patentprüfer im Prüfungsverfahren angefordert.

Bei einer völlig selbständigen Ausarbeitung der Anmeldeschrift wird empfohlen, mit der Formulierung des schwierigsten Teils, den Ansprüchen, zu beginnen. Die Abfassung des Hauptanspruches zwingt den Verfasser dazu, sich intensiv mit dem erfinderischen Gedanken und dem präzisen Patentziel auseinanderzusetzen, um dann im Beschreibungsteil gezielt die entsprechend richtige Basis für den angestrebten Schutzumfang zu schaffen. Hinsichtlich einer punktuellen Abwägung des Inhalts der Erfindung muß notwendigerweise vor der Formulierung der Anmeldung geklärt werden, ob es sich um einen oder mehrere erfinderische Komplexe handelt. Nach § 35 PatG ist nämlich für jede Erfindung eine gesonderte Anmeldung erforderlich. In diesem Zusammenhang wird im Patentrecht von der sogenannten Einheitlichkeit der Erfindung gesprochen. Prinzipiell wird davon ausgegangen, daß jede Erfindung der Lösung eines Problems dient. Ist dieses Problem als solches neu, so sind alle in der Anmeldung vorgeschlagenen Lösungsansätze einheitlich. Handelt es sich beim bearbeiteten Problem jedoch um eine bereits länger bekannte Aufgabe, so können nur Lösungsvorschläge in eine Anmeldung aufgenommen werden, die auf dem gleichen Wirkprinzip beruhen.

Bei der Ausarbeitung einer Patentanmeldung sollten die nachfolgend genannten Hinweise beachtet werden, um von vornherein eine Zurückweisung wegen offensichtlicher Formmängel auszuschließen:

- abgesehen von knappen, unentbehrlichen Angaben dürfen Textteile keine Zeichnungen und Figuren keine Textstellen enthalten (§ 6 und 8 PatAnmVO),
- Bezeichnungen und Beschreibung der Erfindung sollen klare technische Ausdrücke bzw. Fachbezeichnungen enthalten (§ 8 PatAnmVO),
- Warenzeichen dürfen nicht zur Beschreibung der Erfindung verwendet werden (§ 8 PatAnmVO),
- technische Begriffe und Bezeichnungen sind in der gesamten Anmeldung einheitlich zu verwenden (§ 8 PatAnmVO).

Die auf der Titelseite des Patentes abgedruckte Zusammenfassung ist im weitesten Sinne auch zur Beschreibung zu zählen. Sie dient ausschließlich einer technischen Unterrichtung über den Inhalt der Anmeldung und enthält beispielsweise die Bezeichnung der Erfindung, den Inhalt des Oberbegriffes von Anspruch 1, die Aufgabe und die erfinderische Lösung. Weitere Anforderungen zur Formulierung der Anmeldeschrift sind der PatAnmVO zu entnehmen, die in wesentlichen Auszügen im Anhang dieses Buches angegeben ist.

9.3   Formulierung der Patentansprüche

Die Patentansprüche legen den Schutzumfang eines Patentes fest. Mit ihnen wird im übertragenen Sinne demnach ein Claim abgesteckt, für den eine Monopolstellung angestrebt und nach der Patenterteilung auch tatsächlich erreicht wird. Daraus folgt natürlich unmittelbar, daß nur geschützt werden kann, was auch in den Ansprüchen explizit beschrieben ist.

Der Gesetzgeber ist sich der Problematik einer exakten begrifflichen Definition einer Erfindung bewußt und hat deshalb den Schutzbereich des Patents auf den Inhalt und nicht nur auf den Wortlaut der Ansprüche bezogen. Der sich aus dem Patentschutz abzuleitende Rechtsschutz bleibt im Streitfalle einer späteren Auslegung vorbehalten. Der Verfasser der Ansprüche ist jedoch bemüht, die maximal mögliche begriffliche Definition des Kerns der Erfindung zu erreichen, um für eine spätere gerichtliche Auseinandersetzung einen genügenden Auslegungsfreiraum zu schaffen. Diese allgemeine begriffliche Definition wird durch eine geschickte Auswahl und Verwendung geeigneter erfinderischer Merkmale erreicht. Unter Merkmalen versteht man auch in diesem Zusammenhang die spezifischen Eigenschaften von Gegenständen, mit deren Hilfe eine inhaltliche Erschließung des jeweiligen Gegenstandes unterstützt wird. Somit erklärt die Summe aller Merkmale den Gegenstand (oder theoretischer gefaßt: den Begriff des Gegenstandes) selbst. Je weniger Merkmale es zur Erklärung eines Begriffes bedarf, umso allgemeiner und umfassender ist seine Aussage. Auch ein Patentanspruch beinhaltet unter diesem Ansatz die Definition eines neuen Begriffes. Er ist die Beschreibung einer neuen Funktion oder eines neuen Verfahrens unter Verwendung von in der Technik bereits bekannten Begriffen und begrifflichen technischen Bestimmungen.

Der Patentanspruch muß mit Hilfe der zitierten Merkmale bei Vorrichtungen die gegenständliche Ausführung, nicht aber deren Wirkungsweise beschreiben. Bei Verfahrenspatenten sind demgegenüber die einzelnen Verfahrensschritte und ihr zeitliches Zusammenspiel, nicht aber das Verfahrensergebnis zu fixieren.

Der Patentprüfer ist bei Anmeldungen mit hohem Erfindungsniveau gehalten, dem Anmelder eine weitumfassende Anspruchsformulierung zu gewähren, während der Entwicklungsfreiraum durch Erfindungen mit wenig Erfindungshöhe im Rahmen der stetigen Technikentwicklung nicht zu sehr eingeengt werden darf. Entsprechende Entscheidungen liegen jedoch im Ermessensspielraum des Prüfers. In jedem Fall wird von der Anspruchsformulierung erwartet, daß der Kern der Erfindung präziserweise hinreichend offenbart wird.

Bei der Ausarbeitung von Patentansprüchen analysiert der Verfasser zunächst die konkrete erfinderische Lösung, um im nächsten Schritt eine mög-

lichst allumfassende begriffliche Verallgemeinerung zu finden. Dabei ist
bereits in diesem Stadium darauf zu achten, daß aus dem jeweils aktuellen
technischen Kenntnisstand nach Möglichkeit kein Freiraum für Umgehungslösungen bleibt.

9.3.1   Oberbegriff

Die bereits aus dem der Erfindung am nächsten stehenden Stand der Technik bekannten Merkmale einer Lösung müssen bei der Anspruchsformulierung als Abgrenzung des Schutzbegehrens gegenüber diesem nächstliegenden Stand der Technik in den Oberbegriff aufgenommen werden (§ 3
PatG). Bereits die in den Oberbegriff aufgenommenen Merkmale sollen
möglichst übergeordnete Begriffe definieren, d.h. einen möglichst breiten
technischen Bereich abdecken, sich jedoch nur auf das Wesentliche konzentrieren. Hierbei gilt die Prämisse "weniger ist mehr", da unwesentliche
Merkmale den Schutzbereich des Patentes nur unnötig einschränken. Der
Inhalt des Oberbegriffes, insbesondere von Anspruch 1 (Hauptanspruch),
darf dem Titel des Patentes nicht entgegenstehen.
Außerdem muß er deutlich machen, welche für die eigene Lösung relevanten Merkmale in bereits offengelegter Literatur oder in realisierten Ausführungen als bekannt vorauszusetzen sind.
Bei gänzlich neuen Erfindungen, die keinen Rückbezug auf eine bereits offenbarte Lösung erlauben, können auch Kombinationen von Merkmalen verschiedener Lösungen herangezogen werden. Die im Oberbegriff verwendeten technischen Begriffe sollten einen Bezug der Erfindung zu einem menschlichen Bedürfnis erkennen lassen.

9.3.2   Kennzeichnender Teil

Der kennzeichnende Teil des Patentanspruches muß so formuliert werden,
daß er die wesentlichen neuen Merkmale der Erfindung in möglichst allgemeiner Form analog zum Oberbegriff darstellt. Bei der Formulierung ist zu
beachten, daß jedem erstmalig im Anspruch verwendeten kennzeichnenden
Begriff ein unbestimmter Artikel (ein, eine, ...) vorangestellt und bei Wiederholungen dieses Begriffes der entsprechende bestimmte Artikel verwendet wird. Die neuen Merkmale müssen, da mit ihnen später ein Verletzungs-
tatbestand festgestellt werden soll, klar und eindeutig angegeben werden.
Die wesentlichen Merkmale der Erfindung sollten am Erzeugnis bzw. bei
der Verfahrensdurchführung im Patentverletzungsfall direkt feststellbar sein.
In erster Linie besteht das Ziel darin, die Anspruchsmerkmale bei Erzeugnis-
patenten auf körperliche (Hardware) Merkmale auszurichten, erst in zweiter Linie kann auf funktionale Merkmale ausgewichen werden. Zur Ver-

deutlichung der neuen Merkmale ist es sehr vorteilhaft, mit Bezugszeichen auf gegebenenfalls vorhandene Figuren hinzuweisen. Aus Gründen der bereits durch die äußere Form zu dokumentierenden Einheitlichkeit muß jeder Patentanspruch aus einem einzigen Satz bestehen.

9.3.3   Anspruchsarten

Wie bereits im Kapitel 8 ausgeführt, gibt es die nachfolgend genannten 3 Arten von Ansprüchen:

1. Den Hauptanspruch (Anspruch 1), der die wesentlichen Merkmale der Erfindung in ihrer am weitesten verallgemeinerten Version enthält.
2. Die Unteransprüche, die "weitere Ausgestaltungen" in Form von speziellen Detailinformationen zu weiteren geeigneten technischen Ausführungsformen beinhalten. Sie müssen keine eigenständige Erfindungshöhe gegenüber dem Hauptanspruch aufweisen.
3. Die Nebenansprüche, die als Sonderfälle dem Hauptanspruch wegen ihrer eigenen, die Lösung weiter differenzierenden, jedoch zur gleichen Thematik gehörenden Lösungsprinzipien nebengeordnet sind. Der Nebenanspruch kann dabei auch in unmittelbarer Verbindung zum Hauptanspruch sinnvoll eingesetzt werden. Eigenständige Nebenansprüche müssen jedoch - ebenso wie der Hauptanspruch - über eine erforderliche ausreichende Erfindungshöhe verfügen.

Der patentrechtlich weniger vorbelastete Entwickler fragt sich, warum nicht allein der Hauptanspruch ausreichend ist, da er definitionsgemäß doch die umfassendste Anspruchsformulierung beinhaltet. Für die ausführliche Darlegung des erfinderischen Gedankens in mehreren Ansprüchen sprechen die folgenden Aspekte:

1. Mehrere Ansprüche sind die Basis für Kompromisse hinsichtlich des Schutzumfangs im Prüfungsverfahren. Sie bilden die Verhandlungsmasse und Rückzugsmöglichkeiten im Disput mit dem Prüfer. Bei einer Patentanmeldung ist prinzipiell nicht davon auszugehen, daß der Prüfer die Erfindung ohne jegliche Negativanmerkungen hinsichtlich Neuheitsgrad oder Erfindungshöhe akzeptiert. In den meisten Fällen wird während des Prüfungsverfahrens eine vom Prüfer veranlaßte Änderung der Anmeldung, insbesondere natürlich der Patentansprüche, erforderlich. Oftmals wird der Neuheitsgrad einer Merkmalskombination eines Anspruchs durch eine vorliegende Entgegenhaltung in Frage gestellt.
Aber auch die Erfindungshöhe bzw. die Erläuterung der technischen Realisierbarkeit geben nicht selten Anlaß zu massiver Kritik des Prü-

fers, in deren Folge die Aufforderung an die Anmelder ergeht, die
angesprochenen Mängel zu beheben. Diesbezüglich ist eine Umformulierung der Beschreibung und der Patentansprüche gestattet, soweit der Gegenstand der Anmeldung nicht erweitert wird. Eine Zusammenfassung mehrerer Merkmale zu einem erweiterten Begriff,
das Weglassen von Merkmalen oder das Erweitern des Oberbegriffes
durch Merkmale aus dem kennzeichnenden Teil kann jedoch nur erfolgen, wenn genügend Merkmale in den Ansprüchen der Erstanmeldung vorhanden sind, bzw. die Erweiterung der Ansprüche durch
die vorliegende Beschreibung unmittelbar zu begründen ist.
Selbstverständlich ist jedoch ein Zusammenfügen von Merkmalen verschiedener Ansprüche mit dem Ziel der Lösung einer ursprünglich
nicht vorgesehenen Aufgabe unzulässig.
Hinsichtlich einer weitsichtigen Formulierung von Patenten ist es ratsam, neben einem relativ allgemein gehaltenen Hauptanspruch weitere Neben- und Unteransprüche vorzusehen, die eine sehr feine technische Detaillierung der Lösung beinhalten. Mit einem demgemäß
aufgegliederten Arrangement von Ansprüchen kann auf einschränkende Forderungen des Prüfers unverzüglich mit einer Umstellung,
Zusammenfassung oder Korrektur der Ansprüche reagiert werden.

2. Die Aufnahme von Nebenansprüchen in den Anspruchsumfang erlaubt eine Erweiterung des Schutzumfanges. Auf diese Weise können in einem Patent Haupt- und Nebenansprüche auf unterschiedliche Oberbegriffe Bezug nehmen, auch wenn sie unterschiedlichen
Patentkategorien angehören. Dies ist zum Beispiel der Fall, wenn der
Hauptanspruch ein Verfahren beschreibt und der Nebenanspruch eine
Vorrichtung zur Durchführung dieses Verfahrens.

3. Mit mehreren Ansprüchen lassen sich weitere technische Ausführungsformen, die über die favorisierte Lösung des Hauptanspruchs hinausgehen, in den Schutzumfang aufnehmen, wodurch bei einer eventuellen späteren Patentverletzung die Beweisführung durch einen direkten Vergleich im Gegensatz zu relativ schwierigen Auslegungs-
versuchen erleichtert wird.

9.3.4   Einheitlichkeit

Die Einheitlichkeit einer Erfindung ist nach § 35 PatG dadurch gewährleistet, daß "... für jede Erfindung eine gesonderte Anmeldung erforderlich ..."
ist. Bei der Formulierung eines Patentes ist diesbezüglich die Berücksichtigung der nachfolgend angegebenen Leitsätze hilfreich:

1. Eine Erfindung ist einheitlich, wenn die ihr zugrunde liegende Auf-

gabe einheitlich ist und alle Teile der Erfindung zur Aufgabenlösung
direkt oder indirekt erforderlich sind.

2. Bei einer bisher noch nie gelösten Aufgabe können mehrere selbständige Lösungen in Form von Nebenansprüchen in einer Anmeldung
   untergebracht werden.
3. Bei bereits einmal gelösten Aufgaben können in einer Anmeldung
   nur solche Lösungen aufgenommen werden, die auf das gleiche
   Lösungsprinzip aufbauen.

Zur Überzeugung des Prüfers hinsichtlich der Einheitlichkeit der Anmeldung wird neben einer umfassenden Aufgabenbeschreibung eine sehr enge
Verknüpfung der zu schützenden Merkmale des erfinderischen Gegenstandes mit der Aufgabenlösung nachgewiesen.

Bei einer Anspruchsfassung mit Nebenansprüchen besteht Einheitlichkeit
im patentrechtlichen Sinne, wenn die vom Hauptanspruch unabhängige technische Lehre allein als neu und erfinderisch eingestuft wird und der Oberbegriff die nächsthöhere Gattung des beanspruchten Gegenstandes (einen durch
zusätzliche Merkmale erweiterten Oberbegriff des Hauptanspruches) enthält.

Bei Unteransprüchen wird die Einheitlichkeit sofort augenscheinlich, wenn
sich diese Ansprüche direkt auf den Hauptanspruch rückbeziehen.

Wird eine Anmeldung wegen mangelnder Einheitlichkeit vom Prüfer zurückgewiesen, besteht jedoch die Möglichkeit einer abgetrennten weiteren
Anmeldung, sofern noch genügend Patentpotential vorhanden ist. Allerdings
entstehen für eine solche sogenannte Ausscheidungsanmeldung zusätzliche
Anmelde- und Jahresgebühren. Lohnt sich das Ausscheideverfahren aus wirtschaftlicher Sicht nicht, so kann der störende Anmeldungsteil fallengelassen werden. Damit zählt er nach erfolgter Offenlegung der Anmeldung fort-
an zum Stand der Technik.

Liegt vor der Abtrennung des Anspruchsteils noch keine Veröffentlichung
vor, obliegt es dem Anmelder allein, durch Hinzufügen von ergänzenden
Merkmalen eine gänzlich neue Anmeldung zu tätigen. In solchen Fällen
kann jedoch die durch die erste Anmeldung gesicherte Priorität nicht übernommen werden. Eine Aufteilung des Patentes ist selbst noch im Einspruchsverfahren zulässig. Die Teilung einer Anmeldung wird gemäß § 39 PatG
und die eines Patentes nach § 60 PatG vom Patentinhaber explizit gegenüber dem Patentamt erklärt. Als gültig zählt letztendlich der abgetrennte
Teil der Anmeldung, für den ein Prüfungsantrag gestellt wurde. Die Anmeldeunterlagen für einen ausgeschiedenen Anspruchsteil, der als eigenständige Anmeldung weiterverfolgt werden soll, sind inklusive Gebühren
innerhalb von 3 Monaten nach der Erteilungserklärung beim Patentamt erneut einzureichen.

9.4   Beispiel und Erklärung einer Patentanspruchsstruktur

Im folgenden soll anhand eines konkreten Beispiels, der deutschen Offenlegungsschrift DE 4202504, gezeigt werden, wie der technische Inhalt und die Merkmale der Patentansprüche im Rahmen patentrechtlicher Zusammenhänge formuliert werden:

Patentansprüche

Hauptanspruch
Oberbegriff / Gattungsbegriff ∗
Aufgabenstellung / Ziel:

Technik: Drehmomentenmessung im Torsionsdämpfer einer Reibungskupplung
Merkmale aus dem Stand der Technik: Drehschwingungsdämpfer, mit einer Relativbewegung um eine Achse und über Federn drehelastisch verbundene Ein- und Ausgangsteile, wobei die durch die Verdrehung erzeugte Federkraft ein

1. Anordnung zur Messung des von einer insbesondere im Antriebsstrang eines Kraftfahrzeugs angeordneten Reibungskupplung (1) übertragenen Drehmoments, mit einem im Drehmoment-Übertragungsweg der Reibungskupplung (1) angeordneten Drehschwingungsdämpfer (33), dessen Eingangsteil (39, 41) und dessen Ausgangsteil (35) über einen begrenzten Relativdrehwinkel um eine gemeinsame Drehachse (3) relativ zueinander drehbar sind und über wenigstens ein Federelement (45) drehelastisch miteinander gekuppelt sind, dessen zwischen dem Eingangsteil (39, 41) und dem Ausgangsteil (35) wirkende Federkraft ein Maß für den Relativdrehwinkel zwischen Eingangsteil (39, 41) und Ausgangsteil (35) ist, <u>dadurch gekennzeichnet,</u> daß das Eingangsteil (39, 41) und das

Maß für den Relativverdrehwinkel zwischen Ein- und Ausgangsteil ist.

Kennzeichnender Teil
Technik: Flächige Elektrodensegmente am Ein- und Ausgangsteil stehen sich isoliert gegenüber und ergeben bei einer Relativverdrehung um eine gemeinsame Achse eine Kapazitätsänderung als Signal für das übertragene Drehmoment.
Neue Merkmale: Flächige, in Umfangsrichtung begrenzte Elektrodensegmente sind mit dem Eingangs- und Ausgangsteil drehfest verbunden. Isoliert gegenüberliegende Elektrodensegmente bilden einen kapazitiven Drehwinkelwandler. Die Kapazität ist ein Maß für den Relativverdrehwinkel. Eine

41) und Ausgangsteil (35) ist, <u>dadurch gekennzeichnet,</u> daß das Eingangsteil (39, 41) und das Ausgangsteil (35) jeweils mit wenigstens einem flächigen, in Umfangsrichtung begrenzten Elektrodensegment (61', 63', 65') bezogen auf die gemeinsame Drehachse (3) drehfest verbunden sind, wobei jedes mit dem Eingangsteil (39, 41) verbundene Elektrodensegment (63', 65') jeweils dem mit dem Ausgangsteil (35) verbundenen Elektrodensegment (61') elektrisch isoliert gegenüberliegt und die sich gegenüberliegenden Elektrodensegmente (61', 63', 65') einen kapazitiven Drehwinkelwandler (53) bilden, dessen durch die sich gegenüberliegenden Elektrodensegmente (61', 63', 65') bestimmte Kapazität ein Maß für den Relativdrehwinkel zwischen dem Eingangsteil (39, 41) und dem Ausgangsteil (35) ist und daß an die Elektrodensegmente (61', 63', 65') über wenigstens eine elektrische Drehkupplung (55, 57) eine Auswerteschaltung (59) angeschlossen ist, die abhängig vom Wert der Kapazität des Drehwinkelwandlers (53) ein das übertragene Drehmoment repräsentierendes Signal erzeugt.

Auswerteschaltung ist über eine elektrische Drehkupplung angeschlossen und erzeugt ein vom Wert der Kapazität des Drehwandlers abhängiges, das Drehmoment repräsentierendes Signal.

Der 1. Unteranspruch bezieht sich auf den Hauptanspruch

Technik: Die Kapazität der Drehkupplung liegt in Serie mit der Kapazität des Drehwinkelwandlers.

2. Anordnung nach Anspruch 1, <u>dadurch gekennzeichnet,</u> daß die Auswerteschaltung (59) an den Drehwinkelwandler (53) über eine kapatitive Drehkupplung (55, 57) angeschlossen ist, deren Kapazität in Serie zur Kapazität des Drehwinkelwandlers (53) liegt.

Neue Merkmale: Die Auswerteschaltung ist an den Drehwinkelwandler über eine kapazitive Drehkupplung angeschlossen. Die Kapazität der Drehkupplung liegt in Serie zur Kapazität des Drehwinkelwandlers.

Der 2. Unteranspruch bezieht sich auf Ansprüche 1 oder 2

Technik: Die Elektrodensegmente auf jeder Seite sind parallel geschaltet.
Neue Merkmale: Elektrodensegmente auf jeder Seite haben jeweils die gleiche Form und Lage um die gemeinsame Drehachse und sind auf jeder Seite jeweils parallel geschaltet und zueinander isoliert am Eingangs- bzw. Ausgangsteil befestigt.

3. Anordnung nach Anspruch 1 oder 2, <u>dadurch gekennzeichnet,</u> daß der Drehwinkelwandler (53) wenigstens eine Gruppe erster Elektrodensegmente (61') umfaßt, die untereinander gleiche Form haben, in gleichen Winkelabständen um die gemeinsame Drehachse (3) herum angeordnet und zueinander elektrisch parallel geschaltet sind, sowie wenigstens eine Gruppe zweiter Elektrodensegmente (63') umfaßt, die jeweils einem der ersten Elektrodensegmente (61') elektrisch isoliert gegenüberliegen und ebenfalls untereinander gleiche Form haben, in gleichen Winkelabständen um die gemeinsame Drehachse (3) herum angeordnet und zueinander elektrisch parallel geschaltet sind, wobei die ersten Elektrodensegmente (61') mit dem Eingangsteil oder dem Ausgangsteil drehfest verbunden sind und die zweiten Elektrodensegmente (63') mit dem jeweils anderen dieser Teile drehfest verbunden sind.

Der 3. Unteranspruch bezieht sich Anspruch 3 und damit auch indirekt auf Ansprüche 1 und 2

Technik: Auf einer Seite ist eine zweite Gruppe parallel geschalteter Elektrodensegmente angeordnet.
Neue Merkmale: Ein Drehwinkelwandler mit einer dritten Gruppe parallel geschalteter Elektrodensegmente gleicher Form und Lage

4. Anordnung nach Anspruch 3, <u>dadurch gekennzeichnet,</u> daß der Drehwinkelwandler (53) wenigstens eine Gruppe dritter Elektrodensegmente (65') umfaßt, die jeweils zusammen mit einem der zweiten Elektrodensegmente (63') einem der ersten Elektrodensegmente (61') elektrisch isoliert gegenüberliegen und ebenfalls untereinander gleiche Form haben, in gleichen Winkelabständen um die gemeinsame Drehachse (3) herum angeordnet und zueinander elektrisch parallel geschaltet sind, wobei die zweiten (63') und dritten (65') Elektrodensegmente bezogen auf die gemeinsame Drehachse (3) drehfest miteinander verbunden sind.

ist zusammen mit der zweiten Elektrodengruppe gegenüber der ersten Elektrodengruppe isoliert. Die zweite und dritte Elektrodengruppe ist auf einer gemeinsamen Drehachse miteinander drehfest verbunden.

Der 4. Unteranspruch bezieht sich auf Anspruch 4 und damit indirekt auf alle vorhergehenden Ansprüche

5. Anordnung nach Anspruch 4, <u>dadurch gekennzeichnet,</u> daß die ersten Elektrodensegmente (61') an Masse angeschlossen sind und die Auswerteschaltung (59) das Drehmomentsignal abhängig vom Wert der zwischen den zweiten (63') und den dritten (65') Elektrodensegmenten bezogen auf Masse sich ergebenden Kapazität erzeugt.

Technik: Elektrodensegmente der einen Seite werden gegen Masse verbunden. Die Auswertung der Kapazität der anderen Elektrodensegmente erfolgt bezogen auf Masse zu einem Drehmomentsignal.

Neue Merkmale: Die ersten Elektrodensegmente sind an Masse angeschlossen. Die Auswerteschaltung erzeugt das Drehmomentsignal in Abhängigkeit der Kapazität, die sich zwischen den zweiten und dritten Elektrodensegmenten bezogen auf die Masse ergeben.

Der 5. Unteranspruch bezieht sich auf Anspruch 5 und indirekt auf alle vorhergehenden Ansprüche

6. Anordnung nach Anspruch 5, <u>dadurch gekennzeichnet,</u> daß die zweiten (63') und die dritten (65') Elektrodensegmente an die Auswerteschaltung (59) über gesonderte kapazitive Drehkupplungen (55, 57) angeschlossen sind, deren Kapazitäten in Serie zu der bezogen auf Masse sich ergebenden Kapazität des Drehwinkelwandlers (53) liegen.

Technik: Die zwei Elektrodengruppen auf einer Seite sind über eine kapazitive Drehkupplung an die Auswerteeinheit angeschlossen. Die Kapazitäten der Segmente liegen in Serie zu der sich auf die Masse beziehenden Kapazität des Drehwinkelwandlers.

Neue Merkmale: Die zweiten und dritten Elektrodensegmente sind über gesonderte kapazitive Drehkupplungen an die Auswerteschaltung angeschlossen, deren Kapazitäten liegen in Serie zu den Kapazitäten des Drehwinkelwandlers.

Der 6. Unteranspruch bezieht sich auf alle vorherigen Ansprüche

7. Anordnung nach einem der Ansprüche 1 bis 6, <u>dadurch gekennzeichnet,</u> daß der Drehschwingungsdämpfer (33) ein erstes Scheibenteil (35) und zwei axial beiderseits des ersten Scheibenteils (35) angeordnete, fest miteinander verbundene zweite Scheibenteile (39, 41) umfaßt, die relativ zu dem ersten Scheibenteil (35) um die gemeinsame Drehachse (3) drehbar sind, daß in axial sich gegenüberliegenden Fenstern (47, 49, 51) der ersten (35) und zweiten (39, 41) Scheibenteile in Umfangsrichtung verteilt mehrere Federelemente (45) angeordnet sind, die die ersten (35) und zweiten (39, 41) Scheibenteile drehelastisch miteinander kuppeln und daß die Elektrodensegmente (61', 63', 65') axial zwischen dem ersten (35) und zumindest einem (41) der beiden zweiten Scheibenteile insbesondere in einer zur Drehachse (3) wenigstens angenähert senkrechten Ebene angeordnet sind.

Technik: Anbringung der Elektrodensegmente zwischen Nabenteil und Kupplungsbelagträger.

Neue Merkmale: Kupplungsaufbau mit zwischen dem Nabenteil und einem der beiden Seitenteile etwa senkrecht angeordneten Elektrodensegmente.

Der 7. Unteranspruch bezieht sich auf Anspruch 7 und damit indirekt auf alle vorherigen Ansprüche

Technik: Die geometrische Anordnung und Formgebung der

8. Anordnung nach Anspruch 7, <u>dadurch gekennzeichnet,</u> daß die Elektrodensegmente (51', 63', 65') zumindest teilweise in Umfangsrichtung zwischen den Fenstern (47, 49, 51) der Scheibenteile (35, 39, 41) angeordnet und im wesentlichen durch Kanten der Fenster (47, 49, 51) in Umfangsrichtung begrenzt sind.

Elektrodensegmente ist an die Kupplungsteile angepaßt.

Neue Merkmale: Die Anordnung der Elektrodenelemente ist in Umfangsrichtung zwischen den Fenstern der Scheibenteile und von den Fenstern in Umfangsrichtung begrenzt.

Der 8. Unteranspruch bezieht sich auf Anspruch 7 oder 8 und damit indirekt auf alle vorherigen Ansprüche

Technik: Die mit dem Nabenteil verbunden Segmente sind an Masse angeschlossen und die anderen Elektroden sind über eine kapazitive Drehkupplung mit der Auswertung verbunden.

9. Anordnung nach Anspruch 7 oder 8, <u>dadurch gekennzeichnet,</u> daß das erste Scheibenteil als Nabenscheibe (35) einer Kupplungsscheibe (15) der Reibungskupplung (1) und die beiden zweiten Scheibenteile als mit Reibbelägen (17) der Kupplungsscheibe (15) verbundene Seitenscheiben (39, 41) ausgebildet sind und daß die mit der Nabenscheibe (35) drehfest verbundenen Elektrodensegmente (61') an Masse angeschlossen sind, während die mit den Seitenscheiben (39, 41) verbundenen Elektrodensegmente (63', 65') über wenigstens eine kapazitive Drehkupplung (55, 57) mit der Auswerteschaltung (59) verbunden sind.

Neue Merkmale: Kupplungsanordnung mit am Nabenteil befestigten und an Masse angeschlossenen Elektrodensegmenten. Die mit den Seitenscheiben drehfest verbundenen Elektrodensegmente sind über kapazitive Kupplungen mit der Auswerteschaltung verbunden.

Die Anspruchsstruktur des Schutzrechtes DE-OS 4202504 hat dabei das in Abbildung 9.3 dargestellte Aussehen.

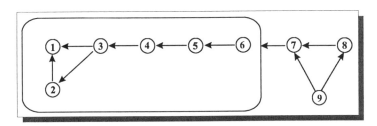

Abbildung 9.3:   *Anspruchsstruktur*

9.5   Die provisorische Patentanmeldung

Die sogenannte provisorische Patentanmeldung dient der Sicherung einer frühestmöglichen Priorität für die ohnehin geplante Anmeldung eines patentfähigen Entwicklungsergebnisses. Das "Provisorium" darf noch fehlerhaft und muß nicht vollständig ausgereift sein. Ein wesentlicher Vorteil dieses Vorgehens besteht darin, daß einerseits der erfinderische Gedanke nunmehr veröffentlicht werden kann (Vorträge, Messen, Kundenwerbung etc.), andererseits ist es vorteilhafterweise zulässig, an der Erfindung inhaltlich weiterzuarbeiten und Verbesserungen vorzunehmen. Es entstehen bei dieser ersten Anmeldung lediglich geringe Kosten, weil es nicht erforderlich ist, die professionelle (und kostenintensive) Hilfe eines Patentanwaltes in Anspruch zu nehmen.

Innerhalb von 12 Monaten besteht dann die Möglichkeit, eine zweite (endgültige) Anmeldung einzureichen, die nunmehr sämtliche erfindungsgemäßen Feinheiten der Entwicklung enthält sowie sehr viel umfangreicher und ausgefeilter sein kann. Die endgültige Anmeldung kann eine deutsche oder eine internationale (EPA, WIPO usw.) Patentanmeldung sein. Sie ersetzt bei gleichzeitiger Nutzung der Anmeldepriorität der ersten Anmeldung diese vollständig. Aus diesem Grunde sollte man darauf achten, daß der komplette Schutzumfang der ersten Anmeldung in der endgültigen zweiten - die ja erheblich umfangreicher sein darf - vollständig enthalten ist.

Neben den geringen Kosten, die für die provisorische Patentanmeldung zu Buche schlagen (330,-- DM), besteht ein wesentlicher Vorteil darin, daß das Patentamt auf Antrag eine umfangreiche Recherche zur Erfindung durchführt. Auf diese Weise erhält man etwa 3 Monate nach der Patentanmeldung ein umfangreiches Rechercheergebnis, das den aktuellen Stand der Technik gut wiedergibt. Diese Recherche kann letztendlich auch als Material für eine Grundsatzentscheidung dienen, inwieweit die entsprechende Entwicklung forciert oder aber fallengelassen werden soll. Gegebenenfalls spart man sich dann natürlich auch die zweite (endgültige) Anmeldung.

Für die Abfassung einer provisorischen Patentanmeldung soll die nachfolgende Grobgliederung eine Hilfestellung sein:

Anmelder
-   Name und Anschrift des Anmelders. Der Anmelder kann ein Unternehmen sein (Arbeitgeber des Erfinders) oder der Erfinder selbst.

Titel der Erfindung
-   Kurzbezeichnung der Erfindung

Zweck der Erfindung, Problemstellung
-   Beschreibung des Anwendungsgebietes der Erfindung. Wiedergabe des Oberbegriffes des Hauptanspruches. "Die Erfindung betrifft..."

Charakteristik des Standes der Technik
- Beschreibung sämtlicher bekannter Lösungen auf dem technischen Gebiet der gemachten Erfindung. Die Erfindung selbst wird dabei *nicht* beschrieben.

Nachteile des Standes der Technik
- Beschreibung der Nachteile gegenwärtiger Problemlösungen. Man sollte hierbei vor allem die Nachteile nennen, die durch die angemeldete neue Lösung beseitigt werden.

Technische Aufgabe der Erfindung
- Angabe der Ziele der anzumeldenden Erfindung. Es ist zweckmäßig, an dieser Stelle die Hauptvorteile der anzumeldenden Erfindung als technische Aufgaben (die dann durch die Erfindung gelöst werden!) zu formulieren.

Lösung der Aufgabe
- Kennzeichnende Merkmale der Erfindung, die mit dem Hauptanspruch übereinstimmen sollten. "Erfindungsgemäß wird die Aufgabe gelöst..."

Vorteile der Erfindung
- Angabe sämtlicher Vorteile und Vorzüge der erfinderischen Lösung. Dies fällt erfahrungsgemäß nicht schwer, denn man sollte schon überzeugt sein von seiner Erfindung...

Beschreibung eines Ausführungsbeispieles
- Die Erfindung wird an einem oder mehreren konkreten Beispielen ausführlich und für einen Fachmann auf diesem Gebiet nachvollziehbar erläutert. Vorteilhaft ist es, wenn man an dieser Stelle bereits mit Skizzen und Darstellungen arbeitet. In der verbalen Beschreibung ist auf die Skizzen Bezug zu nehmen.

Patentansprüche
- Die Faustregel für den angestrebten breiten Schutzumfang besteht darin, die Ansprüche so allgemein wie irgend möglich zu formulieren. Enthalten sein müssen jedoch auch Merkmale, die bereits zum Stand der Technik gehören und weiter vorne beschrieben sind und Merkmale, die für das Funktionieren der Erfindung zwingend erforderlich sind. Die dritte Kategorie sind Merkmale, die zwar vorteilhaft, aber nicht zwingend notwendig sind (nice to have).
Der *Hauptanspruch (1. Patentanspruch)* beginnt mit der Kurzbezeichnung der Erfindung und der nachfolgenden Aufzählung der wichtigsten Merkmale bereits bekannter Lösungen, die durch die neue Erfindung zwar benutzt, aber auch maßgeblich erweitert werden. Die Aufzählung endet *immer* mit den Worten "*... dadurch gekennzeich-*

net, daß...". Mit diesen Worten wird gleichzeitig der sogenannte kennzeichnende Teil der Erfindung eingeleitet. In diesem Teil werden nun
alle Merkmale der neuen Erfindung aufgezählt, die tatsächlich neu
sind und ohne die die Erfindung nicht funktionieren würde. Alle im
Anspruch enthaltenen Merkmale sind in einem einzigen Satz zu formulieren!

Nach dem Hauptanspruch folgen die sogenannten *Unteransprüche.*
Unteransprüche beziehen sich immer auf den Hauptanspruch oder auf
davorliegende Unteransprüche und enthalten Merkmale, die für das
funktionieren der Erfindung zwar hilfreich, aber nicht zwingend notwendig sind.

Man sollte hier auch sämtliche merkmalsgebenden alternativen Ausführungsformen des Erfindungsgedankens berücksichtigen und auf-
führen.

Eine Beschränkung für die Anzahl der formulierten Unteransprüche
gibt es nicht.

10 Das Patentverfahren

10.1 Ablauf des Patentverfahrens

Mit der Einreichung einer formgerechten Anmeldung beim Patentamt hat der Anmelder den ersten rechtlich / formalen Schritt zur Erlangung eines Schutzrechtes vollzogen. Mit der fristgerechten Entrichtung der Anmeldegebühr am Deutschen Patentamt nimmt das Patentverfahren seinen bürokratischen Verlauf.

Der bestätigte Eingang der Erfindung beim Patentamt und die damit verbundene Mitteilung des Aktenzeichens sichert zunächst den Zeitrang (Priorität) der Anmeldung. Nach der Einreichung der Erfindung dürfen bis zum Prüfungsantrag keine wesentlichen Änderungen an der Beschreibung durchgeführt werden; als Ausnahme ist lediglich die Berichtigung offensichtlicher Unrichtigkeiten erlaubt. Eine Abänderung der Ansprüche, insbesondere hinsichtlich einer selbst auferlegten Einschränkung, ist allerdings gestattet und aus Gründen neuer Erkenntnisse hinsichtlich des Standes der Technik auch erforderlich. Mit dem Erhalt der Empfangsbestätigung beginnt die Laufzeit der festgesetzten Fristen zur Entrichtung der Anmeldegebühr (1 Monat), zur Erfinderbenennung (15 Monate), zur Nachmeldung (18 Monate), zur Stellung des Prüfungsantrages (7 Jahre) und natürlich zur turnusmäßigen Entrichtung der Patentjahresgebühr (12 Monate).

Zweifelt der Anmelder an der erfolgreichen Patenterteilung, so kann er nach § 43 PatG das Patentamt mit einer Recherche nach öffentlichen Druckschriften zur Beurteilung der Patentfähigkeit der angemeldeten Erfindung beauftragen. Ein solcher Antrag kann auch von jedem Dritten, der sich aus welchen Gründen auch immer für die Patentierbarkeit einer speziellen Erfindung interessiert, gestellt werden. Ein Rechercheantrag ist natürlich kostenpflichtig, der aufzuwendende Betrag wird bei einem späteren Prüfungsantrag allerdings angerechnet. Das Ergebnis der Druckschriftenermittlung liegt nach etwa 6 Monaten zur Auswertung durch den Antragsteller vor. Dies ist rechtzeitig genug, um die Anmeldung bei einer Vorwegnahme der Erfindung durch den Stand der Technik noch 8 Wochen vor der Veröffentlichung der Offenlegungsschrift, in der Regel sind das ca. 18 Monate nach dem Anmeldetag, zurückziehen zu können.

Mit der Veröffentlichung der Erfindung, die in den wöchentlich erscheinenden Mitteilungsheften über Offenlegungsschriften erfolgt, erwirbt der Anmelder gegenüber einem unberechtigten Benutzer dieser Erfindung nach § 33 PatG bereits einen Anspruch auf Entschädigung. Diese beträgt üblicherweise ca. 50 % des Schadensersatzes, der für die Verletzung eines erteilten Patentes anzusetzen wäre. Die wesentlichste Voraussetzung für

Entschädigungsforderungen ist allerdings die spätere tatsächliche Patenterteilung.

Beabsichtigt der Anmelder eine parallele Auslandsanmeldung noch innerhalb der Prioritätsfrist von 12 Monaten, so kann er bei einer frühzeitigen Stellung eines Rechercheantrages, günstigerweise gleichzeitig mit dem Anmeldeantrag, die Patenterteilungsaussichten abschätzen und sein Anmeldevorhaben korrigieren, noch bevor diesbezügliche Anmeldegebühren anfallen.

Mit der Offenlegung der Erfindung endet auch die 18-monatige Geheimhaltungspflicht des Patentamtes, sofern keine frühere Priorität für die Erfindung in Anspruch genommen wurde. Von nun an können auch interessierte Dritte die Akten aller relevanten Vorgänge zur Patentanmeldung einsehen. Eine vorzeitige Herausgabe der gelben Offenlegungsschrift kann nach § 31 PatG erfolgen, wenn der Anmelder sich gegenüber dem Patentamt mit der Akteneinsicht durch jedermann einverstanden erklärt und den Erfinder benannt hat.

Verbesserungen oder weitere Lösungsvarianten des vorliegenden Patentes (Hauptpatent) können innerhalb von 18 Monaten nach dem Prioritätstag als Zusatzpatente nachgereicht werden. Für Zusatzpatente wird keine Jahresgebühr verrechnet. Nach der Offenlegung der Erfindung ist bis zur Patenterteilung eine weitere wichtige Frist einzuhalten: Innerhalb von 7 Jahren nach der Anmeldung ist nach § 44 PatG der Prüfungsantrag zu stellen, andernfalls gilt die Anmeldung als zurückgezogen. Die Stellung eines Prüfungsantrages ist ebenso wie die Aushändigung des ermittelten Entgegenhaltungsmaterials gebührenpflichtig.

Der Prüfungsbescheid beinhaltet die vom Prüfer festgestellten Bedenken und Mängel hinsichtlich der Schutzfähigkeit der Erfindung und ist innerhalb einer üblichen Frist von 4 Monaten vom Anmelder zu beantworten. Werden die nach § 45 PatG gerügten Mängel nicht beseitigt oder liegt eine nach den §§ 1 bis 5 PatG geprüfte, patentfähige Erfindung nicht vor, wird die Anmeldung von der Prüfungsstelle begründet zurückgewiesen. Genügt die Anmeldung den gestellten Anforderungen, so beschließt die Prüfungsstelle die Erteilung des Patentes. Dieser Erteilungsbeschluß kann auf Antrag des Anmelders bis zu 15 Monate ausgesetzt werden.

Die Patenterteilung selbst ist wiederum gebührenpflichtig. Wird die Gebühr nicht innerhalb von 2 Monaten nach Fälligkeit entrichtet oder die Gebühr inklusive eines Verzugszuschlages nach einem weiteren Monat nach erfolgter Abmahnung nicht bezahlt, so gilt das Patent nach § 57 PatG als nicht erteilt und die Anmeldung als zurückgenommen. Die Anmeldung wird auch als zurückgenommen eingestuft, wenn nach § 17 PatG die jeweils fällige Jahresgebühr nicht rechtzeitig entrichtet wird.

Mit dem Veröffentlichungsdatum der Patentschrift beginnt die sogenannte Einspruchsfrist, die im Geltungsbereich des Deutschen Patentamtes 3 Monate beträgt (Europäisches Patentamt: 9 Monate). Im Rahmen dieser Frist

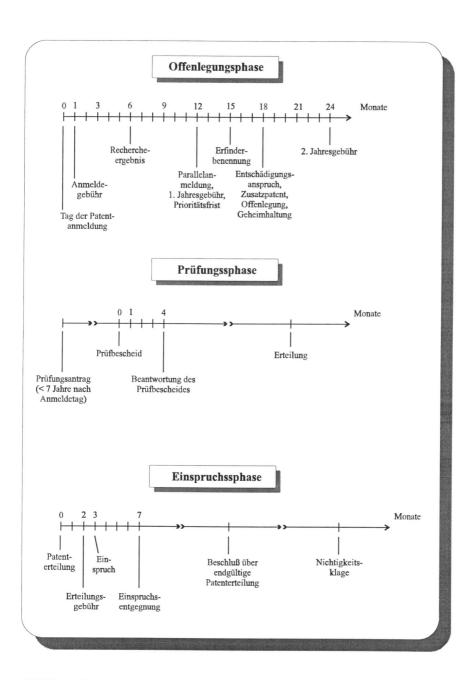

Abbildung 10.1: *Fristen und Laufzeiten*

kann die Öffentlichkeit ihr Veto gegen die Patenterteilung einlegen. Der Einspruch kann dabei lediglich auf die in § 21 PatG aufgezeigten Widerrufungsgründe aufsetzen. Diese Gründe sind konkret:

1. keine Patentfähigkeit nach §§ 1 bis 5 PatG,
2. keine vollständige Offenbarung,
3. widerrechtliche Entnahme,
4. Gegenstand des Patents geht über die Ursprungsfassung hinaus.

Die Bearbeitung von Einsprüchen wird vorrangig durchgeführt, wenn von einem der Beteiligten ein gesondert begründetes Beschleunigungsgesuch vorgebracht wird oder wenn gegen die Zulässigkeit des Einspruchs selbst Bedenken bestehen. Zur Äußerung auf den Einspruch ist im Normalfall eine Frist von 4 Monaten vorgesehen, eine Fristverlängerung kann jedoch beantragt werden.

Eine nichtöffentliche Anhörung der Beteiligten kann bei strittigen Fällen zur Aufklärung der Sachlage dienlich sein. Das Patentgesetz geht davon aus, daß im Einspruchsverfahren grundsätzlich jeder Beteiligte seine Kosten selbst trägt.

Die Entscheidung zum Einspruch wird mit einer kurzen Zusammenfassung der Erwägungen, auf denen sie in inhaltlicher und rechtlicher Hinsicht beruht, den Beteiligten zugeleitet. Wird der Einspruch abgelehnt, so kann das Patent ausschließlich mit einer Nichtigkeitsklage nach § 22 PatG und § 81 PatG vor dem Patentgericht zu Fall gebracht werden. Wird dem Patenteinspruch hingegen stattgegeben, so wird das Patent nach § 61 PatG widerrufen oder beschränkt aufrechterhalten. Bei einer beschränkten Aufrechterhaltung des Patents wird die Patentschrift in geänderter Fassung neu veröffentlicht.

Die maximale Laufzeit des Patentes beträgt 20 Jahre.

In Abbildung 10.1 wurden die wesentlichsten Fristen und Laufzeiten für Offenlegung, Prüfung und Einspruch anhand einer Zeitachse im Rahmen des deutschen Patentrechts beispielhaft dargestellt.

Auf die jeweils entstehenden Kosten und Gebühren wird im Kapitel 12 detailliert eingegangen.

10.1.1   Erfolgsaussichten einer Patentanmeldung

Bevor ein Unternehmer geschäftig wird, ist das jeweilig vorhandene unternehmerische Risiko zu kalkulieren. Gleiches - wenn auch mit anderem Hintergrund - gilt auch für den Erfinder bzw. Patentanmelder.

Ein Patent verursacht, gerechnet von der Ausarbeitung bis zur Patenterteilung und unter Berücksichtigung einer langjährigen Aufrechterhaltung, erhebliche Kosten in bis zu fünfstelliger Höhe. Eine überschlägige Abschätzung der Anmeldeerfolgsaussichten und der späteren Verwertung der Erfindung ist in einem frühen Entwicklungsstadium bei der Lösungsfindung unumgänglich. Das rechtzeitige Abwägen des Pro und Contra hinsichtlich einer durchzuführenden Anmeldung dient nicht nur der Einsparung der Patentkosten. Es ermöglicht auch eine rechtzeitige Weichenstellung für die Verwertung des zukünftigen Patentes in den eigenen Produkten, sei es als Lizenzvergabe oder als Sperrschutz für den eigenen Produktbereich. Der Nutzen eines Patentes läßt sich selten genau in Mark und Pfennig aufrechnen. Neben den tatsächlich vorhandenen Informationen über die Höhe der Einnahmen aus Lizenzvereinbarungen sind unbedingt auch immaterielle Gesichtspunkte, wie beispielsweise die Sicherung des Firmen-Know-Hows, die Sicherung oder Erreichung von Monopolstellungen (und damit Marktführerschaft) in Produktbereichen, die Bereitstellung von Verhandlungsmasse für eventuelle Patentkompromisse mit dem Wettbewerb etc. zu berücksichtigen.

Die direkte Frage nach den Erfolgsaussichten einer Patenterteilung für eine konkrete Erfindung kann durch die exakte Auswertung des mittels Rechercheauftrag gefundenen potentiellen Entgegenhaltungsmaterials beantwortet werden. Die ermittelten Druckschriften geben Auskunft darüber, welcher Stand der Technik dem Inhalt der Anmeldung am nächsten kommt bzw. inwieweit der Kern der Erfindung bereits vorweggenommen ist und der grundsätzlich geforderten Neuheit entgegensteht.

Die Frage nach einer ausreichenden Erfindungshöhe ist dagegen schwieriger zu beantworten. Zu deren Abklärung kann ein entsprechendes von einem Patentanwalt auszuarbeitendes Gutachten in Auftrag gegeben werden. In vielen Fällen genügt jedoch bereits eine kritische Auseinandersetzung mit dem ermittelten Stand der Technik, sowie mit den der eigenen Anmeldung am nächsten kommenden Lösungen und deren Unterschiede.

Eine selbständige Auswertung der Recherche vor der Patentanmeldung erlaubt demnach eine frühzeitige Abschätzung der Patentaussichten und trägt gegebenenfalls auch zur Verbesserung der eigenen Lösung durch zusätzliche Anregungen aus dem Recherchenmaterial bei. Die eigenen Ansprüche können in diesem naheliegenden Zusammenhang auf die noch nicht belegten Patentfreiräume ausgerichtet werden. Abgesehen davon lassen sich auch die Entwicklungsrichtungen des Wettbewerbs tendenziell ausloten.

Die Einholung interessierender Patentinformationen kann über eine Auftragserteilung an einen Patentanwalt, einen Patentberichterstatter oder an das Patentamt selbst erfolgen. Für den Fall, daß ein Anmelder seine Erfindung vorerst geheimhalten möchte, nachdem eine Patenterteilung aufgrund der erdrückenden negativen Rechercheergebnisse nicht zu erwarten ist, kann dies durch eine rechtzeitige Rücknahme der Anmeldung (8 Wochen vor der Offenlegung) bewirkt werden. Eine beim Patentamt in Auftrag gegebene Recherche ist zwar nicht so schnell wie die anderen Recherchemöglichkeiten, hat aber den wesentlichen Vorteil, daß der Prüfer in einem eventuellen Prüfungsverfahren auf die gleichen Druckschriften zurückgreift.

Natürlich kann der Anmelder die Recherche selbständig betreiben. Entsprechende Patentliteratur findet sich in der Auslegehalle des Deutschen Patentamtes in München und in Berlin, ferner in den Auslegestellen für Patentschriften im gesamten Bundesgebiet (Verzeichnis der Adressen im Anhang).
Anhand von Stichwortverzeichnissen und Patentklassenverzeichnissen können die relevanten Druckschriftennummern vorbereitend herausgesucht und
die entsprechenden Schriften vor Ort eingesehen oder bestellt werden. Darüber hinaus ist eine Prüfstoffliste beim Schriftenvertrieb des Deutschen Patentamtes, Dienststelle Berlin, verfügbar. Hier findet sich die relevante in-
und ausländische Patentliteratur, wie sie von den Prüfern des Deutschen
Patentamtes abgelegt wird. Für weitere Recherchen, die sich auch auf andere Bereiche der technischen Fachliteratur erstrecken, gibt es beim Deutschen Patentamt und in den Patentauslegestellen umfangreiche Bibliothe-
ken und Zugriff auf diverse Datenbanken.

10.1.2   Zusatzpatentanmeldungen

Im Rahmen des Entwicklungsprozesses bringt es die kreative Weiterbear-
beitung von Problemstellungen natürlich mit sich, daß punktuelle Verbesserungen oder auf neuen Erkenntnissen beruhende Veränderungen sich auch
auf bereits im Anmeldeverfahren befindliche technische Lösungen beziehen. In diesem Zusammenhang erlaubt das Patentgesetz nach § 16 PatG das
Nachmelden von Zusatzpatenten. Bezweckt eine Erfindung die Verbesserung oder weitere Ausbildung einer anderen, so kann bis zum Ablauf von
18 Monaten nach dem Anmeldetag ein Zusatzpatent beantragt werden. Die
Laufzeit des Zusatzpatentes endet mit der maximalen Laufzeit des älteren
Hauptpatentes. Wird das Hauptpatent aus irgendeinem Grund hinfällig, wird
das Zusatzpatent zu einem selbständigen Patent. Ein Hauptpatent kann über
mehrere Zusatzpatente verfügen. Von diesen wird bei Wegfall des Hauptpatentes jedoch nur das älteste selbständig, die übrigen gelten dann wiederum als dessen Zusatzpatente. Für Zusatzpatente sind keine Jahresgebühren
zu zahlen, alle anderen im Patentverfahren üblichen Gebühren fallen jedoch
an.

Für die Erteilung eines Zusatzpatentes müssen folgende Voraussetzungen
vorliegen:

1. Es muß eine Erfindungsqualität (neu, Erfindungshöhe, gewerblich
   nutzbar) erreicht werden.
2. Beim Anmelder muß es sich um die gleiche juristische Person handeln wie bei der Hauptanmeldung.
3. Die Zusatzanmeldung muß eine Verbesserung oder Weiterentwicklung des Gegenstandes der Hauptanmeldung und mit diesem einheitlich sein.

4. Der Erfindungsgegenstand der Hauptanmeldung muß verbessert oder weiter ausgebildet werden; dies bezieht sich dabei auf die Patentansprüche und nicht auf beiläufig erwähnte Beschreibungshinweise der Hauptanmeldung.

Ein Zusatzpatent kann nur erteilt werden, wenn das Hauptpatent bereits erteilt worden ist. Deshalb wird das Prüfungsverfahren für die Zusatzanmeldung sinnvollerweise solange ausgesetzt, bis das Hauptpatent rechtskräftig erteilt ist.

Das Prüfungsverfahren für das Zusatzpatent verläuft im allgemeinen reibungslos. Erscheint dem Prüfer die Hauptanmeldung patentfähig, so werden an die Ansprüche der Zusatzanmeldung keine höheren Anforderungen gestellt als an die Unteransprüche der Hauptanmeldung. Durch eine Zusatzanmeldung kann der Schutzumfang des Hauptanspruches nicht ausgedehnt werden. Allerdings lassen sich auf diese Weise spezifische Produktverbesserungen, die im Rahmen der Produktweiterentwicklung gefunden wurden, durch den Anmelder des Hauptpatentes selbst schützen. Fremdanmeldungen, die das betreffende Hauptpatent im Gattungsbegriff verwenden und als eigenständige Lösung durch Dritte patentiert werden sollen, können so ohne großen zusätzlichen Aufwand vereitelt werden.

10.1.3   Parallelanmeldung im Ausland

Behandelt die Patentanmeldung eine stark exportorientierte Technologie bzw. ein entsprechendes Produkt oder befinden sich Märkte und / oder Produktionsstätten im Ausland, so lassen sich die Interessen des Anmelders nur mit Schutzrechten in diesen jeweiligen Ländern durchsetzen. Dem Anmelder wird eine 12-Monats-Frist eingeräumt, um parallel zur deutschen Anmeldung zusätzliche Auslandsanmeldungen zu tätigen. Im Rahmen des Nachmeldens werden die bereits getätigten nationalen Anmeldungen innerhalb eines Jahres von den sogenannten Unionsländern, die sich der Pariser Verbandsübereinkunft zum Schutz des gewerblichen Eigentums angeschlossen haben (Europäisches Patentübereinkommen, EPÜ-Vertragsstaaten), nicht als Neuheitsschädigung angesehen. Bei der Einreichung von Auslandsanmeldungen - die im übrigen mit erheblichem Kosten- und Verwaltungsaufwand verbunden sind - stehen dem Anmelder drei prinzipielle Möglichkeiten zur Auswahl:

- die nationale Auslandsanmeldung (NA),
- die europäische Patentanmeldung (EPA),
- die internationale Anmeldung (PCT).

In Abbildung 10.2 sind die Alternativformen hinsichtlich ihrer Vor- und Nachteile gegenübergestellt.

	Nationale Patentanmeldung	Europäische Patentanmeldung	Internationale Patentanmeldung
Anmeldung	am Auslandspatentamt durch ausländischen Patentanwalt	am Europäischen Patentamt, Betreuung durch Auslandsvertreter	am Europäischen oder Deutschen Patentamt, Betreuung durch Auslandsvertreter
Vorteil	geringer Kostenaufwand, wenn nur in wenigen Ländern angemeldet werden soll	zentrales Erteilungsverfahren; Patentverfahrenskosten nur einmalig	schnelle Anmeldung in deutscher Sprache möglich
Nachteil	volle Verfahrenskosten in jedem Land; unterschiedliche Erteilungsverfahren	hohe Verfahrensgebühren; eine rechtmäßige Zurückweisung gilt für *alle* Vertragsstaaten	noch höhere Verfahrensgebühren; weitere Kosten bei Überleitung auf nationale Patentämter
zu empfehlen	beabsichtigte Anmeldung in weniger als 3 Staaten	beabsichtigte Anmeldung in mehr als 3 Staaten	wenn kurzfristig Auslandsanmeldungen zu tätigen sind

Abbildung 10.2:   *Vor- und Nachteile von Auslandsanmeldeverfahren*

Die jeweilige Entscheidung für eine dieser Alternativen wird zum einen von der Patentstrategie des Anmelders und zum anderen von den entstehenden Patentverfahrenskosten wesentlich beeinflußt.

10.1.4   Zeitrang und Priorität eines Patents

Der Zeitrang eines Patents wird im allgemeinen mit seinem Anmeldetag bestimmt. Allerdings kann in besonderen Fällen auch ein früheres Datum als der Anmeldetag den Zeitrang eines Patentes begründen. In diesem Zusammenhang wird dann vom Prioritätsdatum des Patents gesprochen, was nichts anderes als zeitlicher Vorrang bedeutet.

Im gesamten Schutzrechtsbereich nimmt natürlich der zeitliche Vorrang einen besonders wichtigen Stellenwert ein, da hier die älteren Rechte den jüngeren vorgehen. Unter diesem Aspekt wird bei der Prüfung einer Patentanmeldung lediglich der Stand der Technik berücksichtigt, der vor dem Zeitrang bzw. vor dem Prioritätsdatum der Anmeldeschrift bereits allgemein bekannt war. Auch im Zusammenhang mit der Offenlegung der Anmeldeunterlagen spielen Zeitrang und Priorität eine wichtige Rolle: Nach deutschem Patentrecht wird eine Patentanmeldung 18 Monate nach dem Anmeldetag offengelegt. Besitzt die Anmeldung jedoch eine Priorität, so erfolgt die Offenlegung bereits 18 Monate nach dem ausgewiesenen Prioritätsdatum. Im folgenden soll auf die unterschiedlichen Prioritätsarten im einzelnen näher eingegangen werden.

Innere Priorität

Nach § 40 PatG bzw. § 6 GmbG ist es zulässig, für eine eingereichte Patent-
oder Gebrauchsmusteranmeldung den Anmeldetag einer früher eingereichten Erfindungsanmeldung zum gleichen erfinderischen Gegenstand in Anspruch zu nehmen. Allerdings müssen vor Inanspruchnahme eines früheren
Zeitranges bestimmte Voraussetzungen erfüllt werden:

- Es muß der gleiche Erfindungsgedanke für die frühere und spätere
  Erfindungsanmeldung vorliegen. Jedoch sind Verbesserungen, Weiterentwicklungen, Ergänzungen und Abänderungen ausdrücklich zulässig.
- Die Anmelder der früheren und späteren Anmeldung müssen gleich
  sein. Gegebenenfalls kann der spätere Anmelder auch die Rechte an
  den Schutzrechten des früheren Anmelders nachweislich erworben
  haben.
- Für die frühere Anmeldung darf noch keine andere inländische (innere) oder ausländische (äußere) Priorität in Anspruch genommen worden sein.
- Die frühere Anmeldung muß eine Patent- oder Gebrauchsmusteranmeldung, sie darf jedoch kein Halbleiterschutz, Geschmacksmuster,
  Sortenschutz etc. sein. Es ist auch unwesentlich, ob die frühere Patentanmeldung inzwischen erteilt oder zurückgezogen worden ist.

Es besteht - eingedenk der vorstehenden Voraussetzungen - für den Anmelder die Möglichkeit, eine bereits beim Patentamt angemeldete Erfindung
weiterzuentwickeln und die verbesserte Erfindung unter Inanspruchnahme
der Priorität der früheren Anmeldung zu hinterlegen. Dabei werden die Anmeldeunterlagen der früheren Patentanmeldung lediglich um die neuen kennzeichnenden Merkmale, die Veränderungen im Beschreibungsteil und in
den Zeichnungen ergänzt. Die Priorität kann jedoch nur für die Merkmale
der Anmeldung in Anspruch genommen werden, die in der früheren Anmeldung bereits offenbart worden sind. Für den Fall, daß für eine Patentanmeldung die innere Priorität einer früheren Patentanmeldung in Anspruch
genommen werden soll, gilt die frühere Anmeldung als zurückgenommen.
Diese sogenannte Zurücknahmefiktion tritt immer dann ein, wenn die frühere und spätere Anmeldung die gleiche Schutzrechtsart betrifft (frühere
und spätere Gebrauchs-musteranmeldung, frühere und spätere Patentanmeldung). Sie tritt nicht ein, wenn die frühere Anmeldung bereits erteilt
(Patent) oder eingetragen (Gebrauchsmuster) ist. Für die Inanspruchnahme
einer früheren Priorität müssen außerdem die nachfolgend genannten formalen Randbedingungen erfüllt sein:

- Nachanmeldung innerhalb einer 12-Monats-Frist, gerechnet vom Anmeldetag der Erstanmeldung,
- Einreichung des Aktenzeichens und einer Kopie der prioritäts-

begründenden Anmeldung (Anmeldung, Beschreibung und Zeichnung) sowie Einreichung der Prioritätserklärung innerhalb einer 2-Monats-Frist.

Äußere Priorität

Die äußere Priorität, die auch ausländische oder Unionspriorität genannt wird, ist eine weitere Prioritätsform, die, begründet durch die Pariser Verbandsübereinkunft (PVÜ), Abweichungen vom Anmeldezeitrang zuläßt. Sie wird grundsätzlich bei Nachanmeldungen in Unionsländern angewendet, um den Zeitrang einer früher eingereichten ausländischen Anmeldung zu erhalten.

Ebenso wie bei der inneren Priorität kann die prioritätsbegründende Anmeldung eine Patent- oder Gebrauchsmusteranmeldung und in Sonderfällen eine Geschmacksmusteranmeldung sein.

Für eine Nachanmeldung können die Prioritäten mehrerer Erstanmeldungen beansprucht werden. Allerdings erhält immer nur der Teil der Nachanmeldung die Priorität der Erstanmeldung, der vom Wesen der erfinderischen Merkmale mit dieser übereinstimmt.

Im Rahmen der Inanspruchnahme der Unionspriorität gilt die prioritätsbegründende Anmeldung als nicht zurückgenommen. In diesem Sinne bestehen die in verschiedenen Ländern unter Prioritätsanspruchnahme eingereichten Nachanmeldungen gleichberechtigt mit der prioritätsbegründenden Erstanmeldung mit gleichem Zeitrang nebeneinander.

Als prinzipielle Voraussetzungen zur Entstehung des Prioritätsrechts der Unionspriorität sind zu nennen:

- Einreichung der prioritätsbegründenden Erstanmeldung in einem Unionsland der Pariser Verbandsübereinkunft (PVÜ),
- die Erstanmeldung muß in einem anderen Verbandsland als die Nachanmeldung getätigt worden sein,
- der Erstanmelder muß Angehöriger eines Verbandslandes sein oder seinen Wohn- oder Geschäftssitz dort haben,
- die Erst- und die Nachanmeldung müssen den gleichen erfinderischen Gedanken enthalten,
- die Anmelder der früheren und späteren Anmeldung müssen identisch sein, gegebenenfalls kann der spätere Anmelder auch Rechtsnachfolger des früheren Anmelders sein,
- Grundlage der Unionspriorität darf nur eine Erstanmeldung sein; eine Anmeldung kann nur dann eine Priorität begründen, wenn in ihr der Erfindungsgedanke erstmals enthalten ist.

Die formelle Prioritätserklärung muß eindeutig auf eine Erstanmeldung gerichtet sein, die durch Land und Anmeldezeitpunkt spezifiziert ist. Zur Angabe des Aktenzeichens fordert das Patentamt explizit auf, natürlich kann

es auch ohne Aufforderung bei Antragstellung genannt werden.
Die Nachanmeldung ist innerhalb einer 12-Monats-Frist nach dem Anmelde-
tag der Erstanmeldung einzureichen. Im Verlaufe einer weiteren 2-Monats-
Frist muß die formelle Prioritätserklärung mit dem oben angeführten Inhalt
(Land, Anmeldezeitpunkt) eingereicht werden.

Ausstellungspriorität

Eine Ausstellungspriorität, die sich gegenwärtig noch für Gebrauchs- und
Geschmacksmuster sowie Warenzeichen begründen läßt, kann nur für Ausstellungen in Anspruch genommen werden, die vom Bundes-
justizministerium ausdrücklich als prioritätsbegründend bzw. nicht neuheitsschädlich bekanntgemacht worden sind. Ist dies der Fall, muß eine entsprechende Anmeldung binnen 6 Monaten nach der Ausstellungseröffnung eingereicht werden.
Eine Ausstellungspriorität kann jederzeit geltend gemacht werden, sie braucht
im Erteilungsverfahren nicht unmittelbar beansprucht zu werden.
Im Zusammenhang mit Patentanmeldungen gibt es die Ausstellungspriorität
nicht mehr. Im Gegenteil ist davon auszugehen, daß eine Veröffentlichung
einer Erfindung auf einer Ausstellung jedenfalls neuheitsschädlich ist.

Entnahmepriorität

Nachdem ein Patent erteilt wurde, dessen wesentlicher Inhalt (Zeichnungen, Beschreibungen etc.) widerrechtlich aus einer anderen Anmeldeschrift
und ohne Einwilligung des Anmelders entnommen worden ist, kann derjenige, dessen geistiges Eigentum widerrechtlich entnommen wurde, mit einem Einspruch gegen die Erteilung des Patentes vorgehen. Wird das Patent
dann widerrufen oder durch den Patentinhaber im Verlaufe des Anspruchs-
verfahrens fallengelassen, so kann der Einsprechende die Erfindung, die
widerrechtlich entnommen war, selbst zum Patent anmelden. Die Neuan-
meldung muß innerhalb eines Monats nach Bekanntmachung des Widerrufs des Patents erfolgen. Für diese Anmeldung kann dann die Priorität des
früheren Patents in Anspruch genommen werden. Diese Priorität wird gemeinhin Entnahmepriorität genannt. Infolge der Entnahmepriorität kann es
zur Entstehung von Patenten kommen, deren Prioritätsdatum mehrere Jahre
vor dem eigentlichen Anmeldetag liegt.
Ein Patent, das auf einem widerrechtlich entnommenen erfinderischen Gedanken beruht, kann ebenfalls durch eine Nichtigkeitsklage unwirksam gemacht werden. Allerdings wird im Gegensatz zum Einspruch dann keine
Entnahmepriorität möglich.

10.2   Die Erfinderbenennung

Als Erfinder ist eine natürliche Person zu bezeichnen, die durch eine schöpferisch-kreative Leistung etwas prinzipiell Neues schafft. Nach dem allgemein anerkannten und im geltenden Rechtsschutz manifestierten Erfinderprinzip entsteht die Erfindung in der Person des Erfinders. Der Erfinder hat das Recht, unabhängig davon, ob er als freier oder als Arbeitnehmererfinder (vgl. hier auch die Bezüge zum Arbeitnehmererfinderrecht, insbesondere Abschnitt 4.5), kreativ war, als geistiger Schöpfer der jeweiligen technischen Neuerung öffentlich anerkannt zu werden.

Erst durch einen formalen Übertragungsakt wird gemäß Arbeitnehmergesetz eine Arbeitnehmererfindung auf den Arbeitgeber übergeleitet. Unabhängig von der Übertragung der wirtschaftlichen Nutzungsrechte auf den Arbeitgeber dient die Benennung der Erfinder der ideellen Wahrung der Erfinderehre.

Für die Benennung der später im Patent abgedruckten Erfindernamen genügt dem Patentamt der Nachweis einer Anmeldebefugnis. In aller Regel wird der Name des Erfinders bereits bei der Anmeldung in einem vom Deutschen Patentamt herausgegebenen Formular (vgl. Abbildungen 4.1 und 9.2) eingereicht. Nach § 37 PatG wird dem Anmelder jedoch eine Frist von 15 Monaten eingeräumt, um den oder die Erfinder zu benennen und zu versichern, daß weitere Personen seines Wissens nicht an der Erfindung beteiligt waren. Macht der Anmelder glaubhaft, daß er durch außergewöhnliche Umstände verhindert ist, diese vorgeschriebene Erklärung abzugeben, so hat das Patentamt eine angemessene Fristverlängerung zu gewähren.

Die Formvorschriften für die Benennung des Erfinders sind in der Verordnung über die Benennung des Erfinders festgelegt.

Dem Erfinder wird nach § 63 PatG die Möglichkeit eingeräumt, eine "Nichtnennung" zu beantragen. Dieser Antrag kann jederzeit widerrufen werden, woraufhin die Nennung nachträglich vorgenommen wird.

11   Das Patentprüfungsverfahren

Im Ergebnis der Patentprüfung wird durch das jeweilige Patentamt entschieden, ob dem Anmelder für den Gegenstand der zu prüfenden Patentanmeldung ein zeitlich limitiertes Ausschließlichkeitsrecht zur Herstellung und Vermarktung gewährt wird oder nicht. Bevor es allerdings zur Patentprüfung im eigentlichen Wortsinne kommt, erfolgt eine formale Offensichtlichkeitsprüfung.

11.1   Die Offensichtlichkeitsprüfung

Jede beim Deutschen Patentamt eingegangene Patentanmeldung wird zunächst, den Bestimmungen des Patentgesetzes und der Patentanmeldeverordnung folgend, hinsichtlich der Einhaltung von Formvorschriften (§§ 25 bis 38 PatG) und auf offensichtliche Patentierungshindernisse (§ 42 PatG) überprüft. Genügt die Anmeldung den Anforderungen der Formalprüfung nicht, fehlt z.B. eine Unterschrift, ist die Beschreibung nicht komplett, das Format der Zeichnung nicht korrekt, oder wurde die Entrichtung der Anmeldegebühr versäumt, erfolgt eine Mahnung der Prüfungsstelle an den Anmelder, die festgestellten Mängel innerhalb einer definierten Frist (in der Regel 1 Monat) zu beseitigen. Des weiteren wird die gewerbliche Anwendbarkeit, die Einheitlichkeit und das eventuelle Übertreten des § 2 PatG (öffentliche Ordnung, gute Sitten, Pflanzen und Tiere) überprüft. Nicht zuletzt wird festgestellt, ob die Patentanmeldung dem Wesen nach eine Erfindung ist.
Handelt es sich bei der eingereichten Anmeldung um eine Zusatzanmeldung nach § 16, so wird ermittelt, ob unter anderem die Einhaltung der 18-Monats-Frist gewährleistet ist.
Erhält der Anmelder neben der Bekanntmachung seines Aktenzeichens keine weitere Benachrichtigung vom Patentamt, kann er davon ausgehen, daß in seinen Anmeldeunterlagen keine offensichtlichen formalen oder inhaltlichen Mängel erkannt worden sind.
Im weiteren Verlauf erfolgt ca. 18 Monate nach dem Anmeldetag die Offenlegung der Erfindung. Die Offenlegung wird im Patentblatt ausgewiesen und die bislang geheimgehaltenen Akten der Anmeldung werden zur allgemeinen Einsicht freigegeben.

Diese 18-monatige Frist kann nach § 31 PatG abgekürzt werden, wenn es der Anmelder wünscht und eine frühzeitige Akteneinsicht einräumt. Mit einer vorgezogenen Offenlegung erwirkt der Anmelder eine sogenannte Sperrveröffentlichung, die natürlich alle späteren Anmeldungen des Wettbewerbs auf dem Weg zur Patenterteilung behindert.

11.2   Der Patentprüfungsantrag

Mit der Offenlegung der Anmeldung ist der Erfinder bis zur Patenterteilung bedingt gegen eine unberechtigte Benutzung der Erfindung durch Dritte abgesichert. Der Patentanmelder kann nach erfolgter Offenlegung vom unberechtigten Benutzer nach § 33 PatG eine angemessene Entschädigung (etwa 50 % von der theoretisch anstehenden Lizenzgebühr) verlangen. Dieser Anspruch besteht jedoch nicht, wenn der Gegenstand der Anmeldung offensichtlich nicht patentfähig ist. Außerdem kann der Anspruch nur dann vor Gericht durchgesetzt werden, wenn ein Prüfungsantrag für die Anmeldung eingereicht ist. Das Formular eines Prüfungsantrages ist in Abbildung 11.2 angegeben.

Allerdings wird für Erfindungen, die noch nicht genutzt werden bzw. vorläufig nicht für eine Verwertung vorgesehen sind, häufig die 7-Jahres-Frist zur Stellung eines Prüfungsantrags aus Kostengründen abgewartet. Solche in der Schwebe gehaltenen Anmeldungen werden kurz vor Ablauf der Frist noch einmal auf ihre Brauchbarkeit hin geprüft. Nach einer genauen Abwägung des Kosten-Nutzen-Verhältnisses wird über die Stellung eines Prüfungsantrages entschieden.

Bei Nichtstellung des Prüfungsantrages nach Ablauf von 7 Jahren gilt das Patentbegehren als zurückgenommen, der Inhalt der Offenlegungsschrift zählt zum allgemeinen Stand der Technik, auf den ein beliebiger kostenfreier Zugriff dann möglich ist.

Soll das Schutzrecht jedoch auf eine sichere Rechtsbasis gestellt werden, so muß das Patentamt durch Stellen eines gebührenpflichtigen Prüfungsantrages aufgefordert werden, den Gegenstand der Patentanmeldung nach § 44 PatG auf Patentfähigkeit zu überprüfen. Dieser Antrag kann entweder vom Patentanmelder selbst oder von jedem Dritten, der dann jedoch nicht unmittelbar am Prüfungsverfahren beteiligt wird, fristgerecht gestellt werden. Ist zu einem früheren Zeitpunkt bereits ein Rechercheantrag gestellt worden, so beginnt das Prüfungsverfahren erst nach Abarbeitung dieses Antrages.

Im Falle der Unwirksamkeit bzw. Rücknahme des von einem Dritten gestellten Antrages kann der Patentanmelder noch bis zu 3 Monaten nach Zustellung der Mitteilung selbst einen Prüfungsantrag stellen. Das Prüfungs-

An das
Deutsche Patent- und Markenamt
80297 München

DEUTSCHES PATENT- UND MARKENAMT

(1)
In der Anschrift Straße, Haus-Nr. und ggf. Postfach angeben

Sendungen des Deutschen Patent- und Markenamts sind zu richten an:

Antrag
auf Erteilung
eines Patents

1

Vordruck nicht für PCT-Verfahren verwenden s. Rückseite

☐ TELEFAX vorab am

Aktenzeichen (wird vom Deutschen Patent- und Markenamt vergeben)

(2) Zeichen des Anmelders/Vertreters (max. 20 Stellen) | Telefon des Anmelders/Vertreters | Datum

(3) Der Empfänger in Feld (1) ist der | ggf. Nr. der Allgemeinen Vollmacht
☒ Anmelder ☐ Zustellungsbevollmächtigte ☐ Vertreter

(4)
nur auszufüllen, wenn abweichend von Feld (1)

Handelsregisternummer nur bei Firmen anzugeben

Anmelder **Vertreter**

☐ Der Anmelder ist eingetragen im Handelsregister Nr. _____ beim Amtsgericht

(5) soweit bekannt

Anmeldercode-Nr. | Vertretercode-Nr. | Zustelladresscode-Nr. | ABT | ERF

(6)
s. auch Rückseite IPC-Vorschlag ist unbedingt anzugeben, sofern bekannt

Bezeichnung der Erfindung

/

IPC-Vorschlag d. Anmelders

(7)
s. Erläuterung u. Kostenhinweise auf der Rückseite

Sonstige Anträge

Aktenzeichen der Hauptanmeldung (des Hauptpatents)

☐ Die Anmeldung ist Zusatz zur Patentanmeldung (zum Patent) ➡
☐ Prüfungsantrag - Prüfung der Anmeldung mit Ermittlung der öffentlichen Druckschriften (§ 44 Patentgesetz)
☒ Rechercheantrag - Ermittlung der öffentlichen Druckschriften ohne Prüfung (§ 43 Patentgesetz)
☒ Lieferung von Ablichtungen der ermittelten Druckschriften im ☐ Prüfungsverfahren ☒ Rechercheverfahren
☐ Aussetzung des Erteilungsbeschlusses auf _____ Monate (§ 49 Abs. 2 Patentgesetz)
(Max. 15 Mon. ab Anmelde- oder Prioritätstag)

(8) **Erklärungen**

Aktenzeichen der Stammanmeldung

☐ Teilung/Ausscheidung aus der Patentanmeldung ➡
☐ an Lizenzvergabe interessiert (unverbindlich)
☐ mit vorzeitiger Offenlegung und damit freier Akteneinsicht einverstanden (§ 31 Abs. 2 Nr. 1 Patentgesetz)

(9)
s. auch Rückseite

☐ Inländische Priorität (Datum, Aktenzeichen der Voranmeldung)
☐ Ausländische Priorität (Datum, Land, Aktenz. der Voranmeldung; vollständige Abschrift(en) der ausländischen Voranmeldung(en) beifügen)

(10)
Erläuterung und Kostenhinweise s. Rückseite

Gebührenzahlung in Höhe von _430,-- DM_

☐ Abbuchung von meinem/unserem Abbuchungskonto b. d. Dresdner Bank Nr.:

☐ Scheck ist beigefügt ☒ Überweisung (nach Erhalt der Empfangsbescheinigung) ☐ Gebührenmarken sind beigefügt (bitte nicht auf die Rückseite kleben, ggf. auf gesondertes Blatt)

(11) **Anlagen**

Anlagen 3. - 7. jeweils 3-fach s. auch Rückseite

1. ___ Vertretervollmacht
2. ___ Erfinderbenennung
3. ___ Zusammenfassung (ggf. mit Zeichnung Fig. ___)
4. ___ Seite(n) Beschreibung
5. ___ ggf. Bezugszeichenliste
6. ___ Seite(n) Patentansprüche Anzahl Patentansprüche
7. ___ Blatt Zeichnungen
8. ___ Abschrift(en) d. Voranmeld.
9. ___ Zitierte Nichtpatentliteratur
10. ___

(12) **Unterschrift(en)**

Abbildung 11.1: *Antrag auf Erteilung eines Patents*

verfahren wird nach § 44 PatG auch dann fortgesetzt, wenn der Antrag auf Prüfung zurückgenommen wurde. Anmelder, die eine baldige Verwertung ihrer Erfindung erwarten, sollten unmittelbar mit dem Einreichen der Anmeldeunterlagen auch den Prüfungsantrag stellen. Sie erhalten in diesem Falle rechtzeitig eine Information über die vom Prüfer ermittelten Entgegenhaltungen und können damit noch vor Ablauf der 12-monatigen Prioritätsfrist die realistischen Chancen für eine Patenterteilung bei gegebenenfalls vorzunehmenden Auslandsanmeldungen ableiten.

11.3   Die Patentprüfung

Nach dem fristgerechten Stellen des Prüfungsantrages und der Entrichtung der anfallenden Gebühr beginnt das Patentamt die Überprüfung der Anmeldung hinsichtlich der nachfolgend angegebenen Gesichtspunkte. Wegen der Bedeutung und Wichtigkeit wird bei der Erläuterung der Prüfkriterien ein sehr enger Bezug zum Wortlauf des Patentgesetzes hergestellt:

a) Formale und verwaltungstechnische Anforderungen

1. Sind die Anmeldeunterlagen nach § 35 PatG komplett?
   - Antrag auf Patenterteilung,
   - Patentansprüche, die den Schutzumfang angeben,
   - Beschreibung der Erfindung,
   - Zeichnungen zur Erläuterung der Patentansprüche und der Beschreibung,
   - Offenbarung der Erfindung, so daß ein Fachmann sie ausführen kann,
   - vollständige und wahrheitsgemäße Angaben über den Stand der Technik, der dem Anmelder bekannt ist.

2. Liegt die Erfinderbenennung nach § 37 PatG vor?
   Neben der Nennung der Erfinder wird eine Erklärung durch den Anmelder erwartet, daß weitere Personen seines Wissens nicht an der Erfindung beteiligt waren. Ist der Anmelder nicht oder nicht allein der Erfinder, hat er ebenfalls anzugeben, wie das Recht auf das Patent an ihn übergegangen ist.

3. Wurde die Anmeldung zwischenzeitlich durch Änderungen erweitert?
   Bis zum Beschluß der Erteilung sind zwischenzeitliche Änderungen nur zur Berichtigung offensichtlicher Unrichtigkeiten oder zur Beseitigung der von der Prüfstelle bezeichneten Mängel oder zur

Einschränkung des Patentanspruches zulässig. Prinzipiell sind jedoch Erweiterungen des Gegenstandes der Anmeldung nicht statthaft.

b) Anforderungen an die Patentierbarkeit des Patentinhalts

1. Muß der angemeldete Gegenstand (Verfahren) den unter § 1 PatG aufgelisteten, nicht als Erfindung einzustufenden Anmeldungen zugeordnet werden?
   - Entdeckungen sowie wissenschaftliche Theorien und mathematische Methoden,
   - ästhetische Formschöpfungen,
   - Pläne, Regeln und Verfahren für gedankliche Tätigkeiten, für Spiele oder für geschäftliche Tätigkeiten sowie Programme für Datenverarbeitungsanlagen,
   - Wiedergabe von Informationen.

   Dieser Themenkreis ist nur insoweit von der Patenterteilung ausgeschlossen, wie sich der begehrte Schutz auf die genannten Gegenstände oder Tätigkeiten als solche beziehen.

2. Verstößt die Anmeldung gegen Ordnung und Sitten?
   Erfindungen, deren Veröffentlichung oder Verwertung gegen die öffentliche Ordnung oder die guten Sitten verstößt, werden nach § 2 PatG von einer Patenterteilung grundsätzlich ausgeschlossen. Ein solcher Verstoß kann dabei nicht allein aus der Tatsache abgeleitet werden, daß die Verwertung der Erfindung durch Gesetz oder Verwaltungsvorschrift verboten ist.

3. Handelt es sich bei der Erfindung um Pflanzen oder Tiere?
   Pflanzensorten oder Tierarten sowie für im Wesen biologische Verfahren zur Züchtung von Pflanzen oder Tieren sind von einer Patentierung ausgeschlossen. Dies gilt ausdrücklich nicht für mikrobiologische Verfahren und auf die mit Hilfe dieser Verfahren gewonnenen Erzeugnisse (Gentechnik).

4. Wird die Erfindung als Geheimpatent eingestuft?
   Wird ein Patent für eine Erfindung beantragt, die ein Staatsgeheimnis nach § 93 StGB ist, so ordnet die Prüfungsstelle nach § 50 PatG von Amts wegen an, daß jede Veröffentlichung zu unterbleiben hat. Die Oberste Bundesbehörde ist dabei vor der Anordnung anzuhören. Sie kann den Erlaß einer Nichtveröffentlichung beantragen. Die Anordnung kann aufgehoben werden, wenn die Voraussetzungen (z.B. durch anderweitige Bekanntmachung des Geheimnisses) entfallen sind. Die Prüfstelle kontrolliert in jährlichen Abständen, ob die Voraussetzungen nach § 50 PatG fortbestehen. Eine Patentan-

meldung, die ein Staatsgeheimnis enthält, darf auch außerhalb des Geltungsbereiches des Gesetzes nur eingereicht werden, wenn nach § 52 PatG die Oberste Bundesbehörde hierzu die schriftliche Genehmigung erteilt.

Wird dem Anmelder nach § 53 PatG nicht innerhalb von 4 Monaten nach der Anmeldung eine Anordnung zur Geheimhaltung zugestellt, so können der Anmelder und jeder andere, der von der Erfindung Kenntnis erhält, davon ausgehen, daß die Erfindung nicht der Geheimhaltung unterworfen ist.

c) Anforderungen an die Patentfähigkeit des erfinderischen Gegenstandes

1. Ist der Gegenstand (Vorrichtung und / oder Verfahren) der Erfindung neu?

   Eine Erfindung gilt nach § 3 PatG als neu, wenn sie nicht zum Stand der Technik gehört. Hierzu zählen alle Kenntnisse, die vor dem Anmeldetag durch schriftliche oder mündliche Beschreibungen, durch Benutzung oder in sonstiger Weise der Öffentlichkeit zugänglich gemacht worden sind. Als Stand der Technik gilt auch der Inhalt von Patentanmeldungen mit älterem Zeitrang, die erst später der Öffentlichkeit bekanntgemacht worden sind. Dazu gehören:

   - nationale Anmeldungen in der beim Deutschen Patentamt ursprünglich eingereichten Fassung,
   - europäische Anmeldungen in der ursprünglich eingereichten Fassung, wenn mit der Anmeldung für die Bundesrepublik Deutschland Schutz begehrt wird,
   - internationale Anmeldungen nach dem Patentzusammenarbeitungsvertrag in der ursprünglich eingereichten Fassung, wenn für diese Anmeldung das Deutsche Patentamt Bestimmungsamt ist.

   Nicht neuheitsschädlich sind Offenbarungen, die nicht früher als 6 Monate vor Einreichung der zu prüfenden Anmeldung erfolgt sind und entweder auf einen offensichtlichen Mißbrauch zum Nachteil des Anmelders oder seines Rechtsvorgängers beruhen.

2. Beruht der Gegenstand der Anmeldung auf einer erfinderischen Tätigkeit?

   Eine Erfindung gilt als auf einer erfinderischen Tätigkeit beruhend, wenn sie sich nach § 4 PatG für den Fachmann nicht in naheliegender Weise aus dem Stand der Technik ergibt.

3. Ist die Erfindung gewerblich anwendbar?

   Eine Erfindung gilt nach § 5PatG als gewerblich anwendbar, wenn ihr Gegenstand auf irgendeinem gewerblichen Gebiet einschließlich der Landwirtschaft hergestellt oder benutzt werden kann. Nicht zu den gewerblich anwendbaren Erfindungen werden Verfahren zur chirurgischen oder therapeutischen Behandlung des menschlichen oder tierischen Körpers gerechnet.

11.4 Die Prüfkriterien

Die formalen Anforderungen an eine Patentanmeldung sind in der in den Anhang aufgenommenen Patentanmeldeverordnung (PatAnmVO) zusammengestellt. Durch ihre Detaillierung sollte sie vom Antragsteller nicht als Hindernis, sondern vielmehr als hilfreiche Unterstützung bei der Anmeldungsausarbeitung gesehen werden.

Der verwaltungstechnische Ablauf der Patentanmeldung und eine Erläuterung zu den grundsätzlichen Anforderungen an die Patentierbarkeit einer Erfindung sind im Merkblatt für den Patentanmelder beschrieben, das vom Deutschen Patentamt auf Anfrage ausgehändigt wird (Bezugsadresse - vgl. Anhang).

Die einschränkenden Vorschriften zur Patentierbarkeit einer Erfindung sind gesetzlich fixiert und geben im allgemeinen nur gelegentlich Anlaß zu Disputen mit dem Prüfer hinsichtlich unterschiedlicher Auffassungen zum Thema. Als Knackpunkt wird bei jeder Patentprüfung die Beantwortung der Fragen nach dem Neuheitsgrad und der Erfindungshöhe angesehen. Bei der Prüfung der Neuheit geht es primär darum, ob und inwieweit sich der Anmeldegegenstand mit allen in den Ansprüchen und im Beschreibungsteil dargelegten Merkmalen in praxi oder anhand einer einzigen Druckschrift als bekannt nachweisen läßt. Hierbei ist es völlig sekundär, in welchem Land oder in welcher Veröffentlichungsart (z.B. in einer Apothekerzeitung) und wann (z.B. auch zu Beginn des Technikzeitalters) diese Veröffentlichung getätigt wurde. Der Patentprüfer stellt in einem direkten Vergleich fest, ob sich die zu patentierende Vorrichtung oder das angemeldete Verfahren hinsichtlich der beanspruchten Merkmale von jeder einzelnen Vorveröffentlichung signifikant unterscheidet. Der Anmeldegegenstand ist im Hinblick auf die Vergleichsschrift als neu einzustufen, wenn er sich auch nur in einem der beanspruchten Merkmale von der anderen Lösung nachweisbar unterscheidet. Die Gegenüberstellung der einzelnen Entgegenhaltungen mit dem zu prüfenden Anmeldungsgegenstand ist bei der Neuheitsprüfung also jeweils gesondert durchzuführen. Eine Kombination aus mehreren Druckschriften zur Abdeckung aller Merkmale der Erfindung wird in diesem Zusammenhang nicht als neuheitsschädlicher Nachweis anerkannt. Grundsätzlich anders ist die Vorgehensweise bei der Prüfung, inwieweit die

Erfindung auf einer erfinderischen Tätigkeit beruht. Hierzu ist der bereits offenbarte Stand der Technik in seiner Gesamtheit heranzuziehen. Bei dem Nachweis einer nicht vorhandenen Erfindungshöhe kann eine entsprechende Vergleichslösung, die in ihrer Gesamtheit nicht explizit ausgeführt ist, aus zwei bis drei Veröffentlichungen zusammengesetzt werden. Bei der Beurteilung, ob und inwieweit die Erfindung durch eine Kombination aus in mehreren verschiedenen Druckschriften aufgezeigten Teillösungen für den Fachmann nahegelegen hat, liegt im Ermessensspielraum des Prüfers. Diese Ermessensfrage ist der Streitpunkt vieler Patentverfahren. Der Prüfer ist deshalb zunächst bestrebt, vor der eigentlichen Frage nach der Erfindungshöhe alle anderen Einzelheiten und Merkmale der Anmeldung im Hinblick auf den Stand der Technik zu würdigen. Sollten die vorliegenden technischen Fakten nicht für eine exakte Beurteilung der Erfindung ausreichen, wird letztendlich die Patentprüfung auf die strittige Beurteilung der Erfindungshöhe ausgeweitet. Die Gepflogenheit einiger ausländischer Patentämter (Frankreich, Spanien, Italien) besteht gegenwärtig darin, die Meßlatte für die Erfindungshöhe ganz niedrig anzusetzen bzw. gänzlich zu streichen. Das Europäische Patentamt hat von Anfang an die Anforderung an die erfinderische Tätigkeit herabgesetzt. Oft reichen bereits kleinere Verbesserungen an Vorrichtungen oder Verfahren aus, um ein europäisches Patent zu erlangen. Daraus abgeleitet scheint der Trend zu niedrigeren Anforderungen an die Erfindungshöhe auch für Deutschland vorgezeichnet, so wenig man dies auch begrüßen mag.

11.5   Der Prüfbescheid

Wie bereits weiter vorn ausgeführt, erfolgt die Prüfung nach einer ersten groben Sichtung hinsichtlich offensichtlicher Mängel nach den patentrelevanten Anforderungen der §§ 1 bis 5 PatG.

Wurde vor der Stellung eines Prüfungsantrages ein Rechercheantrag nach § 43 PatG gestellt, erfolgt zunächst die Ermittlung der relevanten Druckschriften, die dem Anmelder mitgeteilt werden. Erst danach wird das Prüfungsverfahren begonnen. Für den Fall, daß die Prüfungsstelle hierbei zu dem Ergebnis gelangt, daß keine patentfähige Erfindung vorliegt, wird der Patentanmelder nach § 45 PatG davon unter Angabe von Gründen in Kenntnis gesetzt und aufgefordert, sich innerhalb einer angemessenen Frist entsprechend zu äußern. Das Prüfungsverfahren bedarf grundsätzlich der Schriftform, d.h. der Dialog zwischen Prüfer und Anmelder wird in den Akten festgehalten und kann von Berechtigten und antragstellenden Dritten eingesehen werden.

Mit dem Prüfbescheid werden dem Anmelder etwaige Mängel und Beden-ken hinsichtlich der Patentfähigkeit mitgeteilt. Bei unvollständiger oder nicht fristgemäßer Beantwortung des Prüfbescheides erfolgt eine Zurückweisung der Anmeldung durch die Prüfstelle. Zur Schaffung von Klarheit hinsicht-lich des Aufbaus und der Wirkungsweise eines Anmeldungsgegenstandes - aber auch bei komplizierten Fragen zur Erfindungshöhe - kann die Prüfstel-le nach § 46 PatG die Beteiligten vorladen und anhören. Dabei ist die Prüf-stelle berechtigt, Zeugen, Sachverständige und Beteiligte eidlich oder un-eidlich anzuhören sowie weitere zur Aufklärung der Sache erforderliche Ermittlungen anzustellen. Bei vorliegender Sachdienlichkeit muß der An-melder auf schriftlichen Antrag hin bis zum Erteilungsbeschluß angehört werden. Wird der Antrag nicht in der vorgeschriebenen Form eingereicht oder erachtet die Prüfstelle die Anhörung als nicht sachdienlich, erfolgt eine Zurückweisung des Antrages. Über die Anhörung wird durch die Prüfstelle eine Niederschrift angefertigt und an die Beteiligten weitergeleitet. Sie muß den wesentlichen Gang der Verhandlung wiedergeben und die rechts-erheblichen Erklärungen der Beteiligten enthalten. Die Beschlüsse der Prüf-stelle müssen exakt begründet sein und werden den Beteiligten von Amts wegen zugestellt. Eine Begründung entfällt jedoch, wenn am Verfahren nur der Anmelder beteiligt ist und seinem Antrag stattgegeben wird. Neben der schriftlichen Ausführung erhalten die Beteiligten eine Erklärung zu den möglichen Beschwerdemodalitäten.

11.6   Verteidigung der Erfindung

Die Stellungnahme des Anmelders zum Prüfungsbescheid ist in der Regel so aufgebaut, daß der Gegenstand der Erfindung zunächst gegenüber dem Stand der Technik deutlich und klar abgegrenzt wird. Im folgenden wird begründet dargelegt, daß es sich bei der vorgeschlagenen neuen Lösung, bestehend aus den in den Ansprüchen verbleibenden kennzeichnenden Merk-malen, die in Verbindung mit dem Oberbegriff des Hauptanspruches ste-hen, um eine erfinderische Problemlösung zur formulierten Aufgabenstel-lung handelt. Werden Druckschriften entgegengehalten, liegt es natürlich im Interesse des Anmelders, sich diese komplett zu beschaffen und ihre Aussagekraft in Bezug auf die eigene Erfindung genau zu prüfen. Die Entgegenhaltungen decken sich in den seltensten Fällen vollständig mit dem Anmeldegegenstand.
Dessenungeachtet bleibt festzustellen, inwieweit die eigene Erfindung nach einer Gegenüberstellung mit dem Entgegenhaltungsmaterial den vollen Schutzumfang behält. Gegebenenfalls muß eine Beschränkung des eigenen

Schutzumfanges erfolgen, schlimmstenfalls muß die Weiterverfolgung des eigenen Patentbestrebens aufgegeben werden.

Allerdings bleibt in den meisten Fällen ein erfinderischer Überschuß gegenüber dem Bekannten erhalten. Im Rahmen einer objektiven Bewertung muß darüber entschieden werden, inwieweit dieser den Aufwand für eine Weiterverfolgung des Schutzbegehrens rechtfertigt.

Für den Fall der Aufrechterhaltung ist der verbleibende Erfindungsteil gegen den Stand der Technik deutlich abzugrenzen, indem die Patentansprüche durch eine Erweiterung / Konkretisierung des Oberbegriffs eingeschränkt werden. Es ist in diesem Zusammenhang auch möglich, mehrere erfinderische Merkmale in einem Patentanspruch zusammenzufassen.

Eine naturgemäß andere Argumentation ist anzuwenden, wenn vom Prüfer die Erfindungshöhe in Frage gestellt wurde. Durch Darlegung von weniger erfolgreichen oder gar gescheiterten Lösungsversuchen wird die Tatsache hervorgehoben, daß die eigene erfinderische Lösung objektiv nicht nahegelegen haben kann. In Verbindung mit weiteren sachlichen, die Erfindungshöhe betonenden Argumenten, führt dieses Vorgehen häufig zum gewünschten Erfolg. Eine indirekte Untermauerung der Erfindungshöhe gelingt, wenn durch den erfinderischen Gegenstand ein großer technischer oder wirtschaftlicher Erfolg prognostiziert oder nachgewiesen wird.

Vertritt der Prüfer bei der Einschätzung der Erfindungshöhe die Auffassung, daß auch ein durchschnittlicher Fachmann bei der Bewältigung der Aufgabe auf diese naheliegende technische Lösung gekommen wäre, so kann dieser Argumentation nur insoweit gefolgt werden, wie es sich bei der zitierten Lösung aus einem anderen Techniksektor um eine nahezu identische Vorwegnahme der zu prüfenden Anmeldung handelt. Besteht die erfinderische Lösung jedoch aus der Kombination einer Vielzahl von Teillösungen aus den verschiedensten Technikbereichen, so ist in Frage zu stellen, ob der zitierte Durchschnittsfachmann zum einen überhaupt nach Lösungsansätzen im Stand der Technik von nebengeordneten Fachgebieten geforscht hätte. Zum anderen ist fraglich, inwieweit er in der Lage gewesen wäre, diese Teillösungen in der vorliegenden Weise zu verknüpfen.

Wird die Erfindungshöhe jedoch bereits vom Erfinder als bedenklich niedrig angesehen, so kann ein bereits bei der Anspruchsformulierung geübter Verzicht auf einen breiten Geltungsbereich die Patentchancen erhöhen, da ein eng begrenzter, jedoch für den Schutz des konkreten Produktes ausreichender Patentumfang bei der Prüfstelle eher durchzusetzen ist.

Bei einer formulierten Kritik hinsichtlich mangelnder Einheitlichkeit kann die Abtrennung der uneinheitlichen Teilproblematiken in eine oder mehrere Ausscheidungsanmeldungen erfolgen.

Der Anmelder kann nach § 39 PatG die Teilung der Anmeldung bis zum Abschluß des Einspruchsverfahrens in schriftlicher Form beantragen. Die Priorität der Stammanmeldung gilt auch für die Ausscheidungsanmeldung.

Für abgetrennte Anmeldungen sind die fälligen Gebühren nachzureichen, da abgetrennte Anmeldungen gebührenmäßig wie selbständige Anmeldungen zu betrachten sind. Lediglich die Kosten für den Rechercheantrag fallen nur einmal an.

Prinzipiell ist eine - aus welchen Gründen auch immer - notwendig gewordene Überarbeitung und Anpassung des beschreibenden Teils der Patentanmeldung an die veränderten Patentansprüche erst dann zu empfehlen, wenn die Abstimmungen mit dem Prüfer zu einem erfolgreichen Ende geführt wurden.

11.7   Patentzurückweisung oder -erteilung

11.7.1   Zurückweisung und Beschwerde

Während des Prüfverfahrens erhält der Patentanmelder einen Prüfbescheid, der gegebenenfalls Hinweise auf offensichtliche Mängel der Anmeldung enthält. Dem Anmelder wird eine Nachbesserungsfrist von ca. 2 Monaten eingeräumt, um die benannten Mängel zu beheben. Genügt die Antwort zur Mängelbehebung den Anforderungen der Prüfungsstelle nicht, erhält der Anmelder einen Vorabbescheid mit der Androhung einer Patentzurückweisung. Als Begründung werden hierfür formale Mängel nach den §§ 35, 37 und 38 PatG oder mangelnde Patentfähigkeit nach den §§ 1 bis 5 PatG nachweislich und nachprüfbar angeführt. Der Anmelder kann die Zurückweisungsandrohung nur entschärfen, indem er entweder die beanstandeten Mängel behebt oder diese Mangelhaftigkeit als solche bestreitet. Letzteres Unterfangen läuft auf ein in aller Regel nur von einem Patentanwalt zu erbringendes Plädoyer hinaus.

Die Prüfstelle ist vor dem endgültigen Schritt einer Zurückweisung gehalten, dem Anmelder die eigentlichen Zurückweisungsgründe rechtzeitig mitzuteilen, damit dieser die Anmeldung den Anforderungen und seinen eigenen Interessen gemäß abändern kann.

Sind allerdings die Argumente der Prüfungsstelle letztlich nicht zu entkräften, ist eine freiwillige Zurücknahme der Anmeldung einer drohenden Entscheidung nach Aktenlage vorzuziehen.

Gelegentlich gibt die Prüfstelle selbst Formulierungshinweise für einen zwar eingeschränkten, dafür aber gewährbaren Hauptanspruch. Der Anmelder kann eine Erteilung für die ursprüngliche Formulierung im Hauptantrag, hilfsweise mit einer eingeschränkten Anspruchsfassung gemäß dem Formulierungsvorschlag der Prüfstelle beantragen. Im Beschluß der Prüfstelle wird dann mit großer Wahrscheinlichkeit der Patentumfang des Hauptantrages verworfen und die Formulierung des Hilfsantrages erteilt.

Sind alle Bemühungen zur Beseitigung der nach § 45 PatG gerügten Mängel erfolglos geblieben, wird nach § 48 PatG die Anmeldung durch die Prüfstelle zurückgewiesen.

Gegen den Zurückweisungsbeschluß kann nach § 73 PatG innerhalb eines Monats eine gebührenpflichtige Beschwerde beim Patentamt eingelegt werden. Bei einer begründeten Beschwerde wird die vorherige Entscheidung revidiert und die Beschwerdegebühr zurückgezahlt. Wird der Beschwerde nicht abgeholfen, so ist sie dem Patentgericht vor Ablauf von 3 Monaten ohne sachliche Stellungnahme vorzulegen. Die Beschwerde hat nach § 75 PatG eine aufschiebende Wirkung, wenn sie sich nicht gegen einen Geheimhaltungsbeschluß der Prüfungsstelle richtet.

11.7.2   Die Patenterteilung

Dem Erteilungsbeschluß geht in der Regel ein Vorabbescheid mit bestimmten Auflagen (z.B. Komplettierung der Beschreibung, Abgleich der Bezugszahlen zwischen den Figuren und dem Beschreibungs- bzw. Anspruchsteil, etc.) voraus, der dem Anmelder von der Prüfstelle des Patentamtes zugeht. Nach der Erfüllung der Auflagen wird die Patenterteilung in Aussicht gestellt. Dem Anmelder wird mit diesem Vorabbescheid Gelegenheit für eine letzte Überprüfung seines Schutzbegehrens bzw. des von der Prüfungsstelle gegebenenfalls redaktionell bearbeiteten Patenttextes gegeben. Diesbezüglich sollten die nachgenannten Fragestellungen im Vordergrund stehen:

-   Machen neue Aspekte, Erfahrungen oder Versuchserkenntnisse eine Überarbeitung bzw. Abänderung des Anmeldetextes erforderlich?
-   Ist eine Ausscheidungsanmeldung oder die Weiterverfolgung in separaten Teilanmeldungen vorteilhaft?
-   Soll der Anmeldeumfang durch eine Zusatzanmeldung erweitert werden?
-   Haben sich die Besitzrechtsverhältnisse geändert, soll die Anmeldung noch vor der Erteilung auf einen anderen Namen umgeschrieben werden?
-   Soll der Erteilungsbeschluß befristet ausgesetzt werden?

Die Prüfstelle erteilt das Patent nach § 49 PatG, wenn die Anmeldeunterlagen allen bereits genannten Anforderungen entsprechen, die formalen Mängel gegebenenfalls beseitigt wurden, der Gegenstand der Erfindung patentfähig ist und der Schutzumfang in technischer sowie rechtlicher Hinsicht gewährbar ist.

Der Erteilungsbeschluß enthält genaue Angaben, welche Unterlagen und Voraussetzungen die Basis für die Patenterteilung bildeten. Gerechnet vom

Tag der Zustellung läuft nach § 57 PatG eine 2-Monats-Frist zur Zahlung der Erteilungsgebühr. Nach Ablauf dieser Frist gibt das Patentamt eine letzte Gelegenheit zur Entrichtung der Gebühr zuzüglich eines Aufschlages wegen Fristüberschreitung innerhalb eines weiteren Monats. Bei Nichtzahlung der Gebühr gilt das Patent als nicht erteilt und die Anmeldung als zurückgenommen. Während der genannten Fristen kann der Erteilungsbeschluß überprüft werden. Dabei ist von Interesse, ob die zur Erteilung vorgesehenen Anmeldeunterlagen richtig bezeichnet sind, die Angaben zu Titel, Anmelder, Erfinder sowie Anmeldedatum übereinstimmen und die vom Anmelder gestellten Anträge (z.B. Erteilungsaussetzung, Nichtnennung der Erfinder, etc.) von der Prüfstelle berücksichtigt wurden.

Nach der Bezahlung der Erteilungsgebühr und dem Ablauf einer eventuellen Aussetzungsfrist erfolgt nach § 59 PatG die Veröffentlichung der Patenterteilung im Patentblatt sowie der Druck der Patentschrift. Erst mit der Veröffentlichung der Patenterteilung im Patentblatt werden die gesetzlichen Wirkungen des Patentes in Kraft gesetzt, dazu zählt das Verbietungsrecht und der Schadenersatzanspruch wegen unbefugter Benutzung des Patents.

11.7.3   Geheimpatente

Für eine nach § 50 PatG als Staatsgeheimnis eingestufte Erfindung ordnet die Prüfstelle von Amts wegen eine Sperre für jegliche Veröffentlichung an. Bei Erteilung eines entsprechenden Patentes wird eine Eintragung in eine gesondert geführte Patentrolle für Geheimhaltungen vorgenommen. Ein Patentinhaber, der die Verwertung eines Geheimpatentes gezwungenermaßen unterläßt, hat einen Anspruch auf Entschädigung gegenüber der Bundesrepublik Deutschland, wenn ihm nicht zuzumuten ist, den entstandenen Verlust selbst zu tragen. Entschädigungsansprüche müssen bei der zuständigen Bundesbehörde geltend gemacht werden.

11.8   Die Abwehr von Patenten

Nach erfolgter Erteilung eines Patents gibt es lediglich zwei Alternativen, gegen die Wirksamkeit des Schutzrechtes vorzugehen. Diese Möglichkeiten bestehen in Form des fristgemäßen Einspruchs und in der sogenannten Klage auf Nichtigkeit des Patents.

11.8.1   Einspruch

Während eine Nichtigkeitsklage zwar nicht zeitkritisch, dafür aber teuer ist, verhält es sich beim Einspruch genau umgekehrt: Innerhalb einer vorgeschriebenen Einspruchsfrist (deutsches Patent: 3 Monate, europäisches Patent: 9 Monate), deren Laufzeit mit dem Veröffentlichungstag der Patentschrift beginnt, kann durch jedermann ein formgerechter Einspruch schriftlich eingelegt werden. Bei abgelaufener Einspruchsfrist ist eine Wiedereinsetzung in den vorherigen Stand nach § 123 PatG nicht statthaft.

Die einspruchsbegründenden Tatsachen sind innerhalb der Einspruchsfrist beim Patentamt vorzulegen. Nachträglich ermitteltes Einspruchsmaterial wird allerdings nicht zurückgewiesen, da das Patentamt von Amts wegen gehalten ist, das zur Kenntnis gebrachte neuheitsschädliche Material zu berücksichtigen. Der Öffentlichkeit wird durch diese Art und Weise eine eng befristete Gelegenheit gegeben, die Patenterteilung in Frage zu stellen und mit sachdienlichen Argumenten dagegen vorzugehen. Schon zwischen der Offenlegung und der Erteilung hat der von dieser Anmeldung tangierte Dritte die Möglichkeit, die Arbeit des Prüfers mit dem Sammeln von griffigem Entgegenhaltungsmaterial zu unterstützen.

Der Einspruch gegen ein Patent kann nur auf die in § 21 PatG ausgewiesenen Widerrufungsgründe gestützt werden. Ein Patent wird demgemäß widerrufen, wenn sich ergibt, daß

- der Gegenstand des Patentes nach den §§ 1 bis 5 nicht patentfähig ist,
- die Erfindung nicht so deutlich und vollständig offenbart ist, daß sie von einem Fachmann ausgeführt werden kann,
- eine widerrechtliche Entnahme vorliegt,
- eine unerlaubte Erweiterung der ersten Anmeldung vorgenommen wurde.

Über einen Einspruch entscheidet die sogenannte Patentabteilung im Patentamt, die aus drei technisch versierten und einem vierten juristisch beschlagenen Mitglied besteht, gemäß § 61 PatG nach Beschluß, ob und in welchem Umfang das entsprechende Patent aufrecht erhalten oder widerrufen wird. Betreffen die Widerrufungsgründe nur einen Teil des Patents, wird es mit einer entsprechenden Beschränkung sowohl hinsichtlich der Patentansprüche als auch bezüglich der Beschreibung und der Zeichnungen aufrecht erhalten. Bei beschränkter Aufrechterhaltung wird die Patentschrift in geänderter Form veröffentlicht und der Widerruf oder die beschränkte Aufrechterhaltung des Patents im Patentblatt bekanntgemacht.

Mit dem Widerruf gelten die Wirkungen des Patents und der Anmeldung dagegen als von Anfang an nicht eingetreten.

Wurde gegen ein Patent Einspruch erhoben, so kann jeder Dritte, der nachweist, daß gegen ihn Klage wegen Verletzung des Patents erhoben worden ist, auch nach Ablauf der Einspruchsfrist nach § 59 dem Einspruchsverfahren durch eine schriftliche Erklärung beitreten. Dies gilt jedoch nur innerhalb von 3 Monaten, nachdem die Verletzungsklage erhoben worden ist.

Ein Einspruchsverfahren wird gegebenenfalls auch ohne den Einsprechenden fortgesetzt, wenn dieser den Einspruch zurücknimmt.

Der Einspruch gegen ein deutsches Patent ist im Gegensatz zum europäischen Patent kostenfrei.

Die Patentabteilung kann in dem Beschluß über den Einspruch nach billigem Ermessen bestimmen, inwieweit einem Beteiligten die durch eine Anhörung oder eine Beweisaufnahme verursachten Kosten zur Last fallen. Die Bestimmung kann auch getroffen werden, wenn der Einspruch ganz oder teilweise zurückgezogen oder auf das Patent verzichtet wird. Zu den Kosten gehören außer den Auslagen des Patentamtes auch die bei den Beteiligten entstandenen Kosten, soweit sie zur zweckentsprechenden Wahrung der Ansprüche und Rechte nötig waren. Der Betrag wird auf Antrag durch das Patentamt festgesetzt.

Grundsätzlich sollte aus Kostengründen von einem rein prophylaktischen Vorbringen eines Einspruches Abstand genommen werden, wenn kein absolut stichhaltiges Entgegenhaltungsmaterial zur Verfügung steht.

11.8.2   Einspruchserwiderung und Beschwerde

Dem Patentanmelder wird vom Patentamt - nach Überprüfung der Zulässigkeitsvoraussetzungen für den Einspruch - die Einspruchsfassung zugestellt, woraufhin eine Erwiderung erfolgen sollte. Ein hoher Prozentsatz der Einsprüche zielt auf mangelnde Neuheit oder Erfindungshöhe ab. Als Einspruchsbegründung reicht eine Aufzählung eventuell als Entgegenhaltungsmaterial dienender Druckschriften *nicht* aus. Der Einsprechende hat nachvollziehbar darzulegen, welche Passagen der Druckschriften dem Patent aus welchen Gründen entgegenstehen.

Für den Fall, daß das Patent widerrufen oder lediglich eingeschränkt aufrecht erhalten wird, gibt es die Möglichkeit, gegen diesen Beschluß der Patentabteilung Beschwerde einzulegen.

Die Beschwerde ist fristgerecht (1 Monat) in schriftlicher Form vorzubrin-

gen und nach § 73 PatG gebührenpflichtig. Eine Entscheidung zur Beschwerde wird vom Bundespatentgericht getroffen. Eine mündliche Verhandlung
findet nach § 78 PatG dann statt, wenn einer der Beteiligten sie beantragt,
sie zwecks Beweiserhebung notwendig ist und wenn das Patentgericht sie
für sachdienlich erachtet. Über die Beschwerde wird nach § 79 PatG durch
Beschluß entschieden. Ist eine Beschwerde nicht statthaft, so wird sie als
unzulässig verworfen oder das Patentgericht kann die angefochtene Entscheidung aufheben, ohne in der Sache selbst zu entscheiden.
Dieser Fall kann auch eintreten, wenn das Patentamt noch nicht in der Sache selbst entschieden hat, wenn das Verfahren vor dem Patentamt an einem wesentlichen Mangel leidet oder wenn neue Tatsachen und Beweismittel bekannt werden, die für die Entscheidung wesentlich sind. Die Kostenentscheidung kann ebenfalls durch das Patentgericht getroffen werden. Diesbezüglich geht es um die Verteilung der Kosten unter den Verfahrens-
beteiligten, jedoch gegebenenfalls auch um eine Rückerstattung der
Beschwerdegebühr.

11.8.3   Die Nichtigkeitsklage

Die Nichtigkeitsklage ist die letzte Möglichkeit, ein erteiltes Patent nach
Ablauf der Einspruchsfrist zu Fall zu bringen.
Hinter einer Nichtigkeitsklage steht für den Kläger in aller Regel ein akuter
Handlungsbedarf zur Abwendung größerer wirtschaftlicher Nachteile, die
durch eine schutzrechtlich abgesicherte Monopolstellung des Beklagten ent-
standen ist. Aufgrund der mit einer Nichtigkeitsklage verbundenen hohen
Kosten ist dieser Verfahrensweg für den Kläger nur dann sinnvoll, wenn er
über wirklich fundiertes Entgegenhaltungsmaterial bezüglich des angegrif-
fenen Patents verfügt.
Ist sich der Beklagte seines Patents sicher, so sieht er einer Nichtigkeitsklage mit Ruhe entgegen und erhofft sich durch eine erfolgreiche Abwehr der
Klage eine Bestätigung seiner Rechtsposition.
Oftmals ist in diesem Zusammenhang für die streitbaren Parteien jedoch
ein frühzeitiger einigender Kompromiß allemal effektiver, als von einer Pro-
zeßlawine mit (in den meisten Fällen) unsicherem Ausgang überrollt zu
werden.
Das Verfahren zur Erklärung der Nichtigkeit oder Zurücknahme des Patents wird nach § 81 PatG durch Klage beim Patentgericht eingeleitet und
ist gegen den in der Patentrolle als Inhaber Eingetragenen zu richten.
Eine Nichtigkeitsklage kann nicht erhoben werden, solange noch eine Ein-
spruchsmöglichkeit besteht. Vor einer Klageerhebung ist der Patentinhaber
auf die mangelnde Rechtsbeständigkeit seines Patents vom Kläger hinzuweisen. Verzichtet der Patentinhaber nach angemessener Frist nicht auf sein

Patent (warum sollte er auch), so hat er dem Kläger durch sein Verhalten zur Erhebung der Klage Veranlassung gegeben.
Andernfalls könnten bei einem Schutzrechtsverzicht eventuell Verfahrenskosten auf den Kläger zukommen.
Der Antrag auf Nichtigkeitsklage muß den Kläger, den Beklagten und den Streitgegenstand bezeichnen. Die zur Begründung dienenden Tatsachen und Beweismittel sind im Detail anzugeben. Hat der Kläger seinen Sitz im Ausland, so muß er dem Beklagten, auf dessen Verlangen hin, Sicherheiten hinsichtlich der Verfahrenskosten nachweisen. Das Patentgericht setzt die Höhe der Sicherheiten nach Ermessen fest und bestimmt eine Frist, in der die Vorleistungen zu erbringen sind. Bei Fristversäumung gilt die Klage als zurückgenommen.
Das Patentgericht stellt dem Beklagten die Nichtigkeitsklage zu und fordert ihn auf, sich innerhalb eines Monats zur Sache zu erklären. Folgt diese Erklärung nicht rechtzeitig, kann ohne mündliche Verhandlung sofort nach Klage entschieden werden, wobei jede vom Kläger behauptete Tatsache als erwiesen angenommen wird. Widerspricht der Patentinhaber hingegen gemäß § 83 PatG rechtzeitig, so reicht das Patentgericht den Widerspruch unverzüglich an den Kläger weiter.
Das Patentgericht entscheidet aufgrund mündlicher Verhandlung oder bei Zustimmung beider Parteien auch ohne mündliche Verhandlung. Über die Nichtigkeitsklage wird durch ein Urteil entschieden. Die Zulässigkeit der Klage kann unmittelbar mit Beginn des Verfahrens durch ein Zwischenurteil geklärt werden.
Über die Kosten des Verfahrens wird nach § 84 ebenfalls mit dem Urteil des Patentgerichts entschieden. Die Vorschriften der Zivilprozeßordnung bezüglich der Prozeßkosten sind entsprechend anzuwenden, sodaß grundsätzlich die unterliegende Partei die Kosten zu tragen hat, soweit nicht die Billigkeit eine andere Entscheidung erfodert. Aus Kostengründen ist - soweit sinnvoll und möglich - eine relativ späte Nichtigkeitsklage anzustreben, da es bei der Streitwertberechnung auf die noch verbleibende Restlaufzeit des Patents ankommt.
Gegen das Urteil des Nichtigkeitsverfahrens kann vor dem Bundesgerichtshof Berufung eingelegt werden. In der Berufungsinstanz vor dem Bundesgerichtshof werden zur Klärung der Sachlage häufig sowohl vom Gericht als auch von beiden Parteien entsprechende Gutachten von anerkannten Sachverständigen eingeholt, wodurch das Verfahren weder durchsichtiger noch kostengünstiger wird. Für die unterliegende Partei entstehen dadurch erhebliche Kosten (Gebühren für den eigenen Rechtsanwalt und den Anwalt der Gegenpartei, bezogen auf den Streitwert, Gebühr für das Berufungsvorschaltverfahren, Gebühr für das Urteil und für sonstige gerichtliche Leistungen, Kosten für die Leistungen des Sachverständigen und die bis dahin aufgelaufenen Schadenersatzansprüche, etc.). Die Einzelheiten und Fein-

heiten zur Thematik der Berufungsverfahren (z.B. Kosten, Berufungsschrift, Verwerfung der Berufung, Vorlegung von Akten, Beweiserhebung, mündliche Verhandlung, Beweismittel, Beweisfiktion, Urteilsverkündung und Vertretung, etc.) sind in den §§ 110 bis 121 PatG fixiert.

12 Besonderheiten, Kosten, Hinweise

12.1 Besonderheiten der Patentverfahren im Ausland

Der stetig weiter zusammenwachsende europäische und internationale Markt erfordert zur Wahrung der Exportchancen eine erhebliche territoriale Ausweitung der Schutzrechtswirkungen und -aktivitäten.

Dabei wird nicht nur um Patentschutz in den wesentlichsten Exportländern nachgesucht, sondern auch eine stärkere Patentposition in den Produktionsländern des potentiellen Wettbewerbs angestrebt. Die Statistik zeigt, daß zur Zeit etwa jede dritte in der Bundesrepublik Deutschland angemeldete Erfindung auch im Ausland zum Patent angemeldet wird, wobei die meisten Auslandsanmeldungen in den USA eingereicht werden. Auch eine schutzrechtliche Produktabsicherung in Japan gewinnt zunehmend an Bedeutung.

Führt man die Patentfreundlichkeit eines Landes auf die Höhe der Jahresgebühren und auf die Anzahl der in der Landessprache abgefaßten Patentliteratur zurück, so liegt Japan mit beträchtlichem Abstand an der Spitze. Bei den Jahresgebühren rangieren Japan, die USA und Großbritannien am unteren Ende und die Bundesrepublik Deutschland deutlich am oberen Ende der Skala der Gebührenforderungen. In der Rangfolge der sprachlichen Ausführungen ist Japanisch und Englisch vor Deutsch mit einem beachtlichen Verhältnis von 3:2:1 positioniert.

Grundsätzlich ist festzuhalten, daß Erfindungen in jedem Land, in dem sie geschützt sein sollen, patentiert sein müssen (Territorialprinzip).

Wie weiter vorn bereits ausgeführt, können deutsche Patentanmeldungen innerhalb der Prioritätsfrist auch im Ausland (vgl. internationale Patentübereinkünfte) angemeldet werden. Es ist dabei zu empfehlen, bereits vor der Auslandsanmeldung die Patentierbarkeit mit einer Recherche zu untermauern und die nach der deutschen Anmeldung gewonnenen technischen Erkenntnisse für die Auslandsanmeldung zu berücksichtigen. In jedem Fall sind jedoch die von Land zu Land unterschiedlichen Anforderungen an die Erfindungshöhe und die formalen Bedingungen zu beachten. Wie im Abschnitt 10.1.3 bereits dargestellt wurde, gibt es drei prinzipielle Möglichkeiten, Auslandsanmeldungen in Form von NA (nationale Anmeldung; Einzelanmeldungen im jeweiligen Ausland), EPA (europäische Anmeldung; zentrales Erteilungsverfahren im Europäischen Patentamt) und PCT (internationale Anmeldung; zentrales Anmeldeverfahren im Deutschen oder Europäischen Patentamt) durchzuführen.

Bei der Ausdehnung des Patentschutzes auf das Ausland muß beachtet werden, daß es einige erhebliche nationale Unterschiede bei der Patenterteilung gibt: So wird beispielsweise überwiegend keine Prüfung auf Patentfähigkeit vorgenommen. Die Prüfung auf Rechtsbeständigkeit erfolgt erst bei Geltendmachung des Schutzrechtes. Nur sehr wenige Länder prüfen alle Patente selbst, sie stützen sich in der Regel auf vorangegangene Prüfungen. Die Patentprüfung erfolgt explizit nur nach einem Prüfungsantrag (Beispiel: beim Europäischen Patentamt muß spätestens nach 2 Jahren, in Deutschland erst nach 7 Jahren ein Prüfungsantrag gestellt werden). Dagegen ist die Durchführung der Prüfungsverfahren in den meisten Ländern weitgehend vereinheitlicht. Einige Länder , sogenannte "slow publishing countries", veröffentlichen keine Anmeldungen, sondern ausschließlich erteilte Patente (z.B. USA, GUS). In den meisten Ländern, den sogenannten "fast publishing countries", wird die Anmeldung allerdings innerhalb der ersten 18 Monate realisiert.

Während in Japan und den skandinavischen Staaten für ungeprüfte und geprüfte Anmeldungen sowie erteilte Patente die Möglichkeit besteht, einen Einspruch einzulegen, gibt es in den USA (außerdem GUS und ehemalige RGW-Staaten) keine Möglichkeit des Einspruchs während des Erteilungsverfahrens.

Eine wesentliche Grundlage für die nachfolgend näher zu behandelnden internationalen Patentübereinkommen spielt das Pariser Abkommen zum Schutz von industriellem Eigentum von 1883. Dabei regelt die Uno-Organisation "World Intellectual Property Organization" (WIPO), Genf, mit 100 Mitgliedsstaaten die Minimalanforderungen an den gewerblichen Rechtsschutz. Deutschland ist seit 1903 als Mitgliedsstaat eingetragen.

Zur Vereinfachung der Anmelde- bzw. Erteilungsprozedur haben die wichtigsten Technologiestaaten (Unionsländer) verschiedene Übereinkommen zur Erteilung von Patenten unterzeichnet:

a) Der Zusammenarbeitsvertrag PCT (Patent Coorperation Treaty) beinhaltet die internationale Zusammenarbeit auf dem Gebiet des Patentwesens.

b) Das europäische Patentübereinkommen EPÜ (Münchner Abkommen) ist ein Übereinkommen über die Erteilung europäischer Patente.

c) Das Gemeinschaftspatentübereinkommen GPÜ (Luxemburger Abkommen) behandelt ein Übereinkommen über das europäische Patent für den gemeinsamen Markt und ist als Sonderabkommen zum EPÜ zu betrachten.

Grundsatz der internationalen Übereinkommen ist der der sogenannten Inländerbehandlung. Dabei erhält jeder Angehörige eines Vertragslandes in allen anderen Ländern die gleichen Rechte wie die eigenen Staatsangehörigen.

Von besonderer Bedeutung ist hierbei auch die Unionspriorität: Jeder, der in einem der Mitgliedsländer eine Anmeldung vorgenommen hat, kann für die gleiche Erfindung innerhalb von 12 Monaten in einem anderen Land die Priorität der ersten Hinterlegung beanspruchen. Zwischenzeitliche Veröffentlichungen wirken sich hierbei nicht als neuheitsschädlich aus (vgl. auch Abschnitt 9.5).

12.1.1 Die nationale Patentanmeldung (NA)

Nach erfolgter Erst- oder Voranmeldung in der Bundesrepublik Deutschland reicht der Anmelder die Erfindung meist über einen Vertreter bei den nationalen Patentämtern der patentstrategisch wichtigen Staaten ein. Jedes nationale Patentamt führt selbständig die Prüfung und Erteilung des jeweiligen Patentes durch. Als Folge davon werden mehrere getrennt durchzuführende Patentverfahren erforderlich, wodurch unterschiedliche Anspruchsversionen entstehen. Jede Anmeldung verursacht natürlich auch Kosten in

Land	Prüfung	Laufzeit (Jahre)	Prioritätsnachweis
Belgien	keine Neuheit; nur formell; "Registrierung"	20 ab Anmeldetag	keine
Brasilien	Neuheit auf Antrag	15 ab Anmeldetag	6 Monate seit Anmeldetag
Frankreich	keine Neuheit; bei Entgegenhaltungen Anspruchsänderung	20 ab Anmeldetag	16 Monate seit Prioritätstag
Großbritannien	Neuheit und Erfindungshöhe auf Antrag	20 ab Anmeldetag	16 Monate seit Prioritätstag
Italien	keine Neuheit; nur formell; "Registrierung"	20 ab Anmeldetag	6 Monate seit Anmeldetag
Japan	Neuheit und Nichtnaheliegen auf Antrag	15 ab Bekanntmachung < 20 ab Anmeldetag	3 Monate seit Anmeldetag
Niederlande	Neuheit und Erfindungshöhe auf Antrag; Prüfung besteht aus Recherche und Erteilung	20 ab Anmeldetag	16 Monate seit Prioritätstag
Österreich	Neuheit und Erfindungshöhe	18 ab Bekanntmachung < 20 ab Anmeldetag	Nachweis auf Anforderung
Schweden	Neuheit und Erfindungshöhe	20 ab Anmeldetag	16 Monate seit Prioritätstag
Schweiz	keine Neuheit; Ausnahme z.B. Zeitmeßtechnik	20 ab Anmeldetag	16 Monate seit Prioritätstag
Spanien	keine Neuheit; nur formell; "Registrierung"; Nutzungszwang	20 ab Beurkundung	3 Monate seit Anmeldetag
GUS	bisher Neuheit	15 ab Anmeldetag	3 Monate seit Anmeldetag
USA	Neuheit und Nichtnaheliegen	alt: 17 ab Erteilung neu: 20 ab Anmeldetag	vor Zahlung der Schlußgeb.
VR China	Neuheit und Erfindungshöhe	15 ab Anmeldetag	3 Monate seit Anmeldetag

Abbildung 12.1: *Besonderheiten verschiedener nationaler Patente*

Form von separaten Anmelde-, Prüf-, Erteilungs-, Anwalts- und Jahresgebühren. Der Vorteil für dieses Anmeldeverfahren liegt hauptsächlich in
den höheren Erteilungschancen, da in den verschiedenen Ländern unterschiedlich strenge Patentierungsanforderungen gestellt werden.
In Abbildung 12.1 sind einige Besonderheiten der nationalen Patentrechte
hinsichtlich Patentprüfung und Laufzeit für die wichtigsten Industriestaaten
aufgeführt. Diese Staaten gewähren aufgrund der Pariser Verbandsübereinkunft eine Priorität der Erstanmeldung bei fristgerechter Nachanmeldung.
Diese sogenannte Unionspriorität wird bereits bei der Einreichung der Nachmeldung beansprucht. Eine genaue Übereinstimmung von Erstanmeldung
und Nachanmeldung ist hierbei nicht zwingend erforderlich. Für einen eventuellen erfinderischen Überschuß kann allerdings nicht die Priorität der Erstanmeldung beansprucht werden.

12.1.2   Die internationale Anmeldung (PCT)

Eine PCT-Anmeldung bildet die vorteilhafte Möglichkeit, mit einer einzigen Anmeldung ein schnelles Schutzrecht in mehreren verschiedenen Ländern gleichzeitig zu plazieren. Sie wird bei dem nationalen Patentamt eingereicht, welches für den Anmelder unmittelbar zuständig ist (z.B. das Deutsche Patentamt bei deutschem Anmelder), kann aber auch beim Europäischen Patentamt erfolgen. Die internationale Anmeldung bewirkt eine dra-
stische Vereinfachung des Anmeldeverfahrens und stellt den niedrigsten
Grad einer Zentralisierung des Erteilungsverfahrens dar. Zwischen den
Patentanmelder und die einzelnen nationalen Patentämter sind internationale Behörden geschaltet, die zum einen die Recherchen durchführen und zum
anderen unter bestimmten Voraussetzungen (PCT-Vertrag, Artikel 64) auch
eine vorläufige Prüfung übernehmen. In diesen Fällen wird der erstellte
Recherche- und gegebenenfalls der Prüfungsbericht einschließlich aller
weiteren erarbeiteten Unterlagen an die einzelnen Patentämter der vom
Anmelder vorgegebenen Länder weitergereicht. Das Erteilungsverfahren
wird dort bis zur endgültigen Patententscheidung weiter betrieben, ohne daß
die nationalen Patentämter an die Ergebnisse der bis dato erfolgten Recherchen und Berichte gebunden sind.
Leider führt das PCT-Verfahren wie bei der nationalen Anmeldung zu voneinander abgetrennten Erteilungsverfahren und damit zu unterschiedlichen
Patenten. Ein weiterer Nachteil besteht darin, daß letztendlich in jedem benannten Land 20 Monate nach dem Prioritätsdatum ein zugelassener Patentvertreter tätig werden muß.
Die Bestellung eines Patentanwaltes ist in der internationalen Phase nicht
vorgeschrieben, wird aber dringend empfohlen.

12.1.3 Die europäische Patentanmeldung (EPA)

Eine deutliche Vereinfachung des Patentabwicklungsverfahrens wurde durch das Europäische Patentübereinkommen (EPÜ) erreicht.

Eine europäische Patentanmeldung durchläuft im Europäischen Patentamt ein zentrales Anmelde- und Erteilungsverfahren, gegebenenfalls auch nur ein zentrales Einspruchs- und Beschwerdeverfahren. Sobald der Erteilungsbeschluß rechtskräftig ist, wird das europäische Patent in den nationalen Bereich der Vertragsstaaten überführt. Das vom Europäischen Patentamt erteilte und veröffentlichte Patent wirkt jedoch nicht übernational einheitlich in allen beantragten Ländern. Es wirkt vielmehr in jedem dieser Staaten wie ein nationales Patent. Bei Beanspruchung einer Priorität sind Zeit und Land der Voranmeldung im Gegensatz zu einer deutschen Patentanmeldung bereits bei Einreichung der europäischen Anmeldung anzugeben. Ebenso sind die ausgewählten Staaten bereits im Anmeldeantrag zu benennen. Wird dabei auch der Staat, in dem die prioritätsbegründende Voranmeldung erfolgte, angegeben, läßt sich auf diese Weise eine einjährige Verlängerung der Schutzfrist erreichen. Im Gegensatz zu den nationalen Anmeldungen gibt es beim europäischen Patentverfahren nur ein Erteilungsverfahren und damit auch nur eine Patentschrift. In logischer Konsequenz sind dann auch keine von Land zu Land unterschiedlichen Anspruchsfassungen möglich. Wird das europäische Patent in ein Einspruchsverfahren verwickelt und zurückgewiesen oder widerrufen, so gilt diese Außerkraftsetzung natürlich auch für alle anderen Vertragsstaaten. Bei nationalen und PCT-Anmeldungen verbleiben hingegen in solch einem Fall zumindest die Patente in den Staaten gültig und rechtswirksam, in denen keine strengen Prüfmaßstäbe angesetzt werden.

Vor dem Erlaß des Erteilungsbeschlusses wird der Anmelder aufgefordert, innerhalb von 3 Monaten eine Erteilungs- und Druckkostengebühr zu entrichten.

Des weiteren ist die Übersetzung der Patentansprüche in die Verfahrenssprachen (Deutsch, Englisch und Französisch) gefordert. Sobald feststeht, daß ein europäisches Patent für einen Vertragsstaat erteilt werden soll, dessen Amtssprache nicht mit der Sprache des Patents übereinstimmt, wird eine Übersetzung der gesamten Patentschrift in diese Sprache erforderlich. Diese Übersetzungskosten verteuern ein europäisches Patent nicht zuletzt deswegen zusätzlich, weil entsprechend komplizierte technische und juristische Formulierungen in der Regel nur von hochqualifizierten Übersetzern mit entsprechenden technischen und sprachlichen Kenntnissen richtig interpretiert werden können. In diesem Zusammenhang ergibt sich ein weiteres Problem: Es kann von einem Übersetzer nicht unbedingt erwartet werden, daß der technische und juristische Inhalt von Patentansprüchen so übertragen wird, daß sie nach erfolgter Übersetzung nicht mehr überarbeitet

werden müssen. Letztendlich stellen ja die Ansprüche den rechtlich ver-
bindlichen Text des Patentes dar. Grundsätzlich ist es daher ratsam, die über-
setzten Patentansprüche zusätzlich von einem kompetenten Patentanwalt
überprüfen zu lassen.
Eine sehr wichtige Frage bei der Wahl des europäischen Patentverfahrens
ergibt sich hinsichtlich der sogenannten Voranmeldungen. Einerseits verursachen Voranmeldungen zwar weitere Kosten, andererseits bieten sie auch
eine Reihe von Vorteilen:

- Die Priorität ermöglicht eine Verschiebung der Entscheidung, ob und
  in welchem weiteren Land Anmeldungen getätigt werden sollen.
- Vor Ablauf der Prioritätsfrist steht bei rechtzeitiger Veranlassung ein
  Recherche- oder Prüfungsbericht zur Verfügung, der eine realistische
  Einschätzung der Erteilungschancen zuläßt.
- Die maximale Patentlaufzeit wird aufgrund der Nachanmeldung um
  ein Jahr verlängert.
- In die Nachanmeldung können und müssen die zwischenzeitlich ge-
  wonnenen Erkenntnisse und Weiterentwicklungen vor Ablauf der
  Prioritätsfrist eingeflochten werden, da das EPÜ eine Zusatzan-
  meldung nicht erlaubt.

Das Gemeinschaftspatentübereinkommen (GPÜ) ist als Sonderabkommen
zum EPÜ einzustufen. Ein wesentlicher Unterschied besteht darin, daß es
zugleich für alle EG-Staaten gelten soll.
Eine Aufsplittung des Patents auf bestimmte EG-Mitgliedsstaaten ist nicht
vorgesehen. Es wird nur einmal für alle EG-Staaten angemeldet, erteilt bzw.
zurückgewiesen. Das Gemeinschaftspatentübereinkommen wird allgemein
als bedeutende Etappe auf dem Weg zum Vereinten Europa gewertet.
Momentan sind 19 Länder Mitgliedsstaaten des EPÜ. Durchschnittlich wird
über das EPÜ in neun Ländern um Schutz nachgesucht.

Wie ist nun aber der konkrete Weg zum europäischen Patent? -
Die Einreichung erfolgt entweder beim Europäischen Patentamt (München,
Den Haag, Berlin; Adressen im Anhang) direkt oder bei einem der nationa-
len Ämter der Vertragsstaaten.
Es erfolgt zunächst eine Eingangs- und Formalprüfung.
Daran anschließend führt das Europäische Patentamt eine umfassende Recherche zur Bestimmung des einschlägigen Standes der Technik durch.
Die Anmeldung muß spätestens 18 Monate nach dem Tag der Einreichung
(Prioritätstag) veröffentlicht werden. Vom Tag der Veröffentlichung an gewährt die europäische Patentanmeldung in allen benannten Vertragsstaaten
einen einstweiligen Schutz vor einer Benutzung der Erfindung durch Dritte,
wenn eine Übersetzung der Patentansprüche beim nationalen Patentamt eingereicht wird.

Der Recherchebericht wird entweder zusammen mit der Anmeldung oder kurze Zeit später veröffentlicht.

Nach der Veröffentlichung des Rechercheberichtes hat der Anmelder nunmehr 6 Monate Zeit, um zu entscheiden, ob er das Verfahren mit einem Prüfungsantrag (Antrag auf Sachprüfung) fortsetzen oder beenden möchte. Die Prüfung der Anmeldung wird anhand des Rechercheberichtes durchgeführt. Es gelten auch hier als maßgebende Kriterien: Neuheit, erfinderische Tätigkeit, gewerbliche Anwendbarkeit.

Im Ergebnis dieser Sachprüfung kommt es entweder zur Zurückweisung der Anmeldung oder zur Patenterteilung und der damit verbundenen Veröffentlichung der Patentschrift. Mit der Erteilung "zerfällt" das europäische Patent in eine Anzahl nationaler Patente. In den meisten Vertragsstaaten ist die Einreichung einer Übersetzung der Patentschrift beim nationalen Patentamt - ggf. unter Zahlung von Gebühren - Voraussetzung dafür, daß das Patent seine Wirkung entfaltet und gegen Patentverletzungen eingesetzt werden kann. Maßgeblich ist das jeweilige nationale Recht.

Während einer Frist von 9 Monaten nach der Erteilung können Dritte das Patent angreifen, wenn sie der Meinung sind, daß es zu Unrecht erteilt worden ist.

Eine Erfindung, die nach nationaler Prioritätsanmeldung über das Europäische Patentamt erneut in das Land der Erstanmeldung kommt, ist bis zu 21 Jahre geschützt.

Das europäische Patent kostet - hauptsächlich aufgrund der notwendigen Übersetzungen - im Durchschnitt ca. 50.000.-- DM. Kostenvorteile ergeben sich in diesem Zusammenhang erst, wenn in mehr als drei Ländern angemeldet werden soll.

Sämtliche erforderlichen Anmeldeunterlagen mit entsprechenden Erläuterungen sind einerseits über das Europäische Patentamt direkt beziehbar (Adresse im Anhang), andererseits stehen sie auch zum "downloaden" über die Homepage des EPA zur Verfügung (vgl. auch Abschnitt 6.6).

12.2   Weitere Schutzarten

Das Patent ist zweifellos die wichtigste Säule im gewerblichen Rechtsschutz. Allerdings gibt es im Zusammenhang mit technischen Erfindungen weitere Schutzrechtsformen, die hinsichtlich der Produktabsicherung wirkungsvoll eingesetzt werden können.

12.2.1   Das Gebrauchsmuster

Das Gebrauchsmuster wird gelegentlich als "kleines Patent" bezeichnet. Es wird nach § 1 GbmG für Erfindungen gewährt, die neu und gewerblich anwendbar sind und auf einer erfinderischen Leistung beruhen. Eine Anwendung des Gebrauchsmusterschutzes erfolgt im wesentlichen für Arbeitsgeräte und Gebrauchsgegenstände oder Teile davon, sofern sie dem Arbeits- oder Gebrauchszweck durch eine neue Gestalt, Anordnung oder Vorrichtung dienen. Die schützende Lehre für rein technische Gerätschaften befaßt sich demgemäß nur mit einer neuen Gestaltung, Anordnung, Schaltung oder Vorrichtung, jedoch nicht mit einer Verfahrens- oder Anwendungserfindung. Folglich kann (mit Ausnahme von Schaltungen) nur die in einer Raumform realisierte Erfindung mit entsprechenden räumlich-körperlichen Merkmalen durch das Gebrauchsmuster geschützt werden. Eine Erweiterung der im Rahmen eines Gebrauchsmusters schützbaren Technik ist in der Verbesserung einer Gerätschaft durch Verwendung anderer Werkstoffe zu sehen.
Die Anforderungen an ein Gebrauchsmuster hinsichtlich Neuheitsgrad und gewerblicher Anwendbarkeit entsprechen im wesentlichen denen des Patents.
Mit dem Gebrauchsmuster werden im Gegensatz zum Patent vorwiegend technische Neuerungen mit geringer Erfindungshöhe angemeldet. Insbesondere wirtschaftliche Überlegungen spielen bei einer Gebrauchsmusteranmeldung eine Rolle, wenn für den zu schützenden Gegenstand von vornherein eine Produktlaufzeit von weniger als 10 Jahren prognostiziert wird. Eine Gebrauchsmusteranmeldung steht einer späteren Patentanmeldung desselben technischen Gegenstandes nicht neuheitsschädigend im Wege, wenn diese noch innerhalb des Prioritätsjahres nach Einreichung der Gebrauchsmusteranmeldung getätigt wird.
Für ein Gebrauchsmuster ist jedoch sowohl eine offenkundige inländische Vorbenutzung wie auch die Bekanntmachung in einer öffentlichen Druckschrift absolut neuheitsschädlich. Das Patentamt ermittelt nach § 7 GbmG - völlig analog zum Patentverfahren - auf Antrag die öffentlichen Druckschriften, die zur Beurteilung der Schutzfähigkeit des Gegenstandes der Gebrauchs-musteranmeldung in Betracht zu ziehen sind. Dieser Antrag kann

natürlich auch von Dritten gestellt werden. Entspricht die Gebrauchsmuster-anmeldung den formalen Anforderungen (§ 4 GbmG) und ist die Anmelde-gebühr entrichtet, so verfügt das Patentamt einerseits die Eintragung in der Rolle für Gebrauchsmuster und andererseits ihre Veröffentlichung als Druck-schrift.

Eine Prüfung des Anmeldegegenstandes auf Neuheit, erfinderischen Schritt sowie gewerbliche Anwendbarkeit findet in diesem Stadium nicht statt.

Analog zur Patentrolle steht auch die Einsicht in die Gebrauchsmusterrolle jedermann frei. Eine zusätzliche Akteneinsicht wird gewährt, sofern ein be-rechtigtes Interesse geltend gemacht werden kann.

Die Eintragung eines Gebrauchsmusters hat hinsichtlich Benutzung, Gel-tungsbereich und Schutzbereich im wesentlichen die Wirkung eines Patents. Der Anspruch auf Löschung des Gebrauchsmusters kann beim Patentamt schriftlich unter Angabe von Gründen gestellt werden (§ 16 GbmG): Wenn der Gegenstand nach den §§ 1 bis 3 nicht schutzfähig ist, bereits in einer früheren Patent- oder Gebrauchsmusteranmeldung geschützt wurde oder der Gegenstand des Gebrauchsmusters über den Inhalt der Anmeldung in der Fassung hinausgeht, in der sie ursprünglich eingereicht worden ist. Betref-fen die Löschungsgründe nur einen Teil des Gebrauchsmusters, so erfolgt die Löschung nur in diesem jeweils begrenzten Umfang. Die Beschränkung kann analog zum Patent in Form einer Änderung der Schutzansprüche vor-genommen werden. Das Patentamt teilt dem Inhaber des Gebrauchsmusters den Löschungsantrag mit und fordert ihn auf, sich innerhalb eines Monates zur Sache zu erklären (§17 GbmG). Widerspricht er nicht rechtzeitig, er-folgt die Löschung ohne weiteres Zutun. Andernfalls übermittelt das Pa-tentamt den Widerspruch des Gebrauchsmusterinhabers an den Antragstel-ler und trifft die zur Aufklärung erforderlichen Verfügungen. Die Beweis-verhandlung wird von einem beeidigten Protokollführer aufgenommen. Über den Antrag wird dann in mündlicher Verhandlung beschlossen. Der Be-schluß wird entsprechend umfassend begründet und den Beteiligten schrift-lich zugestellt.

Das Patentamt legt fest, zu welchem Anteil die Kosten des Verfahrens den Beteiligten zur Last fallen. Gegen die Beschlüsse der Gebrauchsmusterstelle bzw. der -abteilung kann - wiederum analog zum Patentverfahren - Be-schwerde vor dem Patentgericht und in weiteren Instanzen bis zum Bundes-gerichtshof eingelegt werden.

Die Schutzdauer bei Gebrauchsmustern erstreckt sich über vier Zeiträume. Die erste Phase des Gebrauchsmusterschutzes beginnt mit der Anmeldung und dauert 3 Jahre (§ 23 GbmG). Danach wird die Schutzdauer durch Zah-lung einer Gebühr zunächst wieder um 3 Jahre, sodann bei Bedarf um je-weils weitere 2 Jahre bis auf maximal 10 Jahre verlängert.

Die Bedeutung des Gebrauchsmusterschutzes spiegelt sich unmittelbar in den Maßnahmen, die gegen eine unrechtmäßige Benutzung eines Gebrauchs-

musters gerichtet sind, wider. Wer entgegen den Vorschriften der §§ 11 bis
14 GbmG ein Gebrauchsmuster unberechtigt benutzt, kann nach § 24 GbmG
vom Geschädigten auf Unterlassung in Anspruch genommen werden. In
diesem Zusammenhang wird derjenige, der Verletzungshandlungen vorsätzlich oder fahrlässig vornimmt, zum Ersatz des entstandenen Schadens verpflichtet.

Der Gebrauchsmusterinhaber kann darüber hinaus verlangen, daß ein Erzeugnis, das auf einer Anwendung des Schutzrechtes basiert, gegebenenfalls vernichtet wird. Bei einer Benutzung des Gebrauchsmusters ohne Zustimmung des Inhabers kann im Rahmen einer einstweiligen Verfügung die
Aufforderung ergehen, unverzügliche Auskunft über die Herkunft und den
Vertriebsweg des benutzten Erzeugnisses zu geben. Dem Gebrauchsmuster-
verletzer wird neben einer Geldstrafe (§ 25 GbmG) sogar eine Freiheitsstrafe bis zu 3 Jahren - bei gewerbsmäßiger Zuwiderhandlung bis zu 5 Jahren -
angedroht, wenn er ein gebrauchsmustergeschütztes Erzeugnis herstellt,
anbietet, in Verkehr bringt, gebraucht, hierzu einführt oder besitzt.

12.2.2   Gebrauchsmusteranmeldung und Kombination mit einer Patentanmeldung

Der Gegenstand einer Gebrauchsmusteranmeldung ist eine Erfindung, womit sich die erforderlichen Anmeldeunterlagen nur in wenigen Punkten von
denen einer Patentanmeldung unterscheiden. Da die Neuheitsprüfung bei
Gebrauchsmusteranmeldungen prinzipiell entfällt, kann in logischer Konsequenz auch die Beschreibung zum Stand der Technik und zum technischen Fortschritt relativ kurz gehalten werden. Hinsichtlich der bei der obligatorischen formalen patentamtlichen Prüfung geforderten Schutzvoraussetzungen (technische Erfindung, bestimmte gegenständliche Raumform etc.)
werden diese Punkte in der Anspruchsformulierung besonders herausgearbeitet. Formulierungen bezüglich Verfahren und Wirkungsangaben sind
dabei wenig geeignet. Der explizit geforderte gegenständliche, gestalterische Charakter der Erfindung ist zwingend mit einer Zeichnung zu belegen.
In diesem Zusammenhang soll auf die Anmeldebestimmungen und das Merkblatt für Gebrauchsmusteranmeldungen hingewiesen werden.

Das Patentgesetz schließt eine gleichzeitige Gebrauchsmuster- und Patentanmeldung nicht aus. Eine solche Kombinationsanmeldung von zwei gleichzeitig wirkenden Schutzrechten kann unter bestimmten Konstellationen sinnvoll und im schutzrechtlichen Sinne effizient sein, denn es wird ein schneller und überlappender Produktschutz erreicht.

Der volle Patentschutz wird erst mit dem Erteilungsbeschluß umfassend
rechtskräftig, demgegenüber wird der Gebrauchsmusterschutz, soweit er die
einschlägigen Anforderungen erfüllt, kurzfristig in die Gebrauchsmuster-

rolle eingetragen und somit auch rechtswirksam. Die entstehenden gering-
fügigen Mehrkosten werden einerseits durch die bessere Schutzwirkung und
andererseits durch die Möglichkeit, mittels eines hinausgezögerten Patent-
prüfungsantrages auf eventuelle Angriffe, die sich gegen das Gebrauchs-
mustersrichten, reagieren zu können, mehr als ausgeglichen.

Hat sich der Gebrauchsmusterschutz als durchaus ausreichend erwiesen, und
wird die Laufzeit für das Produkt mit weniger als 10 Jahren angesetzt, so
kann eventuell eine vollständige Zurücknahme der Patentanmeldung nach §
57 PatG in Erwägung gezogen werden. Unter Umständen ist es bei länger
laufenden Produkten aus Kostengründen sinnvoll, ab dem 4. Jahr nur noch
den Patentschutz aufrecht zu erhalten.

Es hat sich in der Praxis gezeigt, daß sich ein Gebrauchsmuster aus Grün-
den der geringen erforderlichen Erfindungshöhe in einem eventuellen
Löschungsverfahren besser behauptet als beispielsweise ein Patent im
Nichtigkeitsverfahren.

Eine weitere Möglichkeit des Zusammenwirkens von Patent und Gebrauchsmuster besteht darin, von einer Patentanmeldung ein Gebrauchsmuster ab-
zuzweigen. Dabei kann die Priorität der Patentanmeldung auch für das Gebrauchsmuster geltend gemacht werden, wobei für den Zeitraum bis zu 2
Monate nach Patenterteilung bzw. -zurückweisung anzusetzen ist. Die maximale Frist für eine Abzweigung läuft allerdings 8 Jahre nach dem Patent-
anmeldetag aus. Als grundsätzliche und formale Bedingung für einen Ab-
zweigevorgang gilt, daß die Patent- und Gebrauchsmusteranmeldung wörtlich, in den Darstellungen und auch bezüglich der Namen der Anmelder
übereinstimmen. Eine Abzweigung ermöglicht vorteilhafterweise außerdem,
bei einer wegen mangelnder Erfindungshöhe verweigerten Patenterteilung
eine Gebrauchsmusteranmeldung nachzuschieben und diese - soweit die
entsprechenden formalen Anforderungen erfüllt sind - in die Gebrauchsmusterrolle eintragen zu lassen.

12.2.3   Gegenüberstellung von Patent und Gebrauchsmuster

Jährlich werden beim Deutschen Patentamt ca. 40.000 Patentanmeldungen,
aber nur ca. 15.000 Gebrauchsmusteranmeldungen getätigt.

Die wesentlichen Unterschiede zwischen Patent und Gebrauchsmuster liegen im Umfang des schützbaren technischen Bereiches, in der geforderten
erfinderischen Tätigkeit, im Ablauf des Prüfverfahrens, den Laufzeiten und
den anfallenden Gebühren.

In Abbildung 12.2 ist eine erläuternde Gegenüberstellung von deutschem
Patent und Gebrauchsmuster angegeben.

Die statistisch ermittelten durchschnittlichen Kosten für ein deutsches Patent über seine Laufzeit betragen ca. 10.000,-- DM.

Kriterien	Deutsches Patent	Deutsches Gebrauchsmuster
Schutzumfang	Technische Erfindungen in sehr weitem Umfang; technische Vorrichtungen und Verfahren für bspw. Maschinen, Geräte, Nahrungs-, Genuß- und Arzneimittel sowie chemische Stoffe und Mikroorganismen; ferner können Anwendungs- und Anordnungserfindungen geschützt werden	Technische Erfindungen mit eingeschränktem Umfang z.B. Arbeitsgerätschaften, Gebrauchsgegenstände oder Teile davon und Schaltungen; geschützt wird im Wesentlichen der in der Raumform in Erscheinung tretende Erfindungsgedanke, ausgeschlossen sind seit 1990 nur noch Verfahren
Erfindungshöhe	Große Anforderung an die erfinderische Tätigkeit; ein für den Fachmann auf diesem Fachgebiet auf überraschende Weise gelöstes technisches Problem	Geringe Anforderungen an die erfinderische Tätigkeit; es genügt ein erfinderischer Schritt
Prüfverfahren	Innerhalb von 7 Jahren nach dem Anmeldetag ist der Prüfungsantrag zu stellen; geprüft wird Neuheit, Erfindungshöhe und gewerbliche Anwendbarkeit	Nur normale Prüfung vor der Eintragung in die Gbm-Rolle; geprüft wird eigentlich erst im Löschungsverfahren und dann auf Neuheit, erfinderischen Schritt und gewerbliche Anwendbarkeit
Verfahrensgebühren	Anmeldung: 100,- DM Recherche: 300,- DM Prüfungsantrag: 460,- DM Erteilung: 175,- DM Einspruch: ---	Anmeldung: 60,- DM Recherche: 520,- DM Prüfantrag: --- Erteilung: --- Löschung: 345,- DM
Jahresgebühren	1-3: 100,- DM 4-6: 665,- DM 7-8: 805,- DM 9-10: 1.265,- DM 11-20: 23.005,- DM	1-3: --- 4-6: 405,- DM 7-8: 690,- DM 9-10: 1.035,- DM
Laufzeit	maximal 20 Jahre nach Anmelde- bzw. Prioritätstag	maximal 10 Jahre nach Anmeldetag
Anwendbarkeit	Schutz für "langlebige" Produkte; gute Sicherheit gegen Angriffe; langwieriges Prüfungsverfahren	schneller Schutz für "kurzlebige" Produkte; wegen fehlender Prüfung leicht durch einen Löschungsantrag angreifbar

Abbildung 12.2:   *Gegenüberstellung Patent und Gebrauchsmuster*

12.3   Die Patentgebühren

Die Gebühren für eine Patent- bzw. Gebrauchsmusteranmeldung im deutschen Geltungsbereich ergeben sich aus der Verordnung über die Zahlung der Gebühren des Deutschen Patentamts und des Bundespatentgerichts vom 1. Januar 2000 (Kostenmerkblatt des Deutschen Patent- und Markenamtes über Gebühren und Auslagen, Ausgabe 2000). Die Gebühren für internationale Anmeldungen sind in den entsprechenden internationalen Übereinkommen festgelegt.

Im folgenden sollen die wesentlichsten Gebühren im einzelnen aufgeführt werden. Des weiteren sind im Anhang Auszüge aus dem Kostenmerkblatt (Ausgabe 2000) des Deutschen Patentamts und des Bundespatentgerichts explizit angegeben.

12.3.1   Die wichtigsten Gebühren für deutsche Patent- und Gebrauchsmusteranmeldungen

Als Gebühren und Auslagen für Patentanmeldungen sind zu entrichten:
- Für eine Patentanmeldung die Anmeldegebühr: 100,00 DM
- Für eine Recherche, die jedoch freiwillig ist,
  die Antragsgebühr: 300,00 DM
- Für die Prüfung der Anmeldung,
- wenn ein Antrag auf eine Recherche bereits
  gestellt war: 290,00 DM
- wenn noch kein Rechercheantrag gestellt war: 460,00 DM
- Für die Erteilung eines Patents: 175,00 DM
- Ein Einspruch ist kostenfrei.
- Für eine Beschwerde: 345,00 DM
- Für Jahresgebühren des 3. bis zum 20. Jahr, gerechnet vom Anmeldetag an, wobei das 1. und 2. Jahr kostenfrei sind, progeressiv steigend von   115,- DM bis 3.795,00 DM

Außerhalb eines Patentanmeldevorganges werden vom Deutschen Patentamt noch sehr aufwendige Auskünfte / Recherchen zum Stand der Technik für 850,- DM durchgeführt. Solche Recherchen sind die Entscheidungsbasis inwieweit eine Weiterentwicklung der Idee bis hin zu einem marktreifen Produkt - angesichts des gefundenen Standes der Technik und der möglicherweise bereits aktiv gewordenen Konkurrenten - erfolgversprechend ist. Diese von einem Patentbegehren unabhängige Recherche zum Stand der Technik bietet bei vertretbarem Kostenaufwand eine tragfähige Grundlage zur Beurteilung der Patentfähigkeit einer Erfindung sowie Hinweise auf die Chancen für ein anvisiertes Produkt und auf eventuelle Marktnischen.

Für Gebrauchsmusteranmeldungen sind die nachfolgend genannten Gebühren und Auslagen zu entrichten:

- Für eine Gebrauchsmusteranmeldung eine Anmeldegebühr: 60,00 DM
- Für eine freiwillige Recherche eine Antragsgebühr: 520,00 DM
- Für eine erste Verlängerung (4.-6. Jahr):   405,00 DM
- Für eine zweite Verlängerung (7.-8. Jahr):   690,00 DM
- Für eine dritte Verlängerung (9.-10. Jahr):   1.035,00 DM

12.3.2   Die wichtigsten Gebühren für europäische Patentanmeldungen

Im Rahmen des europäischen Patentverfahrens fallen die folgenden Gebühren an (vgl. Verzeichnis der Gebühren, Auslagen und Verkaufspreise des EPA, Amtsblatt Nr. 5 / 1999 des Europäischen Patentamtes):

- Anmeldegebühr (nationale Grundgebühr):   248,39 DM
- Recherchegebühr, deren Durchführung
  obligatorisch ist (EP-Recherche):   1.349,52 DM
- Recherchegebühr (internationale Recherche):   1.848,26 DM
- Prüfungsgebühr: 2.798,79 DM
- Benennungsgebühr für jeden benannten
  Vertragsstaat: 148,64 DM
- Erteilungsgebühr, wobei die Druckkosten
  für 35 Seiten enthalten sind: 1.398,42 DM
- Erteilungsgebühr für jede weitere Seite   19,95 DM
- Anspruchsgebühr ab dem 11. Patentanspruch: 78,23 DM
- Einspruchsgebühr: 1.198,92 DM
- Beschwerdegebühr: 1.998,86 DM
- Die Jahresgebühren sind erstmals für das 3. Jahr zu zahlen (749,08 DM) und steigen bis zum 9. Jahr auf 1.899,11 DM. Zwischen 10. und 20. Jahr sind jeweils 1.998,86 DM Jahresgebühr zu entrichten.

12.3.3   Die wichtigsten Gebühren für internationale (PCT) Anmeldungen

Die Möglichkeit, über ein nationales oder das europäische Patentamt eine für alle wesentlichen Länder der Welt gültige Patentanmeldung einzureichen, wurde mit dem internationalen Patentzusammenarbeitsvertrag (PCT = Patent Cooperation Treaty) geschaffen. Das Deutsche Patentamt hat ein entsprechendes Merkblatt zu PCT-Anmeldungen herausgebracht. Nachfolgend sind die im Zusammenhang mit einer PCT-Anmeldung fälligen Gebühren aufgeführt:

- Anmeldegebühr
  - bei einer Anmeldung über das
    europäische Anmeldeamt: 600,00 DM
  - bei einer Anmeldung über das deutsche
    Anmeldeamt: 799,93 DM
- Übermittlungsgebühr
  - bei einer Anmeldung über das europäische
    Anmeldeamt: 200,00 DM
  - bei einer Anmeldung über das deutsche
    Anmeldeamt: 175,00 DM
  - Recherchegebühr; die Durchführung
    einer Recherche ist obligatorisch: 1.848,48 DM
  - Prüfungsgebühr; wobei es sich um
    eine freiwillige und vorläufige Prüfung handelt: 3.000,00 DM
- Benennungsgebühr für jeden benannten Vertragsstaat:
  - bei einer Anmeldung über das europäische
    Anmeldeamt: 350,00 DM
  - bei einer Anmeldung über das deutsche
    Anmeldeamt: 172,11 DM
  - jedoch höchstens: 1.376,88 DM
  - Widerspruchsgebühr: 2.000,00 DM

12.3.4   Durchführung der Gebührenzahlungen

Die meisten Gebührenzahlungen werden mit Einreichung der jeweiligen
Schutzrechtsanmeldung beim jeweiligen Anmeldeamt fällig. Ausgenommen
sind hiervon die Jahresgebühren, die unabhängig vom Verfahrensstand im
voraus für das kommende Jahr zu bezahlen sind. Die erste Zahlung, also die
dritte Jahresgebühr, ist nach Ablauf von 2 Jahren seit dem letzten Tag des
Monats vorzunehmen, in dem die Anmeldung eingereicht worden ist. Wenn
eine Zahlung nicht innerhalb von 2 Monaten erfolgt, muß ein Zuschlag von
10 % zur fälligen Jahresgebühr entrichtet werden. Erfolgt die Zahlung auch
in den darauffolgenden 2 Monaten nicht, gilt die Anmeldung als zurückgenommen und zum allgemeinen Stand der Technik zählend.
Neben einer Barzahlung, die selbstverständlich keinesfalls in Form einer
Anlage zu den Anmeldeunterlagen getätigt werden sollte, sind verschiedene weitere Zahlungsmöglichkeiten prinzipiell möglich:

- Gebührenmarken des Patentamts, die nur unmittelbar an den Zahl-
  stellen der Ämter erhältlich sind,
- Verrechnungsschecks,
- Abbuchung von einem Konto,
- Überweisung,
- Einzahlung auf ein Konto der Zahlstelle des jeweiligen Patentamtes.

12.3.5   Finanzielle Vergünstigungen

Für Gebühren, die im Zusammenhang mit Schutzrechten an das Patentamt zu entrichten sind, können unter bestimmten Umständen verschiedene Arten von finanziellen Vergünstigungen in Anspruch genommen werden. Prinzipiell gibt es zwei Arten von Vergünstigungen - die Verfahrenskostenhilfe und die Stundung von Gebühren.

Verfahrenskostenhilfe
Der Anmelder hat im Falle der Gewährung einer Verfahrenskostenhilfe nur einen Teil der Kosten des Patentverfahrens zu tragen. Dieser Anteil richtet sich nach seinen Vermögens- bzw. Einkommensverhältnissen und kann gegebenenfalls bis auf Null schrumpfen.
Verfahrenskostenhilfe kann für Kosten aller Vorgänge, die für den Fortgang des Patenterteilungsverfahrens entrichtet werden müssen, gewährt werden. Dies betrifft demnach im einzelnen die Anmeldegebühr, die Recherchegebühr, die Prüfungsgebühr und die Erteilungsgebühr. Finanzielle Hilfe kann außerdem für die Kosten eines Patent- oder Rechtsanwaltes gewährt werden.
Prinzipielle Voraussetzungen für einen Anspruch auf Verfahrenskostenhilfe sind dann gegeben, wenn einerseits eine berechtigte Aussicht auf eine Erteilung des Patents besteht, es die persönlichen und wirtschaftlichen Verhältnisse des Anmelders andererseits nicht zulassen, die anfallenden Kosten ganz oder teilweise selbst zu tragen.
Zur Feststellung der wirtschaftlichen Verhältnisse wird das monatliche Nettoeinkommen des Anmelders ermittelt.
Der Antrag auf Verfahrenskostenhilfe muß schriftlich gestellt werden, bei Bewilligung ist eine Rückwirkung prinzipiell ausgeschlossen. Sie wird beim Vorliegen entsprechender Voraussetzungen allen Bürgern der Staaten der Europäischen Gemeinschaft und anderer Staaten gewährt, wenn diese Staaten deutschen Staatsbürgern gleiche oder ähnliche finanzielle Verfahrensunterstützung gewähren.
Zur Gewährung der Verfahrenskostenhilfe wurde vom Deutschen Patentamt ein Merkblatt herausgegeben, das dort kostenlos angefordert werden kann (Adresse im Anhang).

Stundung von Gebühren
Eine Stundung der Jahresgebühren kann, beginnend mit dem 3. Patentjahr bis zum 12. Patentjahr gewährt werden. Grundsätzlich können immer nur fällige oder in Kürze fällige Jahresgebühren gestundet werden. Die maximale Laufzeit eines Stundungsbescheides beträgt ein Jahr. Demgemäß muß nach Ablauf einer Jahresfrist ein erneuter Stundungsantrag gestellt werden. Als Voraussetzung für eine Stundung gilt, daß der Anmelder oder der Patentinhaber zum aktuellen Zeitpunkt zur Zahlung der Gebühren wirtschaft-

lich nicht in der Lage ist. Die Stundung kann prinzipiell jedem Bürger gewährt werden, sie betrifft neben der Jahresgebühr ebenfalls die Erteilungsgebühr.

Erlischt das Patent innerhalb der ersten 13 Jahre seiner Laufzeit, können dem Anmelder die gestundeten Gebühren erlassen werden.

12.4   Die Patentreinheit technischer Produkte

Die Patentinhaber setzen ihre Rechte bei einer ermittelten Patentverletzung gerichtlich oder außergerichtlich durch. Bei Nichtbeachtung bestehender Schutzrechte kann es neben einem gewissen Prestigeverlust zu nicht unerheblichen Unterlassungs- und Schadensersatzansprüchen oder zu Lizenzforderungen kommen.

Die Gewährleistung der Patentreinheit - oder auch Rechtsmängelfreiheit - besteht in der Zusicherung gegenüber einem Vertragspartner, daß die Nutzung der gelieferten Produkte oder erbrachten Leistungen auf den Zielmärkten oder im Rahmen einer Zielanwendung uneingeschränkt und ohne Behinderung durch Dritte erfolgen kann.

Das setzt natürlich voraus, daß nicht ein Dritter über gültige Schutzrechte verfügt, die es ihm ermöglichen, eine Nutzung oder Weiterveräußerung der gelieferten Produkte oder erbrachten Leistungen auf dem Zielmarkt oder in der Zielanwendung zu behindern oder gar zu verhindern. In diesem Zusammenhang sind alle denkbaren Arten von Schutzrechten, wie z.B. Patente, Gebrauchsmuster, Warenzeichen, urheberrechtlich geschützte Produkte, Sortenschutz etc. von Bedeutung.

Hinsichtlich der Neu- oder Weiterentwicklung bestimmter Produkte ist zu beachten, daß technische Prinziplösungen durch Grundsatzpatente geschützt sein können, von deren Nutzung diese Entwicklungen direkt oder indirekt abhängen, sie gegebenenfalls zwangsläufig mitbenutzen müssen.

Unter Beachtung der sich daraus ableitbaren wirtschaftlichen Folgen ist es also von besonderer Bedeutung, daß sowohl im Falle eines Erwerbs von Leistungen - gleich welcher Art - als auch beim Vorantreiben eigener Entwicklungen die Gewährleistung der Patentreinheit mit Nachdruck betrieben werden muß.

Das setzt voraus, daß beide Parteien im eigenen Interesse darauf drängen, entsprechende Passagen bereits im Pflichtenheft festzuschreiben. Weiterhin muß eine detaillierte Schutzrechtskonzeption existieren, aus der hervorgeht, in welchem Umfang im interessierenden Sachgebiet Erfindungen vorliegen und welche Schutzrechte des Wettbewerbs zur Erreichung der Patentreinheit erworben werden müssen. Damit haben Aussagen zur Patentreinheit zunächst einmal Untersuchungen über tangierende Schutzrechte Dritter zum

Gegenstand. Im Rahmen der Produktentwicklung und -weiterentwicklung ist das natürlich ein kontinuierlicher, stets andauernder Prozeß, da auf dem betreffenden Sachgebiet in der Regel auch der Wettbewerb entwickelt und damit ebenfalls zu neuen Erkenntnissen und Schutzrechten kommt. In diesem Zusammenhang sei nochmals auf die Bedeutung der weiter vorne behandelten Patentbeobachtung und der unmittelbaren Nutzung deren Ergebnisse hingewiesen.

Auf diese Weise kann die Richtung der eigenen Entwicklung und deren erfolgreiche Verwertung bestimmt, gegebenenfalls auch noch korrigierend eingegriffen werden. Der wirtschaftliche Erfolg eines neuen Produktes hängt nicht zuletzt auch davon ab, wie rechtzeitig und gründlich ermittelt worden ist, ob die einzuschlagende Entwicklungsrichtung „patentrein" ist.

12.4.1   Sachlicher und zeitlicher Umfang der Patentreinheit

Bei der Festlegung des sachlichen Umfangs der Patentreinheit steht die präzise Bestimmung des jeweiligen technischen Objekts im Vordergrund, das ohne die Verletzung von Schutzrechten Dritter entwickelt (und verkauft) werden soll. Hinsichtlich der Patentreinheit müssen alle Bestandteile, die für die Funktionsfähigkeit des Produktes oder Verfahrens von wesentlicher Bedeutung sind, untersucht werden. Gemeint sind damit alle technischen Lösungen, Konstruktions- und Schaltungsprinzipien, Verfahrensschritte, stoffliche Komponenten und Verfahren sowie deren Relationen untereinander. In Abhängigkeit vom Ergebnis dieser Patentreinheitsuntersuchung wird die Auswahl des anzuwendenden grundlegenden technischen Lösungsprinzips vorgenommen.

Alle Bestandteile, die für das Endprodukt keine wesentliche Bedeutung besitzen, können aus der Prüfung der Patentreinheit ausgeklammert werden. Das betrifft unter anderem auch Zulieferkomponenten, für deren Patentreinheit der Zulieferer selbst verantwortlich ist und natürlich Standardelemente, die eindeutig dem Stand der Technik zuzuordnen sind.

Der zeitliche Umfang der Prüfung auf Patentreinheit hängt lediglich von der maximalen Laufzeit der im jeweiligen Staat geltenden Schutzrechte ab.

12.4.2   Methodik der Prüfung auf Patentreinheit

Die Methodik zur Prüfung der Rechtmängelfreiheit folgt im wesentlichen der Patentverletzungsrecherche und umfaßt die nachfolgend genannten Schritte:

1) Ermittlung tangierender Patentanmeldungen und Patente
   Für die interessierende technische Aufgabenstellung werden alle relevanten Schutzrechte zusammengetragen, deren Lösung der eigenen

sehr ähnlich ist, sie beinhaltet oder in anderer Art und Weise tangiert.

2) *Prüfen des Rechtsbestandes*
Es ist zunächst zu prüfen, über welchen Rechtsbestand die unter 1 ermittelten Schutzrechte in den für einen anvisierten Markt relevanten Staaten verfügen. Diesbezüglich hilft ein Blick in die Patentrolle (-register) der entsprechenden Länder schnell weiter. Gegebenenfalls ist ein Patentanwalt hinzuzuziehen.

3) *Prüfung des Schutzumfanges der tangierenden Patente*
Nachdem im 2. Schritt die Schutzrechte ausgesondert wurden, die nicht mehr gültig sind, ist nunmehr festzustellen, ob ggf. mit den verbleibenden Schutzrechten Patentverletzungsgefahr besteht.
Geprüft wird dabei, inwiefern die eigene Lösung unter den Schutzumfang der tangierenden Schutzrechte fällt. Eine Beurteilung erfolgt bei gleicher technischer Aufgabenstellung hinsichtlich einer Übereinstimmung der in den Patentansprüchen formulierten technischen Merkmale.
Stimmen Obergriff und kennzeichnender Teil des Hauptanspruchs überein, ist in aller Regel von einer Patentverletzung - und damit einem Nichtvorliegen von Patentreinheit - auszugehen.

Patentansprüche bereiten dem Laien im Rahmen einer genauen Analyse oftmals Schwierigkeiten, da sie aus einem einzigen Satz bestehen. Eine Umformulierung zur Erzeugung des eigenen Verständnisses ist in jedem Fall hilfreich. Auch sollten die erläuternden Skizzen und Zeichnungen zu Rate gezogen werden. Sie gehören im allgemeinen zwar nicht unmittelbar zum Schutzumfang, schaffen beim versierten Techniker jedoch schneller Klarheit als verbale Formulierungen.
In vielen Fällen kommt es vor, daß Merkmale zweier Schutzrechte nicht im Hauptanspruch sondern in einem der nachgeordneten Unteransprüche übereinstimmen. In diesem Fall ist zu prüfen, inwiefern die Gattungsbegriffe der untersuchten Schutzrechte in der technischen Aufgabe übereinstimmen. Besteht keine Übereinstimmung, so ist die Anwendung der in den Unteransprüchen ausgewiesenen technischen Merkmale unbedenklich.
Im Rahmen der vergleichenden Prüfung ist umgehend zu untersuchen, in welcher Weise die erfinderischen Lösungsmittel der eigenen Lösung (technische Merkmale des Schutzrechtes) im Vergleichsschutzrecht ebenfalls angewendet werden. Nur bei einer identischen Anwendung gleicher Merkmale ist das Fehlen der Patentreinheit eindeutig.
Wenn keine Übereinstimmung in der Anwendung identischer Merkmale vorliegt, müssen die ermittelten Abweichungen und Unterschiede ausgewiesen werden. Gegebenenfalls kann sich hierbei noch eine Risikoabschätzung anschließen, die auf unbedingt zu unterlassende Produktänderungen zu einem späteren Zeitpunkt hinweist.

Eine besondere Aufmerksamkeit muß immer dem Problemkreis der Schutzrechtsabhängigkeit gezollt werden. Eine solche Abhängigkeit ist immer dann gegeben, wenn die Realisierung der eigenen Lösung auf ein bereits vorhandenes Schutzrecht aufbaut bzw. dessen Schutzansprüche in irgendeiner Weise benutzt. Dieser Fall tritt bei den meisten Grundsatzpatenten auf.

12.4.3   Alternativen zur Herstellung der Patentreinheit

Wurde festgestellt, daß mit einem eigenen Schutzrecht ein bestehendes Recht verletzt wird, können zur Verhinderung größerer wirtschaftlicher Schäden für das eigene Unternehmen verschiedene der nachfolgend genannten Alternativwege zur Herstellung der Patentreinheit gegangen werden:

- Prinzipielle Möglichkeiten der Anfechtung des Schutzrechts
Das Ziel besteht in der Aufhebung oder Nichtigerklärung des betreffenden Patents durch eine Entscheidung des jeweils zuständigen Patentamts.
Es muß nachgewiesen werden, daß das Patent vollständig oder wenigstens teilweise zu Unrecht erteilt worden ist. Hierzu ist neuheitsschädliches Material zu ermitteln. Dieses Material findet sich in sämtlichen vorveröffentlichten Schriften oder vorbenutzten Ausführungen, die Aussagen zur Technik des geschützten Gegenstandes enthalten. Wesentlich ist, daß die Vorbenutzung oder die Vorveröffentlichung der Öffentlichkeit uneingeschränkt zugänglich war und daß der Zeitpunkt der Vorveröffentlichung / -benutzung vor dem Prioritätstag der anzufechtenden Patentanmeldung liegt.
Eine weitere Möglichkeit des Vorgehens gegen das bestehende Patent kann die Anfechtung der Erfindungshöhe sein. Es muß in diesem Sinne nachgewiesen werden, daß die Lösung für jeden "Durchschnittsfachmann" naheliegend war und auf einfache bauliche Veränderungen, Anpassungen, Optimierungen etc. zurückzuführen ist.
Auch der Zweifel am technischen Fortschritt zum Stand der Technik im Augenblick der Patentanmeldung oder der Nachweis einer offensichtlichen Kombination verschiedener anderer Anmeldungen zum bestehenden Patent können herangezogen werden, um das Patent zu Fall zu bringen.
In jedem Fall sollten alle diese Alternativvarianten im Zuge eines unmittelbar nach der Patenterteilung möglichen und kostengünstigeren Patenteinspruchs bewerkstelligt werden, wenn dies im Rahmen der jeweils landesüblichen (und verschiedenen) Einspruchsfristen realisierbar ist. Bei Überschreitung der Einspruchsfrist wird die Anfechtung eines Patents mit dem Ziel einer Nichtigerklärung zeitaufwendig (ca. 3 ... 5 Jahre) und relativ teuer (ca. 20 ... 30 TDM). Auch der zu erzielende Effekt ist damit meist höchst zweifelhaft.

- Verhinderung der Patenterteilung
Die Verhinderung der Patenterteilung ist - wie weiter oben bereits ausgeführt - mit Sicherheit ein Mittel der Wahl. Durch einen begründeten Einspruch, der wie bei der späteren Anfechtung von Schutzrechten mit dem
Einreichen von geeignetem Entgegenhaltungsmaterial verbunden sein muß,
läßt sich im Rahmen der Einspruchsfrist (z.B.: deutsches Patentverfahren -
3 Monate, europäisches Patentverfahren - 9 Monate nach Erteilung) die Entstehung des Rechts verhindern. Als sehr vorteilhaft hat es sich in diesem
Zusammenhang aus praktischer Erfahrung erwiesen, wenn bereits für
Offenlegungsschriften, die bereits vor der Erteilung als akutes Konfliktpotential ausgemacht worden sind, permanent geeignetes Entgegenhaltungsmaterial gesammelt wird.

- Patentumgehung
Hinsichtlich erteilter Patente, bei denen innerhalb der Einspruchsfristen wegen fehlendem Entgegenhaltungsmaterial kein Einspruch eingelegt werden
kann und bezüglich rechtskräftiger Patente, deren Anfechtung zeitaufwendig und teuer würde, ist bei nicht vorliegender Patentreinheit die Möglichkeit der Patentumgehung zu prüfen. Hierbei sprielt der Schutzumfang des
bestehenden Patentes eine besondere Rolle.
Patentumgehung heißt letztlich, daß von den geschützten technischen
Lösungsmerkmalen des kritischen Schutzrechts kein Gebrauch gemacht wird.
Das bedeutet aber auch, daß an der eigenen Lösung im ungünstigsten Fall
grundsätzliche Veränderungen vorzunehmen sind. Dies läßt sich natürlich
immer in einem sehr frühen Entwicklungsstadium einfacher, kostengünstiger und damit unproblematischer realisieren, als kurz vor Markteinführung
des fertigen Produkts.

- Gütliche Einigung mit dem Inhaber des Schutzrechts
Vor einer gerichtlichen Auseinandersetzung ist natürlich eine gütliche Einigung der günstigere Weg. In diesem Fall wird dem Inhaber des Schutzrechts das ermittelte neuheitsschädliche Material mitgeteilt. In Verbindung
damit erfolgt weiterhin die Aufforderung einer "Gewährung einer kostenlosen Mitbenutzung" des Patents. Diese Variante führt meist aber nur dann
zum gewünschten Erfolg, wenn das jeweilige Patent entweder wirklich an-
fechtbar ist oder als Gegenleistung wiederum die "kostenlose Mitbenutzung"
eigener Schutzrechte in Aussicht gestellt wird.

- Risikoentscheidung
Eine Risikoentscheidung wird praktisch ausschließlich aus wirtschaftlichen
Erwägungen heraus getroffen. Ausschlaggebende Faktoren sind dabei zum
einen der Lieferumfang für das entsprechende Produkt und der mit dem
Verkauf - trotz Patentverletzung - erzielbare Gewinn. Diesbezüglich sind

für eine Entscheidung Überlegungen zu den nachgenannten Fragestellungen einzubeziehen:

- Ist der Patentinhaber in der Lage, die Benutzung seiner patentierten Erfindung nachzuweisen (z.B. bei software-orientierten Patenten)?
- Hat der Patentinhaber reale Chancen mit einer Verletzungsklage sein bestehendes Recht durchzusetzen?
- Handelt es sich um eine einmalige Lieferung eines Produktes oder um Lieferungen über einen längeren Zeitraum mit hoher Stückzahl?
- Sind bei Nichtlieferung Vertragsstrafen zu erwarten und in welcher Höhe bewegen sich diese?
- Wie sind die prognostizierten Relationen zwischen erzielbaren Einnahmen und einer möglicherweise notwendig werdenden Schadensersatzleistung?

- Lizenznahme

Eine Lizenznahme kommt dann in Frage, wenn sich der Schutz eines Patents vollständig auf das geplante eigene Produkt bezieht oder zumindest wichtige technische Baugruppen, Verfahren etc. beinhaltet. Sie ist immer dann ein probates Mittel, wenn keine Umgehung des Patents möglich ist oder das bestehende Patent nicht zu Fall gebracht werden kann. Letztlich ist eine Lizenznahme grundsätzlich Verhandlungssache. Die Wirtschaftlichkeit einer Lizenznahme beruht damit auf dem ausgehandelten Vertragswerk, daß sich aus der Stärke oder Schwäche unterschiedlicher Verhandlungspositionen ergibt.

Die Möglichkeiten des rechtlichen Vorgehens hinsichtlich der Abgrenzung von Fremdpatenten bzw. bei der Verletzung der eigenen Patente ist in Abbildung 12.3 angegeben.

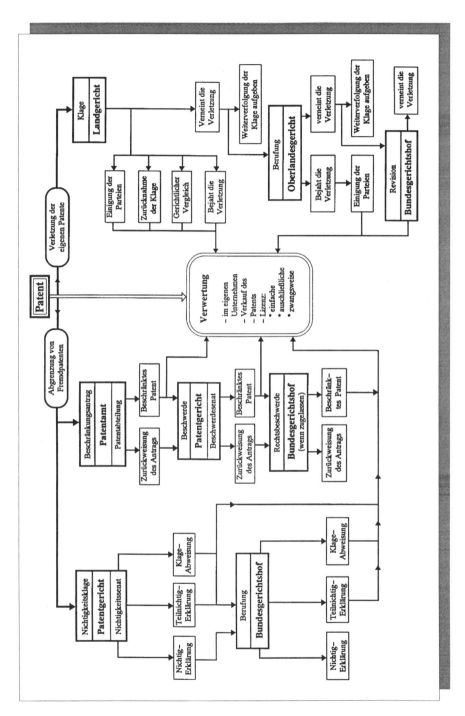

Abbildung 12.3: *Patentstreitigkeiten*

12.5   Zur Erarbeitung von Umgehungslösungen für rechtskräftige Patente

Wie im voranstehenden Abschnitt bereits ausgeführt, besteht eine Möglichkeit der Schaffung einer anzustrebenden Patentreinheit darin, die geschützten technischen Merkmale des konkurrierenden Patents bei der Ausführung der eigenen technischen Lösung nicht zu gebrauchen. Gegebenenfalls lassen sich die bereits vom Wettbewerber beanspruchten technischen Merkmale und Detaillösungen durch andersartige technische Lösungen ersetzen, die in ihrem Zusammenwirken jedoch die gleiche Gesamtfunktion realisieren. Bei der systematischen Erarbeitung von Umgehungslösungen hat sich die nachfolgend aufgeführte Methodik bewährt:

1.) *Analyse der technischen Funktion der konkurrierenden Erfindung und gegebenenfalls Modifikation der zugrundeliegenden Aufgabe.*

Im Gegensatz zu grundsätzlich neuen Aufgabenstellungen hinsichtlich der Entwicklung neuer Produkte liegt hier bereits eine konkrete Aufgabenstellung mit einer entsprechend funktionserfüllenden Lösung vor. Diese spezielle Lösung ist mit den eigenen Forderungen, Erkenntnissen und firmenspezifischen Möglichkeiten zu verifizieren. Dabei sind insbesondere auch die offensichtlichen und bereits erkannten Mängel der Wettbewerberlösung zu berücksichtigen.

Die technischen Teil- und Unterfunktionen sind konkret zu definieren und die zur Realisierung verwendbaren Elemente sind entsprechend zuzuordnen. Hinsichtlich der eigenen Lösungsfindung dient diese Zuordnung unter anderem als Ausgangspunkt zur Erreichung von Synergieeffekten, die sich schließlich aus äquivalenten Lösungselementen oder -ansätzen ergeben können. Dies bedeutet jedoch nicht, daß dabei gänzlich auf die in der Wettbewerberlösung verwendeten, besonders gut geeigneten Elemente verzichtet werden muß, da für eine Patentumgehung bereits der Ersatz von wenigen wesentlichen Merkmalen ausreicht.

2.) *Herausarbeitung des tatsächlichen Schutzumfangs der konkurrierenden Erfindung und Suche nach noch nicht belegten funktionserfüllenden Teillösungen als Alternativen für mögliche Umgehungskonzepte.*

Eine technische Alternativlösung ist nur dann als Umgehungslösung einsetzbar, wenn deren kennzeichnende Merkmale außerhalb des Schutzumfangs des konkurrierenden Schutzrechtes liegen. Eine fein strukturierte und systematische Analyse dieses Schutzumfanges deckt in aller Regel Freiräume für eigene Lösungsvarianten auf. In besonderem Maße eignet sich hierfür die morphologische Methode (morphologischer Kasten).

3.) *Erarbeitung eines neuen Konzeptes unter Berücksichtigung aller als geeignet erscheinenden Wirkprinzipien.*

Vor der endgültigen Konzeptdefinition wird sinnvollerweise der Funktionsumfang der Ideallösung (Wunschvorstellungen) ohne Berücksichtigung der Realisierbarkeit formuliert. Das Erreichen der Ideallösung ist in den seltensten Fällen zu 100 % möglich, dennoch werden die erarbeiteten Lösungsvarianten an ihr gemessen. Die erfinderische Leistung ist umso höher einzuschätzen, je besser das Ideal erreicht wird bzw. je näher die Punktzahl der vorgeschlagenen Variante an der Maximalpunktzahl der Ideallösung liegt.

4.) *Suche nach Lösungsideen und Lösungsvarianten.*

Auch bei der Erarbeitung von Umgehungslösungen steht die Suche nach funktionserfüllenden technischen Elementen und einsetzbaren physikalisch-technischen Wirkprinzipien im Vordergrund. Es ist dabei unerheblich, ob das grundsätzliche Konzept der Wettbewerbslösung beibehalten oder ob nach einem völlig anderen Konzept geforscht werden soll.

Zur Lösungssuche werden natürlich die jeweils geeignetsten Methoden zur systematischen Ideenfindung herangezogen (vgl. Kap. 2).

Erfordert die Wettbewerbssituation eine kurzfristig realisierbare Umgehungslösung, kann mit einem sehr pragmatischen Vorgehen relativ schnell ein mehr oder weniger gutes Ergebnis erzielt werden. Dabei wird das Hauptaugenmerk auf bereits offengelegte technische Lösungen oder Teillösungen gerichtet, die als unmittelbares Äquivalent für einige wesentliche technische Detaillösungen des konkurrierenden Schutzrechtes einsetzbar sind und diese unter Beibehaltung der Gesamtfunktion substituieren können.

In diesem Zusammenhang ist es jedenfalls vorteilhaft, wenn für die jeweils in Frage kommenden Teilfunktionen Patent- und Literaturrecherchen durchgeführt bzw. Elementekataloge einbezogen werden. Betrachtet man die zu umgehende Erfindung als unmittelbare Ausgangsbasis für Alternativlösungen, so lassen sich gegebenenfalls mit einigen der nachfolgend aufgeführten Ansätze oftmals bereits plausible Lösungsvorschläge darstellen:

- Vereinigung mehrerer Funktionen in einem Element,
- gezielte Verwertung von sogenannten Schmutzeffekten zur Realisierung von Zusatzfunktionen,

- gezielte Umkehrung der in der Wettbewerbslösung verwendeten kennzeichnenden Merkmale, z.b. radial in axial, rollend in gleitend usw.,
- neue Gewichtung der Eigenschaften, z.b. billige Kurzlebigkeit gegenüber teurer Langlebigkeit,
- gezielte Ausnutzung von bisher nicht genutzten Materialeigenschaften,
- Miniaturisieren und Zusammenfassen von Elementen auf kleinstem Raum,
- Applizieren von Norm- und Standardelementen zur Kostenreduzierung,
- Einsatz anderer Werkstoffe, Materialien, Energien und Energiespeicher,
- etc.

5.) *Bewertung der erarbeiteten Umgehungslösung im Vergleich zur Lösung des Wettbewerbs, Diskussion der Schwachstellen.*

Die erarbeiteten Varianten der Umgehungslösung sind direkt mit der Lösung des Wettbewerbs zu vergleichen, wobei auch diese einer Bewertung unterzogen und in Relation zur gedachten Ideallösung gestellt wird.

Nachfolgend muß die aus den Vergleichen hervorgegangene favorisierte Umgehungslösung einer umfassenden Schwachstellenanalyse unterzogen werden.

6.) *Abgrenzung zur Lösung des Wettbewerbs und Verifizieren der eigenen Lösung.*

Eine deutliche Abgrenzung von der konkurrierenden Lösung wird beispielsweise durch die Modifizierung der kennzeichnenden Merkmale oder durch eine entsprechend geeignete Auswahl gleichwertiger funktionserfüllender Elemente (z.B. Tellerfeder anstatt Membranfeder usw.) erreicht. Auch beim Verifizieren der eigenen Lösung - d.h. beim Umsetzen des theoretischen Lösungsentwurfs in einen Prototyp oder in ein seriennahes Produkt - ergeben sich oftmals weitere Erkenntnisse zur konkreten technischen Ausführung, die nicht selten als kennzeichnende Merkmale verwendet werden können, um die Unterschiede zur Erfindung des Wettbewerbs klar herauszuarbeiten.

7.) *Bemühungen zur schutzrechtlichen Absicherung der Umgehungslösung.*

Da die erarbeitete Umgehungslösung bereits vom Ansatz her eine eigenständige technische Lösung zum Ziel hat, sollte das Bestreben nach einer schutzrechtlichen Absicherung auf der Hand liegen.

Verfügt die letztlich ausgewählte Umgehungslösung jedoch nicht über die im patentrechtlichen Sinne erforderliche Substanz, so muß nach anderen Möglichkeiten der Patentierung gesucht werden, die im unmittelbaren Zusammenhang mit der eigenen Lösung oder / und der des Wettbewerbs stehen. Unter diesem Aspekt können besonders günstige Anordnungen der Lösung im Rahmen eines übergeordneten Systems, Fragen der Bedienbarkeit, der Herstellung etc. interessant sein. Gelingt hier die Patentierung von Schlüsselfunktionen, bietet sich zumindest der Austausch der Schutzrechte zum Vorteil beider Parteien an.

12.6 Die Verwertung von Schutzrechten

Nach rechtskräftiger Erteilung eines Patents erstreckt sich der Patentschutz nach § 6 PatG auf die vier nachfolgend genannten Benutzungsarten:

- das Herstellen der technischen Lösung,
- das In-Verkehr-Bringen des umgesetzten Produktes,
- das Anbieten und Ausstellen des Produktes,
- das Gebrauchen des Gegenstandes bzw. das Anwenden des geschützten Verfahrens.

Diese Benutzung ist ausschließlich dem Schutzrechtsinhaber vorbehalten. Schutzrechte können natürlich auch verkauft, verschenkt oder gegen Entgelt zur Nutzung an Dritte durch Lizenzvergabe freigegeben werden.
Ausgehend von der Erfindungsmeldung bis hin zur Patenterteilung wird hauptsächlich in das Schutzrecht investiert. Nach Erteilung ist es jedoch an der Zeit, die kommerzielle Verwertung der Erfindung voranzutreiben bzw. Dritte an der unberechtigten Nutzung der eigenen Erfindung zu hindern. Neben den immateriellen Vorteilen, die dem Patentinhaber allein aus der imagefördernden Wirkung eines erteilten Patents erwachsen, ergeben sich letztlich drei mögliche Alternativen zur konkreten Patentverwertung:

1. Die Verwertung und Vermarktung der in einem konkreten Produkt realisierten patentierten Lösung durch den Patentinhaber selbst. Sie ist im Regelfall die wirtschaftlich lukrativste aber auch risikoreichste Nutzungsmöglichkeit.
2. Die Vergabe einer einfachen oder ausschließlichen Lizenz an Dritte gegen eine Lizenzgebühr.
3. Der Verkauf des Patents an Dritte.

In der Praxis werden kaum mehr als 2/3 der Patentanmeldungen als Patent erteilt und nur 1/3 wird tatsächlich wirtschaftlich verwertet. In aller Regel ist für den Privaterfinder die kommerzielle Verwertung und Nutzung einer Erfindung ungleich schwieriger als für einen Arbeitnehmererfinder bzw. das hinter diesem stehende Unternehmen mit seinen Möglichkeiten hinsichtlich Produktion und Vertrieb.

Die private Verwertung einer Erfindung ist ansich erst nach erfolgter Patenterteilung zu empfehlen. Dabei ist davon auszugehen, daß die kommerzielle Verwertung in der Praxis äußerst selten in eigener Regie hinsichtlich Entwicklung, Fertigung und Vertrieb vorangetrieben wird. Vielmehr geht der private Erfinder auf die Suche nach einem potentiellen Lizenznehmer oder nach einem Käufer für das Patent. Einerseits kauft dieser natürlich nicht gern "die Katze im Sack", d.h. die Rechte an einer Idee ohne Gewähr auf die für einen lukrativen Marktanteil wichtige Monopolstellung. Andererseits besteht für den freien Erfinder die latente Gefahr, daß nach einer Erläuterung des erfinderischen Gedankens keine vertragliche Fixierung mit dem potentiellen Käufer zustandekommt und dieser eine "ähnliche" Lösung später selbst vermarktet ...

In Zusammenhang mit der kommerziellen Verwertung bieten seit etlichen Jahren Verwertungsgesellschaften ihre Dienste an (einige Adressen im Anhang). Die meisten dieser Gesellschaften sind allerdings sehr spezifisch auf bestimmte Branchen festgelegt.

12.6.1   Die Lizenz

Der Patentinhaber ist uneingeschränkt berechtigt, die wirtschaftliche Verwertung seiner Erfindung gegen regelmäßige Lizenzgebühren unbeschränkt oder beschränkt an Dritte zu vergeben. Mit der sogenannten ausschließlichen Lizenz gewährt der Patentinhaber dem Lizenznehmer ein alleiniges Nutzungsrecht. Diese Lizenzart gewährt dem Lizenznehmer fast die gleichen Rechte wie dem Patentinhaber, beispielsweise die Verteidigung der Erfindung gegen Nichtigkeitsklagen, gegen Patentverletzungen, die Verwertung und die Unterlizenzvergabe.

Beabsichtigt der Patentinhaber das Schutzrecht auch selbst zu nutzen oder weitere Lizenznehmer zu berücksichtigen, so vergibt er nur eine nicht ausschließliche einfache Lizenz.

Der Patentinhaber kann bereits bei der Patentanmeldung nach § 23 PatG seine Lizenzbereitschaft beim Patentamt schriftlich bekunden, woraufhin diese Bereitschaft in die Patentrolle eingetragen wird und die anfallenden Jahresgebühren auf die Hälfte ermäßigt werden.

Mit der Lizenzbereitschaft erklärt sich der Patentinhaber gegenüber dem Patentamt schriftlich bereit, jedermann die Benutzung der Erfindung gegen eine angemessene Vergütung zu gestatten. Diese Erklärung ist unwiderruflich und wird zudem im Patentblatt veröffentlicht.

Wer eine auf diese Weise ausgewiesene Erfindung nutzen will, hat seine

Absicht dem Patentinhaber anzuzeigen und ist danach berechtigt, in der von ihm angegebenen Weise mit der Nutzung zu beginnen. Es besteht natürlich die Verpflichtung, dem Patentinhaber nach Ablauf jedes Kalendervierteljahres Auskunft über die erfolgte Benutzung zu erteilen und die vereinbarte Lizenzgebühr nur an den Patentinhaber zu entrichten.

Die zu vereinbarende Lizenzgebühr kann auf schriftlichen Antrag eines Beteiligten durch das Patentamt festgesetzt werden. Eine Änderung der Lizenzhöhe ist jeweils nach Ablauf eines Jahres auf Antrag möglich, sofern sich neue Umstände hinsichtlich der Patentnutzung ergeben haben.

Eine Alternative zur Lizenzbereitschaftserklärung ist eine unverbindliche Erklärung über prinzipielle Lizenzinteressen, die ebenfalls in der Patentrolle angezeigt und im Patentblatt veröffentlicht wird. An eine Einhaltung dieser Erklärung ist der Patentinhaber allerdings nicht gesetzlich gebunden. Es handelt sich dabei lediglich um eine Serviceleistung des Deutschen Patentamtes zur Förderung der Patentverwertung.

Auch bei Arbeitnehmererfindungen ist der Patentinhaber - also der Arbeitgeber - berechtigt, zusätzlich zur unternehmensbezogenen Nutzung Lizenzen an Dritte zu vergeben. Es ist allerdings in § 9 ArbNErfG sichergestellt, daß der Arbeitnehmererfinder am Lizenzerlös angemessen beteiligt wird. Sein Anteil wird jedoch nicht auf Basis der Bruttolizenzeinnahmen, sondern auf der Nettolizenzeinnahme berechnet, da dem Arbeitnehmer bereits erhebliche Kosten bis zur Erlangung eines Lizenzvertrages entstanden sind. Im Regelfall kann der Erfinder davon ausgehen, daß die Nettolizenz zwischen 15 und 50 % der Bruttolizenz beträgt. Darüber hinaus wird der Anteilsfaktor des Erfinders beim Zustandekommen der Erfindung berücksichtigt, so daß sich der Eigenanteil des Arbeitnehmererfinders an der Bruttolizenz weiter verringert.

Das Deutsche Patentamt hat eine Datenbank (RALF) mit dem Ziel der Schaffung eines **R**echtsstands-, **A**uskunfts- und **L**izenz-**F**örderungsdienstes eingerichtet. Sie enthält Angaben über die Schutzrechte und Anmeldungen, bei denen eine Lizenzbereitschaftserklärung oder eine Förderung durch das Bundesministerium für Forschung und Technologie (BMfT) vorliegt. Zudem sind auch die Schutzrechte mit unverbindlichen Lizenzinteressenserklärungen erfaßt. Für interessierte Lizenznehmer ist gegen eine entsprechende Gebühr eine Informationsdienst über neue Schutzrechte auf einem zu definierenden technischen Sektor verfügbar. Zur ausführlichen Unterrichtung über diesen Service kann die Benutzerinformation RALF angefordert werden (siehe Anhang). Hinsichtlich einer einfacheren Abwicklung der Bestell- und Zahlungsmodalitäten für die häufige Inanspruchnahme ist die Einrichtung eines Bezugskontos beim Schriftenvertrieb des Deutschen Patentamtes vorteilhaft.

12.6.2   Der Verkauf von Schutzrechten

Neben der Lizenzvergabe hat der Patentinhaber die uneingeschränkte Möglichkeit, Schutzrechte an interessierte Dritte zu verkaufen. In diesem Zusammenhang wird eine Umschreibung der Patentanmeldung bzw. des erteilten Patentes auf den Käufer erforderlich. Bei der Übertragung von Schutzrechten sind zwei Vorgänge zu beachten. Es handelt sich dabei zum einen um das privatrechtliche Abtretungsgeschäft und zum anderen um das patentamtliche Umschreibungsverfahren. Dieses zweiseitige Rechtsgeschäft erfordert übereinstimmende Willenserklärungen, sowohl des Schutzrechtsinhabers als auch des Schutzrechtserwerbers. Zur Rechtsübertragung muß sowohl die Abtretungserklärung des Schutzrechtsinhabers beim Patentamt in beglaubigter Form vorliegen als auch die schriftliche Annahmeerklärung des Patenterwerbers.

12.6.3   Der wirtschaftiche Wert einer Erfindung

Die Ermittlung des Erfindungswertes ist letztendlich die Grundlage für die Festlegung des Preises eines Schutzrechtes, der Erfindervergütung, des Streitwertes bei gerichtlichen Auseinandersetzungen und der Lizenzgebühren. Eine Gegenüberstellung der positiven und negativen Merkmale einer Erfindung ist für eine wirtschaftliche Abschätzung sehr hilfreich:

a) Technische Merkmale im Vergleich zum gegenwärtigen technischen Stand
   * *Funktionsverbesserungen*, z.B. geringeres Gewicht, besserer Wirkungsgrad, höhere Präzision, bessere Bedienung und Handhabung sowie höhere Lebensdauer, Standzeit und Betiebssicherheit.
   * *Kostensenkung*, z.B. verringerter Materialverbrauch, kürzere Bearbeitungszeiten, einfachere Bearbeitungsverfahren, geringere Werkzeugkosten, schnellere Montage, weniger Bauteile, Verwendung von Standardteilen.
   * *Bessere Verwendungs- und Einsatzchancen*, z.B. handlichere Bauform, weniger Abfälle, weniger Verschleiß, weniger Nebenkosten, weniger Energiebedarf, besseres Recyclingverhalten, geräuscharme Funktion, hohe Redundanz, universelle Anwendung.

   * *Kritische Betrachtungen:*
      - Welche Funktionen werden im Vergleich mit den konkurrierenden technischen Lösungen nicht erfüllt?
      - Sind die benötigten Werkzeuge, Maschinen und Materialien verfügbar?
      - Werden Spezialisten zur Fertigung dieser Lösung benötigt?
      - Ist das erforderliche Know-How vorhanden?

- Sind restriktive gesetzliche oder politische Bestrebungen im Gange?
- Werden die erfindungsspezifischen Vorteile in der Praxis honoriert?
- Liegt das erfinderische Produkt im Trend?
- Gibt es Umgehungslösungen oder sind einfache Umgehungsmöglichkeiten denkbar?
- Ist die neue Funktion bereits erprobt?
- Ist das Produkt neu?
- Hat sich das Produkt bewährt?

b) Wirtschaftliche Merkmale
  * *Verbesserung am Produkt*, z.B. leichtere bzw. billigere Herstellung, verbesserte Qualität, Reduzierung der Herstellkosten, der Vertriebskosten und der Wartungskosten.
  * *Neuentwicklungen:*
    - Wird ein neuer Markt angesprochen?
    - Welche Konkurrenzprodukte gibt es?
    - Mit welchem Marktanteil wird gerechnet?
    - Was wäre die Ideallösung für dieses Problem unter wirtschaftlichen Gesichtspunkten?
    - Wie hoch ist die Marktakzeptanz?
    - Sind neue Vertriebswege erforderlich?
    - Sind Umsatzsteigerungen bzw. Gewinnsteigerungen zu erwarten?
    - Sind weitere Einnahmen aus Verkauf oder Lizenzvergabe zu erwarten?
    - Wird das Firmenimage aufgewertet?
    - Kann sich der Endverbraucher mit diesem Produkt identifizieren?

12.7 Zur Schutzfähigkeit von Software

12.7.1 Software und Patentgesetz

Im deutschen Patentgesetz heißt es ausdrücklich, daß "Pläne, Regeln und Verfahren für gedankliche Tätigkeiten oder für geschäftliche Tätigkeiten sowie Programme für Datenverarbeitungsanlagen" für das Patentrecht nicht zugänglich seien.
Dieses auf den ersten Blick vernichtende Statement muß allerdings deutlich relativiert werden, da es von der Realität bereits längst eingeholt, wenn nicht sogar überholt ist.

Es ist zu beachten, daß die Portierung von Intelligenz in "herkömmliche Produkte" in wachsendem Maße erfolgt. Diese "herkömmlichen Produkte" sind dann durch Mikroprozessoren gesteuert, die angesprochene steuernde Intelligenz ist nichts anderes als eine mehr oder minder verschachtelte Befehlsfolge, kurz: Sie ist ein Programm.

Daß diese Produkte genauso eines rechtlichen Schutzes bedürfen, wie die früheren "unintelligenten", liegt auf der Hand. Es ist klar, daß in diesem Zusammenhang nicht die allgemeine Verwendung von Computern diskutiert wird, sondern sein enges Zusammenspiel mit der Technik (Hardware), die er steuert. Der Computer ist in solchen mehr oder weniger komplexen Systemen letztlich nur miniaturisiert, eben in Form eines Mikroprozessors. Er enthält jedoch auch hier alle für einen Computer charakteristischen Baueinheiten wie Recheneinheit, flüchtiger und fester Speicher, Ein- und Ausgabeeinheiten etc. Diese können natürlich auch räumlich im Gesamtsystem verteilt sein.

Das Problem der Anmeldung eines Schutzrechtes besteht dabei nicht in der Anordnung der einzelnen Bauelemente, die man anfassen kann (Hardware), sondern in der steuernden Logik, die die einzelnen Komponenten des Systems sinnvoll zusammenwirken läßt. Diese Logik kann man natürlich nicht anfassen (Software). Für sich allein macht diese Software allerdings keinen Sinn, denn sie wurde ja geschaffen, um die (anfaßbaren) Elemente bestimmte Tätigkeiten ausführen zu lassen.

Der springende Punkt bei der diskutierten Problematik besteht also darin, daß die Software einen sehr engen Bezug zur Hardware haben muß. Man spricht in diesem Zusammenhang üblicherweise von software-orientierten Anmeldungen. Schließlich und endlich muß die Hardware eine erhebliche Rolle in dieser technisch neuen Lösung spielen.

Nach einer entsprechenden Änderung der Prüfungsrichtlinien durch das Deutsche Patentamt gilt, daß der Anmelder lediglich den technischen Charakter der besagten software-orientierten Anmeldung "glaubhaft" zu machen hat. Das besagt letztlich auch, daß bei weiter bestehenden Zweifeln einer Erteilung trotzdem nichts entgegensteht.

Neben dem Beschreibungsteil dürfen in einer solchen Anmeldung auch Datenablaufpläne und Auszüge aus einer genau bezeichneten Programmiersprache angegeben werden, wenn sie einer Verdeutlichung dienen.

Es bleibt für eine entsprechende Anmeldestrategie die Frage, wie der technische Charakter der Anmeldung belegt werden kann. Für die Prüfung gelten letztlich drei Kriterien, nach denen die Lehre zum technischen Handeln

a) planmäßiges Handeln umfassen und
b) unter Einsatz beherrschbarer Naturkräfte
c) zur Erreichung eines kausal übersehbaren Erfolges

führen muß. Dabei sind sicherlich die Kriterien a) und c) von software-orientierten Anmeldungen ohne Zweifel erfüllt. Als beherrschbare Naturkräfte sind jedoch auch die elektrischen Signale zu bezeichnen, die zwischen einzelnen Bauelementen des Gesamtsystems den Informationsfluß (1 = Strom-, 0 = kein Stromfluß) gewährleisten. Insofern sind software-orientierte Erfindungen, die eine abhängige Verknüpfung von Sensoren, Auswerteelektronik (Rechner) und Aktuatoren beinhalten, zweifellos schutzfähig. Typische Beispiele hierfür sind die Antiblockier-Systeme, Systeme zur Regelung der Fahrstabilität, Fahrwerkregelsysteme usw. usf.

Bei einer Patentprüfung werden die Patentansprüche geprüft. Sie entscheiden letzten Endes über Erteilung oder Nichterteilung eines Schutzrechtes. Dies betrifft neben Neuheit und Erfindungshöhe natürlich auch die Fragen nach der Zuordnung zur Technik. Enthält der Hauptanspruch neben technischen Aussagen auch nichttechnische Merkmale, muß geprüft werden, ob die gestellte Aufgabe auf ein technisches Problem zurückgeht. Ist dies der Fall, enthält also der Oberbegriff technische Merkmale, besteht prinzipiell auch dann eine Schutzfähigkeit, wenn der kennzeichnende Teil "lediglich" einen Algorithmus enthält. Ansprüche dürfen bei der Prüfung nicht in technische und nichttechnische Teile zergliedert, sie müssen in Ihrer Gesamtheit betrachtet werden.

Wichtig zur Beurteilung der Schutzfähigkeit von software-orientierten Anmeldungen ist jedoch auch, inwieweit von technischen Mitteln (Hardware) zur Lösung der Aufgabe Gebrauch gemacht wird. Das heißt konkret, daß bspw. auf das Ermitteln und Einlesen von Signalen über Sensoren und deren Auswertung in einer Rechnereinheit (CPU, Programm) weitere Arbeitsschritte folgen müssen, wie z.B. das Ansteuern von Stelleinrichtungen, Aktuatoren etc. Patentfähig sind also Programme, die mit der Umwelt außerhalb des Computers in Wechselwirkung stehen, sie beeinflussen, nicht aber solche, die lediglich im Rechner selbst zu unterschiedlichen Schaltzuständen führen.

Wichtig ist auch, daß neuerdings die Steuerlogik nicht mehr in Form einer festverdrahteten Schaltung vorliegen muß, bei gleichem Ergebnis reicht die Beschreibung im Rahmen eines Algorithmus aus.

Demgegenüber sind "Computerprogramme als solche" - wie eingangs dieses Abschnittes erwähnt - dem Patentschutz nicht zugänglich. Obwohl nirgendwo explizit angegeben ist, was unter einem "Computerprogramm als solchem" zu verstehen ist, kann davon ausgegangen werden, daß es sich dabei um Programme handelt, die keinen technischen Charakter aufweisen. Dieser wird wiederum daran geprüft, inwieweit die Abarbeitung des Programms einen unmittelbaren technischen Erfolg herbeiführt.

Besteht die Aufgabe des Programms allerdings lediglich darin, Informationen wiederzugeben oder zu bearbeiten bzw. Regeln und Anweisungen gedanklicher Tätigkeiten zusammenzufassen und zu folgen, wird nach gegenwärtiger Rechtsprechung kein Patentschutz gewährt. Der gesamte Komplex nichttechnischer Software fällt unter den Schutzbereich des Urheberrechts.

12.7.2   Software und Urheberrecht

Software leistet - gleichgültig ob sie im Einzelfall über einen technischen Charakter verfügt oder nicht - einen nicht unwesentlichen Beitrag zum technischen Fortschritt. Nicht zuletzt unter diesem Aspekt ist sicherlich unstrittig, daß es sich dabei um wertvolle und schützenswerte Leistungen kreativer Arbeit handelt.

Erfüllt die Software nicht die im vorangehenden Abschnitt dargestellten Kriterien und Merkmale enger Technikanbindung, wird sie nach der Gesetzesänderung von 1985 im § 2 des UrhG ausdrücklich unter dessen Schutzumfang gestellt, der auch Copyright genannt wird. Diese Zuordnung wird allgemein als äußerst unglücklich angesehen. Der Schutz von Software wirkt im Urheberrecht wie ein Fremdkörper, da dort im Normalfall Ergebnisse künstlerischer und wissenschaftlicher Arbeit, weniger jedoch technische Ergebnisse unter Schutz gestellt werden.

Computerprogramme haben aufgrund der schnellen Innovationszyklen der modernen Rechentechnik eine sehr geringe effektive Lebensdauer. In aller Regel kann davon ausgegangen werden, daß ein Programm spätestens nach 5 Jahren moralisch verschlissen ist. Das Urheberrecht gewährt einen Schutz bis 70 Jahre nach dem Tod des Autors. Das heißt, auf dem Sachgebiet der Software kann auf ein Programm ggf. ein Schutz bestehen, der länger als 100 Jahre andauert. Das ist rein sachlich gesehen natürlich völlig unsinnig. Der Schutz des Urheberrechts zielt jedoch - und das ist insbesondere für den Entwickler und autorisierten Vertreiber von Software vorteilhaft - auf die Verhinderung von unzulässiger Vervielfältigung und Verbreitung ab.

Im Gegensatz zum Patentrecht, Gebrauchsmusterrecht etc. entsteht das Urheberrecht automatisch und ohne zusätzliche Anmeldung einfach durch das Schaffen des betroffenen Werkes. Es ist an einzelne Personen, nicht an juristische Personen (z.B. Unternehmen) gebunden. Demgemäß kann also kein Unternehmen Urheber sein, es kann allerdings die Urheberrechte erwerben. Dieser Sachverhalt ist insbesondere dann für die arbeitsseitigen Beziehungen zwischen Arbeitnehmer und Arbeitgeber wichtig, wenn bspw. ein Unternehmen Programmierer beschäftigt. Solange nämlich keine vertraglich fixierte Form (Arbeitsvertrag, Zusatzvereinbarungen etc.) eines Erwerbs der Urheberrechte des Arbeitgebers von seinem angestellten Programmierer vorliegt, bleibt dieser der Urheber und Besitzer!

Da das Urheberrecht automatisch mit der Schaffung des Werkes, auf das es sich bezieht, entsteht, ergeben sich weitere Schwierigkeiten: Bei ermittelter Verletzung des eigenen Urheberrechts durch Dritte muß nachgewiesen werden, daß das eigene Programm früher erzeugt worden ist. Dieser Nachweis kann in den meisten Fällen nicht erbracht werden. Es sei denn, man war so schlau, das Programm an einem geeigneten Ort (z.B. bei einem Anwalt oder kostengünstig bei EUCONSULT - www.euconsult.com -) hinterlegt zu haben.

Des weiteren muß die dem Programmierer eigene, spezifische Lösungs- und Programmiermethodik aus dem Ergebnis erkennbar sein. Es muß ein signifikanter Unterschied zu Programmen ähnlichen Inhalts vorliegen, andernfalls entsteht mit der Fertigstellung kein Urheberrecht. Liegt diese Voraussetzung allerdings vor, kann für die drei wesentlichsten Phasen der Programmentwicklung jeweils ein Urheberschutz entstehen:

- Problem-, Systemanalyse,
- Problemlösung in Form eines Algorithmus' oder Programmablaufplanes,
- Programmumsetzung (Quellcode).

Wie in Abschnitt 6.1.7 bereits ausgeführt, wird das Urheberrecht für eine Software nicht durch das Deutsche Patent- und Markenamt vergeben. Es entsteht mit der Fertigstellung des Programms automatisch. Wichtig ist auch, daß das Urheberrecht nicht die Ideen und Grundsätze des Programms, sondern vornehmlich vor dem unrechtmäßigem Kopieren schützt. Wird das Programm hingegen umgeschrieben, in einen anderen Quellcode übersetzt usw., geht der Schutz des Urheberrechts im überwiegenden Teil der Fälle verloren.

Nach einer EG-Richtlinie, die momentan jedoch noch nicht in der BR Deutschland umgesetzt wurde, unterliegt ein EDV-Programm schon dann dem Urheberrecht, wenn seine Entstehung auf einer, wie auch immer gearteten Entwicklung beruht und keine 1-zu-1-Kopie ist. Diese Sichtweise erscheint aus naheliegenden Gründen jedoch als recht unglücklich.

12.8 Auskunft und Unterstützung in Patentfragen

Sowohl Patent- als auch Gebrauchsmusterverfahren haben ihre spezifischen Feinheiten, die den naturgemäß mehr technisch orientierten Erfinder bei konkretem Informationsbedarf zum Anmelde- oder Verfahrensvorgang vor schier unüberwindbare Hürden (Verordnungen, Vorschriften, Richtlinien etc.) stellen. Das Patentamt ist sich dieser Problematik durchaus bewußt und hat erfreulicherweise verschiedenste Informationsmöglichkeiten eingerichtet, um den freien Erfinder oder auch Kleine- und Mittlere Unternehmen (KMU) bei ihrem Anmeldevorhaben hilfreich zu unterstützen.

12.8.1 Informationen über das Patentamt

Für grundsätzliche und prinzipielle Fragen stehen dem Erfinder oder seinem Interessenvertreter Patent-Informationsstellen in München oder Berlin

offen (Anschriften und Telefonnummern im Anhang). Hier erhält man zum
einen Auskunft über den interessierenden aktuellen Verfahrensstand, über
anhängige Patentverfahren und gebührenpflichtige Angelegenheiten, zum
anderen werden Fragen, die dort nicht umgehend zu beantworten sind, an
die zuständigen Stellen weitergeleitet. Schwierigere Fragestellungen zur
Verfahrensabwicklung werden auch von der Rechtsabteilung des Patentamtes beantwortet. Eine komplette und kostenlose Rechtsberatung kann allerdings vom Deutschen Patentamt nicht erwartet werden; dies gehört zu den
unmittelbaren Aufgaben der Patentanwälte.

Einen weiteren für den Erfinder sehr bedeutenden Beitrag leisten das Deutsche und Europäische Patentamt in Form von Recherchemöglichkeiten via
Internet. Hierbei kann man sehr schnell und kostengünstig sowohl nach deutschen wie auch nach internationalen Schutzrechten recherchieren.

Es wird eine relativ große Auswahl an Suchkriterien angeboten, die in ausgewählten bibliografischen Daten bestehen. Als positives Rechercheergebnis
erscheint eine Patentliste, aus der wiederum die einzelnen Schutzrechte abrufbar sind. Es können komplette Schriften im Volltext wie auch ausgewählte Seiten (Deckblatt, Ansprüche, Figuren) auf dem Bildschirm erscheinen. Diese Online-Recherchen erlauben es dem Erfinder, sich kurzfristig
mit dem verfügbaren Stand der Technik auseinanderzusetzen und somit frühzeitig die Merkmale des potentiellen Wettbewerbs zu analysieren, um dies
letztlich bei der eigenen Entwicklung zu berücksichtigen.

Die schrittweise Vorgehensweise zur Durchführung einer Online-Recher-
che via Internet ist an einem konkreten Beispiel im Abschnitt 6.6.2 ausführlich dargestellt.

Desweiteren werden über die Homepages der Patentämter (Zugriffsadressen
siehe Anhang) vielfältige zusätzliche Informationsangebote, einschließlich
der Anmeldeformblätter zur Verfügung gestellt.

12.8.2   Erstberatung durch die Patentanwaltskammer

Zur ersten Orientierung des Erfinders und zur Befriedigung diesbezüglichen Informationsbedarfes wird von der Patentanwaltskammer eine kostenlose Beratung in den Patentauslegestellen (Anschriften und Telefonnummern im Anhang) des Bundesgebietes durchgeführt. Diese Erfinderberatungen erfolgen durch kompetente Patentanwälte.

12.8.3   Unterstützung durch den Patentanwalt

Unter Zuhilfenahme der einschlägigen sehr umfangreichen Fachliteratur und
der vom Patentamt herausgegebenen Informationsblätter (Merkblatt für Pa-
tent- / Gebrauchsmusteranmelder, Patent- und Gebrauchsmusteranmelde-

verordnung, Kostenmerkblatt etc.) wäre wohl der Ersterfinder durchaus in der Lage, die notwendigen Schritte zur Schutzrechtsabsicherung seiner Erfindung einzuleiten. Allerdings stellt sich hier die Frage nach der Effizienz dieser Vorgehensweise. Gerade auf dem Gebiet des gewerblichen Rechtsschutzes gibt es hervorragend ausgebildete und sehr erfahrene Spezialisten - die Patentanwälte.

In größeren Unternehmen wird der Erfinder in allen Verfahrensfragen vom Patentmanager und von den Patentingenieuren der dort installierten Patentabteilung beraten und unterstützt. Diese Unterstützung kann der freie Erfinder bei einem Patentanwalt seiner Wahl gegen ein entsprechendes Honorar in Anspruch nehmen. Patentanwälte übernehmen neben der Beratungsfunktion natürlich auch komplexere Aufgaben wie bspw. die Patentausarbeitung und Schutzrechtsanmeldung bei den entsprechenden Patentämtern. Sie unterstützen bei allen Fragen des Arbeitnehmer- und Erfinderrechts, einschließlich der Berechnung der Erfindervergütungen. Sie sind mit der Ausarbeitung und Erstellung von Lizenzverträgen sowie Gutachten hinsichtlich Schutzrechtsverletzungen bzw. der Rechtsbeständigkeit von Schutzrechten vertraut. Patentanwälte recherchieren in Patent- und Literaturdatenbanken, beurteilen die Patentierbarkeit von Erfindungen und helfen bei der Vorbereitung von Einsprüchen und Nichtigkeitsklagen oder wickeln diese komplett für den Auftraggeber ab. Sie vertreten den Patentanmelder vor dem Deutschen Patentamt und dem Bundespatentgericht. Für eine Vertretung vor dem Europäischen Patentamt sind allerdings nur die dafür zugelassenen europäischen Patentvertreter und Rechtsanwälte vertretungsbefugt. Die Aufgaben, Pflichten und die Funktionen des Patentanwalts in der Rechtspflege sind in der Patentanwaltsordnung (PatanwO) fixiert.

Die Tätigkeit als Patentanwalt erfordert den Nachweis einer technischen Befähigung und entsprechender Rechtskenntnisse. Darüber hinaus wird sie von Standesrichtlinien und gesetzlichen Regelungen wie z.B. den Bestimmungen über Dienstverträge, Verschwiegenheitspflicht, Wahrung von Geschäftsgeheimnissen, Zeugnisverweigerungsrecht etc. flankiert.

Der Patentanwalt ist ein unabhängiges Organ der Rechtspflege und unterliegt bei seiner freiberuflichen Tätigkeit weder der Weisung des jeweiligen Auftraggebers noch staatlicher Institutionen. Zu den Berufspflichten des Patentanwaltes gehören eine Reihe zu beachtender Vorschriften und Richtlinien, für die die Patentanwaltskammer verantwortlich zeichnet. Hinzu kommen weitere berufsbezogene Einschränkungen und Anforderungen, die von der Patentanwaltskammer überwacht werden:

- Werbeverbot,
- keine Betätigung als Strohmann,
- keine Umgehung des Gegenanwalts,
- keine Verdrängung des bisherigen Patentanwalts mit dem Ziel eines Mandatswechsels,

- eingeschränkte Zweigstellenerrichtung,
- kein Hinhalten bei Auftragsablehnung,
- ausreichende Berufshaftpflicht,
- Beachtung der Gebührenordnung,
- Urlaubsvertretung bei mehr als 14 Tagen Abwesenheit,
- keine Vertretung von zwei Kontrahenten in derselben Rechtssache,
- Mitglied bei Verwaltungsberufsgenossenschaften,
- etc.

Für den Patentanwalt besteht keine gesetzliche Gebührenregelung. Er ist jedoch bei seiner Honorarforderung an Standesrichtlinien gebunden. Entweder wird mit dem jeweiligen Mandanten eine Gebührenvereinbarung abgeschlossen oder ein übliches Entgelt entsprechend der Patentanwaltsgebührenordnung von 1968 mit einem inzwischen mehr als 200 %igen Teuerungszuschlag vereinbart.

Angemessene Gebühren für die Leistungen eines Patentanwaltes sind z.B. für ein Gebrauchsmuster-Löschungsverfahren ca. 1.600,-- DM. Eine Anlehnung an die Rechtsanwaltsgebührenordnung, besonders für vergleichbare Tätigkeiten (z.B. bei Verfahren vor ordentlichen Gerichten), ist üblich. In diesen Fällen wird der Streitwert, der auf Verlangen vom Patentgericht festgesetzt wird, bei der Honorarfestsetzung berücksichtigt. Eine Verlagerung der Schutzrechtsstreitigkeiten in die nächsthöhere Instanz führt automatisch zu einer deutlichen Steigerung der Honorarforderungen des Patentanwaltes.

12.9   Unterstützung durch Innovationsberater und INSTI-Partner

Der wirtschaftliche Erfolg und die Wettbewerbsfähigkeit eines Unternehmens oder auch Erfinders, hängt im wesentlichen von der Umsetzung innovativer Ideen ab. Bei der Realisierung von Innovationen benötigen sowohl freie Erfinder wie auch die Klein- und Mittleren Unternehmen überwiegend eine externe Beratung und Betreuung.

Die Kontaktaufnahme mit dem Patentanwalt erfolgt im Rahmen des gesamten Entwicklungsablaufes normalerweise relativ spät. Meist erfolgt diese Konsultation erst, wenn die bereits detaillierte Erfindung schutzrechtlich abzusichern oder / und anstehende Schutzrechtsprobleme zu bewältigen sind. Für den freien Erfinder - insbesondere für den freien *Erst*erfinder - stellt sich der Bedarf nach einer kompetenten Unterstützung allerdings bereits während der Ideenfindung bzw. deren konkreter Ausarbeitung.

Der freie Erfinder beschäftigt sich normalerweise vordergründig mit der technischen Lösung seiner Produktidee, für die er nicht selten einen persönlichen Bedarf erkannt hat. Natürlich ist er zutiefst überzeugt von seiner Erfindung und möchte möglichst umgehend den Markt damit beglücken. Allerdings sieht er sich nun mit einer der schwierigsten Fragen konfrontiert, der Vermarktung seiner Idee.

In aller Regel fehlen hier die vier entscheidenden Voraussetzungen für einen erfolgreichen Markteintritt: Weder wird über ein *ausgereiftes* Produkt, noch über eine günstige Herstellmöglichkeit, noch über den Zugang zum Markt, noch über das erforderliche Startkapital verfügt. Die Erfahrung zeigt, daß sich diese Probleme lediglich mit externer Unterstützung durch kompetente und erfahrene Kooperationspartner beheben lassen.

In jüngerer Zeit wachsen außerdem die gegenseitigen Abhängigkeiten zwischen Kapital und Know-How. Unsere hochtechnisierte Zeit läßt praktisch keine Umsetzung von zeitgemäßen Erfindungen ohne den notwendigen finanziellen Rückhalt zu. Einerseits sucht der Erfinder Kapital zur Umsetzung der Ideen, andererseits wird aber auch von kapitalstarken Einzelpersonen und Unternehmen nach rentablen Innovationen gesucht, um in neuen Märkten Fuß zu fassen.

Beide Seiten mußten in der Vergangenheit oft auf eigene Faust zueinander finden. Auf diesem langen und wenig systematischen Weg der Kontaktaufnahme gingen sowohl liquide Mittel wie auch gute und innovative Ideen verloren.

Wie Abbildung 12.4 zeigt, besteht der einfachste Weg zur Verwertung einer Produktidee darin, eine Lizenz zu vergeben. Unterstellt werden muß jedoch, daß sich ein Lizenznehmer finden läßt, der entweder über geeignete Herstellungsmöglichkeiten, über den Zugang zum Markt oder sogar über beides verfügt.

Verwertung der Produktidee	Voraussetzungen		Kapital-aufwand	Risiko	Ergebnis
	technisch	kaufmännisch			
Lizenz	schutzrechtliche Absicherung	Lizenzvertrag	gering	gering	Lizenzgebühr
eigene Herstellung, externe Vermarktung	ausgereiftes Produkt, Schutzrecht, Fertigung	Abnahmevertrag mit externem Vertrieb	hoch	hoch	geringer Prozentanteil vom Abgabepreis
externe Herstellung, eigene Vermarktung	ausgereiftes Produkt, Schutzrecht	Liefervertrag, Zugang zum Markt	hoch	hoch	angemessene Verkaufsspanne
eigene Herstellung, eigene Vermarktung	ausgereiftes Produkt, Schutzrecht, Fertigung	Vertriebsweg, Zugang zum Markt	sehr hoch	sehr hoch	maximaler Gewinn

Abbildung 12.4:   *Möglichkeiten der Produktverwertung*

Es liegt auf der Hand, daß es diesbezüglich am einfachsten ist, ein im entsprechenden Marktsegment agierendes Unternehmen zu finden, für das eine Lizenznahme interessant wäre.

Für den Erfinder bedeutet dies jedoch, daß er vor der Kontaktaufnahme mit geeignet erscheinenden Unternehmen - also auch *vor* der Veröffentlichung seiner Idee - ein umfassendes Schutzrecht beim Patentamt beantragt, um eine Lizenz überhaupt vergeben zu können.

Angesichts des bereits im Vorfeld anstehenden Aufwandes zur Ideenvermarktung fühlt sich der technisch versierte Erfinder meist schnell überfordert und nicht selten frustriert.

In dieser Situation findet der freie Erfinder hilfreiche Beratung und Unterstützung bei einem Innovationsberater. Dieser in Technik und im Entwicklungsablauf versierte Fachmann kennt die geeigneten Entwicklungsschritte, die zur Realisierung und Vermarktung von Ideen erforderlich sind. Er verfügt einerseits über die erforderliche Erfahrung mit einschlägigen Verfahren, die wesentlich zum Auffinden praktikabler Lösungen und damit zur zügigen Realisierung der Idee beitragen. Andererseits ist er in der Lage, den Stand der Technik relativ schnell zu recherchieren und zu bewerten.

Ein seriöser Innovationsberater sollte ferner in der Lage sein, unvoreingenommene erste Schätzungen der zu erwartenden Absatzzahlen abzugeben. Er sollte das geeignete Herstellverfahren definieren, den Fertigungsaufwand für verschiedene Lösungsvarianten einschätzen und mit konkurrierenden Standardlösungen vergleichen können. Aufgrund der vielschichtigen Entwicklungserfahrung dieses Fachmannes gelingt in Zusammenarbeit eine frühzeitige Einschätzung des Verhältnisses von Aufwand und Nutzen bezüglich des gesamten Vorhabens. Ein zielstrebiges Vorgehen und eine pragmatische Einschätzung der Realisierungschancen sind die geeignete Basis zur Auslotung und ggf. notwendigen Beantragung von erforderlichen Förderoder / und Kreditmitteln.

Zu den Aufgaben eines Innovationsberaters gehört in jedem Fall die Unterstützung des freien Erfinders bei der Schutzrechtsausarbeitung sowie bei der Festlegung des Anmeldeumfanges.

In Abbildung 12.5 sind die wesentlichsten Tätigkeitsschwerpunkte und Aufgabenfelder aufgeführt, mit denen Innovationsberater im Entwicklungsprozess unterstützend wirken und Hilfestellungen geben können.

Exakt in diese Richtung geht auch das vom Bundesministerium für Bildung und Wissenschaft aufgelegte INSTI-Programm. INSTI steht für "Innovationsstimulierung der deutschen Wirtschaft" und ist der Markenname für ein Bündel von Maßnahmen, die das Bundesministerium für Bildung und Forschung (BMBF) 1995 startete, um die Innovationsfähigkeit - also die Fähigkeit, aus Erfindungen schnell und effektiv neue Produkte, Verfahren und Dienstleistungen zu entwickeln und auf den Markt zu bringen - in Deutschland zu stärken.

Phase	Leistungen des Innovationsberaters
Ideendefinition	Realisierbarkeit, Lösungsverfahren, Stand der Technik, Konkurrenzanalyse, Markteinschätzung, erste Preisabschätzung
Ausarbeitung der technischen Lösung	Technische Lösungen, Vergleich mit alternativen Lösungen, Optimierung der Lösung hinsichtlich Funktion und Herstellaufwand, Abschätzung der Realisierbarkeit, der Wirtschaftlichkeit und des Kundennutzens
Schutzrechts-absicherung	Schutzrechtsrecherche, Unterstützung bei der Ausarbeitung des Schutzrechtes Vorschlag des Anmeldeumfanges, bei Bedarf Einschaltung eines Patentanwaltes
Technische Realisierung	Unterstützung bei der Suche nach kompetenten Entwicklungspartnern, Beratung bei der Wahl des Herstellverfahrens und der Definition des Fremd- bzw. Eigenfertigungsanteils
Lizenzvergabe	Vorschlag von Verwertungsmöglichkeiten, Unterstützung bei der Suche nach Lizenznehmern bzw. Lizenzverwertungsgesellschaften
Eigenfertigung	Unterstützung bei der Suche nach geeigneten Fertigungsverfahren, Fertigungsanlagen, Fertigungsoptimierung, Fertigungsstandort
Eigenvermarktung	Unterstützung bei der Suche nach kompetenten Vertriebspartnern und Marketingkonzepten
Umfassende Verwertung	Unterstützung bei der Suche nach kompetenten Fertigungs- und Vertriebs-partnern, Ausarbeitung von Produktions- und Vertriebskonzepten
Fördermittel	Hilfe bei der Kontaktaufnahme mit Innovationsförderstellen, Auslotung von Fördermöglichkeiten, Unterstützung bei der Beantragung von Fördermitteln
Kapitalbeschaffung	Unterstützung bei der Suche nach potentiellen Kapitalgebern und bei der Ausarbeitung von griffigen Unternehmenskonzepten sowie Vorhabens- und Produktbeschreibungen für die Kreditwürdigkeitsprüfung
Existenzgründung	Beratende Unterstützung auf dem Weg zur Existenzgründung im Bereich Technik, insbesondere zu Entwicklungs- und Schutzrechtsfragen

Abbildung 12.5:   *Tätigkeitsschwerpunkte des Innovationsberaters*

Im Rahmen von INSTI wurde ein Netzwerk von 32 INSTI-Partnern aufgebaut, bei denen jedermann Beratung und Unterstützung bei der Patentierung von Erfindungen und bei Recherchen in Patentdatenbanken erhält.
Im Mittelpunkt der Aktivitäten stehen:

- Stärkung des Patentbewußtseins und der Kenntnisse über das Patent-wesen,
- eine verstärkte Nutzung von Patentinformationen und von wissen-schaftlich-technischen Datenbanken,
- Förderung des allgemeinen Innovationsklimas.

Die INSTI-Partner bündeln in sich die Kompetenz aus Handwerksunter-nehmern, Erfinderkammerberatern, externen Fachgutachtern, Patentanwäl-ten, Förderinstanzen der Länder und des Bundes, Kreditinstituten sowie Innovationsbörse- und Vermarktungspartnern und potentielle Lizenzneh-mern. Im Anhang sind Kontaktmöglichkeiten zu INSTI-Partnern aufgeführt.

In eine entsprechende Richtung gehen weiterhin auch die Angebote des Deutschen Industrie- und Handelstages (DIHT) mit der im Internet unterhaltenen "Technologiebörse", der Web-Service von Deutscher Börse AG und Kreditanstalt für Wiederaufbau (KfW) mit dem "Innovation Market" und die Technologiebörse der Industrie- und Handelskammern (ihk). Die entsprechenden Adressen und Links sind ebenfalls im Anhang angegeben.

Anhang

Klasseneinteilung
nach der internationalen
Patentklassifikation (IPC)
(7. Ausgabe vom 1. Januar 2000)

SEKTION A
TÄGLICHER LEBENSBEDARF

Untersektion: Landwirtschaft

A01   Landwirtschaft; Forstwirtschaft; Tierzucht; Jagen;
Fallenstellen; Fischfang

Untersektion: Lebensmittel; Tabak

A21   Backen; essbare Teigwaren

A22   Metzgerei; Fleischverarbeitung; Geflügel- oder Fischverarbeitung

A23   Lebensmittel; ihre Behandlung, soweit nicht in anderen
Klassen vorgesehen

A24   Tabak; Zigarren; Zigaretten; Utensilien für Raucher

Untersektion: Persönlicher Bedarf oder Haushaltsgegenstände

A41   Bekleidung

A42   Kopfbekleidung

A43   Schuhwerk

A44   Kurzwaren; Schmucksachen

A45   Hand- oder Reisegeräte

A46   Borstenwaren

A47   Möbel; Haushaltsgegenstände oder -geräte;
Kaffeemühlen; Gewürzmühlen; Staubsauger allgemein

Untersektion: Gesundheitswesen; Vergnügungen

A61   Medizin oder Tiermedizin

A62   Lebensrettung; Feuerbekämpfung

A63   Sport; Spiele; Volksbelustigungen

SEKTION B
ARBEITSVERFAHREN; TRANSPORTIEREN

Untersektion: Trennen; Mischen

B01   Physikalische oder chemische Verfahren oder Vorrichtungen allgemein

B02   Brechen; Pulverisieren oder Zerkleinern;
      Vorbehandlung von Getreide für die Vermahlung
B03   Naßaufbereitung von Feststoffen oder Aufbereitung mittels
      Luftsetzmaschinen oder Luftherden; magnetische oder elektro-
      statische Trennung fester Stoffe von festen Stoffen oder flüssigen
      oder gasförmigen Medien; Trennung mittels elektrischer
      Hochspannungsfelder
B04   Mit Zentrifugalkräften arbeitende Apparate oder Maschinen zum
      Durchführen physikalischer oder Chemischer Verfahren
B05   Versprühen oder Zerstäuben allgemein; Aufbringen von Flüssig-
      keiten oder anderen fließfähigen Stoffen auf Oberflächen allge-
      mein
B06   Erzeugen oder Übertragen mechanischer Schwingungen allgemein
B07   Trennen fester Stoffe von festen Stoffen; Sortieren
B08   Reinigen
B09   Beseitigen von festem Abfall

Untersektion: Formgebung
B21   Mechanische Metallbearbeitung ohne wesentliches Zerspanen des
      Werkstoffs; Stanzen von Metall
B22   Gießerei; Pulvermetallurgie
B23   Werkzeugmaschinen; Metallbearbeitung, soweit nicht
      anderweitig vorgesehen
B24   Schleifen; Polieren
B25   Handwerkzeuge; tragbare Werkzeuge mit Kraftantrieb; Griffe für
      Handgeräte; Werkstatteinrichtungen; Manipulatoren
B26   Handschneidwerkzeuge; Schneiden; Trennen
B27   Bearbeiten oder Konservieren von Holz oder ähnlichem Werk-
      stoff; Nagelmaschinen oder Klammermaschinen allgemein
B28   Ver- bzw. Bearbeiten von Zement, Ton oder Stein
B29   Verarbeiten von Kunststoffen; Verarbeiten von Stoffen
      in plastischem Zustand allgemein
B30   Pressen
B31   Herstellen von Gegenständen aus Papier; Papierverarbeitung
B32   Schichtkörper

Untersektion: Drucken
B41   Drucken; Liniermaschinen; Schreibmaschinen; Stempel
B42   Buchbinderei; Alben; [Brief-] Ordner; besondere Drucksachen
B43   Schreib- oder Zeichengeräte; Bürozubehör
B44   Dekorationskunst oder -technik

Untersektion: Transportieren

B60   Fahrzeuge allgemein

B61   Eisenbahnen

B62   Gleislose Landfahrzeuge

B63   Schiffe oder sonstige Wasserfahrzeuge; dazugehörige Ausrüstung

B64   Luftfahrzeuge; Flugwesen; Raumfahrt

B65   Fördern; Packen; Lagern; Handhaben dünner oder fadenförmiger Werkstoffe

B66   Heben; Anheben; Schleppen [Hebezeuge]

B67   Öffnen oder Verschließen von Flaschen, Krügen oder ähnlichen Behältern; Handhaben von Flüssigkeiten

B68   Sattlerei; Polsterei

Untersektion: Mikrostruktur Technologie, Nano-Technologie

B81   Mikrostruktur Technologie

B82   Nano-Technology

SEKTION C
CHEMIE; HÜTTENWESEN

Untersektion: Chemie

C01   Anorganische Chemie

C02   Behandlung von Wasser, kommunalem oder industiellem Abwasser oder von Abwasserschlamm

C03   Glas; Mineral- oder Schlackenwolle

C04   Zement; Beton; Kunststein; keramische Massen; feuerfeste Massen

C05   Düngemittel; deren Herstellung

C06   Sprengstoffe; Zündhölzer

C07   Organische Chemie

C08   Organische makromolekulare Verbindungen; deren Herstellung oder chemische Verarbeitung; Massen auf deren Grundlage

C09   Farbstoffe; Anstrichstoffe; Polituren; Naturharze; Klebstoffe; verschiedene Zusammensetzungen; verschiedene Anwendungen von Stoffen

C10   Mineralöl-; Gas- oder Koksindustrie; Kohlenmonoxid enthaltende technische Gase; Brennstoffe; Schmiermittel; Torf

C11   Tierische und pflanzliche Öle, Fette, fettartige Stoffe oder Wachse; daraus gewonnene Fettsäuren; Reinigungsmittel; Kerzen

C12   Biochemie; Bier; Spirituosen; Wein; Essig; Mikrobiologie;
          Enzymologie; Mutation oder genetische Techniken
C13   Zuckerindustrie
C14   Häute; Felle; Pelze; Leder

Untersektion: Hüttenwesen
C21   Eisenhüttenwesen
C22   Metallhüttenwesen; Eisen- oder Nichteisenlegierungen; Behand-
          lung von Legierungen oder von Nichteisenmetallen
C23   Beschichten metallischer Werkstoffe; Beschichten von Werkstof-
          fen mit metallischen Stoffen; chemische Oberflächenbehandlung;
          Diffusionsbehandlung von metallischen Werkstoffen; Beschich-
          ten allgemein durch Vakuumbedampfen, Aufstäuben, Ionen-
          implantation oder chemisches Abscheiden aus der Dampfphase;
          Inhibieren von Korrosion metallischer Werkstoffe oder von
          Verkrustung allgemein
C25   Elektrolytische oder elektrophoretische Verfahren; Vorrichtungen
          dafür
C30   Züchten von Kristallen

SEKTION D
TEXTILIEN; PAPIER

Untersektion: Textilien oder flexible Materialien,
              soweit nicht anderweitig vorgesehen
D01   Natürliche oder künstliche Fäden oder Fasern; Spinnen
D02   Garne; mechanische Veredelung von Garnen oder Seilen;
          Schären oder Bäumen
D03   Weberei
D04   Flechten; Herstellen von Spitzen; Stricken; Posamenten;
          Nichtgewebte Stoffe
D05   Nähen; Sticken; Tuften
D06   Behandlung von Textilien oder dgl.; Waschen; Flexible Materia-
          lien,
          soweit nicht anderweitig vorgesehen
D07   Seile; Kabel, außer elektrische Kabel

Untersektion: Papier
D21   Papierherstellung; Gewinnung von Cellulose bzw. Zellstoff

SEKTION E
BAUWESEN; ERDBOHREN; BERGBAU

Untersektion: Bauwesen

E01   Straßen-, Eisenbahn-, Brückenbau

E02   Wasserbau; Gründungen; Bodenbewegung

E03   Wasserversorgung; Kanalisation

E04   Baukonstruktion

E05   Schlösser; Schlüssel; Fenster- oder Türbeschläge; Tresore

E06   Türen, Fenster, Läden oder Rollblenden allgemein; Leitern

Untersektion: Erdbohren; Bergbau

E21   Erdbohren; Bergbau

SEKTION F
MASCHINENBAU; BELEUCHTUNG; HEIZUNG; WAFFEN; SPRENGEN

Untersektion: Kraftmaschinen und Arbeitsmaschinen

F01   Kraft- und Arbeitsmaschinen oder Kraftmaschinen allgemein; Kraftanlagen allgemein; Dampfkraftmaschinen

F02   Brennkraftmaschinen; mit Heißgas oder Abgasen betriebene Kraftmaschinenanlagen

F03   Kraft- und Arbeitsmaschinen oder Kraftmaschinen für Flüssigkeiten; Wind-, Feder-, Gewichts- oder sonstige Kraftmaschinen; Erzeugen von mechanischer Energie oder Rückstoßenergie, soweit nicht anderweitig vorgesehen

F04   Verdrängerkraft- und Arbeitsmaschinen für Flüssigkeiten; Arbeitsmaschinen [insbesondere Pumpen] für Flüssigkeiten oder Gase, Dämpfe

Untersektion: Maschinenbau allgemein

F15   Druckmittelbetriebene Stellorgane; Hydraulik oder Pneumatik allgemein

F16   Maschinenelemente oder -einheiten; allgemeine Maßnahmen für die ordnungsgemäße Arbeitsweise von Maschinen und Einrichtungen; Wärmeisolierung allgemein

F17   Speichern oder Verteilen von Gasen oder Flüssigkeiten

Untersektion: Beleuchtung; Heizung

F21   Beleuchtung

F22   Dampferzeugung

F23   Feuerungen; Verbrennungsverfahren

F24   Heizung; Herde; Lüftung

F25   Kälteerzeugung oder Kühlung; Kombinierte Heizungs- und Kälte-
systeme; Wärmepumpensysteme; Herstellen oder Lagern von Eis;
Verflüssigen oder Verfestigen von Gasen

F26   Trocknen

F27   Industrieöfen; Schachtöfen; Brennöfen; Retorten

F28   Wärmetausch allgemein

Untersektion: Waffen; Sprengwesen

F41   Waffen

F42   Munition; Sprengverfahren

SEKTION G
PHYSIK

Untersektion: Instrumente

G01   Messen; Prüfen

G02   Optik

G03   Photographie; Kinematographie; Analoge Techniken unter Verwendung von nicht optischen Wellen; Elektrographie; Hologra-
phie

G04   Zeitmessung

G05   Steuern; Regeln

G06   Datenverarbeitung; Rechnen; Zählen

G07   Kontrollvorrichtungen

G08   Signalwesen

G09   Unterricht; Geheimschrift; Anzeige; Reklame; Siegel

G10   Musikinstrumente; Akustik

G11   Informationsspeicherung

G12   Einzelheiten von Instrumenten

Untersektion: Kernphysik

G21   Kernphysik; Kerntechnik

SEKTION H
ELEKTROTECHNIK

H01   Grundlegende elektrische Bauteile

H02   Erzeugung, Umwandlung oder Verteilung von elektrischer Energie

H03   Grundlegende elektronische Schaltkreise

H04   Elektrische Nachrichtentechnik

H05   Elektrotechnik, soweit nicht anderweitig vorgesehen

Datenbankangebot des
Fachinformationszentrums Technik e.V.
(Online-Service); Stand: August 2000

1) Technisch-wissenschaftliche Informationen

1MOBILITY, 2MOBILITY	Fahrzeugtechnologie
AAASD, ALFRAC	Aluminium-Legierungen
AEROSPACE	Luft- und Raumfahrt
ANABSTR	Analytische Chemie
ASMDATA	Technische Werkstoffe
BAUL, BAU-LITDOK	Arbeitsschutz
BIOTECHABS, BIOTECHDS	Biotechnologie
BOOK, BOOKBASE	Wissenschaftliche Fachbücher (Neuerscheinungen)
BSWW, BSW	Brandschutzwesen
CA	Chemie, chemische Verfahrenstechnik
CERAB	Keramik
CHEMCATS	chemische Produkte und Lieferanten
COMPENDEX	Ingenieurwesen
COMPUAB	Computer, Informationssysteme
COMPUSCIENCE	Informatik, Computertechnik
DECH, DECHEMA	Chemische Technik und Biotechnologie
DISSABS	wissenschaftliche Hochschulschriften
DKFL	Dokumentation Kraftfahrwesen
DKll, DKI	Kunststoffe, Kautschuk, Fasern
DOMA, DOMA	Maschinen- und Anlagenbau
DPCI	Internationale Patentzitierungen
EXPL, EXPL	Explosivstoffe / Pyrotechnik
ELCOM	Elektronik, Kommunikationstechnologie
EUROPATFULL	Europäische Patente
FOGR	Druckindustrie
HOLZ, HOLZ	Holztechnologie, Holzkunde

IDAT, INFODATA .... Informationswissenschaft
IFICDB, IFIPAT, IFIUDB .... U.S. Patente
INFODATA .... Informationswissenschaft
INPADOC, INPAMONITOR .... Internationale Patente
INSP, INSPEC .... Physik, Elektrotechnik,
                                                                         Computertechnik
IRRD .... Straßenbau und -transport
ISMEC .... Maschinenbau
ITEC, ITEC .... Informationstechnologie
JAPIO .... Japanische Patente
JGRIP .... Japanische Forschungsbe-
                                                                         richte
KKF .... Kunststoffe
LINSPEC .... Physik, Elektrotechnik,
                                                                         Ingenieurwesen
MATBUS .... Materialwesen
METADEX, MDF, METALCREEP .... Metalle, Metalleigenschafts-
                                                                         daten
MEDI, MEDITEC .... Medizinische Technik
NTIS .... Technischer Informations-
                                                                         service
PAPT .... Papiererzeugung, -
                                                                         verarbeitung
PIRA .... Verpackung, Druck etc.
PADE, PATDD, PATDPA. PATOSDE .... Deutsche Patente und Ge-
                                                                         brauchsmuster
PATA, PATOSEP .... Europäische Patentan-
                                                                         meldungen
PATB .... Europäische Patentschriften
PATO, PATOSWO .... Weltpatentanmeldungen
PATC .... IPC-Description (WIPO)
PATK .... IPC-Patentklassifikation
PDLCOM .... Kunststoffeigenschaften
PLASNEWS, PLASPEC .... Kunststoffe, und -industrie
PSTA .... Verpackung und
                                                                         Verpackungstechnologie
RHEO, RHEOLOGY .... Fließverhalten von Stoffen
RSWB, RSWB PLUS .... Bauwesen
SHIP, SHIP .... Schiffbau
SILI, SILICA .... Keramik, Glas, Feuerfest-
                                                                         Werkstoffe
TEMA .... Technik und Management
TOGA, TOGA .... Textil, Textiltechnik
TRIB, TRIBO .... Reibung, Schmierung,
                                                                         Verschleiß

UFOR, UFORDAT .... Umweltforschung
ULIT, ULIDAT .... Umweltliteratur
USPATFULL .... U.S. Patente
VDIN, VDl-NACHRICHTEN .... Technik, Wirtschaft, Wissen-
schaft
VWWW, VOLKSWAGEN .... Kraftfahrzeugtechnik, Ferti-
gung, Management
WELD .... Schweiß- und Fügetechnik
WEMA .... Werkstoffe / Material
WPINDEX / WPIDS .... Internationale Patente
ZDEE, ZDE .... Elektrotechnik und Elektro-
nik

2) Technisch-wirtschaftliche Informationen

ABI-INFORM .... Wirtschaftsinformationen,
Management, Marketing
BEFO, BEFO .... Betriebsführung und Be-
triebsorganisation
BFAI, BFAI .... Außenhandelsinformationen
BFAP .... Projekte im Ausland
BFAS .... Auslandsausschreibungen
BLIS, BLISS .... Betriebswirtschaft
DBSE, DBSELECT .... Öffentliche
Förderprogramme
ESDE, EURO-SELECT .... Förderprogramme der EG-
Länder und der EG
FAKT, FAKT .... Marktforschungsergebnisse
FORKAT .... Fördervorhaben
FTN .... Forschungsberichte
HBTL, HBTL .... Technik und Innovation
MIND, MIND .... Managementinfo Wirtschaft
PROD, PRODIS .... Arbeitswissenschaften
WSTD, WIRTSCHAFTS-
STRUKTUR BRD-OST .... Wirtschaftsstruktur der neuen
Bundesländer

3) Hersteller, Produkte, Kontakte

ABCD, ABC DEUTSCHLAND .... ABC der Deutschen Wirtschaft
BCON, BÜRO-CONTACT .... Die deutsche EDV-, Soft-
ware- und Büroindustrie

BDID, BDI .... BDI - Die Deutsche Industrie
BUSI, BUSINESS .... Geschäftsverbindungen
DVVC .... Deutsche Firmen
DBUM, DEUTSCHE BANK
UMWELT-DATA .... Umweltprobleme und Lö-
sungsangebote
DDRF, FIRMEN BRD-OST .... Firmen in den neuen Bundes-
ländern
DlXl, lXl .... Einkaufs- l x l der Deutschen
Industrie
EDDA, EDDA .... Elektronisches Datenbank-
verzeichnis
EURD, ABC EUROPA .... Die Europäische Export-
industrie
HOPE .... Hoppenstedt Deutschland
HOEA, HOEA .... Hoppenstedt Ostdeutschland
HSFE, HSFE .... Hochschulforschung Elektro-
technik
ISIF .... Firmen Datenbank
ISIS, ISIS .... ISIS Software Datenbank
FAIR, FAIRBASE .... Messen, Ausstellungen,
Kongresse
FOMA, FOMA .... Forschungsstellen Maschi-
nenbau
KOMD, KOMPASS Deutschland .... Einkaufen und Marketing in
Deutschland
MRAD, MRA .... Messen, Regeln, Automati-
sieren
VDMA, VDMA, VDMD .... Der Deutsche Maschinen-
und Anlagenbau
PROMT .... Marktinformationen
WLWD, WLW .... Wer liefert was?
NED, ZVEI .... ZVEI Elektro+Elektronik
Einkaufsführer

4) Normen und Richtlinien

ASTM, ASTM STANDARDS .... US-Normen für Werkstoff-
prüfung
DIPR .... Normungsvorhaben, -
projekte
DITR, DITR .... Technische Regeln, DIN
DITX .... Normungsänderungen (aktu-
eller Monat)

DJUR .... Rechtsvorschriften
ISTA, INSTAND .... Internationale Normen
JANO .... Japanische Normen
NORI, NORIANE .... Französische Normen
OENO, OENORM .... Österreichische Normen
SAST, SAE STANDARDS .... US-Normen für Fahrzeug-
technik
STDL, STANDARDLINE .... Britische Normen
USST, US STANDARDS .... US-Normen für Industrie und
Militär

5) Geowissenschaften und Rohstoffe

GEOL, GEOLINE .... Geowissenschaften
GeoRef .... Geowissenschaften
GEOS, GEOS .... Superfile
GEOLINE+MARINE-
LINE+STIMLINE
MARL, MARINELINE .... Meerestechnik
STIL, STIMLINE .... Steine, Erden, Industrie-
minerale
SESAME .... Energieforschung (Projekte)

6) Systemunterstützung und Training

ADDR, ADDRESS .... Systemparameter
APILIT, APIPAT .... Erdöl / Energie
BDIL, BD1-LEARN .... Übungsdatenbank für Pro-
dukt- und Firmen-
informationen
CROS, CROSS .... Datenbankübergreifender
Suchbegriff-Nachweis
ENERGY .... Energie und Umwelt
NEWD, NEWS .... Datenbank- und System-
informationen
PARK, PARK .... Systemdatenbank
TECL, TECLEARN .... Übungsdatenbank

Verzeichnis der Patentinformations-
und Auslegestellen in der BR Deutschland
(Stand: August 2000)

Das Verzeichnis enthält die Patentinformationszentren und -auslegestellen des Bundesgebiets, die laufend die Veröffentlichungen des Deutschen Patentamts erhalten und der Öffentlichkeit zugänglich machen.
Neben der Schutzrechtsliteratur (Offenlegungs-, Auslege-, Patent- und Gebrauchmusterschriften; auch europäische und PCT-Schriften mit Bestimmung BRD) liegen die nachfolgend genannten amtlichen Veröffentlichungen auf:

- Band 1 bis 9 der Internationalen Patentklassifikation (IPC) sowie Stich- und Schlagwortverzeichnis,
- Patentblatt des Deutschen Patentamts,
- Geschmacksmusterblatt,
- Warenzeichenblatt I und II,
- Blatt für Patent-, Muster- und Zeichenwesen,
- Patentblatt des Europäischen Patentamtes,
- Amtsblatt des Europäischen Patentamts.

Aachen:
Rheinisch-Westfälische Technische Hochschule Aachen
Hochschulbibliothek
Patentinformationszentrum, Diensträume: Jägerstraße 17 - 19
52066 Aachen,
Tel. (0241) 80 44 80
Telefax (0241) 888 8239
http://www.bth.rwth-aachen.de/piz.html

Durchführung von Patent-, Warenzeichen-, Namens- und Literatur-recherchen, Auskünfte zum Verfahrensstand, patentstatistische Konkurrenz-analysen, technische Informationsrecherchen, Beschaffung von Literatur und ausländischen Patentdokumenten.
Kostenlose Erfinderberatung jeden 2. Mittwoch im Monat von 14.15 bis 17.00 Uhr nach telefonischer Voranmeldung.

Berlin:

Deutsches Patent- und Markenamt
Dienststelle Berlin, Gitschiner Straße 97
10969 Berlin
Tel. (030) 25992 - 220 / 221
Telefax (030) 25992 - 404
http://www.patent-und-markenamt.de

Vermittlung von Online-Recherchen in den Patentdatenbanken PATDPA und PATDD; Patentfamilienrecherchen in der EPIDOS-lNPADOC-Datenbank einschließlich Rechtsstandsauskünfte; Recherchen in der Lizenzdatenbank RALF sowie in CD-ROM-Patentdatenbanken; CD-ROM Informations- und Faksimiledienste zu deutschen und internationalen Erfindungsschutzrechten.
Kostenlose Information zu Sach- und Namensrecherchen. Kostenlose Erfinderberatung jeden Donnerstag von 10.00 - 12.00 und 17.00 - 19.00 Uhr. Telefonische Voranmeldung.

Bielefeld:

Patent- und Innovations-Centrum (PIC) Bielefeld e.V.
Nikolaus-Dürkopp-Straße 11 - 13
33602 Bielefeld
Tel. (0521) 96 50 50
Telefax (0521) 96 50 519
http://www.pic.de

Technische Informationsrecherchen, Auskünfte zum Verfahrensstand, patentstatistische Konkurrenzanalysen, Online-Recherchen in nationalen und internationalen Patent und Literatur-Datenbanken, Überwachungen.
Seminare über die Nutzung von Patentdatenbanken.
Kostenlose Erfinderberatung jeden 1. Mltwoch im Monat von 16.00 -18.00 nach telefonischer Voranmeldung.

Bonn:

BMBF Bundesministerium für Bildung, Wissenschaft, Forschung und Technology
Innovationsstimulierung der deutschen Wirtschaft, Projektmanagement Köln
Gustav-Heinemann-Ufer 84 - 85
50968 Köln
Tel. (0221) 376 5516
Telefax (0221) 376 5556
http://www.insti.de

Technische Informationsrecherchen, Auskünfte zum Verfahrensstand, patent-statistische Konkurrenzanalysen, Online-Recherchen in nationalen und internationalen Patent und Literatur-Datenbanken.
Telefonische Voranmeldung.

Bremen:
Hochschule Bremen
Patent- u. Normen-Zentrum
Neustadtswall 30
28199 Bremen
Tel. (0421) 59 05 - 225
Telefax (0421) 59 05 625
http://www.ries@hs-bremen.de

Online-Service: Patentrollenauskünfte, Datenbankrecherchen zu Schutzrechten, Überwachung von Klassen, Auskunft zum Verfahrensstand, Stand der Technik, Warenzeichen-Recherchen, Literatur-Recherchen.
Kostenlose Erfinderberatung jeden 1. Donnerstag im Monat von 15.30 - 17.00 in der Handelskammer, Hinter dem Schütting, 28195 Bremen, Tel. (0421) 36 37 - 238, telefonische Voranmeldung erforderlich.

Chemnitz:
Technische Universität Chemnitz-Zwickau
Universitätsbibliothek, Patentinformationszentrum
Bahnofstraße 8
09120 Chemnitz
Tel. (0371) 53 08 976
Telefax (0371) 53 08 976
http://www.bibliothek.tu-chemnitz.de/ser.html#piz

Online-Recherchen in Patentdatenbanken; Nutzerschulungen.
Kostenlose Erfindererstberatung jeden 2. Mittwoch eines Monats durch Patentanwälte 12.30 - 16.00 Uhr.

Darmstadt:
Technische Hochschule Darmstadt
Hessische Landes- und Hochschulbibliothek
Patentinformationszentrum
Schöfferstraße 8
64295 Darmstadt
Tel. (06151) 16 54 27 oder 16 55 27

Telefax (06151) 16 55 28
http://www.patent.fh-darmstadt.de

Online-Recherchen in Patent-, Warenzeichen-, Normen und anderen technischen Datenbanken, Auskunft zum Verfahrensstand, technische Informationsrecherchen, patentstatistische Konkurrenzanalysen, Patentfamilien, Überwachungen. Kostenfreie Beratung zu Patentdatenbanken und Recherchenfragen.
Kostenlose Erfinderberatung jeden 1. Dienstag im Monat nach telefonischer Voranmeldung.

Dortmund:

Universitätsbibliothek Dortmund
Informationszentrum Technik und Patente
Vogelpothsweg 76
44227 Dortmund (Eichlinghofen)
Tel. (0231) 755-4014
Telefax (0231) 756902
http://www.ub.uni-dortmund.de/itp/itp.htm

Auftragsrecherchen und Literaturbeschaffungsdienst: Tel. (0231) 755-4068

Auskünfte zum Verfahrensstand von Patent- und Gebrauchsmusteranmeldungen aus den Datenbanken des Deutschen und Europäischen Patentamtes. Einführung von Benutzern in Recherchetechniken, Schulungen.
Auftragsrecherchen im Bestand und in ONLINE-Datenbanken: Patentinformationsrecherchen, Patentfamilienrecherchen, Namensrecherchen (Anmelder bzw. Erfinder), Überwachungsrecherchen, Stichwortrecherchen, patentstatistische Analysen, Neuheitsrecherchen; Literaturbeschaffungsdienst.
Erfinderberatung an jedem 1. und 3. Mittwoch im Monat von 14.00-16.00 nach telefonischer Voranmeldung unter (0231) 755-4014).

Dresden:

Technische Universität
Universitätsbibliothek - Patentinformationszentrum
Nöthnitzer Str. 60, Flachbau 46
Flachbau 11
Tel. (0351) 463-2791
Telefax (0351) 463-7136
http://www.tu-dresden.de/piz

Online-Recherchen in Patent- und Literaturdatenbanken; Online-Recherchen in Patentdatenbanken: Durchführung von Patent-, Namens-, Familien- und Überwachungsrecherchen sowie technische Informationsrecherchen; Beratung mit Hilfestellung bei selbständigem Recherchieren in der Schriftensammlung und in CD-ROM; Durchführung von Schulungen im Patentwesen.
Kostenlose Erfinder-Erstberatung jeden Donnerstag von 16.00 - 19.00 nach telefonischer Voranmeldung.

Halle:
MIPO-GmbH; Informations-, Patent-, Online-Service Halle
Rudolf-Breitscheid-Str. 63
06112 Halle / Saale
Tel. (0345) 50 21 67 oder -68, -69, -70
Telefax (0345) 202 47 28
http://www.mda.de/mipo-halle

Einzelrecherchen, laufende Überwachung, Analogrecherchen; Stand der Technik, schutzrechtsrelevante Recherchen und Auskünfte (u. a. Patentrolle); statistische Recherchen und grafische Übersichten.
Analysen / Managementinformation: Marktbeobachtung, Patentstatistische Trend- Länder- und Wettbewerberanalysen, Wirtschaftsinformationen.
Erfinderberatungen, monatlich, kostenlos; Seminare und Host- und DB-Trainingskurse, Nutzerberatungen.

Hamburg:
Handelskammer
IPC Innovations- und Patent-Centrum
Börse
Adolphsplatz 1
20457 Hamburg
Tel. (040) 3613 83 76
Telefax (040) 3613 82 70
http://www.Kuckartz@hamburg.handelskammer.de

Patentschriftenbeschaffung möglich; Literatur zum gewerblichen Rechtsschutz, Patent- und Gebrauchsmusterrolle, Online-Recherchen in Datenbanken (Patentwesen, Ingenieurwesen, Wirtschaft und Naturwissenschaften); Durchführung von Patent-, Namens- und Literaturrecherchen, Auskünfte zum Verfahrensstand, Patentstatistische Konkurrenzanalysen, Technische Informationsrecherchen, Kooperations- und Lizenzvermittlung. Durchführung von Seminaren im Patentwesen.

Patentanmeldungen per Telefax an das Deutsche Patentamt. Auskünfte zum Verfahrensstand von Patentanmeldungen.
Kostenlose Erfinderberatung jeden Donnerstag von 14.00 - 15.00 Uhr.

Hannover:
Universitätsbibliothek Hannover und Technische Informationsbibliothek (UB/TIB),
Lesesaal PIN (Patente, Informationen, Normen)
Welfengarten 1 B
30167 Hannover
Tel. (0511) 762-3415
Telefax (0511) 71 59 36
http://www.tib.uni-hannover.de/allginfo/patente.htm

Kostenlose Erfinderberatung bei der IHK Hannover-Hildesheim, Schiff-
graben 49, 30159 Hannover, jeden 1. und 3. Mittwoch im Monat von 14.00
- 16.00. Voranmeldung unter Telefon: (0511) 31 07-275.
Erfinderförderung und -beratung durch das Erfinderzentrum Norddeutsch-
land, Hindenburgstraße 27, 30175 Hannover, Telefon: (0511) 81 30 51.
Recherchen in Patent- und Literaturdatenbanken, technische Informations-
recherchen, patentstatistische Analysen.

Hof:
TIZ-Technisches Informationszentrum
Patentschriften- und Normenauslage
Fabrikzeile 21
95028 Hof
Tel. (09281) 73 75 55
Telefax (09281) 400 50

Zugriffsmöglichkeit über Datenterminal zu Datenbanken (Patentwesen, In-
genieur- und Naturwissenschaften, usw.) und über Fernkopierer auf den
Schriftenbestand des Patentinformationszentrums Nürnberg.
Durchführung von Patent-, Warenzeichen- und Literaturrecherchen, Aus-
kunft zum Verfahrensstand, technische Informationsrecherchen (in Verbin-
dung mit dem Patentinformationszentrum Nürnberg).
Kostenlose Erfinderauskunft am 1. Donnerstag in jedem geraden Monat ab
16.00 ebenfalls in Verbindung mit dem Patentinformationszentrum Nürn-
berg.

Ilmenau:
Technische Universität Ilmenau
Universitätsbibliothek
Patentinformationszentrum und Online-Dienste (PATON)
Langewiesener Straße 37
98693 Ilmenau
Tel. (03677) 69 45 72
Telefax (03677) 69 45 38
http://www.patent-inf.tu-ilmenau.de

Online-Recherchen in Patent-, Wirtschafts-, Literatur- und juristischen Datenbanken (Erstellen von Recherchenberichten); Patentanalysen (inhaltliche und patentstatistische Fachgebiets- und Unternehmensanalysen); Rechtsstandsauskünfte, Patentfamilienrecherchen, laufende Überwachungen (SDI).
Recherchen in Wirtschaftsdatenbanken, besonders deutsche und internationale Unternehmensprofile und -verflechtungen, Markt- und Produktinformationen, Auswertung nationaler und internationaler Wirtschaftspresse.
Recherchen in Literaturdatenbanken, Informationen zu deutschen und internationalen Förderprogrammen und wissenschaftlichen Einrichtungen.
Juristische Informationen zu Rechtsprechung, Verwaltungsvorschriften und Normen sowie Auswertung juristischer Literatur.
Kostenlose Erfinderberatung.
STN-Schulungszentrum: Seminare zu Patentinformation- und Online-Recherchen in Patent- und Literaturdatenbanken.

Jena:
Friedrich-Schiller-Universität
Patentinformationsstelle
Schillerstraße 2
07743 Jena
Tel. (03641) 94 70 20
Telefax (03641) 94 70 22
http://www.uni-jena,de/patente/l

Online-Recherchen in Patent-, Literatur- und Wirtschaftsdatenbanken; Rechercheberatung und -durchführung; Zugriff auf den Schriftenbestand des Patentinformationszentrums Ilmenau über Fernkopierer. Online-Zugriff auf EDV-ROLLE, DPA und EPA.
Schulung zu Online-Recherchen und CD-ROM-Nutzung. Kostenlose Erfindererstberatung. Beschaffung von Patentdokumenten.

Kaiserslautern:

Kontaktstelle für Information und Technologie (KIT) an der Universität Kaiserslautern
Patentinformationszentrum, Gebäude 32
Paul-Ehrlich-Straße
67663 Kaiserslautern
Tel. (0631) 205 21 72
Telefax (0631) 205 29 25
http://www.uni-kl.de/kit/piz

Beschaffung von Patentdokumenten (auch über Telefax), Vermittlung von technischer Information (Recherchen in der Schriftensammlung und in internationalen Datenbanken, Recherchen zum Stand der Technik) und Rechtsstandsinformation.
Recherchen wie Patentfamilienrecherchen, Namensrecherchen, Überwachungsrecherchen. Patentstatistische Analysen wie Konkurrenzanalysen, Unternehmensprofile, Trends, Herkunftsländer, Zielmärkte. Warenzeichenrecherchen. Beratung und Hilfestellung bei selbständigem Recherchieren in der Schriftensammlung.
Kostenlose Erfinderberatung jeden 1. Donnerstag im Monat nach telefonischer Voranmeldung.

Karlsruhe:

Landesgewerbeamt Baden-Württemberg
Direktion Karlsruhe
Patentinformationsstelle
Karl-Friedrich-Str. 17
76133 Karlsruhe
Tel. (0721) 926 40 54
Telefax (0721) 926 40 20
http://www.lgabw.de/erz

Online-Recherchen in Patent- und Literaturdatenbanken, Auskünfte zum Verfahrensstand von Patentanmeldungen. Zugriff auf den Schriftenbestand des Patentinformationszentrums Stuttgart über Fernkopierer.
Kostenlose Erfinderberatung an jedem 1. Donnerstag im Monat von 14.00 - 16.00 Uhr.

Kassel:

Gesamthochschul-Bibliothek
Patentinformationszentrum
Diagonale 10
34127 Kassel
Tel.: (0561) 80 434 80 und 80 434 82
Telefax (0561) 80 434 27
http://www.uni-kassel.de/piz

Online-Recherchen in Patent-, Warenzeichen- und Literaturdatenbanken, technische Informationsrecherchen, patentstatistische Konkurrenzanalysen, Auskunft zum Verfahrensstand, Überwachungsrecherchen. Zugriff auf den Schriftenbestand des Patentinformationszentrums Darmstadt über Fernkopierer. Kostenfreie Beratung zu Patentdatenbanken und Recherchenfragen. Kostenlose Erfinderberatung nach telefonischer Voranmeldung.

Kiel:

Technologie-Transfer-Zentrale Schleswig-Holstein
Patentinformationsstelle
Lorentzendamm 22
24103 Kiel
Tel. (0431) 51 962 22
Telefax: (0431) 51 962 33
http://www.ttzsh.de/ttz-sh/patis.html

Durchführung von Patentrecherchen, technischen Informationsrecherchen, Starid der Technik-Recherchen, patentstatislischen Konkurrenzanalysen; Auskünfte zum Verfahrensstand von Schutzrechten; Zugriff auf den Schriftenbestand des Patentinformationszentrums Hamburg.
Kostenlose Erfinderberatung. Termin nach telefonischer Rücksprache.

Krefeld:

Fachhochschule Niederrhein
Fachbibliothek Chemie
Frankenring 20
47798 Krefeld
Tel. (02151) 822 179
Telefax (02151) 822 159
piz-krefeld@kr.fh-niederrhein.de

Leipzig:
Agentur für Innovationsförderung und Technologietransfer
Patentinformationsstelle
Goerdelerring 5
04109 Leipzig
Tel. (0341) 126 74 56
Telefax (0341) 126 74 89
agil@leipzig.ihk.de

Magdeburg:
Technische Universität "Otto von Guericke" Magdeburg
Universitätsbibliothek Patentinformationszentrum
Universitätsplatz 2
39106 Magdeburg
Tel. (0391) 67 12 979 / -596
Telefax: (0391) 67 12 913
http://www.uni-magdeburg.de/uni/patent/patent.html

Online-Recherchen in den Datenbanken: EPIDOS-INPADOC, PATDPA, INPAMONITOR; Datenbankzeit: variabel; Nutzerberatung, Nutzerschulungen.
Kostenlose Erfindererstberatung: Dienstag 15.00 - 18.00 Uhr.

München:
Deutsches Patent- und Markenamt
Zweibrückenstraße 12
80331 München
Tel. (089) 21 95 34 02
Telefax (089) 2195 22 21
http://www.patent-und-markenamt.de

Vermittlung von Online-Recherchen in der Patentdatenbank PATDPA und PATDD; Patentfamilienrecherchen in der EPIDOS-INPADOC-Datenbank einschließlich Rechtsstandsauskünfte; Online-Recherchen in der Lizenzdatenbank RALF; kostenloser Auskunftsdienst zur Nutzung der Sammlungen.
Kostenlose Erfinderberatung jeden Mittwoch von 9.30 - 12.00 in der Auskunftsstelle nach telefonischer Voranmeldung unter Tel. (089) 21 95-23 54.

Nürnberg:
Landesgewerbeanstalt Bayern
Patentinformationszentrum
Tillystraße 2
90431 Nürnberg
Tel. (0911) 655 49 38
Telefax (0911) 655 49 29
http://www.lga.de/piz.htm

Zugriffsmöglichkeit über Datenterminal zu Datenbanken (Patentwesen, Ingenieurwesen und Naturwissenschaften, Bauwesen, Wirtschaft, Recht usw.).
Durchführung von Patent-, Warenzeichen-, Namens- und Literaturrecherchen, Auskünfte zum Verfahrensstand, patentstatistische Konkurrenzanalysen, technische Informationsrecherchen.
Kostenlose Erfinderberatung jeden 1. Donnerstag im Monat ab 17.00 nach telefonischer Voranmeldung.

Rostock:
Universität Rostock
Universitätsbibliothek - Patentinformationszentrum
Richard-Wagner-Str. 31 (Haus 1)
18119 Rostock-Warnemünde
Tel. (0381) 498 23 88
Telefax: (0381) 498 23 89
http://www.uni-rostock.de/ub/piz.htm

Durchführung von Patent-, Warenzeichen-, Namens- und Literaturrecherchen. Auskünfte zum Verfahrensstand, patentstatistische Konkurrenzanalysen, technische Informationsrecherchen.
Kostenlose Erfinderberatung und Nutzerschulung nach telefonischer Anmeldung.

Saarbrücken:
Zentrale für Produktivität und Technologie Saar e.V.
Patentinformationszentrum
Franz-Josef-Röder-Str. 9
66119 Saarbrücken
Tel. (0681) 5 20 04 und 95 20 461
Telefax: (0681) 58 31 50

Beschaffung von Patentdokumenten, Online-Recherchen aus Patent- und Literaturdatenbanken, Warenzeichenrecherchen, Auskunft zum Verfahrens-

stand von Schutzrechten.
Kostenlose Erfinderberatung nach telefonischer Vereinbarung.

Schwerin:
Technologie- und Gewerbezentrum Schwerin / Wismar
Patentinformationsstelle
Hagenower Str. 73
19061 Schwerin
Tel. (0385) 399 31 40
Telefax (0385) 399 32 40
pl@sn.imv.de

Vermittlung der Bestände und Leistungen des Patentinformationszentrums
Rostock, Bearbeitung von Recherchen zu Schutzrechten und Normen.
Unentgeltliche Erfinderberatung durch Patentanwälte jeden 1. Donnerstag
im Monat 14.00 - 17.00 Uhr, Auskünfte und Antragsberatung zur Erfinder-
förderung des Landes Mecklenburg-Vorpommern.

Stuttgart:
Landesgewerbeamt Baden-Württemberg
Haus der Wirtschaft
Willi-Bleicher-Str. 19
70174 Stuttgart 1
Tel. (0711) 123 25 58 / 25 55
Telefax (0711) 123 25 60

Online-Recherchen aus Patent- und Literaturdatenbanken, Durchführung
von Patentrecherchen, Auskünfte zum Verfahrensstand von Patentan-
meldungen, Online-Familienrecherchen aus der EPIDOS-INPADOC-Da-
tenbank, Dokumenten-Lieferung über Fernkopierer.
Kostenlose Erfinderberatung jeden Donnerstag von 10.30 - 12.00 Uhr.

Gesetz
über Arbeitnehmererfindungen

vom 25. Juli 1957

Erster Abschnitt: Anwendungsbereich und Begriffsbestimmungen

§ 1

Anwendungsbereich

Diesem Gesetz unterliegen die Erfindungen und technischen Verbesserungsvorschläge von Arbeitnehmern im privaten und im öffentlichen Dienst, von Beamten und Soldaten.

§ 2

Erfindungen

Erfindungen im Sinne dieses Gesetzes sind nur Erfindungen, die patent- oder gebrauchsmusterfähig sind.

§ 3

Technische Verbesserungsvorschläge

Technische Verbesserungsvorschläge im Sinne dieses Gesetzes sind Vorschläge für sonstige technische Neuerungen, die nicht patent- oder gebrauchsmusterfähig sind.

§ 4

Diensterfindungen und freie Erfindungen

(1) Erfindungen von Arbeitnehmern im Sinne dieses Gesetzes können gebundene oder freie Erfindungen sein.

(2) Gebundene Erfindungen (Diensterfindungen) sind während der Dauer des Arbeitsverhältnisses gemachte Erfindungen, die entweder
   1. aus der dem Arbeitnehmer im Betrieb oder in der öffentlichen Verwaltung obliegenden Tätigkeit entstanden sind oder
   2. maßgeblich auf Erfahrungen oder Arbeiten des Betriebes oder der öffentlichen Verwaltung beruhen.

(3) Sonstige Erfindungen von Arbeitnehmern sind freie Erfindungen. Sie unterliegen jedoch den Beschränkungen der §§ 18 und 19.

(4) Die Absätze 1 bis 3 gelten entsprechend für Erfindungen von Beamten und Soldaten.

**Zweiter Abschnitt: Erfindungen und technische Verbesserungs-
vorschläge von Arbeitnehmern im privaten
Dienst**

1. Diensterfindungen

§ 5

Meldepflicht

(1) Der Arbeitnehmer, der eine Diensterfindung gemacht hat, ist verpflichtet, sie unverzüglich dem Arbeitgeber gesondert schriftlich zu melden
und hierbei kenntlich zu machen, daß es sich um die Meldung einer
Erfindung handelt. Sind mehrere Arbeitnehmer an dem Zustandekommen der Erfindung beteiligt, so können sie die Meldung gemeinsam
abgeben. Der Arbeitgeber hat den Zeitpunkt des Eingangs der Meldung dem Arbeitnehmer unverzüglich schriftlich zu bestätigen.

(2) In der Meldung hat der Arbeitnehmer die technische Aufgabe, ihre
Lösung und das Zustandekommen der Diensterfindung zu beschreiben. Vorhandene Aufzeichnungen sollen beigefügt werden, soweit sie
zum Verständnis der Erfindung erforderlich sind. Die Meldung soll
dem Arbeitnehmer dienstlich erteilte Weisungen oder Richtlinien, die
benutzten Erfahrungen oder Arbeiten des Betriebes, die Mitarbeiter
sowie Art und Umfang ihrer Mitarbeit angeben und soll hervorheben,
was der meldende Arbeitnehmer als seinen eigenen Anteil ansieht.

(3) Eine Meldung, die den Anforderungen des Absatzes 2 nicht entspricht,
gilt als ordnungsgemäß, wenn der Arbeitgeber nicht innerhalb von zwei
Monaten erklärt, daß und in welcher Hinsicht die Meldung einer Ergänzung bedarf. Er hat den Arbeitnehmer, soweit erforderlich, bei der
Ergänzung der Meldung zu unterstützen.

§ 6

Inanspruchnahme

(1) Der Arbeitgeber kann eine Diensterfindung unbeschränkt oder beschränkt in Anspruch nehmen.

(2) Die Inanspruchnahme erfolgt durch schriftliche Erklärung gegenüber
dem Arbeitnehmer. Die Erklärung soll sobald wie möglich abgegeben
werden; sie ist spätestens bis zum Ablauf von vier Monaten nach Eingang der ordnungsgemäßen Meldung (§ 5 Abs. 2 und 3) abzugeben.

§ 7

Wirkung der Inanspruchnahme

(1) Mit Zugang der Erklärung der unbeschränkten Inanspruchnahme gehen alle Rechte an der Diensterfindung auf den Arbeitgeber über.

(2) Mit Zugang der Erklärung der beschränkten Inanspruchnahme erwirbt

der Arbeitgeber nur ein nichtausschließliches Recht zur Benutzung der Diensterfindung. Wird durch das Benutzungsrecht des Arbeitgebers die anderweitige Verwertung der Diensterfindung durch den Arbeitnehmer unbillig erschwert, so kann der Arbeitnehmer verlangen, daß der Arbeitgeber innerhalb von zwei Monaten die Diensterfindung entweder unbeschränkt in Anspruch nimmt oder sie dem Arbeitnehmer freigibt.

(3) Verfügungen, die der Arbeitnehmer über eine Diensterfindung vor der Inanspruchnahme getroffen hat, sind dem Arbeitgeber gegenüber unwirksam, soweit seine Rechte beeinträchtigt werden.

§ 8
Frei gewordene Diensterfindungen
(1) Eine Diensterfindung wird frei,
   1. wenn der Arbeitgeber sie schriftlich freigibt;
   2. wenn der Arbeitgeber sie beschränkt in Anspruch nimmt, unbeschadet des Benutzungsrechts des Arbeitgebers nach § 7 Abs. 2;
   3. wenn der Arbeitgeber sie nicht innerhalb von vier Monaten nach Eingang der ordnungsgemäßen Meldung (§ 5 Abs. 2 und 3) oder im Falle des § 7 Abs. 2 innerhalb von zwei Monaten nach dem Verlangen des Arbeitnehmers in Anspruch nimmt.

(2) Über eine frei gewordene Diensterfindung kann der Arbeitnehmer ohne die Beschränkungen der §§ 18 und 19 verfügen.

§ 9
Vergütung bei unbeschränkter Inanspruchnahme
(1) Der Arbeitnehmer hat gegen den Arbeitgeber einen Anspruch auf angemessene Vergütung, sobald der Arbeitgeber die Diensterfindung unbeschränkt in Anspruch genommen hat.

(2) Für die Bemessung der Vergütung sind insbesondere die wirtschaftliche Verwertbarkeit der Diensterfindung, die Aufgaben und die Stellung des Arbeitnehmers im Betrieb sowie der Anteil des Betriebes an dem Zustandekommen der Diensterfindung maßgebend.

§ 10
Vergütung bei beschränkter Inanspruchnahme
(1) Der Arbeitnehmer hat gegen den Arbeitgeber einen Anspruch auf angemessene Vergütung, sobald der Arbeitgeber die Diensterfindung beschränkt in Anspruch genommen hat und sie benutzt. § 9 Abs. 2 ist entsprechend anzuwenden.

(2) Nach Inanspruchnahme der Diensterfindung kann sich der Arbeitgeber dem Arbeitnehmer gegenüber nicht darauf berufen, daß die Erfindung zur Zeit der Inanspruchnahme nicht schutzfähig gewesen sei, es sei denn, daß sich dies aus einer Entscheidung des Patentamts oder eines

Gerichts ergibt. Der Vergütungsanspruch des Arbeitnehmers bleibt unberührt, soweit er bis zur rechtskräftigen Entscheidung fällig geworden ist.

§ 11

Vergütungsrichtlinien

Der Bundesminister für Arbeit erläßt nach Anhörung der Spitzenorganisationen der Arbeitgeber und der Arbeitnehmer (§ 10a des Tarifvertragsgesetzes) Richtlinien über die Bemessung der Vergütung.

§ 12

Feststellung oder Festsetzung der Vergütung

(1) Die Art und Höhe der Vergütung soll in angemessener Frist nach Inanspruchnahme der Diensterfindung durch Vereinbarung zwischen dem Arbeitgeber. und dem Arbeitnehmer festgestellt werden.

(2) Wenn mehrere Arbeitnehmer an der Diensterfindung beteiligt sind, ist die Vergütung für jeden gesondert festzustellen. Die Gesamthöhe der Vergütung und die Anteile der einzelnen Erfinder an der Diensterfindung hat der Arbeitgeber den Beteiligten bekanntzugeben.

(3) Kommt eine Vereinbarung über die Vergütung in angemessener Frist nach Inanspruchnahme der Diensterfindung nicht zustande, so hat der Arbeitgeber die Vergütung durch eine begründete schriftliche Erklärung an den Arbeitnehmer festzusetzen und entsprechend der Festsetzung zu zahlen. Bei unbeschränkter Inanspruchnahme der Diensterfindung ist die Vergütung spätestens bis zum Ablauf von drei Monaten nach Erteilung des Schutzrechts, bei beschränkter Inanspruchnahme spätestens bis zum Ablauf von drei Monaten nach Aufnahme der Benutzung festzusetzen.

(4) Der Arbeitnehmer kann der Festsetzung innerhalb von zwei Monaten durch schriftliche Erklärung widersprechen, wenn er mit der Festsetzung nicht einverstanden ist. Widerspricht er nicht, so wird die Festsetzung für beide Teile verbindlich.

(5) Sind mehrere Arbeitnehmer an der Diensterfindung beteiligt, so wird die Festsetzung für alle Beteiligten nicht verbindlich, wenn einer von ihnen der Festsetzung mit der Begründung widerspricht, daß sein Anteil an der Diensterfindung unrichtig festgesetzt sei. Der Arbeitgeber ist in diesem Falle berechtigt, die Vergütung für alle Beteiligten neu festzusetzen.

(6) Arbeitgeber und Arbeitnehmer können voneinander die Einwilligung in eine andere Regelung der Vergütung verlangen, wenn sich Umstände wesentlich ändern, die für die Feststellung oder Festsetzung der Vergütung maßgebend waren. Rückzahlung einer bereits geleisteten Vergütung kann nicht verlangt werden. Die Absätze 1 bis 5 sind nicht anzuwenden.

§ 13
Schutzrechtsanmeldung im Inland

(1) Der Arbeitgeber ist verpflichtet und allein berechtigt, eine gemeldete Diensterfindung im Inland zur Erteilung eines Schutzrechts anzumelden. Eine patentfähige Diensterfindung hat er zur Erteilung eines Patents anzumelden, sofern nicht bei verständiger Würdigung der Verwertbarkeit der Erfindung der Gebrauchsmusterschutz zweckdienlicher erscheint. Die Anmeldung hat unverzüglich zu geschehen.

(2) Die Verpflichtung des Arbeitgebers zur Anmeldung entfällt,
1. wenn die Diensterfindung frei geworden ist (§ 8 Abs. 1);
2. wenn der Arbeitnehmer der Nichtanmeldung zustimmt;
3. wenn die Voraussetzungen des § 17 vorliegen.

(3) Genügt der Arbeitgeber nach unbeschränkter Inanspruchnahme der Diensterfindung seiner Anmeldepflicht nicht und bewirkt er die Anmeldung auch nicht innerhalb einer ihm vom Arbeitnehmer gesetzten angemessenen Nachfrist, so kann der Arbeitnehmer die Anmeldung der Diensterfindung für den Arbeitgeber auf dessen Namen und Kosten bewirken.

(4) Ist die Diensterfindung frei geworden, so ist nur der Arbeitnehmer berechtigt, sie zur Erteilung eines Schutzrechts anzumelden, Hatte der Arbeitgeber die Diensterfindung bereits zur Erteilung eines Schutzrechts angemeldet, so gehen die Rechte aus der Anmeldung auf den Arbeitnehmer über.

§ 14
Schutzrechtsanmeldung im Ausland

(1) Nach unbeschränkter Inanspruchnahme der Diensterfindung ist der Arbeitgeber berechtigt, diese auch im Ausland zur Erteilung von Schutzrechten anzumelden.

(2) Für ausländische Staaten, in denen der Arbeitgeber Schutzrechte nicht erwerben will, hat er dem Arbeitnehmer die Diensterfindung freizugeben und ihm auf Verlangen den Erwerb von Auslandsschutzrechten zu ermöglichen. Die Freigabe soll so rechtzeitig vorgenommen werden, daß der Arbeitnehmer die Prioritätsfristen der zwischenstaatlichen Verträge auf dem Gebiet des gewerblichen Rechtsschutzes ausnutzen kann.

(3) Der Arbeitgeber kann sich gleichzeitig mit der Freigabe nach Absatz 2 ein nicht ausschließliches Recht zur Benutzung der Diensterfindung in den betreffenden ausländischen Staaten gegen angemessene Vergütung vorbehalten und verlangen, daß der Arbeitnehmer bei der Verwertung der freigegebenen Erfindung in den betreffender ausländischen Staaten die Verpflichtungen des Arbeitgebers aus den im Zeitpunkt der Freigabe bestehenden Verträgen über die Diensterfindung gegen angemessene Vergütung berücksichtigt.

§ 15
Gegenseitige Rechte und Pflichten beim Erwerb von Schutzrechten

(1) Der Arbeitgeber hat dem Arbeitnehmer zugleich mit der Anmeldung der Diensterfindung zur Erteilung eines Schutzrechts Abschriften der Anmeldeunterlagen zu geben. Er hat ihn von dem Fortgang des Verfahrens zu unterrichten und ihm auf Verlangen Einsicht in den Schriftwechsel zu gewähren.

(2) Der Arbeitnehmer hat den Arbeitgeber auf Verlangen beim Erwerb von Schutzrechten zu unterstützen und die erforderlichen Erklärungen abzugeben.

§ 16
Aufgabe der Schutzrechtsanmeldung oder des Schutzrechts

(1) Wenn der Arbeitgeber vor Erfüllung des Anspruchs des Arbeitnehmers auf angemessene Vergütung die Anmeldung der Diensterfindung zur Erteilung eines Schutzrechts nicht weiterverfolgen oder das auf die Diensterfindung erteilte Schutzrecht nicht aufrechterhalten will, hat er dies dem Arbeitnehmer mitzuteilen und ihm auf dessen Verlangen und Kosten das Recht zu übertragen sowie die zur Wahrung des Rechts erforderlichen Unterlagen auszuhändigen.

(2) Der Arbeitgeber ist berechtigt, das Recht aufzugeben, sofern der Arbeitnehmer nicht innerhalb von drei Monaten nach Zugang der Mitteilung die Übertragung des Rechts verlangt.

(3) Gleichzeitig mit der Mitteilung nach Absatz 1 kann sich der Arbeitgeber ein nichtausschließliches Recht zur Benutzung der Diensterfindung gegen angemessene Vergütung vorbehalten.

§ 17
Betriebsgeheimnisse

(1) Wenn berechtigte Belange des Betriebes es erfordern, eine gemeldete Diensterfindung nicht bekanntwerden zu lassen, kann der Arbeitgeber von der Erwirkung eines Schutzrechts absehen, sofern er die Schutzfähigkeit der Diensterfindung gegenüber dem Arbeitnehmer anerkennt.

(2) Erkennt der Arbeitgeber die Schutzfähigkeit der Diensterfindung nicht an, so kann er von der Erwirkung eines Schutzrechts absehen, Wenn er zur Herbeiführung einer Einigung über die Schutzfähigkeit der Diensterfindung die Schiedsstelle (§ 29) anruft.

(3) Bei der Bemessung der Vergütung für eine Erfindung nach Absatz 1 sind auch die wirtschaftlichen Nachteile zu berücksichtigen, die sich für den Arbeitnehmer daraus ergeben, daß auf die Diensterfindung kein Schutzrecht erteilt worden ist.

2. Freie Erfindungen

§ 18

Mitteilungspflicht

(1) Der Arbeitnehmer, der während der Dauer des Arbeitsverhältnisses eine freie Erfindung gemacht hat, hat dies dem Arbeitgeber unverzüglich schriftlich mitzuteilen. Dabei muß über die Erfindung und, wenn dies erforderlich ist, auch über ihre Entstehung soviel mitgeteilt werden, daß der Arbeitgeber beurteilen kann, ob die Erfindung frei ist.

(2) Bestreitet der Arbeitgeber nicht innerhalb von drei Monaten nach Zugang der Mitteilung durch schriftliche Erklärung an den Arbeitnehmer, daß die ihm mitgeteilte Erfindung frei sei, so kann er die Erfindung nicht mehr als Diensterfindung in Anspruch nehmen.

(3) Eine Verpflichtung zur Mitteilung freier Erfindungen besteht nicht, wenn die Erfindung offensichtlich im Arbeitsbereich des Betriebes des Arbeitgebers nicht verwendbar ist.

§ 19

Anbietungspflicht

(1) Bevor der Arbeitnehmer eine freie Erfindung während der Dauer des Arbeitsverhältnisses anderweitig verwertet, hat er zunächst dem Arbeitgeber mindestens ein nichtausschließliches Recht zur Benutzung der Erfindung zu angemessenen Bedingungen anzubieten, wenn die Erfindung im Zeitpunkt des Angebots in den vorhandenen oder vorbereiteten Arbeitsbereich des Betriebes des Arbeitgebers fällt. Das Angebot kann gleichzeitig mit der Mitteilung nach § 18 abgegeben werden.

(2) Nimmt der Arbeitgeber das Angebot innerhalb von drei Monaten nicht an, so erlischt das Vorrecht.

(3) Erklärt sich der Arbeitgeber innerhalb der Frist des Absatzes 2 zum Erwerb des ihm angebotenen Rechts bereit, macht er jedoch geltend, daß die Bedingungen des Angebots nicht angemessen seien, so setzt das Gericht auf Antrag des Arbeitgebers oder des Arbeitnehmers die Bedingungen fest.

(4) Der Arbeitgeber oder der Arbeitnehmer kann eine andere Festsetzung der Bedingungen beantragen, wenn sich Umstände wesentlich ändern, die für die vereinbarten oder festgesetzten Bedingungen maßgebend waren.

3. Technische Verbesserungsvorschläge

§ 20

(1) Für technische Verbesserungsvorschläge, die dem Arbeitgeber eine ähnliche Vorzugsstellung gewähren wie ein gewerbliches Schutzrecht, hat der Arbeitnehmer gegen den Arbeitgeber einen Anspruch auf angemessene Vergütung, sobald dieser sie verwertet. Die Bestimmungen der § § 9 und 12 sind sinngemäß anzuwenden.

(2) Im übrigen bleibt die Behandlung technischer Verbesserungsvorschläge der Regelung durch Tarifvertrag oder Betriebsvereinbarung überlassen.

4. Gemeinsame Bestimmungen

§ 21

Erfinderberater

(1) In Betrieben können durch Übereinkunft zwischen Arbeitgeber und Betriebsrat ein oder mehrere Erfinderberater bestellt werden.

(2) Der Erfinderberater soll insbesondere den Arbeitnehmer bei der Abfassung der Meldung (§ 5) oder der Mitteilung (§ 18) unterstützen sowie auf Verlangen des Arbeitgebers und des Arbeitnehmers bei der Ermittlung einer angemessenen Vergütung mitwirken.

§ 22

Unabdingbarkeit

Die Vorschriften dieses Gesetzes können zuungunsten des Arbeitnehmers nicht abgedungen werden. Zulässig sind jedoch Vereinbarungen über Diensterfindungen nach ihrer Meldung, über freie Erfindungen und technische Verbesserungsvorschläge (§ 20 Abs. 1) nach ihrer Mitteilung.

§ 23

Unbilligkeit

(1) Vereinbarungen über Diensterfindungen, freie Erfindungen oder technische Verbesserungsvorschläge (§ 20 Abs. 1), die nach diesem Gesetz zulässig sind, sind unwirksam, soweit sie in erheblichem Maße unbillig sind. Das gleiche gilt für die Festsetzung der Vergütung (§ 12 Abs. 4).

(2) Auf die Unbilligkeit einer Vereinbarung oder einer Festsetzung der Vergütung können sich Arbeitgeber und Arbeitnehmer nur berufen, wenn sie die Unbilligkeit spätestens bis zum Ablauf von sechs Monaten nach Beendigung des Arbeitsverhältnisses durch schriftliche Erklärung gegenüber dem anderen Teil geltend machen.

§ 24

Geheimhaltungspflicht

(1) Der Arbeitgeber hat die ihm gemeldete oder mitgeteilte Erfindung eines Arbeitnehmers so lange geheimzuhalten, als dessen berechtigte Belange dies erfordern.

(2) Der Arbeitnehmer hat eine Diensterfindung so lange geheimzuhalten, als sie nicht frei geworden ist (§ 8 Abs. 1).

(3) Sonstige Personen, die auf Grund dieses Gesetzes von einer Erfindung Kenntnis erlangt haben, dürfen ihre Kenntnis weder auswerten noch bekanntgeben.

§ 25

Verpflichtungen aus dem Arbeitsverhältnis

Sonstige Verpflichtungen, die sich für den Arbeitgeber und den Arbeitnehmer aus dem Arbeitsverhältnis ergeben, werden durch die Vorschriften dieses Gesetzes nicht berührt, soweit sich nicht daraus, daß die Erfindung frei geworden ist (§ 8 Abs. 1), etwas anderes ergibt.

§ 26

Auflösung des Arbeitsverhältnisses

Die Rechte und Pflichten aus diesem Gesetz werden durch die Auflösung des Arbeitsverhältnisses nicht berührt.

§ 27

Konkurs

(1) Wird über das Vermögen des Arbeitgebers der Konkurs eröffnet, so hat der Arbeitnehmer ein Vorkaufsrecht hinsichtlich der von ihm gemachten und vom Arbeitgeber unbeschränkt in Anspruch genommenen Diensterfindung, falls der Konkursverwalter diese ohne den Geschäftsbetrieb veräußert.

(2) Die Ansprüche des Arbeitnehmers auf Vergütung für die unbeschränkte Inanspruchnahme einer Diensterfindung (§ 9), für das Benutzungsrecht an einer Erfindung (§ 10, § 14 Abs. 3, § 16 Abs. 3, § 19) oder für die Verwertung eines technischen Verbesserungsvorschlages (§ 20 Abs. 1) werden im Konkurs über das Vermögen des Arbeitgebers im Range nach den in § 61 Nr. 1 der Konkursordnung genannten, jedoch vor allen übrigen Konkursforderungen berücksichtigt. Mehrere Ansprüche werden nach dem Verhältnis ihrer Beträge befriedigt.

5. Schiedsverfahren

§ 28

Gütliche Einigung

In allen Streitfällen zwischen Arbeitgeber und Arbeitnehmer auf Grund dieses Gesetzes kann jederzeit die Schiedsstelle angerufen werden. Die Schiedsstelle hat zu versuchen, eine gütliche Einigung herbeizuführen.

§ 29

Errichtung der Schiedsstelle

(1) Die Schiedsstelle wird beim Patentamt errichtet.

(2) Die Schiedsstelle kann außerhalb ihres Sitzes zusammentreten.

§ 30

Besetzung der Schiedsstelle

(1) Die Schiedsstelle besteht aus einem Vorsitzenden oder seinem Vertreter und zwei Beisitzern.

(2) Der Vorsitzende und sein Vertreter sollen die Befähigung zum Richteramt nach dem Gerichtsverfassungsgesetz besitzen. Sie werden vom Bundesminister der Justiz am Beginn des Kalenderjahres für dessen Dauer berufen.

(3) Die Beisitzer sollen auf dem Gebiet der Technik, auf das sich die Erfindung oder der technische Verbesserungsvorschlag bezieht, besondere Erfahrung besitzen. Sie werden vom Präsidenten des Patentamts aus den Mitgliedern oder Hilfsmitgliedern des Patentamts für den einzelnen Streitfall berufen.

(4) Auf Antrag eines Beteiligten ist die Besetzung der Schiedsstelle um je einen Beisitzer aus Kreisen der Arbeitgeber und der Arbeitnehmer zu erweitern. Diese Beisitzer werden vom Präsidenten des Patentamts aus Vorschlagslisten ausgewählt und für den einzelnen Streitfall bestellt. Zur Einreichung von Vorschlagslisten sind berechtigt die in § 11 genannten Spitzenorganisationen, ferner die Gewerkschaften und die selbständigen Vereinigungen von Arbeitnehmern mit sozial- oder berufspolitischer Zwecksetzung, die keiner dieser Spitzenorganisationen angeschlossen sind, wenn ihnen eine erhebliche Zahl von Arbeitnehmern angehört, von denen nach der ihnen im Betrieb obliegenden Tätigkeit erfinderische Leistungen erwartet werden.

(5) Der Präsident des Patentamts soll den Beisitzer nach Absatz 4 aus der Vorschlagsliste derjenigen Organisation auswählen, welcher der Beteiligte angehört, wenn der Beteiligte seine Zugehörigkeit zu einer Organisation vor der Auswahl der Schiedsstelle mitgeteilt hat.

(6) Die Dienstaufsicht über die Schiedsstelle führt der Vorsitzende, die Dienstaufsicht über den Vorsitzenden der Bundesminister der Justiz.

§ 31

Anrufung der Schiedsstelle

(1) Die Anrufung der Schiedsstelle erfolgt durch schriftlichen Antrag. Der Antrag soll in zwei Stücken eingereicht werden. Er soll eine kurze Darstellung des Sachverhalts sowie Namen und Anschrift des anderen Beteiligten enthalten.

(2) Der Antrag wird vom Vorsitzenden der Schiedsstelle dem anderen Beteiligten mit der Aufforderung zugestellt, sich innerhalb einer bestimmten Frist zu dem Antrag schriftlich zu äußern.

§ 32

Antrag auf Erweiterung der Schiedsstelle

Der Antrag auf Erweiterung der Besetzung der Schiedsstelle ist von demjenigen, der die Schiedsstelle anruft, zugleich mit der Anrufung (§ 31 Abs. 1), von dem anderen Beteiligten innerhalb von zwei Wochen nach Zustellung des die Anrufung enthaltenden Antrags (§ 31 Abs. 2) zu stellen.

§ 33

Verfahren vor der Schiedsstelle

(1) Auf das Verfahren vor der Schiedsstelle sind § 1032 Abs. 1, § § 1035 und 1036 der Zivilprozeßordnung sinngemäß anzuwenden. § 1034 Abs. 1 der Zivilprozeßordnung ist mit der Maßgabe sinngemäß anzuwenden, daß auch Patentanwälte und Erlaubnisscheininhaber (Artikel 3 des Zweiten Gesetzes zur Änderung und Überleitung von Vorschriften auf dem Gebiet des gewerblichen Rechtsschutzes vom 2. Juli 1949 WiGBl. S. 179) sowie Verbandsvertreter im Sinne des § 11 des Arbeitsgerichtsgesetzes von der Schiedsstelle nicht zurückgewiesen werden dürfen.

(2) Im übrigen bestimmt die Schiedsstelle das Verfahren selbst.

§ 34

Einigungsvorschlag der Schiedsstelle

(1) Die Schiedsstelle faßt ihre Beschlüsse mit Stimmenmehrheit. § 196 Abs. 2 des Gerichtsverfassungsgesetzes ist anzuwenden.

(2) Die Schiedsstelle hat den Beteiligten einen Einigungsvorschlag zu machen. Der Einigungsvorschlag ist zu begründen und von sämtlichen Mitgliedern der Schiedsstelle zu unterschreiben. Auf die Möglichkeit des Widerspruchs und die Folgen bei Versäumung der Widerspruchsfrist ist in dem Einigungsvorschlag hinzuweisen. Der Einigungsvorschlag ist den Beteiligten zuzustellen.

(3) Der Einigungsvorschlag gilt als angenommen und eine dem Inhalt des Vorschlages entsprechende Vereinbarung als zustande gekommen, wenn nicht innerhalb eines Monats nach Zustellung des Vorschlages ein schriftlicher Widerspruch eines der Beteiligten bei der Schiedsstelle eingeht.

(4) Ist einer der Beteiligten durch unabwendbaren Zufall verhindert worden, den Widerspruch rechtzeitig einzulegen, so ist er auf Antrag wieder in den vorigen Stand einzusetzen. Der Antrag muß innerhalb eines Monats nach Wegfall des Hindernisses schriftlich bei der Schiedsstelle eingereicht werden. Innerhalb dieser Frist ist der Widerspruch nachzuholen. Der Antrag muß die Tatsachen, auf die er gestützt wird, und die Mittel angeben, mit denen diese Tatsachen glaubhaft gemacht werden. Ein Jahr nach Zustellung des Einigungsvorschlages kann die Wiedereinsetzung nicht mehr beantragt und der Widerspruch nicht mehr nachgeholt werden.

(5) Über den Wiedereinsetzungsantrag entscheidet die Schiedsstelle. Gegen die Entscheidung der Schiedsstelle findet die sofortige Beschwerde nach den Vorschriften der Zivilprozeßordnung an das für den Sitz des Antragstellers zuständige Landgericht statt.

§ 35
Erfolglose Beendigung des Schiedsverfahrens

(1) Das Verfahren vor der Schiedsstelle ist erfolglos beendet,
   1. wenn sich der andere Beteiligte innerhalb der ihm nach § 31 Abs. 2 gesetzten Frist nicht geäußert hat;
   2. wenn er es abgelehnt hat, sich auf das Verfahren vor der Schiedsstelle einzulassen;
   3. wenn innerhalb der Frist des § 34 Abs. 3 ein schriftlicher Widerspruch eines der Beteiligten bei der Schiedsstelle eingegangen ist.

(2) Der Vorsitzende der Schiedsstelle teilt die erfolglose Beendigung des Schiedsverfahrens den Beteiligten mit.

§ 36
Kosten des Schiedsverfahrens
Im Verfahren vor der Schiedsstelle werden keine Gebühren oder Auslagen erhoben.

6. Gerichtliches Verfahren

§ 37
Voraussetzungen für die Erhebung der Klage

(1) Rechte oder Rechtsverhältnisse, die in diesem Gesetz geregelt sind, können im Wege der Klage erst geltend gemacht werden, nachdem ein Verfahren vor der Schiedsstelle vorausgegangen ist.

(2) Dies gilt nicht,
   1. wenn mit der Klage Rechte aus einer Vereinbarung (§§ 12, 19, 22, 34) geltend gemacht werden oder die Klage darauf gestützt wird, daß die Vereinbarung nicht rechtswirksam sei;

2. wenn seit der Anrufung der Schiedsstelle sechs Monate verstrichen sind;

3. wenn der Arbeitnehmer aus dem Betrieb des Arbeitgebers ausgeschieden ist;

4. wenn die Parteien vereinbart haben, von der Anrufung der Schiedsstelle abzusehen. Diese Vereinbarung kann erst getroffen werden, nachdem der Streitfall (§ 28) eingetreten ist. Sie bedarf der Schriftform.

(3) Einer Vereinbarung nach Absatz 2 Nr. 4 steht es gleich, wenn beide Parteien zur Hauptsache mündlich verhandelt haben, ohne geltend zu machen, daß die Schiedsstelle nicht angerufen worden ist.

(4) Der vorherigen Anrufung der Schiedsstelle bedarf es ferner nicht für Anträge auf Anordnung eines Arrestes oder einer einstweiligen Verfügung.

(5) Die Klage ist nach Erlaß eines Arrestes oder einer einstweiligen Verfügung ohne die Beschränkung des Absatzes 1 zulässig, wenn der Partei nach den §§ 926, 936 der Zivilprozeßordnung eine Frist zur Erhebung der Klage bestimmt worden ist.

§ 38

Klage auf angemessene Vergütung

Besteht Streit über die Höhe der Vergütung, so kann die Klage auch auf Zahlung eines vom Gericht zu bestimmenden angemessenen Betrages gerichtet werden.

§ 39

Zuständigkeit

(1) Für alle Rechtsstreitigkeiten über Erfindungen eines Arbeitnehmers sind die für Patentstreitsachen zuständigen Gerichte (§ 143 des Patentgesetzes) ohne Rücksicht auf den Streitwert ausschließlich zuständig. Die Vorschriften über das Verfahren in Patentstreitsachen sind anzuwenden. Nicht anzuwenden ist § 74 Abs. 2 und 3 des Gerichtskostengesetzes.

(2) Ausgenommen von der Regelung des Absatzes 1 sind Rechtsstreitigkeiten, die ausschließlich Ansprüche auf Leistung einer festgestellten oder festgesetzten Vergütung für eine Erfindung zum Gegenstand haben.

Dritter Abschnitt: **Erfindungen und technische Verbesserungsvorschläge von Arbeitnehmern im öffentlichen Dienst, von Beamten und Soldaten**

§ 40
Arbeitnehmer im öffentlichen Dienst

Auf Erfindungen und technische Verbesserungsvorschläge von Arbeitnehmern, die in Betrieben und Verwaltungen des Bundes, der Länder, der Gemeinden und sonstigen Körperschaften, Anstalten und Stiftungen des öffentlichen Rechts beschäftigt sind, sind die Vorschriften für Arbeitnehmer im privaten Dienst mit folgender Maßgabe anzuwenden.

1. An Stelle der Inanspruchnahme der Diensterfindung kann der Arbeitgeber eine angemessene Beteiligung an dem Ertrage der Diensterfindung in Anspruch nehmen, wenn dies vorher vereinbart worden ist. Über die Höhe der Beteiligung können im voraus bindende Abmachungen getroffen werden. Kommt eine Vereinbarung über die Höhe der Beteiligung nicht zustande, so hat der Arbeitgeber sie festzusetzen. § 12 Abs. 3 bis 6 ist entsprechend anzuwenden.
2. Die Behandlung von technischen Verbesserungsvorschlägen nach § 20 Abs. 2 kann auch durch Dienstvereinbarung geregelt werden; Vorschriften, nach denen die Einigung über die Dienstvereinbarung durch die Entscheidung einer höheren Dienststelle oder einer dritten Stelle ersetzt werden kann, finden keine Anwendung.
3. Dem Arbeitnehmer können im öffentlichen Interesse durch allgemeine Anordnung der zuständigen obersten Dienstbehörde Beschränkungen hinsichtlich der Art der Verwertung der Diensterfindung auferlegt werden.
4. Zur Einreichung von Vorschlagslisten für Arbeitgeberbeisitzer (§ 30 Abs. 4) sind auch die Bundesregierung und die Landesregierungen berechtigt.
5. Soweit öffentliche Verwaltungen eigene Schiedsstellen zur Beilegung von Streitigkeiten auf Grund dieses Gesetzes errichtet haben, finden die Vorschriften der § 29 bis 32 keine Anwendung.

§ 41
Beamte, Soldaten

Auf Erfindungen und technische Verbesserungsvorschläge von Beamten und Soldaten sind die Vorschriften für Arbeitnehmer im öffentlichen Dienst entsprechend anzuwenden.

§ 42
Besondere Bestimmungen für Erfindungen von Hochschullehrern und Hochschulassistenten

(1) In Abweichung von den Vorschriften der §§ 40 und 41 sind Erfindungen von Professoren, Dozenten und wissenschaftlichen Assistenten bei den wissenschaftlichen Hochschulen, die von ihnen in dieser Eigenschaft gemacht werden, freie Erfindungen. Die Bestimmungen der §§ 18, 19 und 22 sind nicht anzuwenden.

(2) Hat der Dienstherr für Forschungsarbeiten, die zu der Erfindung geführt haben, besondere Mittel aufgewendet, so sind die in Absatz 1 genannten Personen verpflichtet, die Verwertung der Erfindung dem Dienstherren schriftlich mitzuteilen und ihm auf Verlangen die Art der Verwertung und die Höhe des erzielten Entgelts anzugeben. Der Dienstherr ist berechtigt, innerhalb von drei Monaten nach Eingang der schriftlichen Mitteilung eine angemessene Beteiligung am Ertrage der Erfindung zu beanspruchen. Der Ertrag aus dieser Beteiligung darf die Höhe der aufgewendeten Mittel nicht übersteigen.

Vierter Abschnitt: Übergangs- und Schlußbestimmungen

§ 43
Erfindungen und technische Verbesserungsvorschläge vor Inkrafttreten des Gesetzes

(1) Die Vorschriften dieses Gesetzes sind mit dem Tage des Inkrafttretens dieses Gesetzes auch auf patentfähige Erfindungen von Arbeitnehmern, die nach dem 21. Juli 1942 und vor dem Inkrafttreten dieses Gesetzes gemacht worden sind, mit der Maßgabe anzuwenden, daß es für die Inanspruchnahme solcher Erfindungen bei den bisher geltenden Vorschriften verbleibt.

(2) Das gleiche gilt für patentfähige Erfindungen von Arbeitnehmern, die vor dem 22. Juli 1942 gemacht worden sind, wenn die Voraussetzungen des § 13 Absatz 1 Satz 2 der Durchführungsverordnung zur Verordnung über die Behandlung von Erfindungen von Gefolgschaftsmitgliedern vom 20. März 1943 (Reichsgesetzbl. I S. 257) gegeben sind und die dort vorgesehene Erklärung über die unbefristete Behandlung der Vergütung im Zeitpunkt des Inkrafttretens dieses Gesetzes noch nicht abgegeben war. Für Abgabe der Erklärung ist die Schiedsstelle (§ 29) zuständig. Die Erklärung kann nicht mehr abgegeben werden, wenn das auf die Erfindung erteilte Patent erloschen ist. Die Sätze 2 und 3 sind nicht anzuwenden, wenn der Anspruch auf angemessene Vergütung im Zeitpunkt des Inkrafttretens dieses Gesetzes bereits rechtshängig geworden ist.

(3) Auf nur gebrauchsmusterfähige Erfindungen, die nach dem 21. Juli 1942 und vor dem Inkrafttreten dieses Gesetzes gemacht worden sind, sind nur die Vorschriften über das Schiedsverfahren und das gerichtliche Verfahren (§ 28 bis 39) anzuwenden. Im übrigen verbleibt es bei den bisher geltenden Vorschriften.

(4) Auf technische Verbesserungsvorschläge, deren Verwertung vor Inkrafttreten dieses Gesetzes begonnen hat, ist § 20 Abs. 1 nicht anzuwenden.

§ 44

Anhängige Verfahren

Für Verfahren, die im Zeitpunkt des Inkrafttretens dieses Gesetzes anhängig sind, bleiben die nach den bisher geltenden Vorschriften zuständigen Gerichte zuständig.

§ 45

Durchführungsbestimmungen

Der Bundesminister der Justiz wird ermächtigt, im Einvernehmen mit dem Bundesminister für Arbeit die für die Erweiterung der Besetzung der Schiedsstelle (§ 30 Abs. 4 und 5) erforderlichen Durchführungsbestimmungen zu erlassen. Insbesondere kann er bestimmen,

1. welche persönlichen Voraussetzungen Personen erfüllen müssen, die als Beisitzer aus Kreisen der Arbeitgeber oder der Arbeitnehmer vorgeschlagen werden;
2. wie die auf Grund der Vorschlagslisten ausgewählten Beisitzer für ihre Tätigkeit zu entschädigen sind.

§ 46

Außerkrafttreten von Vorschriften

Mit dem Inkrafttreten dieses Gesetzes werden folgende Vorschriften aufgehoben, soweit sie nicht bereits außer Kraft getreten sind:

1. Die Verordnung über die Behandlung von Erfindungen von Gefolgschaftsmitgliedern vom 12. Juli 1942 (Reichsgesetzbl. I S. 466);
2. die Durchführungsverordnung zur Verordnung über die Behandlung von Erfindungen von Gefolgschaftsmitgliedern vom 20. März 1943 (Reichsgesetzbl. I S. 257).

§ 47

Besondere Bestimmungen für Berlin

(1) Dieses Gesetz gilt nach Maßgabe des § 13 Abs. 1 des Dritten Überleitungsgesetzes vom 4. Januar 1952 (Bundesgesetzbl. I S. 1) auch im Land Berlin. Rechtsverordnungen, die auf Grund dieses Gesetzes erlassen werden, gelten im Land Berlin nach § 14 des Dritten Überleitungsgesetzes.

(2) Der Bundesminister der Justiz wird ermächtigt, eine weitere Schiedsstelle bei der Dienststelle Berlin des Patentamtes zu errichten. Diese Schiedsstelle ist ausschließlich zuständig, wenn der Arbeitnehmer seinen Arbeitsplatz im Land Berlin hat; sie ist ferner zuständig, wenn der Arbeitnehmer seinen Arbeitsplatz in den Ländern Bremen, Hamburg oder Schleswig-Holstein oder in den Oberlandesgerichtsbezirken Braunschweig oder Celle des Landes Niedersachsen hat und bei der Anrufung der Schiedsstelle (§ 31) mit schriftlicher Zustimmung des ande-

ren Beteiligten beantragt wird, das Schiedsverfahren vor der Schiedsstelle bei der Dienststelle Berlin des Patentamts durchzuführen.

(3) Der Präsident des Patentamts kann im Einvernehmen mit dem Senator
für Justiz des Landes Berlin als Beisitzer gemäß § 30 Abs. 3 auch Beamte oder Angestellte des Landes Berlin berufen. Sie werden ehren-
amtlich tätig.

(4) Zu Beisitzern aus Kreisen der Arbeitgeber und der Arbeitnehmer (§ 30
Abs. 4) sollen nur Personen bestellt werden, die im Land Berlin ihren
Wohnsitz haben.

(5) Der Präsident des Patentamtes kann die ihm zustehende Befugnis zur
Berufung von Beisitzern auf den Leiter der Dienststelle Berlin des Patentamtes übertragen.

§ 48

Saarland

Dieses Gesetz gilt nicht im Saarland.

§ 49

Inkrafttreten

Dieses Gesetz tritt am 1. Oktober 1957 in Kraft.

Verordnung über die Anmeldung von Patenten
(Patentanmeldeverordnung - PatAnmVO)
vom 29. Mai 1981 / 1990

Auf Grund des § 35 Abs. 4 des Patentgesetzes in der Fassung der Bekannt-machung vom 16. Dezember 1980 (BGBl. 1981 S. 1) in Verbindung mit § 20 der Verordnung über das Deutsche Patentamt vom 5. September 1968 (BGBl. S. 997) wird verordnet:

§ 1 Anwendungsbereich

Für die Anmeldung einer Erfindung zur Erteilung eines Patents gelten er-gänzend zu den Bestimmungen des Patentgesetzes die nachfolgenden Vor-schriften.

§ 2 Einreichung

Die Anmeldung (§ 35 Abs. 1 des Patentgesetzes) und die Zusammenfas-sung (§ 36 des Patentgesetzes) sind beim Patentamt schriftlich und in deut-scher Sprache einzureichen.

§ 3 Erteilungsantrag

(1) Der Antrag auf Erteilung des Patents (§ 35 Abs. 1 Satz 3 Nr. 1 des Patent-gesetzes) ist auf dem vom Patentamt vorgeschriebenen Vordruck ein-zureichen.

(2) Der Antrag muß enthalten:

1. den Vor- und Zunamen, die Firma oder die sonstige Bezeichnung des Anmelders, den Wohnsitz oder Sitz und die Anschrift (Straße und Hausnummer, Postleitzahl, Ort, gegebenenfalls Postzustell-bezirk). Bei ausländischen Orten sind auch Staat und Bezirk anzu-geben; ausländische Ortsnamen sind zu unterstreichen. Es muß klar ersichtlich sein, ob das Patent für eine oder mehrere Personen oder Gesellschaften, für den Anmelder unter seiner Firma oder unter sei-nem bürgerlichen Namen nachgesucht wird. Firmen sind so zu be-zeichnen, wie sie im Handelsregister (Spalte 2 a) eingetragen sind. Spätere Änderungen des Namens, der Firma oder sonstiger Bezeich-nungen, des Wohnsitzes oder Sitzes und der Anschrift sind dem Amt unverzüglich mitzuteilen; bei Änderungen des Namens, der Firma oder sonstiger Bezeichnungen sind Beweismittel beizufügen;

2. eine kurze und genaue Bezeichnung der Erfindung;

3. die Erklärung, daß für die Erfindung die Erteilung eines Patents beantragt wird. Wird die Erteilung eines Zusatzpatents beantragt, so ist dies zu erklären und das Aktenzeichen der Hauptanmeldung oder die Nummer des Hauptpatents anzugeben;

4. falls ein Vertreter bestellt worden ist, seinen Namen mit Anschrift.

Die Vollmacht ist als Anlage beizufügen. Auf eine beim Patentamt hinterlegte Vollmacht ist unter Angabe der Hinterlegungsnummer hinzuweisen. Die Bestellung mehrerer Vertreter ist zulässig;

5. falls mehrere Personen ohne einen gemeinsamen Vertreter anmelden oder mehrere Vertreter mit verschiedener Anschrift bestellt sind, die Angabe, wer als Zustellungsbevollmächtigter zum Empfang amtlicher Schriftstücke befugt ist;

6. die Unterschrift des Anmelders, der Anmelder oder des Vertreters. Unterzeichnet ein Angestellter für seinen anmeldenden Arbeitgeber, so ist die Zeichnungsbefugnis nachzuweisen; auf eine beim Patentamt für den Unterzeichner hinterlegte Angestelltenvollmacht ist unter Angabe der Hinterlegungsnummer hinzuweisen.

§ 4 Patentansprüche

(1) In den Patentansprüchen kann das, was als patentfähig unter Schutz gestellt werden soll (§ 35 Abs. 1 Satz 3 Nr. 2 des Patentgesetzes), einteilig oder nach Oberbegriff und kennzeichnendem Teil geteilt (zweiteilig) gefaßt sein. In beiden Fällen kann die Fassung nach Merkmalen gegliedert sein.

(2) Wird die zweiteilige Anspruchsfassung gewählt, sind in den Oberbegriff die durch den Stand der Technik bekannten Merkmale der Erfindung aufzunehmen; in den kennzeichnenden Teil sind die Merkmale der Erfindung aufzunehmen, für die in Verbindung mit den Merkmalen des Oberbegriffs Schutz begehrt wird. Der kennzeichnende Teil ist mit den Worten *"dadurch gekennzeichnet, daß"* oder *"gekennzeichnet durch"* oder einer sinngemäßen Wendung einzuleiten.

(3) Werden Patentansprüche nach Merkmalen oder Merkmalsgruppen gegliedert, so ist die Gliederung dadurch äußerlich hervorzuheben, daß jedes Merkmal oder jede Merkmalsgruppe mit einer neuen Zeile beginnt. Den Merkmalen oder Merkmalsgruppen sind deutlich vom Text abzusetzende Gliederungszeichen voranzustellen.

(4) Im ersten Patentanspruch (Hauptanspruch) sind die wesentlichen Merkmale der Erfindung anzugeben.

(5) Eine Anmeldung kann mehrere unabhängige Patentansprüche (Nebenansprüche) enthalten, soweit der Grundsatz der Einheitlichkeit gewahrt ist (§ 35 Abs. 1 Satz 2 des Patentgesetzes). Absatz 4 ist entsprechend anzuwenden. Nebenansprüche können eine Bezugnahme auf mindestens einen der vorangehenden Patentansprüche enthalten.

(6) Zu jedem Haupt- bzw. Nebenanspruch können ein oder mehrere Patentansprüche (Unteransprüche) aufgestellt werden, die sich auf besondere Ausführungsarten der Erfindung beziehen. Unteransprüche müssen eine Bezugnahme auf mindestens einen der vorangehenden Patentansprüche enthalten. Sie sind soweit wie möglich und auf die zweckmäßigste Weise zusammenzufassen.

(7) Werden mehrere Patentansprüche aufgestellt, so sind sie fortlaufend mit arabischen Ziffern zu numerieren.

(8) Die Patentansprüche dürfen, wenn dies nicht unbedingt erforderlich ist, im Hinblick auf die technischen Merkmale der Erfindung keine Bezugnahmen auf die Beschreibung oder die Zeichnungen enthalten, z.B. *"wie beschrieben in Teil ... der Beschreibung"* oder *"wie in Abbildung ... der Zeichnung dargestellt"*.

(9) Enthält die Anmeldung Zeichnungen, so sollen die in den Patentansprüchen angegebenen Merkmale mit ihren Bezugszeichen versehen sein, wenn dies das Verständnis des Patentanspruchs erleichtert.

§ 5 Beschreibung

(1) Am Anfang der Beschreibung nach § 35 Abs. 1 Satz 3 Nr. 3 des Patentgesetzes ist als Titel die im Antrag angegebene Bezeichnung der Erfindung anzugeben.

(2) In der Beschreibung sind ferner anzugeben:
1. das technische Gebiet, zu dem die Erfindung gehört, soweit es sich nicht aus den Ansprüchen oder den Angaben zum Stand der Technik ergibt;
2. der dem Anmelder bekannte Stand der Technik, der für das Verständnis der Erfindung und deren Schutzfähigkeit in Betracht kommen kann, unter Angabe der dem Anmelder bekannten Fundstellen;
3. das der Erfindung zugrundeliegende Problem, sofern es sich nicht aus der angegebenen Lösung oder den zu Nummer 6 gemachten Angaben ergibt, insbesondere dann, wenn es zum Verständnis der Erfindung oder für ihre nähere inhaltliche Bestimmung unentbehrlich ist;
4. die Erfindung, für die in den Patentansprüchen Schutz begehrt wird;
5. in welcher Weise der Gegenstand der Erfindung gewerblich anwendbar ist, wenn es sich aus der Beschreibung oder der Art der Erfindung nicht offensichtlich ergibt;
6. gegebenenfalls vorteilhafte Wirkungen der Erfindung unter Bezugnahme auf den bisherigen Stand der Technik;
7. wenigstens ein Weg zum Ausführen der beanspruchten Erfindung im einzelnen, gegebenenfalls erläutert durch Beispiele und anhand der Zeichnungen unter Verwendung der entsprechenden Bezugszeichen.

(3) In die Beschreibung sind keine Angaben aufzunehmen, die zum Erläutern der Erfindung offensichtlich nicht notwendig sind. Wiederholungen von Ansprüchen oder Anspruchsteilen können durch Bezugnahme auf diese ersetzt werden.

§ 6 Zeichnungen

(1) Die Zeichnungen sind auf Blättern mit folgenden Mindesträndern auszuführen:

Oberer Rand:	2,5 cm
linker Seitenrand:	2,5 cm
rechter Seitenrand:	1,5 cm
unterer Rand:	1,0 cm

Die für die Abbildungen benutzte Fläche darf 26,2 cm x 17 cm nicht überschreiten; bei der Zeichnung der Zusammenfassung kann sie auch 8,1 cm x 9,4 cm im Hochformat oder 17,4 cm x 4,5 cm im Querformat betragen.

(2) Die Zeichnungen sind in dauerhaften, schwarzen, ausreichend festen und dunklen, in sich gleichmäßigen und scharf begrenzten Linien und Strichen ohne Farben oder Tönungen auszuführen.

(3) Zur Darstellung der Erfindung können neben Ansichten und Schnittzeichnungen auch perspektivische Ansichten oder Explosionsdarstellungen verwendet werden. Querschnitte sind durch Schraffierungen kenntlich zu machen, die die Erkennbarkeit der Bezugszeichen und Führungslinien nicht beeinträchtigen dürfen.

(4) Der Maßstab der Zeichnungen und die Klarheit der zeichnerischen Ausführungen müssen gewährleisten, daß eine fotografische Wiedergabe auch bei Verkleinerungen auf zwei Drittel alle Einzelheiten noch ohne Schwierigkeiten erkennen läßt. Wird der Maßstab in Ausnahmefällen auf der Zeichnung angegeben, so ist er zeichnerisch darzustellen.

(5) Die Linien der Zeichnungen sollen nicht freihändig, sondern mit Zeichengeräten gezogen werden. Die für die Zeichnungen verwendeten Ziffern und Buchstaben müssen mindestens 0,92 cm hoch sein. Für die Beschriftung der Zeichnungen sind lateinische und, soweit üblich, griechische Buchstaben zu verwenden.

(6) Ein Zeichnungsblatt kann mehrere Abbildungen enthalten. Die einzelnen Abbildungen sind ohne Platzverschwendung, aber eindeutig voneinander getrennt und vorzugsweise im Hochformat anzuordnen und mit arabischen Ziffern fortlaufend zu numerieren. Den Stand der Technik betreffende Zeichnungen, die für das Verständnis der Erfindung in Betracht kommen können, sind zulässig, jedoch nicht als erste Zeichnung (Figur Nr. 1). Bilden Abbildungen auf zwei oder mehr Blättern eine zusammenhängende Figur, so sind die Abbildungen auf den einzelnen Blättern so anzuordnen, daß die vollständige Figur ohne Verdeckung einzelner Teile zusammengesetzt werden kann. Alle Teile einer Figur sind im gleichen Maßstab darzustellen, sofern nicht die Verwendung unterschiedlicher Maßstäbe für die Übersichtlichkeit der Figur unerläßlich ist.

(7) Bezugszeichen dürfen in den Zeichnungen nur insoweit verwendet werden, als sie in der Beschreibung und gegebenenfalls in den Patent-

ansprüchen aufgeführt sind und umgekehrt. Entsprechendes gilt für die Zusammenfassung und deren Zeichnung.

(8) Die Zeichnungen dürfen keine Erläuterungen enthalten; ausgenommen sind kurze unentbehrliche Angaben wie "Wasser", "Dampf", "offen", "zu", "Schnitt nach A-b", sowie in elektrischen Schaltplänen und Blockschaltbildern oder Flußdiagrammen kurze Stichworte, die für das Verständnis unentbehrlich sind.

§ 7 Zusammenfassung

(1) Die Zusammenfassung nach § 36 des Patentgesetzes soll aus nicht mehr als 150 Worten bestehen.

(2) In der Zusammenfassung kann auch die chemische Formel angegeben werden, die die Erfindung am deutlichsten kennzeichnet.

(3) § 4 Abs. 8 ist sinngemäß anzuwenden.

§ 8 Allgemeine Erfordernisse der Anmeldungsunterlagen

(1) Die Patentansprüche, die Beschreibung, die Zeichnungen sowie der Text und die Zeichnung der Zusammenfassung sind auf gesonderten Blättern und in drei Stücken einzureichen. Die Blätter müssen das Format A 4 nach DIN 476 haben und im Hochformat verwendet werden. Für die Zeichnungen können die Blätter auch im Querformat verwendet werden, wenn dies sachdienlich ist; in diesem Fall ist der Kopf der Abbildungen auf der linken Seite des Blattes anzuordnen. Entsprechendes gilt für die Darstellung chemischer und mathematischer Formeln sowie für Tabellen. Alle Blätter müssen frei von Knicken und Rissen und dürfen nicht gefaltet oder gefalzt sein. Sie müssen aus nicht durchscheinendem, biegsamem, festem, weißem, glattem, mattem und widerstandsfähigem Papier sein.

(2) Die Anmeldungsunterlagen sind in einer Form einzureichen, die eine unmittelbare Vervielfältigung durch Fotografie, elektrostatische Verfahren, Foto-Offsetdruck und Mikroverfilmung einschließlich der Herstellung konturenscharfer Rückvergrößerungen in einer unbeschränkten Anzahl von Exemplaren gestattet.

(3) Die Blätter dürfen nur einseitig beschriftet oder mit Zeichnungen versehen sein. Sie müssen so miteinander verbunden sein, daß sie leicht voneinander getrennt und wieder zusammengefügt werden können. Jeder Bestandteil (Antrag, Patentansprüche, Beschreibung, Zeichnungen) der Anmeldung und der Zusammenfassung (Text, Zeichnung) muß auf einem neuen Blatt beginnen. Die Blätter der Beschreibung sind in arabischen Ziffern mit einer fortlaufenden Numerierung zu versehen. Die Blattnummern sind oben in der Mitte, aber nicht auf dem oberen Rand anzubringen. Auf jedem Blatt der Patentansprüche und der Beschreibung soll jede fünfte Zeile numeriert sein. Die Zahlen sind an der linken Seite, rechts vom Rand anzubringen.

(4) Als Mindestränder sind auf den Blättern des Antrags, der Patentansprüche, der Beschreibung und der Zusammenfassung folgende Flächen unbeschriftet zu lassen:

Oberer Rand: 2,0 cm
linker Seitenrand: 2,5 cm
rechter Seitenrand: 2,0 cm
unterer Rand: 2,0 cm

Die Mindestränder können den Namen, die Firma oder die sonstige Bezeichnung des Anmelders und das Aktenzeichen der Anmeldung enthalten.

(5) Der Antrag, die Patentansprüche, die Beschreibung und die Zusammenfassung müssen mit Maschine geschrieben oder gedruckt sein, vorzugsweise in der Schriftart OCR-B nach DIN 66 009. Graphische Symbole und Schriftzeichen, chemische oder mathematische Formeln können handgeschrieben oder gezeichnet sein, wenn dies notwendig ist. Der Zeilenabstand hat 1 1/2-zeilig zu sein. Die Texte müssen mit Schriftzeichen, deren Großbuchstaben eine Mindesthöhe von 0,21 cm besitzen, und mit dunkler, unauslöschlicher Farbe geschrieben sein. Das Schriftbild muß scharfe Konturen aufweisen und kontrastreich sein. Jedes Blatt muß weitgehend frei von Radierstellen, Änderungen, Überschreibungen und Zwischenbeschriftungen sein. Von diesem Erfordernis kann abgesehen werden, wenn es sachdienlich ist.

(6) Die Anmeldungsunterlagen sollen deutlich erkennen lassen, zu welcher Anmeldung sie gehören. Auf allen nach Mitteilung des amtlichen Aktenzeichens eingereichten Schriftstücken ist dieses vollständig anzubringen.

(7) Die Anmeldungsunterlagen und die Zusammenfassung dürfen im Text keine bildlichen Darstellungen enthalten. Ausgenommen sind chemische und mathematische Formeln sowie Tabellen. Phantasiebezeichnungen, Warenzeichen oder andere Bezeichnungen, die zur eindeutigen Angabe der Beschaffenheit eines Gegenstandes nicht geeignet sind, dürfen nicht verwendet werden. Kann eine Angabe ausnahmsweise nur durch Verwendung eines Warenzeichens eindeutig bezeichnet werden, so ist die Bezeichnung als Warenzeichen kenntlich zu machen.

(8) Einheiten im Meßwesen sind in Übereinstimmung mit dem Gesetz über Einheiten im Meßwesen und der hierzu erlassenen Ausführungsverordnung in den jeweils geltenden Fassungen anzugeben. Bei chemischen Formeln sind die auf dem Fachgebiet national oder international anerkannten Zeichen und Symbole zu verwenden.

(9) Technische Begriffe und Bezeichnungen sowie Bezugszeichen sind in der gesamten Anmeldung einheitlich zu verwenden, sofern nicht die Verwendung verschiedener Ausdrücke sachdienlich ist. Hinsichtlich der technischen Begriffe und Bezeichnungen gilt dies auch für Zusatzanmeldungen im Verhältnis zur Hauptanmeldung.

(10) Werden die Anmeldungsunterlagen im Laufe des Verfahrens geändert, so hat der Anmelder, sofern die Änderungen nicht vom Patentamt vorgeschlagen sind, im einzelnen anzugeben, an welcher Stelle die in den neuen Unterlagen beschriebenen Erfindungsmerkmale in den ursprünglichen Unterlagen offenbart sind. Auf Verlangen des Patentamts sind solche fehlenden Angaben nachzuholen und Reinschriften, die die Änderungen berücksichtigen, einzureichen. Neue Teile der Unterlagen sind jeweils auf gesonderten Blättern vorzulegen.

§ 9 Modelle und Proben

(1) Modelle und Proben sind nur auf Anordnung des Patentamts einzureichen. Sie sind mit einer dauerhaften Beschriftung zu versehen, aus der Inhalt und Zugehörigkeit zu der entsprechenden Anmeldung hervorgehen. Dabei ist gegebenenfalls der Bezug zum Patentanspruch und der Beschreibung genau anzugeben.

(2) Modelle und Proben, die leicht beschädigt werden können, sind unter Hinweis hierauf in festen Hüllen einzureichen. Kleine Gegenstände sind auf steifem Papier zu befestigen.

(3) Proben chemischer Stoffe sind in widerstandsfähigen, zuverlässig geschlossenen Behältern einzureichen. Sofern sie giftig, ätzend oder leicht entzündlich sind oder in sonstiger Weise gefährliche Eigenschaften aufweisen, sind sie mit einem entsprechenden Hinweis zu versehen.

(4) Ausfärbungen, Gerbproben und andere flächige Proben müssen auf steifem Papier (Format A 4 nach DIN 476) dauerhaft befestigt sein. Sie sind durch eine genaue Beschreibung des angewandten Herstellungs- oder Verwendungsverfahrens zu erläutern.

§ 10 Übersetzungen

(1) Werden Schriftstücke für deutsche Patentanmeldungen nicht in deutscher Sprache eingereicht, so ist ihnen auf Anforderung eine deutsche Übersetzung beizufügen, die von einem öffentlich bestellten Übersetzer angefertigt ist. Die Unterschrift des Übersetzers ist auf Verlangen öffentlich beglaubigen zu lassen (§ 129 des Bürgerlichen Gesetzbuchs), ebenso die Tatsache, daß der Übersetzer für derartige Zwecke öffentlich bestellt ist.

(2) Absatz 1 gilt nicht für Prioritätsbelege, die gemäß der revidierten Pariser Verbandsübereinkunft zum Schutz des gewerblichen Eigentums vorgelegt werden, wenn sie in französischer oder englischer Sprache eingereicht werden. Ist eine Übersetzung erforderlich, so fordert die für die Bearbeitung der Anmeldung oder des Patents zuständige Stelle diese im Einzelfall an.

§ 11 Berlin-Klausel

Diese Verordnung gilt nach § 14 des Dritten Überleitungsgesetzes in Verbindung mit Artikel 16 des Gemeinschaftspatentgesetzes vom 26. Juli 1979 (BGBl. S. 1269) auch im Land Berlin.

§ 12 Inkrafttreten; abgelöste Vorschriften

Diese Verordnung tritt am Tage nach der Verkündung in Kraft. Gleichzeitig treten die Anmeldebestimmungen für Patente vom 30. Juli 1968 (BGBl. S. 1004), zuletzt geändert durch Verordnung vom 28. April 1978 (BGBI S. 629) außer Kraft.

Patentgesetz der BR Deutschland

(1981 in der Fassung vom 16. Dezember 1980;
einschließlich der Änderungen vom 23.3.1993)
= Inhaltliche Übersicht =
= Auszüge aus dem Gesetzestext =

1) Inhaltliche Übersicht

2) Auszüge aus dem Gesetzestext

§ 1

Voraussetzung der Erteilung, patentfähige Erfindungen und Beispiele nicht patentfähiger Erfindungen

(1) Patente werden für Erfindungen erteilt, die neu sind, auf einer erfinderischen Tätigkeit beruhen und gewerblich anwendbar sind.

(2) Als Erfindungen im Sinne des Absatzes 1 werden insbesondere nicht angesehen:

    1. Entdeckungen sowie wissenschaftliche Theorien und mathematische Methoden;

    2. ästhetische Formschöpfungen;

    3. Pläne, Regeln und Verfahren für gedankliche Tätigkeiten, für Spiele oder für geschäftliche Tätigkeiten sowie Programme für Datenverarbeitungsanlagen;

    4. die Wiedergabe von Informationen.

(3) Absatz 2 steht der Patentfähigkeit nur insoweit entgegen, als für die genannten Gegenstände oder Tätigkeiten als solche Schutz begehrt wird.

§ 2

Patentierungsverbot, ausdrückliche Ausnahmen von der Patentierbarkeit

Patente werden nicht erteilt für

    1. Erfindungen, deren Veröffentlichung oder Verwertung gegen die öffentliche Ordnung oder die guten Sitten verstoßen würde; ein solcher Verstoß kann nicht allein aus der Tatsache hergeleitet werden, daß die Verwertung der Erfindung durch Gesetz oder Verwaltungsvorschrift verboten ist. Satz 1 schließt die Erteilung eines Patents für eine unter § 50 Abs. 1 fallende Erfindung nicht aus.

    2. Pflanzensorten oder Tierarten sowie für im wesentlichen biologische Verfahren zur Züchtung von Pflanzen oder Tieren. Diese Vorschrift ist nicht anzuwenden auf mikrobiologische Verfahren und auf die mit Hilfe dieser Verfahren gewonnenen Erzeugnisse sowie auf Erfindungen von Pflanzensorten, die ihrer Art nach nicht im Artenverzeichnis zum Sortenschutzgesetz aufgeführt sind, und von Verfahren zur Züchtung einer solchen Pflanzensorte.

§ 3

Begriff der Neuheit, Stand der Technik, Neuheitsschonfrist

(1) Eine Erfindung gilt als neu, wenn sie nicht zum Stand der Technik gehört. Der Stand der Technik umfaßt alle Kenntnisse, die vor dem für den Zeitrang der Anmeldung maßgeblichen Tag durch schriftliche oder mündliche Beschreibung, durch Benutzung oder in sonstiger Weise der

Öffentlichkeit zugänglich gemacht worden sind.

(2) Als Stand der Technik gilt auch der Inhalt folgender Patentanmeldungen mit älterem Zeitrang, die erst an oder nach dem für den Zeitrang der jüngeren Anmeldung maßgeblichen Tag der Öffentlichkeit zugänglich gemacht worden sind:

1. Der nationalen Anmeldungen in der beim Deutschen Patentamt ursprünglich eingereichten Fassung;

2. der europäischen Anmeldungen in der bei der zuständigen Behörde ursprünglich eingereichten Fassung, wenn mit der Anmeldung für die Bundesrepublik Deutschland Schutz begehrt wird, es sei denn, daß die europäische Patentanmeldung aus einer internationalen Anmeldung hervorgegangen ist und die in Artikel 158 Abs. 2 des Europäischen Patentübereinkommens genannten Voraussetzungen nicht erfüllt sind;

3. der internationalen Anmeldungen nach dem Patentzusammenarbeitsvertrag in der beim Anmeldeamt ursprünglich eingereichten Fassung, wenn für die Anmeldung das Deutsche Patentamt Bestimmungsamt ist. Beruht der ältere Zeitrang einer Anmeldung auf der Inanspruchnahme der Priorität einer Voranmeldung, so ist Satz 1 nur insoweit anzuwenden, als die danach maßgebliche Fassung nicht über die Fassung der Voranmeldung hinausgeht. Patentanmeldungen nach Satz 1 Nr. 1, für die eine Anordnung nach § 50 Abs. 1 oder 4 des Patentgesetzes erlassen worden ist, gelten vom Ablauf des achtzehnten Monats nach ihrer Einreichung an als der Öffentlichkeit zugänglich gemacht.

(3) Gehören Stoffe oder Stoffgemische zum Stand der Technik, so wird ihre Patentfähigkeit durch die Absätze 1 und 2 nicht ausgeschlossen, sofern sie zur Anwendung in einem der in § 5 Abs. 2 genannten Verfahren bestimmt sind und ihre Anwendung zu einem dieser Verfahren nicht zum Stand der Technik gehört.

(4) Für die Anwendung der Absätze 1 und 2 bleibt eine Offenbarung der Erfindung außer Betracht, wenn sie nicht früher als sechs Monate vor Einreichung der Anmeldung erfolgt ist und unmittelbar oder mittelbar zurückgeht

1. auf einen offensichtlichen Mißbrauch zum Nachteil des Anmelders oder seines Rechtsvorgängers oder

2. auf die Tatsache, daß der Anmelder oder sein Rechtsvorgänger die Erfindung auf amtlichen oder amtlich anerkannten Ausstellungen im Sinne des am 22. November 1928 in Paris unterzeichneten Abkommens über internationale Ausstellungen zur Schau gestellt hat. Satz 1 Nr. 2 ist nur anzuwenden, wenn der Anmelder bei Einreichung der Anmeldung angibt, daß die Erfindung tatsächlich zur Schau gestellt worden ist und er innerhalb von vier Monaten nach der Einreichung hierüber eine Bescheinigung einreicht. Die in Satz

1 Nr. 2 bezeichneten Ausstellungen werden vom Bundesminister der Justiz im Bundesgesetzblatt bekanntgemacht.

§ 4

Erfinderische Tätigkeit

Eine Erfindung gilt als auf einer erfinderischen Tätigkeit beruhend, wenn sie sich für den Fachmann nicht in naheliegender Weise aus dem Stand der Technik ergibt. Gehören zum Stand der Technik auch Unterlagen im Sinne des § 3 Abs. 2, so werden diese bei der Beurteilung der erfinderischen Tätigkeit nicht in Betracht gezogen.

§ 5

Gewerbliche Anwendbarkeit, Medizinische Heilverfahren

(1) Eine Erfindung gilt als gewerblich anwendbar, wenn ihr Gegenstand auf irgendeinem gewerblichen Gebiet einschließlich der Landwirtschaft hergestellt oder benutzt werden kann.

(2) Verfahren zur chirurgischen oder therapeutischen Behandlung des menschlichen oder tierischen Körpers und Diagnostizierverfahren, die am menschlichen oder tierischen Körper vorgenommen werden, gelten nicht als gewerblich anwendbare Erfindungen im Sinne des Absatzes 1. Dies gilt nicht für Erzeugnisse, insbesondere Stoffe oder Stoffgemische, zur Anwendung in einem der vorstehend genannten Verfahren.

§ 6

Rechte des Erfinders

Das Recht auf das Patent hat der Erfinder oder sein Rechtsnachfolger. Haben mehrere gemeinsam eine Erfindung gemacht, so steht ihnen das Recht auf das Patent gemeinschaftlich zu. Haben mehrere die Erfindung unabhängig voneinander gemacht, so steht das Recht dem zu, der die Erfindung zuerst beim Patentamt angemeldet hat.

§ 7

Recht des Anmelders, Entnahmepriorität

(1) Damit die sachliche Prüfung der Patentanmeldung durch die Feststellung des Erfinders nicht verzögert wird, gilt im Verfahren vor dem Patentamt der Anmelder als berechtigt, die Erteilung des Patents zu verlangen.

(2) Wird ein Patent aufgrund eines auf widerrechtliche Entnahme (§ 21 Abs. 1 Nr. 3) gestützten Einspruchs widerrufen oder führt der Einspruch zum Verzicht auf das Patent, so kann der Einsprechende innerhalb eines Monats nach der amtlichen Mitteilung hierüber die Erfindung selbst anmelden und die Priorität des früheren Patents in Anspruch nehmen.

§ 8

Übertragungsansprüche gegen nicht berechtigte Patentanmelder / -inhaber

Der Berechtigte, dessen Erfindung von einem Nichtberechtigten angemeldet ist, oder der durch widerrechtliche Entnahme Verletzte kann vom Patentsucher verlangen, daß ihm der Anspruch auf Erteilung des Patents abgetreten wird. Hat die Anmeldung bereits zum Patent geführt, so kann er vom Patentinhaber die Übertragung des Patents verlangen. Der Anspruch kann vorbehaltlich der Sätze 4 und 5 nur innerhalb einer Frist von zwei Jahren nach der Veröffentlichung der Erteilung des Patents (§ 58 Abs. 1) durch Klage geltend gemacht werden. Hat der Verletzte Einspruch wegen widerrechtlicher Entnahme (§ 21 Abs. 1 Nr. 3) erhoben, so kann er die Klage noch innerhalb eines Jahres nach rechtskräftigem Abschluß des Einspruchsverfahrens erheben. Die Sätze 3 und 4 sind nicht anzuwenden, wenn der Patentinhaber beim Erwerb des Patents nicht in gutem Glauben war.

§ 9

Wirkung des Patents, Verbot der unmittelbaren Benutzung

Das Patent hat die Wirkung, daß allein der Patentinhaber befugt ist, die patentierte Erfindung zu benutzen. Jedem Dritten ist es verboten, ohne seine Zustimmung

1. ein Erzeugnis, das Gegenstand des Patents ist, herzustellen, anzubieten, in Verkehr zu bringen oder zu gebrauchen, oder zu den genannten Zwecken entweder einzuführen oder zu besitzen;
2. ein Verfahren, das Gegenstand des Patents ist, anzuwenden oder, wenn der Dritte weiß oder es aufgrund der Umstände offensichtlich ist, daß die Anwendung des Verfahrens ohne Zustimmung des Patentinhabers verboten ist, zur Anwendung im Geltungsbereich dieses Gesetzes anzubieten;
3. das durch ein Verfahren, das Gegenstand des Patents ist unmittelbar hergestellte Erzeugnis anzubieten, in Verkehr zu bringen oder zu gebrauchen, oder zu den genannten Zwecken entweder einzuführen oder zu besitzen.

§ 10

Verbot der Verwendung von mittelbarer Benutzung

(1) Das Patent hat ferner die Wirkung, daß es jedem Dritten verboten ist, ohne Zustimmung des Patentinhabers im Geltungsbereich dieses Gesetzes anderen als zur Benutzung der patentierten Erfindung berechtigten Personen Mittel, die sich auf ein wesentliches Element der Erfindung beziehen, zur Benutzung der Erfindung im Geltungsbereich dieses Gesetzes anzubieten oder zu liefern, wenn der Dritte weiß oder es aufgrund der Umstände offensichtlich ist, daß diese Mittel dazu geeignet und bestimmt sind, für die Benutzung der Erfindung verwendet zu

werden.

(2) Absatz 1 ist nicht anzuwenden, wenn es sich bei den Mitteln um allgemein im Handel erhältliche Erzeugnisse handelt, es sei denn, daß der Dritte den Belieferten bewußt veranlaßt, in einer nach § 9 Satz 2 verbotenen Weise zu handeln.

(3) Personen, die die in § 11 Nr. 1 bis 3 genannten Handlungen vornehmen, gelten im Sinne des Absatzes 1 nicht als Personen, die zur Benutzung der Erfindung berechtigt sind.

§ 11

Erlaubte Handlungen, patentfreier Bereich

Die Wirkung des Patents erstreckt sich nicht auf

1. Handlungen, die im privaten Bereich zu nichtgewerblichen Zwecken vorgenommen werden;

2. Handlungen zu Versuchszwecken, die sich auf den Gegenstand der patentierten Erfindung beziehen;

3. die unmittelbare Einzelzubereitung von Arzneimitteln in Apotheken aufgrund ärztlicher Verordnung sowie auf Handlungen, welche die auf diese Weise zubereiteten Arzneimittel betreffen;

4. den an Bord von Schiffen eines anderen Mitgliedstaates der Pariser Verbandsübereinkunft zum Schutz des gewerblichen Eigentums stattfindenden Gebrauch des Gegenstands der patentierten Erfindung im Schiffskörper, in den Maschinen, im Takelwerk, an den Geräten und sonstigem Zubehör, wenn die Schiffe vorübergehend oder zufällig in die Gewässer gelangen, auf die sich der Geltungsbereich dieses Gesetzes erstreckt, vorausgesetzt, daß dieser Gegenstand dort ausschließlich für die Bedürfnisse des Schiffes verwendet wird;

5. den Gebrauch des Gegenstands der patentierten Erfindung in der Bauausführung oder für den Betrieb der Luft- oder Landfahrzeuge eines anderen Mitgliedstaates der Pariser Verbandsübereinkunft zum Schutz des gewerblichen Eigentums oder des Zubehörs solcher Fahrzeuge, wenn diese vorübergehend oder zufällig in den Geltungsbereich dieses Gesetzes gelangen;

6. die in Artikel 27 des Abkommens vom 7. Dezember 1944 über die internationale Zivilluftfahrt (BGBl. 1956 II, S. 411) vorgesehenen Handlungen, wenn diese Handlungen ein Luftfahrzeug eines anderen Staates betreffen, auf den dieser Artikel anzuwenden ist.

§ 12

Weiterbenutzungsrecht, Beschränkung der Wirkung gegenüber Benutzern

(1) Die Wirkung des Patents tritt gegen den nicht ein, der zur Zeit der Anmeldung bereits im Inland die Erfindung in Benutzung genommen oder die dazu erforderlichen Veranstaltungen getroffen hatte. Dieser

ist befugt, die Erfindung für die Bedürfnisse seines eigenen Betriebs in eigenen oder fremden Werkstätten auszunutzen. Die Befugnis kann nur zusammen mit dem Betrieb vererbt oder veräußert werden. Hat der Anmelder oder sein Rechtsvorgänger die Erfindung vor der Anmeldung anderen mitgeteilt und sich dabei seine Rechte für den Fall der Patenterteilung vorbehalten, so kann sich der, welcher die Erfindung infolge der Mitteilung erfahren hat, nicht auf Maßnahmen nach Satz 1 berufen, die er innerhalb von sechs Monaten nach der Mitteilung getroffen hat.

(2) Steht dem Patentinhaber ein Prioritätsrecht zu, so ist an Stelle der in Abs. 1 bezeichneten Anmeldung die frühere Anmeldung maßgebend. Dies gilt jedoch nicht für Angehörige eines ausländischen Staates, der hierin keine Gegenseitigkeit verbürgt, soweit sie die Priorität einer ausländischen Anmeldung in Anspruch nehmen.

§ 13

Beschränkungen hinsichtlich öffentlicher Wohlfahrt, staatliche
Benutzungsanordnung

(1) Die Wirkung des Patents tritt insoweit nicht ein, als die Bundesregierung anordnet, daß die Erfindung im Interesse der öffentlichen Wohlfahrt benutzt werden soll. Sie erstreckt sich ferner nicht auf eine Benutzung der Erfindung, die im Interesse der Sicherheit des Bundes von der zuständigen obersten Bundesbehörde oder in deren Auftrag von einer nachgeordneten Stelle angeordnet wird.

(2) Für die Anfechtung einer Anordnung nach Absatz 1 ist das Bundesverwaltungsgericht zuständig, wenn sie von der Bundesregierung oder der zuständigen obersten Bundesbehörde getroffen ist.

(3) Der Patentinhaber hat in den Fällen des Absatzes 1 gegen den Bund Anspruch auf angemessene Vergütung. Wegen deren Höhe steht im Streitfall der Rechtsweg vor den ordentlichen Gerichten offen. Eine Anordnung der Bundesregierung nach Absatz 1 Satz 1 ist dem in der Rolle (§ 30 Abs. 1) als Patentinhaber Eingetragenen vor Benutzung der Erfindung mitzuteilen. Erlangt die oberste Bundesbehörde, von der eine Anordnung oder ein Auftrag nach Absatz 1 Satz 2 ausgeht, Kenntnis von der Entstehung eines Vergütungsanspruchs nach Satz 1, so hat sie dem als Patentinhaber Eingetragenen davon Mitteilung zu machen.

§ 14

Schutzbereich des Patentes

Der Schutzbereich des Patents und der Patentanmeldung wird durch den Inhalt der Patentansprüche bestimmt. Die Beschreibung und die Zeichnungen sind jedoch zur Auslegung der Patentansprüche heranzuziehen.

§ 15

Übertragung und Übergang des Patents, Lizenzen, Einfluß von späteren Verfügungen auf die Lizenz

(1) Das Recht auf das Patent, der Anspruch auf Erteilung des Patents und das Recht aus dem Patent gehen auf die Erben über. Sie können beschränkt oder unbeschränkt auf andere übertragen werden.

(2) Die Rechte nach Absatz 1 können ganz oder teilweise Gegenstand von ausschließlichen oder nicht ausschließlichen Lizenzen für den Geltungsbereich dieses Gesetzes oder einen Teil desselben sein. Soweit ein Lizenznehmer gegen eine Beschränkung seiner Lizenz nach Satz 1 verstößt, kann das Recht aus dem Patent gegen ihn geltend gemacht werden.

(3) Ein Rechtsübergang oder die Erteilung einer Lizenz berührt nicht Lizenzen, die Dritten vorher erteilt worden sind.

§ 16

Schutzdauer, Laufzeit

(1) Das Patent dauert zwanzig Jahre, die mit dem Tag beginnen, der auf die Anmeldung der Erfindung folgt. Bezweckt eine Erfindung die Verbesserung oder weitere Ausbildung einer anderen, dem Anmelder durch ein Patent geschützten Erfindung, so kann er bis zum Ablauf von achtzehn Monaten nach dem Tag der Einreichung der Anmeldung oder, sofern für die Anmeldung ein früherer Zeitpunkt als maßgebend in Anspruch genommen wird, nach diesem Zeitpunkt die Erteilung eines Zusatzpatents beantragen, das mit dem Patent für die ältere Erfindung endet.

(2) Fällt das Hauptpatent durch Widerruf, durch Erklärung der Nichtigkeit, durch Zurücknahme oder durch Verzicht fort, so wird das Zusatzpatent zu einem selbständigen Patent; seine Dauer bestimmt sich nach dem Anfangstag des Hauptpatents. Von mehreren Zusatzpatenten wird nur das erste selbständig; die übrigen gelten als dessen Zusatzpatente.

§ 17

Gebühren, Zahlungsfristen, Zahlungsverspätungen

(1) Für jede Anmeldung und jedes Patent ist für das dritte und jedes folgende Jahr, gerechnet vom Anmeldetag an, eine Jahresgebühr nach dem Tarif zu entrichten.

(2) Für ein Zusatzpatent (§ 16 Abs. 1 Satz 2) sind Jahresgebühren nicht zu entrichten. Wird das Zusatzpatent in einem selbständigen Patent, so wird es gebührenpflichtig; Fälligkeitstag und Jahresbetrag richten sich nach dem Anfangstag des bisherigen Hauptpatents. Für die Anmeldung eines Zusatzpatents sind Satz 1 und Satz 2 Halbsatz 1 entsprechend anzuwenden mit der Maßgabe, daß in den Fällen, in denen die Anmeldung eines Zusatzpatents als Anmeldung eines selbständigen Patents

gilt, die Jahresgebühren wie für eine von Anfang an selbständige Anmeldung zu entrichten sind.

(3) Die Jahresgebühren sind jeweils für das kommende Jahr am letzten Tag des Monats fällig, der durch seine Benennung dem Monat entspricht, in den der Anmeldetag fällt. Wird die Gebühr nicht innerhalb von zwei Monaten nach Fälligkeit entrichtet, so muß der tarifgemäße Zuschlag entrichtet werden. Nach Ablauf der Frist gibt das Patentamt dem Anmelder oder Patentinhaber Nachricht, daß die Anmeldung als zurückgenommen gilt (§ 58 Abs. 3) oder das Patent erlischt (§ 20 Abs. 1), wenn die Gebühr mit dem Zuschlag nicht innerhalb von vier Monaten nach Ablauf des Monats, in dem die Nachricht zugestellt worden ist, entrichtet wird.

(4) Das Patentamt kann die Absendung der Nachricht auf Antrag des Anmelders oder Patentinhabers hinausschieben, wenn er nachweist, daß ihm die Zahlung nach Lage seiner Mittel zur Zeit nicht zuzumuten ist. Es kann die Hinausschiebung davon abhängig machen, daß innerhalb bestimmter Fristen Teilzahlungen geleistet werden. Erfolgt eine Teilzahlung nicht fristgemäß, so benachrichtigt das Patentamt den Anmelder oder Patentinhaber, daß die Anmeldung als zurückgenommen gilt oder das Patent erlischt, wenn der Restbetrag nicht innerhalb eines Monats nach Zustellung gezahlt wird.

(5) Ist ein Antrag, die Absendung der Nachricht hinauszuschieben, nicht gestellt worden, so können Gebühr und Zuschlag beim Nachweis, daß die Zahlung nicht zuzumuten ist, noch nach Zustellung der Nachricht gestundet werden, wenn dies innerhalb von vierzehn Tagen nach der Zustellung beantragt und die bisherige Säumnis genügend entschuldigt wird. Die Stundung kann auch unter Auferlegung von Teilzahlungen bewilligt werden. Wird ein gestundeter Betrag nicht rechtzeitig entrichtet, so wiederholt das Patentamt die Nachricht, wobei der gesamte Restbetrag eingefordert wird. Nach Zustellung der zweiten Nachricht ist eine weitere Stundung unzulässig.

(6) Die Nachricht, die auf Antrag hinausgeschoben worden ist (Absatz 4) oder die nach gewährter Stundung erneut zu ergehen hat (Absatz 5), muß spätestens zwei Jahre nach Fälligkeit der Gebühr abgesandt werden. Geleistete Teilzahlungen werden nicht erstattet, wenn wegen Nichtzahlung des Restbetrags die Anmeldung als zurückgenommen gilt (§ 58 Abs. 3) oder das Patent erlischt (§ 20 Abs. 1).

§ 20

Erlöschen des Patents

(1) Das Patent erlischt, wenn

    1. der Patentinhaber darauf durch schriftliche Erklärung an das Patentamt verzichtet,

    2. die in § 37 Abs. 1 vorgeschriebenen Erklärungen nicht rechtzeitig

nach Zustellung der amtlichen Nachricht (§ 37 Abs. 2) abgegeben werden oder

3. die Jahresgebühr mit dem Zuschlag nicht rechtzeitig nach Zustellung der amtlichen Nachricht (§ 17 Abs. 3) entrichtet wird.

(2) Über die Rechtzeitigkeit der Abgabe der nach § 37 Abs. 1 vorgeschriebenen Erklärungen sowie über die Rechtzeitigkeit der Zahlung entscheidet nur das Patentamt; die §§ 73 und 100 bleiben unberührt.

§ 21

Widerruf des Patents, Einspruchsgründe, Beschränkung der Aufrechterhaltung

(1) Das Patent wird widerrufen (§ 61), wenn sich ergibt, daß

1. der Gegenstand des Patents nach den §§ 1 bis 5 nicht patentfähig ist,

2. das Patent die Erfindung nicht so deutlich und vollständig offenbart, daß ein Fachmann sie ausführen kann,

3. der wesentliche Inhalt des Patents den Beschreibungen, Zeichnungen, Modellen, Gerätschaften oder Einrichtungen eines anderen oder einem von diesem angewendeten Verfahren ohne dessen Einwilligung entnommen worden ist (widerrechtliche Entnahme),

4. der Gegenstand des Patents über den Inhalt der Anmeldung in der Fassung hinausgeht, in der sie bei der für die Einreichung der Anmeldung zuständigen Behörde ursprünglich eingereicht worden ist; das gleiche gilt, wenn das Patent auf einer Teilanmeldung oder einer nach § 7 Abs. 2 eingereichten neuen Anmeldung beruht und der Gegenstand des Patents über den Inhalt der früheren Anmeldung in der Fassung hinausgeht, in der sie bei der für die Einreichung der früheren Anmeldung zuständigen Behörde ursprünglich eingereicht worden ist.

(2) Betreffen die Widerrufsgründe nur einen Teil des Patents, so wird es mit einer entsprechenden Beschränkung aufrechterhalten. Die Beschränkung kann in Form einer Änderung der Patentansprüche, der Beschreibung oder der Zeichnungen vorgenommen werden.

(3) Mit dem Widerruf gelten die Wirkungen des Patents und der Anmeldung als von Anfang an nicht eingetreten. Bei beschränkter Aufrechterhaltung ist diese Bestimmung entsprechend anzuwenden; soweit in diesem Falle das Patent nur wegen einer Teilung (§ 60) nicht aufrechterhalten wird, bleibt die Wirkung der Anmeldung unberührt.

§ 22

Nichtigkeitserklärung, Nichtigkeitsgründe

(1) Das Patent wird auf Antrag (§ 81) für nichtig erklärt, wenn sich ergibt, daß einer der in § 21 Abs. 1 aufgezählten Gründe vorliegt oder der Schutzbereich des Patents erweitert worden ist.

(2) § 21 Abs. 2 und 3 Satz 1 und 2 Halbsatz 1 ist entsprechend anzuwenden.

§ 23

Lizenzbereitschaft, entgegenstehende Rechte, Lizenzbewerbung, Vergütung, Vergütungsänderung

(1) Erklärt sich der Patentsucher oder der in der Rolle (§ 30 Abs. 1) als Patentinhaber Eingetragene dem Patentamt gegenüber schriftlich bereit, jedermann die Benutzung der Erfindung gegen angemessene Vergütung zu gestatten, so ermäßigen sich die für das Patent nach Eingang der Erklärung fällig werdenden Jahresgebühren auf die Hälfte des im Tarif bestimmten Betrages. Die Wirkung der Erklärung, die für ein Hauptpatent abgegeben wird, erstreckt sich auf sämtliche Zusatzpatente. Die Erklärung ist unwiderruflich. Sie ist in die Patentrolle einzutragen und einmal im Patentblatt zu veröffentlichen.

(2) Die Erklärung ist unzulässig, solange in der Patentrolle ein Vermerk über die Einräumung eines Rechts zur ausschließlichen Benutzung der Erfindung (§ 34 Abs. 1) eingetragen ist oder ein Antrag auf Eintragung eines solchen Vermerks dem Patentamt vorliegt.

(3) Wer nach Eintragung der Erklärung die Erfindung benutzen will, hat seine Absicht dem Patentinhaber anzuzeigen. Die Anzeige gilt als bewirkt, wenn sie durch Aufgabe eines eingeschriebenen Briefes an den in der Rolle als Patentinhaber Eingetragenen oder seinen eingetragenen Vertreter abgesandt worden ist. In der Anzeige ist anzugeben, wie die Erfindung benutzt werden soll. Nach der Anzeige ist der Anzeigende zur Benutzung in der von ihm angegebenen Weise berechtigt. Er ist verpflichtet, dem Patentinhaber nach Ablauf jedes Kalendervierteljahres Auskunft über die erfolgte Benutzung zu geben und die Vergütung dafür zu entrichten. Kommt er dieser Verpflichtung nicht in gehöriger Zeit nach, so kann der als Patentinhaber Eingetragene ihm hierzu eine angemessene Nachfrist setzen und nach fruchtlosem Ablauf die Weiterbenutzung der Erfindung untersagen.

(4) Die Vergütung wird auf schriftlichen Antrag eines Beteiligten durch die Patentabteilung festgesetzt. Für das Verfahren sind die §§ 46, 47 und 62 entsprechend anzuwenden. Mit dem Antrag, der gegen mehrere Beteiligte gerichtet werden kann, ist eine Gebühr nach dem Tarif zu zahlen; wird sie nicht gezahlt, so gilt der Antrag als nicht gestellt. Das Patentamt kann bei der Festsetzung der Vergütung anordnen, daß die Gebühr ganz oder teilweise von den Antragsgegnern zu erstatten ist. Einem Patentinhaber kann die Gebühr bis zum Ablauf von sechs Monaten nach Abschluß des Verfahrens gestundet werden, wenn er nachweist, daß ihm die Zahlung nach Lage seiner Mittel zur Zeit nicht zuzumuten ist. Wird sie auch dann nicht gezahlt, so kann angeordnet werden, daß die Antragsgegner die Vergütung für die Benutzung der Erfindung so lange für Rechnung des Patentinhabers an das Patentamt zu zahlen haben, bis die Gebührenschuld beglichen ist.

(5) Nach Ablauf eines Jahres seit der letzten Festsetzung kann jeder davon

Betroffene ihre Änderung beantragen, wenn inzwischen Umstände eingetreten oder bekanntgeworden sind, welche die festgesetzte Vergütung offenbar unangemessen erscheinen lassen. Mit dem Antrag ist eine Gebühr nach dem Tarif zu entrichten. Im übrigen gilt Absatz 4 Satz 1 bis 4 entsprechend.

(6) Wird die Erklärung für eine Anmeldung abgegeben, so sind die Bestimmungen der Absätze 1 bis 5 entsprechend anzuwenden.

§ 24
Zwangslizenz, Patentrücknahme

(1) Weigert sich der Patentsucher oder der Patentinhaber, die Benutzung der Erfindung einem anderen zu gestatten, der sich erbietet, eine angemessene Vergütung zu zahlen und Sicherheit dafür zu leisten, so ist diesem die Befugnis zur Benutzung zuzusprechen (Zwangslizenz), wenn die Erlaubnis im öffentlichen Interesse geboten ist. Die Erteilung der Zwangslizenz ist erst nach der Erteilung des Patents zulässig. Die Zwangslizenz kann eingeschränkt erteilt und von Bedingungen abhängig gemacht werden.

(2) Das Patent ist, soweit nicht Staatsverträge entgegenstehen, zurückzunehmen, wenn die Erfindung ausschließlich oder hauptsächlich außerhalb Deutschlands ausgeführt wird. Die Zurücknahme kann erst zwei Jahre nach rechtskräftiger Erteilung einer Zwangslizenz und nur dann verlangt werden, wenn dem öffentlichen Interesse durch Erteilung von Zwangslizenzen weiterhin nicht genügt werden kann. Diese Einschränkungen gelten jedoch nicht bei Angehörigen eines ausländischen Staates, der hierin keine Gegenseitigkeit gewährt. Die Übertragung des Patents auf einen anderen ist insofern wirkungslos, als sie nur den Zweck hat, der Zurücknahme zu entgehen.

§ 25
Vertreterzwang für Ausländer, Inlandsvertreter

Wer im Inland weder Wohnsitz noch Niederlassung hat, kann an einem in diesem Gesetz geregelten Verfahren vor dem Patentamt oder dem Patentgericht nur teilnehmen und die Rechte aus einem Patent nur geltend machen, wenn er im Inland einen Patentanwalt oder einen Rechtsanwalt als Vertreter bestellt hat. Dieser ist im Verfahren vor dem Patentamt und dem Patentgericht und in bürgerlichen Rechtsstreitigkeiten, die das Patent betreffen, zur Vertretung befugt; er kann auch Strafanträge stellen. Der Ort, wo der Vertreter seinen Geschäftsraum hat, gilt im Sinne des § 23 der Zivilprozeßordnung als der Ort, wo sich der Vermögensgegenstand befindet; fehlt ein Geschäftsraum, so ist der Ort maßgebend, wo der Vertreter seinen Wohnsitz, und in Ermangelung eines solchen der Ort, wo das Patentamt seinen Sitz hat.

§ 30

Patentrolle, Verordnungen im Zusammenhang mit der Patentrolle

(1) Das Patentamt führt eine Rolle, die die Bezeichnung der Patentanmeldungen, in deren Akten jedermann Einsicht gewährt wird, und der erteilten Patente sowie Namen und Wohnort der Anmelder oder Patentinhaber und ihrer etwa bestellten Vertreter (§ 25) angibt. Auch sind darin Anfang, Teilung, Ablauf, Erlöschen, Anordnung der Beschränkung, Widerruf, Erklärung der Nichtigkeit und Zurücknahme der Patente sowie die Erhebung eines Einspruchs und einer Nichtigkeitsklage zu vermerken.

(2) Der Bundesminister der Justiz wird ermächtigt, durch Rechtsverordnung zu bestimmen, welche Angaben über den Verfahrensstand der Patentanmeldungen in die Rolle einzutragen sind; er kann diese Ermächtigung durch Rechtsverordnung auf den Präsidenten des Patentamts übertragen.

(3) Das Patentamt vermerkt in der Rolle eine Änderung in der Person, im Namen oder im Wohnort der Anmelder oder Patentinhaber und ihrer Vertreter, wenn sie ihm nachgewiesen wird. Mit dem Antrag auf Eintragung der Änderung in der Person des Anmelders oder Patentinhabers ist eine Gebühr nach dem Tarif zu entrichten; wird sie nicht entrichtet, so gilt der Antrag als nicht gestellt. Solange die Änderung nicht eingetragen ist, bleibt der frühere Anmelder, Patentinhaber oder Vertreter nach Maßgabe dieses Gesetzes berechtigt und verpflichtet.

§ 31

Akteneinsicht, Akteneinsicht in Geheimanmeldungen

(1) Das Patentamt gewährt jedermann auf Antrag Einsicht in die Akten sowie in die zu den Akten gehörenden Modelle und Probestücke, wenn und soweit ein berechtigtes Interesse glaubhaft gemacht wird. Jedoch steht die Einsicht in die Rolle und die Akten von Patenten einschließlich der Akten von Beschränkungsverfahren (§ 64) jedermann frei; das gleiche gilt für die Einsicht in die Akten von abgetrennten Teilen eines Patents (§ 60).

(2) In die Akten von Patentanmeldungen steht die Einsicht jedermann frei,

1. wenn der Anmelder sich gegenüber dem Patentamt mit der Akteneinsicht einverstanden erklärt und den Erfinder benannt hat oder

2. wenn seit dem Tag der Einreichung der Anmeldung oder, sofern für die Anmeldung ein früherer Zeitpunkt als maßgebend in Anspruch genommen wird, seit diesem Zeitpunkt achtzehn Monate verstrichen sind, und ein Hinweis nach § 32 Abs. 5 veröffentlicht worden ist.

(3) Soweit die Einsicht in die Akten jedermann freisteht, steht die Einsicht auch in die zu den Akten gehörenden Modelle und Probestücke jedermann frei.

(4) In die Benennung des Erfinders (§ 37 Abs. 1) wird, wenn der vom Anmelder angegebene Erfinder es beantragt, Einsicht nur nach Absatz 1 Satz 1 gewährt; § 63 Abs. 1 Satz 4 und 5 ist entsprechend anzuwenden.

(5) In die Akten von Patentanmeldungen und Patenten, für die gemäß § 50 jede Veröffentlichung unterbleibt, kann das Patentamt nur nach Anhörung der zuständigen obersten Bundesbehörde Einsicht gewähren, wenn und soweit ein besonderes schutzwürdiges Interesse des Antragstellers die Gewährung der Einsicht geboten erscheinen läßt und hierdurch die Gefahr eines schweren Nachteils für die äußere Sicherheit der Bundesrepublik Deutschland nicht zu erwarten ist. Wird in einem Verfahren eine Patentanmeldung oder ein Patent nach § 3 Abs. 2 Satz 3 als Stand der Technik entgegengehalten; so ist auf den diese Entgegenhaltung betreffenden Teil der Akten Satz 1 entsprechend anzuwenden.

§ 32
Veröffentlichungen des Patentamtes, Offenlegungsschrift, Patentschrift, Patentblatt

(1) Das Patentamt veröffentlicht
  1. die Offenlegungsschriften,
  2. die Patentschriften und
  3. das Patentblatt.

(2) Die Offenlegungsschrift enthält die nach § 31 Abs. 2 jedermann zur Einsicht freistehenden Unterlagen der Anmeldung (§ 35 Abs. 1 Nr. 2 bis 4) in der ursprünglich eingereichten oder vom Patentamt zur Veröffentlichung zugelassenen geänderten Form. In die Offenlegungsschrift ist auch die Zusammenfassung (§ 36) aufzunehmen, sofern sie rechtzeitig eingereicht worden ist. Die Offenlegungsschrift wird nicht veröffentlicht, wenn die Patentschrift bereits veröffentlicht worden ist.

(3) Die Patentschrift enthält die Patentansprüche, die Beschreibung und die Zeichnungen, aufgrund deren das Patent erteilt worden ist. Außerdem sind in der Patentschrift die Druckschriften anzugeben, die das Patentamt für die Beurteilung der Patentfähigkeit der angemeldeten Erfindung in Betracht gezogen hat (§ 43 Abs. 1). Ist die Zusammenfassung (§ 36) noch nicht veröffentlicht worden, so ist sie in die Patentschrift aufzunehmen.

(4) Die Offenlegungs- oder Patentschrift wird unter den Voraussetzungen des § 31 Abs. 2 auch dann veröffentlicht, wenn die Anmeldung zurückgenommen oder zurückgewiesen wird oder als zurückgenommen gilt oder das Patent erlischt, nachdem die technischen Vorbereitungen für die Veröffentlichung abgeschlossen waren.

(5) Das Patentblatt enthält regelmäßig erscheinende Übersichten über die Eintragungen in die Rolle, soweit sie nicht nur den regelmäßigen Ablauf der Patente betreffen, und Hinweise auf die Möglichkeit der Ein-

sicht in die Akten von Patentanmeldungen einschließlich der Akten von abgetrennten Teilen eines Patents (§ 60).

§ 35
Anmeldung einer Erfindung, Antrag, Patentansprüche, Beschreibung, Zeichnungen, Offenbarung, Anmeldegebühr, Anmeldeverordnung, Angaben zum Stand der Technik

(1) Eine Erfindung ist zur Erteilung eines Patents schriftlich beim Patentamt anzumelden. Für jede Erfindung ist eine besondere Anmeldung erforderlich. Die Anmeldung muß enthalten:
1. einen Antrag auf Erteilung des Patents, in dem die Erfindung kurz und genau bezeichnet ist;
2. einen oder mehrere Patentansprüche, in denen angegeben ist, was als patentfähig unter Schutz gestellt werden soll;
3. eine Beschreibung der Erfindung;
4. die Zeichnungen, auf die sich die Patentansprüche oder die Beschreibung beziehen.

(2) Die Erfindung ist in der Anmeldung so deutlich und vollständig zu offenbaren, daß ein Fachmann sie ausführen kann.

(3) Mit der Anmeldung ist für die Kosten des Verfahrens eine Gebühr nach dem Tarif zu entrichten. Unterbleibt die Zahlung, so gibt das Patentamt dem Anmelder Nachricht, daß die Anmeldung als zurückgenommen gilt, wenn die Gebühr nicht bis zum Ablauf eines Monats nach Zustellung der Nachricht entrichtet wird.

(4) Der Bundesminister der Justiz wird ermächtigt, durch Rechtsverordnung Bestimmungen über die sonstigen Erfordernisse der Anmeldung zu erlassen. Er kann die Ermächtigung durch Rechtsverordnung auf den Präsidenten des Patentamts übertragen.

(5) Auf Verlangen des Patentamts hat der Anmelder den Stand der Technik nach seinem besten Wissen vollständig und wahrheitsgemäß anzugeben und in die Beschreibung (Absatz 1) aufzunehmen.

§ 36
Zusammenfassung des Patentinhalts

(1) Der Anmeldung ist eine Zusammenfassung beizufügen, die noch bis zum Ablauf von fünfzehn Monaten nach dem Tag der Einreichung der Anmeldung oder, sofern für die Anmeldung ein früherer Zeitpunkt als maßgebend in Anspruch genommen wird, bis zum Ablauf von fünfzehn Monaten nach diesem Zeitpunkt nachgereicht werden kann.

(2) Die Zusammenfassung dient ausschließlich der technischen Unterrichtung. Sie muß enthalten:
1. die Bezeichnung der Erfindung;
2. eine Kurzfassung der in der Anmeldung enthaltenen Offenbarung, die das technische Gebiet der Erfindung angeben und so gefaßt sein

soll, daß sie ein klares Verständnis des technischen Problems, seiner Lösung und der hauptsächlichen Verwendungsmöglichkeit der Erfindung erlaubt;

3. eine in der Kurzfassung erwähnte Zeichnung; sind mehrere Zeichnungen erwähnt, so ist die Zeichnung beizufügen, die die Erfindung nach Auffassung des Anmelders am deutlichsten kennzeichnet.

§ 40
Prioritätsrecht des Anmelders, Innere Priorität, Mehrfachpriorität, Prioritätserklärung, Fristen

(1) Dem Anmelder steht innerhalb einer Frist von zwölf Monaten nach dem Anmeldetag einer beim Patentamt eingereichten früheren Patent- oder Gebrauchsmusteranmeldung für die Anmeldung derselben Erfindung zum Patent ein Prioritätsrecht zu, es sei denn, daß für die frühere Anmeldung schon eine inländische oder ausländische Priorität in Anspruch genommen worden ist.

(2) Für die Anmeldung kann die Priorität mehrerer beim Patentamt eingereichter Patent- oder Gebrauchsmusteranmeldungen in Anspruch genommen werden.

(3) Die Priorität kann nur für solche Merkmale der Anmeldung in Anspruch genommen werden, die in der Gesamtheit der Anmeldungsunterlagen der früheren Anmeldung deutlich offenbart sind.

(4) Die Priorität kann nur innerhalb von zwei Monaten nach dem Anmeldetag der späteren Anmeldung in Anspruch genommen werden; die Prioritätserklärung gilt erst als abgegeben, wenn das Aktenzeichen der früheren Anmeldung angegeben und eine Abschrift der früheren Anmeldung eingereicht worden ist.

(5) Ist die frühere Anmeldung noch beim Patentamt anhängig, so gilt sie mit der Abgabe der Prioritätserklärung nach Absatz 4 als zurückgenommen. Dies gilt nicht, wenn die frühere Anmeldung ein Gebrauchsmuster betrifft.

§ 41
Äußere Priorität, Prioritätserklärung, Fristen

Wer nach einem Staatsvertrag die Priorität einer früheren ausländischen Anmeldung derselben Erfindung in Anspruch nimmt, hat innerhalb von zwei Monaten nach dem Anmeldetag Zeit und Land der früheren Anmeldung anzugeben. Hat der Anmelder Zeit und Land der früheren Anmeldung angegeben, so fordert ihn das Patentamt auf, innerhalb von zwei Monaten nach Zustellung der Aufforderung das Aktenzeichen der früheren Anmeldung anzugeben und eine Abschrift der früheren Anmeldung einzureichen, soweit dies nicht bereits geschehen ist. Innerhalb der Fristen können die Angaben geändert werden. Werden die Angaben nicht rechtzeitig gemacht, so wird der Prioritätsanspruch für die Anmeldung verwirkt.

§ 42

Mängel der Anmeldung, Offensichtlichkeitsprüfung, Zurückweisung der Anmeldung

(1) Genügt die Anmeldung den Anforderungen der §§ 35 bis 38 offensichtlich nicht, so fordert die Prüfungsstelle den Anmelder auf, die Mängel innerhalb einer bestimmten Frist zu beseitigen. Diese Frist soll, wenn im Falle des § 41 die Einreichung von Belegen gefordert wird, so bemessen werden, daß sie frühestens drei Monate nach Einreichung der Anmeldung endet. Entspricht die Anmeldung nicht den Bestimmungen über die sonstigen Erfordernisse der Anmeldung (§ 35 Abs. 4), so kann die Prüfungsstelle bis zum Beginn des Prüfungsverfahrens (§ 44) von der Beanstandung dieser Mängel absehen.

(2) Ist offensichtlich, daß der Gegenstand der Anmeldung
1. seinem Wesen nach keine Erfindung ist,
2. nicht gewerblich anwendbar ist,
3. nach § 2 von der Patenterteilung ausgeschlossen ist oder
4. im Falle des § 16 Abs. 1 Satz 2 eine Verbesserung oder weitere Ausbildung der anderen Erfindung nicht bezweckt, so benachrichtigt die Prüfungsstelle den Anmelder hiervon unter Angabe der Gründe und fordert ihn auf, sich innerhalb einer bestimmten Frist zu äußern. Das gleiche gilt, wenn im Falle des § 16 Abs. 1 Satz 2 die Zusatzanmeldung nicht innerhalb der vorgesehenen Frist eingereicht worden ist.

(3) Die Prüfungsstelle weist die Anmeldung zurück, wenn die nach Absatz 1 gerügten Mängel nicht beseitigt werden oder wenn die Anmeldung aufrechterhalten wird, obgleich eine patentfähige Erfindung offensichtlich nicht vorliegt (Absatz 2 Nr. 1 bis 3) oder die Voraussetzungen des § 16 Abs. 1 Satz 2 offensichtlich nicht gegeben sind (Absatz 2 Satz 1 Nr. 4, Satz 2). Soll die Zurückweisung auf Umstände gegründet werden, die dem Patentsucher noch nicht mitgeteilt waren, so ist ihm vorher Gelegenheit zu geben, sich dazu innerhalb einer bestimmten Frist zu äußern.

§ 43

Recherchen, Rechercheantrag, isolierte Recherche, Gebühren, Mitteilung der Druckschriften, Übertragung des Rechercheergebnisses auf andere Stellen

(1) Das Patentamt ermittelt auf Antrag die öffentlichen Druckschriften, die für die Beurteilung der Patentfähigkeit der angemeldeten Erfindung in Betracht zu ziehen sind. Soweit die Ermittlung dieser Druckschriften einer zwischenstaatlichen Einrichtung vollständig oder für bestimmte Sachgebiete der Technik ganz oder teilweise übertragen worden ist (Absatz 8 Nr. 1), kann beantragt werden, die Ermittlung in der Weise durchführen zu lassen, daß der Anmelder das Ermittlungsergebnis auch

für eine europäische Anmeldung verwenden kann.

(2) Der Antrag kann von dem Patentsucher und jedem Dritten, der jedoch hierdurch nicht an dem Verfahren beteiligt wird, gestellt werden. Er ist schriftlich einzureichen. § 25 ist entsprechend anzuwenden. Mit dem Antrag ist eine Gebühr nach dem Tarif zu zahlen; wird sie nicht gezahlt, so gilt der Antrag als nicht gestellt. Wird der Antrag für die Anmeldung eines Zusatzpatents (§ 16 Abs. 1 Satz 2) gestellt, so fordert das Patentamt den Patentsucher auf, bis zum Ablauf eines Monats nach Zustellung der Aufforderung für die Anmeldung des Hauptpatents einen Antrag nach Absatz 1 zu stellen; wird der Antrag nicht gestellt, so gilt die Anmeldung des Zusatzpatents als Anmeldung eines selbständigen Patents.

(3) Der Eingang des Antrags wird im Patentblatt veröffentlicht, jedoch nicht vor der Veröffentlichung des Hinweises gemäß § 32 Abs. 5. Hat ein Dritter den Antrag gestellt, so wird der Eingang des Antrags außerdem dem Patentsucher mitgeteilt. Jedermann ist berechtigt, dem Patentamt Druckschriften anzugeben, die der Erteilung eines Patents entgegenstehen könnten.

(4) Der Antrag gilt als nicht gestellt, wenn bereits ein Antrag nach § 44 gestellt worden ist. In diesem Fall teilt das Patentamt dem Antragsteller mit, zu welchem Zeitpunkt der Antrag nach § 44 eingegangen ist. Die für den Antrag entrichtete Gebühr wird zurückgezahlt.

(5) Ist ein Antrag nach Absatz 1 eingegangen, so gelten spätere Anträge als nicht gestellt. Absatz 4 Satz 2 und 3 ist entsprechend anzuwenden.

(6) Erweist sich ein von einem Dritten gestellter Antrag nach der Mitteilung an den Patentsucher (Absatz 3 Satz 2) als unwirksam, so teilt das Patentamt dies außer dem Dritten auch dem Patentsucher mit.

(7) Das Patentamt teilt die nach Absatz 1 ermittelten Druckschriften dem Anmelder und, wenn der Antrag von einem Dritten gestellt worden ist, diesem und dem Anmelder ohne Gewähr für Vollständigkeit mit und veröffentlicht im Patentblatt, daß diese Mitteilung ergangen ist. Sind die Druckschriften von einer zwischenstaatlichen Einrichtung ermittelt worden und hat der Anmelder dies beantragt (Absatz 1 Satz 2), so wird dies in der Mitteilung angegeben.

(8) Der Bundesminister der Justiz wird ermächtigt, zur beschleunigten Erledigung der Patenterteilungsverfahren durch Rechtsverordnung zu bestimmen, daß

1. die Ermittlung der in Absatz 1 bezeichneten Druckschriften einer anderen Stelle des Patentamts als der Prüfungsstelle (§ 27 Abs. 1), einer anderen staatlichen oder einer zwischenstaatlichen Einrichtung vollständig oder für bestimmte Sachgebiete der Technik oder für bestimmte Sprachen übertragen wird, soweit diese Einrichtung für die Ermittlung der in Betracht zu ziehenden Druckschriften geeignet erscheint;

2. das Patentamt ausländischen oder zwischenstaatlichen Behörden Auskünfte aus Akten von Patentanmeldungen zur gegenseitigen Unterrichtung über das Ergebnis von Prüfungsverfahren und von Ermittlungen zum Stand der Technik erteilt, soweit es sich um Anmeldungen von Erfindungen handelt, für die auch bei diesen ausländischen oder zwischenstaatlichen Behörden die Erteilung eines Patents beantragt worden ist;

3. die Prüfung der Patentanmeldung nach § 42 sowie die Kontrolle der Gebühren und Fristen ganz oder teilweise anderen Stellen des Patentamts als den Prüfungsstellen oder Patentabteilungen (§ 27 Abs. 1) übertragen wird.

§ 44
Prüfung, Prüfungsantrag, Fristen, Gebühren

(1) Das Patentamt prüft auf Antrag, ob die Anmeldung den Anforderungen der §§ 35, 37 und 38 genügt und ob der Gegenstand der Anmeldung nach den §§ 1 bis 5 patentfähig ist.

(2) Der Antrag kann von dem Patentsucher und jedem Dritten, der jedoch hierdurch nicht an dem Prüfungsverfahren beteiligt wird, bis zum Ablauf von sieben Jahren nach Einreichung der Anmeldung gestellt werden.

(3) Mit dem Antrag ist eine Gebühr nach dem Tarif zu zahlen; wird sie nicht gezahlt, so gilt der Antrag als nicht gestellt.

(4) Ist bereits ein Antrag nach § 43 gestellt worden, so beginnt das Prüfungsverfahren erst nach Erledigung des Antrags nach § 43.
Im übrigen ist § 43 Abs. 2 Satz 2, 3 und 5, Abs. 3, 5 und 6 entsprechend anzuwenden. Im Falle der Unwirksamkeit des von einem Dritten gestellten Antrags kann der Patentsucher noch bis zum Ablauf von drei Monaten nach Zustellung der Mitteilung, sofern diese Frist später als die in Absatz 2 bezeichnete Frist abläuft, selbst einen Antrag stellen. Stellt er den Antrag nicht, wird im Patentblatt unter Hinweis auf die Veröffentlichung des von dem Dritten gestellten Antrags veröffentlicht, daß dieser Antrag unwirksam ist.

(5) Das Prüfungsverfahren wird auch dann fortgesetzt, wenn der Antrag auf Prüfung zurückgenommen wird. Im Falle des Absatzes 4 Satz 3 wird das Verfahren in dem Zustand fortgesetzt, in dem es sich im Zeitpunkt des Eingangs des vom Patentsucher gestellten Antrags auf Prüfung befindet.

§ 49
Patenterteilung, Aussetzung des Erteilungsbeschlusses

(1) Genügt die Anmeldung den Anforderungen der §§ 35, 37 und 38, sind nach § 45 Abs. 1 gerügte Mängel der Zusammenfassung beseitigt und ist der Gegenstand der Anmeldung nach den §§ 1 bis 5 patentfähig, so

beschließt die Prüfungsstelle die Erteilung des Patents.

(2) Der Erteilungsbeschluß wird auf Antrag des Anmelders bis zum Ablauf einer Frist von fünfzehn Monaten ausgesetzt, die mit dem Tag der Einreichung der Anmeldung beim Patentamt oder, falls für die Anmeldung ein früherer Zeitpunkt als maßgebend in Anspruch genommen wird, mit diesem Zeitpunkt beginnt.

§ 49 a

Ergänzender Schutz

(1) Beantragt der als Patentinhaber Eingetragene einen ergänzenden Schutz, so prüft die Patentabteilung, ob die Anmeldung der entsprechenden Verordnung des Rates der Europäischen Wirtschaftsgemeinschaft sowie den Absätzen 3 und 4 und dem § 16 entspricht.

(2) Genügt die Anmeldung diesen Voraussetzungen, so erteilt die Patentabteilung das ergänzende Schutzzertifikat für die Dauer seiner Laufzeit. Andernfalls fordert sie den Anmelder auf, etwaige Mängel innerhalb einer von ihr festzusetzenden, mindestens zwei Monate betragenden Frist zu beheben. Werden die Mängel nicht behoben, so weist sie die Anmeldung durch Beschluß zurück.

(3) § 35 Abs. 4 ist anwendbar. Die §§ 46 und 47 sind auf das Verfahren von der Patentabteilung anzuwenden.

(4) Mit der Anmeldung ist eine Gebühr nach Tarif zu entrichten. Unterbleibt die Zahlung, so gibt das Patentamt dem Anmelder Nachricht, daß die Anmeldung als zurückgenommen gilt, wenn die Gebühr nicht bis zum Ablauf eines Monats nach Zustellung der Nachricht entrichtet wird.

§ 57

Erteilungsgebühr, Zahlungsfrist, Rücknahme

(1) Für die Erteilung des Patents ist eine Erteilungsgebühr nach dem Tarif zu entrichten. Die Gebühr ist mit Zustellung des Erteilungsbeschlusses fällig. Wird sie nicht innerhalb von zwei Monaten nach Fälligkeit entrichtet, so muß der tarifmäßige Zuschlag entrichtet werden. Nach Ablauf der Frist gibt das Patentamt dem Patentinhaber Nachricht, daß das Patent als nicht erteilt und die Anmeldung als zurückgenommen gilt, wenn die Gebühr mit dem Zuschlag nicht innerhalb eines Monats nach Zustellung der Nachricht entrichtet wird.

(2) Wird die Gebühr mit dem Zuschlag nicht rechtzeitig nach Zustellung der amtlichen Nachricht entrichtet, so gilt das Patent als nicht erteilt und die Anmeldung als zurückgenommen.

§ 58

Veröffentlichung der Patenterteilung, Beginn der Patentrechtswirkung

(1) Die Erteilung des Patents wird im Patentblatt veröffentlicht. Gleich-

zeitig wird die Patentschrift veröffentlicht. Mit der Veröffentlichung im Patentblatt treten die gesetzlichen Wirkungen des Patents ein.

(2) Wird die Anmeldung nach der Veröffentlichung des Hinweises auf die Möglichkeit der Einsicht in die Akten (§ 32 Abs. 5) zurückgenommen oder zurückgewiesen oder gilt sie als zurückgenommen, so gilt die Wirkung nach § 33 Abs. 1 als nicht eingetreten.

(3) Wird bis zum Ablauf der in § 44 Abs. 2 bezeichneten Frist ein Antrag auf Prüfung nicht gestellt oder wird eine für die Anmeldung zu entrichtende Jahresgebühr nicht rechtzeitig entrichtet (§ 17), so gilt die Anmeldung als zurückgenommen.

§ 59

Einspruch, Beitritt

(1) Innerhalb von drei Monaten nach der Veröffentlichung der Erteilung kann jeder, im Falle der widerrechtlichen Entnahme nur der Verletzte, gegen das Patent Einspruch erheben. Der Einspruch ist schriftlich zu erklären und zu begründen. Er kann nur auf die Behauptung gestützt werden, daß einer der in § 21 genannten Widerrufsgründe vorliege. Die Tatsachen, die den Einspruch rechtfertigen, sind im einzelnen anzugeben. Die Angaben müssen, soweit sie nicht schon in der Einspruchsschrift enthalten sind, bis zum Ablauf der Einspruchsfrist schriftlich nachgereicht werden.

(2) Ist gegen ein Patent Einspruch erhoben worden, so kann jeder Dritte, der nachweist, daß gegen ihn Klage wegen Verletzung des Patents erhoben worden ist, nach Ablauf der Einspruchsfrist dem Einspruchsverfahren als Einsprechender beitreten, wenn er den Beitritt innerhalb von drei Monaten nach dem Tag erklärt, an dem die Verletzungsklage erhoben worden ist. Das gleiche gilt für jeden Dritten, der nachweist, daß er nach einer Aufforderung des Patentinhabers, eine angebliche Patentverletzung zu unterlassen, gegen diesen Klage auf Feststellung erhoben hat, daß er das Patent nicht verletze. Der Beitritt ist schriftlich zu erklären und bis zum Ablauf der in Satz 1 genannten Frist zu begründen. Absatz 1 Satz 3 bis 5 ist entsprechend anzuwenden.

(3) § 43 Abs. 3 Satz 3 und die §§ 46 und 47 sind im Einspruchsverfahren entsprechend anzuwenden.

§ 60

Teilung des Patents

(1) Der Patentinhaber kann das Patent bis zur Beendigung des Einspruchsverfahrens teilen. Wird die Teilung erklärt, so gilt der abgetrennte Teil als Anmeldung, für die ein Prüfungsantrag (§ 44) gestellt worden ist. § 39 Abs. 1 Satz 2 und 4, Abs. 2 und 3 ist entsprechend anzuwenden. Für den abgetrennten Teil gelten die Wirkungen des Patents als von Anfang an nicht eingetreten.

(2) Die Teilung des Patents wird im Patentblatt veröffentlicht.

§ 61
Aufrechterhaltung und Widerruf, beschränkte Aufrechterhaltung

(1) Die Patentabteilung entscheidet durch Beschluß, ob und in welchem Umfang das Patent aufrechterhalten oder widerrufen wird. Das Verfahren wird von Amts wegen ohne den Einsprechenden fortgesetzt, wenn der Einspruch zurückgenommen wird.

(2) Wird das Patent widerrufen oder nur beschränkt aufrechterhalten, so wird dies im Patentblatt veröffentlicht.

(3) Wird das Patent beschränkt aufrechterhalten, so ist die Patentschrift entsprechend zu ändern. Die Änderung der Patentschrift ist zu veröffentlichen.

§ 62
Kosten des Einspruchsverfahrens

(1) In dem Beschluß über den Einspruch kann die Patentabteilung nach billigem Ermessen bestimmen, inwieweit einem Beteiligten die durch eine Anhörung oder eine Beweisaufnahme verursachten Kosten zur Last fallen. Die Bestimmung kann auch getroffen werden, wenn ganz oder teilweise der Einspruch zurückgenommen oder auf das Patent verzichtet wird.

(2) Zu den Kosten gehören außer den Auslagen des Patentamts auch die den Beteiligten erwachsenen Kosten, soweit sie nach billigem Ermessen zur zweckentsprechenden Wahrung der Ansprüche und Rechte notwendig waren. Der Betrag der zu erstattenden Kosten wird auf Antrag durch das Patentamt festgesetzt. Die Vorschriften der Zivilprozeßordnung über das Kostenfestsetzungsverfahren und die Zwangsvollstreckung aus Kostenfestsetzungsbeschlüssen sind entsprechend anzuwenden. An die Stelle der Erinnerung tritt die Beschwerde gegen den Kostenfestsetzungsbeschluß; § 73 ist mit der Maßgabe anzuwenden, daß die Beschwerde innerhalb von zwei Wochen einzulegen ist. Die vollstreckbare Ausfertigung wird vom Urkundsbeamten der Geschäftsstelle des Patentgerichts erteilt.

§ 81
Klage, Klageverfahren, Klageinhalt, Gebühr

(1) Das Verfahren wegen Erklärung der Nichtigkeit oder Zurücknahme des Patents oder wegen einer Zwangslizenz wird durch Klage eingeleitet. Die Klage ist gegen den in der Rolle als Patentinhaber Eingetragenen zu richten.

(2) Klage auf Erklärung der Nichtigkeit des Patents kann nicht erhoben werden, solange ein Einspruch noch erhoben werden kann oder ein Einspruchsverfahren anhängig ist.

(3) Im Falle der widerrechtlichen Entnahme ist nur der Verletzte zur Erhebung der Klage berechtigt.

(4) Die Klage ist beim Patentgericht schriftlich zu erheben. Der Klage und allen Schriftsätzen sollen Abschriften für die Gegenpartei beigefügt werden. Die Klage und alle Schriftsätze sind der Gegenpartei von Amts wegen zuzustellen.

(5) Die Klage muß den Kläger, den Beklagten und den Streitgegenstand bezeichnen und soll einen bestimmten Antrag enthalten. Die zur Begründung dienenden Tatsachen und Beweismittel sind anzugeben. Entspricht die Klage diesen Anforderungen nicht in vollem Umfang, so hat der Vorsitzende den Kläger zu der erforderlichen Ergänzung innerhalb einer bestimmten Frist aufzufordern.

(6) Mit der Klage ist eine Gebühr nach dem Tarif zu zahlen; wird sie nicht gezahlt, so gilt die Klage als nicht erhoben.

(7) Wohnt der Kläger im Ausland, so hat er dem Beklagten auf dessen Verlangen Sicherheit wegen der Kosten des Verfahrens zu leisten. Das Patentgericht setzt die Höhe der Sicherheit nach billigem Ermessen fest und bestimmt eine Frist, innerhalb welcher sie zu leisten ist. Wird die Frist versäumt, so gilt die Klage als zurückgenommen.

§ 82
Zustellung der Klage, Klageerwiderung, Fristen

(1) Das Patentgericht stellt dem Beklagten die Klage zu und fordert ihn auf, sich darüber innerhalb eines Monats zu erklären.

(2) Erklärt sich der Beklagte nicht rechtzeitig, so kann ohne mündliche Verhandlung sofort nach der Klage entschieden und dabei jede vom Kläger behauptete Tatsache für erwiesen angenommen werden.

§ 83
Widerspruch, mündliche Verhandlung

(1) Widerspricht der Beklagte rechtzeitig, so teilt das Patentgericht den Widerspruch dem Kläger mit.

(2) Das Patentgericht entscheidet aufgrund mündlicher Verhandlung. Mit Zustimmung der Parteien kann ohne mündliche Verhandlung entschieden werden.

§ 84
Urteil, Kostenentscheidung

(1) Über die Klage wird durch Urteil entschieden. Über die Zulässigkeit der Klage kann durch Zwischenurteil vorab entschieden werden.

(2) In dem Urteil ist auch über die Kosten des Verfahrens zu entscheiden. Die Vorschriften der Zivilprozeßordnung über die Prozeßkosten sind entsprechend anzuwenden, soweit nicht die Billigkeit eine andere Entscheidung erfordert; die Vorschriften der Zivilprozeßordnung über das

Kostenfestsetzungsverfahren und die Zwangsvollstreckung aus Kostenfestsetzungsbeschlüssen sind entsprechend anzuwenden. § 99 Abs. 2 bleibt unberührt.

§ 85
Verfahren wegen Zwangslizenz, einstweilige Verfügung

(1) In dem Verfahren wegen Erteilung der Zwangslizenz kann dem Kläger auf seinen Antrag die Benutzung der Erfindung durch einstweilige Verfügung gestattet werden; wenn er glaubhaft macht, daß die Veraussetzungen des § 24 Abs. 1 vorliegen und daß die alsbaldige Erteilung der Erlaubnis im öffentlichen Interesse dringend geboten ist.

(2) Mit dem Antrag ist eine Gebühr nach dem Tarif zu zahlen; wird sie nicht gezahlt, so gilt der Antrag als nicht gestellt. Der Erlaß der einstweiligen Verfügung kann davon abhängig gemacht werden, daß der Antragsteller wegen der dem Antragsgegner drohenden Nachteile Sicherheit leistet.

(3) Das Patentgericht entscheidet aufgrund mündlicher Verhandlung. Die Bestimmungen des § 83 Abs. 2 Satz 2 und des § 84 gelten entsprechend.

(4) Mit der Zurücknahme oder der Zurückweisung der Klage auf Erteilung der Zwangslizenz (§ 81) endet die Wirkung der einstweiligen Verfügung; ihre Kostenentscheidung kann geändert werden, wenn eine Partei innerhalb eines Monats nach der Zurücknahme oder nach Eintritt der Rechtskraft der Zurückweisung die Änderung beantragt.

(5) Erweist sich die Anordnung der einstweiligen Verfügung als von Anfang an ungerechtfertigt, so ist der Antragsteller verpflichtet, dem Antragsgegner den Schaden zu ersetzen, der ihm aus der Durchführung der einstweiligen Verfügung entstanden ist.

(6) Das Urteil, durch das die Zwangslizenz zugesprochen wird, kann auf Antrag gegen oder ohne Sicherheitsleistung für vorläufig vollstreckbar erklärt werden, wenn dies im öffentlichen Interesse liegt. Wird das Urteil aufgehoben oder geändert, so ist der Antragsteller zum Ersatz des Schadens verpflichtet, der dem Antragsgegner durch die Vollstreckung entstanden ist.

§ 123
Wiedereinsetzung in den vorherigen Stand, Antragsfrist, Antragsinhalt, Zuständigkeiten

(1) Wer ohne Verschulden verhindert war, dem Patentamt oder dem Patentgericht gegenüber eine Frist einzuhalten, deren Versäumung nach gesetzlicher Vorschrift einen Rechtsnachteil zur Folge hat, ist auf Antrag wieder in den vorigen Stand einzusetzen. Dies gilt nicht für die Frist zur Erhebung des Einspruchs (§ 59 Abs. 1), für die Frist, die dem Ein-

sprechenden zur Einlegung der Beschwerde gegen die Aufrechterhaltung des Patents zusteht (§ 73 Abs. 2), und für die Frist zur Einreichung von Anmeldungen, für die eine Priorität in Anspruch genommen werden kann.

(2) Die Wiedereinsetzung muß innerhalb von zwei Monaten nach Wegfall des Hindernisses schriftlich beantragt werden. Der Antrag muß die Angabe der die Wiedereinsetzung begründenden Tatsachen enthalten; diese sind bei der Antragstellung oder im Verfahren über den Antrag glaubhaft zu machen. Innerhalb der Antragsfrist ist die versäumte Handlung nachzuholen; ist dies geschehen, so kann Wiedereinsetzung auch ohne Antrag gewährt werden. Ein Jahr nach Ablauf der versäumten Frist kann die Wiedereinsetzung nicht mehr beantragt und die versäumte Handlung nicht mehr nachgeholt werden.

(3) Über den Antrag beschließt die Stelle, die über die nachgeholte Handlung zu beschließen hat.

(4) Die Wiedereinsetzung ist unanfechtbar.

(5) Wer im Inland im guten Glauben den Gegenstand eines Patents, das infolge der Wiedereinsetzung wieder in Kraft tritt, in der Zeit zwischen dem Erlöschen und dem Wiederinkrafttreten des Patents in Benutzung genommen oder in dieser Zeit die dazu erforderlichen Veranstaltungen getroffen hat, ist befugt, den Gegenstand des Patents für die Bedürfnisse seines eigenen Betriebs in eigenen oder fremden Werkstätten weiterzubenutzen. Diese Befugnis kann nur zusammen mit dem Betrieb vererbt oder veräußert werden.

(6) Absatz 5 ist entsprechend anzuwenden, wenn die Wirkung nach § 33 Abs. 1 infolge der Wiedereinsetzung wieder in Kraft tritt.

§ 139

Unterlassungs- und Schadensersatzanspruch, vermutete Verletzung

(1) Wer entgegen den §§ 9 bis 13 eine patentierte Erfindung benutzt, kann vom Verletzten auf Unterlassung in Anspruch genommen werden.

(2) Wer die Handlung vorsätzlich oder fahrlässig vornimmt, ist dem Verletzten zum Ersatz des daraus entstandenen Schadens verpflichtet. Fällt dem Verletzer nur leichte Fahrlässigkeit zur Last, so kann das Gericht statt des Schadenersatzes eine Entschädigung festsetzen, die in den Grenzen zwischen dem Schaden des Verletzten und dem Vorteil bleibt, der dem Verletzer erwachsen ist.

(3) Ist der Gegenstand des Patents ein Verfahren zur Herstellung eines neuen Erzeugnisses, so gilt bis zum Beweis des Gegenteils das gleiche Erzeugnis, das von einem anderen hergestellt worden ist, als nach dem patentierten Verfahren hergestellt. Bei der Erhebung des Beweises des Gegenteils sind die berechtigten Interessen des Beklagten an der Wahrung seiner Herstellungs- und Betriebsgeheimnisse zu berücksichtigen.

§ 141

Verjährung von Patentverletzungen

Die Ansprüche wegen Verletzung des Patentrechts verjähren in drei Jahren von dem Zeitpunkt an, in dem der Berechtigte von der Verletzung und der Person des Verpflichteten Kenntnis erlangt, ohne Rücksicht auf diese Kenntnis in dreißig Jahren von der Verletzung an. § 852 Abs. 2 des Bürgerlichen Gesetzbuchs ist entsprechend anzuwenden. Hat der Verpflichtete durch die Verletzung auf Kosten des Berechtigten etwas erlangt, so ist er auch nach Vollendung der Verjährung zur Herausgabe nach den Vorschriften über die Herausgabe einer ungerechtfertigten Bereicherung verpflichtet.

Gesetz

zu dem Übereinkommen vom 27. November 1963 zur Vereinheitlichung gewisser Begriffe des materiellen Rechts der Erfindungspatente, dem Vertrag vom19. Juni 1970 über die internationale
Zusammenarbeit auf dem Gebiet des Patentwesens und dem Übereinkommen vom 5. Oktober1973 über die Erteilung europäischer
Patente (Gesetz über internationale Patentübereinkommen)

Vom 21. Juni 1976

= Inhaltliche Übersicht =
= Auszüge aus dem Gesetzestext =

---

1) Inhaltliche Übersicht

Artikel I
Zustimmung zu den Übereinkommen

Artikel II
Europäisches Patentrecht

Artikel III

Verfahren nach dem Patentzusammenarbeitsvertrag

2) Auszüge aus dem Gesetzestext

Artikel I

Zustimmung zu den Übereinkommen

Den folgenden Übereinkommen wird zugestimmt:

1. dem in Straßburg am 27. November 1963 von der Bundesrepublik Deutschland unterzeichneten Übereinkommen zur Vereinheitlichung gewisser Begriffe des materiellen Rechts der Erfindungspatente (Straßburger Patentübereinkommen);
2. dem in Washington am 19. Juni 1970 von der Bundesrepublik Deutschland unterzeichneten Vertrag über die internationale Zusammenarbeit auf dem Gebiet des Patentwesens (Patentzusammenarbeitsvertrag);
3. dem in München am 5. Oktober 1973 von der Bundesrepublik Deutschland unterzeichneten Übereinkommen über die Erteilung europäischer Patente (Europäisches Patentübereinkommen).

Die Übereinkommen werden nachstehend veröffentlicht.

Artikel II

Europäisches Patentrecht

§ 1
Entschädigungsanspruch aus europäischen Patentanmeldungen

(1) Der Anmelder einer veröffentlichten europäischen Patentanmeldung, mit der für die Bundesrepublik Deutschland Schutz begehrt wird, kann von demjenigen, der den Gegenstand der Anmeldung benutzt hat, obwohl er wußte oder wissen mußte, daß die von ihm benutzte Erfindung Gegenstand der europäischen Patentanmeldung war, eine den Umständen nach angemessene Entschädigung verlangen. § 141 des Patentgesetzes ist entsprechend anzuwenden. Weitergehende Ansprüche nach Artikel 67 Abs. 1 des Europäischen Patentübereinkommens sind ausgeschlossen.

(2) Ist die europäische Patentanmeldung nicht in deutscher Sprache veröffentlicht worden, so steht dem Anmelder eine Entschädigung nach Absatz 1 Satz 1 erst von dem Tag an zu, an dem eine von ihm eingereichte deutsche Übersetzung der Patentansprüche vom Deutschen Patentamt veröffentlicht worden ist oder der Anmelder eine solche Übersetzung dem Benutzer der Erfindung übermittelt hat.

(3) Die vorstehenden Absätze gelten entsprechend im Falle einer nach Artikel 21 des Patentzusammenarbeitsvertrags veröffentlichten internationalen Patentanmeldung, für die das Europäische Patentamt als

Bestimmungsamt tätig geworden ist. Artikel 158 Abs. 3 des Europäischen Patentübereinkommens bleibt unberührt.

§2
Veröffentlichung von Übersetzungen der Patentansprüche europäischer Patentanmeldungen

(1) Das Deutsche Patentamt veröffentlicht auf Antrag des Anmelders die nach § 1 Abs. 2 eingereichte Übersetzung. Für die Veröffentlichung ist innerhalb eines Monats nach Eingang des Antrags eine Gebühr nach dem Tarif zu entrichten. Wird die Gebühr nicht rechtzeitig gezahlt, so gilt die Übersetzung als nicht eingereicht.

(2) Der Bundesminister der Justiz wird ermächtigt, durch Rechtsverordnung ohne Zustimmung des Bundesrates Bestimmungen über die sonstigen Erfordernisse für die Veröffentlichung zu erlassen. Er kann diese Ermächtigung durch Rechtsverordnung ohne Zustimmung des Bundesrates auf den Präsidenten des Deutschen Patentamts übertragen.

§ 3
Einreichung von Übersetzungen im gerichtlichen Verfahren.

Sind vor einem Gericht im Geltungsbereich dieses Gesetzes ein europäisches Patent oder eine europäische Patentanmeldung, die nicht in ihrer Gesamtheit in deutscher Sprache veröffentlicht worden sind, Gegenstand des Verfahrens, so ist, soweit nach § 184 des Gerichtsverfassungsgesetzes eine Übersetzung erforderlich wäre, abweichend von dieser Bestimmung von demjenigen, der Rechte im Zusammenhang mit diesem Patent oder dieser Patentanmeldung geltend macht, eine Übersetzung der Patentschrift oder der Patentanmeldung nur vorzulegen, wenn das Gericht es verlangt.

§4
Einreichung europäischer Patentanmeldungen beim Deutschen Patentamt

(1) Europäische Patentanmeldungen können auch beim Deutschen Patentamt eingereicht werden. Die nach dem europäischen Patentübereinkommen zu zahlenden Gebühren sind unmittelbar an das Europäische Patentamt zu entrichten.

(2) Europäische Anmeldungen, die ein Staatsgeheimnis (§ 93 des Strafgesetzbuches) enthalten können, sind beim Deutschen Patentamt nach Maßgabe folgender Vorschriften einzureichen:

1. In einer Anlage zur Anmeldung ist darauf hinzuweisen, daß die angemeldete Erfindung nach Auffassung des Anmelders ein Staatsgeheimnis enthalten kann.

2. Genügt die Anmeldung den Anforderungen der Nummer 1 nicht, so wird die Entgegennahme durch Beschluß abgelehnt. Auf das Verfahren sind die Vorschriften des Patentgesetzes entsprechend anzuwenden. Die Entgegennahme der Anmeldung kann nicht mit der

Begründung abgelehnt werden, daß die Anmeldung kein Staatsgeheimnis enthalte.

3. Das Deutsche Patentamt prüft die nach Maßgabe der Nummer 1
   eingereichten Anmeldungen unverzüglich darauf, ob mit ihnen Patentschutz für eine Erfindung nachgesucht wird, die ein Staatsgeheimnis (§ 93 des Strafgesetzbuches) ist. Für das Verfahren gelten
   die Vorschriften des Patentgesetzes entsprechend; § 53 des Patentgesetzes ist anzuwenden.

4. Ergibt die Prüfung nach Nummer 3, daß die Erfindung ein Staatsgeheimnis ist, so ordnet das Deutsche Patentamt von Amts wegen an,
   daß die Anmeldung nicht weitergeleitet wird und jede Bekanntmachung unterbleibt. Mit der Rechtskraft der Anordnung gilt die europäische Patentanmeldung auch als eine von Anfang an beim Deutschen Patentamt eingereichte nationale Patentanmeldung, für die
   eine Anordnung nach § 50 des Patentgesetzes ergangen ist. Die
   Nachfrist für die Zahlung der Anmeldegebühr nach § 35 des Patentgesetzes beträgt zwei Monate. § 9 Abs. 2 ist entsprechend anzuwenden.

(3) Enthält die Anmeldung kein Staatsgeheimnis, so leitet das Deutsche
Patentamt die Patentanmeldung an das Europäische Patentamt weiter
und unterrichtet den Anmelder hiervon.

§ 5
Anspruch gegen den nichtberechtigten Patentanmelder

(1) Der nach Artikel 60 Abs. 1 des Europäischen Patentübereinkommens
Berechtigte, dessen Erfindung von einem Nichtberechtigten angemeldet ist, kann vom Patentsucher verlangen, daß ihm der Anspruch auf
Erteilung des europäischen Patents abgetreten wird. Hat die Patentanmeldung bereits zum europäischen Patent geführt, so kann er vom Patentinhaber die Übertragung des Patents verlangen.

(2) Der Anspruch nach Absatz 1 Satz 2 kann innerhalb einer Ausschluß-
frist von zwei Jahren nach dem Tag gerichtlich geltend gemacht werden, an dem im Europäischen Patentblatt auf die Erteilung des europäischen Patents hingewiesen worden ist, später nur dann, wenn der Patentinhaber bei der Erteilung oder dem Erwerb des Patents Kenntnis
davon hatte, daß er kein Recht auf das europäische Patent hatte.

§ 6
Nichtigkeit

(1) Das mit Wirkung für die Bundesrepublik Deutschland erteilte europäische Patent wird auf Antrag für nichtig erklärt, wenn sich ergibt, daß

1. der Gegenstand des europäischen Patents nach den Artikeln 52 bis
   57 des Europäischen Patentübereinkommens nicht patentfähig ist,

2. das europäische Patent die Erfindung nicht so deutlich und voll-

ständig offenbart, daß ein Fachmann sie ausführen kann,

3. der Gegenstand des europäischen Patents über den Inhalt der europäischen Patentanmeldung in ihrer bei der für die Einreichung der Anmeldung zuständigen Behörde ursprünglich eingereichten Fassung oder, wenn das Patent auf einer europäischen Teilanmeldung oder einer nach Artikel 61 des Europäischen Patentübereinkommens eingereichten neuen europäischen Patentanmeldung beruht, über den Inhalt der früheren Anmeldung in ihrer bei der für die Einreichung der Anmeldung zuständigen Behörde ursprünglich eingereichten Fassung hinausgeht,

4. der Schutzbereich des europäischen Patents erweitert worden ist,

5. der Inhaber des europäischen Patents nicht nach Artikel 60 Abs. 1 des Europäischen Patentübereinkommens berechtigt ist.

(2) Betreffen die Nichtigkeitsgründe nur einen Teil des europäischen Patents, so wird die Nichtigkeit durch entsprechende Beschränkung des Patents erklärt. Die Beschränkung kann in Form einer Änderung der Patentansprüche, der Beschreibung oder der Zeichnungen vorgenommen werden.

(3) Im Falle des Absatzes 1 Nr. 5 ist nur der nach Artikel 60 Abs. 1 des Europäischen Patentübereinkommens Berechtigte befugt, den Antrag zu stellen.

§ 7

Jahresgebühren

Für das mit Wirkung für die Bundesrepublik Deutschland erteilte europäische Patent sind Jahresgebühren nach § 17 des Patentgesetzes zu entrichten. Sie werden jedoch erst für die Jahre geschuldet, die dem Jahr folgen, in dem der Hinweis auf die Erteilung des europäischen Patents im Europäischen Patentblatt bekanntgemacht worden ist.

§ 8

Verbot des Doppelschutzes

(1) Soweit der Gegenstand eines im Verfahren nach dem Patentgesetz erteilten Patents eine Erfindung ist, für die demselben Erfinder oder seinem Rechtsnachfolger mit Wirkung für die Bundesrepublik Deutschland ein europäisches Patent mit derselben Priorität erteilt worden ist, hat das Patent in dem Umfang, in dem es dieselbe Erfindung wie das europäische Patent schützt, von dem Zeitpunkt an keine Wirkung mehr, zu dem

1. die Frist zur Einlegung des Einspruchs gegen das europäische Patent abgelaufen ist, ohne daß Einspruch eingelegt worden ist,

2. das Einspruchsverfahren unter Aufrechterhaltung des europäischen Patents rechtskräftig abgeschlossen ist oder

3. das Patent erteilt wird, wenn dieser Zeitpunkt nach dem in den Num-

mern 1 oder 2 genanntcn Zeitpunkt liegt.

(2) Das Erlöschen und die Erklärung der Nichtigkeit des europäischen Patents lassen die nach Absatz 1 eingetretene Rechtsfolge unberührt.

(3) Das Patentgericht stellt auf Antrag, den auch der Patentinhaber stellen kann, die nach Absatz 1 eingetretene Rechtsfolge fest. Die Vorschriften des Patentgesetzes über das Nichtigkeitsverfahren sind entsprechend anzuwenden.

§ 9

Umwandlung

(1) Hat der Anmelder einer europäischen Patentanmeldung, mit der für die Bundesrepublik Deutschland Schutz begehrt wird, einen Umwandlungsantrag nach Artikel 135 Abs. 1 Buchstabe a des Europäischen Patentübereinkommens gestellt und hierbei angegeben, daß er für die Bundesrepublik Deutschland die Einleitung des Verfahrens zur Erteilung eines nationalen Patents wünscht, so gilt die europäische Patentanmeldung als eine mit der Stellung des Umwandlungsantrags beim Deutschen Patentamt eingereichte nationale Patentanmeldung; Artikel 66 des Europäischen Patentübereinkommens bleibt unberührt. Die Nachfrist für die Zahlung der Anmeldegebühr nach § 25 Abs. 3 des Patentgesetzes beträgt zwei Monate. War in den Fällen des Artikels 77 Abs. 5 des Europäischen Patentübereinkommens die europäische Patentanmeldung beim Deutschen Patentamt eingereicht, so gilt die Anmeldegebühr mit der Zahlung der Umwandlungsgebühr als entrichtet.

(2) Der Anmelder hat innerhalb einer Frist von drei Monaten nach Zustellung der Aufforderung des Deutschen Patentamts eine deutsche Übersetzung der europäischen Patentanmeldung in der ursprünglichen Fassung dieser Anmeldung und gegebenenfalls in der im Verfahren vor dem Europäischen Patentamt geänderten Fassung, die der Anmelder dem Verfahren vor dem Deutschen Patentamt zugrunde zu legen wünscht, einzureichen. Wird die Übersetzung nicht rechtzeitig eingereicht, so wird die Patentanmeldung zurückgewiesen.

(3) Liegt für die Anmeldung ein europäischer Recherchenbericht vor, so ermäßigt sich die nach § 44 des Patentgesetzes zu zahlende Gebühr für die Prüfung der Anmeldung in gleicher Weise, wie wenn beim Deutschen Patentamt ein Antrag nach § 43 des Patentgesetzes gestellt worden wäre. Eine Ermäßigung nach Satz 1 tritt nicht ein, wenn der europäische Recherchenbericht für Teile der Anmeldung nicht erstellt worden ist.

§ 10

Zuständigkeit von Gerichten

(1) Ist nach dem Protokoll über die gerichtliche Zuständigkeit und die Anerkennung von Entscheidungen über den Anspruch auf Erteilung eines

europäischen Patents die Zuständigkeit der Gerichte im Geltungsbereich dieses Gesetzes begründet, so richtet sich die örtliche Zuständigkeit nach den allgemeinen Vorschriften. Ist danach ein Gerichtsstand
nicht gegeben, so ist das Gericht zuständig, in dessen Bezirk das Europäische Patentamt seinen Sitz hat.

(2)   § 143 des Patentgesetzes gilt entsprechend.

§ 11

Zentrale Behörde für Rechtshilfeersuchen

Der Bundesminister der Justiz wird ermächtigt, durch Rechtsverordnung
ohne Zustimmung des Bundesrates eine Bundesbehörde als zentrale Behörde für die Entgegennahme und Weiterleitung der vom Europäischen Patentamt ausgehenden Rechtshilfeersuchen zu bestimmen.

§ 12

Entzug des Geschäftssitzes eines zugelassenen Vertreters

Zuständige Behörde für den Entzug der Berechtigung, einen Geschäftssitz
nach Artikel 134 Abs. 5 Satz 1 und Absatz 7 des Europäischen Patentübereinkommens zu begründen, ist die Landesjustizverwaltung des Landes, in
dem der Geschäftssitz begründet worden ist. Die Landesregierungen werden ermächtigt, die Zuständigkeit der Landesjustizverwaltung durch Rechtsverordnung auf den Präsidenten des Oberlandesgerichts, den Präsidenten
des Landgerichts oder den Präsidenten des Amtsgerichts des Bezirks zu
übertragen, in dem der Geschäftssitz begründet worden ist. Die Landesregierungen können diese Ermächtigung durch Rechtsverordnung auf die
Landesjustizverwaltung übertragen.

§ 13

Ersuchen um Erstattung technischer Gutachten

Ersuchen der Gerichte um Erstattung technischer Gutachten nach Artikel
25 des Europäischen Patentübereinkommens werden in unmittelbarem Verkehr an das Europäische Patentamt übersandt.

§ 14

Unzulässige Anmeldung beim Europäischen Patentamt

Wer eine Patentanmeldung, die ein Staatsgeheimnis (§ 93 des Strafgesetzbuches) enthält, unmittelbar beim Europäischen Patentamt einreicht, wird
mit Freiheitsstrafe bis zu fünf Jahren oder mit Geldstrafe bestraft.

Artikel III

Verfahren nach dem Patentzusammenarbeitsvertrag

§ 1

Das Deutsche Patentamt als Anmeldeamt

(1) Das Deutsche Patentamt ist Anmeldeamt im Sinne des Artikels 10 des Patentzusammenarbeitsvertrags. Es nimmt internationale Patentanmeldungen von Personen entgegen, die die deutsche Staatsangehörigkeit besitzen oder im Geltungsbereich dieses Gesetzes ihren Sitz oder Wohnsitz haben. Es nimmt auch internationale Anmeldungen von Personen entgegen, die die Staatsangehörigkeit eines anderen Staates besitzen oder in einem anderen Staat ihren Sitz oder Wohnsitz haben, wenn die Bundesrepublik Deutschland die Entgegennahme solcher Anmeldungen mit einem anderen Staat vereinbart hat und dies durch den Präsidenten des Deutschen Patentamts bekanntgemacht worden ist oder wenn das Deutsche Patentamt mit Zustimmung seines Präsidenten durch die Versammlung des Verbands für die Internationale Zusammenarbeit auf dem Gebiet des Patentwesens als Anmeldeamt bestimmt worden ist.

(2) Internationale Anmeldungen sind beim Deutschen Patentamt in deutscher Sprache einzureichen.

(3) Für die internationale Anmeldung ist mit der Anmeldung außer den nach dem Patentzusammenarbeitsvertrag durch das Anmeldeamt einzuziehenden Gebühren eine Übermittlungsgebühr nach dem Tarif zu zahlen. Die Gebühren können noch innerhalb eines Monats nach dem Eingang der Anmeldung beim Deutschen Patentamt entrichtet werden.

(4) Auf das Verfahren vor dem Deutschen Patentamt als Anmeldeamt sind ergänzend zu den Bestimmungen des Patentzusammenarbeitsvertrags die Vorschriften des Patentgesetzes für das Verfahren vor dem Deutschen Patentamt anzuwenden.

§ 2

Geheimhaltungsbedürftige internationale Anmeldungen

(1) Das Deutsche Patentamt prüft alle bei ihm als Anmeldeamt eingereichten internationalen Anmeldungen daraufhin, ob mit ihnen Patentschutz für eine Erfindung nachgesucht wird, die ein Staatsgeheimnis (§ 93 des Strafgesetzbuches) ist. Für das Verfahren gelten die Vorschriften des Patentgesetzes entsprechend; § 53 des Patentgesetzes ist anzuwenden.

(2) Ergibt die Prüfung nach Absatz 1, daß die Erfindung ein Staatsgeheimnis ist, so ordnet das Deutsche Patentamt von Amts wegen an, daß die Anmeldung nicht weitergeleitet wird und jede Bekanntmachung unterbleibt. Mit der Rechtskraft der Anordnung gilt die internationale An-

meldung als eine von Anfang an beim Deutschen Patentamt eingereichte nationale Patentanmeldung, für die eine Anordnung nach § 50 Abs. 1 des Patentgesetzes ergangen ist. Die für die internationale Anmeldung gezahlte Übermittlungsgebühr wird auf die nach § 35 Abs. 3 des Patentgesetzes zu entrichtende Anmeldegebühr verrechnet; ein Überschuß wird zurückgezahlt.

§ 3
Internationale Recherchenbehörde
Der Präsident des Deutschen Patentamts gibt bekannt, welche Behörde für die Bearbeitung der beim Deutschen Patentamt eingereichten internationalen Anmeldungen als Internationale Recherchenbehörde bestimmt ist.

§ 4
Das Deutsche Patentamt als Bestimmungsamt
(1) Das Deutsche Patentamt ist Bestimmungsamt, wenn in einer internationalen Anmeldung die Bundesrepublik Deutschland als Bestimmungsstaat benannt worden ist. Dies gilt nicht, wenn der Anmelder in der internationalen Anmeldung die Erteilung eines europäischen Patents beantragt hat.

(2) Ist das Deutsche Patentamt Bestimmungsamt, so hat der Anmelder innerhalb der in Artikel 22 Abs. 1 des Patentzusammenarbeitsvertrags vorgesehenen Frist die Anmeldegebühr nach § 35 Abs. 3 Satz 1 des Patentgesetzes zu entrichten sowie, sofern die internationale Anmeldung nicht in deutscher Sprache eingereicht worden ist, eine Übersetzung der Anmeldung in deutscher Sprache einzureichen. Ist das Deutsche Patentamt auch Anmeldeamt, so gilt die Anmeldegebühr mit der Zahlung der Übermittlungsgebühr als entrichtet.

§ 5
Weiterbehandlung als nationale Anmeldung
(1) Übersendet das Internationale Büro dem Deutschen Patentamt als Bestimmungsamt eine internationale Anmeldung, der das zuständige Anmeldeamt die Zuerkennung eines internationalen Anmeldedatums abgelehnt hat oder die dieses Amt für zurückgenommen erklärt hat, so prüft das Deutsche Patentamt, ob die Beanstandungen des Anmeldeamts zutreffend sind, sobald der Anmelder die Anmeldegebühr nach § 35 Abs. 3 Satz 1 des Patentgesetzes gezahlt und, sofern die internationale Anmeldung nicht in deutscher Sprache eingereicht worden ist, eine Übersetzung der internationalen Anmeldung in deutscher Sprache eingereicht hat. Das Deutsche Patentamt entscheidet durch Beschluß, ob die Beanstandungen des Anmeldeamts gerechtfertigt sind. Für das Verfahren gelten die Vorschriften des Patentgesetzes entsprechend.

(2) Absatz 1 ist entsprechend auf die Fälle anzuwenden, in denen das Anmeldeamt die Bestimmung der Bundesrepublik Deutschland für zurückgenommen erklärt oder in denen das Internationale Büro die Anmeldung als zurückgenommen behandelt hat.

§ 6
Das Deutsche Patentamt als ausgewähltes Amt

(1) Hat der Anmelder zu einer internationalen Anmeldung, für die das Deutsche Patentamt Bestimmungsamt ist, beantragt, daß eine internationale vorläufige Prüfung der Anmeldung nach Kapitel II des Patentzusammenarbeitsvertrags durchgeführt wird, und hat er die Bundesrepublik Deutschland als Vertragsstaat angegeben, in dem er die Ergebnisse der internationalen vorläufigen Prüfung verwenden will ("ausgewählter Staat"), so ist das Deutsche Patentamt ausgewähltes Amt.

(2) Ist die Auswahl der Bundesrepublik Deutschland vor Ablauf des 19. Monats seit dem Prioritätsdatum erfolgt, so ist § 4 Abs. 2 mit der Maßgabe anzuwenden, daß an die Stelle der dort genannten Frist die in Artikel 39 Abs. 1 des Patentzusammenarbeitsvertrags vorgesehene Frist tritt.

§ 7
Internationaler Recherchenbericht

Liegt für die internationale Anmeldung ein internationaler Recherchenbericht vor, so ermäßigt sich die nach § 44 des Patentgesetzes zu zahlende Gebühr für die Prüfung der Anmeldung in gleicher Weise, wie wenn beim Deutschen Patentamt ein Antrag nach § 43 des Patentgesetzes gestellt worden wäre. Eine Ermäßigung nach Satz 1 tritt nicht ein, wenn der internationale Recherchenbericht für Teile der Anmeldung nicht erstellt worden ist.

§ 8
Veröffentlichung der internationalen Anmeldung

(1) Die Veröffentlichung einer internationalen Anmeldung nach Artikel 21 des Patentzusammenarbeitsvertrags, für die das Deutsche Patentamt Bestimmungsamt ist, hat die gleiche Wirkung wie die Veröffentlichung eines Hinweises nach § 35 Abs. 5 Satz 1 des Patentgesetzes für eine beim Deutschen Patentamt eingereichte Patentanmeldung (§ 33 Abs. 5 des Patentgesetzes). Ein Hinweis auf die Veröffentlichung wird im Patentblatt bekanntgemacht.

(2) Ist die internationale Anmeldung vom Internationalen Büro nicht in deutscher Sprache veröffentlicht worden, so veröffentlicht das Deutsche Patentamt die ihm zugeleitete Übersetzung der Internationalen Anmeldung von Amts wegen. In diesem Falle treten die Wirkungen nach Absatz 1 erst vom Zeitpunkt der Veröffentlichung der deutschen Übersetzung an ein.

(3) Die nach Artikel 21 des Patentzusammenarbeitsvertrags veröffentlichte internationale Anmeldung gilt erst dann als Stand der Technik nach
§ 3 des Patentgesetzes, wenn die im § 4 Abs. 2 genannten Voraussetzungen erfüllt sind.

Gebühren des Deutschen Patentamts

(Auszug aus dem Kostenmerkblatt, Ausgabe 2000)

I. Patentsachen

1) Erteilungsverfahren

a) Für die Anmeldung (§ 35 Abs. 3 PatG) 100,--
b) Für den Antrag auf Ermittlung der in Betracht
zu ziehenden Druckschriften (§ 43 Abs.2), wenn
ein Antrag nach § 43 Abs. 1 Satz 1 gestellt worden ist 300,--
c) Für den Antrag auf Prüfung der Anmeldung (§ 44 Abs. 3)
wenn ein Antrag nach § 43 bereits gestellt worden ist 290,--
wenn ein Antrag nach § 43 nicht gestellt worden ist 460,--
d) Für die Erteilung des Patents (§ 57) 175,--
e) Für die Anmeldung eines ergänzenden Schutz-
zertifikats (§49a Absatz 4) 575,--

2) Verwaltung eines Patents oder einer Anmeldung

a) Patentjahresgebühr
für das 03. Patentjahr (§ 17 Abs. 1) 115,--
für das 04. Patentjahr (§ 17 Abs. 1) 115,--
für das 05. Patentjahr (§ 17 Abs. 1) 175,--
für das 06. Patentjahr (§ 17 Abs. 1) 260,--
für das 07. Patentjahr (§ 17 Abs. 1) 345,--
für das 08. Patentjahr (§ 17 Abs. 1) 460,--
für das 09. Patentjahr (§ 17 Abs. 1) 575,--
für das 10. Patentjahr (§ 17 Abs. 1) 690,--
für das 11. Patentjahr (§ 17 Abs. 1) 920,--
für das 12. Patentjahr (§ 17 Abs. 1) 1.210,--
für das 13. Patentjahr (§ 17 Abs. 1) 1.495,--
für das 14. Patentjahr (§ 17 Abs. 1) 1.785,--
für das 15. Patentjahr (§ 17 Abs. 1) 2.070,--
für das 16. Patentjahr (§ 17 Abs. 1) 2.415,--
für das 17. Patentjahr (§ 17 Abs. 1) 2.760.--
für das 18. Patentjahr (§ 17 Abs. 1) 3.105,--
für das 19. Patentjahr (§ 17 Abs. 1) 3.450,--
für das 20. Patentjahr (§ 17 Abs. 1) 3.795,--
für das 1. Jahr des ergänzenden Schutzes (§ 16a) 5.175,--
für das 2. Jahr des ergänzenden Schutzes (§ 16a) 5.750,--
für das 3. Jahr des ergänzenden Schutzes (§ 16a) 6.440,--
für das 4. Jahr des ergänzenden Schutzes (§ 16a) 7.130,--
für das 5. Jahr des ergänzenden Schutzes (§ 16a) 8.050,--

b) Zuschlag für die Verspätung der Zahlung
einer Gebühr (§ 57 Abs. 1 Satz 13,
§ 17 Abs. 3 Satz 2) .... 10 % der nachzu-
zahlenden Gebühr

3) Sonstige Anträge

a) Für den Antrag auf Festsetzung der angemessenen Vergütung für die Benutzung der Erfindung (§ 23 Abs. 4) 115,--

b) Für den Antrag auf Änderung der festgesetzten Vergütung
für die Benutzung der Erfindung (§ 23 Abs. 5) 230,--

c) Für den Antrag auf Eintragung einer Änderung in der
Person des Anmelders oder Patentinhabers (§ 30 Abs. 3) 70,--

d) Für den Antrag auf Eintragung der Einräumung eines
Rechts zur ausschließlichen Benutzung der Erfindung
oder auf Löschung dieser Eintragung (§ 34 Abs. 4) 45,--

e) Für den Antrag auf Beschränkung des
Patents (§ 64 Abs. 2) 230,--

f) Für die Veröffentlichung von Übersetzungen
(Artikel II § 2 Abs. 1 des Gesetzes über interna-
tionale Patentübereinkommen) 115,--

g) Für die Behandlung der internationalen Anmeldung
beim Deutschen Patentamt als Anmeldeamt (Artikel III
§ 1 Abs. 3 des Gesetzes über internationale Patentüberein-
kommen) 175,--

II. Gebrauchsmustersachen

1) Eintragungsverfahren

a) Für die Anmeldung (§ 4 Abs. 4 des GebmG) 60,--

b) Für den Antrag auf Ermittlung der in Betracht
zu ziehenden Druckschriften (§ 7 Abs.2) 520,--

2) Aufrechterhaltung eines Gebrauchsmusters

a) Verlängerungsgebühr
Erste Verlängerung der Schutzdauer (§ 23 Abs. 2) 405,--
Zweite Verlängerung der Schutzdauer (§ 23 Abs. 2) 690,--
Dritte Verlängerung der Schutzdauer (§ 23 Abs. 2) 1.035,--

b) Zuschlag für die Verspätung der Zahlung   10 % der nachzu-
einer Gebühr (§ 23 Abs. 2 Satz 4 und 6) .... zahlenden Gebühr

3) Sonstige Anträge

a) Für den Antrag auf Eintragung einer Änderung in der Person
des Rechtsinhabers (§ 8 Abs. 4) 70,--

b) Für den Antrag auf Löschung (§ 16) 345,--

Gebühren des Patentgerichts

(Auszug aus dem Kostenmerkblatt, Ausgabe 1991)

I. Patentsachen

1) Beschwerdeverfahren

Für die Einlegung der Beschwerde (§ 73 Abs. 3 des PatG) 200,--

2) Nichtigkeits-, Zurücknahme- und Zwangslizenzverfahren

a) Klagen

Klage auf Erklärung der Nichtigkeit, auf Zurücknahme
oder auf Erteilung einer Zwangzlizenz (§ 81 Abs. 6) 500,--
Einlegung der Berufung gegen Urteile der Nichtig-
keitssenate (§ 110 Abs. 1) 400,--

b) Einstweilige Verfügungen

Antrag auf Erlaß einer einstweiligen
Verfügung (§ 85 Abs. 2) 400,--
Einlegung der Beschwerde gegen die Entscheidung
über den Antrag auf Erlaß einer einstweiligen
Verfügung (§ 122 Abs. 2) 400,--

II. Gebrauchsmustersachen

1) Beschwerdeverfahren

Für die Einlegung der Beschwerde
gegen den Beschluß der Gebrauchsmusterstelle
(§ 18 Abs. 2 GebmG) 200,--
gegen den Beschluß der Gebrauchsmusterabteilung
(§ 18 Abs. 2) 350,--

2) Zwangslizenzverfahren

a) Klagen

Klage auf Erteilung einer
Zwangzlizenz (§ 20 GebmG) 350,--
Einlegung der Berufung (§ 20 GebmG) 275,--

b) Einstweilige Verfügungen

Antrag auf Erlaß einer einstweiligen
Verfügung (§ 20 GebmG) 275,--
Einlegung der Beschwerde gegen die Entscheidung
über den Antrag auf Erlaß einer einstweiligen
Verfügung (§ 20 GebmG) 400,--

Allgemeine Gebühren und Auslagen

(Auszug aus dem Kostenmerkblatt, Ausgabe 2000)

I. Gebühren

1. Register- und Rollenauszüge

Erteilung von beglaubigten Register- oder Rollenauszügen 40,--
Erteilung von unbeglaubigten Register- oder Rollenauszügen 20,--
Auslagen werden zusätzlich erhoben.

2. Beglaubigungen

Beglaubigung von Abschriften
für jede angefangene Seite 1,--
mindestens 20,--
Für die Beglaubigung von Abschriften der vom Patentamt erlassenen
Entscheidungen und Bescheide werden keine Gebühren erhoben.
Auslagen werden zusätzlich erhoben.

3. Bescheinigungen

Erteilung eines Prioritätsbelegs, einer Auslandsbescheinigung
oder Heimatbescheinigung 35,--
Auslagen werden zusätzlich erhoben.
Erteilung einer sonstigen Bescheinigung oder
schriftlichen Auskunft 30,--
Auslagen werden zusätzlich erhoben.
Erteilung einer Schmuckurkunde mit angehefteten Unterlagen 40,--

4. Akteneinsicht

Gewährung von Einsicht in Verfahrensakten oder Unterlagen 50,--
soweit der Antrag nicht betrifft
    - solche Akten und Unterlagen, deren Einsicht jedermann freisteht,
    - die Akten der eigenen Anmeldung oder des eigenen Schutzrechts.
Erteilung von Abschriften aus Verfahrensakten oder Unterlagen 50,--
soweit der Antrag nicht betrifft
    - solche Akten und Unterlagen, deren Einsicht jedermann freisteht,
    - die Akten der eigenen Anmeldung oder des eigenen Schutzrechts
oder der Antrag im Anschluß an einen Antrag auf Einsicht in Verfahrensakten oder Unterlagen gestellt wird.
Auslagen werden zusätzlich erhoben.

5. Auskünfte

Mitteilung der öffentlichen Druckschriften, die das Patentamt
in Verfahren nach § 43 oder § 44 des PatG oder nach § 7 des
GebmG ermittelt hat 20,--
Die Mitteilungen gemäß § 43 Abs. 7 des PatG und § 7 Abs. 2
Satz 4 des Gebrauchsmustergesetzes sind gebührenfrei.
Erteilung einer schriftlichen Auskunft aus dem Namensver-
zeichnis zum Musterregister 30,--
Erteilung einer Auskunft zum Stand der Technik gemäß
§ 29 Abs. 3 des PatG 850,--

6. Elektronische Rollenauskunft

Abfragen gespeicherter Patent-, Gebrauchsmuster-
und Geschmacksmusterdaten
- pro Kalenderjahr für bis zu 60 Abfragen 150,--
- für jede weitere Abfrage innerhalb eines Kalenderjahres 4,--

7. Rücknahme

Antragsrücknahme, bevor die beantragte Amtshandlung   1/4 des Betrages,
vorgenommen wurde (§ 7 Abs. 2) ....   der für die Vornahme
bestimmte Gebühr,
mindestens 20,-- DM

II. Auslagen

1. Auslagen für die Erteilung je einer Abschrift der Druckschriften

a) die gemäß § 43 des PatG oder § 7 des GebmG ermittelt wurden,
  - an den Patentanmelder,
  - den Gebrauchsmusteranmelder oder
  - Gebrauchsmusterinhaber oder
  - den antragstellenden Dritten 30,--
b) die im Prüfungsverfahren entgegengehalten oder im Einspruchsverfahren hinzugezogen worden sind.
  - an den Patentinhaber,
  - an den Patentanmelder oder
  - den antragstellenden Dritten 20,--
sofern der Antrag auf Erteilung der Abschriften in dem jeweiligen
Verfahren gestellt worden ist.

2. Schreibauslagen

Die Schreibauslagen betragen für jede Seite unabhängig von der Art der Herstellung in derselben Angelegenheit
   a) für die ersten 50 Seiten 1,--
   b) für jede weitere Seite 0,30
1. Schreibauslagen werden erhoben für
   a) Ausfertigungen und Abschriften, die auf Antrag erteilt oder angefertigt werden,
   b) Abschriften, die angefertigt worden sind, weil die Beteiligten es unterlassen haben, einem von Amts wegen zuzustellenden Schriftstück die erforderliche Zahl von Abschriften beizufügen,
   c) Abschriften, die für die Akten angefertigt werden, weil die vorgelegten Schriftstücke zurückgefordert werden,
   d) Ausfertigungen und Abschriften, die angefertigt werden, weil Schriftstücke, die mehrere Anmeldungen oder Schutzrechte betreffen, nicht in der erforderlichen Zahl eingereicht wurden,
   e) Ausfertigungen und Abschriften, deren Kosten nach § 4 Abs. 4 zu erstatten sind.
2. Frei von Schreibauslagen sind für jeden Beteiligten
   a) eine vollständige Ausfertigung oder Abschrift der Entscheidungen und Bescheide des Patentamts,
   b) eine weitere vollständige Ausfertigung oder Abschrift bei Vertretung durch einen Bevollmächtigten,
   c) eine Abschrift jeder Niederschrift über eine Sitzung.

3. Auslagen für Fotos, graphische Darstellungen

1. Schwarzweißfotografien
   a) bei Anfertigung durch das Patentamt
      Aufnahme eines Modells oder Anfertigung eines Filmnegativs 10,--
      Auslagen für das Filmnegativ 2,--
      Auslagen für jeden Abzug 2,--
   b) bei Anfertigung durch Dritte im Auftrag des Patentamts .... in voller Höhe
2. Farbige Fotografien
      Anfertigung durch Dritte im Auftrag des Patentamts .... in voller Höhe
3. Graphische Darstellungen
      Anfertigung durch Dritte im Auftrag des Patentamts .... in voller Höhe

4. Öffentliche Bekanntmachungen, Druckkosten

Kosten für die öffentliche Bekanntmachung gemäß § 36 a des PatG
in der Fassung vom 2. Januar 1968

pro Zeile 5,--

mindestens 50,--

Kosten für die öffentliche Bekanntmachung in
Geschmacksmustersachen .... in voller Höhe

Kosten für die öffentliche Bekanntmachung in
Urheberrechtssachen .... in voller Höhe

Kosten für zusätzliche Bekanntmachungen im Patentblatt,
im Warenzeichenblatt oder im Geschmacksmusterblatt, soweit
sie durch den Anmelder veranlaßt sind:

a) in Geschmacksmusterverfahren .... in voller Höhe

b) in allen übrigen Verfahren

pro Zeile 5,--

mindestens 50,--

Kosten für den Neudruck oder die Änderung einer Offenlegungsschrift, Auslegeschrift oder Patentschrift, soweit sie durch den
Anmelder veranlaßt sind

pro Zeile 5,--

mindestens 50,--

5. Sonstige Auslagen

Als Auslagen werden in voller Höhe erhoben:

- Entgelte für Telekommunikationsdienstleistungen außer für den Tele-
fondienst,

- die nach dem Gesetz über die Entschädigung von Zeugen und Sachverständigen zu zahlenden Beträge; erhält ein Sachveständiger auf
Grund des § 1 Abs. 3 des Gesetzes über die Entschädigung von Zeugen und Sachverständigen keine Entschädigung, so ist der Betrag zu
erheben, der ohne diese Vorschrift nach dem Gesetz über die Entschädigung von Zeugen und Sachverständigen zu zahlen wäre; sind die
Aufwendungen durch mehrere Geschäfte veranlaßt, die sich auf verschiedene Verfahren beziehen, so werden die Aufwendungen auf die
mehreren Geschäfte unter Berücksichtigung der auf die einzelnen Geschäfte verwendeten Zeit angemessen verteilt,

- die bei Geschäften außerhalb des Patentamtes den Bediensteten auf
Grund gesetzlicher Vorschriften gewährten Vergütungen (Reiseko-
stenvergütung, Auslagenersatz) und die Kosten für die Bereitstellung
von Räumen; sind die Aufwendungen durch mehrere Geschäfte veranlaßt, die sich auf verschiedene Angelegenheiten beziehen, so wer-

den die Aufwendungen auf die mehreren Geschäfte unter Berücksichtigung der Entfernungen und der auf die einzelnen Geschäfte verwendeten Zeit angemessen verteilt,

- die Kosten einer Beförderung von Personen sowie Beträge, die mittellosen Personen für die Reise zum Ort einer Verhandlung, Vernehmung oder Untersuchung und für die Rückreise gewährt werden,
- die Kosten der Beförderung von Tieren und Sachen, mit Ausnahme der hierbei erwachsenden Postgebühren, der Verwahrung von Sachen sowie der Verwahrung und Fütterung von Tieren,
- die Beträge, die anderen inländischen Behörden, öffentlichen Einrichtungen oder Beamten als Ersatz für Auslagen zustehen, und zwar auch dann, wenn aus Gründen der Gegenseitigkeit, der Verwaltungsvereinfachung und dergleichen keine Zahlungen zu leisten sind; diese Beträge sind durch die Höchstsätze für die bezeichneten Auslagen begrenzt,
- Beträge, die ausländischen Behörden, Einrichtungen oder Personen im Ausland zustehen, sowie Kosten des Rechtshilfeverkehrs mit dem Ausland, und zwar auch dann, wenn aus Gründen der Gegenseitigkeit, der Verwaltungsvereinfachung und dergleichen keine Zahlungen zu leisten sind.

Wichtige Adressen

1. Deutsches Patent- und Markenamt

* Deutsches Patent- und Markenamt, Dienststelle München
  Zweibrückenstraße 12
  80331 München

Telefonvermittlung	(089) 21 95 - 0
Telefax	(089) 21 95 - 22 21
Pressereferat	(089) 21 95 - 32 22
Auskunftsstelle	(089) 21 95 - 34 02
Annahmestelle	(089) 21 95 - 22 51
Auslegehalle	(089) 21 95 - 22 66 / 22 67
Patentrolle-Auskunft	(089) 21 95 - 22 91 / 22 93
Gebrauchsmusterrolle-Auskunft	(089) 21 95 - 44 60
Markenregister	(089) 21 95 - 43 84
Markenkartei	(089) 21 95 - 44 13

* Deutsches Patent- und Markenamt,
  Technisches Informationszentrum Berlin
  Gitschiner Straße 97
  10969 Berlin

Telefonvermittlung	(030) 259 92 - 0
Telefax	(030) 259 92 - 404
Auskunftsstelle	(030) 259 92 - 220 / 221
Annahmestelle	(030) 259 92 - 430
Auslegehalle	(030) 259 92 - 230 / 231
Rollen-Auskunft	(030) 259 92 - 222
Markenregister	(030) 259 92 - 247
Markenkartei	(030) 259 92 - 240
Schriftenvertrieb	(030) 259 92 - 273

* Deutsches Patent- und Markenamt, Dienststelle Jena
  Goethestraße 1
  07743 Jena

Telefonvermittlung	(03641) 40 - 54
Telefax	(03641) 40 - 56 90
Auskunftsstelle	(03641) 40 - 55 55

* **Internetadresse: http://www.patent-und-markenamt.de**

2. Europäisches Patentamt

* Europäisches Patentamt (EPA) - Hauptsitz München
  Erhardtstraße 27
  D - 80298 München
  Telefon: +49 (89) / 2399 - 0
  Telefax: +49 (89) / 2399 - 4560

* Europäisches Patentamt (EPA) - Zweigstelle Den Haag
  Patentlaan 2
  NL - 2288 EE Rijswijk
  Telefon: + 31 (70) / 340 - 2040
  Telefax: + 31 (70) / 340 - 3016

* Europäisches Patentamt (EPA) - Dienststelle Berlin
  Gitschiner Straße 103
  D - 10969 Berlin
  Telefon: + 49 (30) / 259 01 - 0
  Telefax: + 49 (30) / 259 01 - 840

* Europäisches Patentamt (EPA) - Dienststelle Wien
  Schottenfeldgasse 29
  A - 1072 Wien
  Telefon: +43 (1) / 521 26 - 0
  Telefax: +43 (1) / 521 26 - 5491

* Europäisches Patentamt
  EPIDOS - Schriftenvertrieb / Referat 4.5.2
  Schottenfeldgasse 29
  Postfach 82
  A - 1072 Wien

* **Internetadresse: http://www.european-patent-office.org**

3. Patentinformationen - Bezug

* Carl Heymann Verlag KG München
  Steinsdorferstraße 10
  80538 München
  Telefon: 089 / 224811
  Telefax: 089 / 223648
  (Bezug des Deutschen Patentblattes)

*   WIPO
    34, chemin des Colombettes
    CH - 1211 Geneva
    Switzerland
    Telefon: (022) 730 9111
    Telefax: (022) 733 5428
    (Bezug der PCT Gazette)

*   Wila Verlag Wilhelm Lampl GmbH
    Bertelsmann International
    Landsberger Straße 191 a
    89687 München
    Telefon: 089 / 5795-285
    (Bezug der Patenthefte)

4.   Empfohlene Patent-Recherche-Dienste

*   Auslegestellen (vgl. gesondertes Verzeichnis)

*   Patent- und Ingenieurdienst A. SAMIOS   VDI
    Steinsdorfstraße 20
    80538 München
    Telefon: 089 / 227148
    Telefax: 089 / 2283859

*   IPRO - International Patent Research Office BV
    Huygenstraat 23
    p.o. box 16260
    NL - 2500 BG The Hague-Holland
    Telefon: +31 (70) 3889 - 303
    Telefax: +31 (70) 3898 - 661
    http://www.ipro.nl

*   Direct Patent
    Huygenstraat 23
    p.o. box 16011
    NL - 2500 BA The Hague
    Telefon: +31 (70) 3881 - 0
    Telefax: +31 (70) 3881 - 285
    http://www.direct-patent.nl

5. Patentgericht

*   Bundespatentgericht
    Cincinattistraße 64
    81549 München
    Telefon: 089 / 69937-0
    Telefax: 089 / 69937-100

6. Informationszentren / -datenbanken für technische Literatur, einschließlich Patente

*   Auslegestellen (vgl. gesondertes Verzeichnis)

*   Fachinformationszentrum Technik e.V.
    Postfach 60 05 47
    Ostbahnhofstraße 13
    60314 Frankfurt / M.
    Telefon: 069 / 4308-225
    Telefax: 069 / 4308-220

*   STN International
    c / o Fachinformationszentrum Karlsruhe
    Postfach 2465
    76012 Karlsruhe
    Telefon: 07247 / 808-555
    Telefax: 07247 / 808-131
    http://www.fiz-karlsruhe.de

*   STN International
    c / o Chemical Abstracts Service
    2540 Olentangy River Road
    P.O.Box 3012
    Columbus, Ohio 43210-0012 U.S.A
    Telefon: (+1) 614-447-3600
    Telefax: (+1) 614-447-3798
    http://www.cas.org

*   STN International
    c / o Japan Information Centre of Science and Technology
    C.P.O.Box 1478
    Tokyo 100, Japan
    Telefon: (+81) 3 / 3581-6411
    Telefax: (+81) 3 / 3581-6446
    http://www.jst.go.jp

Kostenlose Erstberatung für Erfinder

Eine Kostenlose Ersterfinderberatung findet in jeder Auslegestelle und in den Patent-informationszentren (vgl. auch gesonderte Aufstellung) statt. Desweiteren wird eine professionelle Erstberatung für Erfinder durch Patentanwälte durchgeführt. Kontakt-möglichkeiten entnehmen Sie bitte den nachstehenden Tabellen. Durchgängig ist eine telefonische Anmeldung erforderlich.

Ort	Einrichtung	Kontakt / Anmeldung
Aachen	Patentinformationszentrum an der RWTH	0241 – 80 44 80
Aschaffenburg	IHK	06021 – 88 00
Augsburg	IHK für Augsburg und Schwaben	0821 – 3162 373
Berlin	Deutsches Patent- und Markenamt	030 – 25992 230
Biberach	Haus des Handwerks	07351 – 60 66
Bielefeld	Patent- und Innovations-Centrum (PIC)	0521 – 965050
Bonn	Innovationsberatungsstelle der IHK Bonn	0228 – 2284 133
Braunschweig	IHK	0531 – 4715 253
Bremen	Handelskammer	0421 – 3637 236
Chemnitz	Patentinformationszentrum der TU Chemnitz-Zwickau	0371 – 531 1880
Darmstadt	Patentinformationszentrum der Hessischen Landes- und Hochschulbibliothek	06151 – 1654 27
Dortmund	Patentinformationszentrum der Universität Dortmund	0231 – 755 4014
Dresden	Patentinformationszentrum der TU Dresden	0351 – 4632 791
Duisburg	IHK Duisburg	0203 – 2821 0
Düsseldorf	Verein deutscher Ingenieure (VDI)	0211 – 6214 0
Essen	IHK Essen	0201 – 1892 229
Frankfurt	IHK-Technologieberatung	069 – 2197 1427
Freiburg	Wirtschaftsverband industrieller Unternehmen Baden e.V.	0761 – 708680
Göttingen	IHK Göttingen	0551 – 70710 - 0
Halle	MIPO GmbH Mitteldeutscher Patent Online Service	0345 – 5021 68
Hamburg	Handelskammer IPC Innovations- und Patent-Centrum	040 – 36138 376
Hannover	IHK Hannover-Hildesheim	0511 – 3107 275
Heilbronn	IHK	07131 – 6216 32

Ort	Einrichtung	Kontakt / Anmeldung
Hof / Saale	Patentinformationszentrum der Zweigstelle der Landesgewerbeanstalt Bayern	09281 – 7375 51
Ilmenau	Patentinformationszentrum der TU Ilmenau	03677 45 10
Ingolstadt	Kolpinghaus, Industrie- und Handelsgremium	0841 – 93 87 10
Jena	Patentinformationszentrum der Friedrich-Schiller-Universität	03641 – 9470 20
Kaiserslautern	Patentinformationszentrum der Universität Kaiserslautern	0631 – 20521 72
Karlsruhe	Patentinformationszentrum der Landesgewerbeanstalt Baden-Württemberg	0721 – 926 4054
Kassel	Patentinformationszentrum der Gesamthochschule Kassel	0561 – 804 3480
Kiel	Patentinformationszentrum der Technologie-Transfer-Zentrale Schlewsig Holstein GmbH	0431 – 51962 22
Koblenz	IHK	0261 – 106 254
Köln	IHK Köln	0221 – 1640 405
Leipzig	Patentinformationszentrum der IHK Leipzig, Agentur für Innovationsförderung und Technologietransfer	0341 – 1267 456
Ludwigshafen	IHK	0621 – 59040
Magdeburg	Patentinformationszentrum der Universität „Otto von Guericke" Magdeburg	0391 – 6712 979
Mannheim	IHK	0621 – 1709 0
München	Deutsches Patent- und Markenamt, Auskunftstelle	089 – 2195 0
Nürnberg	Patentinformationszentrum der Landesgewerbeanstalt	0911 – 65549 38
Osnabrück	IHK Osnabrück-Emsland	0541 – 353 103
Ravensburg / Weingarten	IHK Weingarten	0751 – 409 139
Rosenheim	IHK	08031 – 3800 79

Ort	Einrichtung	Kontakt / Anmeldung
Rostock	Patentinformationszentrum der der Universität Rostock	0381 – 498 2388
Saarbrücken	Patentinformationszentrum der Zentrale für Produktivität und Technologie Saar e.V.	0681 – 520 04
Stuttgart	Haus der Wirtschaft, Landesgewerbeamt	0711 – 123 2558
Trier	Handwerkskammer Trier und IHK Trier	0651 – 2070 0651 – 7103 0
Ulm	IHK Ulm	0731 – 1731 53
Villingen	IHK Schwarzwald-Baar-Heuberg	07721 – 9220
Wiesbaden	IHK Wiesbaden	0611 – 15 000
Worms	IHK für Rheinhessen	06241 – 1787 657
Würzburg	IHK Würzburg-Schweinfurt	0931 – 4194 350
Wuppertal	IHK Wuppertal	0202 – 2490 0

Patentverwertungsgesellschaften
und INSTI-Partner

(Stand: August 2000)

Patentverwertungsgesellschaften:

Columbus Ingenieur und Handels GmbH
Waldenbucher Weg 6
72141 Walddofhäslach
Telefon: 07127 – 9223 01
Telefax: 07127 – 9223 02
Internet: http://www.ingenieur.de/ing/columbus

Ideenmanagement Michael Lemke
Am Ziegelofen 4
40668 Meerbusch
Telefon: 02150 – 799 838
Telefax: 02150 – 799 839
Internet: http://www.top-ideen.de

IHPV
Internationale Handels- und Patentverwertungsgesellschaft mbH
Internet: http://www.ihpv.com

Intermodul Patentverwertung GmbH
Planckstraße 26
71691 Freiberg
Tel.: 07141 – 70950
Fax: 07141 – 709599

K. & M. Bleyer Gesellschaft mbH
Scherffenberggasse 5
A 1180 Wien
Telefon: +43 (1) 479 8968 74
Telefax: +43 (1) 479 8968 74
Internet: http://www.netway.at/kjbleyer

Kirson Patentverwertung und Vetriebsgesellschaft
Rossauweg 14
93333 Neustadt a.d. Donau
Telefon: 09445 – 203 0
Telefax: 09445 – 203 39

PINA Patent- und Innovationsagentur NRW GmbH
Internet: http://www.pina.de

ProjektX
Kennedyalle 60
53175 Bonn
Telefon: 0228 – 30 23 16
Telefax: 0228 – 30 23 17
Internet: http://www.projektx.com/mission.html

Rights-Online
Schillerstraße 44
79102 Freiburg
Telefon: 0761 – 700 650
Telefax: 0761 – 700 688
Internet: http://www.rights-online.com

"Salmocid" GmbH Patentverwertungen und Technologien
Höfgensweg 8
52538 Selfkant
Telefon: 02456 – 925
Telefax: 02456 – 2781

semion® brand-broker gmbh
Watteaustr. 12
81479 München
Telefon: 089 – 79 89 87
Telefax: 089 – 79 12229
Internet: http://www.semion.com

Steinbeiß Transferzentrum Stuttgart
Willi-Bleicher-Str. 19
70174 Stuttgart
Telefon: 0711 – 1839 680
Telefax: 0711 – 1839 779
Internet: http://www.stw-forum.de/stztema-stuttgart.htm

UHW Science Brokers
Alfred Herrhausen Str. 44
58455 Witten
Telefon: 04441 – 92 18 27
Telefax: 04441 – 92 18 29
Internet: http://www.science-brokers.de

Institutionen, die beim Verwerten von Erfindungen helfen:

Fraunhofer-Gesellschaft
Patentstelle für die Deutsche Forschung
Leonrodstraße 68
80636 München
Telefon: 089 – 12 05 02
Telefax: 089 – 12 05 467

Institut der deutschen Wirtschaft
Gustav-Heinemann-Ufer 84 – 88
50968 Köln
Telefon: 0221 – 37 655
Telefax: 0221 – 37 656

PINA
Technologie Zentrum Dortmund
Emil-Figge-Str. 80
44227 Dortmund
Telefon: 0231 – 9742 0
Telefax: 0231 – 9742 555

ttz
Technologie Transfer Zentrale Schleswig-Holstein
Lorentzendamm 22
24103 Kiel
Telefon: 0431 – 519 620
Telefax: 0431 – 519 6233

Erfinder-Kontaktstelle Hamburg
Buxtehuder Straße 76
21073 Hamburg
Telefon: 040 – 35 905 846
Telefax: 040 – 35 905 858

Erfinderzentrum Norddeutschland GmbH
Hindenburgstraße 27
30175 Hannover
Telefon: 0511 – 81 30 51
Telefax: 0511 – 283 40 75

RKW
Rationalisierungskuratorium der Deutschen Wirtschaft e.V.
Düsseldorferstr. 40
65760 Eschborn

IENA
Internationale Ausstellung
Ideen-Erfindungen-Neuheiten
AFAG Ausstellungsgesellschaft
Messezentrum
90471 Nürnberg
Telefon: 0911 – 8607 0

INSTI-Partner

Baden-Württemberg:
Universität Freiburg
Zentralstelle für Forschungs- und Technologietransfer
Hugstetterstraße 49
79106 Freiburg
Telefon: 0761 – 270 36 08
Telefax: 0761 – 270 34 61

Fraunhofer Technologie-Entwicklungsgruppe
Nobelstraße 12
70569 Stuttgart (Vaihingen)
Telefon: 0711 – 970 36 54
Telefax: 0711 – 970 3993

Moser & Partner GmbH
Technische Unternehmensberatung
In der Spöck 6
77656 Offenburg
Telefon: 0781 – 6201 0
Telefax: 0781 – 6201 50

Online Gesellschaft für Informationsvermittlung mbH
Kurfürsten-Anlage 6
69115 Heidelberg
Telefon: 06221 - 22671
Telefax: 06221 – 21536

Steinbeis Transferzentrum Infothek
Schwedendammstraße 6
78050 Villingen-Schwenningen
Telefon: 07721 – 286 83
Telefax: 07721 – 286 22

TLB – Technologie-Lizenz-Büro
der Baden-Württembergischen Hochschulen GmbH
Rintheimer Straße 48
76131 Karlsruhe
Telefon: 0721 – 790 04 0
Telefax: 0721 – 790 04 79

Bayern:
ITEM Communication GmbH
Sodener Str. 50
63743 Aschaffenburg
Telefon: 06021 – 3188 0
Telefax: 06021 – 3188 60

Patent- und Rechtsanwaltskanzlei
Winter, Brandl et al
Alois-Steinecker-Str. 22
85354 Freising
Telefon: 08161 – 930 309
Telefax: 08161 – 930 100

Fraunhofer Patentstelle für die Deutsche Forschung
Leonrodstraße 68
80636 München
Telefon: 089 – 1205 421
Telefax: 089 – 1205 498

Innovations- und Gründerzentrum Bamberg
Kronacher Str. 41
96052 Bamberg
Telefon: 0951 – 9649 0
Telefax: 0951 – 9649 109

PAVIS e.G.
Prinzenweg 6a
82319 Starnberg
Telefon: 08151 – 9168 20
Telefax: 08151 – 9168 29

Berlin:
TSB – Technologiestiftung
Fasanenstraße 85
10623 Berlin
Telefon: 030 – 46302 479
Telefax: 030 – 46302 444

Berlin / Brandenburg:
Forschungsagentur Berlin GmbH
Rathausstr. 2a
15366 Neuenhagen bei Berlin
Telefon: 03342 – 2547 21
Telefax: 03342 – 2547 46

T.I.N.A. – Technologie- und
Innovations-Agentur Brandenburg
Schlaatzweg 1
14473 Potsdam
Telefon: 0331 – 2778 167
Telefax: 0331 – 2778 100

Bremen:
AXON Technologie Consult GmbH
Hanseatenhof 8
28195 Bremen
Telefon: 0421 – 17555 15
Telefax: 0421 – 17555 60

Hamburg:
IPC – Innovations- und Patent-Centrum
Adolphsplatz 1
20457 Hamburg
Telefon: 040 – 36138 249
Telefax: 040 – 36138 270

Hessen:
Patentinformationszentrum der Hessischen
Landes- und Hochschulbibliothek Darmstadt
Schöfferstraße 8
64295 Darmstadt
Telefon: 06151 – 16 5527
Telefax: 06151 – 16 5528

HLT – Hessische Landesentwicklungs-
und Treuhandgesellschaft
Abraham-Lincoln-Straße 38 – 42
65189 Wiesbaden
Telefon: 0611 – 774 299
Telefax: 0611 – 774 385

Patentinformationszentrum der GH Kassel
Diagonale 10
34111 Kassel
Telefon: 0561 – 804 3482
Telefax: 0561 – 804 3427

Mecklenburg-Vorpommern:
ATI Küste GmbH
Joachim-Jungius-Str. 9
18059 Rostock
Telefon: 0381 – 40593 11
Telefax: 0381 – 40593 10

ATI Geschäftsstelle Greifswald
Brandteichstraße 19
17489 Greifswald
Telefon: 03834 – 5502 40
Telefax: 03834 – 5502 94

Niedersachsen:
EZN – Erfinderzentrum Norddeutschland GmbH
Hindenburgstraße 27
30175 Hannover
Telefon: 0511 - 813051
Telefax: 0511 – 2834075

Heidrun Stubbe GmbH
Am Plessen 6
49205 Hasbergen / Osnabrück
Telefon: 05405 – 94 222
Telefax: 05405 – 94 224

Nordrhein-Westfalen:
AGIT – Aachener Gesellschaft für Innovation
und Technologietransfer mbH
Dennewartstraße 27
52068 Aachen

Telefon: 0241 – 963 1025
Telefax: 0241 – 963 1033

Cosearch – Cohausz Hase Recherche GmbH
Schumannstraße 107
40237 Düsseldorf
Telefon: 0211 – 91460 11
Telefax: 0211 – 91460 15

PINA NRW GmbH
Patent- und Innovations-Agentur
Emil-Figge-Straße 76
44227 Dortmund
Telefon: 0231 – 9742 344
Telefax: 0231 – 9745 555

WIND GmbH
Friesenwall 5 – 7
50672 Köln
Telefon: 0221 – 925956 0
Telefax: 0221 – 925956 56

Rheinland-Pfalz:
IHK-ZETIS GmbH
Technologie- und Innovationsberatung
Im Grein 5
76829 Landau
Telefon: 06341 – 971 130
Telefax: 06341 – 971 230

Saarland:
ZPT – Zentrale für Produktivität und Technologie Saar e.V.
Franz-Josef-Röder-Straße 9
66119 Saarbrücken
Telefon: 0681 – 9520 474
Telefax: 0681 – 58461 25

Sachsen:
BTI – Beratungsgesellschaft für Technologietransfer und Innovation
Gostritzer Straße 61 – 63
01217 Dresden
Telefon: 0351 – 871 7561
Telefax: 0351 – 871 7556

Sachsen-Anhalt:

MIPO – Mitteldeutsche Informations-,
Patent-, Online-Service GmbH
Rudolf-Ernst-Weise-Straße 18
06112 Halle / Saale
Telefon: 0345 – 29398 30
Telefax: 0345 – 29398 40

ESA Erfinderzentrum
Bruno-Wille-Straße 9
39108 Magdeburg
Telefon: 0391 – 74435 35
Telefax: 0391 – 74435 11

Thüringen:

PATON Online Dienste der TU Ilmenau
Langewiesener Straße 37
98693 Ilmenau
Telefon: 03677 – 6945 03
Telefax: 03677 – 6945 38

Nützliche Internet-Adressen und Links

Zugriff auf Patentinformationen

http://www.european-patent-office.org
http://de.espacenet.com
http://www.depanet.de
http://www.patent-und-markenamt.de
http://www.patents.ibm.com
http://www.wipo.org
http://www.patentblatt.de
http://www.uspto.gov/patft/index.html
http://www.patent-inf.tu-ilmenau.de
http://www.patent.womplex.ibm.com

Patentrecherchedienste

http://www.direct-patent.nl
http://www.ipro.nl

Technische Informationen / Online-Dienste

http://www.fiz-karlsruhe.de
http://stneasy.fiz-karlsruhe.de
http://www.kcm-online.de
http://www.cas.org
http://www.jicst.go.jp

Innovation / Erfinder-, Ideen- und Technologiebörse

http://www.deutsches-patentamt.de
http://ihk.de/techno.htm
http://ihk.de/koop.htm
http://www.exchange.de/innovationmarket
http://www.erfindermarkt.de
http://www.erfinder.at/alt/default.htm

Innovationsförderung / Patentverwertung

http://www.insti.de
http://www.euconsult.com
http://www.ihpv.com

http://www.pina.de
http://www.stw-forum.de/stztema-stuttgart.htm
http://www.rights-online.com
http://www.semion.com
http://www.science-brokers.de

Schrifttum und
Hinweise zu weiterführender Literatur

Kapitel 1
Aufgaben, Aufgabenstellung, Lasten- und Pflichtenheft, systematische Lösungsfindung, Problemlösung, Innovationsstrategien, Bewertung und Auswahl von Lösungsvarianten

[1.1] Abeln, O.: Innovationspotentiale in der Produktentwicklung. Teubner 1997

[1.2] Altshuller, G.S.: Erfinden – Wege zur Lösung technischer Probleme. Verl. Technik 1984

[1.3] Altshuller, G.S.; Sulyak, L.: TRIZ keys to technical innovation – 40 principles. Mass – TIC 1998

[1.4] Andreasen, M.M.; Kähler, S.; Lund, T.: Design for Assembly. Springer 1985

[1.5] Beitz, W.: Systemtechnik im Ingenieurbereich. VDI-Berichte Nr. 174. VDI-Verlag 1971

[1.6] Bischoff, W.: Das Grundprinzip als Schlüssel zur Systematisierung. Feingerätetechnik 9 (1960) Nr. 3, S. 91 – 97

[1.7] Bischoff, W.; Hansen, F.: Rationelles Konstruieren. Konstruktionsbücher Bd. 5. VEB Verlag Technik 1953

[1.8] Bock, A.: Konstruktionssystematik – Die Methode der ordnenden Gesichtspunkte. Feingerätetechnik 4, 1955 s. 4 - 12

[1.9] Boutellier, R.; Völker, R.: Erfolge durch innovative Produkte. Hanser 1997

[1.10] Brokhoff, K.: Produktpolitik. 4. Auflage. Lucius & Lucius 1999

[1.11] Bruns, M.: Systemtechnik: Ingenieurwissenschaftliche Methodik zur interdisziplinären Systementwicklung. Springer 1991

[1.12] Clark, C.H.: Brainstorming: Methoden der Zusammenarbeit und Ideenfindung. Verl. Moderne Industrie 1979

[1.13] Diekhöner, G.: Systematische Lösungsfindung mit Konstruktionskatalogen. VDI-Z 120 (1978) Nr. 8, S 351 – 357

[1.14] Dreyer, H.: Beschreibung der Synektik-Methode anhand von praktischen Übungsbeispielen. Wuppertaler Kreis 1981

[1.15] Dubbel, H.; Beitz, W.; Grote, K.-H.: Dubbel – Taschenbuch für den Maschinenbau. 19. Auflage. Springer 1997

[1.16] Ehrlenspiel, K., John, T.: Inventing by Design Methodology, Proceedings Int. Conf. Engineering Design ICED 87, Boston, Vol. 1, 29 – 37

[1.17] Franke, H.-J.: Methodische Schritte beim Klären konstruktiver Aufgabenstellungen. Konstruktion 27 (1975), S. 395 – 402

[1.18] Friedrich, M.: Kreatives Brainwriting mit Brain-Maps: Wissenschaftliche Fundierung eines innovativen Konzeptes. Hobein 1994

[1.19] Gerhard, E.: Baureihenentwicklung. Konstruktionsmethode Ähnlichkeit. expert-Verlag 1984

[1.20] Geschka, H.; Schlicksupp, H.: Kreativität, Dokumentation der Methoden. Manager Magazin Nr. 11, 1972, S. 51 – 57

[1.21] Gierse, F.J.: Wertanalyse und Konstruktionsmethoden in der Produktentwicklung. VDI-Berichte Nr. 430 und 849. VDI-Verlag 1981 und 1990

[1.22] Gierse, F.J.: Funktionen und Funktionen-Strukturen, zentrale Werkzeuge der Wertanalyse. VDI-Berichte Nr. 849, Düsseldorf: VDI-Verlag 1990

[1.22] Gordon, W.J.: Synectics, the development of creative capacity. Harper 1961

[1.23] Grupp, H.: Der Delphi-Report: Innovationen für die Zukunft. Dt. Verl.-Anst. 1995

[1.24] Heinrich, W.: Anregung intuitiver Erkenntnisse beim Konstruieren. VDI-Bericht Nr. 953 „Praxiserprobte Methoden erfolgreicher Produktentwicklung". VDI-Verlag 1992

[1.25] Hertel, H. Biologie und Technik, Struktur – Form – Bewegung. Krausskopf-Verlag 1963

[1.26] Higgins, J.; Wiese, G.G.: Innovationsmanagement: Kreativitätstechniken für den unternehmerischen Erfolg. Springer 1996

[1.27] Hill, B.: Der Methodenbaukasten: Ein Kompendium von Methoden zur Erkennung und Lösung technischer Probleme. Shaker 1998

[1.28] Hoffmann, H.J.: Wertanalyse: Die westliche Antwort auf Kaizen. Ullstein 1994

[1.29] Holliger, H.: Handbuch der allgemeinen Morphologie. Verlag des Morphologischen Instituts 1980

[1.30] Hubka, V.: Theorie technischer Systeme. Springer 1984

[1.31] Hürlimann, W.: Methodenkatalog. Ein systematisches Inventat von über 3000 Problemlösungsmethoden. Schriftenreihe der Fritz-Zwicky-Stiftung. Lang-Verlag 1981

[1.32] Johnson, K.L.: Grundlagen der Netzplantechnik. VDI-Taschenbuch T53. VDI-Verlag 1974

[1.33] Kesselring, F.: Technische Kompositionslehre. Springer 1954

[1.34] Kläger, R.: Modellierung von Produktanforderungen als Basis für Problemlösungsprozesse in intelligenten Konstruktionssystemen. Shaker Verlag 1993

[1.35] Klöcker, I.: Produktgestaltung / Aufgabe – Kriterien – Ausführung. Springer 1981

[1.36] Koller, R.: Prinziplösungen zur Konstruktion technischer Produkte. 2. Auflage. Springer 1998

[1.37] Koller, R.: Funktionsanalyse technischer Systeme und Erstellung von Hilfsmitteln zur Produktplanung und –entwicklung. Westdt. Verlag 1978

[1.38] Korte, R.J.: Verfahren der Wertanalyse – Betriebswirtschaftliche Grundlagen zum Ablauf wertanalytischer Entscheidungsprozesse. Schmidt-Verlag 1977

[1.39] Kuba, R.: Pflichtenheft für Entwicklungsaufgaben. am 2/88, S. 64 –70, 1988

[1.40] Kurz, A.: Rechnerunterstütztes Ideen-Management für die innovative Produktplanung. Shaker 1998

[1.41] Kramer, F.: Innovative Produktpolitik. Strategie – Planung – Einführung. Springer 1986

[1.42] Linde, H.; Hill, B.: Erfolgreich erfinden – widerspruchsorientierte Innovationsstrategie für Entwicklung und Konstruktion. Hoppenstedt 1993

[1.43] Linstone, H.: The Delphi method. Addison-Wesley 1975

[1.44] Matussek, P.: Kreativität als Chance. Piper & Co. Verlag 1979

[1.45] Müller, K.-R.: Grundlagen der systematischen Pflichtenhefterstellung. Elektronik 7, S. 73 – 89, 1987

[1.46] Odrin, W.M.: Morphologische Synthese von Systemen. Kiew: Institut für Kybernetik, Preprints 3 und 5 1986

[1.47] Osborn, A.F.: Applied Imagination – Principles and Procedure of Creative Thinking. Scribner 1957

[1.48] Pahl, G.: Klären der Aufgabenstellung und Erarbeitung der Anforderungsliste. Konstruktion 24. S, 195 – 1999, 1974.

[1.49] Pahl, G.; Beitz, W.: Konstruktionslehre – Methoden und Anwendung. 4. Auflage, Springer 1997

[1.50] Paturie, F.R.: Geniale Ingenieure der Natur. Econ-Verlag 1974

[1.51] Patzak, G.: Systemtechnik. Springer 1982

[1.52] Pawlowski, J.: Die Ähnlichkeitstheorie in der physikalisch-technischen Forschung. Springer 1971

[1.53] Pepels, W.: Produktmanagement: Produktinnovation, Markenpolitik, Programmplanung, Prozeßorganisation. Oldenbourg 1998

[1.54] Rawlinson, J.G.: Creative Thinking and Brainstorming. Gower 1984

[1.55] Reinertsen, D.: Die neuen Werkzeuge der Produktentwicklung. Hanser 1998

[1.56] Rohrbach, B.: Kreativ nach Regeln – Methode 635, eine Technik zum Lösen von Problemen. Absatzwirtschaft 12, S. 73 – 75, 1996

[1.57]   Roth, K.; Franke, H.-J.; Simonek, R.: Aufbau und Verwendung von Katalogen für das methodische Konstruieren. Konstruktion 24 (1972), S. 449 – 458

[1.58]   Roth, K.: Konstruieren mit Konstruktionskatalogen. 2. Auflage, Band 1: Konstruktionslehre. Springer 1994

[1.59]   Roth, K.: Methodisches Entwickeln von Lösungsprinzipien – Wege und Verfahren zur Lösungsfindung in der Konstruktionspraxis. VDI-Berichte 953, S 99 - 114. VDI-Verlag 1992

[1.60]   Schlicksupp, H.; Fahle, R.: MORPHOS: Methoden systematischer Problemlösung. Teil 1 – Methodenhandbuch, Teil 2 – Benutzer–Handbuch. Vogel-Verlag 1988

[1.61]   Schlicksupp, H.: Kreativ-Workshop. Vogel-Verlag 1993

[1.62]   Schlicksupp, H.: Innovation, Kreativität und Ideenfindung. 5. Auflage. Vogel-Verlag 1999

[1.63]   Schubert, J.: Physikalische Effekte. Physik-Verlag 1982

[1.64]   Schweizer, P.: Systematisch Lösungen finden: Ein Lehrbuch und Nachschlagewerk für Praktiker. vdf, Hochschulverlag a. d. ETH Zürich, 1999

[1.65]   Sell, R.; Schimweg, R.: Probleme lösen. Springer 1998

[1.66]   Terninko, J.; Zusman, A.; Zlotin, B.: TRIZ – der Weg zum konkurrenzlosen Erfolgsprodukt. Verlag Moderne Industrie 1998

[1.67]   Teufelsdorfer, H.; Conrad, A.: Kreatives Entwickeln und innovatives Problemlösen mit TRIZ / TIPS: Einführung in die Methodik und ihre Verknüpfung mit QFD. Publicis-MCD-Verlag 1998

[1.68]   VDI-Richtlinie 2220 Produktplanung

[1.69]   VDI-Richtlinie 2221 Methodik zum Entwickeln und Konstruieren technischer Systeme und Produkte

[1.70]   VDI-Richtlinie 2222 Blatt 1: Konzipieren technischer Produkte

[1.71]   VDI-Richtlinie 2222 Blatt 1: Methodisches Entwickeln von Lösungsprinzipien (Entwurf)

[1.72]   VDI-Richtlinie 2222 Blatt 2: Erstellung und Anwendung von Konstruktionskatalogen

[1.73]   VDI-Richtlinie 2801, Blatt 1 bis 3: Wertanalyse

[1.74]   VDI / VDE-Richtlinie 3694: Lastenheft / Pflichtenheft für den Einsatz von Automatisierungssystemen

[1.75]   VDI / VDE-Richtlinie 3683: Anleitung zur Erstellung eines Pflichtenheftes

[1.76]   VDI-Taschenbuch T35. Wertanalyse, Idee, Methode, System. VDI-Verlag 1981

[1.77]   VDI Taschenbuch T 79. Arbeitshilfen zur systematischen Produktplanung. VDI-Verlag 1978

[1.78]   v. Gleich, A.: Bionik. Teubner 1998

[1.79]   Weinbrenner, V.: Produktlogik als Hilfsmittel zum Automatisieren von Varianten- und Anpassungskonstruktion. Hanser 1994.

[1.80]   Wertanalyse. DIN 69910E

[1.81]   Zangemeister, C.: Nutzwertanalyse von Projektalternativen.
         Produktplanung in der Wertanalyse. Weidmann 1974

[1.82]   Zobel, D.: Erfinden mit System: Theorie und Praxis erfinderischer
         Prozesse. DABEI 1995

[1.83]   Zwicky, F.: Entdecken, Erfinden, Forschen im Morphologischen
         Weltbild. Droemer-Knaur 1971

Kapitel 2

Ideenquellen, Analyse von technischen Systemen, systematische Funktions-
analyse und Ideenfindung, technisch-wirtschaftliche Machbarkeit

[2.1]   Andreasen, M.M.; Kähler, S.; Lund, T.: Design for Assembly.
         Springer 1985

[2.2]   Audehm, D.: Systematische Ideenfindung: Kreativitätstechniken
         bei der Entwicklung und Verbesserung von Produkten und Dienst-
         leistungen sowie bei der Lösung betrieblicher Probleme. expert-
         Verlag 1995

[2.3]   Beitz, W.: Kosteninformationen zur Kostenfrüherkennung: Hand-
         buch für Entwicklung, Konstruktion und Arbeitsvorbereitung.
         Beuth 1987

[2.4]   Brokhoff, K.: Produktpolitik. 4. Auflage. Lucius & Lucius 1999

[2.5]   Bugdahl, V.: Kreatives Problemlösen. Vogel-Verlag 1991

[2.6]   Dreger, W.: Konkurrenz-Analyse und Beobachtung. expert-Ver-
         lag 1992

[2.7]   Dubbel, H.; Beitz, W.; Grote, K.-H.: Dubbel – Taschenbuch für
         den Maschinenbau. 19. Auflage. Springer 1997

[2.8]   Ehrlenspiel, K.: Integrierte Produktentwicklung. Carl Hanser 1995

[2.9]   Ehrlspiel, K.: Kostengünstig konstruieren. Springer 1985

[2.10]   Gerhard, E.: Baureihenentwicklung. Konstruktionsmethode Ähn-
         lichkeit. expert-Verlag 1984

[2.11]   Geschka, H.; v. Reibnitz, U.: Vademecum der Ideenfindung.
         Battelle-Inst. 1979

[2.12]   Gierse, F.J.: Funktionen und Funktionen-Strukturen, zentrale
         Werkzeuge der Wertanalyse. VDI-Berichte Nr. 849, Düsseldorf:
         VDI-Verlag 1990

[2.13]   Heinrich, W.: Kreatives Problemlösen in der Konstruktion. Kon-
         struktion 44 (1992), S. 57 – 63

[2.14]   Heinrich, W.: Anregung intuitiver Erkenntnisse beim Konstruie-
         ren. VDI-Bericht Nr. 953 „Praxiserprobte Methoden erfolgreicher
         Produktentwicklung". VDI-Verlag 1992

[2.15] Hubka, V.: Theorie technischer Systeme. Springer 1984
[2.16] Johnson, K.L.: Grundlagen der Netzplantechnik. VDI-Taschen-
        buch T53. VDI-Verlag 1974
[2.17] Kesselring, F.: Technische Kompositionslehre. Springer 1954
[2.18] Koller, R.: Funktionsanalyse technischer Systeme und Erstellung
        von Hilfsmitteln zur Produktplanung und –entwicklung. Westdt.
        Verlag 1978
[2.19] Kurz, A.: Rechnerunterstütztes Ideen-Management für die inno-
        vative Produktplanung. Shaker 1998
[2.20] Kramer, F.: Innovative Produktpolitik. Strategie – Planung – Ein-
        führung. Springer 1986
[2.21] Lange, V.: Technologische Konkurrenzanalyse: Früherkennung
        von Wettbewerbsinnovationen bei deutschen Großunternehmen.
        Dt. Univ. Verlag 1994
[2.22] Müller, J.: Arbeitsmethoden in der Technik-Wissenschaft. Sprin-
        ger 1990
[2.23] N.N.: Produktkatalog STN International. Datenbanken aus Wis-
        senschaft und Technik. FIZ Karlsruhe 1999
[2.24] N.N.: Produktkatalog STN International. Patentinformation aus
        Online-Datenbanken. FIZ Karlsruhe 1999
[2.25] Osborn, A.F.: Applied Imagination – Principles and Procedure of
        Creative Thinking. Scribner 1957
[2.26] Pahl, G.; Beitz, W.: Konstruktionslehre – Methoden und Anwen-
        dung. 4. Auflage, Springer 1997
[2.27] Pahl, G.; Rieg, F.: Kostenwachstumsgesetze für Baureihen. Hanser
        Verlag 1984
[2.28] Pepels, W.: Produktmanagement: Produktinnovation, Marken-
        politik, Programmplanung, Prozeßorganisation. Oldenbourg 1998
[2.29] Schaude, G.; Schumacher, D.: Quellen für neue Produkte: Nut-
        zung von firmeninternen Potentialen, Lizenzbörsen, Datenbanken,
        Technologiemessen. expert-Verlag 1990
[2.30] Schlicksupp, H.: Ideenfindung. Vogel-Verlag 1980
[2.31] Schlicksupp, H.: Innovation, Kreativität und Ideenfindung. 5.
        Auflage. Vogel-Verlag 1999
[2.32] Schweizer, P.: Systematisch Lösungen finden: Ein Lehrbuch und
        Nachschlagewerk für Praktiker. vdf, Hochschulverlag a. d. ETH
        Zürich, 1999
[2.33] VDI-Richtlinie 2220 Produktplanung
[2.34] VDI-Richtlinie 2221 Methodik zum Entwickeln und Konstruie-
        ren technischer Systeme und Produkte
[2.35] VDI-Richtlinie 2222 Blatt 1: Konzipieren technischer Produkte
[2.36] VDI-Richtlinie 2222 Blatt 1: Methodisches Entwickeln von
        Lösungsprinzipien (Entwurf)

[2.37]   VDI-Richtlinie 2222 Blatt 2: Erstellung und Anwendung von Konstruktionskatalogen

[2.38]   VDI-Richtlinie 2803 (Entwurf): Funktionsanalyse – Grundlagen und Methode

[2.39]   Walter, W.: Erfolgversprechende Muster für betriebliche Ideenfindungsprozesse. Inst. f. Betriebstechnik 1997

[2.40]   Zangemeister, C.: Nutzwertanalyse von Projektalternativen. Produktplanung in der Wertanalyse. Weidmann 1974

Kapitel 3
Technischer Entwicklungsprozeß, Konzeptieren, Konstruieren, Design, Erfinder, Informationsquellen, Patentliteratur

[3.1]   Bischoff, W.; Hansen, F.: Rationelles Konstruieren. Konstruktionsbücher Bd. 5. VEB Verlag Technik 1953

[3.2]   Bock, A.: Konstruktionssystematik – Die Methode der ordnenden Gesichtspunkte. Feingerätetechnik 4, 1955 s. 4 - 12

[3.3]   Dubbel, H.; Beitz, W.; Grote, K.-H.: Dubbel – Taschenbuch für den Maschinenbau. 19. Auflage. Springer 1997

[3.4]   Ehrlspiel, K.: Kostengünstig konstruieren. Springer 1985

[3.5]   Gerhard, E.: Entwickeln und Konstruieren mit System: Handbuch für Praxis und Lehre. 3. Auflage. expert-Verlag 1998

[3.6]   Hansen, F.: Konstruktionssystematik. Verlag Technik 1985

[3.7]   Kramer, F.: Innovative Produktpolitik. Strategie – Planung – Einführung. Springer 1986

[3.8]   Lange, V.: Technologische Konkurrenzanalyse: Früherkennung von Wettbewerbsinnovationen bei deutschen Großunternehmen. Dt. Univ. Verlag 1994

[3.9]   Müller, J.: Arbeitsmethoden in der Technik-Wissenschaft. Springer 1990

[3.10]   N.N.: Produktkatalog STN International. Datenbanken aus Wissenschaft und Technik. FIZ Karlsruhe 1999

[3.11]   N.N.: Produktkatalog STN International. Patentinformation aus Online-Datenbanken. FIZ Karlsruhe 1999

[3.12]   Pahl, G.; Beitz, W.: Konstruktionslehre – Methoden und Anwendung. 4. Auflage, Springer 1997

[3.13]   Schaude, G.; Schumacher, D.: Quellen für neue Produkte: Nutzung von firmeninternen Potentialen, Lizenzbörsen, Datenbanken, Technologiemessen. expert-Verlag 1990

[3.14]   VDI-Richtlinie 2220 Produktplanung

Kapitel 4
Arbeitnehmererfinderrecht, Arbeitnehmerbegriff, Erfinder und Erfindung, Arbeitnehmererfindung, Erfinderbenennung

[4.1]   Bartenbach, K.; Volz, F.E.: Gesetz über Arbeitnehmererfindungen, Kommentar. Heymann-Verlag 1990

[4.2]   Gaul, D.: Die Arbeitnehmer Erfindung: Praxis Leitfaden. TÜV Rheinland 1988

[4.3]   Gesetz über Arbeitnehmererfindungen vom 25.Juli 1957

[4.4]   Patentgesetz der BR Deutschland vom 16.12.1980, Änderungen vom 23.3.1993

[4.5]   Reimer, Schade, Schippel: Das Recht der Arbeitnehmer-erfindungen; Kommentar zu den Gesetzen über Arbeitnehmer-erfindungen vom 25.7.57 und deren Vergütungsrichtlinien. Verlag Schmidt 1975

Kapitel 5
Erfindungsmeldung, Patentablauf und Fristen, Arbeitnehmer- / Arbeitgeber-pflichten, Erfindervergütung, Erfindungswert, Vergütungsanteil

[5.1]   Beise, M.; et al: Innovations- und Patenttätigkeit in Deutschland: Eine erkundende Studie, Bericht an das BMBF. 1996

[5.2]   Benkard, A.: Patentgesetz, 9. Auflage. Beck'sche Verlagsbuch-handlung 1993

[5.3]   Blankenstein, M.: Die Patentanmeldung in der Praxis. Haufe-Verlag 1988

[5.4]   Cohausz, H.B.: Patente & Muster. Wila-Verlag 1995

[5.5]   DABEI: Handbuch für Erfinder und Unternehmer. VDI-Verlag 1987

[5.6]   Gaul, D.: Die Arbeitnehmer Erfindung: Praxis Leitfaden. TÜV Rheinland 1988

[5.7]   Hellebrand, O.: Patentanmeldung leicht gemacht. Holzmann-Verlag 1990

[5.8]   N.N.: Patente schützen Ideen – Ideen schaffen Arbeit. BMBF-Patentinitiative. 1996

[5.9]   N.N.: Patentrecht ohne Paragraphen. Konstruktion & Elektronik 1, 2, 3, (1993)

[5.10]   Rudolf, O.: Grundzüge des Wirtschaftsrechts. Vieweg Verlag 1972

[5.11]   Sax, H.: Patenti Dilletanti. Elektronik 5 / 1992, S. 3

[5.12]   Schulz, W.: Dürfen Entwickler Produkte der Konkurrenz ausein-anderbauen? VDI-N 33/1992

[5.13]   Witte, J.; Vollrath, U.: Praxis der Patent- und Gebrauchsmuster-anmeldung. Heymanns Verlag 1997

Kapitel 6
Gewerblicher Rechtsschutz, Patentliteratur, Patentdokumente, internationale Klassifikation der Patente (IPC), Patentrecherche, Patentinformationen über elektronische Informationssysteme, Patentdaten

[6.1] Beck: Patent- und Musterrecht. Deutscher Taschenbuch Verlag 1995

[6.2] Beise, M.; et al: Innovations- und Patenttätigkeit in Deutschland: Eine erkundende Studie, Bericht an das BMBF. 1996

[6.3] Benkard, A.: Patentgesetz, 9. Auflage. Beck'sche Verlagsbuchhandlung 1993

[6.4] Cohausz, H.B.: Patente & Muster. Wila-Verlag 1995

[6.5] Cohausz, H.B.: Info & Recherche. Wila-Verlag 1996

[6.6] Eichmann, H.; v. Falckenstein, R.: Geschmacksmustergesetz. Beck'sche Verlagsbuchhandlung 1988

[6.7] Engelhardt, K.; et al: Fachwissen Patentinformation, Datenbanken strategisch genutzt. Klaes GmbH 1989

[6.8] Frechen, G.; Frey, P.: Internationale Patentstatistik. VDI-N 29 / 1991

[6.9] Hellebrand, O.: Patentanmeldung leicht gemacht. Holzmann-Verlag 1990

[6.10] Jennings, P.: Inventions: How to Protect an Engineer's most valuable assets. Sensor Review 2 / 1991, S. 30 - 32

[6.11] Münch, V.: Mit Patentdatenbanken die Konkurrenz beäugen. VDI-N 15 / 1992

[6.12] N.N.: Patentrecht ohne Paragraphen. Konstruktion & Elektronik 1, 2, 3, (1993)

[6.13] N.N.: Patentstatistiker helfen Firmen bei Entscheidungen. VDI-N 9 / 1992

[6.14] N.N.: Produktkatalog ESPACE: Patentinformation auf CD-ROM. Europäisches Patentamt 1999

[6.15] N.N.: Marken: Eine Informationsbroschüre des Deutschen Patent- und Markenamtes. Deutsches Patent- und Markenamt 1998

[6.16] N.N.: Geschmacksmuster (Design) und Typographische Schriftzeichen: Eine Informationsbroschüre des Deutschen Patent- und Markenamtes. Deutsches Patent- und Markenamt 1998

[6.17] N.N.: Gebrauchsmuster: Eine Informationsbroschüre des Deutschen Patent- und Markenamtes. Deutsches Patent- und Markenamt 1998

[6.18] N.N.: Patente: Eine Informationsbroschüre des Deutschen Patent- und Markenamtes. Deutsches Patent- und Markenamt 1998

[6.19] N.N.: Jahresbericht 1999. Deutsches Patent- und Markenamt 2000

[6.20] N.N.: Esp@ceNet: Deutsche Patentinformationen im Internet. Flyer. Deutsches Patent- und Markenamt 1998

[6.21]   OECD: Patent Manual 1994. Using Patent as Science and Technology Indicators. 1994

[6.22]   Scheer: Internationales Patent-, Muster- und Warenzeichenrecht. 50. Auflage. Scheer-Verlag 1991

[6.23]   Schlagwein, U.: Fachwissen für Patentanwaltsbüros und Patentabteilungen. Eigenverlegung 1992

[6.24]   Schmoch, U.: Wettbewerbsvorsprung durch Patentinformation. TÜV Rheinland 1982

[6.25]   Stuhr, H.-W.: Gewerblicher Rechtschutz- Kurzübersicht. Der Konstrukteur 4 (1982), S. 90 - 98

[6.26]   Witte, J.; Vollrath, U.: Praxis der Patent- und Gebrauchsmusteranmeldung. Heymanns Verlag 1997

Kapitel 7

Patentaufbau, Stand der Technik, Ausarbeitung eigener Schutzrechte, Einspruch, Entgegenhaltung, Akteneinsicht

[7.1]   Blankenstein, M.: Die Patentanmeldung in der Praxis. Haufe-Verlag 1988

[7.2]   DABEI: Handbuch für Erfinder und Unternehmer. VDI-Verlag 1987

[7.3]   Grabnitzki, B.: Wie sich Patente knacken lassen. Konstruktion & Elektronik 9/10 (1993), S. 28 - 29

[7.4]   Hellebrand, O.: Patentanmeldung leicht gemacht. Holzmann-Verlag 1990

[7.5]   Jennings, P.: Inventions: How to Protect an Engineer's most valuable assets. Sensor Review 2 / 1991, S. 30 - 32

[7.6]   N.N.: Patente: Eine Informationsbroschüre des Deutschen Patent- und Markenamtes. Deutsches Patent- und Markenamt 1998

[7.7]   Sax, H.: Patenti Dilletanti. Elektronik 5 / 1992, S. 3

[7.8]   Schlagwein, U.: Fachwissen für Patentanwaltsbüros und Patentabteilungen. Eigenverlegung 1992

[7.9]   Witte, J.; Vollrath, U.: Praxis der Patent- und Gebrauchsmusteranmeldung. Heymanns Verlag 1997

Kapitel 8

Patent und rechtliche Grundlagen, Schutzfunktion, Neuheitsgrad, Erfindungshöhe

[8.1]   Beck: Patent- und Musterrecht. Deutscher Taschenbuch Verlag 1995

[8.2]   Benkard, A.: Patentgesetz, 9. Auflage. Beck'sche Verlagsbuch-
          handlung 1993

[8.3]   Cohausz, H.B.: Patente & Muster. Wila-Verlag 1995

[8.4]   Dolder, F.: Geheimhalten oder patentieren? Management Zeit-
          schrift 60 / 1991, S. 64 - 68

[8.5]   Henn, G.: Patent und Know-How-Lizenzvertrag. C.F.Müller-
          Verlag 1992

[8.6]   Jennings, P.: Inventions: How to Protect an Engineer's most
          valuable assets. Sensor Review 2 / 1991, S. 30 - 32

[8.7]   N.N.: Gebrauchsmuster: Eine Informationsbroschüre des Deut-
          schen Patent- und Markenamtes. Deutsches Patent- und Marken-
          amt 1998

[8.8]   N.N.: Patente: Eine Informationsbroschüre des Deutschen Patent-
          und Markenamtes. Deutsches Patent- und Markenamt 1998

[8.9]   Schlagwein, U.: Fachwissen für Patentanwaltsbüros und Patent-
          abteilungen. Eigenverlegung 1992

[8.10]   Witte, J.; Vollrath, U.: Praxis der Patent- und Gebrauchsmuster-
          anmeldung. Heymanns Verlag 1997

Kapitel 9
Anmeldeunterlagen

[9.1]   Beck: Patent- und Musterrecht. Deutscher Taschenbuch Verlag
          1995

[9.2]   Benkard, A.: Patentgesetz, 9. Auflage. Beck'sche Verlagsbuch-
          handlung 1993

[9.3]   Blankenstein, M.: Die Patentanmeldung in der Praxis. Haufe-Ver-
          lag 1988

[9.4]   Cohausz, H.B.: Patente & Muster. Wila-Verlag 1995

[9.5]   Hellebrand, O.: Patentanmeldung leicht gemacht. Holzmann-Ver-
          lag 1990

[9.6]   N.N.: Patente: Eine Informationsbroschüre des Deutschen Patent-
          und Markenamtes. Deutsches Patent- und Markenamt 1998

[9.7]   Rebel, D.: Gewerbliche Schutzrechte: Anmeldung – Strategie –
          Verwertung, ein Praxishandbuch. Heymanns-Verlag 1997

[9.8]   Schlagwein, U.: Fachwissen für Patentanwaltsbüros und Patent-
          abteilungen. Eigenverlegung 1992

[9.9]   Witte, J.; Vollrath, U.: Praxis der Patent- und Gebrauchsmuster-
          anmeldung. Heymanns Verlag 1997

Kapitel 10
Patentverfahren, Zusatzpatentanmeldungen, Parallelanmeldung im Ausland

[10.1] Benkard, A.: Patentgesetz, 9. Auflage. Beck'sche Verlagsbuchhandlung 1993

[10.2] Blankenstein, M.: Die Patentanmeldung in der Praxis. Haufe-Verlag 1988

[10.3] Hellebrand, O.: Patentanmeldung leicht gemacht. Holzmann-Verlag 1990

[10.4] Rebel, D.: Gewerbliche Schutzrechte: Anmeldung – Strategie – Verwertung, ein Praxishandbuch. Heymanns-Verlag 1997

[10.5] Witte, J.; Vollrath, U.: Praxis der Patent- und Gebrauchsmusteranmeldung. Heymanns Verlag 1997

Kapitel 11
Patentprüfungsverfahren

[11.1] Beck: Patent- und Musterrecht. Deutscher Taschenbuch Verlag 1995

[11.2] Benkard, A.: Patentgesetz, 9. Auflage. Beck'sche Verlagsbuchhandlung 1993

[11.3] Cohausz, H.B.: Patente & Muster. Wila-Verlag 1995

[11.4] DABEI: Handbuch für Erfinder und Unternehmer. VDI-Verlag 1987

[11.5] Witte, J.; Vollrath, U.: Praxis der Patent- und Gebrauchsmusteranmeldung. Heymanns Verlag 1997

Kapitel 12
Internationale Anmeldung (PCT), europäische Patentanmeldung (EPA), Gebrauchsmuster, Patentgebühren, Patentreinheit, Lizenz, Software und Patentgesetz, INSTI-Partner

[12.1] Beck: Patent- und Musterrecht. Deutscher Taschenbuch Verlag 1995

[12.2] Beise, M.; et al: Innovations- und Patenttätigkeit in Deutschland: Eine erkundende Studie, Bericht an das BMBF. 1996

[12.3] Benkard, A.: Patentgesetz, 9. Auflage. Beck'sche Verlagsbuchhandlung 1993

[12.4] Borrmann, C.: Erfindungsverwertung, Holzmann-Verlag 1973

[12.5] Habersack, H.-J.: Erfindungsverwertung. Holzmann-Verlag 1990

[12.6] Hellebrand, O.: Patentanmeldung leicht gemacht. Holzmann-Verlag 1990

[12.7] Henn, G.: Patent und Know-How-Lizenzvertrag. C.F.Müller-Verlag 1992

[12.8] Jennings, P.: Inventions: How to Protect an Engineer's most valuable assets. Sensor Review 2 / 1991, S. 30 - 32

[12.9] Laufhütte, H.D.: Erfindungsschutz an der Schwelle des EG-Binnenmarktes. Chem.-Ing.-Technik 63 (1991), S. 20 - 29

[12.10] N.N.: Patente schützen Ideen – Ideen schaffen Arbeit. BMBF-Patentinitiative. 1996

[12.11] N.N.: Der Weg zum Europäischen Patent. Leitfaden für Anmelder. Europäisches Patentamt 1997

[12.12] N.N.: PATLIB: Verzeichnis der Patentinformationszentren in den Mitgliedsstaaten. Europäisches Patentamt 1999

[12.13] N.N.: Gebrauchsmuster: Eine Informationsbroschüre des Deutschen Patent- und Markenamtes. Deutsches Patent- und Markenamt 1998

[12.14] N.N.: Patente: Eine Informationsbroschüre des Deutschen Patent- und Markenamtes. Deutsches Patent- und Markenamt 1998

[12.15] Rebel, D.: Gewerbliche Schutzrechte: Anmeldung – Strategie – Verwertung, ein Praxishandbuch. Heymanns-Verlag 1997

[12.16] Rudolf, O.: Grundzüge des Wirtschaftsrechts. Vieweg Verlag 1972

[12.17] Scheer: Internationales Patent-, Muster- und Warenzeichenrecht. 50. Auflage. Scheer-Verlag 1991

[12.18] Schlagwein, U.: Fachwissen für Patentanwaltsbüros und Patentabteilungen. Eigenverlegung 1992

[12.19] Witte, J.; Vollrath, U.: Praxis der Patent- und Gebrauchsmusteranmeldung. Heymanns Verlag 1997

Index

M

N

O